AF503642

TRAITÉ
DE MÉCANIQUE
ÉLÉMENTAIRE;

PAR L.-B. FRANCOEUR,

Professeur à la Faculté des Sciences de Paris et au Collége royal de Charlemagne, Chevalier de la Légion-d'Honneur, Officier de l'Université, Ancien Examinateur des Candidats de l'École Polytechnique, Membre honoraire du département de la marine Russe, Correspondant de l'Académie des Sciences de Saint-Pétersbourg, des Sociétés Philomatique et d'Encouragement, des Académies de Rouen, Lyon, Cambrai, Toulouse, etc.

> Les géomètres ont enfin réduit la Mécanique entière à des formules générales qui ne laissent plus à désirer que la perfection de l'analyse.
>
> LAPLACE, *Système du Monde*, livre III.

CINQUIÈME ÉDITION.

PARIS,

BACHELIER, SUCCESSEUR DE Mme Ve COURCIER,

LIBRAIRE POUR LES MATHÉMATIQUES,

QUAI DES AUGUSTINS, N° 55.

1825

« Au milieu de l'infinie variété des phénomènes qui se suc-
» cèdent continuellement sur la terre, on est parvenu à démê-
» ler le petit nombre de lois générales que la matière suit dans
» ses mouvemens. Tout leur obéit dans la nature; tout en dé-
» rive aussi nécessairement que le retour des saisons; et la
» courbe décrite par l'atome léger que les vents semblent em-
» porter au hasard, est réglée d'une manière aussi certaine que
» les orbes planétaires. »

La Place, Système du Monde, livre III.

TRAITÉ

DE MÉCANIQUE

ÉLÉMENTAIRE.

IMPRIMERIE DE HUZARD-COURCIER,
Rue du Jardinet, n° 12.

A

M. le Marquis De Laplace,

Pair de France, Grand-Officier de la Légion-d'Honneur, l'un des Quarante de l'Académie française, de l'Académie des Sciences; Membre du Bureau des Longitudes de France; des Sociétés royales de Londres et de Gottingue, des Académies des Sciences de Russie, de Danemarck, de Suède, de Prusse, des Pays-Bas, d'Italie, etc.

MONSIEUR LE MARQUIS,

Honoré de votre estime, favorisé de vos bien-veillans conseils, je dois à ces avantages l'accueil que le Public a bien voulu faire à mes ouvrages; il n'a pu élever de doute sur les avantages qu'il devait attendre d'un Traité que vous jugiez digne

de la grâce de paraître sous vos auspices. Mais
je sais, Monsieur, que le zèle me tient lieu
de mérite et que ce succès est dû à vos bontés.
Quel faible hommage pour vous, que cet Écrit
qui ne doit qu'à vos avis ou à vos admirables
ouvrages, le peu de valeur qu'on pourra lui
accorder ! Aussi, loin de croire m'acquitter
envers vous, par cette dédicace, des nombreux
services que vous m'avez rendus, je la regarde
comme un nouveau droit à ma gratitude. Nul
ne connaît mieux que moi le peu que je vous
offre, mais tout se pardonne à l'attachement que
m'inspire la reconnaissance.

Je suis avec respect,

MONSIEUR LE MARQUIS,

Votre très humble et très obéissant
serviteur,

Francoeur.

12 mai 1825.

TABLE DES MATIÈRES.

CHAPITRE IV. *Obstacles qu'éprouvent les forces qui agissent sur les machines.*

LIVRE II. DYNAMIQUE.

CHAPITRE I. *Mouvement d'un point en ligne droite.*

CHAPITRE II. *Mouvement d'un point en ligne courbe.*

CHAPITRE III. *Mouvement d'un système.*

LIVRE III. HYDROSTATIQUE.

CHAPITRE I. *De l'équilibre des fluides en général.*

CHAPITRE II. *Des fluides incompressibles et pesans.*

CHAPITRE III. *Fluides pesans de densité variable.*

LIVRE IV. HYDRODYNAMIQUE.

———————

ERRATA.

Page 62, ligne 7, n° 111 *lisez* n° 112

138,   21, n° 131 *lisez* n° 133

194,   12, fig. 85 *lisez* fig. 85 *bis*

213,   3, n°s 195, 3°. et 233 *lisez* n°s 195, 5°. 7°. et 8°. et 233, 3°.

213,   7, *lisez* $g = 9^m$, 808672 $= 30^{pi}$, 19546

219,   22, n° 187 *lisez* n° 189

220,   8, n° 219, 1°. *lisez* n° 220, 2°

223,   5, n° 222 *lisez* n° 224

225,   3, n° 192 *lisez* 191

231,   4, en remontant, n° 218 *lisez* 217

233,   1, n° 187 *lisez* n° 186

362,   5, 365 *lisez* 265

238,   dernière, *yz lisez xy*

288,   16, *lisez* sous le plan de l'équateur

302,   6 en remontant, *lisez* la même force qui serait capable

306,   3, *lisez* de descendre quatre fois plus bas

334,   21, $\Sigma(\mu\rho^2)$ *lisez* $\Sigma(m\rho^2)$

336,   14, par la distance *lisez* par le carré de la distance

Id.   24, et page 373 ligne 7, S *lisez* Σ

482,   2 en remontant $a = 0{,}002837$ *lisez* $\alpha = 0{,}002837$

485,   24, faisant *lisez* on exécute.

509, remplacez les lignes 20, 21 et 22 par ce qui suit :

1°. Orifice évasé. . . . . $A = 0{,}0065$ $\log A = \bar{3}.8195642$.

2°. Charge d'eau très faible. . . . . $A = 0{,}00429$ $\log A = \bar{3}.6324776$.

3°. Ajutage cylindrique. . . . . $A = 0{,}00535$ $\log A = \bar{3}.7280492$.

4°. Orifice percé en mince paroi,

ou ajutage conique. . . . . $A = 0{,}00409$ $\log A = \bar{3}.6119559$.

PRÉFACE.

Ce Traité fut composé il y a vingt-cinq ans, d'après les leçons que donnait alors à l'École Polytechnique le savant M. de Prony, dont je me glorifie d'être l'élève; la première édition parut en 1801. Il a long-temps été enseigné dans cette École célèbre. Depuis cette époque, aidé des conseils de mes amis, et guidé par l'habitude de l'enseignement, j'ai reconnu les imperfections de mon travail et les ai corrigées. La cinquième édition, que j'offre maintenant au public, ressemble bien peu sans doute à la première; et j'espère que le public ne refusera pas son approbation aux nouveaux changemens que j'ai faits, parce que je les ai regardés comme propres à rendre plus correctes et plus simples les démonstrations et les théories. On pourra remarquer que j'ai cette fois rempli des lacunes qui existaient dans les éditions précédentes, en exposant le mouvement de rotation des corps solides, en complétant la doctrine des axes principaux, et en indiquant la marche qu'on suit dans la Mécanique transcendante par l'emploi du principe des vitesses virtuelles. Il m'a paru aussi qu'il ne convenait pas de négliger entièrement la Mécanique pratique; aussi trouvera-t-on un essai sur les procédés généraux employés pour calculer les effets d'une machine; sur les forces perdues dans l'emploi de ces agens; sur l'usage des volans; sur les recherches qui ont pour objet le mouvement perpétuel; les procédés qui servent à changer une sorte de mouvement en une autre, etc.

Depuis la publication de la quatrième édition du présent Traité, des ouvrages très estimés ont paru sur le même sujet; tels sont ceux de MM. de Prony, Poisson, Navier, Hachette, etc.; c'est en méditant ces excellens ouvrages que j'ai pu espérer donner au mien le degré de perfection dont il était susceptible.

C'est sans doute un inconvénient pour le public que ces changemens rendent inutiles les éditions précédentes; mais on en est amplement dédommagé, lorsque le livre est surtout d'un prix modéré et invariable, par la facilité de l'étude et la perfection des théories. Maintenant, ce Traité a reçu la forme qu'il paraît devoir conserver, et j'ai la certitude que, si l'on est suffisamment préparé sur l'analyse géométrique, différentielle et intégrale, on pourra le comprendre aisément, et qu'on sera préparé aux études ultérieures ayant pour objet l'application de la Mécanique aux arts industriels, et surtout la lecture des *Mécaniques céleste* et *analytique;* but que j'ai eu surtout en vue dans la composition de ce Traité.

J'ai évité l'emploi des méthodes synthétiques, qui, dans les choses compliquées, sont ordinairement confuses, et qui d'ailleurs ne sont point d'accord avec l'esprit d'invention et le langage de la Mécanique transcendante. Par les mêmes raisons, je n'ai jamais énoncé les théorèmes avant leur démonstration. En un mot, sans être un Traité de *Mécanique appliquée* ou *transcendante,* ce livre est propre à conduire le lecteur vers l'étude de l'une ou de l'autre de ces deux sciences.

Depuis quelques années j'ai publié sous le titre de *Cours complet de Mathématiques pures,* un ouvrage qui embrasse la science entière, depuis les élémens d'Arithmétique, jusqu'aux Calculs différentiel, intégral et des variations. Ce dernier, qui reçoit des applications si importantes en Mécanique, avait été exposé à la fin de la 4ᵉ édition. Pour éviter un double emploi, j'ai supprimé cette partie, qu'on trouvera dans l'ouvrage cité. Lorsque, dans le courant du texte, j'ai eu besoin de recourir à des théorèmes d'Analyse ou de Géométrie que j'ai supposé être connus du lecteur, j'ai indiqué les passages du même ouvrage où il trouvera les démonstrations et les éclaircissemens relatifs à ce sujet. Il était convenable que je préférasse citer mes propres ouvrages plutôt que ceux des autres géomètres, dont la manière de traiter la science ne s'accorde pas toujours avec celle que j'ai en vue.

TRAITÉ

DE MÉCANIQUE

ÉLÉMENTAIRE.

1. On dit qu'un corps est *solide*, lorsqu'il est composé de parties ou molécules adhérentes les unes aux autres, c'est-à-dire qu'on ne peut séparer sans effort. Les métaux, les pierres, etc., sont autant de corps solides. On appelle *fluide* toute substance composée de molécules peu adhérentes, et susceptibles d'obéir au plus léger effort : l'eau, l'air, etc., sont des fluides.

2. L'espace est une étendue considérée comme sans bornes, immobile et pénétrable à la matière. C'est à cet espace, réel ou idéal, qu'on rapporte, par la pensée, la position des corps.

Le mouvement est l'état d'un corps qui ne demeure pas constamment dans un même lieu, c'est-à-dire qui n'est pas toujours à la même distance des divers points fixes de l'espace : cet état est opposé à celui de repos.

Ainsi concevons dans l'espace trois plans fixes rectangulaires ; si l'on a déterminé la position d'un point par ses distances à ces plans, on dit que ce point est en mouvement lorsqu'il ne conserve pas ces distances, et que, dans deux instans successifs, les perpendiculaires abaissées de ce point sur les trois plans fixes changent de grandeur.

3. *La matière en repos ne peut se donner du mouvement à elle-même*, car pourquoi s'en donnerait-elle plutôt dans un sens que dans l'autre? Le même raisonnement prouve que si elle est déjà en mouvement, elle n'en peut altérer la vitesse, ni en changer la direction. On est donc conduit à regarder le repos et le mouvement comme de simples accidens des corps, qu'ils n'ont pas en eux le pouvoir de modifier. C'est en cela que consiste le principe général qui sert de fondement à la Mécanique, et qu'on nomme la LOI D'INERTIE, loi par laquelle *tous les corps, soit en repos, soit en mouvement, doivent persévérer dans l'état où ils sont.*

Lorsque cet état vient à changer, on doit donc l'attribuer à une cause étrangère qui a exercé une influence perturbatrice. Cette cause inconnue, quelle qu'elle soit, qui change l'état de repos ou de mouvement des corps, est ce qu'on appelle FORCE ou PUISSANCE. Nous rencontrons à chaque instant l'occasion de remarquer cette action singulière ; les chocs, la chute des corps produite par la pesanteur, les corps qui sont entraînés par le courant d'un fleuve, l'atome léger emporté par les vents, et le boulet chassé du canon par la poudre enflammée en sont autant d'exemples.

Il n'est guère d'efforts qu'on n'ait inutilement tentés pour découvrir la nature des forces ; nous ignorons complètement la cause de cette modification singulière, en vertu de laquelle la matière devient animée. Mais heureusement les principes de la Mécanique ne sont nullement intéressés à cette découverte, et nous pouvons y renoncer sans regrets. Les forces ne nous importent que par les mouvemens qu'elles sont capables de produire ; leurs effets et les lois de leur action sont les seules choses que l'on considère ; la MÉCANIQUE est la science qui a pour objet de prévoir et de calculer les effets des forces.

La loi d'inertie qui veut que la matière ne soit douée d'aucune volonté, d'aucune affection, semble démentie par les affinités chimiques, les attractions, l'adhérence des surfaces, l'action capillaire... Mais ces effets ne détruisent pas l'assertion, et obligent seulement le physicien à admettre des forces moléculaires créées subitement par une mutuelle influence ; la matière ne ressentait pas l'action de ces forces ; elles se sont développées quand les corps ont été mis en présence. Et au fait, on voit bien que la loi d'inertie n'est qu'une supposition qui consiste à attribuer à des causes étrangères tous les changemens d'état, soit de repos, soit de mouvement ; et l'étude des effets n'est nullement intéressée à connaître si réellement la force est dans ou hors la matière. Voici les réflexions de M. Laplace sur ce sujet. (Exposition du système du Monde, page 141, 5ᵉ édition, in-4°, III, chap. 2.)

« La nature de la force motrice étant inconnue, il est impossible de savoir *à priori* si cette force doit se conserver sans cesse. A la vérité, un corps étant incapable de se donner aucun mouvement, il paraît également incapable d'altérer celui qu'il a reçu ; de sorte que la loi d'inertie est au moins la plus naturelle et la plus simple qu'on puisse imaginer. Elle est d'ailleurs confirmée par l'expérience ; en effet, nous observons sur la terre que les mouvemens se perpétuent plus long-temps à mesure que les obstacles qui s'y opposent viennent à diminuer, ce qui nous porte à croire que, sans ces obstacles, ils dureraient toujours. Mais l'inertie de la matière est principalement remarquable dans les mouvemens célestes qui, depuis un grand nombre de siècles, n'ont pas éprouvé d'altération sensible. Ainsi nous regarderons l'inertie comme une loi de la nature ; et lorsque nous observerons de l'altération dans le mouvement d'un corps, nous supposerons qu'elle est due à l'action d'une cause étrangère. »

Lorsqu'un point matériel est tiré du repos par une force qui l'abandonne ensuite à lui-même (on dit alors que le corps est mu par un *choc* ou une *impulsion*), il est évident que ce point décrira la droite suivant laquelle la puissance a exercé son action ; car il n'y a pas de raison pour qu'il s'en écarte d'un côté plutôt que de l'autre : cette ligne est ce qu'on nomme *la direction de la force*. En outre, le point matériel devra persévérer dans son état actuel de mouvement, c'est-àdire se retrouver sans cesse, sur sa route rectiligne, dans le même état que s'il recevait actuellement l'impulsion qui l'a animé.

La connaissance d'une force n'est acquise que lorsqu'on a 1°. le *point* sur lequel elle agit; 2°. la *direction*, ou la ligne droite dans laquelle le mouvement doit avoir lieu; 3°. le *sens* où cet effet a lieu, selon que le mobile a été tiré ou poussé par la force; 4°. enfin, son *intensité*.

4. Lorsque les forces qui agissent sur un système n'y produisent pas le mouvement, on exprime cet état de repos en disant que le système est en *Équilibre*. C'est visiblement ce qui a lieu, par exemple, quand deux forces égales et opposées agissent sur un point matériel. Tel est le but de la Statique (1), partie de la Mécanique dont l'objet est de trouver les relations qui doivent exister entre les directions et les intensités des puissances pour qu'elles se détruisent, et qui fait connaître les forces propres à établir l'équilibre lorsqu'il n'a pas lieu. *La Statique est donc la science de l'Équilibre,* et il suit de l'idée qu'on attache à cet état, que la notion du *temps* ne doit jamais y entrer en considération, puisque les forces sont anéanties pour toujours lorsque leur action est instantanée, comme dans le choc; ou qu'elles s'anéantissent à chaque instant, si elles agissent d'une manière durable, comme un poids qui presse un appui.

Lorsque les forces ne s'entre-détruisent pas, le corps prend un mouvement : on nomme Dynamique (2) la science qui traite de cet état, de la courbe décrite, du lieu qu'occupe le mobile à tout moment, de sa vitesse, etc.

Les propriétés des fluides sont si différentes de celles des solides, qu'elles méritent un examen spécial, ce qui constitue l'Hydraulique (3); et comme les fluides ont aussi leurs états d'équilibre et de mouvement, l'Hydraulique se divise en

---

(1) Stare, *s'arrêter.*
(2) Δύναμις, *puissance.*
(3) Ύδραυλις, *machine mue par l'eau.*

HYDROSTATIQUE et HYDRODYNAMIQUE (1). La Mécanique (2), ou la *science de l'équilibre et du mouvement*, est donc formée de quatre parties, savoir :

La Mécanique proprement dite.

I. STATIQUE, qui a pour objet l'équilibre des solides.
II. DYNAMIQUE, qui s'occupe de leur mouvement.

Hydraulique ou Mécanique des fluides.

III. HYDROSTATIQUE, qui traite de l'équilibre des fluides.
IV. HYDRODYNAMIQUE, qui a pour objet leur mouvement.

Les matériaux primitifs que cette science emploie sont :

1°. *La force*, ou *puissance*, envisagée quant à ses effets;

2°. *Le temps*, qui n'entre jamais en considération lorsqu'il s'agit d'équilibre, mais qui est un des élémens nécessaires de la Dynamique.

3°. *Les propriétés physiques des corps*, savoir : la *mobilité*, la *masse*, l'*impénétrabilité*, l'*inertie*, l'*étendue*, la *figure*, etc.

---

(1) Ύδωρ, *eau.*
(2) Μηχανη, *machine.*

LIVRE PREMIER.

STATIQUE.

CHAPITRE PREMIER.

ÉQUATIONS D'ÉQUILIBRE.

Propositions fondamentales.

5. La Statique s'occupe des relations qui doivent exister entre les intensités, les directions et les points d'application des forces qui se font *équilibre*, ou s'entre-détruisent ; et lorsque cet état n'existe pas, cette science fait connaître les forces propres à le produire : *on y fait toujours abstraction du temps.*

Avant de nous occuper de la recherche des conditions d'équilibre d'un corps soumis à des forces quelconques, il convient, pour faciliter l'étude, de procéder du simple au composé. C'est pourquoi nous dépouillerons les corps de plusieurs de leurs propriétés, que nous leur restituerons ensuite. Nous traiterons donc d'abord de l'équilibre d'un point matériel ; les théorèmes que nous déduirons de cet état idéal, qui ne comprend que les notions de la force et de la mobilité, faciliteront la recherche des vérités générales applicables aux corps tels que la nature nous les présente.

6. *Deux puissances égales et directement contraires se détrui-*

sent lorsqu'elles agissent sur le même point ou aux extrémités d'une verge droite inflexible; car il n'y a pas de raison pour que l'une d'elles l'emporte sur l'autre.

Il n'est pas moins évident *qu'on peut, sans altérer l'état de repos ou de mouvement d'un système, y introduire ou en supprimer des forces en équilibre entre elles.*

7. Lorsque des puissances ne se font pas équilibre, en introduisant de nouvelles forces dans le système, on peut le réduire au repos : les forces égales et opposées à celles - ci sont appelées *Résultantes;* les puissances du système en sont les *Composantes.*

Le problème de la *Composition des forces* consiste à trouver la résultante d'un système donné de puissances; celui de la décomposition des forces en est l'inverse. Soient deux forces P et Q (fig. 2) sollicitant une molécule A; par le premier problème on cherche leur résultante R, c'est - à - dire la force égale et opposée à celle R′ qui les réduit à l'équilibre; par le second, au contraire, on cherche deux forces P et Q dont la résultante soit R.

8. Il suit de cette définition de la résultante de plusieurs forces P, Q, S, T (fig. 11), qu'on peut remplacer quelques-unes d'entre elles par leur résultante sans altérer l'effet qu'elles doivent produire sur le point mobile A qu'elles sollicitent. Car si, par exemple, la force X est la résultante de P et Q, on ne changera rien à l'état du point A, si, outre les forces qui agissent sur lui, on introduit cette résultante X et une force X′ qui lui serait égale et opposée (6), puisque X et X′ s'entre-détruisent. Mais par supposition P, Q et X′ sont en équilibre, on peut donc les supprimer : d'où il suit que les puissances P, Q, S et T produisent sur le point mobile A le même effet que X, S et T; ce qui revient à substituer, dans le système, aux forces P et Q leur résultante X.

Donc, 1°. *l'état d'équilibre et la résultante d'un système de forces ne sont pas changés, lorsqu'on remplace plusieurs puissances par leur résultante.*

2° On peut même remplacer toutes les forces P, Q, S, T

par leur *résultante* R, *qui produit sur le mobile* A *le même effet que les composantes, et leur équivaut.* Ce mobile doit donc parcourir la direction de cette résultante. En effet, si P et Q ont pour résultante R (fig. 2), c'est-à-dire si la force R' égale et opposée à R, réduit P et Q à l'équilibre, de l'ensemble des quatre forces P, Q, R et R', considérées comme agissant à la fois sur le point mobile A, supprimons soit R et R', soit P, Q et R' qui s'entre-détruisent; les forces restantes, savoir, P et Q dans le 1er cas, et R dans le 2e, devront être équivalentes. Donc, etc.

9. Donc *deux forces agissant suivant la même ligne et dans le même sens, ont une résultante égale à leur somme.* Ce principe serait sujet à contestation, s'il exprimait que l'effet produit par la résultante est la somme des effets dont les composantes sont capables, considérées séparément l'une de l'autre. Or, ce n'est pas ce que nous voulons dire ici, car quoique ce fait soit vrai, ainsi qu'on le dira en Dynamique (*V.* n° 146), il est susceptible de démonstration, et pourrait même ne pas avoir lieu. Mais il serait déplacé de traiter ici de cet objet, puisqu'en Statique on ne considère point l'effet actuel des forces.

Notre théorème désigne seulement que si deux forces P et Q agissent dans le même sens et suivant la même ligne, elles seront réduites à l'équilibre par une force R opposée et $= P + Q$; ou, ce qui revient au même, elles produisent sur le point mobile qu'elles sollicitent le même effet qu'une force unique R, qui, agissant dans le même sens, serait égale à leur somme.

Or, c'est ce qu'on ne saurait contester, puisque *cette proposition n'est qu'une définition du mot Somme,* considérée comme applicable aux forces. Ainsi nous disons d'une force qu'elle est double, triple.... d'une autre, lorsqu'elle est capable de faire équilibre à deux, à trois forces qui seraient égales à cette dernière et agiraient en sens contraire; sans prétendre pour cela, que les forces, par leur action simultanée, non plus que leur résultante qui leur équivaut, dussent produire un effet double ou triple de celui que produirait isolément l'une des composantes (*).

10 P et Q étant deux forces inégales et opposées qui agissent sur un point mobile, soit T l'excès de P sur Q, ou P = Q + T; nous pouvons remplacer (8) la puissance P par les deux forces Q et T: or les deux forces Q opposées se détruisent (6), et il ne reste que T = P — Q.

Donc *la résultante de deux forces opposées est dirigée dans le sens de la plus grande et égale à leur différence.*

Concluons aussi de là, que *deux forces qui agissent sur un point ne se détruisent que lorsqu'elles sont égales et opposées.* Car d'une part, si elles sont opposées, on vient de voir qu'elles doivent être égales pour s'entre-détruire: et de l'autre part, si elles forment un angle, telles que R et Q (fig. 2), et que cependant on les suppose en équilibre; en ajoutant une force R' égale, et opposée à R, le mobile A devrait visiblement se mouvoir suivant AR' : mais d'ailleurs R et R' se détruisant, il devrait aussi parcourir la ligne AQ; ce qui est absurde.

11. Il est facile de concevoir maintenant comment on introduit les intensités des puissances dans le calcul : car comme les forces sont des choses d'une même espèce, en en prenant une quelconque pour unité, l'expression de toute force n'est plus qu'un rapport, ou une quantité mathématique, qui peut être représenté par des nombres ou par des lignes. Ainsi lorsque nous

---

(*) Il me semble que cette manière de présenter les principes de la Mécanique et d'introduire la mesure des forces dans la Statique est à l'abri de toute objection. On ne peut, par exemple, élever celle de Carnot dans son traité des *Principes fondamentaux de l'équilibre et du mouvement.* Ce savant géomètre s'exprime ainsi dans sa préface, page xij : « Qu'est-ce que le rap-
» port de deux causes différentes ? Ces causes sont-elles la volonté ou la con-
» stitution physique de l'homme ou de l'animal qui, par son action, fait
» naître le mouvement ? Mais qu'est-ce qu'une volonté double ou triple
» d'une autre volonté, ou une constitution physique capable d'un effet
» double ou triple d'un autre ? La notion du rapport des forces entre elles
» considérées comme causes n'est donc pas plus claire que celle de ces forces
» elles-mêmes.

dirons qu'une force P est représentée par la ligne AB (fig. 1),
il faudra concevoir que cette ligne est la direction même de la
puissance, et que la longueur AB contient l'unité linéaire AF,
autant de fois que la force P contient l'unité de force S, c'est-à-
dire qu'on a $\dfrac{P}{S} = \dfrac{AB}{AF}$. Lorsque nous aurons besoin d'introduire les forces dans les équations, nous pourrons donc dire
que P = AB, puisque S est l'unité de force, et que AF est l'u-
nité linéaire.

Pareillement lorsqu'on considère deux forces P et Q (fig. 2),
et qu'on veut les représenter par des lignes, il suffit de prendre
ces droites suivant les directions mêmes des forces, et de déterminer sur ces lignes deux parties AB et AC qui soient entre
elles dans le même rapport que ces forces; de sorte qu'on ait

$$\frac{P}{Q} = \frac{AB}{AC}.$$

Comme il est indifférent de faire entrer les forces dans le calcul en les représentant par des nombres ou par des lignes, nous
préférerons souvent le premier moyen : car en regardant les forces
comme des nombres abstraits, on fait une chose plus conforme
au génie de l'Algèbre, qui veut que toutes les grandeurs soient
rapportées à une unité, et ne soient plus traitées que d'une manière purement abstraite. En représentant au contraire les forces
par des lignes, on traite la théorie sous une forme plutôt géométrique qu'algébrique. On ne devra donc pas oublier, dans le
petit nombre de cas où les forces seront représentées par des
lignes, que ce procédé graphique n'est nullement nécessaire, et
qu'on ne l'emploie que pour énoncer certains résultats sous la
forme qui leur est consacrée.

12. Le problème de la composition des forces, lorsqu'elles
agissent suivant la même droite, est une conséquence de ce qu'on
a vu dans les n°s 9 et 10; car en considérant les forces deux
à deux, il est facile d'en conclure que *plusieurs forces qui agissent suivant une même droite ont leur résultante égale à leur
somme, si elles agissent toutes dans le même sens ; ou égale à l'ex-*

cés de la somme de celles qui agissent dans un sens, sur la somme de celles qui agissent en sens opposé. Cet énoncé peut être simplifié par une considération particulière : si on regarde les forces qui agissent dans un même sens comme positives, et celles qui agissent en sens opposé comme négatives, on pourra dire que *la résultante de plusieurs forces qui agissent suivant la même droite est égale à leur somme*, en prenant ici le mot *Somme* dans le sens qu'on lui attribue en Algèbre.

13. *Dans tout système de forme invariable, on peut prendre pour point d'application de chaque puissance, l'un quelconque de ceux de sa direction.* Car si la force P est appliquée en E (fig. 1) et qu'en un autre point quelconque A de sa direction, on applique, suivant cette droite AE, deux forces qui lui soient égales, mais opposées entre elles (6) ; comme la figure du système est invariable, l'une de ces forces détruira la puissance P (6) ; la seconde restera seule et ne sera autre chose que la force P transportée en A.

Il suit de là qu'un obstacle fixe placé dans un système de forme invariable, ne peut détruire une force, à moins qu'il ne soit situé en l'un quelconque des points de la direction de cette force, puisque ce n'est que dans ce cas qu'on peut la supposer appliquée à l'obstacle même.

II. *Parallélogramme des forces.*

14. La recherche de la résultante de deux forces P et Q (fig. 2), dont les directions font un angle PAQ, repose sur les théorèmes suivans.

1°. Soient deux forces P et Q quelconques, qu'on suppose tirer le point mobile A ; comme Q ne tend qu'à faire passer ce point en dessous de AB, et que de même P l'élève en dessus de AC, ce point devra, comme on voit, se mouvoir dans l'angle PAQ ; donc (n° 8, 2°.) *cet angle contiendra la direction de la résultante.*

2°. *La résultante de deux forces est située dans leur plan :* car il n'y a pas de raison pour que le point mobile qu'elles sollicite s'écartent plutôt en dessus qu'en dessous de ce plan (n° 8, 2°.)

3°. Le même raisonnement prouve que *si les deux forces sont égales, leur résultante divise l'angle qu'elles forment entre elles en deux parties égales.*

4°. Soient quatre forces égales P, Q, p et q, également inclinées deux à deux sur la droite xy, et disposées comme on le voit dans la fig. 3, l'angle PAQ étant $<pAq$: x est la résultante de P et Q; γ celle de p et q, dirigée en sens contraire selon la ligne xy; cherchons quelle est la plus grande de ces forces x et y. Si l'on compose les forces égales P et p, la direction de leur résultante s tombera en-dessous de CB, perpendiculaire à xy, car l'angle $pAC < CAP$: il en sera de même de la résultante t de Q et q. Celle des quatre forces proposées étant la résultante de s et t, le mobile A devra se mouvoir vers x: ainsi x l'emporte sur y. Donc *la résultante de deux forces égales croît lorsque l'angle qu'elles forment entre elles diminue.*

5°. Soient P, Q, S... des forces quelconques; il est clair que puisqu'on peut les remplacer toutes par leur résultante R, si l'on veut les doubler, tripler, etc., ce sera doubler, tripler la résultante R sans en changer la direction, puisque ce sera ajouter au système proposé un autre système en tout égal au premier. Pareillement si l'on veut réduire ces forces à leurs moitiés, ou à leurs tiers, la résultante conservera encore sa direction, mais deviendra la moitié ou le tiers, parce que doubler ou tripler ces nouvelles composantes, c'est doubler ou tripler leur résultante, et par conséquent reproduire le système proposé. Donc, *quand on fait varier toutes les forces proportionnellement, la résultante, sans changer de direction, varie dans le même rapport, et si les composantes étaient en équilibre, elles demeureraient dans cet état après leur multiplication par un même nombre quelconque.*

6°. *La direction de la résultante de deux forces ne dépend que de leur rapport, et non de leurs grandeurs absolues.*

15. Trois forces égales p, q et R (fig. 4.) dirigées de manière à diviser l'aire plane en trois angles égaux, sont visiblement en équilibre. Considérons l'une R comme destinée à ré-

duire les deux autres à cet état, et par conséquent étant égale et opposée à leur résultante x, qui est dirigée selon le prolongement de AR : soit θ l'angle BAC $= \frac{1}{6}$ de 4 droits $= \frac{1}{3}\pi$, π désignant la demi-circonférence dont le rayon est 1, notation que nous conserverons toujours dans la suite. BC, corde de l'arc θ, est le côté de l'exagone inscrit; il est $= \text{AB} = \text{AC} = 2\text{AE}$, en menant AE perpendiculaire sur BD : or le triangle rectangle ABE donne AE $=$ AB cos θ; d'où AC $= 2$ AB cos θ. Or les longueurs égales AB et AD peuvent représenter les forces égales p, R et $x =$ R; donc la résultante x de p et q est $x = 2p$ cos θ : cette *résultante est représentée par la diagonale du rhombe* ABDC, *construit sur les directions des composantes*. Cette proposition qui n'est démontrée que dans le cas de $\theta = \frac{1}{3}\pi$ est vraie quel que soit l'angle θ : c'est ce que nous allons démontrer.

16. Soient p, q (fig. 5) des droites qui divisent par moitiés les angles θ dont on vient de parler, en sorte que les quatre angles formés dans la figure soient égaux; soient deux forces égales p et q dirigées selon Ap et Aq; cherchons leur résultante x. On peut substituer à p deux forces inconnues et égales y, z, dirigées selon AP et Ax, et en dire autant de q. On aura ainsi quatre forces égales au lieu de deux, savoir, y, y', selon AP et AQ, et $2z$ selon Ax. Or la résultante des deux premières vient d'être démontrée $= 2y$ cos θ, agissant selon Ax; donc la résultante totale est $x = 2z + 2y$ cos θ, ou $x = 2z (1 + \cos \theta)$.

Mais les forces p et q font avec Ax des angles égaux à ceux que y et z font avec Ap; on a donc (n° 14, 5°.)

$$\frac{x}{p} = \frac{p}{z} \quad \text{d'où,} \quad z = \frac{p^2}{x},$$

et substituant, on trouve

$$x^2 = 2p^2 (1 + \cos \theta), \quad x = 2p \cos \tfrac{1}{2} \theta,$$

à cause de $1 + \cos \theta = 2 \cos^2 \tfrac{1}{2} \theta$ (Cours de math., n°s 358).

Par le même raisonnement, on trouve que deux forces égales p et q qui couperaient par moitié les angles pAx, qAx, ont pour résultante $x = 2p \cos \tfrac{1}{4} \theta$; et en général on peut poser

$$x = 2\,p \cos \theta,$$

pour la valeur de la résultante de deux forces égales à p, faisant entre elles un angle 2ϑ, compris dans la série $\theta = \dfrac{\pi}{3}, \dfrac{\pi}{3.2}$, $\dfrac{\pi}{3.2^2}, \dfrac{\pi}{3.2^3} \ldots$, et enfin $\theta = \dfrac{\pi}{3.2^m}$, m désignant un nombre quelconque entier et positif. Cette équation étend donc à un grand nombre d'angles le théorème et la construction énoncés ci-devant.

16. Prenons maintenant trois angles α, β et $\alpha - \beta$ qui soient compris dans la série précédente (même on peut prendre $\alpha = \beta$, puisque dans ce cas où $\alpha - \beta = 0$, on aurait $x = 2p$, qui représente évidemment la résultante de deux forces égales agissant dans la même droite). Soit $\mathrm{P}\mathrm{A}x = \mathrm{Q}\mathrm{A}x = \alpha, \ldots\ldots\ldots\ldots$ $\mathrm{P}\mathrm{A}p = \mathrm{P}\mathrm{A}p' = q\mathrm{A}\mathrm{Q} = \mathrm{Q}\mathrm{A}q' = \beta$ (fig. 6), et concevons quatre forces égales p, q, p' et q' agissant selon les lignes $\mathrm{A}p$, $\mathrm{A}q$, $\mathrm{A}p'$ et $\mathrm{A}q'$; cherchons leur résultante totale x selon $\mathrm{A}x$. Celle de p et q est démontrée $= 2p \cos (\alpha - \beta)$; z désignera celle de p' et q' qui est inconnue, et on aura

$$x = z + 2p \cos (\alpha - \beta).$$

Mais d'un autre côté, on sait que la résultante de p et p' est $\mathrm{P} = 2\,p \cos \beta = \mathrm{Q}$, et que celle de P et Q est $x = 2\,\mathrm{P} \cos \alpha = 4\,p \cos \alpha \cos \beta$; donc en égalant ces deux valeurs de x, on trouve

$$z = 2p\,[2 \cos \alpha \cos \beta - \cos (\alpha - \beta)] = 2\,p \cos (\alpha + \beta)$$

en développant $\cos (\alpha - \beta)$, et réduisant. Ainsi on obtient encore $x = 2\,p \cos \theta$ et la construction qui s'y rapporte, pour tout angle $\theta = \alpha + \beta$, quand la formule est démontrée pour les cas de $\theta = \alpha$, β et $\alpha - \beta$.

Or, supposons $\alpha = \beta$; on en conclura que la proposition est vraie pour $\theta = 2\,\alpha$. De même si $\alpha = 2\,\beta$, elle subsiste pour $\theta = 3\,\alpha$; et en général elle a lieu pour $\theta = n\,\alpha$, savoir $x = 2\,p \cos \theta$, quand θ est compris dans la forme $\theta = \dfrac{n\,\pi}{3.\,2^m}$. Mais m et n sont des nombres quelconques entiers et positifs, qu'on peut prendre aussi grands qu'on veut : donc parmi les angles pour lesquels la proposition est démontrée, on en trouvera toujours un qui différera aussi peu qu'on voudra d'un angle donné.

17. Soient maintenant deux forces égales p et q (fig. 7) faisant avec la direction Ax de leur résultante x un angle quelconque θ : il s'agit de prouver qu'on a $x = 2\,p\cos\theta$. Supposons, s'il se peut, que cette équation n'ait pas lieu et qu'on ait......$x = 2p(\cos\theta + \varphi)$. Concevons deux forces p' et q' égales à p et inclinées de ι sur Ax, ι désignant un angle $< \theta$, pris dans la série de ceux pour lesquels la formule est démontrée. La résultante de p' et q' est $= 2\,p\cos\iota$, et on a vu (n° 14, 4°.) qu'elle l'emporte sur x; d'où $\cos\iota > \cos\theta + \varphi$. Or c'est ce qui est absurde, puisque ι pouvant être pris aussi voisin qu'on veut de θ, la différence $\cos\iota - \cos\theta$ peut être rendue moindre que tout nombre donné φ. En prenant $\iota > \theta$, le même raisonnement prouve qu'on ne peut supposer $x = 2\,p\,(\cos\theta - \varphi)$. Donc $x = 2\,p\cos\theta$ pour tous les angles θ.

En prenant les parties égales AB, AD (fig. 4), pour représenter les forces égales P et Q, faisant entre elles un angle quelconque $PAQ = \theta$, BD étant perpendiculaire sur la direction AC de la résultante, qui coupe par moitié cet angle, on a

$$AE = AB\cos\theta,$$

et puisque $x = 2p\cos\theta$, x est représenté par $2AE$, ou par la diagonale AC du rhombe $ABCD$, ainsi qu'on l'a déjà énoncé.

18. Comme le théorème qu'on vient de démontrer est le fondement de toute la Mécanique, nous croyons utile d'en donner une démonstration purement analytique, ce qui nous détermine à reproduire ici ce que nous avons exposé dans notre première édition, en y apportant quelques changemens dus à M. Cauchy.

Soient p et q deux forces égales; la ligne Ax (fig. 8), qui coupe par moitiés l'angle $pAq = 2\theta$, est la direction de la résultante x; laquelle étant déterminée par p et θ, est une fonction inconnue de ces quantités $x = f(p, \theta)$. Concevons dans les mêmes directions deux autres forces égales quelconques P, Q ; leur résultante z, dirigée aussi selon Ax, sera $z = f(\mathrm{P}, \theta)$, en désignant par f la même fonction, c'est-à-dire changeant seulement p en P dans la valeur de x. Comme θ reste constant, posons seulement $x = fp$, $z = f\mathrm{P}$.

Or si ces quatre forces P, Q, p et q agissent ensemble, la résultante totale sera d'une part $f(\mathrm{P} + p)$, et de l'autre $x + z$, ou $fp + f\mathrm{P}$: donc

$$fp + f\mathrm{P} = f(\mathrm{P} + p);$$

d'où $\qquad fp = pf'\mathrm{P} + \tfrac{1}{2} p^2 f''\mathrm{P} + \text{etc.},$

en développant par le théorème de Taylor, et représentant par $f', f'' \ldots$ les *dérivées* ou les coefficiens différentiels de $f\mathrm{P}$, suivant la notation de Lagrange (Cours de Math., n° 656).

Or le premier membre est indépendant de P. Il ne peut donc être identique avec le second, qu'autant que celui-ci ne contient pas P ; car cette équation établirait une dépendance nécessaire entre les quantités P et p, ce qui est contraire à la supposition. Donc $f'\mathrm{P}$, $f''\mathrm{P}$, ... sont indépendans de P, ou constans ; puisque sans cela, les coefficiens de p, p^2, ... contiendraient P, qui ne pourrait pas disparaître du second membre, du moins tant que p demeurerait arbitraire. Ainsi $f'\mathrm{P} = a$, donne $f''\mathrm{P}$, $f'''\mathrm{P}$, ... $= 0$. De là résulte

$$fp = ap = x\,;$$

ce qui prouve que la résultante x des deux forces égales p et q, varie proportionnellement aux composantes, l'angle θ demeurant fixe (comme n° 14, 5°.)

Mais si les inclinaisons des forces varient, θ n'est plus constant, et dans notre équation $x = ap$, la quantité a doit changer ; en sorte que a est une fonction de θ, que nous désignerons par $2\varphi\theta$, le facteur 2 étant mis pour la facilité des calculs ultérieurs ; ainsi

$$x = 2p\,\varphi\theta \ldots \text{(1)}$$

c'est cette fonction φ qui reste à déterminer. Pour cela traçons deux droites Ap', Ap'' qui forment avec Ap le même angle quelconque $pAp' = \epsilon$, et décomposons la puissance p en deux autres p' et p'' dirigées suivant Ap' et Ap''. En considérant p comme résultante des deux forces égales p' et p'', l'équation précédente devient

$$p = 2p'\varphi\epsilon, \text{ d'où } x = 4p'.\varphi\epsilon.\varphi\theta.$$

Si l'on opère pour q une pareille décomposition, les forces proposées p et q seront remplacées par quatre autres égales entre elles et à p', et qui feront deux à deux avec Ax les angles respectifs $\theta + \epsilon$ et $\theta - \epsilon$. La résultante de p'' et q'' est $= 2p'\varphi(\theta + \epsilon)$, celle de p' et q' est $= 2p'\varphi(\theta - \epsilon)$; donc celle des quatre forces p' $p''q'$ et q'', ou si l'on veut celle de p et q, est

$$x = 2p'\varphi(\theta + \epsilon) + 2p'\varphi(\theta - \epsilon):$$

égalant ces deux valeurs de x, il vient, en supprimant le facteur commun $2p'$,

$$2\varphi\epsilon.\varphi\theta = \varphi(\theta + \epsilon) + \varphi(\theta - \epsilon) \ldots \ldots (2)$$

prenons deux fois successives les dérivées relativement à ϵ,

$$2\varphi'\epsilon.\varphi\theta = \varphi'(\theta + \epsilon) - \varphi'(\theta - \epsilon)\ldots (3)$$
$$2\varphi''\epsilon.\varphi\theta = \varphi''(\theta + \epsilon) + \varphi''(\theta - \epsilon)\ldots (4)$$

en opérant de même pour θ, on a le même deuxième membre, avec $2\varphi\epsilon.\varphi''\theta$ pour premier, ainsi

$$\varphi''\epsilon.\varphi\theta = \varphi\epsilon.\varphi''\theta, \frac{\varphi''\epsilon}{\varphi\epsilon} = \frac{\varphi''\theta}{\varphi\theta} = \text{const. } a,$$

puisque θ et ϵ étant quelconques, le premier membre ne doit pas varier lorsque ϵ est changé en θ. Il reste à intégrer cette équation $\varphi''\theta = a\varphi\theta$. Soit $\varphi\theta = y$, d'où $y' = \frac{dy}{d\theta} = \varphi'\theta$, $\frac{dy'}{d\theta} = \varphi''\theta$, et

$$dy' = aydθ;$$

multipliant par $y'd$ $= dy$, on a $y'dy' = aydy$, et $y'^2 = ay^2 + C$. Pour déterminer la constante C, faisons $s = o$ dans 2 et 3, nous avons $\varphi o = 1$, $\varphi' o = o$; ainsi nous poserons $y = 1$ et $y' = o$, et il viendra $C = -a$; savoir,

$$y'^2 = a(y^2 - 1).$$

D'ailleurs si l'on fait $\theta = \frac{1}{2}\pi$ dans (1), ce qui revient à examiner le cas où les composantes p sont égales et opposées, d'où $x = o$, quel que soit p, on a $\varphi(\frac{1}{2}\pi) = o$. Faisant donc $\theta = \frac{1}{2}\pi$, ou $y = o$, il vient $-a =$ la valeur de y'^2 qui répond à $\theta = \frac{1}{2}\pi$, et par conséquent $-a$ est essentiellement positif, ou $a = -k^2$,

$$y'^2 = k^2(1 - y^2) = \left(\frac{dy}{d\theta}\right)^2,$$

$$\pm \, kd\theta = \frac{-dy}{\sqrt{(1 - y^2)}};$$

nous mettons ici le signe $-$, ce qui est indifférent à cause de $\pm k$. Ainsi

$$\pm \, k\theta = \mathrm{arc}\,(\cos = y) + A,$$

faisons $\theta = o$. et $y = 1 = \varphi o$; comme l'arc dont le $\cos = 1$ est nul, on a $A = o$; faisant ensuite $\theta = \frac{1}{2}\pi$ et $y = o$, il vient $\pm k.\frac{1}{2}\pi = \mathrm{arc}\,(\cos = o) = \frac{1}{2}\pi$, d'où $\pm k = 1$, et $\theta = \mathrm{arc}\,(\cos = y)$, $y = \cos\theta = \varphi\theta$, et enfin, $x = 2p\cos\theta$, comme précédemment.

19. Passons maintenant au cas où les forces sont quelconques, mais disposées à angle droit. Soient P et Q deux forces formant entre elles l'angle droit PAQ (fig. 9), et AR la direction de leur résultante, faisant avec P l'angle inconnu PAR $= \theta$. Menons la droite DE faisant l'angle PAD $=$ PAR $= \theta$, on aura EAQ $=$ QAR $=$ complément de θ. On remplacera la force P par deux forces égales agissant selon AD et AR, et la force Q par deux, selon AE et AR. Il suit de ce qu'on a

vu ci-dessus, que $\dfrac{P}{2\cos\theta}$ et $\dfrac{Q}{2\sin\theta}$ seront les valeurs de ces composantes respectives : P et Q seront ainsi remplacées par quatre forces, et pour que AR soit la direction de la résultante, il faudra que les composantes opposées selon AD et AE s'entre-détruisent, savoir, $\dfrac{P}{\cos\theta} = \dfrac{Q}{\sin\theta}$, et que la résultante R soit la somme des deux autres, ou $R = \dfrac{P}{\cos\theta}$. On a donc ces équations

$$Q = P \tang \theta, \quad P = R \cos\theta, \quad Q = R \sin\theta \ldots \ldots (A)$$

La première donne l'angle θ ou la direction de la résultante ; l'une des deux suivantes en fait ensuite connaître la grandeur : la somme des carrés de celle-ci donne d'ailleurs $R^2 = P^2 + Q^2$. Du reste, ces quatre équations n'en forment que deux distinctes, d'où l'on déduit les deux autres par le calcul.

Ces équations non-seulement donnent la résultante des forces P et Q, mais résolvent encore une foule de problèmes : car il suffit de connaître deux des quatre quantités P, Q, R et θ, ou même deux relations entre elles, pour déterminer les deux autres. Le problème le plus ordinaire consiste à *décomposer une force donnée* R, *en deux autres rectangles* P *et* Q, *dont la direction est connue : alors chaque composante est le produit de la force* R *par le cosinus de l'angle qu'elle fait avec la direction de* R. Ce théorème ramène des forces données à avoir des incidences rectangulaires (V. n°s 19 et 23).

Les équations précédentes donnent lieu à une construction fort simple. Qu'on représente (11) les forces P et Q par des longueurs AP et AQ (fig. 9) qui leur soient proportionnelles, et qu'on achève le rectangle PAQR, la diagonale AR forme les triangles APR, AQR, dans lesquels on a $PR = AP \tang \theta$, $AP = AR \cos\theta$, $AQ = AR \sin\theta$. Ces équations, comparées aux précédentes, montrent que *la résultante* R *est représentée en grandeur et en direction par la diagonale* AR.

20. Enfin, prenons deux forces P et Q (fig. 10) de directions

quelconques, faisant entre elles l'angle $PAQ = \alpha$. Pour les composer, abaissons KA perpendiculaire sur AP, et décomposons Q en deux forces dirigées selon AP et AK. Ces composantes seront, d'après ce qu'on a dit, $Q \cos \alpha$ et $Q \sin \alpha$; la première s'ajoute à P, et il reste à composer les forces rectangulaires $P + Q \cos \alpha$ et $Q \sin \alpha$, ce qui rentre dans le problème précédent, ainsi qu'on va le voir.

Désignons par θ et ε les angles que la résultante inconnue R fait avec P et Q ; deux des équations du n° 18 deviendront ici

$$Q \sin \alpha = R \sin \theta , \quad R^2 = P^2 + Q^2 + 2PQ \cos \alpha.$$

La première conduit à un résultat remarquable, car on peut y changer Q en P et θ en ε, d'où $P \sin \alpha = R \sin \varepsilon$, savoir,

$$\frac{P}{\sin \varepsilon} = \frac{Q}{\sin \theta} = \frac{R}{\sin \alpha}.$$

Donc, *lorsqu'on a deux forces et leur résultante ou trois forces qui se font équilibre, chacune d'elles est proportionnelle au sinus de l'angle formé par les directions des deux autres, et peut être représentée par ce sinus.*

On peut encore donner une construction très simple de ces équations. Représentons (11) les forces proposées P et Q par AD et AH (fig. 10) ; pour décomposer Q, comme ci-dessus, on formera le rectangle KL, qui a AH pour diagonale ; prenant $DI = AL$, il restera à composer les forces rectangulaires représentées par AK et AI : formant le rectangle KAIG, la diagonale AG représentera donc la résultante R. Or, menant DG, comme $DI = KH$, on a $AD = HG$; donc la figure AHGD est un parallélogramme : ce qui prouve que *la résultante de deux forces quelconques, est représentée en grandeur et en direction par la diagonale du parallélogramme construit sur des droites proportionnelles à ces forces et prises sur leurs directions.* Ce théorème renferme tous les précédens qui n'en sont que des cas particuliers.

Il faut observer que dans le triangle AGD les côtés représentent les deux forces P et Q, et leur résultante R, en grandeurs et en directions; les angles α, ε et θ déterminent les positions de ces puissances. Les relations trigonométriques qui lient entre eux les angles et les côtés d'un triangle, appartiennent donc aussi aux composantes et à leur résultante; aussi ces relations ne sont-elles autre chose que les équations obtenues ci-dessus. Ces équations serviront en général non-seulement à trouver la résultante de deux forces quelconques données en grandeurs et en direction, et réciproquement à décomposer une force en deux autres de directions données, mais encore à résoudre tous les problèmes où l'on donnerait trois de ces élémens, les deux forces P, Q, et leur résultante R, et les angles θ et ε qu'elles font avec celle-ci, et où l'on chercherait les deux autres. Ces problèmes sont les mêmes que lorsqu'il s'agit de résoudre un triangle dont on connaît trois parties. On pourra même se servir de constructions graphiques; mais ce dernier procédé, très propre à peindre les résultats aux yeux et à les énoncer commodément, n'a pas la précision du calcul; nous préférerons donc les équations qui ont été démontrées précédemment, parce qu'elles sont conformes à l'esprit de l'Algèbre qui n'admet pas la représentation des forces par des lignes comme une nécessité (11).

III. *Des forces qui concourent en un même point.*

21. Pour déterminer la résultante de tant de forces qu'on voudra, quand elles concourent en un même point, on se servira du théorème précédent; on composera ensemble deux de ces forces, et on leur substituera leur résultante (8); on combinera de même celle-ci avec l'une des autres forces, et ainsi de suite. A chaque opération on aura une force de moins dans le système, et par là on réduira toutes les forces à une seule, qui sera la résultante cherchée; ou à deux égales et opposées dans le cas d'équilibre. La même considération sert à trouver la résultante lorsque les forces sont dans le même plan et ne concourent pas en un même point; il suffit alors de les prolonger deux à deux jusqu'en leur point de rencontre.

On peut donc faire la construction suivante : soient les forces P, Q, S, T représentées par AB, AC, AD, AE (fig. 11) ; en formant le parallélogramme ABFC, on aura la diagonale AF pour la résultante X de P et Q. De même AG sera la résultante de X et de Q, etc. : enfin AH sera la résultante R du système. Ainsi on établira l'équilibre (8) dans ce système en y introduisant une force R' égale et directement opposée à R.

On peut simplifier cette construction. Par l'extrémité B de la droite AB (fig. 11 *bis*) qui représente la force P, menez la droite BF parallèle à la force Q et égale à la partie AC qui la représente : de même par le point F, menez la droite FG égale et parallèle à la force S; puis par le point G, GH égale et parallèle à la force T ; vous formerez par là le polygone ABFGH : la droite AH qui fermera ce polygone représentera la résultante cherchée. Si cette construction donne un polygone fermé, l'équilibre existe dans le système.

Ce procédé n'est propre qu'à peindre les résultats, et ne les fait point trouver d'une manière aussi exacte que le calcul, qu'il faut toujours préférer. (*V*. p. suivantes.)

22. Nous n'avons jusqu'ici composé que des forces situées dans un même plan; supposons maintenant qu'il s'agisse de trouver la résultante des trois forces P, S et Q dirigées dans des plans différens et représentées par les longueurs AB, AC et AD (fig. 13). La résultante T des deux forces P et S est représentée par AH ; on peut donc substituer la force T à P et S : mais si l'on achève le parallélépipède ADIH, la diagonale DI est parallèle à AH, puisque DI et AH sont les intersections de deux plans parallèles LM et BC par un même plan, qui est celui des deux parallèles AD et HI. Si l'on compose ensemble les deux forces représentées par AD et AH, on aura donc pour la résultante des trois forces P, Q et S, une force R représentée par AI. On conclut de là que *trois forces représentées par les trois arétes qui forment l'un des angles trièdres d'un parallélépipède, ont leur résultante représentée par la diagonale de ce parallélépipède.*

On voit par là qu'on peut décomposer une force en trois autres dirigées suivant trois droites données qui concourent en un des points de sa direction. Si l'on a , par exemple, les trois droites indéfinies AP, AQ et AS , et la force représentée par la longueur AI, on achèvera le parallélépipède ; pour cela on mènera en I les trois plans HM, LM et LH respectivement parallèles à ceux des droites données. Ces plans les couperont en trois points B, C et D qui détermineront les parties AD , AB, AC, représentant les composantes cherchées.

23. On retrouve ici le théorème de la page 19, relatif à la décomposition d'une force en d'autres rectangulaires, savoir, que *chaque composante est le produit de la résultante par le cosinus de l'angle que ces deux forces font entre elles;* car si les composantes P , S et Q sont à angle droit, le parallélépipède est rectangle ; et l'on a, par exemple, dans le triangle ADI (fig. 13), rectangle en D , AD $=$ AI $\times$ cos DAI ; de même pour les deux autres composantes AB, AC. Soient donc α, β, γ les trois angles RAP , RAS , RAQ que forme une force R avec trois axes rectangles AP , AS, AQ.; on aura

$$P = R \cos\alpha, \quad S = R\cos\beta, \quad Q = R\cos\gamma.$$

On peut tirer de ces équations la grandeur et la direction de la résultante R de trois forces données S, P et Q : car la somme des carrés de ces équations donne, à cause de

$$\cos^2\alpha + \cos^2\beta + \cos^2\gamma = 1 \; (^*),$$

$$R = \sqrt{(S^2 + P^2 + Q^2)}.$$

Une fois R connu, on trouve ensuite aisément

$$\cos\alpha = \frac{P}{R}, \quad \cos\beta = \frac{S}{R}, \quad \cos\gamma = \frac{Q}{R}.$$

Il est important de remarquer que le parallélépipède n'est

(*) Voyez mon Cours de Mathématiques, no 633. Au reste, voici une démonstration de cette équation. On a dans les triangles rectangles ABI, ACI et ADI (fig. 13),

employé que comme un moyen facile de figurer le système, et que cette construction n'est qu'accessoire à la théorie. On doit donc se représenter les forces P, S et Q (fig. 12) et leur résultante R indépendamment du parallélépipède; et lorsque par la suite nous voudrons effectuer des compositions ou décompositions, nous rapporterons les puissances à trois axes rectangles Ax, Ay, Az, et nous recourrons aux équations précédentes, plutôt qu'à des constructions.

Lorsqu'un système de forces disposées dans l'espace agit sur un point matériel, on peut effectuer la construction donnée n° 21, pour en obtenir la résultante : seulement le polygone qu'on forme de cette manière est *gauche ;* c'est-à-dire, n'est plus situé dans un plan.

24. Composons analytiquement un nombre qulconque de puissances, et prenons d'abord le *cas où les forces agisssent*

$$AB = AI \cos \alpha, \quad AC = AI \cos \zeta, \quad AD = AI \cos \gamma.$$

D'ailleurs les triangles rectangles AIH, ABH et ACH donnent

$$AH = AI \sin \gamma, \quad AB = AH \cos \theta, \quad AC = AH \sin \theta,$$

en faisant l'angle BAH $= \theta$: les deux dernières équations reviennent à

$$AB = AI \cos \theta \sin \gamma \text{ et } AC = AI \sin \theta \sin \gamma;$$

donc en comparant aux trois premières,

$$\cos \alpha = \cos \theta \sin \gamma, \quad \cos \zeta = \sin \theta \sin \gamma.$$

Ces valeurs prouvent d'abord que les trois composantes de la force R ont pour expression $R \cos \theta \sin \gamma$, $R \sin \theta \sin \gamma$ et $R \cos \gamma$: ce qu'il est utile de connaître, lorsqu'au lieu de donner les angles α, ζ et γ que la force R fait avec les axes, on donne l'angle $100° - \gamma$, qu'elle forme avec sa projection sur un plan, et celui θ que cette projection fait avec un axe mené dans ce plan. La somme des carrés des deux équations est

$$\cos^2 \alpha + \cos^2 \zeta = \sin^2 \gamma;$$

et comme $\sin^2 \gamma = 1 - \cos^2 \gamma$, on en conclut

$$\cos^2 \alpha + \cos^2 \zeta + \cos^2 \gamma = 1.$$

Ce qui exprime un e condition à laquelle doivent satisfaire les trois angles α, ζ et γ qu'une droite forme avec trois axes rectangulaires.

dans un même plan. Menons par un point quelconque A (fig. 14) pris dans ce plan, deux axes Ax et Ay perpendiculaires entre eux ; puis décomposons chaque puissance en deux autres parallèles à ces lignes. Par exemple, soit P′ l'une de ces forces ; en menant MD et MC parallèles aux axes, elle équivaudra à deux autres forces agissant suivant ces lignes, et dont les valeurs sont P′ $\times$ cos P′MD et P′ $\times$ cos P′MC (n° 19). On en dira autant de toute autre force P″.....

Soient donc des puissances........ P′   , P″   , P‴..........

dont les directions font avec Ax

des angles................... α' , α'' , α'''...........

Les composantes parallèles à Ax sont P′ cos α', P″ cos α'', P‴ cos α'''......

Les composantes parallèles à Ay sont P′ sin α', P″ sin α'', P‴ sin α'''......

Or, les premières équivalent à une force unique X égale à leur somme (12) ; de même les autres ont leur résultante Y égale à leur somme ; il n'y a donc plus à considérer que deux forces rectangulaires connues X et Y.

Soit R la résultante du système, et α l'angle inconnu que sa direction fait avec Ax ; ses composantes (n° 19) sont R cos α et R sin α. Donc on a

$$\left. \begin{array}{l} \text{R cos } \alpha = \text{X} = \text{P′ cos } \alpha' + \text{P″ cos } \alpha'' + \ldots \\ \text{R sin } \alpha = \text{Y} = \text{P′ sin } \alpha' + \text{P″ sin } \alpha'' + \ldots \end{array} \right\} \text{(B)}.$$

Pour trouver R et α, puisque X et Y sont donnés, ajoutons les carrés de ces deux équations ; comme $\sin^2 \alpha + \cos^2 \alpha = 1$, on en déduit

$$\text{R} = \sqrt{\left\{ \text{X}^2 + \text{Y}^2 \right\}} \ldots\ldots \text{(C)}.$$

Les équations (B) donnent en outre

$$\cos \alpha = \frac{\text{X}}{\text{R}}, \ \sin \alpha = \frac{\text{Y}}{\text{R}}, \ \text{tang } \alpha = \frac{\text{Y}}{\text{X}} \ldots \text{(D)}.$$

Ces expressions font connaître la grandeur et la direction de la résultante R qui est la diagonale du rectangle construit sur X et Y.

Toute droite qui passe par le point dont les coordonnées sont x' et y', et qui fait avec l'axe des x un angle ω, a en général pour équation

$$ y - y' = \text{taug } \alpha \,.\, (x - x'_{\text{t}}). $$

(Cours de Mathém., n° 369.) On a donc pour équation de la direction de la résultante, x' et y' étant les coordonnées du point d'application des forces,

$$ X\,(y - y') = Y\,(x - x') \ldots \ldots \ldots \text{(E)}. $$

Si l'on suppose qu'il y a équilibre, il est clair que cet état doit exister en particulier entre les composantes parallèles à chaque axe, puisque sans cela le système aurait une résultante; les équations qui expriment l'équilibre sont donc

$$ X = 0, \text{ ou } P'.\cos\alpha' + P''.\cos\alpha'' + \text{etc.} = 0, $$
$$ Y = 0, \text{ ou } P'.\sin\alpha' + P''.\sin\alpha'' + \text{etc.} = 0. $$

Il faut pour l'équilibre, que ces deux équations aient lieu à la fois; si l'une d'elles existait seule, telle que $X = 0$, on aurait R $\cos\alpha = 0$, d'où $\cos\alpha = 0$ (et non pas R $= 0$); donc α est le quadrans, c'est-à-dire, que la résultante ferait un angle droit avec l'axe des x; elle serait donc parallèle aux y. De même, si l'on avait $Y = 0$ seulement, la résultante serait parallèle aux x.

25. Nous avons regardé, dans nos équations, les composantes P$'$ cos α', P$''$ cos α'' $\ldots\ldots$ comme positives; mais il peut en être différemment, et leurs signes dépendent de la direction et du sens dans lequel chaque force agit. Pour les déterminer, il suffira d'observer ce qu'on a dit (12); car il est clair qu'ici il faudrait soustraire celles de ces composantes qui agissent dans des sens directement opposés aux autres. Nous pouvons donc conclure de là que *l'on doit regarder comme positives les composantes dans le sens d'un des axes, qui tendent à augmenter la*

coordonnée du point sollicité par rapport à cet axe, et comme négatives les composantes qui tendent à diminuer cette même coordonnée.

Il y a un autre moyen de déterminer les signes, qui revient au précédent, mais qui est plus analytique. Voici en quoi il consiste. Concevons que du centre M (fig. 15), auquel les forces sont appliquées, on ait décrit le cercle BDEF, et mené les droites EB, FD parallèles aux axes Ax et Ay. En prenant le point B pour origine des arcs, toute droite, telle que MP ou MQ, qui tombe en dessus de EB, fait avec cette ligne un angle dont le sinus est positif, tandis que ce sinus est négatif pour les lignes MS et MT qui tombent en dessous. Pareillement, les lignes qui sont à droite de DF, forment avec EB des angles dont les cosinus sont positifs, tandis que celles qui sont à gauche ont les cosinus négatifs. (Cours de Mathém., n° 349.)

Si donc on fait tourner une force autour du point M qu'elle tire, il suit de ce qu'on a dit ci-dessus, qu'en passant d'un quadrans à l'autre, le signe de l'une de ses composantes devra changer aussi : ce qui revient à dire que les produits P sin α seront positifs ou négatifs avec sin α, c'est-à-dire, suivant que la force P tombera au-dessus ou au-dessous de EB. De même P cos α sera positif ou négatif suivant que P sera disposé à droite ou à gauche de DF.

Mais pour n'avoir ainsi égard qu'aux directions de P′, P″, etc., il faut supposer que toutes ces forces tirent le point matériel M dans les sens de leurs directions respectives, où que toutes le poussent : cette hypothèse est permise, puisque, si pour une puissance en particulier il en était autrement, il suffirait de l'appliquer sur son prolongement et en sens opposé. Cette manière de déterminer les signes est réellement beaucoup plus analytique, puisque, conformément aux principes de l'Algèbre, lorsqu'un problème est posé en équation, il ne s'agit que de traiter celle-ci d'après des règles connues, et il n'est plus nécessaire de recourir au problème proposé afin d'établir certaines distinctions. On voit que notre procédé nous permet de traiter les produits P′ cos α′, P″ cos α″.... à la manière des quantités algébriques, et sans nous embarrasser si elles ont trouvé leur origine dans des forces décomposées. Ainsi nous regarderons à l'avenir le signe des quantités $P'\cos\alpha'$, $P''\cos\alpha''\ldots$ comme déterminé par celui de $\cos\alpha'$, $\cos\alpha''\ldots$ et les quantités P', $P''\ldots$ ne seront plus considérées que comme des nombres abstraits.

26. On tire des deux équations (B, p. 25) une conséquence remarquable. Prenons dans le plan des forces un point arbitraire S, et menons au point d'application M (fig. 14) la droite $MS = s$; soit θ l'angle qu'elle forme avec l'axe des x; $\alpha' - \theta$ sera l'angle SMP', formé par MS et la direction MP' de la force P': or, si du point S on abaisse $Sa = p'$, perpendiculaire sur MP', on aura dans le triangle SMa, $Sa = s \times \sin(\alpha' - \theta) = p'$. On en dira autant pour les autres forces; nommons r, p', $p''\ldots$ les perpendiculaires abaissées de S sur les directions de R, P', P''.... Or, multipliant la 1re des équations B par $s . \sin\theta$, et la 2e par $s\cos\theta$, retranchant et observant que...........
$\sin(\alpha - \theta) = \sin\alpha . \cos\theta - \sin\theta . \cos\alpha$, on a

$$Rs . \sin(\alpha - \theta) = P's . \sin(\alpha' - \theta) + P''s . \sin(\alpha'' - \theta) + \text{etc.}$$

ou $\qquad Rr = P'p' + P''p'' + \text{etc.} \quad \ldots \quad (F).$

On est convenu d'appeler MOMENT le produit de la grandeur d'une puissance par sa distance à un point fixe; ainsi l'équation (F) désigne que *le moment de la résultante est égal à la somme des momens des composantes.*

On doit entendre ici par *somme des momens*, les produits $P'p'$, $P''p''\ldots$ chacun pris avec son signe : ce signe ne dépend que de la direction des puissances, c'est-à-dire de p', $p''\ldots$ puisque (25) les forces sont supposées tirer toutes à la fois le point matériel M. Or, l'équation $r = s . \sin(\alpha - \theta)$ indique que suivant que $\sin(\alpha - \theta)$ sera positif ou négatif, le moment Rr aura le signe $+$ ou le signe $-$: il en est de même des autres forces. On conclut de là, et de la manière dont on détermine les signes des sinus, que toute force qui tombe d'un côté de la droite MS à son moment positif, tandis qu'on doit regarder comme négatif, le moment d'une puissance qui est disposée de l'autre côté, en supposant toutefois que toutes les forces tirent le point M, ou si l'on veut, qu'elles le poussent toutes. Les pieds des perpendiculaires, tels que a, b, c,.... (fig. 16.) sont d'ailleurs tous sur la circonférence d'un cercle décrit sur SM comme diamètre.

Il convient, pour bien saisir l'esprit de ce genre de considérations, de recourir aux principes mêmes qui servent à la détermination des signes dans les problèmes de Géométrie. (Cours de Mathém., n° 333.)

Ainsi $P'p'$, $P''p''$, $P'''p'''$ seront positifs dans la fig. 16, et $P^{\mathrm{iv}}p^{\mathrm{iv}}$, $P^{\mathrm{v}}p^{\mathrm{v}}$, $P^{\mathrm{vi}}p^{\mathrm{vi}}$ seront négatifs, ou réciproquement. Or, observons que si l'on considère le point S comme fixe, et les droites Sa, Sb.... comme des verges rigides, l'action de chacune des forces sur le point M ne peut être que de le faire tourner autour de S : de plus les momens positifs appartiennent aux forces qui tendent à faire tourner dans un sens, tandis que les momens négatifs sont relatifs aux forces qui tendent à faire tourner en sens contraire : on conclut de là que l'équation (F) peut s'énoncer ainsi : *Lorsqu'on a plusieurs forces appliquées à un point matériel, et disposées dans un même plan, le moment de la résultante est égal à l'excès de la somme des momens des forces qui tendent à faire tourner dans un sens, sur celle des momens des forces qui tendent à faire tourner en sens contraire, autour de l'origine des momens.* Mais on remarquera que l'idée de *rotation* qui est introduite ici n'est pas nécessairement liée au principe précédent ; le mouvement n'y est que de pure commodité pour déterminer les signes, et ne fait pas partie nécessaire de ce principe.

L'équation (F) devient

$$P'p' + P''p'' + \text{etc.} = 0$$

dans le cas de $Rr = 0$; c'est-à-dire, 1°. lorsque $R = 0$; alors le système est en équilibre ; et 2°. lorsque $r = 0$, ou que l'origine des momens est prise sur la direction même de la résultante. Ainsi *la somme des momens des forces qui tendent à faire tourner dans un sens, est égale à la somme des momens des forces qui tendent à faire tourner en sens contraire*, 1°. *quand il y a équilibre*, 2°. *lorsque l'origine des momens est prise sur la direction de la résultante*. En général, s'il y avait quelque force dont la direction passât par l'origine S des momens, son moment serait nul.

27. Prenons maintenant *le cas où les puissances ont des directions quelconques dans l'espace*. Concevons par un point arbitraire A (fig. 12) dans l'espace, trois droites AP, AS, AQ, rectangulaires entre elles; nommons AP *l'axe des* x, AS *l'axe des* y, et enfin AQ *l'axe des* z. Le plan PAS passant par les axes des y et des x, sera *le plan des* xy; de même le plan SAQ, qui passe par les axes des y et des z, sera le plan des yz; enfin le plan PAQ sera celui des xz. Nous conserverons dans la suite ces dénominations.

Cela posé, soient des puissances ...... P′, P″, P‴ ......
dont les directions forment,

avec l'axe des x, les angles.............. α', α'', α''' .....
avec l'axe des y .... β', β'', β''' .....
avec l'axe des z .... γ', γ'', γ''' .....

En décomposant chacune de ces forces en trois autres (23), dont les directions soient parallèles aux axes, les composantes de P′ sont P′ cos α', P′ cos β', P′ cos γ' : on en dira autant des autres puissances P″, P‴.... on aura trois groupes de forces dont chacun équivaut à une puissance unique égale à leur somme, puisque ces composantes, agissant sur un point, sont dirigées dans une même droite. Faisons usage de la notation précédente, et nommons X, Y et Z les trois forces parallèles respectivement aux x, y et z, nous aurons

$$X = P' \cos\alpha' + P'' \cos\alpha'' + P''' \cos\alpha''' + \ldots$$
$$Y = P' \cos\beta' + P'' \cos\beta'' + P''' \cos\beta''' + \ldots$$
$$Z = P' \cos\gamma' + P'' \cos\gamma'' + P''' \cos\gamma''' + \ldots$$

Si quelqu'une de ces composantes agissait en sens contraire des autres, elle devrait être prise négativement; on reproduirait donc ici les raisonnemens du n° 24; relativement à la détermination des signes des termes $P'\cos\alpha'$, $P''\cos\alpha''$ ..... soit d'après le sens où agit chaque composante, soit d'après le signe des cosinus.

Soient α, ϵ et γ les angles inconnus que forme la direction de la résultante R avec les trois axes; $R\cos\alpha$, $R\cos\epsilon$, $R\cos\gamma$, sont ses composantes dans le sens des axes; on a donc

$$R\cos\alpha = X,\quad R\cos\epsilon = Y,\quad R\cos\gamma = Z.\dots\ (G)$$

Pour avoir la résultante et sa direction, ajoutons les carrés de ces équations; nous aurons

$$R^2\,(\cos^2\alpha + \cos^2\epsilon + \cos^2\gamma) = X^2 + Y^2 + Z^2.$$

Or, on sait (page 23) que $\cos^2\alpha + \cos^2\epsilon + \cos^2\gamma = 1$; donc

$$R = \sqrt{\{\,X^2 + Y^2 + Z^2\,\}}$$

d'ailleurs les équations (G) donnent

$$\cos\alpha = \frac{X}{R},\quad \cos\epsilon = \frac{Y}{R},\quad \cos\gamma = \frac{Z}{R}$$

$$\left.\vphantom{\begin{matrix}1\\2\end{matrix}}\right\}\dots\ \ (H).$$

Ces équations déterminent la résultante R et sa direction. On peut observer qu'elles indiquent que si l'on projette toutes les forces sur les trois axes coordonnés, et qu'on réduise pour chaque axe les composantes en une seule (12), les trois forces qu'on obtiendra seront les composantes de la résultante R, qui est la diagonale du parallélépipède rectangle construit sur X, Y et Z.

Soient x', y' et z' les coordonnées du point d'application des forces; les projections (V. Cours de Mathém., n°s 612 et 618) de la résultante sur les trois plans coordonnés passeront par celles de ce point; les équations de cette droite seront donc

$$y - y' = a (x - x') \ldots \text{ sur le plan des } xy,$$
$$z - z' = b (x - x') \ldots \text{ sur le plan des } xz,$$
$$b(y - y') = a (z - z') \ldots \text{ sur le plan des } yz,$$

a et b étant les tangentes des angles que forme l'axe des x avec ces projections sur les plans des xy et des xz : ainsi menons par le point A (fig. 13), auquel les forces sont appliquées, les lignes AP, AS et AQ, parallèles aux axes des x, des y et des z; la projection de la résultante R sur le plan PAS est AT; AI, AB et AC représentent R, X et Y; or on a dans le triangle AHB, tang. $HAB = \dfrac{HB}{AB}$: donc $a = \dfrac{Y}{X}$; on trouverait de même $b = \dfrac{Z}{X}$. Les équations de la résultante sont donc

$$\left.\begin{array}{l} X(y - y') = Y(x - x') \\ X(z - z') = Z(x - x') \\ Z(y - y') = Y(z - z') \end{array}\right\} \ldots\ldots (I)$$

une d'elles est comportée par les deux autres.

28. Si le système est en équilibre, il est clair que cet état doit avoir lieu en particulier entre chacun des groupes de forces parallèles aux axes; ainsi les équations d'équilibre sont

$$X = 0, \quad Y = 0, \quad Z = 0 \ldots\ldots (K).$$

On voit donc que si l'on projette les forces sur les trois axes coordonnés, les composantes dirigées selon chaque axe devront s'entre-détruire.

Tout ce qui a été dit n° 24 n'est qu'un cas particulier du problème que nous venons de traiter; car si toutes les forces sont dans le plan xy, elles forment des angles droits avec l'axe des z, et l'on a $\cos \gamma' = \cos \gamma'' = 0\ldots$, d'où $Z = 0$, $\cos \gamma = 0$ et $\cos^2 \alpha + \cos^2 \zeta = 1$, ou $\sin \alpha = \cos \zeta$. On retrouve donc ainsi les équations du n° 24.

Si ces trois équations (K) n'avaient pas lieu à la fois, il n'y aurait pas équilibre dans le système; si l'on avait seulement $X = 0$, on aurait $R.\cos \alpha = 0$, et par conséquent $\cos \alpha = 0$, ou $\alpha =$ le quadrans; ce qui désignerait que la résultante est située dans un plan perpendiculaire à l'axe des x. Si l'on avait à la fois $X = 0$, $Y = 0$, il serait de même aisé de voir que la résultante serait parallèle à l'axe des z.

29. Concluons de là qu'il faut TROIS CONDITIONS pour déterminer la résultante d'un système de forces qui agissent sur un *point matériel libre* dans l'espace; mais qu'il n'en faut que DEUX lorsque ces forces sont dans un plan, et UNE SEULE si elles agissent suivant une droite (n° 12).

Si l'on projette P, Q,... *et* R *sur un plan quelconque, la projection de* R *est la résultante des forces projetées;* car la composition de ces dernières se fait visiblement en reproduisant les équations Q, lorsque le plan de projection est l'un des plans coordonnés. Ainsi *dans un système en équilibre, cet état subsiste entre les projections des forces sur un plan ou sur un axe quelconques.*

Si l'on prend les momens des forces projetées relativement à un point de leur plan, la proposition du n° 26 existe; et si l'on choisit un point quelconque de l'espace et qu'on le projette sur les trois plans coordonnés, le moment de la résultante projetée sera égal à la somme des momens des composantes relativement aux projections de ce point. Dans le cas d'équilibre, ou lorsque la résultante est dirigée vers le point, cette somme est nulle.

Nous examinerons plus tard (95) l'équilibre dans le cas où le mobile n'est pas libre de se mouvoir dans tous les sens.

IV. *Des Forces parallèles.*

30. Soient deux forces parallèles p et q (fig. 18), agissant dans le même sens, et appliquées aux deux extrémités E et F de la ligne EF sur laquelle leur inclinaison est quelconque: il est clair qu'on ne changera rien à l'état du système si l'on y introduit deux nouvelles forces p' et q' égales, opposées et

agissant dans la direction de la ligne EF, quelles que soient
d'ailleurs les grandeurs de ces forces. On composera les deux
forces p et p' en une seule P; de même la force Q remplacera q et q'. La résultante de p et q sera donc la même que
celle des deux forces P et Q, qui concourent au même point
A, résultante qu'on sait d'ailleurs trouver (20). Il ne s'agit
donc, pour résoudre le problème proposé, que d'exprimer par
le calcul toutes ces conditions.

Pour cela, par le point A, menons les parallèles BC à EF,
et AR à Ep; de plus, concevons les deux forces P et Q appliquées en A (13), et décomposons la puissance P en deux autres
dirigées suivant AB et AO : la 1re sera p', la 2e p, puisque les
circonstances de la décomposition de P sont les mêmes en A
qu'en E (p. 12) : de même décomposons Q en q' et q, agissant
suivant AC et AO. Les deux forces q' et p' égales, par hypothèse,
se détruisent : la résultante de p et q agit donc suivant AO,
et est $= p + q$; c'est-à-dire qu'*elle est parallèle aux composantes
et égale à leur somme.*

Il ne s'agit plus pour connaître cette résultante, que de
déterminer le point O par lequel elle passe : or, puisque
P est la résultante de p et p', il suit, du n° 20, que
$$\frac{p'}{p} = \frac{\sin pEP}{\sin p'EP} = \frac{\sin EAO}{\sin AEO} = \frac{EO}{AO},$$ puisque dans le triangle EAO,
le rapport de ces sinus est égal à celui des côtés opposés aux
angles. On trouve de même $\frac{q}{q'} = \frac{AO}{FO}$. Or, comme $p' = q'$,
on élimine ces quantités, et il vient $\frac{q}{p} = \frac{EO}{FO}$, ou $\dots\dots$
$q \times FO = p \times EO$; équation qui fixe la situation du point O
et prouve qu'*il divise* EF *en parties réciproquement proportionnelles aux forces* p *et* q.

Donc en général *la résultante de deux forces parallèles est
égale à leur somme, leur est parallèle, et divise la droite d'application en deux parties réciproquement proportionnelles aux
composantes.*

31. Soient deux forces P et Q parallèles, et R leur résultante

appliquées en A , C et B (fig. 17); soient aussi $AB = p, BC = q$, $AC = a$; on vient de démontrer que

$$R = P + Q, \quad Pp = Qq, \quad a = p + q \ldots. (L).$$

Ces équations renferment six quantités R, P, Q, a, p et q; il suffit donc de connaître trois d'entre elles, pour en conclure les trois autres par le calcul. On pourrait même n'en connaître que deux; mais alors il faudrait avoir une nouvelle équation pour que le problème fût déterminé; et ainsi de suite. En général, il faut toujours remonter aux équations (L) pour résoudre les problèmes relatifs à la résultante de deux forces parallèles. Nous en allons donner plusieurs exemples.

I. Proposons-nous de mettre en équilibre deux forces P et Q qui agissent dans le même sens (fig. 17); A et C sont les points d'application. Ici a, P et Q sont seuls connus : les trois quantités p, q et R devront donc être déterminées par les trois équations (L). En éliminant, on trouve

$$R = P + Q,$$

$$p = \frac{aQ}{P+Q} = \frac{aQ}{R}, \quad q = \frac{aP}{P+Q} = \frac{aP}{R}.$$

Une fois le point B déterminé, on y mettra un appui fixe, ou une force égale à P + Q, dirigée en sens contraire de P et Q, et parallèle à ces composantes.

II. Supposons qu'il s'agisse de *trouver les efforts qu'exerce en deux points donnés A et C d'une droite AC (fig. 17), une force R appliquée en B :* pour cela il faut trouver deux forces P et Q qui soient parallèles à R, appliquées en A et C, et dont R soit la résultante. On connaît ici R, p et q; il faut trouver P et Q. Éliminons entre les équations (L), il viendra, comme ci-dessus,

$$Q = \frac{pR}{a} = \frac{pR}{p+q}, \quad P = \frac{qR}{a} = \frac{qR}{p+q} \ldots. (M).$$

III. Regardons Q, *a* et *q* comme inconnues : R, P et *p* seront les données ; et nous résoudrons par là ce problème : *Décomposer une force donnée* R *en deux autres* P *et* Q, *telles que la grandeur de l'une d'elles* P, *et son point d'application* A, *soient connus.*

Éliminons Q, *a* et *q*, nous trouverons

$$Q = R - P, \quad q = \frac{Pp}{R - P}, \quad a = \frac{Rp}{R - P}.$$

Il est aisé, d'après cela, de *produire l'équilibre entre deux forces parallèles et opposées* P et R (fig. 19) : en effet, soit R la plus grande, décomposons cette force en deux autres, dont l'une P′ soit égale et opposée à P ; les valeurs ci-dessus déterminent l'autre composante Q et le point C où elle doit être appliquée. Comme P et P′ se détruisent, la force Q est la résultante cherchée de P et R, en sorte qu'une force Q′, égale et opposée à Q, produirait l'équilibre. Il suit de là que *la résultante de deux forces parallèles qui agissent en sens contraire est égale à la différence des composantes, et agit dans le sens de la plus grande des deux.* Et comme, en divisant, les deux dernières équations donnent *a*P = R*q*, on voit que le point d'application de cette résultante est placé en dehors des forces et du côté de la plus grande en un point tel, que les longueurs *a* et *q* sont encore réciproquement proportionnelles aux forces P et R.

Si les forces opposées R *et* P *étaient égales,* on aurait Q = o et *a* = ∞ : de sorte que pour produire l'équilibre il faudrait appliquer une force nulle à une distance infinie ; ainsi, dans ce cas, les équations (L) ne peuvent avoir lieu ensemble. (*V.* Cours de Mathém., n° 115.) Cependant si l'on admet la possibilité que P et R aient une seule résultante, c'est-à-dire, puissent être mises en équilibre par une troisième force Q′, il doit être possible aussi de décomposer la force R en deux autres qui détruisent P et Q′ ; d'où il suit qu'on devrait pouvoir effectuer le calcul précédent. Donc lorsque P = R, *une force unique ne suffit pas pour produire l'équilibre.*

Prenons entre A et B un point quelconque I, et décomposons la force R en deux autres, dont l'une agisse en I et soit $= M$, M étant d'ailleurs quelconque et $< R$: l'autre est.....
$Q = R - M$, et agit en un point C, pour lequel on a.......
$BC = q = \dfrac{M \times IB}{Q}$. Opérons de même pour P, en prenant aussi M pour la composante en I : comme $P = R$, l'autre N sera aussi $Q = R - M$ et appliquée à gauche de A, en un point O, tel que $AO = q' = \dfrac{M \times AI}{Q} = \dfrac{M(p - IB)}{Q}$, en faisant $AB = p$.

Ces quatre puissances se réduisent à deux forces égales à Q, opposées et parallèles.; donc si l'on introduit deux puissances qui leur soient égales et directement opposées, elles détruiront P et R. La grandeur et les points d'application de ces deux forces $= Q$ ne sont pas déterminés, puisqu'ils dépendent de la force M et du point I, qui sont quelconques : on voit donc qu'on *peut d'une infinité de manières, à l'aide de deux forces égales, produire l'équilibre entre deux puissances égales opposées et parallèles* (*).

32. Nous pouvons maintenant trouver la résultante d'un système de forces parallèles P, Q, S et T (fig. 20), qui agissent sur un corps. En effet, joignons les points A, B, C, D où elles sont appliquées, puis composons d'abord les deux forces P et Q : soit R leur résultante et a son point d'application. On joindra les points a et D, et on composera de nouveau les forces T et R : soit b le point d'application de leur résultante, qui équivaudra aux trois puissances P, Q et T. Menant bC, on obtiendra facilement la résultante de la force qu'on vient de trouver et de la force S, etc.

(*) C'est sur cette propriété de l'équilibre entre des forces égales et opposées que le savant M. Poinsot a établi les fondemens de sa Statique ; il donne à ce système le nom de *Couples*, et combinant avec adresse des couples entre eux, il en déduit très facilement les conditions d'équilibre dans toutes les circonstances. Nous renvoyons à cet intéressant ouvrage pour apprécier le mérite de ce genre de considérations. Voyez aussi le 13e cahier du Journal de l'École Polytechnique.

Si les forces agissent dans les sens différens, on composera d'abord celles qui tirent dans le même sens, puis celles qui tirent en sens contraire : il restera à composer entre elles ces deux dernières forces. Si elles sont égales, il y aura équilibre dans le cas où elles agiraient suivant la même droite : dans le cas contraire, il ne serait pas possible de les mettre en équilibre à l'aide d'une seule puissance.

Il est aisé de conclure de là que 1°. *la résultante générale est parallèle aux composantes et égale à leur somme, si elles agissent dans le même sens : ou égale à la somme des forces qui tirent dans un sens, moins la somme des forces qui tirent en sens contraire.*

2°. Le point a où est appliquée la résultante R des forces P et Q, divise la droite AB en parties qui sont entre elles réciproquement comme ces forces : d'où il suit que ce point ne dépend ni de leur direction commune, ni de leurs grandeurs, mais seulement de leur rapport. En sorte que ce point a serait le même, si l'on faisait varier la direction des forces P et Q et leur intensité, pourvu qu'elles fussent toujours parallèles et que leur rapport n'eût pas changé. On en dira autant du point b, où est appliquée la seconde résultante, et ainsi de suite. Le point c d'application de la résultante générale jouit donc de la même propriété, lorsque les composantes varient proportionnellement, sans cesser d'être parallèles.

Donc *si l'on incline toutes les forces dans diverses situations, de manière qu'elles conservent leurs points d'application, leurs grandeurs et leur parallélisme, la résultante passera toujours par le même point;* ce point constant est ce qu'on nomme le *Centre des forces parallèles.*

Il est d'ailleurs évident que si tous les points d'application sont dans un même plan, ou sur une même droite, le centre des forces parallèles est situé sur ce plan ou sur cette droite.

Au reste, nous ne présentons ce moyen de composer les forces parallèles que pour en faire concevoir nettement la théorie. Nous donnerons bientôt des procédés analytiques généraux pour résoudre ce problème.

· 33. Soient P et Q deux forces parallèles agissant dans le même sens, et leur résultante R (fig. 22) : d'un point quelconque A de leur plan pris en dehors des forces, menons la droite AD perpendiculaire à leurs directions, et regardons les points B, C et D comme ceux où ces forces sont appliquées ; faisons $AC = r$, $AB = p$, $AD = q$; comme $AC = BC + AB = AD - DC$, ou $r = BC + p = q - DC$, en multipliant l'équation........ $R = P + Q$ par r, on trouve $Rr = P(BC + p) + Q(q - DC)$, et comme $P \times BC = Q \times DC$, on en conclut

$$Rr = Pp + Qq \ \dots \ (N).$$

Prenons maintenant le point A′, au-dedans de l'espace PBQD (fig. 22), et désignons par p, q, r, les distances des forces à ce point ; on a $A'C = BC - A'B = A'D - CD$ ou $r = BC - p = q - CD$; multiplions de même par r l'équation $R = P + Q$, nous aurons, en réduisant,

$$Rr = Qq - Pp.$$

Ainsi le moment de la résultante est égal à la somme dans le premier cas, et à la différence dans le second cas, des momens des composantes.

Voyons maintenant ce qui arrive lorsque les forces agissent en sens opposé. Puisque la force Q′ (fig. 19), égale et opposée à la résultante Q, met en équilibre les composantes P et R, on peut regarder la force R comme destinée à mettre P et Q′ en équilibre. Les équations précédentes devant avoir lieu pour les composantes P et Q′ et leur résultante qui est une force égale et opposée à R, il vient $Rr = Q'q \pm Pp$, en cumulant, par le double signe $\pm$, les deux cas où l'origine des momens est prise en dehors des forces P et R, ou entre elles. Comme $Q = Q'$, on tire de là

$$Qq = Rr \mp Pp;$$

ce qui démontre que le moment de la résultante Q des deux

forces R et P qui agissent en sens contraire, est encore ici égal à la somme ou à la différence des momens des composantes : seulement on prendra le signe — dans le cas où l'origine des momens sera en dehors des forces, et le signe + dans l'autre cas ; ce qui est précisément le contraire de ce qu'on a fait ci-dessus.

Concluons de là que l'équation (N) est vraie dans tous les cas, et que *le moment de la résultante de deux forces parallèles est égal à la somme des momens des composantes;* mais il faut avoir soin d'attribuer à ces momens des signes conformes à ceux qu'on vient de trouver: Or, il est facile de voir qu'il suffit pour cela de regarder comme affectées de signes contraires, 1°. les perpendiculaires p et q, lorsque partant de l'origine des momens, elles sont dirigées dans des sens opposés; et, 2°. les forces P et Q, lorsqu'elles agissent en sens contraire.

On peut encore remarquer, comme précédemment (26), que cette manière de déterminer les signes, équivaut à regarder comme affectés de signes différens les momens des forces qui tendent à faire tourner le système en sens contraires autour de l'origine A ou A′ supposée fixe, et ne pas oublier toutefois que la rotation qu'on introduit ici n'est que de pure commodité.

34. On observera que tout ce que nous venons de dire pour la ligne AD (fig. 22), menée à angle droit sur les directions des forces, a encore lieu pour toute autre ligne AG, menée d'une manière quelconque; c'est-à-dire qu'on a aussi

$$R \times AF = P \times AE + Q \times AG.$$

Cela résulte de ce que le théorème du n° 30 a lieu, quels que soient les angles formés par les forces parallèles avec la ligne sur laquelle sont situés leurs points d'application.

Nous pourrons même dire que dans tous les cas, *la résultante de deux forces est égale à leur somme, et que le moment de la résultante est la somme de leurs momens,* pourvu que nous ne considérions plus les perpendiculaires et les forces

mêmes que comme de simples nombres abstraits, et que nous
attribuions à chacune un signe dépendant du sens suivant lequel
elle est dirigée. C'est pour donner à ce théorème toute l'évidence possible, que nous avons développé successivement les
quatre cas que le système de deux forces peut présenter : mais
il aurait été entièrement rigoureux de le conclure de l'équation (N), en recourant aux principes généralement avoués relativement aux signes algébriques. (*V.* Cours de Mathém.,
n° 33o.)

35. Le théorème du n° 33 tenant lieu des principes précédens, peut être employé à la résolution des problèmes relatifs
à la composition de deux forces parallèles. Reprenons, par
exemple, ceux du n° 31, et les désignations qui y sont employées.

Dans le premier (fig. 17) où il s'agit de trouver la résultante
de deux forces P et Q parallèles qui agissent dans le même sens,
on a $R = P + Q$: et si l'on forme tour à tour les produits des
puissances par les distances de leurs points respectifs d'application aux points A et C, ceux des forces P et Q seront successivement nuls, et on aura $Rp = aQ$, $Rq = aP$. On retrouve
ainsi les valeurs de R, p et q.

Ces mêmes équations font aussi connaître les composantes
P et Q d'une force connue R, lorsque leurs points d'application
A et C sont donnés.

Enfin, si l'on veut composer deux forces parallèles opposées
P et R (fig. 19), en prenant pour origine le point A d'application de la plus petite P, on a $aQ = Rp$, outre $Q = R - P$. On
reproduit ainsi les solutions déjà obtenues. Mais cette marche
est surtout utile dans les théorèmes suivans.

36. Soit un système quelconque de forces parallèles P′, P″, P‴....
appliquées dans l'espace aux divers points d'un corps ; désignons
par x', y', z' ; x'', y'', z'',... les coordonnées respectives de ces
points rapportés à trois axes rectangulaires Ax, Ay et Az
(fig. 21) : soient enfin D et K les points d'application des
forces P′ et P″, G celui de leur résultante R′ ; nommons a',
b' et c' les trois coordonnées de G, nous aurons

$$AB = x', \quad BC = y', \quad CD = z',$$
$$AH = x'', \quad HI = y'', \quad IK = z'',$$
$$AE = a', \quad EF = b', \quad FG = c'.$$

Prolongeons la droite DK jusqu'à la rencontre L avec le plan zy, nous aurons $R' = P' + P''$, et

$$R' \times LG = P' \times LD + P'' \times LK \,;$$

et comme les distances LG, LD, LK, sont proportionnelles à leurs projections AE, AB et AH, sur l'axe des x, on peut remplacer les unes par les autres dans notre équation, qui devient par là $R'a' = P'x' + P''x''$. On raisonnera de même par rapport aux axes des y et des z; on a donc

$$R' = P' + P'', \qquad\qquad R'b' = P'y' + P''y'',$$
$$R'a' = P'x' + P''x'', \qquad\qquad R'c' = P'z' + P''z''.$$

Il suit des développemens donnés dans le n° 33 sur les signes, que les termes de ces équations ne sont pas essentiellement positifs. On devra examiner, pour fixer ces signes, si l'une des forces P', P'', n'agit pas en sens contraire, et si quelqu'une des coordonnées x', y', z',... n'est pas négative; puis on combinera ces diverses circonstances. Les facteurs de chaque terme ayant ainsi un signe connu, celui de leur produit s'ensuivra. On devra faire la même remarque par la suite. Du reste, ces quatre équations font connaître la grandeur de la résultante, le sens dans lequel elle agit et le point où elle est appliquée : c'est ce qui sera bientôt développé plus au long.

Composons maintenant la force R' (qui remplace P' et P'') avec la force P'''; on aura de même

$$R'' = R' + P'', \quad R''a'' = R'a' + P'''x''',$$
$$R''b'' = R'b' + P'''y''', \quad R''c'' = R'c' + P'''z''';$$

substituant pour R', $R'a'$, $R'b'$, $R'c'$, leurs valeurs, on obtient celles de R'', $R''a''$, $R''b''$, $R''c''$. Il est donc visible, en étendant ce raisonnement à toutes les forces, que pour en déterminer la résultante R et sa position, on a les équations

$$R = P' + P'' + \text{etc.}, \quad Rx = P'x' + P''x'' + \text{etc.} \atop Ry = P'y' + P''y'' + \text{etc.}, \quad Rz = P'z' + P''z'' + \text{etc.} \Bigr\} \dots (O).$$

On doit toujours observer de *prendre négativement les forces et les coordonnées dirigées en sens contraire de celles qu'on regarde comme positives.* La première de ces équations détermine la grandeur de la résultante; son point d'application a pour coordonnées (*)

$$\left. \begin{aligned} x &= \frac{P'x' + P''x'' + \text{etc.}}{P' + P'' + \text{etc.}} = \frac{\Sigma\,(P'x')}{\Sigma\,(P')} \\ y &= \frac{P'y' + P''y'' + \text{etc.}}{P' + P'' + \text{etc.}} = \frac{\Sigma\,(P'y')}{\Sigma\,(P')} \\ z &= \frac{P'z' + P''z'' + \text{etc.}}{P' + P'' + \text{etc.}} = \frac{\Sigma\,(P'z')}{\Sigma\,(P')} \end{aligned} \right\} \dots\dots (P).$$

Observons que les coordonnées x, y et z désignent les distances respectives des plans des yz, xz et xy, aux points d'application des forces : Rx, $P'x'$, $P''x''$... sont donc les produits des forces, par les distances de leurs points d'application au plan yz; c'est ce qu'on nomme les momens de ces forces par rapport au plan de yz; de même Ry, $P'y'$, $P''y''$.... sont leurs momens par rapport au plan des xz. Ainsi *la résultante d'un système de forces parallèles est parallèle à ces forces, et égale à leur somme ; son moment est égal à la somme des momens des*

(*) Lorsqu'un polynome est composé d'une suite de termes semblables et qui ne diffèrent que par les accens dont les lettres sont affectés, on en abrège l'écriture en n'écrivant que l'un de ces termes, qu'on fait précéder de la caractéristique Σ; par exemple

$$\Sigma\,(P'x') = P'x' + P''x'' + \text{etc.}, \quad \Sigma\,(P'\cos a') = P'\cos a' + P''\cos a'' + \dots$$

le Σ désigne alors une somme finie, qui se change en $\int$ et dénote une intégrale quand le nombre des termes est infini, et chaque terme une différentielle.

composantes. Ce théorème sert à faire connaître la grandeur, la direction et la position de la résultante, bien entendu que les signes doivent toujours être déterminés d'après les considérations exposées (33).

On ne devra point oublier par la suite que les momens dont il s'agit ici sont très différens de ceux que nous avons déjà employés, puisque c'était alors (26) des produits de forces par leurs distances à un point pris dans leur plan, tandis que *lorsqu'il est question de forces parallèles, on entend par momens les produits de ces forces par les distances de leurs points d'application à un plan quelconque.*

Si le plan des xy a été pris perpendiculaire aux directions des forces, chacune d'elles est projetée sur ce plan en un point; les x et les y désignent les distances respectives de ces forces aux plans des yz et des xz, auxquels elles sont parallèles; il suffit alors de prendre les momens des composantes par rapport à deux plans parallèles, pour en conclure la distance de la résultante à ces plans : ainsi on doit employer alors seulement les trois équations

$$\left. \begin{array}{l} R \ = P' \ + P'' \ + \text{etc.} \ = \Sigma \ (P') \\ Rx = P'x' + P''x'' + \text{etc.} \ = \Sigma \ (P'x') \\ Ry = P'y' + P''y'' + \text{etc.} = \Sigma \ (P'y') \end{array} \right\} \ldots \ldots (Q)$$

La première détermine la grandeur de la résultante; les deux autres en donnent les distances x et y aux plans des yz et des xz, et font connaître sa direction; on a

$$x = \frac{\Sigma \ (P'x')}{R}, \ y = \frac{\Sigma \ (P'y')}{R} \ldots \ldots (R)$$

Si toutes les forces étaient disposées dans un même plan, qu'on pourrait prendre pour celui des xy, on aurait $z' = 0$, $z'' = 0$... et par conséquent $z = 0$; ainsi la résultante serait située dans le plan des forces. De plus, on aurait seulement les trois équations (Q), qui donneraient les valeurs (R) pour les coordonnées du point d'application. Si les forces étaient parallèles à l'axe des y, la résultante le serait aussi, et serait déterminée par les deux premières équations (Q).

37. Les équations (P) étant indépendantes des directions des forces, il est évident que le point qui a pour coordonnées x, y, z, doit rester le même, lorsqu'on fait prendre aux forces d'autres directions parallèles; pourvu qu'on ne change pas leurs points d'application. Il s'ensuit que dans tout système de forces parallèles, il existe un point, indépendant de leur direction commune, *par lequel passe toujours la résultante, lorsqu'on fait tourner les forces* sur leur point d'application, sans cesser d'être parallèles entre elles; les valeurs (P) donnent les coordonnées de ce point qui est le *Centre des forces parallèles*. On observe en outre que ce centre est unique dans le système, et qu'il ne varie pas lorsqu'on fait varier proportionnellement les forces, c'est-à-dire en substituant $n\mathrm{P}'$, $n\mathrm{P}''$... à P', P''.., puisque cela revient à multiplier les deux termes de chaque fraction par n.

Lorsque les forces sont disposées dans un même plan, le centre des forces est dans ce plan, et ses coordonnées sont les valeurs (R). Il serait également facile de voir que lorsque les points d'application des forces sont tous sur une droite, le centre des forces est sur cette droite. Nous retrouvons donc par l'analyse les divers théorèmes du n° 32.

38. Soit un système de forces P', P'',... $\mathrm{P}^{(n)}$ parallèles en équilibre; l'une quelconque d'entre elles, telle que $\mathrm{P}^{(n)}$, devra être égale et directement opposée à la résultante R de toutes les autres : cherchons les équations qui expriment cette condition. Composons en une seule puissance R toutes les forces du système excepté une $\mathrm{P}^{(n)}$ (fig. 21), la grandeur et les coordonnées a, b et c du point d'application de R, sont données par les équations (O) : on a

$$\mathrm{R} = \mathrm{P}' + \mathrm{P}'' + \text{etc.} = \Sigma\,(\mathrm{P}'),$$

$$a = \frac{\Sigma\,(\mathrm{P}'x')}{\mathrm{R}}, \quad b = \frac{\Sigma\,(\mathrm{P}'y')}{\mathrm{R}}, \quad c = \frac{\Sigma\,(\mathrm{P}'z')}{\mathrm{R}}.$$

Mais en désignant par α et β les angles que forment avec l'axe des z les projections de R sur les plans des xz et yz, on a pour leurs équations

$$x - a = \operatorname{tang} \alpha \,(z - c), \quad y - b = \operatorname{tang} \beta \,(z - c).$$

Maintenant, pour avoir la résultante totale, il ne s'agirait plus que de composer en une seule les deux forces $P^{(n)}$ et R. Mais puisqu'il y a équilibre, il faut qu'elles soient égales et dirigées en sens opposés dans la même droite; ainsi d'une part on a $R = -P^{(n)}$; et de l'autre, les coordonnées $x^{(n)}$, $y^{(n)}$ et $z^{(n)}$ du point d'application de la force $P^{(n)}$ doivent être situées sur la direction de R, et satisfaire aux équations précédentes. Si donc on y substitue pour R, a, b, c, leurs valeurs, on obtient

$$\left. \begin{array}{l} P' \quad + P'' + \text{etc.} = \Sigma\,(P') = 0 \\[4pt] \Sigma\,(P'x') = \operatorname{tang} \alpha \times \Sigma\,(P'z') \ \ldots \\[4pt] \Sigma\,(P'y') = \operatorname{tang} \beta \times \Sigma\,(P'z') \ \ldots \end{array} \right\} \quad \text{(S)}.$$

Telles sont les équations d'équilibre des forces parallèles, en étendant les sommes indiquées par Σ (V. note p. 43) à toutes les forces P', P'', ... $P^{(n)}$.

V. *Des forces de directions quelconques agissant sur un corps solide.*

39. Considérons d'abord le cas où les forces sont dans un même plan, que nous prendrons pour celui des xy. Soit donc une figure plane solide, sur les divers points de laquelle agissent des forces P', P'',.... situées dans le plan de cette figure; désignons par x', y'; x'', y'';... les coordonnées de ces points, et par α', α''.... les angles que ces puissances forment avec l'axe des x. Si l'on décompose P' en deux forces parallèles aux axes, on aura $P' \cos \alpha'$, $P' \sin \alpha'$ pour les composantes; de même $P'' \cos \alpha''$, $P'' \sin \alpha''$ seront celles de P'', etc. Nous aurons ainsi deux groupes de forces parallèles aux axes; il sera aisé de composer chacun d'eux en une seule, d'après ce qu'on a vu (36). En désignant par X la résultante des forces parallèles

aux x, et par b sa distance à cet axe; par Y et par a les mêmes choses relativement à l'axe des y; on obtient

$$X = \Sigma\,(\text{P}'\cos\alpha'), \quad Y = \Sigma\,(\text{P}'\sin\alpha'),$$
$$Xb = \Sigma\,(X'y'), \qquad Ya = \Sigma\,(Y'x').$$

Il est maintenant aisé de composer les deux forces X et Y en une seule R, qui sera d'ailleurs appliquée en leur point de concours, dont les coordonnées sont a et b. Pour faire cette composition, il suffit de remonter aux équations B, C et D, n° 24, en y regardant comme connus X et Y qui égalent R cos α et R sin α. Donc

$$\text{R}\cos\alpha = X = \Sigma\,(\text{P}'\cos\alpha'), \ \text{R}\sin\alpha = Y = \Sigma\,(\text{P}'\sin\alpha')\ldots(\text{T})$$

Comme on peut supposer la force R appliquée en l'un quelconque des points de sa direction, cherchons l'équation de cette droite; puisqu'elle passe par le point dont a et b sont les coordonnées, et qu'elle fait avec l'axe des x un angle α, pour lequel on a X tang $\alpha =$ Y, l'équation propre à tous les points d'application est

$$Xy - Yx = Xb - Ya;$$

mettant pour le second membre sa valeur, on a

$$Xy - Yx = X'y' - Y'x' + X''y'' - Y''x'' + \ldots$$

ou R $(y\cos\alpha - x\sin\alpha) = \Sigma\,(\text{P}'y'\cos\alpha' - \text{P}'x'\sin\alpha')$;

les deux équations ci-dessus, traitées comme au n° 24, donnent la grandeur R de la résultante, et l'angle α qu'elle fait avec les x; la dernière en fixe la situation absolue, puisque x et y sont les coordonnées du point où elle agit, point qui est l'un quelconque de ceux d'une droite dont on a l'équation.

Observons que $X'y' - Y'x'$ est la différence des momens des composantes X' et Y' par rapport à l'origine, et on sait (26) que cette différence est égale au moment de leur résultante P', parce que les forces X' et Y' tendent à faire tourner en sens contraires : il en faut dire autant des autres termes. Soient donc $p'\ p''\ldots\ r$ les longueurs des perpendiculaires abaissées de l'origine sur les directions de P′, P″… R, la dernière équation équivaut à

$$Rr = P'p' + P''p'' + \ldots \quad \text{ou} \quad Rr = \Sigma\,(Pp)\ldots \quad (V)$$

Ainsi la résultante est déterminée par le système des trois équations T et V. On observe que ce sont celles des nᵒˢ 24 et 26, qui conviennent au cas où les forces agissent sur un point unique : mais alors le théorème des momens était une conséquence des équations T, tandis qu'il est ici une condition nécessaire et distincte. Les signes de l'équation V doivent d'ailleurs être déterminés de la même manière qu'au n° 26; puisque le produit P′p′, par exemple, est introduit ici comme provenant des forces X′ et Y′ qui concourent. La situation de la résultante sera donnée par l'équation V, aussi bien que si on l'avait obtenue par l'équation d'où V provient : car on en tire cette valeur de r, $r = \dfrac{\Sigma\,(P'p')}{R}$, qui conduit à la construction suivante.

Menez par l'origine A (fig. 23) la droite $Ap = r$, faisant avec l'axe Ay des y un angle $= \alpha$, puis tirez sur Ap la perpendiculaire Rp au point p; ce sera visiblement la direction de la résultante. Il est vrai qu'il existe quatre droites R, R′, R″, R‴ qui remplissent les mêmes conditions; mais les signes propres à $\sin\alpha$ et $\cos\alpha$ lèvent toute incertitude. (*)

40. Examinons les conditions d'équilibre du système qui

(*) La manière dont nous sommes parvenus aux équations (T) ne permet pas de conclure qu'elles aient encore lieu lorsqu'il arrive que les forces parallèles à un des axes ne peuvent être réduites qu'à deux égales et non diamétralement opposées. Supposons, par exemple, que X′, X″…. équivalent à X, et — X,; composons X, avec Y, et leur résultante avec — X,, on verra bientôt que les équations (T) subsistent, en faisant X = 0. Et si en outre Y′, Y″… ne peuvent aussi se réduire qu'à Y, et — Y,, en composant X, avec Y,, puis — X, et — Y,, on a deux résultantes qui se détruisent (si elles ont même

vient de nous occuper. Supprimons l'une des forces, telle que $P^{(n)}$, l'équilibre ne subsistera plus, et il sera facile de composer toutes les autres puissances en une seule R qui sera déterminée par les équations T et V. Mais la force $P^{(n)}$, rétablie dans le système, devant y produire l'équilibre, sera nécessairement égale et opposée à R : ainsi il suffira de poser dans ces équations $R = -P^{(n)}$; passant tout dans un seul membre et observant que $Rr = P^{(n)} p^{(n)}$, et en outre que les termes en $P^{(n)}$ étant de même forme que tous les autres sont compris sous la caractéristique Σ, on en conclut que les équations d'équilibre sont au nombre de trois, savoir :

$$\begin{array}{lll} \Sigma\,(P'\cos\alpha') = 0, \text{ ou} & X' + X'' + \text{etc.} = 0 & \\ \Sigma\,(P'\sin\alpha') = 0, \text{ ou} & Y' + Y'' + \text{etc.} = 0 & (U). \\ \Sigma\,(X'y' - Y'x') = 0, \text{ ou} & \Sigma\,(P'p') = 0 & \end{array}$$

Pour appliquer ces équations à un exemple, cherchons la pression qu'exerce sur un axe AB (fig. 24), fixé en deux de ses points A et B, une force R parallèle à cet axe. Le problème revient à demander quelles sont les forces qu'il faudrait appliquer en A et B pour retenir l'axe, sans le secours des deux appuis fixes, lorsqu'une force R parallèle à AB agit de C vers D sur le corps qui est retenu par cet axe. Faisons $AC = BD = r$, $AB = a$; concevons en A deux forces M et Q dans les directions AM et AQ de l'axe et de sa perpendiculaire, et agissant de A vers M et vers Q; puis en B la force S dirigée suivant BS, perpendiculaire à l'axe, et de B vers S (*). Il s'agit de déterminer les trois forces Q, M et S, par la condition qu'elles détruisent

---

direction), ou qui sont parallèles et opposées. Or, en faisant $X = 0$ et $Y = 0$, on trouve $R = 0$, et $r = \infty$, caractère auquel on reconnaîtra ce cas particulier.

(*) Les forces M, Q et S sont appliquées aux points fixes A et B de la manière la plus générale que le système puisse comporter; et quant aux sens suivant lesquels leur action est dirigée, il est ici présupposé; mais si l'on eût fait tout autre hypothèse à cet égard, l'erreur eût été rectifiée par le calcul même.

la puissance R. Or si l'on prend A pour origine, AB et AC pour
axes, les équations (U) deviendront

$$R - M = 0, \quad S - Q = 0, \quad Rr - Sa = 0;$$

d'où $\qquad\qquad R = M, \quad S = Q = \dfrac{Rr}{a}.$

Ainsi l'axe est sollicité dans le sens AB, comme si la force R
agissait suivant cette même droite ; de plus il tend à tourner sur
les points A et B en sens opposés et avec une action égale, dont
la valeur est connue.

41. En supposant qu'un plan mobile soit fixé en l'un de ses
points, de sorte qu'il ne puisse prendre qu'un mouvement de
rotation autour de ce point, pour que l'équilibre ait lieu, il
n'est plus nécessaire que les forces s'entre-détruisent; il suffit
que leur résultante soit dirigée vers ce point, car alors elle sera
détruite par la résistance qu'il oppose (13). Il faut par conséquent que les coordonnées de ce point mises pour x et y dans
l'équation de cette résultante, satisfassent à cette équation, si
l'on veut que la droite suivant laquelle la résultante agit soit
dirigée à ce point. Prenons-le pour origine des coordonnées,
alors $x = 0$ et $y = 0$, donnant $Xy - Yx = 0$, il est clair que
*pour l'équilibre il suffit que la somme des momens soit nulle par
rapport au point fixe,* ou

$$\Sigma\,(P'p') = P'p' + P''p'' + \text{etc.} = 0\dots\dots\ (V),$$

ainsi on retrouve le théorème du n° 26.

42. Si l'équilibre n'a point lieu dans un système *plan* et *libre,* on
l'établit aisément en introduisant une force dont la grandeur et
la position soient déterminées par les conditions que nous avons
examinées. Mais si le système a l'un de ses points fixe, comme
on peut prendre ce point pour origine, il suffira d'introduire
une force P qui satisfasse à l'équation (V); en désignant par
p sa distance au point fixe, on devra donc prendre P et p telles

qu'on ait $Pp + P'p' + P''p'' +$ etc. $= 0$. Or cette équation ne fait connaître que l'une des deux quantités P et p; l'autre est entièrement arbitraire, ainsi que la direction de la force P : donc le problème est déterminé. Dans ce cas on peut exiger que les quantités inconnues satisfassent à certaines conditions, telles que de donner à la pression sur le point fixe une grandeur ou une direction déterminées.... etc.

43. Concevons dans l'espace un corps solide dont les divers points soient sollicités par un système de forces quelconques, et désignons, comme n° 23, ces forces par P', P''..... les angles formés par la direction de la force P' avec les axes des x, des y et des z, par α', β', γ'; de même α'', β'', γ'', pour la force P'', et ainsi des autres puissances. Comme ici les forces ne sont pas supposées concourir en un même point, la position de chacune doit être en outre déterminée par celle d'un des points de sa direction, tel que son point d'application au système. Soient donc x', y', z', les coordonnées du point d'application de la force P'; x'', y'', z'', celles de P'', etc.

Décomposons chaque force, au point même où elle est appliquée, en trois autres respectivement parallèles aux x, aux y et aux z; soient $X' = P' \cos \alpha'$, $Y' = P' \cos \beta'$, $Z' = P' \cos \gamma'$, les trois composantes de P'; de même soient X'', Y'', Z'' les composantes de P'', etc.....

Cela posé, concevons qu'on ait pris dans le système un plan fixé au corps solide et mobile avec lui; prenons ce plan pour celui des xy; prolongeons chaque force jusqu'à sa rencontre avec ce plan. Les équations de la droite suivant laquelle agit la force P', sont

$$x - x' = A\,(z - z'), \quad y - y' = B\,(z - z').$$

On verra (comme au n° 27) que $A = \dfrac{X'}{Z'}$ et $B = \dfrac{Y'}{Z'}$. Or pour obtenir le point où la droite rencontre le plan xy, il faut faire $z = 0$, ce qui donne pour les coordonnées a' et b' de ce point

4..

$$a' = \frac{Z'x' - X'z'}{Z'}, \quad b' = \frac{Z'y' - Y'z'}{Z'}.$$

En changeant les accens, on a les coordonnées des points analogues pour les autres forces. Concevons donc chaque puissance appliquée en son point de rencontre (13) avec le plan xy; et décomposons-la en deux, l'une située dans ce plan, et l'autre perpendiculaire à ce plan. Nous aurons ainsi deux groupes de forces, les unes placées dans le plan xy, et les autres (égales à Z', Z''.....) parallèles à l'axe des z. Or l'équilibre ne peut avoir lieu à moins qu'il n'existe séparément dans chaque groupe (*); cherchons les équations qui expriment cet état.

1°. Les forces parallèles aux z doivent satisfaire aux trois équations (S, p. 46); et comme la force Z' est appliquée au point dont a' et b' sont les coordonnées, on a $Z'a'$ et $Z'b'$ pour les momens de Z', ou $Z'x' - X'z'$ et $Z'y' - Y'z'$. Il en serait de même des autres forces Z'', etc.; ainsi on a $\alpha = \beta = 0$, dans les équations S, d'où

$$Z' + Z'' + \text{etc.} = 0,$$
$$\Sigma\,(Z'x' - X'z') = 0, \quad \Sigma\,(Z'y' - Y'z') = 0.$$

(*) En effet, s'il n'en est pas ainsi, il ne peut arriver que les trois cas suivans : 1°. Si chaque groupe est réductible à une seule force, l'équilibre ne peut avoir lieu.

2°. Si l'un des deux groupes, par exemple celui qui est dans le plan des xy, n'est réductible qu'à deux forces parallèles et opposées (p. 36), représentées par P et R (fig. 19), et que l'autre groupe ait une résultante unique Z; soit C le point où Z rencontre le plan xy. Menons une droite quelconque AC, et décomposons la force Z en deux autres S et T parallèles et appliquées aux points A et B où cette droite BC rencontre P et R : composons S et P, puis T et R : il n'y aura pas équilibre entre les deux résultantes, puisqu'elles seront situées dans des plans parallèles.

3°. Enfin si chaque groupe n'est réductible qu'à deux forces parallèles et opposées; soient P et R les deux premières; après avoir décomposé, comme ci dessus, chacune des deux, qui sont perpendiculaires au plan P.ABR, en deux forces qui rencontrent l'une AP, l'autre AR; on aura deux groupes de trois forces qui seront dans des plans parallèles, chacun pourra être composé en une seule; ainsi on retombera dans le même cas.

2°. Les forces situées dans le plan xy, doivent satisfaire aux trois équations (U), n° 40. Décomposons donc chacune de ces forces en deux autres parallèles aux x et aux y ; celles qui proviennent de P′ seront visiblement égales à X′ et Y′ ; X″ et Y″ proviennent de même de P″, etc. Ainsi ces composantes sont celles qui entrent dans les trois équations (U). On devra donc y changer seulement x' et y' en a' et b' ; x'' et y'' en a'' et b'', etc., par là on trouvera que la quantité $X'y' - Y'x'$ ne change pas : ainsi les trois équations (U) sont encore vraies ici sous les mêmes formes.

On a donc, pour exprimer l'état d'équilibre d'un corps solide libre, les six équations

$$\left.\begin{array}{l} \Sigma\,(P'\cos\alpha') = 0, \text{ ou } X' + X'' + X''' + \text{etc.} = 0 \\ \Sigma\,(P'\cos\beta') = 0, \text{ ou } Y' + Y'' + Y''' + \text{etc.} = 0 \\ \Sigma\,(P'\cos\gamma') = 0, \text{ ou } Z' + Z'' + Z''' + \text{etc.} = 0 \end{array}\right\} \dots\dots(X).$$

$$\left.\begin{array}{l} X'y' - Y'x' + X''y'' - Y''x'' + \text{etc.} = 0 \\ X'z' - Z'x' + X''z'' - Z''x'' + \text{etc.} = 0 \\ Z'y' - Y'z' + Z''y'' - Y''z'' + \text{etc.} = 0 \end{array}\right\} \dots\dots(Y).$$

Les trois équations (X) sont celles qu'on a obtenues n° 28 lorsque les forces concouraient ; ainsi ces équations expriment que *si l'on transporte les puissances parallèlement à leurs directions pour les appliquer au même point, l'équilibre subsistera encore.*

Mais ces équations, qui suffisaient alors pour exprimer l'équilibre, ne suffisent plus ici, et il faut en outre trois autres équations. X′ et Y′ sont les composantes de P′ parallèles au plan xy, et $X'y' - Y'x'$ est la différence des momens de ces forces respectives par rapport aux deux autres plans coordonnés. Ainsi la première des équations (Y) indique que la somme des momens des composantes parallèles aux x, par rapport au plan xz, est égale à la somme des momens des composantes parallèles aux y relativement au plan yz. Le terme de *moment* est pris ici dans la même acception qu'au n° 36. Les deux autres équations sont des expressions analogues par rapport aux autres axes. On voit donc que les trois équations (Y) indiquent que, lorsqu'on a décomposé chaque force en trois autres parallèles aux axes, considérant deux des groupes de composantes, et les plans coordonnés qui leur sont respectivement perpendiculaires, si l'on prend les momens de chacun de ces groupes, par rapport à celui de ces deux plans qui lui est parallèle, il faut que les sommes de ces momens soient égales entre elles.

Prenons pour appliquer ces formules, le cas où les puissances P', P'',... sont parallèles : on a $\alpha' = \alpha'' = \ldots \beta' = \beta'' = \ldots$ $\gamma' = \gamma'' = \ldots$ ainsi les trois équations (X) deviennent $\ldots$ $P' + P'' + \text{etc.} = 0$.

Les équations (Y) se changent en

$$(P'y' + P''y'' + \text{etc.}) \cos \alpha = (P'x' + P''x'' + \text{etc.}) \cos \beta,$$
$$(P'z' + P''z'' + \text{etc.}) \cos \alpha = (P'x' + P''x'' + \text{etc.}) \cos \gamma,$$
$$(P'y' + P''y'' + \text{etc.}) \cos \gamma = (P'z' + P''z'' + \text{etc.}) \cos \beta,$$

en divisant l'une quelconque de ces équations par une autre, on obtient la 3ᵉ, qui se trouve être la conséquence des deux 1res : ainsi ces trois équations n'en forment que deux distinctes. En recourant à la note de la page 23, on se convaincra aisément que les deux dernières équivalent à celles de la page 46, où α et β désignent des angles différens des précédens.

44. La démonstration que nous venons de donner suppose qu'aucune des forces n'est parallèle au plan xy; mais il est aisé de l'appliquer aussi à ce cas; car si l'une des forces, telle que P', a cette direction, on peut mener, par le point d'application de la force P, une droite parallèle aux z, et ajouter au système dans cette direction deux forces P et Q égales et opposées. En composant l'une d'elles, telle que Q, avec P' on obtient une force unique S; de sorte que la force P' est ainsi remplacée par deux puissances P et S qui rencontrent le plan xy. Ainsi nos six équations devant avoir lieu, il ne s'agit que d'y mettre pour chaque terme provenant de P', deux termes analogues en P et S. Mais il est clair que cela ne changera rien à ces équations, puisque la décomposition

de P et S reproduira les mêmes composantes que P, Q et P'; ainsi les deux premières donneront des termes qui s'entre-détruiront, et il ne restera que ceux qui viennent de P'.

45. L'équilibre peut exister sans que cependant les forces s'entre-détruisent ; car si le système contient un axe fixe ou un point fixe, il suffit visiblement que toutes les forces équivalent à d'autres qui soient dirigées vers cet axe ou ce point.

1°. Si le système est retenu par un axe fixe, que nous prendrons pour celui des x, en prolongeant chaque force jusqu'au plan xy et la décomposant comme dans le n° 42, on voit que les puissances parallèles à l'axe fixe ne peuvent produire la rotation, seul mouvement que le corps puisse prendre, et qu'il est inutile de les considérer. Ainsi il suffit que les puissances qui agissent dans le plan xy soient en équilibre autour de l'origine fixe. Nous avons vu (41) que cette condition entraînait pour conséquence l'équation (V) ou

$$ X'y' - Y'x' + X''y'' - Y''x'' + \text{etc.} = 0 \ \ldots\ldots\ (Z), $$

laquelle n'exige d'ailleurs aucun changement pour être appliquée au cas présent. On en conclut *que pour qu'un corps solide soit en équilibre autour d'un axe fixe, il faut que les deux groupes de composantes qui sont dans les plans perpendiculaires à cet axe aient les sommes de leurs momens égales par rapport à deux plans rectangulaires passant par l'axe.*

Si l'on considère que X' et Y' sont les composantes de P' parallèles aux x et aux y ; que d'ailleurs dans le plan qui contient ces composantes (plan perpendiculaire à l'axe fixe et passant par le point d'application de P'), $X'y'$ et $Y'x'$ sont leurs momens par rapport au point où ce plan coupe l'axe, on voit que $X'y' - Y'x'$ est le produit de la composante de P' dans ce plan, par sa distance à l'axe. Bien entendu que ce produit aura le signe de $X'y' - Y'x'$. Ainsi il sera positif pour les forces qui tendent à faire tourner dans un sens, et négatif pour les autres. Tout corps solide retenu par un axe, est ce qu'on nomme en général un *Levier,* et la distance d'une force à l'axe est son *bras de levier*. On peut donc dire que *pour qu'un levier soit en équilibre, il faut qu'après avoir décomposé chaque puissance en deux, l'une parallèle, l'autre dans un plan perpendiculaire à l'axe fixe, la somme des produits de ces dernières composantes par leurs bras de levier soit nulle.*

46. 2°. Si le système est retenu par un point fixe, que nous supposerons à l'origine des coordonnées, la condition précédente doit visiblement avoir aussi lieu; mais elle ne suffit plus, car les forces Z', Z''... parallèles aux z ne sont plus inutiles à considérer : il faut que leur résultante passe aussi par l'origine. Or dans le n° 43, a', b'; a'', b''.... désignent les distances de ces forces Z', Z''.... aux plans des ys et des xz : donc les momens de leur résultante (36) sont ....
$Z'a' + Z''a'' +$ etc.   et $Z'b' + Z''b'' +$ etc.   Ces sommes devront donc être nulles pour que la résultante soit dans ces deux plans. Ainsi, outre la condition du n° précédent, on a encore deux autres équations. En les mettant sous la forme convenable, on voit que pour *qu'un corps solide soit en équilibre autour de l'origine fixe, il faut que les trois équations* (Y) *aient lieu.*

On désigne les équations (X) , (Y) par des dénominations tirées de leur nature; ainsi les premières sont nommées *équations de translation,* parce qu'elles sont destinées à indiquer que si le corps était réduit à un point, il ne serait pas animé d'un mouvement de translation : on appelle les autres *équations de rotation,* parce qu'elles expriment que le corps n'éprouve point de rotation.

En rapprochant ce théorème de ce qu'on a vu ci-dessus, on remarque que 1°. *pour qu'un système solide soit en équilibre autour d'un point fixe, il faut que les forces qui sollicitent ce corps remplissent les trois conditions auxquelles il serait assujetti, s'il y avait trois axes fixes rectangulaires passant par ce point.*

2°. *Si le système est libre, il faut que les puissances satisfassent aux conditions de l'équilibre autour d'un point fixe, et qu'en outre, si l'on transporte les forces parallèlement à elles-mêmes*

pour les appliquer toutes en un même point, l'équilibre ait en-
core lieu dans cet état.

47. Supposons que l'équilibre n'existe pas dans le système, et que cependant il n'y ait qu'une seule résultante R; c'est-à-dire qu'en y introduisant une force égale et directement opposée à cette résultante, l'équilibre ait lieu. Soient X, Y et Z les composantes de R; les six équations (X) et (Y) devront donc être satisfaites lorsqu'on y comprendra les trois forces —X —Y et —Z. Les trois premières équations, traitées comme à la page 31, conduisent aux valeurs (H) qui déterminent encore ici la grandeur et la direction de la résultante : ainsi il ne s'agit plus que d'employer les trois équations (Y) à la recherche des coordonnées x, y et z du point d'application de cette force R. Pour abréger, faisons

$$L = \Sigma \,(\, X'y' \,-\, Y'x' \,),$$
$$M = \Sigma \,(\, Z'x' \,-\, X'z' \,),$$
$$N = \Sigma \,(\, Y'z' \,-\, Z'y' \,);$$

X, Y, Z, L, M et N représenteront des grandeurs connues, et les équations (Y) donneront

$$Xy - Yx = L, \quad Zx - Xz = M, \quad Yz - Zy = N \ldots (\eta):$$

ces relations doivent servir à déterminer x, y et z. Or si l'on élimine deux de ces coodonnées, la troisième disparaît d'elle-même : ainsi en multipliant ces équations respectives par Z, Y et X, et ajoutant, on a

$$LZ + MY + NX = 0 \ldots (\theta),$$

équation entre les données du problème, sans laquelle les trois relations précédentes ne peuvent avoir lieu à la fois, et qui, lorsqu'elle est vérifiée, désigne que, des trois équations (η), l'une se trouve comprise dans les deux autres; de sorte qu'elles ne peuvent déterminer que deux des coordonnées x, y, z, du point où la résultante est appliquée, et que la troisième est arbitraire. Mais si l'équation (θ) n'a pas lieu, nos trois équations renfer-

ment des conditions contradictoires. (Cours de Math., n° 116.)
D'où l'on conclut que *l'équation* (θ) *exprime, entre les données
du problème, une condition nécessaire pour que les forces soient
réductibles à une seule.*

Il suit de là qu'*un système de forces dans l'espace ne peut en
général être mis en équilibre avec une seule force*; mais que
lorsque *l'équation de condition* (θ) est satisfaite, il y a en effet
une résultante unique; les équations (H), page 31, en donnent
la grandeur et la direction : on peut d'ailleurs prendre pour
point d'application l'un quelconque de ceux de la droite qui a
pour équations nos trois relations (η); ainsi cette résultante est
connue.

Par exemple, si les forces P′, P″.... sont parallèles, on a
$\alpha' = \alpha'' = \ldots; \beta' = \beta'' = \ldots; \gamma' = \gamma'' = \ldots;$ et les trois équations (X) donnent

$$R = P' + P'' + P''' + \text{etc.,} \quad \alpha = \alpha', \beta = \beta', \gamma = \gamma'.$$

Ainsi la résultante R est parallèle aux composantes et égale à
leur somme. De plus, les valeurs L, M et N sont

$$L = \Sigma (P'y') \cos \alpha - \Sigma (P'x') \cos \beta,$$
$$M = \Sigma (P'x') \cos \gamma - \Sigma (P'z') \cos \alpha,$$
$$N = \Sigma (P'z') \cos \beta - \Sigma (P'y') \cos \gamma.$$

D'ailleurs $X = R \cos \alpha, \ Y = R \cos \beta, \ Z = R \cos \gamma,$

donc l'équation (θ) est satisfaite; ce qui prouve qu'en général il
y a une résultante unique. Pour en obtenir les équations nous
prendrons deux des relations (η);

$$(Ry - P'y' - P''y'' - \ldots) \cos \alpha = (Rx - P'x' - P''x'' - \ldots) \cos \beta,$$
$$(Rx - P'x' - P''x'' - \ldots) \cos \gamma = (Rz - P'z' - P''z'' - \ldots) \cos \alpha;$$

et comme la résultante est appliquée en un point quelconque
de cette droite, les coordonnées x, y et z de ce point ne sont
assujetties qu'à la condition de satisfaire à ces équations. En

égalant à zéro le coefficient de cos *a*, dans la 1re, on retrouve ainsi les équations (O), page 43.

Ceci présente une exception ; c'est lorsque R est nul : car si dans ce cas L, M et N ne le sont pas aussi, il n'y a pas équilibre : or X, Y, Z sont nuls, et les équations (*x*) ne peuvent exister qu'autant que *x*, *y* et *z* sont infinis. La résultante est donc nulle et appliquée à une distance infinie. Cette circonstance a déjà été l'objet de notre attention. (*Voy.* page 36).

Si l'équation de condition n'est pas satisfaite, alors il faudra ajouter deux nouvelles forces pour établir l'équilibre : en effet, introduisons dans le système une seule force appliquée en un point quelconque, et dont les composantes X, Y et Z soient prises telles que l'équation de condition ait lieu ; ce qui peut se faire d'une infinité de manières. Ce second système n'aura visiblement qu'une seule résultante, qu'on déterminera aisément d'après ce qui vient d'être dit. On connaîtra donc par là deux forces qui seraient propres à produire l'équilibre. Donc *dans un système de forces agissant sur un corps solide, il y a deux résultantes qui ne peuvent en général se composer en une seule : l'une de ces résultantes est arbitraire.* Ainsi lorsqu'on veut assigner ces résultantes, le problème est indéterminé.

Si le corps était fixé à un point ou à un axe, il faudrait pour produire l'équilibre, introduire dans le système une force qui satisfît aux trois équations (Y) dans le premier cas, et à l'équation (Z) dans le second. Il est évident que ces problèmes sont indéterminés, et qu'on peut disposer des quantités qui servent à assigner la grandeur, la direction et la position de cette force, excepté trois d'entre elles s'il s'agit d'un point fixe, et excepté une s'il s'agit d'un axe. On peut donc se donner de nouvelles relations entre ces indéterminés, demander, par exemple, que la pression sur l'axe ou le point satisfasse à certaines conditions, etc.... Mais nous ne nous arrêterons point ici pour ne pas nous écarter de notre objet, d'autant que la solution de ces problèmes est implicitement renfermée dans les principes généraux de ce Traité.

VI. *De la décomposition des forces.*

48. Nous venons de déterminer la grandeur, la direction et la position de la résultante R d'un système donné de forces sur un corps solide, et nous avons fait dépendre toute notre théorie de ce principe : *deux forces égales et directement opposées se détruisent.* Il s'agit maintenant de résoudre le problème inverse, qui consiste à décomposer au contraire une force donnée en plusieurs autres. Pour cela il faut supposer que R est donnée, et qu'il s'agit d'en trouver les composantes : il faut donc regarder comme connu, dans les équations précédemment obtenues, tout ce qui est propre à la résultante, et chercher tout ce qui dépend des composantes : or, il est clair que ce problème renferme plus ou moins d'indétermination. Nous avons déjà résolu, n° 31, quelques questions de ce genre.

Par exemple, si l'on veut décomposer une force R en d'autres forces P', P''.... agissant sur le même point, et disposées dans le même plan, il faut trouver les grandeurs et les directions de ces dernières à l'aide des équations (B, 24), c'est-à-dire déterminer P', P''... α', α''..., par les équations

$$\Sigma \left(P' \cos \alpha' \right) = R \cos \alpha, \quad \Sigma \left(P' \sin \alpha' \right) = R \sin \alpha.$$

Or, comme elles ne peuvent faire connaître que deux de ces quantités, on voit qu'on pourra disposer de toutes, excepté de deux d'entre elles.

Pareillement si l'on voulait que les composantes fussent appliquées au même point, mais disposées dans l'espace, on emploierait les équations (G, n° 27), qui ne déterminent que les sommes X, Y et Z des composantes dans le sens de chaque axe. L'indétermination est ici plus grande, quoique le nombre des équations soit plus considérable, parce que celui des inconnues est augmenté.

En général, pour décomposer une force donnée R en d'autres, il faut regarder les composantes comme connues; puis poser les équations B, G, O, T et V, ou X et Y, suivant les diverses circonstances; et pour en déterminer la résultante R, on devra disposer arbitrairement de plusieurs des quantités relatives aux composantes inconnues, de manière qu'il n'en reste qu'un nombre égal à celui des équations.

VII. *Des Pressions sur les points et sur les axes fixes.*

49. Pour que la résultante d'un système soit détruite, par un axe ou un point fixe, il faut qu'elle rencontre cet axe ou ce point, et il est très important de connaître quelle pression cet obstacle éprouve; car s'il n'est pas capable d'une résistance indéfinie, il peut n'être pas suffisant pour détruire l'action des forces. La réaction étant toujours égale et contraire à l'action, cette PRESSION *est visiblement égale et opposée à la force qui devrait être employée pour produire l'équilibre dans le système, sans le secours de l'axe ou du point fixe.* Si donc on cherche la résultante du système, le point fixe où elle est appliquée doit éprouver un effort de même grandeur et de même direction qu'elle. Ainsi *la recherche de la pression exercée sur un point fixe, est réduite à celle de la résultante.*

Quand il s'agit d'un corps retenu par un axe, ce corps ne peut se mouvoir qu'en tournant sur cet axe : nous le supposerons fixé en deux de ses points, qu'on appelle *Tourillons*, dans des *Colliers* ou *Crapaudines ;* alors il est beaucoup moins intéressant de connaître la pression qu'éprouve le point où la résultante rencontre l'axe, que l'effort qui a lieu sur les points d'appui. Soient donc EF (fig. 26) l'axe fixe; A, B les deux colliers; RM la résultante. Pour trouver la pression exercée en A et en B, il ne s'agit que de décomposer la force R en deux autres P et Q appliquées en ces points. Ce problème a été résolu n° 31, par les équations (M).

On peut demander alors quel est l'effort qu'éprouvent les appuis A et B perpendiculairement à l'axe et dans le sens de cet axe. Pour cela il faut décomposer chacune des forces P et Q en deux autres qui aient ces directions. Soit θ l'angle RMF, ou l'inclinai-

son de la force R sur l'axe, on a R cos θ pour l'effort suivant
l'axe; les efforts perpendiculaires sont P′ = P sin θ, Q′ = Q sin θ.

Pour que les appuis présentent la résistance nécessaire à l'é-
quilibre, il faudra donc qu'ils équivalent au moins à deux
forces égales à P et Q parallèles; ou à une force R cos θ dirigée suivant l'axe, et à des puissances P sin θ, Q sin θ perpendiculaires à l'axe. (Voyez n° 111.)

Quant aux forces parallèles à l'axe, nous avons déjà obtenu
p. 49 les pressions qu'elles exercent sur les appuis fixes.

CHAPITRE II.

DE LA PESANTEUR ET DU CENTRE DE GRAVITÉ.

I. *Propositions générales.*

50. L'EXPÉRIENCE nous apprend que les corps abandonnés à
eux-mêmes éprouvent des efforts dirigés vers le centre de la
terre : cette direction se nomme *verticale ;* c'est celle que
prend, dans le vide, un corps qui n'est retenu par aucun obstacle.
On appelle *plan horizontal* celui qui est perpendiculaire à la
verticale. Non-seulement tous les corps sont soumis à cette action, mais leurs parties les plus intimes y sont séparément
sujettes : ainsi les portions quelconques d'un corps divisé tombent isolément, si aucun effort ne les arrête ; on prouve même
que chacune de ces parties doit arriver à la surface de la terre
dans le même temps qu'emploierait le corps entier. Si les
choses nous paraissent se passer différemment, cela tient à la
résistance de l'air : sous le récipient de la machine pneumatique, l'or et la plume la plus légère mettent le même temps à
descendre. (*V.* les Traités de Physique.)

Cette tendance universelle n'est pas essentielle aux corps ;

c'est un effort réel dont la matière, par elle-même, est incapable (3); ainsi il est dû à une puissance extérieure à laquelle on a donné le nom de GRAVITÉ ou PESANTEUR. La pesanteur est donc une force dont l'action s'exerce continuellement et séparément sur toutes les molécules de la matière: cette action n'est point comme celle des attractions chimiques, dont l'intensité varie pour les diverses substances; celle de la pesanteur est la même sur toutes les molécules, quelle que soit la nature des corps sur lesquels elle agit : c'est du moins ce que l'expérience confirme, ainsi qu'on le voit par l'expérience du pendule dont la durée des oscillations dans le vide ne dépend nullement de la substance dont il est composé (*V.* n° 195, 6°.)

On donne le nom de POIDS à la résultante de toutes les actions de la gravité sur les diverses molécules d'un corps. On ne doit pas confondre la pesanteur avec le poids, puisque *la pesanteur est la force qui imprime des impulsions égales aux diverses particules des corps ; elle est la même pour tous ;* tandis que *le poids est la résultante de toutes ces impulsions ; le poids croît avec la nature des corps et leur quantité matérielle.*

On appelle MASSE d'un corps la quantité absolue de matière dont il est composé; et il faut bien distinguer la masse d'un corps de son volume, c'est-à-dire de l'espace géométrique renfermé par sa surface ; car l'expérience nous a appris que tous les corps sont criblés d'une infinité de trous, qu'on nomme *pores,* et que leurs atomes sont formés de quantités de matière bien différentes ; c'est ce qui fait que les corps de même volume n'ont pas le même poids, quoique tous soient sollicités par la même force. Comme la gravité n'exerce son action que sur la partie matérielle des corps, et qu'elle a la même intensité pour tous, il s'ensuit que la résultante ou *le poids est proportionnel à la masse :* d'où l'on voit que le poids dépend de la masse des corps, tandis que la pesanteur en est indépendante.

51. On a nommé DENSITÉ le rapport de la masse au volume ; de sorte qu'on dit qu'une substance est plus *dense* qu'une autre, lorsqu'elle a plus de masse sous un volume égal. Si l'on

avait une substance qui n'eût point de vides intérieurs, sa densité serait la plus grande possible, et en lui comparant la densité des autres corps, on aurait la quantité de matière qu'ils renferment; mais comme nous ne connaissons point de substances privées de vides, nous ne pouvons avoir que les densités relatives des corps, c'est-à-dire le rapport de leur densité à celle d'une substance donnée: de sorte que dans l'équation $D = \dfrac{M}{V}$, où D est la densité, M la masse, et V le volume d'un corps, les quantités D, M et V expriment des rapports à des unités de leur espèce.

Si d, m et ν désignent la densité, la masse et le volume d'un autre corps, on aura aussi $M = DV$, et $m = d\nu$; on déduit de là que

1°. Les masses de deux corps d'égale densité sont en raison directe de leurs volumes, car $d = D$ donne

$$\frac{M}{V} = \frac{m}{\nu}.$$

2°. Les masses étant égales, les densités des substances sont en raison inverse des volumes, car $m = M$ donne $DV = d\nu$.

3°. Les densités de deux corps de volumes égaux sont en raison directe de leurs masses; car $V = \nu$ donne

$$\frac{D}{d} = \frac{M}{m}.$$

Les masses, ou quantités absolues de matière renfermées dans les corps, sont en général inconnues; mais dans les calculs *on peut substituer les poids aux masses,* à cause de la proportionnalité. Comme la densité est la même pour tous les corps *homogènes,* c'est-à-dire de même nature, on peut substituer ainsi les volumes des corps à leurs masses, quand ils sont homogènes.

52. Lorsque les corps obéissent à l'action de la gravité, les verticales décrites par leurs molécules se joignent au centre de

la terre : ainsi ces verticales ne sont pas des lignes parallèles. Mais comme, de tous les corps qui sont à notre disposition, il n'en est aucun dont le volume soit assez considérable pour que ses dimensions soient comparables au rayon de la terre, les actions de la pesanteur peuvent être considérées comme celles de forces parallèles appliquées aux diverses molécules des corps. Tout ce qui a été dit, pag. 38 et 45, a donc lieu ici : reprenons les résultats déjà obtenus, et appliquons-les à la gravité.

1°. Quand il s'agit de la pesanteur, le centre des forces se nomme *centre de gravité* ou *d'inertie* ; ce centre est donc (37) *le point par lequel passe la résultante de tous les efforts verticaux, exercés sur chaque molécule par l'action de la pesanteur, quelle que soit la position du corps* : cette résultante est parallèle aux forces, c'est-à-dire verticale, et sa grandeur est ce qui constitue le poids du corps. Elle est égale à l'effort qu'il faut employer pour le soutenir.

2°. Quelle que soit la position qu'on donne au corps, cette résultante passera toujours par le centre de gravité ; puisque faire varier la situation du corps, équivaut à changer la direction des puissances, sans changer leurs grandeurs et leur parallélisme.

3°. Un corps pesant est en équilibre, si son centre de gravité est soutenu, quelle que soit d'ailleurs la situation du corps relativement à cet appui.

4°. Lorsqu'on veut trouver le centre de gravité d'un système de corps, on peut supposer la masse de chacun d'eux concentrée en son centre de gravité propre, puisque le poids de chaque corps est une force proportionnelle à la masse et qui passe par ce centre : par là, on n'aura plus à considérer qu'un système de points pesans.

5°. Pour trouver le centre de gravité mécaniquement, il suffit de suspendre successivement le corps dans deux positions d'équilibre, à l'aide de fils verticaux appliqués tour à tour en deux points différens de ce corps ; le lieu d'intersection du prolongement de ces deux fils sera le centre cherché.

53. Nous disons qu'un corps est *Symétrique* par rapport à un

plan, lorsque les molécules sont situées deux à deux à l'égard du plan, sur une suite de parallèles coupées en leur milieu par le plan. Soient m et m' (fig. 25) deux molécules symétriques, en sorte que la droite mm' ait son milieu en b sur le plan aa'; abaissant les perpendiculaires ma, $m'a'$, l'égalité des triangles mab, $m'a'b$, prouve que $ma = m'a'$: ainsi les molécules sont deux à deux à la même distance de ce plan.

Concevons un corps homogène, symétrique par rapport à un plan. Si l'on prend deux molécules symétriques, elles seront à la même distance de ce plan, et leurs momens seront égaux et de signes contraires; comme on peut en dire autant de toutes les molécules prises deux à deux. La résultante du système sera dans ce plan (36), et par conséquent le centre de gravité y sera aussi: donc *le centre de gravité de tout corps homogène, symétrique par rapport à un plan, est situé dans ce plan.*

Nous dirons d'un corps qu'il est symétrique par rapport à un axe, lorsqu'il le sera relativement à deux plans quelconques qu'on ferait passer par cet axe. *Le centre de gravité de tout corps homogène, symétrique par rapport à un axe, est situé sur cet axe,* puisqu'il doit se trouver dans chacun de ces deux plans. Si un corps est symétrique par rapport à deux axes, le centre de gravité est à leur intersection, qui est ce qu'on nomme le *Centre de figure :* ainsi celui d'une droite est en son milieu, celui d'un cercle, d'une circonférence, d'un polygone régulier, etc., est au centre; celui d'un cylindre est au milieu de son axe; celui d'un parallélogramme et d'un parallélépipède est à l'intersection des diagonales, ou au milieu de la droite qui joint les centres de gravité des bases opposées; celui d'une figure qui a un *diamètre,* est situé sur cette droite, etc.

54. Nous avons vu que les valeurs (P page 43) déterminent la position du centre des forces parallèles, en donnant les trois coordonnées de ce point. Faisons-leur prendre la forme convenable pour qu'elles donnent celles du centre de gravité. Les forces P', $P''\ldots$ etc., sont ici les actions que la pesanteur exerce sur chaque molécule, actions proportionnelles aux masses sur lesquelles elles agissent, d'après ce qu'on a vu (50). Soient m',

m'', ... les masses des molécules ou leurs poids; x', y', et z' les trois coordonnées de m'; x'', y'', z'' celles de m'', etc., on a $P'=gm'$, $P''=gm''$, etc. Les valeurs (P) donnent donc pour les coordonnées X, Y et Z du centre de gravité

$$X = \frac{\Sigma\,(mx)}{\Sigma\,(m)},\ Y = \frac{\Sigma\,(my)}{\Sigma\,(m)},\ Z = \frac{\Sigma\,(mz)}{\Sigma\,(m)}\ \ldots (A').$$

Ces résultats sont indépendans de la force g avec laquelle la gravité exerce son action. C'est cette raison qui a engagé Euler à préférer le nom de *Centre d'inertie* à celui de centre de gravité.

Dans ces équations le caractère Σ indique une somme de termes de même forme, ou une intégrale finie, lorsque le nombre des points est lui-même fini; et une véritable intégrale de quantités infinitésimales, lorsque le nombre des points est infini. C'est ce qui sera bientôt éclairci.

55. Il arrive quelquefois qu'on prend dans un système le centre de gravité pour origine des coordonnées; alors on a $X = o$, $Y = o$, $Z = o$; on conclut de là que

$$\begin{aligned}
m'x' + m''x'' + \text{etc.} &= o \quad \text{ou} \quad \Sigma.\,(mx) = o\\
m'y' + m''y'' + \text{etc.} &= o \quad \text{ou} \quad \Sigma.\,(my) = o\\
m'z' + m''z'' + \text{etc.} &= o \quad \text{ou} \quad \Sigma.\,(mz) = o
\end{aligned}\Bigg\}\ \ldots\ (B').$$

Si le centre de gravité était dans le plan yz, la première de ces équations aurait seule lieu; s'il était dans l'axe des z, on aurait à la fois les deux premières.

56. Les équations (A') servent à faire connaître les trois coordonnées du centre de gravité d'un système de points, ou d'un corps continu, et par conséquent la distance de ce centre aux plans respectifs des yz, des xz et des xy. On peut remarquer que ces équations sont conformes au théorème des momens (36); car la première, par exemple, équivaut à $(m' + m'' + \text{etc.}) \times X = m'x' + m''x'' + \text{etc.}$ Or, $(m' + m'' + \text{etc.}) \times X$ est le moment par rapport au plan yz, du corps entier considéré comme concentré en son centre de gravité; $m'x'$, $m''x''$, etc., sont les

5..

momens des molécules par rapport au même plan. Donc *pour avoir la distance du centre de gravité d'un corps homogène à un plan, il faut multiplier le poids de l'un de ses élémens par sa distance à ce plan, et intégrer dans toute l'étendue du corps; l'intégrale sera la somme des momens de ces élémens: il faudra ensuite diviser par le poids entier du corps.*

On observera que si le système est homogène, on pourra remplacer les poids par leurs volumes, puisqu'ils leur sont proportionnels (51); et que s'il est composé de molécules réunies dans un même plan, il suffira de prendre les momens par rapport à des axes tracés dans ce plan.

II. *Des centres de gravité des corps terminés par des droites ou des plans.*

'57. *Trouver le centre de gravité du contour d'un polygone rectiligne quelconque.*

L'action de la gravité sur le polygone BCEFA (fig. 27) se réduit à autant de forces partielles qu'il y a de côtés, appliquées aux milieux G′, G″, G‴,.... de ces côtés, et proportionnelles à leurs longueurs (52, 4°.): ce qui revient à supposer le poids de chacun des côtés du polygone concentré en son centre de gravité. Cherchons la résultante de ces poids, soit par le principe de la composition des forces (31), soit par celui des momens (56).

1°. Si l'on se sert de la théorie de la composition des forces, on trouvera le centre I de gravité des deux droites AB et BC, en coupant la droite G′G″ en parties qui leur soient réciproques, à l'aide des équations (M, n° 31), dans lesquelles on fera P et Q égaux à AB et BC. On aura de la même manière le centre de gravité H du système des trois côtés, AB, BC, CE, en supposant qu'il y a en I et G‴, des forces parallèles et respectivement proportionnelles à BC + AB et CE; ainsi de suite.

2°. Si l'on veut employer le principe des momens, on mènera dans le plan du polygone deux axes quelconques Ax, Ay (fig. 27) perpendiculaires entre eux: on désignera par

x', y'; x'', y'', etc.; les distances des centres de gravité de chacun des côtés à ces deux axes, et par c', c''..... les longueurs respectives de ces côtés; c'est-à-dire qu'on fera $x' = AP'$, $y' = P'G'$, $BA = c'$; etc.

La position de la résultante, par rapport à chacun des deux axes, sera déterminée par les équations (A', 54)

$$AP = \frac{c'x' + c''x'' + \text{etc.}}{c' + c'' + \text{etc.}}, \quad PO = \frac{c'y' + c''y'' + \text{etc.}}{c' + c'' + \text{etc.}}.$$

Ces valeurs donnent le point O, qui est le centre de gravité demandé.

58. *Trouver le centre de gravité de l'aire d'un triangle rectiligne* ABC (fig. 28). Il est clair que si l'on divise le côté AB, au point D, en deux parties égales, la droite CD coupera la surface du triangle en deux parties symétriques, puisque CD coupe en leur milieu toutes les parallèles à AB (53). On peut en dire autant de la droite AE, menée au point E, milieu de CB: donc le centre de gravité est à la fois sur les droites AE et CD; ainsi ce centre est à leur intersection G.

Ce point G est d'ailleurs *aux deux tiers de la ligne* CD *à partir du sommet* C. En effet, la droite DE passant par E et D, coupera les côtés AB, BC en deux parties égales; elle sera donc parallèle à AC, et sa longueur sera la moitié de AC. Mais les triangles semblables AGC, GDE donnent....
$\frac{CG}{GD} = \frac{AC}{DE}$, donc GD $= \frac{1}{2}$ CG, c'est-à-dire que si l'on divise CD en trois parties égales, GD sera l'une d'elles, et GC contiendra les deux autres: on a aussi GE $= \frac{1}{3}$AE.

Il est d'ailleurs clair que la droite menée de B au milieu de AC, passe par le point G, et que la construction ci-dessus ne donne qu'un centre de gravité; car on démontrerait de même que cette droite doit couper CD au tiers de sa longueur, à partir de AB. (V. Cours de Math., n° 376, IX.)

Il sera facile de voir que si l'on conçoit une masse placée à chaque sommet du triangle, et si ces trois masses sont égales, le centré de gravité de leur système sera placé au même point G que celui de l'aire ABC.

59. *Trouver le centre de gravité de l'aire du trapèze* ABFE (fig. 29). Ce centre est visiblement sur la ligne LD qui joint les milieux des deux côtés parallèles, puisque cette droite coupe l'aire symétriquement (53). Tirons la diagonale AF et les droites AL, FD, puis coupons LD en trois parties égales en S et G; les parallèles SO, GH à AB, donnent en O et H les centres de gravité des triangles AEF, ABF. Donc celui du trapèze est aussi sur OH; il est par conséquent en I. Ce centre est déterminé, comme on voit, par une construction très simple.

On remarque que le point I doit diviser OH en parties réciproques (31) aux aires des triangles AEF, ABF, qui, ayant même hauteur, sont entre elles comme leurs bases EF $= b$, AB $= b'$:

d'où $\dfrac{OI}{IH} = \dfrac{SI}{GI} = \dfrac{AB}{EF} = \dfrac{b'}{b}$; ainsi $\dfrac{SI+IG}{SI} = \dfrac{b' + b}{b'}$,

et SI $= \dfrac{\frac{1}{3}\, mb'}{b' + b}$, en posant LD $= m$. Si l'on ajoute LS ou $\frac{1}{3}\, m$ aux deux membres, on trouve que

$$LI = \tfrac{1}{3}\, m \times \frac{2b' + b}{b' + b} \ \cdots \cdots \ (C')$$

Si $b = 0$, on a un triangle et LI $= \frac{2}{3}\, m$; et si $b' = b$, on a un parallélogramme et LI $= \frac{1}{2}\, m$; ce qui s'accorde avec ce qu'on connaît.

60. *Trouver le centre de gravité de l'aire d'un polygone rectiligne quelconque*, ABCDE (fig. 30). On mènera de l'un des angles A du polygone, des diagonales AC, AD, qui le décomposeront en plusieurs triangles, dont on cherchera séparément les centres de gravité G', G″, G‴, par le procédé précédent. On supposera le poids de chaque triangle concentré en ce point (52, 4°), et on cherchera la résultante, soit à l'aide du principe de la composition des forces (31), soit à l'aide de celui des momens (56).

1°. Dans le premier cas, on unira G' et G″ par une droite ;

on supposera en G′ et G″ deux forces parallèles, respectivement proportionnelles aux aires des triangles ABC, ACD, on aura le point O d'application de la résultante à l'aide des équations (31, M). On aura de même le point H d'application de la résultante totale.

2°. Dans le second cas, on imitera ce qui a été fait dans le paragraphe 57,2°. On mènera dans le plan du polygone deux axes arbitraires perpendiculaires entre eux ; on supposera que $c′$, $c″$, etc. sont les aires des triangles ; et que $x′,y′$; $x″,y″$, etc. sont les coordonnées de leurs centres de gravité G′, G″.... On aura pour les distances de ces mêmes axes au centre de gravité du polygone, les valeurs du n° 57. Ces coordonnées déterminent le centre de gravité cherché.

On voit, d'après ce court exposé, qu'on pourra trouver le centre de gravité d'un système quelconque de droites, ou d'aires planes terminées par des droites. Il ne faudra que chercher le centre de gravité de chacune des parties : le problème sera réduit à trouver celui d'un système de points ; ce qu'on peut faire à l'aide de la théorie de la composition des forces ou du principe des momens.

61. *Trouver le centre de gravité du volume d'un prisme quelconque à bases opposées parallèles.*

On cherchera les centres de gravité des surfaces de ses bases, et on mènera une droite par ces deux points ; elle sera placée symétriquement par rapport au solide, et devra (53) contenir le centre de gravité cherché, qui sera en son milieu.

62. *Trouver le centre de gravité d'une pyramide.* On cherchera le centre de gravité G (fig. 31 *bis*) de la base, et on mènera une droite AG du sommet à ce point ; elle contiendra les centres de toutes les sections parallèles à la base, et devra contenir le centre cherché : il y sera d'ailleurs placé *aux trois quarts de sa longueur à partir du sommet.* Pour démontrer cette proposition, nous distinguerons deux cas.

1°. *Si la pyramide est triangulaire,* on aura les centres de gravité F et G des faces BCD et ABC (fig. 31), en menant du milieu E de l'arête BC des droites aux angles A et D ; et prenant $EF = \frac{1}{3}.ED$, puis $EG = \frac{1}{3}.AE$: les droites AF et GD devront se couper en un point H, puisqu'elles sont dans le plan AED : de plus chacune d'elles devra contenir le centre·de gravité cherché (53) qui sera par conséquent en H. Menons GF ; cette droite sera parallèle à AD, et sa longueur sera le tiers de AD, car elle coupe ED et EA au tiers de leurs longueurs respectives ; et comme les triangles GHF et AHD sont semblables, on

a $\dfrac{AH}{HF} = \dfrac{AD}{GF}$; donc $HF = \frac{1}{3}AH$, et si l'on divise AF en quatre

parties égales, HF sera l'une d'elles, et AH contiendra les trois autres.

La construction que nous venons de faire sur le milieu E de BC, peut être appliquée à toute autre arête BD, et on obtiendrait le même point H. Cela résulte de ce que la ligne qu'on mènerait du centre de gravité de la face ABD à l'angle trièdre opposé C, devrait aussi couper GD et AF aux trois quarts, à partir des points D et A.

2°. *Si la pyramide a une base quelconque*, après avoir trouvé le centre de gravité G (fig. 31 *bis*) de cette base, on mènera la droite AG par le sommet : elle contiendra le centre cherché. On divisera la base en triangles par des diagonales menées de l'un de ces angles F ; on fera passer par le sommet et ces diagonales des plans qui décomposeront le volume en pyramides triangulaires, dont on cherchera les centres de gravité respectifs en L, M et N. Ils seront, d'après ce qui vient d'être dit, sur les droites menées aux centres de gravité a, b, c, de leurs bases, et aux trois quarts de leurs longueurs à partir du sommet A.

Par la théorie des lignes proportionnelles, il est clair que les points L, M et N seront dans un plan parallèle à la base ; ce plan contiendra d'ailleurs le centre de gravité cherché, puisqu'on peut concentrer chaque pyramide en son centre de gravité, c'est-à-dire en L, M et N (52, 4°.), et que le centre des forces est toujours situé dans le même plan que les points d'application (37). Le centre de gravité cherché sera donc en J, au point d'intersection de la ligne AG par ce plan ; or on sait que ce plan doit couper toutes les droites partant du point A, en parties proportionnelles : donc I sera aux trois quarts à partir du sommet.

63. D'après cela, on peut trouver, soit à l'aide de la composition des forces, soit par le principe des momens, le centre de gravité d'un corps terminé par des faces planes, puisqu'on peut toujours le concevoir décomposé en pyramides ou en prismes, dont on saura trouver en particulier le centre de gravité; ainsi on n'aura plus à considérer qu'un système de points (52, 54).

Ces diverses propositions sont, dans la pratique, applicables aux surfaces courbes, parce qu'on peut les regarder, sans erreur sensible, comme composées de plans juxta-posés, c'est-à-dire comme des polyèdres.

III. *Des centres de gravité des courbes, des aires et des volumes.*

64. *Trouver le centre de gravité d'un arc de courbe plane quelconque* CZ (fig. 32).

Soit $y = fx$ l'équation donnée d'une courbe plane DZ rapportée aux deux axes rectangulaires Ax et Ay; x et y sont les coordonnées AP et PM d'un point quelconque M : il faut imaginer que cette courbe est composée d'une suite de points matériels pesans, et qu'on cherche leur centre de gravité, en supposant que les deux extrémités C et Z en soient données. Reprenons les formules (A' p. 67), (la caractéristique Σ devient une intégrale) ou, si l'on veut, la conséquence (56) à laquelle elles ont conduit. La masse pesante est ici l'arc de courbe lui-même, nous en représenterons la longueur CM par s; ainsi $ds = $ Mm en sera l'élément; xds et yds sont les momens de cet élément. D'ailleurs la troisième des valeurs (A'), qui donne la distance du centre de gravité au plan des xy est inutile dans le cas présent, puisque le plan yAx doit contenir ce centre (37), ce qui donne $Z = o$. Ainsi on a (56)

$$(1)\dots \mathrm{X} = \frac{\int(x\,ds)}{s}, \qquad (2)\dots \mathrm{Y} = \frac{\int(y\,ds)}{s} \dots\dots (\mathrm{D}')$$

Voici l'usage que l'on fera de ces formules.

On tirera de l'équation de la courbe les valeurs de ds et de s, en fonction de x ou de y, car on sait qu'on a . . . $ds = \sqrt{(dx^2 + dy^2)}$; et substituant ici ces valeurs, il ne restera plus qu'à exécuter les intégrales $\int(x\,ds)$, $\int(y\,ds)$ et . . . $\int\sqrt{(dx^2 + dy^2)}$, pour avoir les deux coordonnées du centre de gravité exprimées généralement. On observera seulement que les intégrales nécessitent l'introduction de constantes, dont la détermination dépendra de la position des points C et Z qui marquent les extrémités de l'arc de courbe. Si les coordonnées du point initial C sont $AB = a$, $BC = b$, on satisfera aux deux conditions suivantes :

1°. D'avoir en même temps $s = 0$, $x = a$, $y = b$, ce qui déterminera la constante introduite dans la recherche de s.

2°. Que $x = a$ et $y = b$ donnent $\int(x\,ds) = 0$, $\int(y\,ds) = 0$, puisque $\int(x\,ds)$, $\int(y\,ds)$ désignent des sommes de momens, qui doivent être nulles au point C : ce qui déterminera les constantes introduites dans $\int(x\,ds)$ et $\int(y\,ds)$.

Les intégrales se trouveront d'ailleurs par la méthode des quadratures (*V.* Cours de Mathématiques, n° 805), et elles ne seront *définies* que quand on aura introduit la condition qui fixe l'autre extrémité Z de l'arc : on changera donc x en AF, et y en FZ; et on aura les coordonnées du centre de gravité exprimées en quantités connues. On voit, au reste, qu'en général cette manière d'opérer est la même que celle qu'on emploie pour intégrer entre des limites (*); c'est ce que quelques

---

(*) On est convenu, pour désigner une *intégrale définie* prise entre les limites a et b, d'affecter le signe $\int$ d'intégration des indices a et b l'un en haut et l'autre en bas, de la sorte $\int_a^b$. C'est ainsi que $\int_{\frac{1}{2}}^{1} \frac{dx}{\sqrt{(1 - x^2)}} = \frac{1}{3}\pi$, parce que l'arc dont le sinus est x devient aux limites assignées l'arc de 30° et le quadrans, dont la différence est l'arc de 60° ou $\frac{1}{3}\pi$. (*V.* Cours de Mathématiques, tome II, pages 382 et 386).

exemples éclairciront bientôt. Quand on voudra trouver le
centre de gravité d'une courbe plane, on n'oubliera pas de la
disposer par rapport à ses axes coordonnés de la manière la
plus convenable, afin de simplifier les calculs : par exemple,
d'après ce qu'on a dit (53), on voit que l'équation (2) sera
inutile, toutes les fois que l'axe des x sera symétrique par rapport à la courbe, puisqu'alors cet axe contenant le centre de
gravité, on aura $Y = o$.

Si la courbe dont on cherche le centre de gravité est à double courbure, elle doit être donnée par les équations de ses
deux projections sur les plans coordonnés, ou plus généralement
par celles de deux surfaces courbes dont elle est l'intersection :
ainsi on a, dans ce cas, deux équations pour cette courbe ; et
$ds = \sqrt{(dx^2 + dy^2 + dz^2)}$ donné ds et s en fonction de l'une
des variables x, y et z. Les coordonnées du centre de gravité
sont visiblement alors

$$X = \frac{\int(xds)}{s}, \quad Y = \frac{\int(yds)}{s}, \quad Z = \frac{\int(zds)}{s} \ldots (D').$$

65. Cherchons le centre de gravité d'une ligne droite. Il est
évident (53) que ce centre est au milieu de la longeur de la
droite : ce n'est donc pas tant pour déterminer ce centre que
nous allons résoudre le problème analytiquement, que pour
appliquer à un exemple simple les valeurs (D'), et les observations précédentes.

Soient $x = az + \alpha$, $\quad y = bz + \beta$, les équations d'une
droite DK (fig. 21) dans l'espace ; on a $dx = adz$, $dy = bdz$,
d'où faisant, pour abréger, la constante $\sqrt{(1 + a^2 + b^2)} = h$,

$$ds = \sqrt{(dx^2 + dy^2 + dz^2)} = hdz, \quad s = h(z + A),$$
$$\int xds = \int (az + a)hdz = (\tfrac{1}{2}az^2 + az + B)h,$$
$$\int yds = (\tfrac{1}{2}bz^2 + \beta z + C)h, \quad \int zds = (\tfrac{1}{2}z^2 + D)h.$$

Pour déterminer les constantes de nos quatre intégrales, désignons par CD $= k$ l'ordonnée du point D où commence la lon-

gueur proposée ; en faisant $z = k$ dans ces intégrales, elles devront être nulles, d'où l'on tire

$$A = -k, \quad B = -\tfrac{1}{2} a k^2 - \alpha k, \quad C = -\tfrac{1}{2} b k^2 - \beta k, \quad D = -\tfrac{1}{2} k^2.$$

Substituons ces valeurs, puis introduisons nos intégrales dans les valeurs générales de X, Y, Z : comme $h(z - k)$ se trouve le facteur haut et bas, en réduisant, il vient

$$X = \tfrac{1}{2} a(z + k) + \alpha, \quad Y = \tfrac{1}{2} b(z + k) + \beta, \quad Z = \tfrac{1}{2}(z + k).$$

Jusqu'ici z étant une variable, il n'y a que l'extrémité D de la droite qui soit fixée, et la longueur est encore illimitée; mais les trois expressions seront celles des coordonnées du centre de gravité de la partie définie DK, si l'on convient que z est l'ordonnée IK de l'autre limite donnée.

Or on a, par les équations de la droite,

$$AB = ak + \alpha, \quad AH = az + \alpha, \quad BH = a(z - k),$$
$$AE = \tfrac{1}{2}(AB + AH) = \tfrac{1}{2} a(z + k) + \alpha, \quad BE = AE - AB = \tfrac{1}{2} a(z - k).$$

Ainsi $BE = \tfrac{1}{2} BH$; on a de même F au milieu de CI, enfin, G au milieu de DK.

66. Soit demandé le centre de gravité d'un arc de cercle MM' (fig. 33). L'équation du cercle est $y^2 = a^2 - x^2$, quand l'origine est au centre C, et que a est le rayon AC. Prenons pour axe des x la ligne Cx qui passe par le milieu A de l'arc MM'; à cause des arcs AM et AM' symétriques par rapport à AC le centre de gravité est sur AC en un point I, et sa distance CI à l'axe Cy est la même que pour l'arc AM : faisons AM $= s$; d'où

$$ds = \sqrt{(dx^2 + dy^2)} = -\frac{adx}{y} = -\frac{adx}{\sqrt{(a^2 - x^2)}},$$

(on préfère ici le signe — parce que x décroît lorsque s croît) la première équation (D') devient

$$X = \frac{a}{s} \int \frac{-xdx}{\sqrt{(a^2 - x^2)}} = \frac{a}{s} \cdot \sqrt{(a^2 - x^2)} = \frac{ay + C}{s}.$$

Pour déterminer C, il faut faire $y = 0$ dans le numérateur et l'égaler à zéro; car l'arc étant nul, la somme des momens de ses parties est aussi nulle; on a $C = 0$. Donc $X = \dfrac{ay}{s}$; on tire de là $\dfrac{2s}{a} = \dfrac{2y}{IC}$, ou $\dfrac{\text{arc } MAM'}{\text{rayon } AC} = \dfrac{\text{corde } MM'}{IC}$. Ainsi IC *est quatrième proportionnelle à l'arc, au rayon et à la corde.*

Le centre de gravité de la circonférence entière est visiblement au centre C (53). C'est aussi ce que donne la valeur ci-dessus de X; car $x = -a$ donne $y = 0$ et $s = \pi a$; d'où l'on tire $X = 0$. Pour la demi-circonférence, on a $2s = \pi a$ et $y = a$: donc $\frac{1}{2}\pi X = a$; ce qui veut dire que le rayon AC est égal au quadrans décrit avec un rayon $= X$.

67. Soit enfin proposé de trouver le centre de gravité de l'arc cycloïdal MAM' (fig. 34), dont le cercle générateur a pour diamètre $AB = a$. L'équation de la courbe (*V.* Cours de Mathématiques, n° 723) est $\dfrac{dy}{dx} = \sqrt{\left(\dfrac{a-x}{x}\right)}$, l'origine étant au sommet A, l'axe des x étant AB, savoir $AP = x$, $PM = y$.

Désignons l'arc AM par s, nous aurons $ds = \sqrt{(dx^2 + dy^2)} = dx \cdot \sqrt{\left(\dfrac{a}{x}\right)}$, d'où l'on tire $s = \sqrt{a} \cdot \displaystyle\int \dfrac{dx}{\sqrt{x}} = 2\sqrt{(ax)}$; ainsi $s^2 = 4ax$. En vertu de la symétrie (53) des arcs MA et M'A, le centre de gravité de MAM' est sur AB; et son abscisse X est la même que celle du centre de gravité de $AM = s$; comme $\int(xds) = \displaystyle\int \dfrac{s^2 ds}{4a}$, la première équation (D') devient

$$X = \frac{\int(s^2 ds)}{4as} = \frac{s^3 + A}{12as} = \frac{s^3}{12as} = \frac{4ax}{12a} = \tfrac{1}{3}x.$$

Ainsi le centre de gravité de l'arc MAM' est au tiers de l'abscisse AP. Celui de la cycloïde entière est au tiers du diamètre AB, et cela quel que soit le diamètre AB.

68. Trouver *le centre de gravité de l'aire d'une courbe plane.*
Soit A l'origine (fig. 32), et DCZ une courbe donnée par son
équation $y = fx$; proposons-nous de trouver le centre de gravité de l'aire BCZF; soit AP $= x$, PM $= y$. L'élément infiniment petit PMmp a pour aire ydx; sa masse peut être concentrée au milieu de PM qui en est le centre de gravité: les
momens par rapport à Ax et Ay sont donc $\frac{1}{2} y^2 dx$ et $xydx$.
On éliminera de chacune de ces expressions l'une des variables à l'aide de l'équation $y = fx$, et intégrant ensuite depuis
$x = $ AB et $y = $ BC, jusqu'à $x = $ AF et $y = $ FZ, on aura...
$\frac{1}{2} \int y^2 dx$ et $\int xydx$ pour les sommes des momens de tous les
élémens qui composent l'aire BCZF, et $\int ydx$ pour cette aire:
ainsi (56) les coordonnées du centre de gravité sont

$$X = \frac{\int (xydx)}{\int (ydx)}, \quad Y = \frac{\int (y^2 dx)}{2\int (ydx)} \; \dots \; (E').$$

Supposons qu'il s'agisse de trouver le centre de gravité de
l'aire B'CZF' renfermée entre deux ordonnées et deux courbes
connues, ou deux branches de la même courbe; ces courbes sont
données par leurs équations, savoir $y = fx$ pour CZ, et $y' = Fx$
pour B'F'. Prenons un point quelconque a dans l'étendue de
l'aire, et soit AP $= x$, P$a = z$: un élément rectangulaire différentiel $abcd$ a pour surface $dxdz$, et pour momens $zdxdz$, $xdxdz$,
relativement aux deux axes: intégrant d'abord par rapport à z,
il vient zdx, $\frac{1}{2} z^2 dx$ et $xzdx$ pour l'aire P'Mmp', et les sommes
des momens de ses élémens par rapport aux axes, pourvu que
ces intégrales soient prises de $z = $ PP', à $z = $ PM. Ainsi,
$(y - y') dx$, $\frac{1}{2} (y^2 - y'^2) dx$ et $(y - y') xdx$ sont l'aire P'Mmp',
et les momens de ses élémens. On intégrera de $x = $ AB à
$x = $ AF, et l'on aura l'aire B'CZF', et les sommes de tous les
momens des élémens qui la composent: ce qui conduit aux
valeurs

$$X = \frac{\int (y - y') xdx}{\int (y - y')dx}, \quad Y = \frac{\int (y^2 - y'^2) dx}{2\int (y - y')dx} \; \dots \dots \; (F')$$

Il est intéressant de remarquer que les formules précédentes peuvent aussi s'appliquer aux cas où les coordonnées de la courbe ne sont pas à angle droit. En effet, soit α l'angle yAx (fig. 32), l'élément $PMmp$ est $ydx \cdot \sin \alpha$, et l'aire entière est $\int ydx \sin \alpha$; de même $\frac{1}{2}\int y^2\, dx \cdot \sin \alpha$, et $\int xydx \cdot \sin \alpha$ sont les sommes des produits des élémens de cette aire par leurs coordonnées. Or, observant que le théorème du n° 34 a lieu même lorsqu'elles ne sont pas à angle droit, il est évident que celles X et Y du centre de gravité de l'aire sont les mêmes que nous avons trouvées précédemment, puisque la constante sin α disparaît comme étant facteur commun des deux termes de chaque fraction.

69. Prenons pour premier exemple le trapèze DE (fig. 36). Il faut concevoir que la droite AG, axe des x, partage chacun des deux côtés parallèles DC, EF, en deux parties égales. Le centre de gravité I sera sur cet axe, et la première des formules (E') suffira pour trouver la distance de ce centre I au point A, car les abscisses des centres de gravité des aires ACEG, CEFD sont les mêmes, à cause de la symétrie (53) des deux parties ACEG, AGFD. Soient CD $= b$, EF $= b'$, AG $= m$, AP $= x$, PM $= y$; quoique les coordonnées puissent être obliques, on a $y = ax + \frac{1}{2} b$, pour l'équation de la droite CE, et par conséquent

$$\int (xydx) = \int (ax^2 dx + \tfrac{1}{2} bxdx) = \tfrac{1}{3} ax^3 + \tfrac{1}{4} bx^2 + C,$$
$$\int (ydx) = \int (axdx + \tfrac{1}{2} bdx) = \tfrac{1}{2} ax^2 + \tfrac{1}{2} bx + C'.$$

Les constantes C et C' sont nulles parce que les intégrales le sont elles-mêmes lorsque $x = 0$; ainsi on a pour l'abscisse du centre de gravité de CAPM ou de CMM'D,

$$X = \frac{4\, ax + 3\, b}{6\, ax + 6\, b} \times x.$$ Mais la droite CE étant assujettie à passer par le point E dont l'abscisse est $x = m$, et l'ordonnée est $y = \frac{1}{2} b'$, l'équation $y = ax + \frac{1}{2} b$ devra être satisfaite par ces valeurs; ainsi $\frac{1}{2} b' = am + \frac{1}{2} b$, d'où

$$a = \frac{b' - b}{2m}.$$ Il ne s'agit plus maintenant que de mettre

cette valeur pour a dans X, puis de faire $x = m$; mettant donc ici $2\,am$ ou $b' - b$ pour $2ax$, on trouve enfin comme n° 59,

$$\mathrm{AI} = \tfrac{1}{3}\, m \cdot \frac{b + 2b'}{b + b'}.$$

Cette valeur donne aussi la position du centre de gravité du parallélogramme et du triangle : en effet, dans le premier cas on a $b' = b$, ainsi $\mathrm{AI} = \tfrac{1}{2}\, m$; dans le second, on a $b = 0$, d'où $\mathrm{AI} = \tfrac{2}{3}\, m$; ce résultat a été déjà obtenu (59).

70. Cherchons le centre de gravité d'un *segment parabolique* : l'équation de la parabole étant $y^2 = px$, on a

$$\textstyle\int xy\,dx = \tfrac{2}{5}\, x^2 \sqrt{(px)} + \mathrm{C}; \quad \int y\,dx = \tfrac{2}{3}\, x \sqrt{(px)} + \mathrm{C}.$$

Si l'aire dont on cherche le centre de gravité commence à l'origine, C et C′ sont nuls : on a $\mathrm{X} = \tfrac{3}{5}\, x$; donc à cause de la symétrie par rapport à l'axe des x, *le centre de gravité d'un segment parabolique est sur l'axe principal, aux trois cinquièmes de la longueur de l'abscisse.*

71. Le centre de gravité d'un *segment elliptique* se trouve ainsi qu'il suit. L'équation de l'ellipse rapportée à son centre et à ses axes est $y = k \sqrt{(a^2 - x^2)}$, k étant le rapport des axes, et a le demi-grand axe ; d'où

$$\textstyle\int xy\,dx = \int kx\,dx \sqrt{(a^2 - x^2)}, \quad \int y\,dx = \int k\,dx \sqrt{(a^2 - x^2)};$$

on voit d'abord que k disparaît du rapport de ces deux quantités dont il est facteur commun constant, ce qui prouve que *les centres de gravité des segmens de toutes les ellipses qui ont même grand axe a, lorsque les limites sont les mêmes perpendiculaires aux x, coïncident avec celui du segment circulaire de rayon a.* La première intégrale $= -\tfrac{1}{3} \sqrt{(a^2 - x^2)^3} + \mathrm{C}$; la deuxième est l'aire du segment circulaire : supposons que le sommet A soit la limite ; intégrant depuis $x = m = \mathrm{CP}$ (fig. 33), jusqu'à $x = \mathrm{CA} = a$; la première devient $\tfrac{1}{3} \sqrt{(a^2 - m^2)^3}$, et la deuxième l'aire PMA ; donc CI ou

$$X = \frac{\frac{1}{3}\sqrt{(a^2 - m^2)^3}}{\mathrm{MPA}} = \frac{\frac{2}{3}(\mathrm{MP})^3}{\mathrm{MAM'P}} = \frac{\frac{1}{12}(\mathrm{MM'})^3}{\mathrm{MAM'P}} = \frac{\frac{1}{12}(\mathrm{cordé})^3}{\mathrm{segment}}.$$

Quant au secteur CMAM', il se compose du segment et du triangle CMM'; en concevant ces aires concentrées en leurs centres de gravité respectifs I et L, on prendra les momens par rapport à C ; on a CL $= \frac{2}{3}\, m$, CMM' $= my$, segment $\times$ CI $= \frac{2}{3}y^3$, ainsi

$$X = \frac{\frac{1}{3}m^2 y + \frac{2}{3}y^3}{\mathrm{CMAM'}} = \frac{2}{3}\, y \cdot \frac{m^2 + y^2}{\frac{1}{2}\,a.\,\mathrm{arc\ MAM'}} = \frac{4}{3} \cdot \frac{ay}{\mathrm{MAM'}}$$

Le centre de gravité du secteur est donc le même (n° 66) que celui de l'arc de cercle qui a $\frac{2}{3}\,a$ pour rayon. Et en effet, considérons l'aire comme décomposée en triangles infinitésimaux dont le sommet est au centre et la base sur la circonférence ; leurs centres de gravité seront sur un arc décrit avec le rayon $\frac{2}{3}\,a$, et leurs poids égaux pourront être réunis sur les divers points de cet arc (52 , 4°).

72. *Trouver le centre de gravité de l'aire d'une surface de révolution.*

Supposons qu'une courbe génératrice plane tourne autour de l'axe des x ; le centre de gravité est sur cet axe (53), et, en désignant par $y = fx$ l'équation de cette courbe, l'aire engendrée a pour élément circulaire $2\pi y\,ds$; si donc on conçoit un plan perpendiculaire à l'axe des x, et passant par l'origine, le moment de cet élément par rapport à ce plan est $2\pi xy\,ds$; en mettant pour y et $ds = \sqrt{(dx^2 + dy^2)}$, leurs valeurs en fonction de x et dx, et intégrant entre les limites convenables, on aura $2\pi \int y\,ds$ pour l'aire entière, et $2\pi \int xy\,ds$ pour la somme des momens de tous les élémens qui la composent. Ainsi (56) on aura pour la distance du centre de gravité à l'origine

$$X = \frac{\int xy\,ds}{\int y\,ds} \ldots\ldots\ldots\ldots (G').$$

Prenons pour exemple les surfaces engendrées par une droite.

L'équation de la ligne génératrice est $y = ax + b$; donc $ds = dx \sqrt{(a^2 + 1)}$. Ainsi

$$\int xy\, ds = \sqrt{(a^2 + 1)} \int xy\, dx, \quad \text{et} \quad \int y\, ds = \sqrt{(a^2 + 1)} \int y\, dx.$$

Donc
$$X = \frac{\int xy\, dx}{\int y\, dx}.$$

Or, cette expression est la même chose que (E'); ce qui fait voir que le centre de gravité de l'aire de toute surface de révolution, engendrée par une droite autour d'un axe situé dans son plan, a la même coordonnée dans le sens de cet axe que le centre de gravité de l'aire génératrice. Il en résulte que *le centre de gravité de l'aire d'un trapèze, d'un parallélogramme ou d'un triangle, est respectivement à la même distance de l'origine que le centre de gravité de l'aire d'un cône tronqué, d'un cylindre ou d'un cône.*

Soit proposé de trouver le centre de gravité de la surface d'une zône sphérique, c'est-à-dire d'une portion de l'aire d'une sphère comprise entre deux plans parallèles. Pour cela, comme l'équation du cercle est $y^2 = 2ax - x^2$, a étant le rayon, et l'origine étant au sommet, on a $ds = \dfrac{adx}{y}$, d'où $y\, ds = a\, dx$. En substituant dans la formule (G'), on a

$$X = \frac{\frac{1}{2} ax^2 + C}{ax + C'}.$$

On déterminera aisément C et C', quand on connaîtra la position et la longueur de l'arc générateur par rapport à l'axe des x. Mais s'il s'agit d'une calotte sphérique, on a $C = 0$, $C' = 0$; et par conséquent $X = \frac{1}{2} x$. Donc *le centre de gravité de la calotte sphérique est au milieu de la flèche.*

73. *Trouver le centre de gravité d'une surface courbe quelconque.*

Cette surface, rapportée à trois plans coordonnés, a pour équation différentielle donnée $dz = p\, dx + q\, dy$; faisons, pour abréger, $M = \sqrt{(1 + p^2 + q^2)}$. L'élément de l'aire est $M\, dx\, dy$

conformément aux principes du Calcul intégral (V. Cours de Math., 812); $z\mathrm{M}dxdy$, $y\mathrm{M}dxdy$ et $x\mathrm{M}dxdy$, sont les momens de cet élément par rapport aux trois plans respectifs des xy, des xz et des yz. Donc $\iint \mathrm{M}dxdy$ est l'aire entière, et $\iint z\mathrm{M}dxdy$, $\iint y\mathrm{M}dxdy$, $\iint x\mathrm{M}dxdy$, sont les sommes des momens des élémens qui la composent : les doubles intégrales doivent être prises dans les limites convenables. Ainsi les trois coordonnées du centre de gravité sont (56)

$$\mathrm{X} = \frac{\iint x\,\mathrm{M}dxdy}{\iint \mathrm{M}dxdy}; \quad \mathrm{Y} = \frac{\iint y\,\mathrm{M}dxdy}{\iint \mathrm{M}dxdy}; \quad \mathrm{Z} = \frac{\iint z\,\mathrm{M}dxdy}{\iint \mathrm{M}dxdy}.$$

74. *Trouver le centre de gravité d'un volume quelconque symétrique par rapport à un axe :* tels sont les pyramides, les solides de révolution, etc.

Si, à partir du point C quelconque (fig. 39), on prend sur l'axe une longueur $\mathrm{CP} = x$, et si l'on coupe le solide par un plan perpendiculaire à cet axe, la section K qu'on obtiendra sera connue en fonction de x, puisque la génération du solide est donnée; ainsi on aura $\mathrm{K} = fx$. Soit $\mathrm{P}p = dx$, $\mathrm{K}dx$ sera l'élément $\mathrm{M'\,M}mm'$ du volume, et si l'on conçoit un plan perpendiculaire en C à l'axe CB, sur lequel est le centre de gravité, $\mathrm{K}xdx$ sera le moment de cet élément par rapport à ce plan. Ainsi $\int \mathrm{K}dx$ sera le volume, et $\int \mathrm{K}xdx$ sera la somme des momens de tous ses élémens. On aura donc (56)

$$\mathrm{X} = \frac{\int \mathrm{K}xdx}{\int \mathrm{K}dx} \ \dots\dots\dots\dots (\mathrm{H}').$$

Pour se servir de cette formule, il faut trouver K en fonction de x, d'après la nature du corps, faire les intégrations, et déterminer convenablement les constantes. Il est clair que, par la même raison que précédemment (68), il n'est pas nécessaire que AB soit perpendiculaire sur MM′.

75. S'il s'agit, par exemple, d'une pyramide ou d'un cône, l'arête AH est une droite : prenons l'origine au sommet A, faisons $\mathrm{AB} = b$, et représentons par a l'aire de la base Hh. On

sait que K et a, qui sont les aires de deux sections parallèles, sont proportionnelles aux carrés de leurs distances au sommet A : ainsi $\dfrac{b^2}{x^2} = \dfrac{a}{K}$, d'où $K = \dfrac{ax^2}{b^2}$; substituant dans la formule (H'), on a

$$X = \frac{\int K x\, dx}{\int K\, dx} = \frac{\int x^3 dx}{\int x^2 dx} = \frac{3}{4}\frac{x^4 + A}{x^3 + B}.$$

Si le solide n'est pas tronqué, on a $A = 0$ et $B = 0$; d'où $X = \frac{3}{4}x$; puis faisant $x = b$, on a $X = \frac{3}{4}b$; ce qui est le résultat déjà connu (62). Mais si le solide est tronqué, en prenant $AS = m$ pour l'abscisse de la base supérieure LO, on a $A = -3m^4$, et $B = -4m^3$, d'où l'on tire, en mettant b pour x, $X = \frac{3}{4}\cdot\dfrac{b^4 - m^4}{b^3 - m^3}$. Les quantités qu'on regarde comme connues dans un cône tronqué sont les rayons des cercles de ses deux bases et sa hauteur. Soit $SO = r$, $BH = R$, et $SB = h$; il s'agit de trouver X en fonction de R, r et h. Or on a aisément $m = \dfrac{hr}{R - r}$ et $b = \dfrac{hR}{R - r}$: en substituant on obtient

$$X = \frac{3}{4}\, h \cdot \frac{R^4 - r^4}{(R - r)(R^3 - r^3)}.$$

Soit encore pris pour exemple le *segment d'ellipsoïde*. En nommant a, b, c, ses demi-axes principaux, la surface rapportée à son centre et à ces trois lignes a pour équation (*Voyez* Cours de Math. , n° 646)

$$a^2 b^2 z^2 + a^2 c^2 y^2 + b^2 c^2 x^2 = a^2 b^2 c^2.$$

La section par un plan perpendiculaire aux x est une ellipse dont l'abscisse est x ; son équation est

$$a^2 b^2 z^2 + a^2 c^2 y^2 = b^2 c^2 (a^2 - x^2).$$

Les demi-axes sont $\dfrac{c}{a}\sqrt{a^2 - x^2}$ et $\dfrac{b}{a}\sqrt{a^2 - x^2}$; on sait que l'aire enfermée par cette courbe est le produit de ces deux lignes par le nombre π, savoir $K = \dfrac{\pi bc}{a^2}(a^2 - x^2)$. (V. Cours de Math. , n° 805, IV).

Le coefficient constant de cette quantité se trouvant facteur des deux termes de la fraction H', peut être supprimé, en sorte qu'on posera simplement $K = a^2 - x^2$: ainsi

$$\int(a^2-x^2)x\,dx = \tfrac{1}{2}a^2x^2 - \tfrac{1}{4}x^4 + C, \quad \int(a^2-x^2)dx = a^2x - \tfrac{1}{3}x^3 + C';$$

le quotient de la division de ces quantités étant indépendant des demi-axes b et c, on en conclut que *le centre de gravité de tous les segmens d'ellipsoïdes, formés par les mêmes plans perpendiculaires aux* x, *coïncident, pourvu que le demi-axe a dirigé selon les* x *soit le même, et quels que soient* b *et* c : ce centre est donc aussi le même que pour *la sphère de rayon* a. Si l'on veut que le segment soit terminé au sommet, les intégrales doivent être prises jusqu'à $x = a$: pour le demi-ellipsoïde l'intégrale commence à $x = 0$, et l'on trouve

$$X = \frac{3}{8}\,a.$$

76. *Trouver le centre de gravité du volume d'un corps de révolution.*

On sait que $\pi y^2 dx$ est l'élément du corps perpendiculaire à l'axe x de révolution; $\pi xy^2 dx$ est son moment par rapport à un plan perpendiculaire à cet axe, et passant par l'origine; $\pi \int y^2 dx$ est le volume entier, $\pi \int xy^2 dx$ est la somme des momens de ses élémens. Donc on a (56)

$$X = \frac{\int xy^2 dx}{\int y^2 dx} \quad \ldots\ldots\ldots\ldots\ldots\ (I').$$

Cette formule peut se déduire de (H') comme cas particulier : en effet K est ici un cercle dont y est le rayon; ainsi on a $K = \pi y^2$.

On pourrait appliquer immédiatement la formule (I') à la

recherche du centre de gravité du cône et du cône tronqué : il faudrait pour cela prendre pour génératrice une droite passant par l'origine, et dont l'équation serait $y = ax$. On obtiendrait ainsi pour X les valeurs déjà trouvées p. 84.

77. Soit pris pour exemple le segment sphérique MAM' (fig. 33); l'équation du cercle dont le rayon est a, l'origine étant au sommet A, est $y^2 = 2\,ax - x^2$; la formule (I') devient donc

$$X = \frac{\int (2\,ax^2 dx - x^3 dx)}{\int (2\,axdx - x^2 dx)} = \frac{\frac{2}{3} ax^3 - \frac{1}{4} x^4 + C}{ax^2 - \frac{1}{3} x^3 + D}.$$

En observant que le volume et les momens doivent devenir nuls quand $x = 0$, on trouve $C = 0$, et $D = 0$. Ainsi

$$X = \frac{8\,a - 3\,x}{12\,a - 4\,x} \times x.$$

S'il s'agit de la demi-sphère, il faut faire $x = a$, et l'on a $X = \frac{5}{8} a$; donc le *centre de gravité de la demi-sphère est aux trois huitièmes du rayon à partir du centre.*

Dans le segment de paraboloïde, le centre de gravité est aux deux tiers de l'axe à partir du sommet : car l'équation de la parabole, $y^2 = px$, donne pour (I')

$$X = \frac{\int px^2 dx}{\int px dx} = \frac{\frac{1}{3} px^3}{\frac{1}{2} px^2} = \frac{2}{3}. x.$$

L'équation de l'hyperbole est, en prenant l'origine au sommet, $y^2 = \dfrac{b^2}{a^2} (2\,ax + x^2)$: on aura pour le centre de gravité du solide engendré par cette courbe,

$$X = \frac{\int (2\,ax^2 + x^3)\,dx}{\int (2\,ax + x^2)\,dx} = \frac{\frac{2}{3} ax^3 + \frac{1}{4} x^4}{ax^2 + \frac{1}{3} x^3} = \frac{8\,a + 3\,x}{12\,a + 4\,x} \times x.$$

Cette valeur approche d'autant plus de $\frac{2}{3} x$ que x est plus petit, et de $\frac{3}{4} x$ que x est plus grand, par rapport à a : X ne peut jamais avoir pour valeur l'une de ces deux quantités, et elles sont les limites entre lesquelles le centre de gravité doit se trouver. Donc *le centre de gravité du segment d'hyperboloïde est entre les deux tiers et les trois quarts de l'abscisse à compter du sommet.*

78. *Trouver le centre de gravité d'un volume quelconque.* Supposons qu'en un lieu arbitraire de ce corps, on prenne un point dont les coordonnées soient x, y, z, et un élément différentiel $dxdydz$. Les momens de cet élément par rapport aux plans respectifs des xy, des xz et des yz sont $zdxdydz$, $ydxdydz$; $xdxdydz$; on obtiendra donc le volume total et les sommes des momens de tous les élémens qui le composent en intégrant entre les limites convenables. Ainsi (56) les coordonnées du centre de gravité sont

$$\mathrm{X} = \frac{\int\int\int xdxdydz}{\int\int\int dxdydz}, \quad \mathrm{Y} = \frac{\int\int\int ydxdydz}{\int\int\int dxdydz}, \quad \mathrm{Z} = \frac{\int\int\int z\,dxdydz}{\int\int\int dxdydz}.$$

Ces intégrales triples s'évaluent entre les limites connues, en se servant des équations données des surfaces courbes qui terminent la masse dont on cherche le centre de gravité. Ces calculs s'exécutent selon les mêmes principes que ceux qui servent à déterminer les volumes des corps. (*V.* Cours de Math., n° 812).

Si le corps n'est pas homogène, on n'est plus en droit de substituer le volume à la masse : soit ϱ la densité de la molécule qu'on a considérée, ϱ étant une fonction connue de ses coordonnées x, y, z; alors il faut admettre haut et bas dans nos formules le facteur ϱ sous les signes $\int$.

Soit proposé de trouver le centre de gravité du volume d'un *Conoïde* ; cette surface est engendrée par le mouvement de la droite QM (fig. 38) qui se meut sans cesser d'être parallèle au plan xy, et en glissant le long de l'axe des z d'une part, et sur un cintre DMC de l'autre. Nous regarderons cette courbe comme elliptique, et en désignant par a et b les deux demi-axes OD et OG, et AO par c, l'équation de cette surface (*) est.............

(*) Car, les équations du cintre DMC sont $x=c$, et $a^2y^2 + b^2z^2 = a^2b^2$; celles d'une génératrice quelconque sont $y=ax$, $z=C$. En éliminant x, y et

$a^2c^2y^2 + b^2x^2z^2 = a^2b^2x^2$. La valeur X est ici seule nécessaire.

Cherchons d'abord le volume du corps ou le dénominateur ; l'intégration par rapport à z donne $zdxdy$; les limites sont o et le z de la surface ; ainsi on mettra pour z sa valeur tirée de l'équation et on intégrera par rapport à y seul la quantité

$$dx \int z dy = \frac{adx}{bx} \int dy \sqrt{(b^2x^2 - c^2y^2)},$$

on fera pour cela $\sqrt{(b^2x^2 - c^2y^2)} = t(bx + cy)$; c'est la transformation ordinaire ; elle donne

$$y = \frac{bx}{c} \cdot \frac{1 - t^2}{1 + t^2}, \quad dy = -\frac{4bx}{c} \cdot \frac{tdt}{(1 + t^2)^2},$$

par là le radical, ou $t(bx + cy)$, devient $\dfrac{2\,bxt}{1 + t^2}$; de sorte qu'on doit intégrer

$$dx \int z dy = -\frac{8abxdx}{c} \int \frac{t^2 dt}{(1 + t^2)^3};$$

or si on intègre $\dfrac{dt}{(1 + t^2)^n}$ par parties, on obtient

$$\int \frac{dt}{(1 + t^2)^n} = \frac{t}{(1 + t^2)^n} + 2n \int \frac{t^2 dt}{(1 + t^2)^{n+1}}.$$

On fera successivement n égal à 1 et à 2 ; et retranchant du second résultat la moitié du premier, puis réunissant en une seule les deux intégrales qui ont $(1 + t^2)^2$ au dénominateur et réduisant, on obtiendra

$$\int \frac{t^2 dt}{(1 + t^2)^3} = -\frac{1}{4} \cdot \frac{t}{(1 + t^2)^2} + \frac{1}{8} \cdot \frac{t}{1 + t^2} + \frac{1}{8} \operatorname{arc}(\tan g = t).$$

---

z entre ces quatre équations, on a $a^2c^2a^2 + b^2c^2 = a^2b^2$ qui exprime que la droite est une génératrice : il ne s'agit donc plus que de mettre pour a et c leurs valeurs $\dfrac{Y}{x}$ et z.

Cela posé, pour avoir le volume qui est en dessus du plan xy, il faut prendre l'intégrale depuis la plus petite valeur de y jusqu'à la plus grande : on les trouve par la théorie connue, et $z = o$ donne $y = \pm \dfrac{bx}{c}$. On intégrera donc depuis $cy = - bx$

jusqu'à $cy = + bx$. Or la valeur $t = \sqrt{\left(\dfrac{bx - cy}{bx + cy} \right)}$ donne

pour limites $t = \infty$ et $t = o$. Ces deux hypothèses réduisent à zéro les deux 1ers termes de notre intégrale; la tangente qui entre dans le 3e est infinie dans un cas et nulle dans l'autre; l'arc est donc $\dfrac{\pi}{2}$ et zéro. Ainsi notre intégrale devient d'une part $= \frac{1}{8} \dfrac{\pi}{2}$, et de l'autre $= o$: retranchant le 1er résultat du 2e, on a $- \dfrac{\pi}{16}$, qui, substitué ci-dessus, donne

$$dx \int z\,dy = \frac{ab\pi x\,dx}{2c}.$$

On intègre de nouveau depuis $x = o$ jusqu'à $x = c$, et on double pour avoir le volume total du corps, qu'on trouve ainsi $\int z\,dx\,dy = \frac{1}{2} abc\pi$: c'est, comme on voit, le produit de l'aire elliptique du cintre, ou $ab\pi$, par la moitié de la hauteur c.

Pour avoir l'intégrale du numérateur, qui revient d'abord à celle de $xz\,dx\,dy$, il faudra de même substituer à z la valeur tirée de l'équation de la surface, puis intégrer relativement à y seul; ce qui se réduit à multiplier par x le résultat déjà trouvé ci-dessus : donc

$$x\,dx \int z\,dy = \frac{ab\pi x^2\,dx}{2c}, \text{ d'où } \int\!\int xz\,dx\,dy = \frac{1}{3} ab\pi c^2,$$

et enfin $X = \frac{2}{3} c$; résultat simple et remarquable.

79. Appliquons à un exemple ce qui a été dit (52, 4°.) pour trouver le centre de gravité d'un système de corps. Cherchons celui du secteur sphérique engendré par le secteur circulaire

MAC (fig. 33) en tournant autour de AC. Ce volume est composé d'un segment sphérique et d'un cône ; soient I et L leurs centres de gravité respectifs ; on a vu (77) qu'en désignant AP par x, et AC par a, on a

$$AI = \frac{8a - 3x}{12a - 4x} \times x, \text{ et } PL = \tfrac{1}{4} . CP = \tfrac{1}{4} (a - x).$$

Mais comme les positions de I et de L ne sont pas rapportées au même point A, on remplace la seconde de ces valeurs par

$$AL = AP + PL = x + \tfrac{1}{4} . (a - x) = \tfrac{1}{4} (3x + a).$$

Cela posé, concevons les volumes de ces deux corps réunis en leurs centres de gravité I et L : on connaît ces volumes par la Géométrie, et on sait que (Cours de Math., n° 313)

$$\begin{aligned}
\text{Le secteur } &= \tfrac{2}{3} \pi a^2 x , \\
\text{Le segment } &= \tfrac{1}{3} \pi x^2 (3a - x), \\
\text{Le cône } &= \tfrac{1}{3} \pi (2ax - x^2) (a - x).
\end{aligned}$$

En prenant les momens par rapport au point A, on a pour le segment

$$\frac{\pi}{3} x^2 (3a - x) \frac{8a - 3x}{12a - 4x} \times x = \frac{\pi x^3}{3} \times \frac{8a - 3x}{4} .$$

Pour le cône

$$\tfrac{1}{3} \pi . (2ax - x^2) (a - x) \tfrac{1}{4} (3x + a).$$

Enfin divisant la somme des momens par la somme des masses, qui est le volume du secteur, on a (56) pour la distance du point A au centre de gravité cherché, en ôtant le facteur commun $\tfrac{1}{3} . \pi x$,

$$X = \frac{\tfrac{1}{4} x^2 (8a - 3x) + \tfrac{1}{4} (2a - x) (a - x) (3x + a)}{2a^2} ;$$

et en réduisant

$$X = \tfrac{1}{8} \left(2a + 3x \right),$$

ce qu'il s'agissait de trouver.

IV. *Méthode de Guldin.*

80. La méthode *Centrobarique* (*), découverte par *Pappus*, est aussi appelée *règle de Guldin*, parce que ce savant en a fait des applications utiles : elle consiste en un procédé fort simple, pour trouver l'aire ou le volume engendré par la révolution d'une courbe quelconque, quand on connaît l'équation, et le centre de gravité de la ligne ou de l'aire génératrice : voici en quoi consiste cette méthode.

On peut écrire les secondes équations (D') et (E') ainsi qu'il suit :

$$Y = \frac{\int 2\pi y\,ds}{2\pi s}, \quad \text{et} \quad Y = \frac{\int \pi y^2\,dx}{2\pi \int y\,dx}.$$

La première de ces deux équations exprime l'ordonnée, dans le sens de l'axe des y, du centre de gravité d'une ligne : elle donne $2\pi Y.s = \int 2\pi y\,ds$. Or $2\pi Y$ est la circonférence dont Y est le rayon ; c'est celle que décrirait le centre de gravité autour de l'axe des x, si l'on faisait tourner la courbe sur cet axe : de plus $\int 2\pi y\,ds$ est l'expression de l'aire de la surface qu'engendrerait l'arc de courbe s par cette révolution : donc *l'aire engendrée par la révolution d'une courbe donnée autour d'un axe, est égale au produit de la longueur de l'arc générateur par la circonférence décrite par son centre de gravité.*

La seconde des deux formules ci-dessus exprime l'ordonnée dans le sens des y du centre de gravité de l'aire d'une courbe : elle donne $2\pi Y.\int y\,dx = \int \pi y^2\,dx$. Or si l'on fait tourner la courbe autour de l'axe des x, l'aire dont l'expression est $\int y\,dx$, engendrera un corps dont le volume sera $\int \pi y^2\,dx$; et le centre de gravité de l'aire décrira une circonférence $= 2\pi Y$. Donc le *volume que l'aire d'une courbe plane engendre par sa révolu-*

(*) Κεντρον, *centre;* Βαϱος, *poids.*

tion autour d'un axe, est le produit de l'aire génératrice, par la circonférence que décrit son centre de gravité.

Cette dernière proposition a lieu même lorsque l'aire génératrice est comprise entre deux courbes, ou entre deux branches d'une même courbe. En effet, la seconde formule (F′) donne $2\pi Y \times \int (y - y')\, dx = \int \pi (y^2 - y'^2)\, dx$, qui conduit à la même conséquence, puisque $\int (y - y')\, dx$ est l'aire génératrice, et que $\int \pi (y^2 - y'^2)\, dx$ est l'expression du volume engendré par la révolution de cette aire.

81. Par exemple, on peut regarder l'aire d'un cercle comme engendrée par le mouvement de son rayon autour du centre; la ligne génératrice est le rayon R dont le centre de gravité est au milieu : la ligne décrite par ce centre est une circonférence dont le rayon est $\frac{1}{2}$R ; ainsi elle est $= \pi$R : donc la surface du cercle est πR².

Si la circonférence FBDE (fig. 15) tourne autour de l'axe Ax, en faisant le rayon MB $= a$, et la distance MH du centre à l'axe $= b$, on a pour l'aire qu'elle décrit, cir. $a \times$ cir. $b = 4\pi^2 ab$: et comme cette valeur est double de la voûte annulaire décrite par la demi-circonférence DEF, l'aire de cette voûte est $= 2\pi^2 ab$.

De même le volume engendré par l'aire du cercle est......
$=$ cercle MB $\times$ cir. MH $= 2\pi^2 a^2 b$. Si $a = b$, c'est-à-dire si le cercle tourne autour de la tangente en F, l'aire décrite.....
$= (2\pi a)^2 =$ le carré qui a pour côté la circonférence a; le volume $= 2\pi^2 a^3$.

Si le rectangle ABDC (fig. 35), tourne autour du côté BD, il engendrera un cylindre : soit AC $= h$, CD $= r$, le côté AC a son centre de gravité au milieu I, qui décrit une circonférence dont le rayon est r; donc la surface engendrée, ou l'aire du cylindre $= 2\pi rh$. Comme le rectangle a son centre de gravité à l'intersection G des deux diagonales, le volume du cylindre est

$$ \text{AC} \times \text{CD} \times \text{cir. } \tfrac{1}{2}\text{CD} = \pi hr^2. $$

Enfin, le triangle rectangle ABH (fig. 37), en tournant autour du côté AB engendre un cône ; faisons $AH = a$, $BH = r$, et $AB = h$. Comme le centre de gravité de AH est au milieu F, il décrit une circonférence dont le rayon est $KF = \frac{1}{2} r$; l'aire du cône est donc $\pi r a$. Soit I le milieu de BH ; prenons sur la droite AI une partie $AC = \frac{2}{3} . AI$; C sera le centre de gravité du triangle ABH, et le volume du cône sera cir. $CE \times BH \times \frac{1}{2} . AB$: or $CE = \frac{1}{3} BI = \frac{1}{3} BH$; donc cir. $CE = \frac{2}{3} . \pi r$, et le volume du cône $= \frac{1}{3} . \pi r^2 h$.

Ces résultats, déjà connus, ne sont mis ici que pour mieux développer la méthode centrobarique ; on pourrait d'ailleurs l'appliquer également au cône tronqué, à la sphère, etc.

82. On sait donc trouver la surface engendrée par la révolution d'une courbe donnée, ou le volume engendré par celle de son aire, lorsqu'on connaît le centre de gravité de la courbe ou de l'aire génératrice, toutes les fois que la courbe sera soumise à une loi donnée par une équation. Si cette courbe ne faisait pas une révolution entière sur son axe, il serait aisé de trouver encore l'aire ou le volume engendré, car on a évidemment cette analogie : l'aire ou le volume engendré par une révolution entière est à une circonférence quelconque, comme l'aire ou le volume engendré par une portion de révolution, est à l'arc de cette circonférence qui lui sert de mesure angulaire. Donc *l'aire ou le volume engendré par une révolution entière, ou par une portion de révolution, est égal au produit du chemin que fait le centre de gravité par la courbe ou l'aire génératrice.*

83. Réciproquement aussi, on obtient la circonférence décrite pas le centre de gravité d'un arc de courbe dans sa révolution autour d'un axe, en divisant la surface qu'engendre cet arc par sa longueur même : donc pour avoir la distance du centre de gravité d'un arc à un axe, il faut le faire tourner autour de cet axe, et diviser la surface qu'il engendre, par la circonférence qui aurait pour rayon la longueur de cet arc; ce théorème peut servir dans un grand nombre de cas à trouver le centre de gravité d'un arc. Par exemple, pour trouver le centre de gravité de l'arc MAM' (fig. 33), on le fera tourner autour de Cy perpendiculaire au rayon $AC = a$ qui divise cet arc en deux parties égales;

comme la surface engendrée par l'arc sera une zone sphérique, elle sera $= 2\pi a \cdot \mathrm{MM}'$: en divisant cette valeur par la circonférence qui a MAM' pour rayon, ou par $2\pi \cdot \mathrm{MAM}'$, on a.....

$\dfrac{a \cdot \mathrm{MM}'}{\mathrm{MAM}'}$ pour la distance X du centre cherché à Cy. Si l'arc est la demi-circonférence, elle engendre une surface sphérique $= 4\pi a^2$; et comme l'arc générateur $= \pi a$, on a pour la circonférence décrite par le centre de gravité autour de Cy....

$2\pi \mathrm{X} = \dfrac{4\pi a^2}{\pi a} = 4a$; d'où $\pi \mathrm{X} = 2a$. Tout ceci s'accorde avec ce qu'on a vu (66).

De même en divisant le solide engendré dans la révolution d'une aire autour d'un axe, par cette aire et par 2π, on aura la distance du centre de gravité de cette aire à l'axe. Ainsi ABDC (fig. 35), en tournant autour de BD, engendre un cylindre dont le volume est $\pi r^2 h$; l'aire ABDC $= hr$; en divisant donc $\pi r^2 h$ par $rh \times 2\pi$, on a $\frac{1}{2}r$ pour la distance du centre de gravité de ABCD à la ligne BD. On aurait de même $\frac{1}{2}h$ pour la distance de ce point à la ligne CD. (*Voyez* à cet égard un mémoire de *Varignon*, inséré parmi ceux de l'Académie, pour l'année 1714.)

CHAPITRE III.

DES MACHINES.

84. On appelle *Machines* des corps retenus par des obstacles, tels que des points ou des axes fixes, et à l'aide desquels les forces agissent les unes contre les autres. L'industrie et le besoin ont produit de concert ces inventions mécaniques; on en distingue de *simples* et de *composées*. Il n'y a que trois machines simples, les *Cordes*, le *Plan incliné* et le *Levier* : il ne s'agit pour former des machines composées que de réunir en un même sy-

stème, plusieurs machines simples, en les faisant communiquer
entre elles. Le but essentiel d'une machine est de changer la grandeur et la direction des forces, de sorte que tout ce qu'on doit
dire des machines n'est qu'une suite d'applications des propositions démontrées précédemment.

Nous allons traiter séparément de chaque machine simple, et
des machines composées les plus ordinaires, en faisant d'abord
abstraction des obstacles qui proviennent de la nature des matières qu'on y emploie et de leur construction, tels que le frottement, la roideur des cordes, etc., nous réservant d'y avoir
égard par la suite.

I. *Des Systèmes flexibles, tels que les Cordes, la Chaînette et
les Lames élastiques.*

85. Les CORDES sont *des agens qui servent à transmettre l'action des forces en tirant le point où elles sont attachées :* c'est
par ce caractère que les cordes diffèrent des verges rigides, que
les puissances peuvent indifféremment pousser ou tirer. Les
cordes lâches ou non tendues, ne sont pas des moyens de transmission des forces : dans ce que nous allons dire, nous considérerons les cordes comme parfaitement flexibles, sans pesanteur, et
réduites à leur axe, à moins que nous n'avertissions expressément du contraire. On nomme aussi les cordes *des Machines
Funiculaires.*

Nous appellerons *Tension* d'un cordon la force qui agit à
l'une de ses extrémités quand l'autre est fixe : lorsqu'on a deux
puissances égales et opposées, appliquées à un cordon, il y a
équilibre, et l'on peut regarder l'une des extrémités comme fixe;
la tension est l'une des forces qui agissent sur ce cordon. Mais
si l'équilibre n'a pas lieu, ce qui arrive lorsque les deux puissances sont inégales, la tension est la plus petite des deux forces : car l'effet de la plus grande est d'anéantir la plus petite, et
de l'entraîner dans le sens de sa propre direction, comme le ferait une force égale à l'excès de l'une sur l'autre : or cette dernière partie de l'effet ne peut contribuer à la tension, qui sera la
même que s'il n'y avait que la plus petite des deux forces qui agit-

86. Soient trois forces P, Q et R, sollicitant un point matériel M, à l'aide de trois cordes AM, CM, BM (fig. 42), unies par
un nœud en M : comme on peut remplacer les cordes par des
verges rigides, il est visible qu'il n'y aura équilibre entre les
forces P, Q, R, qu'autant que la proposition (20) aura lieu;
ainsi le théorème du parallélogramme des forces, et toutes les
vérités qui s'y rapportent reçoivent ici leur application immédiate. En général, quelque nombre de forces que l'on considère
agissant à l'aide de cordons sur un point matériel, les conditions
de l'équilibre, ou la résultante, seront données, savoir : par les
équations des n°s 20 et 24, si les forces sont disposées dans le
même plan, et par celles des n°s 23, 27 et 28, si elles sont dans
des plans différens.

87. Mais lorsque toutes les puissances ne sont pas réunies en
un même nœud, alors le cordon qui transmet leur action mutuelle des unes aux autres, prend la forme d'un polygone; por-
tons notre attention sur ce *polygone funiculaire*. Soit PABC...
(fig. 40), ce polygone retenu en équilibre par des forces P, Q,
R.... Nous ne supposerons chaque nœud tiré que par une seule
force, parce que s'il y en avait plusieurs, on les réduirait à leur
résultante. Les nœuds qui terminent le polygone des deux parts
sont chacun tirés par deux forces.

Les deux premières puissances P, Q, tirent le nœud A comme
le ferait leur résultante; le cordon AB est donc tiré par cette
dernière, et l'état supposé d'équilibre exige que toutes les autres
forces R, S... transmettent leur action au nœud B de manière
à tirer le cordon AB en sens contraire avec la même énergie et
la même direction que la résultante de P et Q. Substituons donc
à P et Q cette résultante dirigée selon A*m*, et concevons-la appliquée en B. Le cordon BC sera donc tiré par la résultante de
cette force et de R, c'est-à-dire par la résultante des trois forces
P, Q, R, considérées comme transportées parallèlement et appliquées en B; et cet effort sur le cordon BC sera dirigé selon
cette droite, et détruit par une action égale et contraire produite en C par la transmission de l'effet des autres puissances.
Et ainsi de suite, jusqu'à ce que, arrivant enfin au dernier

nœud D la résultante finale soit égale et opposée à celle des deux dernières forces T et V. Concluons de ce raisonnement fort simple que *dans tout polygone funiculaire en équilibre*

1°. *Il faut que si l'on transporte toutes les forces parallèlement à leurs directions pour les appliquer en un même point, elles soient en équilibre.*

2°. *Pour trouver la direction de l'un des cordons et la tension qu'il éprouve, il suffira de transporter parallèlement toutes les forces qui agissent depuis un bout du polygone jusqu'à l'un des nœuds terminant le cordon, et chercher la résultante de ces forces.*

3°. *Deux côtés contigus à un nœud, tels que BC, CD et la force S qui tire ce nœud, sont toujours dans un plan.*

4°. *Si les forces P, Q et R sont dans un plan, la partie PAB du polygone y sera aussi,* puisque ce plan est celui de la résultante des forces P et Q et de AB. Si toutes les forces sont dans un même plan, le polygone entier y sera.

88. Si l'on trace trois axes rectangles dans l'espace, et qu'on désigne les forces et leurs directions par la notation du n° 27, on devra donc avoir les trois équations

$$\Sigma \,(\mathrm{P} \cos \alpha) = 0,\ \Sigma \,(\mathrm{P} \cos \beta) = 0,\ \Sigma \,(\mathrm{P} \cos \gamma) = 0 \ldots (\mathrm{A}'');$$

et quand les forces sont dans un plan,

$$\Sigma \,(\mathrm{P} \cos \alpha) = 0,\ \Sigma \,(\mathrm{P} \sin \alpha) = 0 \ldots (\mathrm{B}'').$$

Lorsque ces équations ne sont pas satisfaites, il ne peut y avoir équilibre, quelque forme qu'on attribue au polygone; mais si elles ont lieu, cet état existera, pourvu qu'on donne à la figure une disposition favorable, que détermine la construction suivante. La résultante *m* des forces P et Q, donne la direction du cordon AB et la tension *t* qu'il éprouve; la résultante *t* et de R, ou celle des trois forces P, Q, R appliquées en B, donne la direction et la tension *t'* du cordon BC, etc. : et arrivé au dernier côté DV, on trouvera que sa tension est égale et contraire à V. Chaque nœud est d'ailleurs soumis à la même action que si l'on y transportait parallèlement les forces qui agissent depuis un bout du polygone jusqu'à cet angle.

Lorsqu'en prolongeant deux côtés quelconques PA, VD, ils se rencontrent en un point O, ce qui arrive aux polygones plans, la résultante des tensions des deux cordons prolongés est détruite par celle de toutes les forces intermédiaires. Si donc on applique celle-ci au point O de concours, chacune de ces trois forces est représentée par le sinus de l'angle formé par les directions des deux autres (n° 26).

On a pour les divers nœuds ces équations, où a, b, c, désignent les angles respectifs formés par les cordons, comme on l'a indiqué dans la figure, et t, t', t'',... les tensions des cordons ;

$$\frac{P}{\sin b} = \frac{Q}{\sin c} = \frac{t}{\sin a}, \quad \frac{t}{\sin b'} = \frac{R}{\sin c'} = \frac{t'}{\sin a'}, \text{ etc.}$$

Ces équations serviront à calculer les élémens du polygone funiculaire, avec les données du problème. Si n est le nombre des nœuds, on a $2n$ équations ; il y entre $3n$ angles (parce que les trois angles de chaque nœud valent $360°$), $n + 2$ forces, $n - 1$ tensions des côtés ; en tout $4n + 1$ quantités, dont $2n + 1$ devront être données, et $2n$ inconnues.

Et si un polygone funiculaire donné n'est pas en équilibre, on l'y réduira en introduisant, où l'on voudra, une force qui satisfasse aux équations (A''), puis on donnera aux côtés du polygone des directions conformes à la règle prescrite.

Observez que si les angles a et b autour du nœud A sont égaux, c'est-à-dire si Q divise par moitié l'angle PAB, on a $P = t$; et si les forces R, S ... sont dans le même cas, on a de même $t = t' = t'' .... = V$: *la tension est donc constante partout et égale à l'une des forces extrêmes, lesquelles ont même intensité.*

Lorsque les forces Q, R, S ... sont parallèles, le polygone est plan, puisque le plan qui contient P, Q et AB, contient aussi Q et R, etc.... En outre les sinus des angles b et a' sont égaux, ainsi que ceux de b' et a'', etc. Nos équations deviennent donc

$P \sin a = t \sin a' = t' \sin a'' =$ etc. *Les tensions sont donc alors réciproques aux sinus des angles qu'elles forment avec les forces parallèles.* Et quand celles-ci sont verticales, comme il arrive (fig. 43) lorsque les angles sont tirés par des poids, alors $a, a', \ldots$ sont complémens des angles $h, h', \ldots$ des cordons avec l'horizon, et on a

$$\sin a = \cos h = \frac{1}{\sec h}, \text{ etc. d'où } \frac{P}{\sec h} = \frac{t}{\sec h'} = \frac{t'}{\sec h''}, \text{etc.}$$

les tensions sont proportionnelles aux sécantes des angles qu'elles font avec l'horizon.

89. Soit un cordon PABC .. (fig. 46) dont l'une des extrémités V est retenue par un point fixe; l'autre extrémité P, ainsi que plusieurs points de ce cordon, sont sollicités par des forces quelconques P, Q, R,... données en grandeur et en direction ; il suit de ce qui vient d'être dit, que l'équilibre s'établira, et que le polygone funiculaire prendra une figure ABC ... qu'on construira facilement. Car l'effort exercé sur le point fixe V est la tension V du cordon retenu par ce point; on peut par conséquent remplacer le point fixe, dont on suppose d'ailleurs la résistance suffisante, par une force V qui sera facile à déterminer, puisque, étant donnée par les équations (A''), elle sera exprimée en grandeur et en direction par la résultante de toutes les forces, supposées transportées parallèlement et appliquées au point fixe V.

A plus forte raison si les deux extrémités du cordon sont fixes, l'équilibre aura-t-il lieu, et le problème de la construction du polygone sera alors indéterminé, à moins toutefois qu'on ne donne en outre quelque condition, telle que la longueur de la corde, etc. Si, par exemple, les directions des cordons extrêmes sont données, on prolongera ces cordons extrêmes PA, VD, dont la direction est connue, jusqu'en leur point de concours O, auquel on supposera toutes les forces appliquées parallèlement à leurs directions (87); ensuite on cherchera leur résultante, qui, décomposée suivant les directions des cordons extrêmes, fera connaître les pressions P et V.

7..

De même si un cordon AEB (fig. 41), fixé en deux points A et B, a tous ses points sollicités par des forces quelconques dans un plan, il prendra la courbure AEB; cherchons le point de concours O des deux tangentes AO et BO, et transportons ces forces parallèlement à leurs directions pour les appliquer en O ; en décomposant leur résultante Q en deux autres forces dirigées suivant AO et OB (86), on obtiendra l'effort exercé sur chacun des points fixes A et B.

90. Ce cas s'applique visiblement à la pesanteur, puisque cette force exerce son action sur tous les points du cordon, actions qui peuvent être assimilées à des poids distribués dans toute la longueur de la corde pesante; la courbe qu'elle forme a été nommée *Caténaire*, *Chaînette* ou *Courbe Funiculaire*. Il est visible que cette courbe est plane (p. 98); les points fixes A et B (fig. 41) supportent le poids entier de la corde ; les pressions qu'éprouvent ces points sont (49) les deux forces P , V qu'il faudrait employer dans les directions des tangentes en A et B, au lieu des points fixes. On peut supposer que la corde perde sa flexibilité et conserve la forme AEFD; et puisque P et V détruisent le poids de la corde, la résultante des efforts exercés par la gravité passe par le point O de concours des tangentes extrêmes. Donc le centre de gravité de AEFB est sur la verticale OE. De plus, si l'on place en O un poids Q égal à celui de la corde , et qu'on la suppose non pesante et soutenue par deux fils inextensibles et sans pesanteur AO, BO, les points A et B seront tirés de la même manière qu'ils l'étaient par le poids de la corde; donc les efforts P, V, exercés en A et B, sont proportionnels aux sinus des angles BOE et AOE (20), et on les déduit de

$$\frac{Q}{\sin . \text{AOB}} = \frac{P}{\sin . \text{BOE}} = \frac{V}{\sin . \text{AOE}}.$$

Cela doit même avoir lieu, quels que soient les points A et B pris où l'on voudra sur la chaînette, puisque l'état d'équilibre permet de considérer comme fixes deux points quelconques pris sur le cours de la courbe. Si donc on regarde le point F comme fixe au lieu du point B, le reste AEF de la courbe ne changera pas de forme; de plus *la tension* P *exercée en* A *sera encore la même.* Pour nous en convaincre, remarquons qu'il est permis de supposer dans la fig. 40, que le point C est fixe, sans rien changer à l'état d'équilibre du système: ainsi le polygone ABCD... conservera la même forme : de plus l'introduction du point fixe en C équivaut à celle d'une force qui produirait l'équilibre; cette force agirait donc dans la direction BC, et puisqu'elle doit équivaloir aux forces S, T, V, qu'on a supprimées, elle doit faire éprouver à ce cordon la même tension t' : d'où il suit que t', t et enfin P sont restés de mêmes grandeurs.

91. Cherchons l'équation de la courbe AMCB (fig. 44), formée par une corde inextensible, uniformément grosse, fixée en deux points donnés A et B, et sollicitée dans tous ses points par la gravité. Prenons l'origine en A, l'axe des x sur l'horizontale Ax, et celui des y sur la verticale : pour un point M quelconque, AP $= x$, PM $= y$ et AM $= s$. Les tensions exercées en A et en M suivant les tangentes AD et MD donnent (90)

$$\frac{\text{poids de AM}}{\text{tension en A}} = \frac{\sin \text{ADM}}{\sin \text{IDF}} = \frac{s}{a},$$

car le poids de l'arc AM est proportionnel à sa longueur s, et la tension en A est une quantité constante inconnue a. Or

$$\sin \text{IDF} = \frac{dx}{ds}, \cos \text{IDF} = \frac{dy}{ds} :$$

désignons par θ l'angle IAD, nous aurons

$$\sin \text{ADM} = \sin(\text{IDF} - \text{IDA}) = \frac{\sin \theta dx - \cos \theta \, dy}{ds}.$$

Donc $\qquad sdx = a \sin \theta \, dx - a \cos \theta \, dy \ldots (1).$

Telle est l'équation différentielle de la chaînette. Pour éliminer une des variables x, y et s, on différencie en prenant dx constant; $- dsdx = bd^2y$, en faisant $b = a \cos \theta$. On déduit de là, en mettant $\sqrt{(dx^2 + dy^2)}$ pour ds, $- d\tfrac{dx\,dy}{} = \dfrac{bdy\,d^2y}{\sqrt{(dx^2 + dy^2)}}$; or dx étant constant, l'intégrale du 2e membre est visiblement $b\sqrt{(dx^2 + dy^2)}$; celle du premier membre est $-y\,dx$, et ajoutant à cette dernière pour constante $c\,dx$ (à cause de l'homogénéité), on a $(c - y)\,dx = b\sqrt{(dx^2 + dy^2)}$.

Or $\dfrac{dy}{dx}$ étant la tangente de l'angle que forme avec l'axe des x la touchante à la courbe en chaque point, si l'on fait $y = 0$, on devra avoir $\dfrac{dy}{dx} =$ tang θ : cette condition donne . . . . $c = b\sqrt{(1 + \text{tang}^2\theta)} = b$ séc θ, d'où $c = a$. Donc

$$dx = \dfrac{bdy}{\sqrt{[(a - y)^2 - b^2]}} \dots \dots (2),$$

Pour intégrer cette équation on fait $a - y = z$, et on a $dx = \dfrac{-bdz}{\sqrt{(z^2 - b^2)}}$: on rend cette fraction rationnelle en posant $\sqrt{(z^2 - b^2)} = z - t$ (Cours de Math. n° 775) ; on en déduit z et dz en fonction de t, et substituant, $dx = \dfrac{bdt}{t}$; donc

$$x = b \cdot \log t + \mathrm{A} = b \cdot \log\,[z - \sqrt{(z^2 - b^2)}] + \mathrm{A} ;$$

ou enfin

$$x = b \cdot \log\,[a - y - \sqrt{(a - y)^2 - b^2}] + \mathrm{A}.$$

Cette équation renferme les trois constantes A, a et b ; or $1^°$. $x = 0$ quand $y = 0$, d'où résulte la valeur de A, et

$$x = b \cdot \log\left(\dfrac{a - y - \sqrt{[(a - y)^2 - b^2]}}{a - \sqrt{(a^2 - b^2)}}\right) \dots \dots \dots (3).$$

$2^°$. Si l'on tire de (2) la valeur de $\dfrac{bdy}{dx}$ pour la substituer dans (1), on aura l'équation

$$s = a \sin \theta - \sqrt{[(a-y)^2 - b^2]}; \ldots \ldots (4),$$

qui donne la longueur de l'arc correspondant à une ordonnée connue. Ainsi *la chaînette est une courbe rectifiable.* Si l'on met les quantités données AMQB et OB pour s et y, cette équation devant être satisfaite, donnera une relation entre a et θ.

3°. Enfin, si l'on met AO pour x, et OB pour y dans (3), on aura une nouvelle équation entre a et θ. Ainsi on pourra trouver les valeurs de ces deux constantes. L'équation (3), dans laquelle les constantes sont maintenant connues, est celle de la chaînette : elle s'étend à tout le cours de cette courbe considérée comme prolongée de part et d'autre vers A′ et B′.

D'après la théorie des *maxima*, on trouve le point B le plus bas de la courbe en posant $\frac{dy}{dx} = 0$: cette hypothèse, faite dans les équations (2, 3 et 4), donne $y = \text{HQ} = a - b$; puis l'abscisse AH de ce point; et pour s, $\text{AQ} = a . \sin \theta$. Il suit de là que, pour les valeurs de s qui, telles que AQC′, sont plus grandes que AQ′, on devra dans les équations (4 et 3) faire précéder le radical du signe $+$; et que pour deux points C et C′ placés de part et d'autre de Q, de manière que CK $=$ C′K′, on a KH $=$ K′H′, QC $=$ QC′, et les valeurs de AC et AC′ ne diffèrent que par le signe de ce radical.

Si dans l'équation (1) on change s en $a \sin \theta - s'$, x en AH$- y'$, y en HQ $- x'$, l'origine sera transportée au point Q le plus bas de la chaînette, les x' étant verticaux ; on aura l'équation $s'dy' = a \cos \theta \, dx' = bdx'$. Un calcul semblable au précédent donne

$$s^2 = x^2 + 2bx$$

$$dy = \frac{bdx}{\sqrt{(2bx + x^2)}}, \quad y = b \log \frac{x + b + \sqrt{2bx + x^2}}{b},$$

C'est une des propriétés les plus remarquables de la chaînette, qu'elle est de toutes les courbes de même longueur et fixées aux extrémités A et B, *celle qui ait son centre de gravité le plus bas.* Nous ne démontrerons pas ici cette propriété, fondée sur le calcul des variations. (Cours de Math., n° 869.) Mais il s'en-suit aussi que si l'on fait tourner l'arc de chaînette ACC'B autour de l'horizontale A*x*, elle engendrera par sa révolution une sur-face plus grande que celle qui serait produite par toute autre courbe de même longueur terminée aux mêmes points A et B. En effet, le centre de gravité étant dans la chaînette le plus bas possible, la circonférence que décrira ce centre sera aussi la plus longue, et la règle de Guldin donnera (80) pour la surface courbe une plus grande quantité.

Concevons une voûte en équilibre composée de petites sphères qui se touchent, et joignons les centres de ces sphères par des lignes droites. Imaginons ensuite que la direction de la pesan-teur de ces sphères change tout-à-coup et se fasse en sens con-traire, et que les sphères soient liées ensemble par des fils ou autrement, de manière qu'elles ne puissent pas se séparer pour obéir à l'impulsion verticale de cette pesanteur ; il est visible que l'équilibre ne sera point troublé, puisque des puissances qui sont en équilibre continuent d'y être lorsque, sans changer ces puis-sances, on ne fait que leur donner à toutes des directions con-traires. Il est visible de plus que dans ce cas la voûte devra for-mer une chaînette, que les *pieds-droits* de cette voûte seront les points fixes, et qu'il n'y aura d'autre différence que dans le ren-versement de la figure ; donc la voûte, pour être en équilibre, devait avoir la figure de la chaînette.

92. Il résulte de ce qu'on a dit précédemment, qu'on ne peut tendre une corde pesante en ligne droite, si ce n'est verticale-ment ; car le poids de la corde peut être assimilé à une force ap-pliquée au centre de gravité : or, soit ADC (fig. 46) le cordon retenu par les deux forces P et Q ; soit R le poids de ce cordon, on a

$$\frac{P}{R} = \frac{\sin . BDC}{\sin . ADC}.$$

Or, plus la corde est tendue, plus l'angle ADC est grand, et plus aussi BDC approche de l'angle droit ; de sorte que pour que

la corde fût tendue horizontalement en ligne droite, il faudrait
qu'on eût $\frac{P}{R} = \frac{1}{0}$, ou $P = \infty$, tant que R n'est pas nul. Ainsi
quelque petite que soit la force R, elle fera courber la corde.
C'est ce que l'expérience confirme tous les jours.

93. Soit un cordon ADC fixé en ses extrémités A et C (fig. 46),
et passé dans un anneau D mobile le long de ce cordon. On voit
que cet anneau est assujetti à décrire une ellipse KDL dont A et
C sont les foyers, et AD + DC le grand axe KL : si donc une
puissance R agit sur l'anneau à l'aide du cordon BD, elle devra
être normale à cette ellipse (97), pour que l'équilibre ait lieu,
c'est-à-dire que BD devra diviser l'angle ADC, formé par les
rayons vecteurs, en deux parties égales : d'où il suit que les tensions P et Q des cordons AD et DC doivent être égales. Si donc
deux forces P et Q agissent à l'extrémité d'un cordon ADC, passé
dans un anneau ou nœud coulant D, retenu par une force R,
voici les conditions de leur équilibre : 1°. la droite DB doit diviser l'angle ADC en deux également, et 2°. les forces P et Q doivent être égales. Il résulte de là que si une corde, aux extrémités
de laquelle deux forces P et V agissent, est courbée sur un polygone solide PABCD...... (fig. 40), il faut, pour qu'il y ait
équilibre, que ces deux forces soient égales; car on peut regarder les angles A, B, C, ... du polygone comme autant d'an-
neaux fixes. V. ce qu'on a dit p. 98.

Soient A et B (fig. 47) les deux points de suspension d'un
cordon AEB auquel est attaché un poids Q, ayant un nœud
coulant ou un anneau en son point d'attache E avec le cordon : cherchons les conditions d'équilibre de ce système, dont
on trouve un exemple dans les *Réverbères* destinés à éclairer
les rues.

Menons l'horizontale AC et la verticale CBH, AC et CB sont
connus, ainsi que la longueur AEB du cordon $= h$. Puisque
QEG partage l'angle AEB en deux parties égales, les angles H
et GEB sont égaux : ainsi le triangle EBH est isoscèle, et HE=EB,
enfin AH $= h$. Donc si de A comme centre et d'un rayon $= h$,
on trace un arc de cercle, il coupera CH au point H, tel que la

perpendiculaire EF, élevée sur le milieu de BH, déterminera le point E de suspension du poids Q : cette construction résout donc graphiquement le problème proposé. On peut en trouver aisément une solution analytique.

94. Passons maintenant à la recherche de la courbe formée par une *lame élastique* rectangulaire AB (fig. 45), dont une extrémité B est fixée, et dont l'autre A est tirée par une force donnée F : la courbe est la section longitudinale de la lame. Si cette force F cesse son action, la lame, cédant à son élasticité, revient à sa direction primitive rectiligne BC, tangente en B ; mais cette force se transmet sur les divers points de la lame, qu'elle infléchit selon la courbe A$m'm$B dont on demande l'équation. Prenons pour axes coordonnés la tangente Ay et la normale Ax au point A, et faisons l'angle FA$x = α$.

Dans tout système en équilibre, on peut, sans changer cet état, rendre fixe telle partie qu'on veut ; supposons que l'arc Bm soit solide, en sorte que la flexibilité de la lame ne commence qu'au point m, et même remplaçons l'effet de la force F sur l'élément d'arc mm', par une puissance Q perpendiculaire à la tangente $m't$ et opérant la même inflexion tmt'. On conçoit que la force F se transmet de manière à produire, en m' le même effet que la force Q, et que si celle-ci cessait son action, $m't$ reviendrait coïncider avec mt. Or ces puissances F et Q ne peuvent produire la même inflexion tmt' qu'autant qu'elles seraient capables de s'entre-détruire dans leurs actions sur l'élément mm', si l'une était dirigée en sens contraire ; ainsi les momens relativement au point m sont égaux : et comme les composantes de F selon les axes sont F cos $α$ et F sin $α$, on a $pm = y$, A$p = x$,

$$\text{F}y \cos α - \text{F}x \sin α = \text{Q} \times mo.$$

Mais d'un autre côté, cette force Q produisant la flexion angulaire $tmt' = θ$, comme cet angle varie avec les divers points de la courbe, Q doit changer avec x et y ; la force F se transmet donc inégalement le long de la lame : quand celle-ci a une épaisseur et une élasticité uniforme, l'usage est de regarder la force Q

comme proportionnelle à l'angle θ qu'elle produit, ou $Q = a\theta$.
Mais les normales en m et m' font aussi l'angle θ, et se coupent
en i au centre de courbure; ainsi $R\theta = mm'$, R étant le rayon
im du cercle osculateur. Partant $QR = a \times mm'$. Chassant Q
de notre équation, elle devient donc

$$F\,(y\cos\alpha - x\sin\alpha)\,R = a \times mm' \times mo = b,$$

b étant une constante, attendu qu'on peut concevoir la courbe
divisée en arcs égaux dans tout le raisonnement. Il faut mettre
pour le rayon de courbure R sa valeur $-\dfrac{(1 + y'^2)^{\frac{3}{2}}}{y''}$ (Cours de
Math. n° 733), et intégrer. Nous préférons ici le signe $-$, parce
que y'' est négatif, attendu que la courbe est concave vers l'axe
des x: ainsi

$$F\,(y\cos\alpha - x\sin\alpha)\,(1 + y'^2)^{\frac{3}{2}} = -by'',$$

y' et y'' étant les coefficiens différentiels de l'équation cherchée
$y = f(x)$.

Supposons que la force F agit selon Ax normale en A, $\alpha = 0$
donne

$$Fy = \frac{-by''}{(1 + y'^2)^{\frac{3}{2}}}, \quad \text{ou } Fy\,dx = \frac{-b\,dy'}{(1 + y'^2)^{\frac{3}{2}}}:$$

multipliant cette équation par $dy = y'dx$,

$$Fy\,dy = \frac{-by'\,dy'}{(1 + y'^2)^{\frac{3}{2}}}, \quad \text{d'où } \frac{Fy^2}{2} = \frac{b}{\sqrt{(1 + y'^2)}}.$$

On n'a pas ajouté de constante à l'intégrale, parce qu'au point
A on a $y = 0$ et $y' = \infty$. Il reste à intégrer cette équation du
1er ordre, savoir

$$y' = \frac{\sqrt{(b^2 - \frac{1}{4}F^2y^4)}}{\frac{1}{2}Fy^2} = \frac{dy}{dx}, \quad dx = \frac{Fy^2\,dy}{\sqrt{(4b^2 - F^2y^4)}}.$$

Ici l'intégration ne peut être faite qu'approximativement et par les séries; la constante sera déterminée en faisant y et x nuls ensemble. Comme on a à $ds = dx \sqrt{(1 + y'^2)} = \dfrac{2b\,dx}{Fy^2}$, quand l'équation de la courbe sera trouvée en x et y, on pourra éliminer dx et intégrer; on obtiendra ainsi s en fonction de y. Si donc on met pour y l'ordonnée l du point initial B, on aura l'arc total AmB : or cette longueur est égale à celle de la lame entière avant d'être courbée, et est donnée; ainsi on aura une 1re relation entre cette longueur et les constantes inconnues b et l. Faisant ci-dessus $y = l$ et $y' = $ la tangente de l'angle BCy que faisait avec Ay la lame avant d'être courbée, angle donné, on aura une 2e relation entre l et b. Ces constantes seront donc déterminées et le problème sera résolu complètement.

Lorsque la lame est très peu courbée, la tangente en tous les points est fort peu inclinée sur l'axe des x, et y'^3 est négligeable devant 1; l'équation différentielle du 2e ordre se réduit alors à $Fy = -by''$, d'où $Fy\,dy = -by'\,dy'$, et

$$Fy^2 = -by'^2 + c, \quad y' = \frac{dy}{dx} = \frac{\sqrt{(c - Fy^2)}}{\sqrt{b}}$$

on en tire $x = \displaystyle\int \frac{\sqrt{b}\,.\,dy}{\sqrt{(c - Fy^2)}} = \sqrt{\frac{b}{F}}\,.\,\mathrm{arc}\left(\sin = y\,\sqrt{\frac{F}{c}}\right);$

et $\quad y = \sqrt{\dfrac{c}{F}}\,.\,\sin\left(x\sqrt{\dfrac{F}{b}}\right),$ ou $y = m\sin(nx),$

m et n étant deux constantes arbitraires. ($V.$ la Mécanique de M. Poisson, n° 160.)

Supposons maintenant que la force P soit un poids, ou agisse selon la verticale AD, on a $\alpha = -90°$, d'où

$$Fx = \frac{-by''}{(1 + y'^2)^{\frac{3}{2}}}, \quad Fx\,dx = \frac{-b\,dy'}{(1 + y'^2)^{\frac{3}{2}}};$$

d'où $\quad Fx^2 - 2b = \dfrac{-2by'}{\sqrt{(1 + y'^2)}}.$

On a déterminé la constante par la condition que $x = 0$ et $y' = \infty$ au point A. On résout par rapport à y', et l'on trouve

$$y' = \frac{dy}{dx} = \frac{Fx^2 - 2b}{\sqrt{4b^2 - (Fx^2 - 2b)^2}}$$

$$= \frac{Fx^2 - 2b}{x\sqrt{(4b^2 - F^2 x^2)}},$$

l'intégrale ne peut être obtenue que par les séries.

Dans cette courbe, nous avons vu que *le rayon de courbure est proportionnel à l'abscisse :* si l'on tournait la figure de manière à placer l'axe des x vertical, et que l'espace BAx fût plein d'eau, la pression sur les divers points de la courbe serait proportionnelle à la hauteur x, c'est-à-dire au rayon de courbure. La courbe BmA de la lame élastique tirée par un poids, est donc la moitié de celle qu'affecterait un linge parfaitement flexible et suspendu par ses deux bouts, et qu'on aurait rempli d'eau.

Si l'extrémité B de la lame n'est point fixée, mais seulement butée contre un arrêt, pour que F soit détruite, il faut que cet obstacle soit sur la direction de cette force, qui agit alors selon la corde AB de l'arc ; de plus la tangente CB doit être normale à la surface de l'obstacle (n° 97). En prenant la corde pour axe des x et reproduisant tous les raisonnemens qui précèdent, on trouve que l'équation différentielle de la courbe est $FRy = -b$; ainsi *le rayon de courbure est réciproque à l'ordonnée de chaque point :* l'intégration rentre dans ce qui a été dit ci-dessus ; et si la lame est très peu fléchie, en sorte qu'on puisse négliger y'^2 devant 1, on retrouve l'équation $Fy = -by''$, déjà traitée.

On verra dans le Cours de Math., n° 898, que *de toutes les courbes planes de longueur donnée entre deux points, celle qui engendre dans sa révolution en tournant sur l'axe Ax (fig. 45) la plus grande aire, est l'élastique dont le rayon de courbure est inverse de l'ordonnée.*

II. *De l'équilibre d'un corps qui ne peut se mouvoir que sur une surface, et en particulier sur un Plan.*

95. Il est évident qu'une force N (fig. 48), de direction perpendiculaire à un plan AB, sollicitant un point matériel, est entièrement détruite par la résistance du plan, puisqu'il n'y a pas de raison pour que ce point se meuve dans un sens plutôt que dans un autre. Réciproquement, pour qu'une force unique sollicitant un point matériel sur un plan le laisse immobile, il faut qu'elle ait sa direction perpendiculaire à ce plan; car si cette force était comme P, dirigée obliquement, on pourrait la décomposer en deux autres, l'une dans le sens même du plan, et l'autre de direction perpendiculaire au plan ; la première pouvant produire entièrement son effet, le point obéirait à son action, ce qui est contre l'hypothèse.

Donc un corps pesant, placé sur un plan, n'y peut être en équilibre que lorsque ce plan est horizontal, puisque la direction de la gravité est verticale.

Donc aussi pour qu'un système de forces retienne un point matériel en équilibre sur un plan, il est nécessaire et il suffit que *la résultante de ces forces soit perpendiculaire à ce plan.* Si donc on prend ce plan pour celui des xy, et si l'on cherche la résultante de toutes les forces, comme il a été dit (27), les équations (I) de la résultante devront être réduites à $x = x'$ et $y = y'$: ainsi il y a DEUX CONDITIONS d'équilibre, $X = 0$, $Y = 0$.

Comme on n'a le plus souvent que deux forces P' et P, il convient d'examiner ce cas en particulier ; on voit d'abord que *le plan des forces doit être perpendiculaire au plan donné,* puisque leur résultante l'est. De plus, si l'on décompose chaque force en deux, l'une dans le sens du plan, et l'autre qui lui soit perpendiculaire, il faut que les deux composantes dans le sens du plan soient *opposées* et *égales.* De ces deux conditions, la première est satisfaite, puisque le plan des forces est perpendiculaire au plan donné : quant à la seconde, le plan de la fig. 48 étant celui des forces, et AB son intersection avec le plan donné ; nommons θ' et θ les angles que forment les directions des forces

P′ et P avec ce plan : les composantes qui lui sont perpendiculaires (19) sont $P'\sin\theta'$ et $P\sin\theta$; on a pour les composantes dans le sens du plan $P'\cos\theta'$ et $P\cos\theta$; donc

$$P'\cos\theta' = P\cos\theta \ \dots\dots\dots (C'').$$

Ainsi *il faut deux conditions pour l'équilibre de nos deux forces ;* la première exige que leur plan soit perpendiculaire au plan donné ; la seconde est renfermée dans l'équation (C″). Quant à la pression qu'éprouve le plan, elle est la somme des composantes qui lui sont perpendiculaires : soit N cette pression, on a

$$N = P'\sin\theta' + P\sin\theta.$$

En mettant pour P sa valeur $\dfrac{P'\cos\theta'}{\cos\theta}$, et observant que.....
$\sin\theta\cos\theta' + \cos\theta\sin\theta' = \sin(\theta'+\theta)$, on trouve pour la valeur de la pression dans le cas d'équilibre

$$N = P' \cdot \frac{\sin(\theta'+\theta)}{\cos\theta} \ \dots\dots\dots\dots (D'').$$

96. Appliquons cette théorie à la pesanteur. On appelle PLAN INCLINÉ celui qui forme avec l'horizon un angle quelconque, et l'inclinaison se mesure par cet angle : c'est celui que forment entre elles deux droites menées dans chacun de ces plans par un point quelconque de leur ligne d'intersection, perpendiculairement à cette ligne. Puisqu'on suppose que l'équilibre a lieu, nos deux conditions sont satisfaites : la première exige que le plan des forces soit perpendiculaire au plan incliné ; et comme l'une des forces est verticale, leur plan l'est lui-même. Donc cette condition se change en celle-ci : *il faut que la force qui retient un point pesant en équilibre sur un plan incliné, soit située dans le plan qui, passant par ce point, serait vertical et perpendiculaire au plan incliné,* c'est-à-dire, serait perpendiculaire au plan incliné et au plan-horizontal.

Quant à la seconde condition, comprise dans l'équation (C″); représentons par la figure 48, le plan des forces, dont l'une P′ est verticale ; il coupera suivant AB et AC le plan incliné et le plan horizontal. Soit ε l'angle BAC de ces deux plans; comme P' est perpendiculaire sur AC, on a $\cos \theta' = \sin \varepsilon$, et l'équation (C'') devient

$$P' \sin \varepsilon = P \cos \theta \ldots (E''),$$

telles sont nos deux conditions dans le cas de la gravité.

Parmi toutes les directions qu'on peut donner à la force P, qui retient un point pesant en équilibre sur un plan, il en est deux qui conduisent à des résultats remarquables.

1°. Si P agit *horizontalement*, on a $\theta = \varepsilon$, et l'équation (C'') devient $P' \sin \varepsilon = P \cos \varepsilon$. On a donc

$$P = P' \ \text{tang} \ \varepsilon \ \ldots \ (F'')$$

2°. Si P agit *dans le sens même du plan*, $\theta = 0$, et

$$P = P' \sin \varepsilon \ \ldots \ (G'').$$

Outre la condition que ces équations expriment dans chacun de ces cas, il faut encore que celle que nous avons énoncée d'abord soit satisfaite, puisque ces relations tiennent seulement lieu de l'équation (C'').

Si d'un point quelconque B de la ligne AB, on mène la verticale BC, elle sera contenue dans le plan BAC, et ira couper l'horizontale AC en un point C; on nomme AC *la base*, BC *la hauteur*, et AB *la longueur du plan incliné*. Ces dénominations servent à énoncer les équations (F'' et G) d'une autre manière : car le triangle BAC donne $\ \text{tang} \ \varepsilon = \dfrac{BC}{AC}$, $\sin \varepsilon = \dfrac{BC}{AB}$, d'où

$$\frac{P'}{P} = \frac{AC}{BC}, \quad \frac{P'}{P} = \frac{AB}{BC},$$

suivant qu'il s'agit de l'un ou de l'autre des deux cas particuliers que nous avons traités. Donc *le poids d'un corps est à la force employée à le retenir en équilibre sur un plan incliné*, 1°. *comme la base de ce plan est à sa hauteur, si cette force est*

*horizontale ; 2°, comme la hauteur du plan est à sa longueur,
si cette force agit dans le sens du plan.*

Quant à la pression qu'éprouve le plan incliné dans le cas de
la gravité, l'équation (D') devient

$$N = \frac{P'}{\cos \theta} \times \cos (\iota - \theta).$$

En rapprochant cette expression de l'équation (E''), on a

$$\frac{P'}{\cos \theta} = \frac{P}{\sin \iota} = \frac{N}{\cos (\iota - \theta)} \dots \dots (H'').$$

Ainsi *le poids, la puissance et la pression sont respectivement
proportionnels aux cosinus des angles formés par la direction de
la puissance avec le plan incliné, par ce plan avec la verticale,
et par la puissance avec l'horizon.* La formule (H'') tient lieu
de deux équations, et l'on voit que, d'après les principes d'Algèbre, *étant données trois des cinq quantités suivantes, le poids,
la puissance, sa direction, la pression et l'inclinaison du plan,
on peut toujours trouver les deux autres.*

97. Si le point mobile est sur une courbe ou sur une surface
courbe, en considérant la tangente, ou le plan tangent mené au
point où le mobile est placé, on peut y appliquer ce qu'on a
dit (95) ; ainsi la force qui sollicite un point mobile ne peut le
laisser en équilibre sur cette courbe ou sur cette surface courbe,
qu'autant qu'elle est dirigée suivant la normale. Avant de traiter l'équilibre sur une surface courbe, ou sur une courbe à double courbure, examinons le cas d'une courbe plane.

Soit une courbe plane DMZ (fig. 49), dont $y = fx$ est l'é-
quation, $AP = x$, $PM = y$; et un point M sollicité par un
nombre quelconque de forces: cherchons les conditions d'équilibre. Nommons X et Y les sommes des composantes respectivement parallèles aux axes des x et des y (24). La tangente en

M fait avec l'axe des x un angle dont $\dfrac{dy}{ds}$ et $\dfrac{dx}{ds}$ sont le sinus

8

et le cosinus *s* représentant l'arc de courbe DM. Or, on a pour les composantes de X et Y dans le sens de

$$\text{la tangente}\ldots\ldots\ \mathrm{X}.\frac{dx}{ds},\quad \mathrm{Y}.\frac{dy}{ds},$$

$$\text{la normale}\ldots\ldots\ \mathrm{X}.\frac{dy}{ds},\quad \mathrm{Y}.\frac{dx}{ds}.$$

Il devra y avoir égalité entre les composantes dans le sens de la tangente, et la pression N sera la somme des deux autres composantes: donc

$$\mathrm{X}dx = \mathrm{Y}dy,\ \text{et}\ \mathrm{N}ds = \mathrm{X}dy + \mathrm{Y}dx \ldots\ldots (\mathrm{I}'').$$

La première de ces équations fera connaître l'une des forces X et Y, ou donnera l'équation différentielle de la courbe DZ lorsque ces forces seront connues, pour que l'équilibre ait lieu en un point quelconque M. Si la courbe DZ est donnée, ainsi que les forces X et Y, cette équation entre x et y servira à trouver les coordonnées du point où l'équilibre a lieu sur la courbe. Ainsi, soient des puissances données sollicitant un point matériel enfermé dans un canal curviligne; d'un point à l'autre la tangente variant d'inclinaison, les composantes dans le sens de cette tangente doivent aussi varier: l'équation précédente, combinée avec celle de la courbe, servira à faire connaître l'x et l'y du point de cette courbe où l'équilibre doit avoir lieu.

Si l'on met pour $\frac{dy}{dx}$ et ds leurs valeurs, $\frac{\mathrm{X}}{\mathrm{Y}}$ et $\sqrt{(dx^2 + dy^2)}$, dans la seconde équation, on trouvera $\mathrm{N} = \sqrt{(\mathrm{X}^2 + \mathrm{Y}^2)}$, ce qui est d'ailleurs évident, car (19) telle est la résultante de X et de Y.

Si l'on prenait pour l'équation de la ligne DZ celle d'une ligne droite, c'est-à-dire $y = ax + b$, les équations précédentes feraient trouver de nouveau les théorèmes 95 et 96;

nous ne nous arrêterons pas à faire ces calculs, qui n'ont aucune difficulté.

Il convient pour l'intelligence complète de cette théorie d'en faire quelques applications; nous prendrons le cas du cercle. Lorsque le centre est à l'origine, et que le rayon est r, on a $x^2 + y^2 = r^2$, d'où $dx = -\dfrac{y}{x}\, dy$, ce qui change la première des équations $(1'')$ en $Xy + Yx = 0$.

Si donc un poids g est placé dans un canal circulaire, et qu'on demande le lieu où il sera en équilibre lorsque la gravité seule agira sur lui, on trouve que $X = 0$, $Y = -g$ (lorsque l'axe des y est vertical) : d'où $-gx = 0$; ainsi le point cherché a pour coordonnées $x = 0$, $y = \pm r$; ce qui signifie qu'il n'y a que les deux extrémités du diamètre vertical qui conviennent à l'équilibre : vérité conforme à ce qui est d'ailleurs connu.

Soit en M (fig. 5o), un mobile pesant retenu par un fil CM au point fixe C, et repoussé par une force agissante en A suivant la direction de la corde AM, en raison inverse du carré de la longueur de cette corde. Le mobile, dont g désigne le poids, est assujetti à rester sur la circonférence; $CP = x$, PM est vertical et $= y$. Soit F l'intensité de la force répulsive lorsque la distance AM est l'unité; elle sera $\dfrac{F}{z^2}$ lorsque $AM = z$: cette force fait avec l'axe des x un angle dont le triangle AMN donne le cosinus $= \dfrac{x}{z}$ et le sinus $= \dfrac{r - y}{z}$; ainsi les composantes sont $X = \dfrac{Fx}{z^3}$, $Y = \dfrac{F(r - y)}{z^3} - g$, et l'équation......
$Xy + Yx = 0$, devient

$$Fr = gz^3.$$

Puisqu'on a $z^2 = x^2 + (r - y)^2 = 2r(r - y)$, on pourra en conclure les coordonnées x et y du point où le mobile devra s'arrêter : mais il est clair que l'équation $Fr = gz^3$ suffit à cet objet, puisqu'elle donne z en fonction de grandeurs connues.

8 .

Si l'on considère un autre force F′ appliquée au même appareil, elle donnera $F'r = gz'^3$, d'où $\dfrac{F}{F'} = \dfrac{z^3}{z'^3}$, ainsi les forces répulsives sont entre elles comme les cubes des distances auxquelles elles soutiennent le poids du même corps. La seconde des équations (I″) donnerait de même la tension N qu'éprouve le fil CM.

On a un exemple de ce système dans l'*Électromètre* : on sait que si A et M sont deux corps électrisés de la même manière, ils éprouvent l'action d'une force répulsive d'autant plus grande qu'il y a plus d'électricité accumulée en A. On pourra donc, à l'aide de l'analyse précédente, déterminer par expérience l'intensité de la force F pour chaque cas, et, par conséquent, comparer des expériences faites avec des électromètres différens.

Supposons, pour dernier exemple, que dans le système précédent le corps M (fig. 5o) soit sans pesanteur, mais que la force répulsive de A soit détruite par une puissance qui tendrait à ramener M vers A ; et qui serait proportionnelle à un arc BM compris entre un point fixe B et le lieu M où l'équilibre s'établit. C'est ce qui arrive lorsque le corps M non pesant, est en repos au point B, et qu'ensuite la force répulsive de A tend à le porter en D, tandis qu'un ressort pressant CM tend au contraire à le ramener vers B : en vertu de ces deux actions combinées, le mobile se tient en équilibre au point M; le ressort étant d'ailleurs supposé une force proportionnelle à l'arc décrit BM.

Nous conserverons les dénominations précédentes; de plus, nous ferons ACM $= \theta$, ACB $= \epsilon$, et nous représenterons par T l'intensité de la force du ressort pour un arc dont la longueur serait $= 1$: du reste ce ressort est assimilable à une force qui agit suivant la tangente en M, laquelle fait avec l'axe des x l'angle $\theta = $ MCA, et cette force $= T(\theta - \epsilon)$. Comme...

$\cos \theta = \dfrac{y}{r}$ et $\sin \theta = \dfrac{x}{r}$, les composantes sont $T(\theta - \epsilon).\dfrac{y}{r}$ et...

$T(\theta - \epsilon).\dfrac{x}{r}$; de sorte qu'on a, pour l'équation $Xy + Yx = 0$,

$$\left(\frac{Fx}{z^3} - \frac{T(\theta - \epsilon)y}{r}\right) y + \left(\frac{F(r - y)}{z^3} - \frac{T(\theta - \epsilon)x}{r}\right) x = 0,$$

ou
$$F = \frac{T}{x}(\theta - \epsilon) z^3.$$

Il peut arriver que le point B coïncide avec A, c'est-à-dire que A soit le point même où la force du ressort est nulle; alors $\epsilon = 0$, et on a simplement

$$F = \frac{T\theta z^3}{x}.$$

Nous nous bornerons à ce dernier cas, qui est celui qu'on emploie ordinairement. Il convient d'éviter, dans cette formule, l'emploi de plusieurs variables : ainsi nous remarquerons que dans le triangle CMN, on a $x = r \sin \theta$ et $y = r \cos \theta$, d'où $z^2 = 2r(r - y) = 2r^2(1 - \cos \theta)$ ou $z = 2r \sin \frac{1}{2}\theta$: de sorte que (Cours de Mathém., M, n° 359)

$$F = 8Tr^2 . \frac{\theta \sin^3 \frac{1}{2}\theta}{\sin \theta} = 4Tr^2 \theta \sin \tfrac{1}{2}\theta \tang \tfrac{1}{2}\theta.$$

Une autre force F' comparée à celle-ci donne donc

$$\frac{F}{F'} = \frac{\theta \sin \frac{1}{2}\theta . \tang \frac{1}{2}\theta}{\theta' \sin \frac{1}{2}\theta' . \tang \frac{1}{2}\theta'}.$$

On applique cette analyse à la *Balance électrique* de Coulomb, dont voici l'usage. Le plan de la fig. 50 est horizontal; CM est une aiguille suspendue à un fil métallique vertical, c'est-à-dire perpendiculaire en C à la figure : cette aiguille porte en M un disque métallique isolé, sur lequel agit le fluide électrique condensé en A, et de même nature que celui du disque; ainsi il y a répulsion; ce qui force l'aiguille, originairement en BC, de tourner autour de C, et par conséquent de tordre le fil vertical C, jusqu'à ce que la force répulsive étant diminuée par l'augmentation de la distance, et au contraire la force élastique du fil métallique étant augmentée avec la torsion, l'équilibre s'établisse en CM. Or l'expérience prouve que cette dernière force est proportionnelle à l'angle de torsion, c'est-à-dire à l'angle BCM décrit par l'aiguille CM. Ainsi les formules précédentes peuvent être appliquées. On s'en sert pour vérifier si en effet la force répulsive décroît, comme on l'a supposé, en raison du carré de la distance; c'est du moins ainsi que Coulomb s'est assuré de cette vérité importante; seulement, comme il n'avait fait ses expériences que sur des arcs très petits, la formule s'est simplifiée; car les sinus étant égaux aux arcs, $x = z = \theta r$, et on a simplement, suivant que B est d'abord distant de A, ou confondu avec ce point, $\dfrac{F}{F'} = \dfrac{(\theta - \varepsilon)\,\theta^2}{(\theta' - \varepsilon)\,\theta'^2}$ ou $= \dfrac{\theta^3}{\theta'^3}$. Nous ne pouvons développer davantage ici ces théories pour lesquelles nous renvoyons aux *Traités de Physique*. Nous ajouterons seulement que, quoi que nous n'ayons envisagé que le cas de la répulsion, cependant celui où les deux corps auraient des électricités différentes, et par conséquent s'attireraient, y est implicitement compris.

98. Analysons maintenant l'état d'équilibre d'un point matériel qui est assujetti à se mouvoir sur une surface courbe donnée par son équation $z = f(x, y)$. On verra de même que ci-devant (n° 95) que la condition d'équilibre consiste à exprimer que *la résultante de toutes les forces soit normale à la surface*, en sorte que la réaction détruisant cette résultante, le mobile soit réduit au repos. Ainsi on peut remplacer la surface par une force normale N égale à cette réaction inconnue, et l'équilibre devra subsister entre toutes les forces données P, Q, etc., et cette force N introduite pour tenir lieu de la résistance opposée par la surface. On sait (Voy. Cours de Math. n° 547) que si l'on pose $dz = p\,dx + q\,dy$, pour l'équation différentielle de la surface proposée

$$p = \frac{dz}{dx}, \quad q = \frac{dz}{dy}, \quad \varphi = \frac{1}{\sqrt{(1 + p^2 + q^2)}}.$$

φ est le cosinus de l'angle que le plan tangent à la surface au point x, y, z, fait avec le plan xy; la normale fait avec les axes respectifs des angles α, β et γ, tels qu'on a $\cos \alpha = -p\varphi$, $\cos \beta = -q\varphi$, $\cos \gamma = \varphi$, en supposant que la surface est concave vers les x et y positifs. Donc dans le cas d'équilibre on a

$$N p\varphi = X, \quad N q\varphi = Y, \quad N\varphi + Z = 0.$$

En éliminant $N\varphi$, on trouve ces trois équations qui n'équivalent qu'à deux et qui expriment les deux conditions nécessaires à l'équilibre

$$p Y = q X, \quad Z p + X = 0, \quad Z q + Y = 0.$$

Tout est ici connu; et si en effet ces équations sont satisfaites, l'équilibre aura lieu : quand le point (x, y, z) n'est pas donné, et qu'on demande le lieu de la surface où les forces P, Q.... retiennent le mobile en repos, il faut adjoindre à ces deux équations celle de la surface, $z = f(x, y)$, pour en conclure par le calcul les coordonnées cherchées.

L'une quelconque des équations ci-dessus donne ensuite la valeur de N, pression exercée sur la surface, ou résultante normale de P, Q, ... Mais il faut observer que le point mobile doit être pressé à la surface convexe ou concave, selon qu'il est extérieur ou intérieur, ce qui dépend du sens suivant lequel agit N, ou de son signe. Il faudra donc que $N p\varphi$, $N q\varphi$ et $N\varphi$ aient les signes respectifs de X, Y et Z, en attribuant au $\pm$ du radical de φ le signe convenable.

Par exemple, pour un point mobile assujetti à rester à une distance constante R de l'origine, c'est-à-dire à demeurer sur la surface d'une sphère dont l'équation est $x^2 + y^2 + z^2 = R^2$, on trouve en différentiant, $p = -\dfrac{x}{z}$, $q = -\dfrac{y}{z}$, $\varphi = \dfrac{z}{R}$, et nos équations deviennent

$$N x + R X = 0, \quad N y + R Y = 0, \quad N z + R Z = 0;$$

Éliminant N, on obtient les deux conditions d'équilibre

$$\mathrm{X}y = \mathrm{Y}x, \ \mathrm{X}z = \mathrm{Z}x.$$

Si le point mobile est assujetti à rester sur une courbe résistante, donnée par les deux équations des surfaces dont elle est l'intersection, $z = f(x,y)$, $z = \mathrm{F}(x,y)$, en décomposant chaque force en deux, l'une tangente et l'autre perpendiculaire à la courbe, les premières devront s'entre-détruire dans le cas d'équilibre, et les autres seront réductibles à deux respectivement normales aux surfaces et détruites par leurs réactions. Introduisons donc, au lieu de la courbe, deux forces N et N' normales capables de produire l'équilibre dans le système, et nous aurons, en raisonnant comme ci-devant,

$$\mathrm{N}p\varphi + \mathrm{N}'p'\varphi' = \mathrm{X}, \ \mathrm{N}q\varphi + \mathrm{N}'q'\varphi' = \mathrm{Y}, \ \mathrm{N}\varphi + \mathrm{N}'\varphi' + \mathrm{Z} = 0;$$

il restera à éliminer $\mathrm{N}\varphi$ et $\mathrm{N}'\varphi'$ pour en tirer l'équation de condition d'équilibre du point mobile sur un canal curviligne,

$$\mathrm{Y}(p' - p) + \mathrm{Z}(p'q - pq') = \mathrm{X}(q' - q);$$

p', q' et φ' sont tirés de $\mathrm{F}(x,y)$ comme leurs analogues p, q et φ le sont de $f(x,y)$.

99. Soient deux points matériels m, m', disposés sur des plans inclinés *adossés* AC, CB (ainsi qu'on le voit fig. 51), et unis par un fil inextensible mCm', passé dans la gorge d'une poulie C : on demande les conditions d'équilibre de deux forces P, P', agissant sur ces points, et formant avec les plans AC et BC les angles θ et θ'.

Les pressions exercées sur les plans sont les composantes perpendiculaires P sin θ, P' sin θ'; mais elles ne s'ajoutent pas comme précédemment. Pour qu'il y ait équilibre à l'aide de la poulie C, d'après ce qu'on verra (107), il faut que les composantes dans le sens des cordons soient égales. On a donc

$$\mathrm{P}.\cos\theta = \mathrm{P}'.\cos\theta'.$$

Si les forces P et P' sont verticales, en nommant v et v' les angles formés par les plans avec la base horizontale AB; on a $\cos\theta = \sin\epsilon$, et $\cos\theta' = \sin\epsilon'$, ainsi $P . \sin\epsilon = P' . \sin\epsilon'$, ou

$$P \times \frac{CD}{AC} = P' \times \frac{CD}{CB}, \text{ ou enfin } \frac{P}{P'} = \frac{AC}{CB}.$$

Ce cas a lieu quand les forces P et P' sont les poids des deux corps m et m'. Ainsi *deux poids en équilibre sur deux plans inclinés, sont entre eux comme les longueurs de ces plans.*

100. Soient deux poids m, m', placés sur les courbes AF et EB (fig. 52), et attachés au fil mCm' passé dans la gorge de la poulie infiniment petite C; cherchons deux courbes AF et EB telles que l'équilibre subsiste entre ces poids, quelles que soient d'ailleurs leurs positions respectives sur ces courbes.

Menons la verticale CN par le point C; et supposons que les équations des deux courbes, rapportées à cette ligne comme axe, soient $y = fx$ pour la courbe AF, $y' = Fx'$ pour la courbe EB : le point C étant d'ailleurs pris pour origine commune des x et des x'. Cela posé, nommons a la longueur mCm' du fil; faisons $Cm = z$, $Cm' = z'$; nous aurons

$$z + z' = a, \quad z^2 = x^2 + y^2, \quad z'^2 = x'^2 + y'^2 \ldots (1).$$

Le poids m est une force qui agit dans la direction verticale mb; en représentant cette puissance par mb, et formant (20) le parallélogramme $mdbc$, elle sera décomposée en deux autres, l'une md agissant dans le sens du fil Cm; l'autre mc dirigée dans le sens de la normale mN. Or, on a

$$CN = x + \text{sous-norm.} = \frac{xdx + ydy}{dx} = \tfrac{1}{2} \cdot \frac{d(x^2 + y^2)}{dx} = \frac{zdz}{dx};$$

d'ailleurs les triangles semblables mdb, CmN donnent

$$\frac{md}{mb} = \frac{Cm}{CN}; \text{ donc } md = \frac{mdx}{dz}.$$

En opérant de la même manière pour le poids m', on a

$\dfrac{m'dx'}{dz'}$ pour sa composante dirigée suivant Cm' : ces deux composantes doivent être égales dans le cas d'équilibre (107). Or l'équation $z + z' = a$ donne $dz = - dz'$; donc

$$mdx + m'dx' = 0, \text{ ou } mx + m'x' = A \ldots (2).$$

Ce résultat fait voir que quelque position que l'on fasse prendre aux poids m et m', le centre de gravité de leur système doit toujours rester sur la même ligne horizontale : car d'après les équations (A', p. 67), la distance de ce centre à l'horizontale GH est $\dfrac{mx + m'x'}{m + m'}$, valeur qui, à cause de l'équation (2), devient

$$\dfrac{A}{m + m'} = \text{constante.}$$

Lorsque la courbe AF sera donnée, et qu'on voudra trouver la courbe EB , propre à l'équilibre, il ne s'agira que de joindre aux équations (1) et (2), celle de AF , et d'éliminer entre cinq équations, qui contiennent les six variables x , y, z, x', y', z', afin d'obtenir une relation entre x' et y'. La constante arbitraire A sera déterminée d'après la considération du point E où la courbe BE rencontre la verticale CN ; ou d'après la position donnée d'un point quelconque de cette courbe.

Si, par exemple, la ligne AF est droite, et si la poulie C est placée, comme dans la figure 51, au point de rencontre avec la verticale CD , en nommant ϵ l'angle que cette ligne fait avec l'horizon, l'équation $y = fx$ devient ici $y \cdot \text{tang } \epsilon = x$. Pour éliminer, reprenons les deux premières équations (1), et mettons $\dfrac{x}{\text{tang } \epsilon}$ pour y ; elles donneront $z = a - z'$, et $z = \dfrac{x}{\sin \epsilon}$; égalant ces deux valeurs, on en tire $x = (a - z') \sin \epsilon$, ce qui change la valeur (2) en $m (a - z') \sin \epsilon + m'x' = A$. Si l'on veut que la courbe cherchée passe en C , il faut que x' et z' soient nuls en même temps, ce qui donne $A = ma \sin \epsilon$; donc on a

$$m'x' = mz' \sin \epsilon.$$

Enfin élevant au carré, et mettant $x'^2 + y'^2$ pour z'^2 on trouve

$$y' = x' \cdot \sqrt{\left(\frac{m'^2 - m^2 \sin^2 \epsilon}{m^2 \sin^2 \epsilon} \right)}$$

pour l'équation de la ligne cherchée. Elle conduit d'ailleurs au résultat énoncé n° 99 : car il est clair que cette ligne est droite; et comme, en nommant ϵ' l'angle qu'elle fait avec l'horizon, son équation doit être $y' = x' \cdot \dfrac{\cos \epsilon'}{\sin \epsilon'}$; en comparant cette équation à la précédente, on en déduit $m \sin \epsilon = m' \sin \epsilon'$.

101. Un point matériel est en équilibre sur un plan lorsque la résultante des forces qui le sollicitent est perpendiculaire à ce plan : mais s'il s'agit d'un corps, cette condition n'est plus suffisante; en effet une force perpendiculaire à un plan n'est détruite que parce qu'on la suppose appliquée en son point même de rencontre avec ce plan. Lorsqu'il s'agit d'un corps, cette hypothèse n'est permise qu'autant que ce point fait partie du corps (13), c'est-à-dire est un de ceux de sa base de contact avec le plan. Si le corps ne pose que par quelques points, comme une table portée par des pieds, pour que la force perpendiculaire soit détruite, il faut qu'on puisse la décomposer en d'autres qui lui soient parallèles, qui passent par ces points et qui agissent dans le même sens; ce qui exige visiblement que le point de rencontre de cette force avec le plan, tombe dans l'intérieur du polygone qu'on forme en joignant ces points par des droites : car, sans cela, on ne pourrait la concevoir décomposée en d'autres qui, agissant dans le même sens qu'elle, passeraient par les angles du polygone.

Il suit de là que,

I. *Lorsqu'un corps n'a qu'un seul point de contact avec un plan, il faut deux conditions pour qu'il y ait équilibre; 1°. que la résultante des forces qui le sollicitent soit perpendiculaire au plan*, et 2°. *qu'elle passe par ce point*. S'il s'agit d'un corps qui n'est soumis qu'à l'action de la pesanteur, il faut *que le plan soit horizontal*, *et que la verticale abaissée du centre de gravité passe par le point de contact*. C'est ce que nous éprouvons tous les jours; lorsque nous marchons, le centre de gravité de notre corps est transporté alternativement au-dessus de chacun de nos pieds, ce qui donne à notre marche un léger balancement. Un corps pesant est donc d'autant plus près de sa chute, que la verticale abaissée de son centre de gravité sur le plan horizontal qui le supporte, approche davantage du contour de sa base de contact. C'est pour cela que les murs les moins élevés, et dont les fondations ont une plus grande épaisseur, sont ceux qui ont le plus de solidité.

II. Lorsque deux forces sollicitent un corps posé sur un plan, il faut pour l'équilibre QUATRE CONDITIONS; 1°. que ces forces soient dans un même plan, c'est-à-dire qu'elles se rencontrent ou soient parallèles ; 2°. que leur plan soit perpendiculaire au plan donné; 3°. que la résultante ne laisse pas tous les appuis d'un même côté, ou que la perpendiculaire abaissée du point de rencontre des forces sur le plan tombe sur la base; 4°. il faut qu'enfin l'équation (C″) ait lieu.

III. Lorsqu'une de ces deux forces est la pesanteur, ces quatre conditions se changent en celles-ci : 1°. *il faut que la force qui retient le corps pesant en équilibre soit dans un plan vertical perpendiculaire au plan incliné ; 2°. qu'elle rencontre la verticale qui passe par le centre de gravité du corps ; 3°. que la perpendiculaire menée de ce point de rencontre sur le plan incliné ne laisse pas ses appuis d'un même côté ; 4°. enfin qu'on ait l'équation* (E″). Les deux théorèmes qu'on en a déduits (p. 112) ont également lieu ici, suivant que la force qui retient le corps sur le plan incliné est horizontale ou agit dans le plan.

102. Lorsque des forces retiennent un corps en équilibre sur un plan incliné, leur résultante P, perpendiculaire à ce plan, exerce une pression qui se distribue sur tous les points de contact du corps avec le plan : on peut assimiler P à un poids qui presse le plan horizontal sur lequel il repose. S'il y a n

points de contact, pour trouver l'effort exercé sur chacun d'eux, il faut décomposer cette résultante P en n puissances, qui lui soient parallèles et qui passent par ces points de contact. Soient donc x', y'; x'', y''; .... $x^{(n)}$, $y^{(n)}$; les coordonnées de ces points; x et y celles du point où la force P rencontre le plan; enfin soient p', p'', ... $p^{(n)}$ les composantes de P: les expressions (O, n° 36) deviendront

$$\mathrm{P} = \Sigma p', \quad \mathrm{P}x = \Sigma(p'x'), \quad \mathrm{P}y = \Sigma(p'y').$$

Ces équations, les seules auxquelles les forces p', p'', ... $p^{(n)}$ doivent satisfaire, serviront à déterminer ces pressions lorsqu'il n'y aura que trois points de contact, car il y aura dans ce cas autant d'équations que d'inconnues. Mais s'il y a plus de trois points de contact, le problème sera indéterminé. Il la sera encore, si le corps et le plan ne se touchent que par trois points en ligne droite; car en regardant cette droite comme axe des x ou des y, l'une des équations ci-dessus devient inutile.

Réciproquement, si l'on donnait les pressions p', p'',.... qu'éprouvent les points de contact et leurs situations respectives, ces trois équations feraient connaître leur résultante P et son point d'application, qu'on nomme le *centre de pression*.

103. Soit un corps pesant placé en équilibre sur deux plans inclinés : cet état ne peut exister qu'autant que la résistance de ces plans détruit le poids du corps : si donc chacun d'eux ne rencontre le corps qu'en un point, et si on élève, en ces points, des perpendiculaires aux plans, elles devront se couper en un des points de la verticale passant par le centre de gravité, afin que le poids du corps puisse être décomposé en deux autres forces de directions perpendiculaires aux plans : les composantes seront les pressions exercées sur ces plans. Il résulte de là que *le plan qui passe par les appuis et par le centre de gravité, doit être vertical, et de plus perpendiculaire aux deux plans inclinés, ou à leur intersection, qui sera par conséquent horizontale.*

Tout ce que nous venons de dire n'est pas particulier au cas d'un corps sollicité uniquement par la gravité; et s'il y avait dans le système des forces quelconques, il faudrait dire de leur résultante ce qu'on vient d'exposer sur la verticale passant par le centre de gravité.

Pour obtenir les pressions que les plans inclinés éprouvent, il faut décomposer le poids P du corps en deux forces qui soient dirigées sur les deux points d'appui. Le plan de la fig. 53 est supposé être celui qui passe par ces points d'appui K et I et le centre de gravité G; ce plan est vertical et perpendiculaire aux plans inclinés, qu'il coupe suivant AB et BC. Les pressions ont pour directions KO et OI perpendiculaires à AB et BC; elles concourent en O sur la verticale OP qui passe par le centre de gravité G du corps KOI : UZ et HI sont des horizontales.

Représentons par ψ l'angle que les plans forment entre eux; par θ et ι ceux qu'ils font avec l'horizon; enfin par Q et T les pressions, qui sont les composantes de la force verticale P, dirigées suivant OK et OI; et comme ces lignes ne sont pas perpendiculaires entre elles, on doit avoir recours au théorème (n° 20), qui s'applique à ce cas. Or les forces P, Q et T sont perpendiculaires aux côtés du triangle HBI; on peut donc remplacer les angles que ces forces forment entre elles par ceux de ce triangle, c'est-à-dire par ψ, ι et θ; ce qui donne

$$\frac{P}{\sin \psi} = \frac{Q}{\sin \iota} = \frac{T}{\sin \theta}, \cdots (K'');$$

d'où l'on tire les valeurs des pressions Q et T.

Si le corps GKI touchait les plans en plusieurs points, l'aire comprise contiendrait le centre de pression pour lequel la théorie ci-dessus a lieu. C'est ce qui arrive pour l'équilibre des parties d'une voûte, et pour la pression qu'exercent les *Voussoirs* les uns sur les autres. *V.* à cet égard l'*Architecture hydraulique de Prony* et ce que nous dirons sur le *Coin* (122).

III. *Du Levier.*

104. On appelle LEVIER un corps assujetti à tourner autour d'un axe ou d'un point fixe auquel il est attaché, et sollicité par des forces quelconques : tout ce qui a été exposé, n° 45, reçoit dans ce système son application, et résout le problème du levier dans l'état le plus général. Mais comme on rencontre plus ordinairement les systèmes qui ne sont soumis qu'à l'action de deux forces, nous examinerons ici en particulier le levier formé simplement d'une verge inflexible, sollicitée par deux puissances P et P′, et retenue en un point fixe. Il est clair que ces forces ne peuvent être en équilibre qu'autant qu'elles ont leur résultante détruite par la résistance de l'appui ; ce qui exige que, 1°. *ces puissances soient dans le même plan, ainsi que le point fixe, et* 2°. *que leur résultante passe par ce point.*

Cette double condition est nécessaire pour l'équilibre ; or la dernière peut être exprimée analytiquement ; car on sait (26) que le moment de la résultante R des deux forces P′ et P doit être égal à la somme des momens de ces forces, ou $Rr = Pp + P'p'$. Si donc on prend ces momens par rapport au point fixe qui est sur la direction de la résultante, $r = 0$ donnera $P'p' + Pp = 0$: les momens devront donc être égaux et de signes contraires. Donc l'équilibre du levier exige TROIS CONDITIONS ; 1°. *que les deux forces et le point d'appui soient dans le même plan ;* 2°. *que les forces tendent à faire tourner le levier autour de son appui dans des sens différens, et* 3°. *que leurs momens soient égaux par rapport à cet appui.*

Ce théorème est général quelles que soient les forces, leurs directions et leurs dispositions par rapport à l'appui. Soit, par exemple, le plan de la fig. 54, celui des deux forces P et P′ ; abaissant de l'appui A du levier BAC les perpendiculaires $AM = p$, $AN = p'$; on aura l'équation

$$P'p' = Pp$$

pour exprimer l'équilibre ; puisque les deux autres conditions sont remplies par l'état supposé du système ; d'où il suit qu'alors la résultante passe par l'appui fixe. Comme on appelle *bras de levier* la distance d'une force à l'appui, on peut donc dire aussi que les forces sont *en raison inverse de leurs bras de levier.*

Si les forces sont parallèles, le principe ci-dessus peut aussi s'appliquer, puisqu'on sait qu'alors (34) le théorème des momens a encore lieu. Seulement lorsque le levier est une verge droite EG (fig. 22), comme les distances BC, CD des forces au point fixe F sont proportionnelles aux longueurs EF et FG, on peut prendre ces longueurs pour les bras de levier.

Du reste on peut regarder comme inconnue l'une des puissances, ou l'un des bras de levier, et l'équation $P'p' = Pp$ sert à résoudre les divers problèmes qu'on peut se proposer à cet égard.

Quant à la pression exercée sur l'axe fixe, elle est la résultante R des forces P' et P que cet appui détruit (49). Pour connaître la pression, il faut donc évaluer cette résultante, ce qui n'offre aucune difficulté d'après ce qu'on a déjà vu. En effet, soient α et α' les inclinaisons des forces P et P' sur leur résultante R, on a (n° 20)

$$\frac{P}{\sin \alpha'} = \frac{P'}{\sin \alpha} = \frac{R}{\sin (\alpha + \alpha')}. \ \ldots (L'').$$

On peut donc tirer de ces deux équations la valeur de deux des quantités P, P', R, α et α'. Ainsi *de ces cinq quantités, la puissance motrice* P', *la résistance* P, *la charge* R *de l'appui, et les directions de ces forces, trois étant données, on pourra toujours trouver les deux autres.*

Quelquefois le levier n'est que posé sur l'axe fixe : alors pour qu'il ne glisse pas sur cet axe, il faut que la résultante soit normale au levier (95).

On distingue trois espèces de leviers suivant les dispositions respectives de l'appui, de la puissance et de la résistance.

Dans les leviers du premier genre, l'appui est entre la puissance et la résistance; telles sont les tenailles, les balances, la romaine, les ciseaux, etc.

Dans les leviers du deuxième genre, la résistance est entre

l'appui et la force motrice; on en trouve des exemples dans les barres employées à soulever les pierres, dans les rames de bateau, qui trouvent leur appui dans l'eau, etc.

Enfin la puissance est entre l'appui et la résistance dans les leviers qu'on nomme du troisième genre; les pincettes en sont un exemple, aussi bien que nos organes de mouvement; les muscles en se raccourcissant, rapprochent leurs points d'attache, qui sont voisins des articulations autour desquelles il y a un mouvement de rotation.

De toutes les machines, le levier est la plus simple, la plus utile et la plus fréquemment employée. La distinction qu'on a faite des leviers en trois espèces, n'est d'ailleurs d'aucune importance en théorie; et ces trois sortes de machines n'en forment réellement qu'une seule, puisqu'au fond rien n'empêche de considérer la puissance motrice d'un levier, la résistance et la charge de l'appui, comme trois forces différentes, dont deux luttent contre la troisième; et quand une fois l'équilibre est établi entre elles, qui pourrait empêcher de regarder l'un quelconque des trois points d'application C, A, B comme l'appui, puisqu'ils sont tous fixes?

105. Ayons maintenant égard au poids de la verge qui sert de levier: les poids Q et Q′ de ses branches AC et AB (fig. 54), sont deux nouvelles forces appliquées aux centres de gravité I, I′ de ces branches. Soient q et $q′$ les distances de l'appui A aux verticales menées par ces centres: en raisonnant comme précédemment, on verra que le système est composé de quatre forces dont les momens, par rapport au point fixe A, doivent être égaux: la condition d'équilibre est par conséquent exprimée par l'équation

$$P′p′ + Q′q′ = Pp + Qq \dots (M'')$$

Si les poids des deux bras de leviers sont en équilibre, sans le secours d'aucune force, alors $Q′q′ = Qq$, et notre équation se réduit à $P′p′ = Pp$, la même que si le levier n'était pas pesant.

La balance appelée *Romaine* (fig. 55), est composée d'un *fléau* retenu par un axe fixe A; elle sert à peser les corps qu'on suspend à l'un de ses bras B , à l'aide d'un poids constant P qu'on peut faire glisser le long de l'autre bras, pour l'amener à une distance convenable de l'axe. Ces sortes d'instrumens portent des divisions à la branche sur laquelle glisse le poids constant, jusqu'à ce que le fléau soit horizontal ; et l'aspect de ces divisions fait juger sur-le-champ du poids du corps M qui est suspendu à l'autre bras.

C'est de l'équation précédente qu'on se sert pour marquer ces divisions sur le bras le plus long , qui porte le poids mo-bile. Soient M', M''.... (fig. 55 bis), les divers poids qu'on suspend successivement en B; m, p', p''.... leur distance à l'axe, et celles du poids constant P qui leur fait équilibre: Q', Q'' les poids des bras du fléau ; q', q'', les distances de leurs centres de gravité à l'axe. L'équation (M'') donne

$$M'\,m + Q'q' = Pp' + Q''q'',$$
$$M''\,m + Q'q' = Pp'' + Q''q'',$$
$$M'''\,m + Q'q' = Pp''' + Q''q'', \text{etc.}$$

En retranchant successivement la 1re de ces équations de la 2e , la 2e de la 3e, etc., on a

$$P\,(p'' - p') = (M'' - M') \times m,$$
$$P\,(p''' - p'') = (M''' - M'') \times m, \text{etc.}$$

Si les poids M', M''.... sont en progression arithmétique, on a $M'' - M' = M''' - M'' =$ etc., d'où $p'' - p' = p''' - p'' =$ etc., les divisions sont donc égales entre elles : et si l'on veut qu'elles soient de plus égales au plus petit bras, c'est-à-dire $= m$, on aura $p'' - p' = m$, d'où $P = M'' - M'$; alors P n'est plus arbitraire.

On construit ordinairement cet instrument de manière à ce qu'il soit en équilibre, sans les poids M'.......P. On a alors $Q'q' = Q''q''$; d'où l'on conclut $M'm = Pp'$; et dans le cas où l'on veut que les divisions soient $= m = p'$, on a $M' = P = M'' - M'$; d'où $M'' = 2M'$. Ainsi le poids constant P fera successivement équilibre à des poids M', $2M'$, $3M'$.... puisque M' est la raison de la progression.

106. La *Balance* ordinaire (fig. 56) est un levier du premier genre, dont les deux bras ou *fléaux* AE, EB sont égaux; les forces en équilibre doivent donc aussi être égales. L'un des *bassins* C porte la substance qu'on veut peser; l'autre contient le poids D qui lui fait équilibre. Une aiguille *gy*, perpendiculaire à la direction du levier, est fixée au-dessus de l'axe de suspension; cet axe est lui-même soutenu par deux couteaux *x* et *y*, sur une *chape* M*f* verticale; les directions de l'aiguille et de la chape doivent coïncider dans le cas d'équilibre. Il est inutile d'insister sur une machine aussi simple, et d'un usage aussi familier : mais il est à observer que si les bras de levier ne sont pas égaux, les poids ne peuvent pas l'être non plus, et la balance est fausse. Il est aisé de reconnaître la supercherie; car en changeant les poids de bassin, celui qui est le plus faible aura un bras de levier plus court, et il n'y aura plus équilibre.

Quoiqu'une telle balance paraisse peu propre à peser, on peut cependant s'en servir avec avantage; et l'un des moyens que nous allons indiquer à cet effet, doit être employé dans toutes les opérations où l'on veut obtenir des résultats très justes, même lorsque les balances sont exactes, parce qu'on sent assez que cette exactitude n'a lieu qu'à peu près. *V.* le Dict. de Technologie au mot BALANCE.

Soit Y le poids inconnu; on le mettra en équilibre avec un autre poids P; puis ôtant Y du bassin on lui substituera un poids Q qui fasse aussi équilibre à P; on aura donc Y = Q. On peut encore opérer comme il suit : *y* et *p* étant les deux bras de levier, on devra avoir Y*y* = P*p*. Si l'on change les poids de bassin, c'est-à-dire de bras de levier, il faudra employer un nouveau poids P′ pour mettre Y en équilibre, et on aura encore Y*p* = P′*y*. Le produit de ces deux équations donne Y² = PP′, ou Y = √(PP′); c'est-à-dire *que le poids cherché est moyen proportionnel entre* P *et* P′.

IV. *De la Poulie.*

107. La POULIE (fig. 57 et 59) consiste en une espèce de roue ou de cylindre l'épaisseur arbitraire, retenue par un axe; on la fait ordinairement circulaire, et c'est dans cet état que nous

l'examinerons ici. La surface courbe de cette roue est creusée en gorge et en partie enveloppée d'une corde. Dans le cas ou la poulie a son axe fixe, les puissances P et P′ sont appliquées aux deux extrémités du cordon : voyez fig. 59. Quand la poulie est mobile, comme dans la fig. 57, le cordon a l'une de ses extrémités P′ fixe, et la seconde puissance Q agit sur l'axe même.

Comme on peut remplacer le point fixe par une force de grandeur et de direction convenables, que la poulie soit fixe ou mobile, on peut la regarder comme soumise à l'action de trois forces P, P′ et Q (fig. 58), dont deux P, et P′, agissent aux extrémités de la corde P′GIHP, qui embrasse la poulie, et dont la 3ᵉ, Q, retient l'axe E. Si la poulie est fixe, Q est la pression que les forces P et P′ exercent sur l'axe; si elle est mobile, P′ est la pression causée sur le point fixe par l'effet des forces P et Q.

D'après cela l'équilibre ne peut avoir lieu qu'autant que la résultante de P et P′ est détruite par la force Q. Cette résultante doit donc passer par l'axe E, ce qui exige que les momens par rapport à cet axe soient égaux, ou P = P′, à cause de GE = EH. Mais cette équation, qui exprime seulement que la résultante de P et P′ passe par l'axe E, ne suffit pour l'équilibre qu'autant que cet axe est immobile : et on voit qu'il ne faut qu'une seule condition pour l'équilibre de la poulie fixe, qui est, que *les forces qui agissent aux deux bouts de la corde soient égales entre elles*. En sorte qu'on peut faire passer un cordon sur tant de poulies fixes qu'on veut, sans que la tension change : seulement cela fait varier la direction de la force à laquelle ce cordon est soumis.

Mais si la poulie est mobile, il faut en outre que la résultante de P et P′, qui déjà passe en E, soit égale et opposée à la force Q. Or on a vu (n° 17) que la résultante de deux forces égales P et P′ coupe en deux parties égales l'angle GAH qu'elles forment entre elles, et est = 2 P cos β, β désignant la moitié de cet angle, ou EAH. La force Q devant avoir la même direction et la même grandeur que cette résultante, il s'ensuit qu'il faut deux conditions pour l'équilibre de la poulie mobile; savoir, 1°. *que la force Q qui agit sur l'axe, rencontre l'arc GIH em-*

brassé par le cordon en son milieu I; 2°. *que son intensité soit*

$$Q = 2\,P\,\cos\beta \ldots\ldots\ (N'').$$

Ce théorème détermine en outre la valeur et la direction de la pression Q exercée sur l'axe de la poulie fixe.

On peut donner à cette équation une autre forme : car dans le triangle GEO, on a GO $=$ GE $\times$ cos β, d'où $\ldots\ldots\ldots$ $2\cos\beta = \dfrac{GH}{GE} = \dfrac{Q}{P}$. Donc *la puissance* P *est à la force* Q *appliquée à l'axe, comme le rayon de la poulie est à la corde de l'arc embrassé par le cordon.*

Si la poulie mobile était pesante, il faudrait regarder le poids Q comme formé de celui dont elle est réellement chargée, augmenté du poids de la poulie.

108. Concevons maintenant un système de plusieurs poulies mobiles, comme on le voit dans la fig. 60. La poulie C''' ne peut se mouvoir sans entraîner la suivante C'', et ainsi des autres; le poids R montera donc par l'action de la force M. Soient t', $t''\ldots\ t^{(n)}$ les tensions des cordons; $2C'$, $2C''\ldots 2C^{(n)}$ les arcs qu'ils embrassent. Il est clair qu'on peut supprimer du système la force M, et toutes les poulies excepté C', pourvu qu'on introduise, suivant le cordon $C'C''$, une puissance t' qui le tirerait avec le même effort que la puissance M exerce sur lui : l'équilibre existe donc entre les puissances t' et R. On raisonnera de même pour chaque poulie, et en vertu de l'équation précédente, on trouvera pour l'équilibre, savoir :

$$\text{autour de la poulie}\ \left\{\begin{array}{l} C' \ldots\ldots\ldots R = 2t' \cos C', \\ C'' \ldots\ldots\ldots t' = 2t'' \cos C'', \\ C''' \ldots\ldots\ldots t'' = 2t''' \cos C''', \\ \qquad\qquad \text{etc.} \\ C^{(n)} \ldots\ldots t^{(n-1)} = 2t^{(n)} \cos C^{(n)} = 2M \cos C^{(n)}. \end{array}\right.$$

Ces n équations sont autant de conditions nécessaires à l'équilibre : elles doivent servir à déterminer n des quantités R, M, t', t'',$\ldots$ C', $C''\ldots$: d'ailleurs chaque équation doit avoir une inconnue. Nous supposerons que la figure du système est donnée, ou que $\mathcal{C}'$, $\mathcal{C}''$... sont connues : bien entendu que chaque cordon, appliqué à l'axe de la poulie, doit toujours couper en deux parties égales l'arc qu'embrasse le cordon suivant. Alors si l'on multiplie entre elles les deux, trois, etc., premières de ces équations, on déterminera aisément t', t'', etc., c'est-à-dire la tension de chaque cordon ; si on les multiplie toutes, on aura pour la relation entre les deux forces M et R, l'équation (fig. 60)

$$R = 2^n \times M \left(\cos \mathcal{C}' . \cos \mathcal{C}'' . \cos \mathcal{C}''' \ldots \cos \mathcal{C}^{(n)} \right) \ldots (O'').$$

Il suffit donc de connaître les directions des cordons pour trouver le rapport entre les forces R et M.

109. Lorsque deux forces parallèles R et M sont appliquées aux deux extrémités d'un cordon passé sur une poulie fixe, leur résultante est égale à la somme des forces, ou plutôt au double de l'une d'elles (31) ; la formule (N'') s'applique encore à ce cas, en faisant $\beta = 0$. Il est même visible que lorsque la poulie est mobile, la force M a alors la direction la plus favorable pour retenir en équilibre la force R, puisque M est, dans ce cas, la plus petite possible.

Si l'on a un système de poulies mobiles dont les cordons soient parallèles (fig. 61), alors $\cos \mathcal{C}' = \cos \mathcal{C}'' = $ etc. $= 1$, et l'équation (O'') se réduit à $R = 2^n M$; d'où l'on tire $\dfrac{M}{R} = \dfrac{1}{2^n}$; *la force est à la résistance comme l'unité est à la puissance de 2 marquée par le nombre des poulies mobiles.*

On emploie souvent ce système de poulies pour aider les forces à faire équilibre à des résistances considérables ; ainsi qu'on peut le voir d'après l'équation $R = 2^n M$. Mais on doit observer que la dernière poulie C' ne peut monter de a, sans que les deux cordons qui en embrassent la gorge ne se raccourcissent euxmêmes, chacun d'une pareille longueur ; ainsi il aura dû passer dans cette gorge une longueur de corde $= 2a$: l'avant-dernière poulie C'' devra donc monter de $2a$, pour que la dernière s'élève seulement de a. Par la même raison, les cordons de la poulie G″ doivent se raccourcir chacun de 2*a*, pour que cette dernière C″ s'élève aussi de la hauteur 2*a*; ce qui forcera la poulie C‴ de monter de $2^2 . a$, et ainsi de suite. Donc, pour que le poids R s'élève d'une hauteur *a*, il faut que la puissance développe une longueur de corde $= 2^n a$; de sorte que ce qu'on a gagné du côté de la puissance est perdu du côté du temps.

On appelle *Moufle* (fig. 62) une machine composée de plusieurs poulies portées par une même chape : on assemble une moufle mobile avec une moufle fixe, de sorte qu'un même cordon, tiré par une force M, embrasse tour à tour les poulies. La moufle mobile porte un poids qu'il faut ajouter à celui de la moufle même : soit R la somme de ces deux poids, qui se distribuent sur les poulies mobiles, de manière que chacune en porte une portion. Quant aux poulies de la moufle fixe, elles ne servent qu'à changer la direction des cordons, sans modifier la force M (107), qui tend tous les cordons avec la même intensité (*V*. p. 98). D'après cela, cherchons les conditions d'équilibre entre les forces M et R.

Supposons d'abord que les cordons soient parallèles (fig. 62), ce qui n'arrive que lorsque *les rayons des diverses poulies croissent en progression, dont la différence est le rayon de la plus petite poulie*. Soit R′ le poids que porte la poulie A : il est visible qu'on peut supprimer du système toutes les parties, excepté la poulie A, le poids R′ et les deux forces M qui, agissant suivant les cordons *a* et *e*, produisent l'équilibre : on a donc R′ $=$ 2M. Pareillement le poids R″ que porte la poulie B est soutenu par deux forces M, qui agissent selon les cordons *b* et *d*; d'où .... R″ $=$ 2M. Enfin le point *i* d'attache du dernier cordon porte le poids R^{iv}, d'où M $=$ R^{iv}. Ajoutant ces équations, comme..... R′ $+$ R″ $+$ R‴ $+$ R^{vi} $=$ R, il vient R $=$ 7M. En général *le poids est égal à la puissance multipliée par le nombre des cordons qui aboutissent à la moufle mobile;* ou R $=$ *n*M, *n* désignant ce nombre de cordons.

Quand les directions des cordons sont quelconques, il faut décomposer chaque tension en deux forces, l'une horizontale

l'autre verticale : ces composantes doivent se détruire séparément. Soient α, β, γ... . les angles que forment les cordons
avec l'horizon ; en raisonnant comme ci-devant, on trouve pour
la condition qui exprime que ces composantes se détruisent,
$R = M (\sin \alpha + \sin \beta + \sin \gamma ....)$. Quant aux composantes
horizontales, on y aura égard à part : elles se détruiront, par
exemple, si les deux cordons qui embrassent chaque poulie mobile sont également inclinés sur l'horizon (fig. 60 *bis*).

On voit que la disposition la plus favorable à la force M, est
lorsque les cordons sont verticaux. C'est pour cela qu'on emploie plus souvent les mouffles dont les cordons diffèrent peu
du parallélisme ; et alors on les regarde, en effet, comme parallèles dans les calculs approximatifs.

V. *Du Treuil.*

110. Le TREUIL ou *Tour* (fig. 63 à 67) est une machine
composée d'un cylindre et d'une roue qui ont le même axe, et
qui font corps ensemble : cet axe a ses deux extrémités placées
sur des appuis ou tourillons ; une corde est enveloppée autour
du cylindre, et est attachée à une résistance, ou supporte un
poids. On imprime à la roue un mouvement de rotation sur
l'axe ; elle fait tourner le cylindre, la corde s'enveloppe, et par
là on surmonte la résistance, ou on élève le poids. Ce mouvement de rotation est donné à la roue soit à l'aide d'une corde
qui est enveloppée sur cette roue, et qu'une puissance sollicite ; soit en garnissant les jantes de cette roue, de chevilles
auxquelles on applique des forces, ou sur lesquelles des hommes
montent en agissant par leur poids (fig. 63.)

Quelquefois au lieu d'une roue on se sert de deux leviers qui
traversent le cylindre (fig. 64), ou de *Manivelles* (fig. 65) ;
mais les effets sont les mêmes ; la révolution est seulement
moins uniforme ; la machine a d'ailleurs l'avantage d'être peu
embarrassante. Au reste, pour les conditions d'équilibre, toutes
ces dispositions sont indifférentes. L'axe du cylindre peut être
horizontal, comme dans le treuil, la *Roue de carrière* (fig. 63),
la *Grue* (fig. 66) qui sert dans les bâtimens, etc. Il est vertical

dans le *Cabestan* (fig. 64), machine dont on se sert pour amener peu à peu des fardeaux considérables.

Dépouillons le tour de tout appareil extérieur inutile ; AB (fig. 67) est l'axe du cylindre que nous supposons horizontal, A et B sont ses appuis ; FCD est la roue perpendiculaire à l'axe AB, D son centre ; le plan de la roue coupe le cylindre suivant le cercle LDM. La force P est appliquée à l'extrémité de la corde FP tangente à la roue au point F, et dans le plan de cette roue ; la résistance, que nous représenterons par un poids Q, est attachée à la corde QIH qui enveloppe le cylindre ; le plan perpendiculaire à l'axe passant par cette corde, coupe ce cylindre suivant le cercle GHI.

Cela posé, au point M, où le plan horizontal conduit suivant l'axe du cylindre, vient couper le cercle LDM, et de l'autre côté de cet axe relativement au poids Q, appliquons deux forces verticales Q' et Q″, opposées et égales à Q ; l'état du système demeurera le même. Or, les forces Q et Q' sont en équilibre puisqu'elles sont égales et à la même distance de l'axe : c'est-à-dire que leur résultante $S = 2Q$, rencontre l'axe au point K, situé au milieu de GD. Il ne reste donc plus que les forces P et Q″, qui sont dans le plan de la roue ; ces forces sont dans le cas du levier ; elles doivent tendre à faire tourner en sens contraire, et leurs momens relativement au point D doivent être égaux : ceux de Q et de Q″ le sont d'ailleurs aussi (31) : donc : *il faut* DEUX CONDITIONS *pour l'équilibre du treuil; 1°. que les forces tendent à le faire tourner en sens contraires, et 2°. que leurs momens par rapport à l'axe soient égaux :* ou ce qui revient au même, *que la puissance soit à la résistance comme le rayon du cylindre est au rayon de la roue.* On peut donc regarder comme inconnue l'une quelconque de ces quatre quantités, et résoudre tous les problèmes relatifs au treuil.

111. Nous ferons ici quelques remarques importantes.

La corde dont on se sert dans le treuil est communément d'un diamètre qu'on ne peut négliger. L'action des puissances se transmet par l'axe de la corde ; il est évident que son rayon doit être ajouté d'une part à celui du cylindre, et de l'autre à celui de la roue. La seconde condition d'équilibre devient donc : *la puissance est à la résistance qui lui fait équilibre dans le Tour, comme la somme des rayons du cylindre et de la corde, est à la somme des rayons de la corde et de la roue.*

Si donc la corde s'est enveloppée autour du cylindre, et en a couvert entièrement la surface, pour qu'elle continue de s'enrouler, elle doit former un second rang; ainsi on doit augmenter la puissance.

La puissance qui agit sur la roue d'un treuil a d'autant plus d'avantage, que le diamètre de cette roue est plus grand; mais la direction de cette force est entièrement arbitraire : il suffit que la corde qui transmet son action soit tangente. Du reste cette roue peut être placée partout où l'on voudra sur la longueur du cylindre sans que l'équilibre en soit troublé; et même si le plan FC de la roue se confond avec celui du cercle HG qui porte la résistance Q, la condition d'équilibre demeure encore la même puisque la machine est réduite à un simple levier.

Dans le *cabestan* (fig. 64), l'axe du treuil est vertical : on soulève d'abord avec des leviers le corps que cette machine est destinée à traîner, de manière à pouvoir introduire des rouleaux dessous, afin de diminuer le frottement (*V*. le n° 131). On met ensuite en jeu les leviers du cabestan, et la masse entre en mouvement. C'est ainsi que, malgré tout le frottement qu'il faut vaincre, nous voyons si souvent remuer, sans de grands efforts, les masses les plus lourdes.

La *grue* (fig. 66) qu'on emploie dans les grands édifices a une longue pièce de bois I oblique à l'horizon : la corde qui soutient le poids à élever passe sur des poulies fixes *b*, *d*, a que ce madrier porte, et de là sur le cylindre du treuil QN. Tout l'assemblage est mobile horizontalement autour d'un pivot, sur lequel il est en équilibre; de façon qu'ayant élevé le fardeau à une certaine hauteur, on peut le faire tourner aisément.

112. Quant aux pressions exercées sur les deux appuis A et B (fig. 67), il importe de les calculer; elles sont produites par les composantes en A et B des forces P et Q du système, lesquelles équivalent à d'autres qui doivent rencontrer l'axe : savoir, d'une

part à S, et de l'autre à la résultante de P et Q″ ; nous allons nous occuper en particulier de chacune.

D'abord, la force S, décomposée en deux autres verticales en A et B, donne (*V.* le n° 31), les pressions suivantes, savoir : $\frac{KB}{AB} \times S$ en A, et $\frac{AK}{AB} \times S$ en B. Soient donc $AD = b$, $GB = b'$, $DG = c$, et $AB = a$, d'où $a = b + b' + c$: comme K est au milieu de DG, on a $KB = \frac{1}{2}c + b'$, et $AK = \frac{1}{2}c + b$: ainsi les pressions qui proviennent de $S = 2Q$ sont

$$1°. \text{ en A}\ldots\ \frac{c + 2b'}{a} \times Q, \quad 2°. \text{ en B}\ldots\ \frac{c + 2b}{a} \times Q.$$

La résultante des forces P et Q″ est déterminée d'après ce qui a été dit (n° 24), prenons donc deux axes dans le plan de la roue, l'un horizontal et l'autre vertical ; les composantes parallèles à ces axes seront $P\cos\alpha$ et $P\sin\alpha - Q$, en désignant par α l'angle connu que P fait avec l'horizon. Ainsi, on trouve, en raisonnant comme ci-dessus, que les composantes verticales sont

$$1°. \text{ en A}\ldots\ \frac{a - b}{a} \times (P\sin\alpha - Q),$$

$$2°. \text{ en B}\ldots\ \frac{b}{a} \times (P\sin\alpha - Q),$$

elles doivent être ajoutées aux précédentes.

Les composantes horizontales sont

$$1°. \text{ en A}\ldots\ \frac{a - b}{a} \times P\cos\alpha, \quad 2°. \text{ en B}\ldots\ \frac{b}{a} \times P\cos\alpha ;$$

on aura donc en A et en B deux forces verticales, λ et λ' ; et deux horizontales, μ et μ'. L'effort exercé en A étant la résultante des forces λ et μ, sera $= \sqrt{(\lambda^2 + \mu^2)}$, (n° 19) ; l'effort en B sera $\sqrt{(\lambda'^2 + \mu'^2)}$: et les tangentes respectives des angles formés par ces efforts avec l'horizon sont $\frac{\lambda}{\mu}$ et $\frac{\lambda'}{\mu'}$. Or, comme les quantités λ, λ', μ et μ' sont données, on connaîtra la grandeur et la direction des efforts exercés en A et B. On observera seulement que lorsque le mouvement de la machine a lieu, comme le point K change sans cesse, ces deux choses varient à mesure que la corde s'enroule : mais il n'est ici question que d'équilibre.

Le poids de la machine contribue encore à la pression : on peut le regarder comme une force T appliquée sur l'axe au centre de gravité du treuil. On doit donc augmenter les valeurs ci-dessus de λ et λ', des deux composantes du poids T.

VI. *Des Roues dentées.*

113. Une Roue dentée (fig. 68) est un cylindre mobile autour de son axe, et dont la surface est munie de filets parallèles à cet axe : ces filets ou *dents* s'engagent dans ceux qu'on forme de même sur une autre roue dentée, et cet *Engrenage* est tel, que dès que l'une est mise en mouvement autour de son axe, l'autre tourne en sens contraire ; les largeurs des dents et les intervalles qui les séparent, doivent être égaux dans les deux roues. *V*. la fig. 68.

Sur l'axe de chaque roue dentée, on en adapte ordinairement une autre, qui fait corps avec elle, et est d'un diamètre moindre : cette roue s'appelle *Pignon ;* les dents se nomment *Ailes.* Alors chaque roue dentée engrène dans le pignon de la roue suivante, comme on le voit fig. 68. Si une force M fait tourner la première roue A, le pignon *a* fera mouvoir la roue B ; de même le pignon de celle-ci *mènera* la roue C, etc. Enfin on adapte à la dernière roue E, au lieu de pignon, un cylindre non denté, autour duquel est enroulée une corde qui soutient un poids R, ou qui est sollicitée par une force R. Cherchons les conditions d'équilibre entre la puissance M et la résistance R, aussi bien que les efforts exercés sur les dents des roues.

Pour assigner le rapport de la puissance à la résistance dans cette machine, on observera que chacune de ces roues et son pignon ne sont autre chose qu'un treuil : on a donc ici à considérer un système de treuils. La manière dont nous allons résoudre le problème, n'appartient pas seulement aux roues dentées, mais l'esprit de la méthode doit être appliqué à toute machine composée, comme nous aurons occasion de le voir par la suite, et comme nous l'avons déjà fait (108).

La roue A entraîne son pignon a, celui-ci mène la roue B ; désignons par P' la pression exercée par les ailes du pignon contre les dents de la roue : soient de même P'', P''', ... les efforts des ailes des pignons b, c, ... sur les dents des roues C, D.... De plus soient r', r''.... $r^{(n)}$, etc., les rayons des roues ; s', s'', ... $s^{(n)}$ les rayons des pignons ; l'indice $^{(n)}$ est relatif à la dernière roue. Généralement les rayons sont les distances respectives de chaque axe au point de contact de la dent avec l'aile du pignon d'engrenage ; mais comme ce point varie à mesure que le système se meut, on peut prendre, par approximation, une distance moyenne : nous entendrons donc ici par rayons, les longueurs comprises entre les axes et le point qui est au milieu de la longueur des dents.

Cela posé, M et P' sont deux forces en équilibre autour du treuil A ; leurs directions sont tangentes à la roue et au cylindre ; de même pour les autres : on aura donc pour la condition d'équilibre autour de la roue

$$\begin{array}{llll} \text{A} & \text{B} & \text{C} & \text{dernière} \\ M r' = P' s', & P' r'' = P'' s'', & P'' r''' = P''' s''' \ldots & P^{(n-1)} r^{(n)} = R s^{(n)} ; \end{array}$$

Multiplions entre elles les deux premières équations, ou les trois premières, etc., nous aurons, en réduisant

$$M r' r'' = P'' s' s'', \qquad M r' r'' r''' = P''' s' s'' s''' , \text{ etc.}$$
$$M r' r'' r''' \ldots r^{(n)} = R s' s'' s''' \ldots s^{(n)} \ldots (P'').$$

Ces expressions servent à déterminer les pressions P', P'', ... la dernière donne le rapport entre les forces M et R. Elle sert, d'après les principes de l'Algèbre, à résoudre ce problème : toutes les quantités qui y entrent étant données, excepté l'une d'elles, trouver celle-ci : on déduit ensuite les pressions, s'il est nécessaire. On peut au reste prendre, pour la résistance, M ou R indifféremment ; il suffit de remarquer que ces forces agissent sur les deux roues extrêmes, M sur la circonférence et R sur le pignon.

Si, par exemple, on veut retenir en équilibre un poids de 30000 kil. à l'aide d'une force de 60, en divisant ces deux nombres, on trouve $\frac{R}{M} = 500$; ainsi

$$\frac{r'r''\ldots\ldots r^{(n)}}{s's''\ldots\ldots s^{(n)}} = 500.$$

Le problème consiste à trouver le nombre des roues et leurs grandeurs ; ainsi il est indéterminé. Si donc on partage 500 en divers facteurs, tels que 4, 5, 5 et 5, ils pourront être pris pour $\frac{r'}{s'}$, $\frac{r''}{s''}$ . . . . . . Ainsi, entre autres manières d'établir l'équilibre, on prendra quatre roues, dans l'une desquelles le rayon du pignon sera le quart de celui de la roue ; il sera le cinquième dans les trois autres.

L'équation (P″) s'énonce ainsi : *la force et la résistance sont entre elles comme le produit des rayons des pignons est au produit des rayons des roues.* Ainsi deux forces très inégales peuvent être mises en équilibre à l'aide d'un système de roues dentées, et les effets de la puissance M se trouvent par là beaucoup plus grands qu'ils ne l'auraient été sans le secours de ce système. (*)

(*) Lorsque le mouvement est produit dans un système de roues dentées, comme les points de contact des dents varient sans cesse, la pression change de direction et de point d'application, en même temps que la circulation s'opère. Il en résulterait donc une rotation irrégulière, même en supposant le moteur constant, si l'on ne donnait pas aux dents une courbure *épicycloïdale* qui conserve l'uniformité au mouvement. Pour le tracé de cette épure

114. On observera que les roues ne font point leur tour entier dans le même temps ; car la roue B étant supposée de 100 dents, et le pignon a de 10 ailes, à chaque tour de la roue A et de son pignon, la roue B ne fait que le dixième d'un tour. De sorte qu'il faut 10 tours du pignon a pour que la roue B fasse un tour entier. Si la roue B (fig. 69) a 20 dents et A 9, après 9 tours de B, il aura passé 9 fois 20 dents des deux roues : A aura accompli 20 tours, pendant que B n'en aura fait que 9. Ainsi *les nombres de dents de deux circonférences qui engrènent sont entre eux réciproquement comme leurs vitesses de circulation, ou directement comme les temps employés à accomplir une seule révolution.*

D'après cela, si je veux que A fasse 576 tours pendant que B en fera 228, je pourrai armer A de 228 dents et B de 576 : mais comme le rapport de ces nombres est seul à considérer, je pourrai (divisant ces nombres par 12) donner 19 dents à A et 48 à B ; par exemple si A met 19 minutes à faire un tour, B en emploiera 48 à faire le sien.

En général, soient q', q'', ... $q^{(n)}$ (fig. 68) les nombres de dents des roues, b', b'', . . . $b^{(n)}$ les nombres d'ailes des pignons ;

V. le Dict. de Technologie, tome VI, page 432 ; le Traité de Lahire ; les Mémoires de l'Académie pour 1733, etc.

Du reste, il faut faire en sorte que les dents soient assez rapprochées, pour qu'au moins deux soient à la fois en prise avec deux ailes du pignon, afin d'éviter les saccades qui résulteraient d'un défaut de continuité dans la pression. D'un autre côté, si l'on faisait les dents trop rapprochées et trop minces, elles pourraient se briser sous l'effort qui les presse ; ainsi on doit en proportionner le nombre et l'épaisseur à la nature de la matière qui les constitue, et à la force qui meut le système.

Comme l'exécution des dents présente le plus souvent des irrégularités, surtout dans les petites roues qu'on ne peut arrondir selon la courbure dont il vient d'être question, on s'en repose sur le frottement du soin d'user les surfaces pour les amener au degré de mobilité qu'on désire. Mais il faut pour cela que les mêmes parties soient sans cesse ramenées en contact, c'est-à-dire que le nombre des dents de chaque roue soit un multiple du nombre d'ailes de son pignon d'engrenage. C'est ce qu'on appelle préférer des *nombres rentrans*, condition à laquelle les horlogers se soumettent toujours.

N', N''... $N^{(n)}$ les nombres de tours que font en même temps ces diverses roues. Après N' tours, le pignon a aura fait passer $N'k'$ ailes dans les dents de la roue B; pareillement cette roue faisant dans le même temps N'' tours, aura fait passer $N''q''$ dents dans les ailes du pignon a : or il a dû passer autant de dents de la roue que d'ailes du pignon; donc on a $N'k' = N''q''$; en raisonnant de même pour les autres roues, on trouve pour le pignon

$$a \quad , \quad b \quad , \quad c \ldots\ldots\ldots \text{avant-dernier}$$

$$N'k' = N''q'',\ N''k'' = N'''q''',\ N'''k''' = N^{\mathrm{IV}}q^{\mathrm{IV}}\ldots N^{n-1}k^{n-1} = N^n q^n.$$

On peut, comme ci-dessus, multiplier ces équations deux à deux, trois à trois, etc. pour connaître les nombres de tours que font les roues consécutives dans le même temps. Si on les multiplie toutes, on a

$$N'k'k''k'''\ldots\ldots k^{(n-1)} = N^{(n)}q''q'''q^{\mathrm{IV}}\ldots\ldots q^{(n)}\ldots\ldots(Q'').$$

Ainsi *les nombres de tours simultanés de la première et de la dernière roue (ou de deux roues quelconques) sont entre eux comme le produit des nombres de dents des roues est au produit des nombres d'ailes des pignons.* On observe qu'ici $k^{(n)}$ et q' n'entrent pas, parce qu'il n'y a ni dents à la première roue, ni ailes au dernier pignon, ou du moins parce qu'elles sont inutiles à l'état du système.

On tire de là une règle pratique fort commode pour évaluer les vitesses des parties d'un rouage. Soient p le produit de tous les nombres des dents des circonférences menées (des pignons), r le produit des nombres de dents des circonférences motrices (les roues), on a $N'p = N^{(n)}r$: ainsi *écrivez d'une part tous les nombres des circonférences motrices, et de l'autre tous les nombres des circonférences menées , et le produit* r *des premiers exprimera combien la dernière roue menée fait de tours , pendant que la première roue motrice en fait un nombre égal au produit* p *des seconds.* Dans la fig. 69, A fait 48 fois 173 tours pendant que C en fait seulement 37 fois 19; et en effet, il suit de ce qu'on a dit ci-dessus, que

A fait 48 tours pendant que B en fait 19,
B fait 173 tours pendant que C en fait 37.

Multipliant les nombres de la 1re ligne par 173, et ceux de la 2e par 19, on arrive à la conséquence énoncée.

En général notre équation sert à résoudre ce problème : *de ces quatre choses, les nombres* N' *et* $N^{(n)}$ *de tours de la première et de la dernière roue, les produits* r *et* p *des nombres de dents des roues et de leurs pignons, trois étant données, trouver la quatrième.* On peut donc se servir de cette équation pour trouver les nombres de dents et d'ailes d'un rouage, en supposant connus les nombres de tours de la première et de la dernière roue : mais on voit qu'ici le problème est très indéterminé, car il consiste à trouver (outre le nombre de roues qui est arbitraire) r et p, et de là les facteurs k', k'' ... $k^{(n-1)}$, q'', q''' ... $q^{(n)}$, étant donnés $N^{(n)}$ et N' : mais comme ces valeurs sont toutes entières, cela particularise un peu la question.

Si, par exemple, on veut employer cinq roues, et faire en sorte qu'à chaque tour entier de la première E (fig. 68), à laquelle on suppose le moteur R appliqué, la dernière A en fasse 2800 : on fera $N^{(n)} = 1$, $N' = 2800$, et l'équation deviendra $2800 . k' . k'' . k''' . k^{IV} = q'' . q''' . q^{IV} . q^{V}$. On peut se donner arbitrairement toutes ces quantités, moins une : mais cette dernière devant être aussi un nombre entier, on disposera de toutes, excepté deux, en ayant soin de prendre les valeurs de q', q'' ...... plus grandes que k', k'' .... et entières. Soit pris, par exemple, pour k'', k''', k^{IV}, q''', q^{IV}, q^{V}, les valeurs respectives 10, 12, 12, 80, 80 et 84; notre équation sera réduite à $15k' = 2q''$. On est conduit à une équation indéterminée, qui, traitée par la méthode connue (Cours de Math. n°s 118 et 564), admet pour k' toutes les valeurs paires : on pourra prendre, par exemple, $k' = 10$, ce qui donne $q'' = 75$. On voit donc qu'entre autres hypothèses, on a pour le système d'engrenage des ailes et des dents les nombres suivans :

$$\text{Pignons} \begin{cases} d \ldots k^{\text{iv}} = 12 \\ c \ldots k''' = 12 \\ b \ldots k'' = 10 \\ a \ldots k' = 10 \end{cases} \quad \text{Roues} \begin{cases} E \ldots q^{\text{v}} = 84 \\ D \ldots q^{\text{iv}} = 80 \\ C \ldots q''' = 80 \\ B \ldots q'' = 75 \end{cases}$$

115. Il arrive souvent que les vitesses données sont exprimées par de grands nombres dont le rapport est irréductible et qui ne sont pas décomposables en facteurs simples : on leur en substitue alors d'autres qui n'offrent pas ces difficultés, et dont le rapport soit aussi voisin que possible du proposé. L'exemple suivant montrera comment on doit diriger tous les calculs de cette espèce.

Si je veux que la roue A (fig. 69) fasse un tour en deux jours et demi, tandis que C n'accomplirait le sien qu'en $29^j\ 12^h\ 44'$, durée moyenne du retour des phases lunaires, ces deux temps réduits en minutes sont 3600 et 42524; on prend le quart et l'on a 900 et 10631, nombres dont le rapport est irréductible, et dont l'un est premier. Soient x et y les deux nombres que nous substituerons à ceux-ci, il faudra que les fractions $\frac{900}{10631}$ et $\frac{x}{y}$ soient à très peu près égales, ou que la différence $900\,y - 10631\,x = \alpha$, α étant un nombre entier fort petit. En résolvant cette équation indéterminée on a

$$y = 2705\alpha + 10631\,t, \quad x = 229\,\alpha + 900\,t,$$

t étant un entier quelconque, et α très petit et arbitraire. En prenant pour t et α des entiers successifs, on aura des valeurs de x et y, et il faudra choisir les résultats qui sont susceptibles d'être décomposés en facteurs. Ainsi $\alpha = 7$ et $t = -1$, donnent $x = 703 = 19 \times 37$, $y = 8304 = 48 \times 173$. De là résulte le rouage représenté fig. 69. Il est bien vrai que le rapport $\frac{703}{8304}$ n'est pas exactement $= \frac{3600}{42524}$; pour calculer l'erreur, remplaçons 42524 par z, et égalons les deux fractions; nous aurons

$z = 42524{,}04$, au lieu de 42524 : l'erreur est de $0'04$, ou $2''4$ par révolution lunaire, ou environ $30''$ par an. En prenant $a = 4$ et $t = -1$, on trouve $x = 16$ et $y = 189$; ainsi on peut remplacer la fraction proposée par $\dfrac{16}{189}$. Deux roues armées l'une de 16 dents et l'autre de 189 auront à très peu près les vitesses demandées, et si l'on dispose le système de manière que l'une ne fasse son tour qu'en 60 heures, l'autre ne fera qu'un tour par lunaison : l'erreur ne sera que de $3'$ par an. Tel est le procédé dont on se sert pour faire indiquer à l'aiguille d'une horloge les phases et les dates lunaires.

116. On doit ici faire une observation. Les dents et les ailes qui s'engrènent devant être également larges et espacées, le rapport qui existe entre leurs nombres doit être égal à celui des circonférences de la roue et du pignon, ou à celui de leurs rayons, c'est-à-dire que les *nombres de dents et d'ailes sont entre eux comme les rayons de la roue et du pignon*. Pour qu'une roue de 40 dents engrène avec un pignon de 8 ailes, il faut que le rayon de la roue soit 5 fois celui du pignon. On a donc pour la roue B et le pignon a (fig. 68), $\dfrac{q''}{k'} = \dfrac{r''}{s'}$; il en est de même des autres ; ainsi

$$q''s' = r''k', \quad q'''s'' = r'''k'' \ldots q^{(n)}s^{(n-1)} = r^{(n)}k^{(n-1)},$$

équations qui servent à déterminer la grandeur de chaque roue et de son pignon, lorsque le nombre de dents est fixé, ou réciproquement. En les multipliant toutes, on trouve

$$\frac{q''q'''q^{\mathrm{IV}}\ldots q^{(n)}}{k'k''k'''\ldots k^{(n-1)}} = \frac{r''r'''r^{\mathrm{IV}}\ldots r^{(n)}}{s's''s'''\ldots s^{(n-1)}},$$

et rapprochant ce résultat des équations (P'') et (Q''), on obtient

$$\frac{r'}{s^{(n)}} \times \frac{N'}{N^{(n)}} = \frac{R}{M},$$

équation qui sert à faire connaître l'un de ces trois rapports ;

lorsque les deux autres sont donnés. Or $2\pi r'$ et $2\pi s^{(n)}$ sont les circonférences de la roue E et du pignon a; donc le premier membre de notre équation est le rapport des chemins m et r que décrivent ensemble la force M et le poids R, savoir $Mm = Rr$: *plus la puissance sera grande et plus le poids aura de vitesse.*

117. Il est facile de comprendre maintenant le mécanisme des *horloges*. Un poids ou un moteur est appliqué à la roue E (fig. 68), à l'aide d'une corde roulée autour d'un cylindre e. L'action de ce poids fait tourner cette roue qu'on appelle *roue de Cylindre ;* elle met le système en mouvement. Voici les nombres de dents et d'ailes qu'on peut employer.

Roue E ou de *cylindre* 84 dents; elle mène le pignon d de 12 ailes.
Roue D . . . . 80 dents; . . . . c de 12 ailes.
Roue C ou des *minutes* 80 dents; . . . . b de 10 ailes.
Roue B . . . . 75 dents; . . . . a de 10 ailes.

La roue A s'appelle roue d'*Échappement;* nous la supposerons armée de 30 dents; en voici l'usage. Il est clair que si rien n'arrêtait les roues, l'action du poids R ferait tourner avec rapidité tout le système, jusqu'à ce que la corde eR se fût entièrement développée de dessus le cylindre. Mais si à la dernière roue A (fig. 74) on imagine un *pendule*, c'est-à-dire un corps pesant M fixé à l'extrémité d'une verge ML; et si de plus une *ancre* KLI fait corps avec cette verge, et oscille avec elle, il est aisé de voir ce qui arrivera. Chaque fois que le corps M passera en oscillant, de l'autre côté de la verticale LN, la branche I de l'*ancre* s'élèvera, et ne retenant plus la dent, celle-ci s'*échappera;* la roue tournera donc : mais il ne pourra passer qu'une seule dent; car l'autre branche K de l'ancre s'abaissant en même temps que le point I s'élève, celle-là retiendra la dent qu'elle rencontrera; et ainsi de suite : de sorte qu'il ne s'échappera qu'une dent à chaque oscillation double.

Nous ne pouvons ici donner de détails sur le pendule et la théorie des oscillations (194); mais si la longueur ML est telle que ces oscillations se fassent de seconde en seconde, la roue A n'aura fait un tour entier qu'en 60 secondes ou une minute. Si donc l'axe de la roue d'échappement porte une aiguille GH, mobile avec elle, et si l'on adapte sur le même centre un cadran fixe, dont la circonférence soit divisée en soixante parties égales, l'extrémité H se présentera successivement à tous les points de division de ce cadran, et y marquera les secondes.

Chaque tour que la roue B (fig. 68) fera, correspondra à $7\frac{1}{2}$ tours faits par la roue A, puisque celle-là est armée de 75 dents, tandis que le pignon a a 10 ailes : la roue B fera donc son tour en 450 secondes, c'est-à-dire à chaque demi-quart-d'heure. Le pignon b a 10 dents, la roue C en a 80 ; elle fera donc son tour en une heure, et on pourrait marquer les minutes sur un autre cadran, si on en disposait un sur l'axe de la roue C, comme pour la roue d'échappement. La roue D fera son tour en 6 h. $\frac{2}{3}$, et enfin la roue E fera un tour en 46 h. $\frac{2}{3}$.

On peut faire porter par l'axe de la roue C un second pignon de 7 ailes qui mènera une roue de 84 dents; celle-ci fera son tour en 12 heures, et pourrait par conséquent marquer les heures sur un cadran concentrique, qui serait divisé en douze parties égales. Nous ne donnerons pas ici le détail des dispositions qui conviennent le mieux aux roues, ni des nombres de dents et d'ailes qui sont usités de préférence. Ces nombres peuvent être très différens de ceux que nous venons d'employer.

118. On se sert aussi du moyen suivant pour imprimer le mouvement à la machine; au lieu du poids R (fig. 68), on adapte à la roue E une boîte cylindrique F (fig. 71), qu'on nomme *Tambour* ou *Barillet*, avec laquelle l'axe ou *arbre* ne fait point corps; de sorte que la roue E entraîne le tambour sur l'axe HG immobile. Un ressort spiral *im*, qu'on nomme *grand ressort*, est caché dans le tambour; il a l'une de ses extrémités *i* fixée au limbe intérieur du cylindre; l'autre *m* l'est à l'arbre même. Si donc on fait tourner l'arbre en retenant la roue E, le ressort se serre autour en l'enveloppant; puis faisant effort pour se développer, il fait tourner le barillet en sens contraire, lorsque l'arbre devient fixe : il imprime alors à la machine un mouvement de rotation, et remplace le poids R. Pour bander le ressort, il ne faut donc que faire tourner l'arbre et le fixer ensuite : on

en façonne l'extrémité H en prisme à quatre angles, c'est le *carré*; on le fait entrer dans une clef T de même calibre, qu'on fait tourner. Le ressort enveloppe alors l'arbre, car les autres rouages retiennent la roue E, ainsi que le barillet F. Après chaque tour de clef, l'arbre ne peut tourner en sens contraire, car il fait corps avec une roue K dite à *Rochet*, dont les dents obliques sont retenues par un *Cliquet;* ce cliquet est une espèce de languette AB, pressée par une lame d'acier CD, et retenue en A par l'une des platines fixes M et N qui portent les axes des roues. Il en résulte que quand on veut tendre le ressort, il faut tourner l'arbre dans un sens : alors la roue K glisse sur l'*encliquetage* AB; mais lorsqu'on abandonne le barillet à lui-même, il tourne, entraîne la roue E, et le reste du système. L'arbre reste donc seul immobile sous l'action du grand ressort.

La durée des oscillations du pendule LM (fig. 74) peut varier avec la force de pression exercée sur les arrêts K et I.; or à mesure que le ressort se développe par le mouvement, cette pression diminue : il s'ensuit que les temps des oscillations pourraient être inégaux, si l'on n'y remédiait par un mécanisme particulier. La *Fusée* est une espèce de cône tronqué B (fig. 72) : le tambour A, au lieu d'être adhérent, comme dans la fig. 71, à la première roue E, forme une pièce distincte. La surface de la fusée est munie d'un plan incliné, en *Hélice,* destiné à recevoir une chaîne qui s'y enveloppe. Le grand ressort transmet son action à la fusée, à l'aide de cette chaîne. On voit que, par ce mécanisme ingénieux, le bras de levier de la puissance croît à mesure que le ressort se débande, ce qui tend à égaliser ses effets.

Lorsque le ressort est détendu, la chaîne enveloppe entièrement le barillet, en laissant la fusée à nu; une clef, dans laquelle on insère le *carré* I, sert à faire tourner le corps de la fusée en sens contraire; par là, la chaîne se déroule de dessus le barillet, et le forçant à tourner dans le même sens, tend de nouveau le ressort, et reporte la chaîne sur la fusée. Dans le mouvement général des rouages, l'arbre K reste constamment fixe, et il reste aussi en repos quand on bande le ressort, c'est-à-dire quand on force le barillet à tourner sur son axe fixe, lorsqu'il est entraîné par la fusée. Du reste, cette pièce conique B ne fait pas corps avec la roue E qui a le même axe; un déclic, disposé dans son intérieur, permet à la fusée de tourner sans elle, mais dans un sens seulement, et par conséquent sans rien déranger à la situation des autres roues; tandis qu'au contraire cette fusée ne peut tourner dans le sens opposé sans entraîner toutes les pièces; c'est pour cela que quand on monte une montre, les aiguilles ne prennent aucun mouvement. En un mot, tout l'appareil qui était précédemment adapté à la première roue E, existe de même ici, excepté que le barillet forme une pièce distincte V. fig. 73.

Après avoir évité l'emploi d'un poids pour moteur, il ne faut plus, pour rendre la machine portative, que trouver un autre régulateur que le pendule. On fait, dans les montres (fig. 73), usage du mécanisme suivant. Le barillet A mène la fusée B et sa roue, de sorte que le mouvement se communique aux autres roues C, D, E, F; la roue C est celle des minutes ; la roue E fait mouvoir une roue G dont l'axe est horizontal, et qu'on nomme roue de *rencontre* (fig. 70). Une tige porte deux palettes alternes L, L qui engrènent tour à tour dans les dents de la roue de *rencontre;* car comme cette roue porte un nombre impair de dents, chacune est diamétralement opposée à un *entredent*, de sorte que les deux palettes ne peuvent être à la fois rencontrées. La tige qui les soutient porte une roue HK non dentée, qu'on nomme *Balancier*. Cette pièce reçoit donc son mouvement de la roue de rencontre; en voici l'usage : une lame spirale *hl* en acier, qui est capillaire, a l'une de ses extrémités fixée en *h* aux platines, tandis que l'autre l'est à la tige du balancier en *l*. Cette *spirale* est donc tirée par celui-ci, et forcée de se rouler sur son axe; la force de restitution élastique de ce ressort capillaire le contraint bientôt à se débander, et force le balancier à tourner en sens contraire; il oscille donc sous les influences du ressort spiral qui, en se roulant et se développant alternativement, remplace le pendule : de sorte que la roue de rencontre avance d'une dent chaque fois que le balancier achève deux vibrations. La rapidité du mouvement dépend de la longueur du filet spiral *hl*, et on l'augmente ou la diminue en accourcissant ou allongeant ce filet, ce qui se pratique à l'aide d'un arrêt disposé à cet effet. Dans les montres ordinaires, le balancier fait 17280 vibrations par heure. Mais comme le temps des oscillations du balancier dépend surtout de la force de pression exercée sur les palettes L par l'action du grand ressort, c'est surtout ici qu'il importe de faire usage de la fusée, qui n'est guère employée lorsqu'on se sert d'un pendule pour régulateur.

Il est rare qu'on se serve d'autant de cadrans qu'on veut indiquer de subdivisions de la durée; un seul axe central semble porter toutes les aiguilles, dont les vitesses inégales sont marquées sur la même circonférence : voici l'appareil dont on fait usage. Supposons que l'axe C*k* (fig. 73) fasse son tour entier en une heure; une aiguille *k*N, fixée à cet axe, ira marquer les minutes à la circonférence du cadran; il fait corps avec le pignon *a* de 12 dents, lequel mène la roue *b* de 36 dents : celle-ci porte un pignon *c* de 9 dents, lequel mène la roue *d* de 36. Cette dernière a son axe en *canon*, c'est-à-dire creux, et est enfilée par l'axe C*k*, dont elle est indépendante et sur lequel elle tourne *à frottement doux*. D'après les nombres indiqués, il est clair que le canon tourne 4 fois moins vite que la roue *b*, et par suite 12 fois moins vite que l'axe C*k*; une aiguille R, portée par ce canon ne fera donc qu'un tour en 12 heures, et par conséquent marquera les heures sur la circonférence du cadran, sous lequel tout cet appareil est caché.

Le temps qu'une horloge peut marcher sans avoir besoin d'être montée dépend de plusieurs causes, 1°. des nombres de roues, de leurs dents et des ailes des pignons; 2°. de la longueur du pendule : il y en a qui ne battent que les quarts de seconde; 3° de la force du ressort enfermé dans le barillet; ou de la longueur de la corde qui soutient le poids moteur, et de la grandeur de la circonférence du cylindre sur lequel elle se roule. Il arrive même que, d'après les principes développés n° 109, on adapte quelquefois à cette corde des moufles, pour que le poids descendant moins rapidement, la machine n'ait pas aussi souvent besoin d'être remontée.

119. Il arrive quelquefois que les roues dentées n'ont pas leurs axes parallèles; voici, dans ce cas, la disposition qu'il convient de leur donner. Concevons deux cônes droits, qui, ayant leurs sommets en un point C (fig. 77) et leurs axes fixes, auraient leurs surfaces tangentes suivant un de leurs côtés CD : si on imagine ces surfaces revêtues de filets disposés dans le sens de ces côtés, l'un des cônes ne pourra tourner sur son axe sans entraîner l'autre, et le faire tourner en sens contraire. Si donc, par un même point du filet en contact, on fait passer deux plans, perpendiculairement à l'axe de chaque cône, ils couperont ces cônes et en détacheront deux troncs AD, BD, revêtus de filets, qui feront l'office de dents. Ces roues n'auront pas leurs axes parallèles, et néanmoins engrèneront.

On peut aussi disposer ces roues comme on le voit dans les figures 75 et 76; on donne le nom de *lanterne* au pignon qui est employé dans celle-ci. Les dents de la roue pressent des *fuseaux* ou *alluchons* I, qui impriment à l'axe AB un mouvement de rotation.

VII. *Du Cric.*

120. Concevons une barre AB (fig. 78), dentée d'un côté, et retenue dans une chape ou forte boîte KL; en dessus on pratique une ouverture par laquelle cette barre peut sortir, lorsqu'on fait tourner un pignon E qui engrène avec les dents de la barre, et lui communique un mouvement de translation. Cette machine s'appelle CRIC : son usage est d'élever le poids qu'on applique à l'extrémité A de la barre. Pour mettre le pignon en mouvement, on se sert d'une manivelle, disposée comme on le voit dans la figure.

Soit P la puissance appliquée à la manivelle dont le rayon EF est R, soit r le rayon du pignon, et Q la résistance à vaincre en A. Il est visible que cette résistance peut être supposée immédiatement appliquée sur la dent du pignon en contact avec la barre : ainsi (113) les momens des deux forces, par rapport à l'axe du pignon, doivent être égaux; et on a RP = Qr. Donc *la puissance est à la résistance dans l'équilibre du cric comme le rayon du pignon est à celui de la manivelle.*

Lorsqu'on a produit l'effet demandé, si la puissance P appliquée à la manivelle cessait son action, le poids Q ferait redescendre la barre, en forçant le pignon à tourner en sens contraire. Pour éviter cet inconvénient, on dispose un encliquetage, comme à la fig. 71, afin d'empêcher le pignon de tourner dans l'autre sens.

On observera qu'on se sert fréquemment de manivelles à bras courbés; mais par rayon de la manivelle, il faut entendre ici le rayon du cercle que la force P tend à décrire, et non la longueur rectifiée de ce bras.

L'appareil que nous venons de décrire est appelé *Cric simple;* voici la description du *Cric composé.* On dispose entre le pignon E (fig. 79) et la barre une ou plusieurs roues dentées, armées de leurs pignons; le pignon E n'agit plus alors immédiatement sur cette barre; mais les effets de la puissance se transmettent en se multipliant. Il est inutile de s'étendre sur une théorie aussi facile, puisqu'elle rentre dans celle des roues dentées : on en conclut que *dans le cric composé, la force* P *est à la résistance* Q, *comme le produit des rayons des pignons est au produit des rayons des roues par le bras de la manivelle.*

VIII. *De la Vis.*

121. Le triangle isoscèle OFB (fig. 80), en tournant autour de l'axe AZ parallèle à sa base OB, engendre par sa révolution deux cônes tronqués opposés par leurs bases. Mais si outre le mouvement de rotation, ce triangle a encore, dans le sens de l'axe AZ, un mouvement de translation, tel que pour diverses portions de révolution, le plan de ce triangle s'avance dans le sens de AZ, de parties proportionnelles aux valeurs angulaires qu'il a décrites; et que de plus après une révolution entière le point B soit en O, et le triangle en O'F'O, et ainsi de suite; ce triangle engendrera un solide qu'on nomme Vis. La distance AD s'appelle le *pas de la vis.* Au reste, il n'est pas nécessaire que le polygone générateur soit un triangle : on peut employer aussi un rectangle, et on a alors une vis à filet carré (fig. 86).

On nomme *Écrou* une autre pièce sillonnée intérieurement comme la vis l'est elle-même en relief : l'un est, pour ainsi dire, le moule de l'autre; de sorte que l'écrou est le solide engendré par le polygone OHCBF (fig. 80), dans sa révolution autour de AZ, en s'avançant dans le sens de cette ligne, comme dans la génération de la vis.

La vis (fig. 82) n'est donc qu'un cylindre revêtu d'un cordon spiral de grosseur uniforme, et dont l'inclinaison, par rapport à la génératrice du cylindre, est constante : l'écrou, au contraire, est un solide creusé de la même manière. L'une de ces deux pièces est fixe; l'autre est mobile dans le sens de sa génération, et peut par là s'insinuer, comme en rampant, sur la première.

Nous supposerons ici que la vis est fixe et que l'écrou est mobile : une puissance P appliquée à l'extrémité d'un levier CP, tend à faire tourner l'écrou sur l'axe de la vis et dans le sens de sa génération ; il s'agit de trouver les conditions d'équilibre entre cette force et celle qui tirerait l'écrou dans le sens de l'axe.

On nomme *Hélice* (fig. 80 et 81) la courbe que décrit autour de l'axe AZ l'un quelconque des points du polygone générateur, tel que N. Cette courbe est évidemment tracée sur la surface d'un cylindre droit qui a AZ pour axe, et $EN = m$ pour rayon de sa base. Développons ce cylindre, et pour cela formons le rectangle *edcf*, tel que sa base *dc* soit égale à la circonférence qui a EN pour rayon, ou $dc = \mathrm{cir.}\, m = 2\pi m$: ensuite construisons sur ce rectangle le développement d'une révolution entière de l'hélice décrite par le point N. Pour cela observons qu'il résulte de la génération de cette courbe qu'en prenant pour abscisses x des arcs de la circonférence de la base de ce cylindre, les ordonnées correspondantes y devront être comptées sur la surface, suivant les génératrices, et croître proportionnellement aux abscisses. Soit donc pris l'un des points *d* de l'hélice pour origine, $ad = bc = AD =$ la hauteur du pas de la vis que nous désignerons par h, $y = Ax$ est l'équation de la courbe. Ainsi on a visiblement pour son développement une droite *bd* qui forme avec *dc* un angle dont A est la tangente : et comme on sait d'ailleurs que cette droite doit passer par le point b qui répond à une révolution complète, on a $A = \dfrac{bc}{dc} = \dfrac{h}{2\pi m}$. On concevra plus facilement ce développement en remarquant que toutes les tangentes menées aux divers points de l'hélice se confondent avec db lorsqu'on développe le cylindre.

Supposons que l'axe de la vis étant vertical, la force P (fig. 82) qui agit sur le levier CP soit horizontale et perpendiculaire à la direction de ce levier. Soit Q le poids que l'écrou supporte, ou la résistance qui s'oppose à l'effet de la force P, et qui est parallèle à l'axe. Si l'écrou ne posait que sur l'un des points de la vis, supposé à une distance m de l'axe, il serait placé en un point N (fig. 81) du développement de l'hélice qui le porte : or ce point pesant autant que l'écrou, serait sur la vis comme sur un plan incliné bd. La force M appliquée horizontalement suivant MN, pour retenir ce point en équilibre, doit satisfaire à l'équation (F'' n° 96, page 112) qui est ici

$$M = Q \times A = \frac{Q \cdot h}{2\pi m}.$$ Lorsque l'hélice n'est pas développée, cette force M est tangente au cylindre qui contient l'hélice, et perpendiculaire à la génératrice qui passe par le point N.

Maintenant remplaçons cette force M subsidiaire, par la puissance P, qui exerce effectivement son action sur le levier, et désignons par p la distance de cette force à l'axe de la vis, ou le rayon CP du cercle que tend à décrire la puissance: pour que les deux forces M et P équivalent, il faut (110) que l'on ait $Pp = Mm$; puisque la force M est tangente à un cylindre, et qu'on peut assimiler le levier de la force P à la roue d'un treuil ; d'ailleurs les bras de levier sont m et p.

Par là l'équation précédente devient

$$Qh = 2\pi p P \ldots (R'').$$

Jusqu'ici l'écrou a été réduit à un point pesant porté par une hélice : maintenant il s'agit d'examiner ce qui arrive dans l'état physique des choses.

Cette équation ne renfermant pas m, est indépendante de la distance à laquelle le point pesant est supposé de l'axe : elle serait donc encore la même si l'on eût pris le point N ailleurs sur la vis. Cette observation nous conduit à ce résultat général, que cette équation serait encore vraie si l'écrou, au lieu de ne toucher la vis qu'en un seul point, la touchait en un nombre quelconque de points. En effet, dans ce dernier cas, chacun porterait une portion du poids Q : ces portions étant désignées par Q', Q'', etc., on aurait (32), $Q' + Q'' + Q''' +$ etc. $= Q$. Mais, d'un autre côté, la force P qui porte le poids de l'écrou, peut être considérée comme la somme d'autant de forces partielles P', P'', etc., qu'il y a de points de contact ; lesquelles seraient employées à faire équilibre respectivement à chacun des poids Q', Q'', ... On aura donc les équations

$$Q'h = 2\pi p P', \quad Q''h = 2\pi p P'', \quad Q'''h = 2\pi p P''', \text{ etc.,}$$

dont la somme donne de nouveau l'expression (R''). Ainsi, en général, *dans l'équilibre de la vis, la puissance est à la résistance, comme le pas de la vis est à la circonférence que la puissance tend à décrire.*

Il est facile de conclure de là, que

1°. La vis est une machine composée du levier et du plan incliné ;

2°. Pour une même vis, l'effet est d'autant plus grand, que la force est appliquée plus loin de l'axe ;

3°. Pour deux vis différentes, et un même bras de levier, une force a d'autant plus d'avantage, que le pas de la vis est moindre.

IX. *Du Coin.*

122. Soit BD (fig. 83) un prisme triangulaire de matière très dure ; on l'insère par l'arête ou *tranchant* AB dans une fente faite à un corps, et frappant sur la *tête* ou *face* opposée DC, on le fait entrer avec force, et par là on sépare les parties de ce corps. Cette machine se nomme Coin : on s'en sert pour fendre, ou pour ob-

tenir de grandes pressions; les conteaux, haches, poinçons, dents, griffes, etc., sont des coins.

Pour déterminer la grandeur de la force qu'on doit appliquer à la tête du coin pour fendre un corps, il est clair qu'il faudrait connaître d'abord la résistance à vaincre : or cette résistance dépend d'une foule de circonstances particulières extrêmement variables, et qui ne sont presque jamais connues. La théorie physique du coin est donc fort obscure, et on ne doit jamais s'attendre à établir rien de certain sur cette machine.

Nous supposerons que la direction de la puissance P (fig. 84) soit perpendiculaire à la tête AB du coin, car on peut toujours, par une simple décomposition, ramener la chose à cet état. Cette force peut être considérée comme destinée à retenir le coin ABC, pressé en F et D par les parties du corps qui tendent à se rapprocher : on retrouve donc ici la théorie du plan incliné, et les pressions en F et D doivent (95), dans le cas d'équilibre, être perpendiculaires à BC et AC. Il suit de là que la résistance des points D et F ne peut détruire l'action de la force P, qu'autant que cette force peut être décomposée en deux autres Q et R, qui passent par ces points, et dont les directions soient perpendiculaires aux faces BC et AC du coin. Donc *les trois forces* P, Q *et* R. *doivent con courir en un même point* E, *étre dans un même plan* ABC, *et de plus satisfaire à la condition* (n° 20)

$$\frac{P}{\sin . \overline{QER}} = \frac{Q}{\sin . \overline{PER}} = \frac{R}{\sin . \overline{PEQ}} .$$

Au lieu des sinus des angles QER, PER et PEQ, on peut substituer ceux de leurs supplémens C, A et B , ou plutôt les côtés c, a et b, qui étant opposés à ces angles dans le triangle BAC, sont par conséquent proportionnels à leurs sinus. On a donc $\frac{P}{c} = \frac{Q}{a} = \frac{R}{b}$, d'où l'on tire

$$R = \frac{b}{c} P, \quad Q = \frac{a}{c} P \ldots (S'').$$

Si le corps est solidement fixé, et si la résistance qu'il oppose à la séparation de ses parties est connue, on pourra donc juger si l'équilibre a lieu. Il suffira pour cela d'examiner, 1°. si les perpendiculaires élevées sur les faces du coin, en leurs points F et D de contact, concourent avec la force P en un point E; 2°. si cette force, perpendiculaire à la tête AB du coin, est dans le plan de ces perpendiculaires; 3°. enfin si les deux équations (S″) sont satisfaites : ce qui forme QUATRE CONDITIONS.

Mais ordinairement le corps est simplement retenu par des appuis, et il importe de connaître comment ils doivent être placés et quelles pressions ils éprouvent.

1°. Si le corps est fixé à un axe IK (fig. 84), et ne peut que glisser suivant sa longueur, on décomposera la force Q en deux autres, l'une Q″ perpendiculaire à cet axe, l'autre Q′ suivant la droite FD qui passe par les points de contact. Soient α, β et γ les angles formés par BC, AC et FD avec l'axe IK, et faisons usage du théorème (n° 20). Comme

$$\sin.Q'FQ'' = \sin Q''FD = \cos\gamma = \sin.R'DR'',$$
$$\sin.Q'FQ = \sin(\alpha + Q''FD) = \cos(\alpha - \gamma),$$
$$\sin.RDR' = \sin(R'DR'' - \beta) = \cos(\beta + \gamma),$$

on trouve, en ayant égard aux équations (S″),

$$Q' = Q.\frac{\sin\alpha}{\cos\gamma} = P.\frac{a\sin\alpha}{c\cos\gamma},$$

$$Q'' = Q.\frac{\cos(\alpha-\gamma)}{\cos\gamma} = P.\frac{a\cos(\alpha-\gamma)}{c\cos\gamma},$$

$$R' = P.\frac{b\sin\beta}{c\cos\gamma}, \quad R'' = P.\frac{b\cos(\beta+\gamma)}{c\cos\gamma}.$$

Pour l'équilibre, les forces Q′ et R′ doivent être égales, donc

$$a\sin\alpha = b\sin\beta \ldots \text{(T″)}.$$

Or dans le triangle ICM, on a $\dfrac{\sin\alpha}{\sin\beta} = \dfrac{CI}{CM}$, d'où

$$\frac{CI}{CM} = \frac{b}{a} = \frac{CA}{BC};$$ ce qui prouve que les triangles ABC, CIM sont semblables, ou l'angle $A = \mathfrak{E}$, et l'angle $B = \alpha$; BA est donc parallèle à l'axe fixe IK. Telles sont les conditions d'équilibre.

La pression sur l'axe est la résultante de Q'' et R'', dont le point d'application est facile à déterminer (31); sa grandeur est $Q'' + R''$, qui en vertu de l'équation précédente, se réduit à

$$\frac{P}{c}\left(a \cos \alpha + b \cos \mathfrak{E} \right),$$

ou
$$P \cdot \frac{b \sin (\alpha + \mathfrak{E})}{c \sin \alpha},$$

en éliminant a. Mais si l'on n'a pas $Q' = R'$, c'est-à-dire si AB n'est point parallèle à l'axe, l'équilibre n'a point lieu; R'' et Q'' sont détruites, il est vrai; il reste alors une puissance $Q' - R'$ qui pousse le corps suivant FD, et tend à le faire glisser le long de l'axe.

2°. Si le corps est simplement posé sur un plan IK, décomposons les forces Q et R en d'autres parallèles et perpendiculaires à IK; celles-ci seront détruites par la résistance du plan; pour que les premières se fassent équilibre, il faut non-seulement qu'elles soient égales, mais encore qu'elles soient opposées, ce qui exige que la ligne FD soit parallèle à IK, sans quoi le corps tournerait pour se renverser. Soient donc comme ci-dessus, α et $\mathfrak{E}$ les angles que forment les faces BC et AC avec le plan IK, ou avec la droite FD qui lui est parallèle : on trouve pour les composantes dans le sens de cette ligne $Q' = Q \sin \alpha$, $R' = R \sin \beta$, d'où $Q \sin \alpha = R \sin \beta$, ce qui donne de nouveau l'équation (T''). Ainsi, *il faut encore, pour l'équilibre, que* AB *soit parallèle au plan fixe; mais en outre la ligne* FD, *qui joint les points de contact, doit aussi être parallèle à ce plan.* La pression exercée sur le plan est $Q'' + R''$ ou $Q \cos \alpha + R \cos \beta$, qui se réduit à la même valeur que ci-dessus.

3°. Enfin si le corps ne contient qu'un point fixe placé en un lieu quelconque N, on décomposera Q et R en deux forces suivant FD, et suivant les lignes menées du point N aux points F et D. Les premières composantes devront encore être égales entre elles; la pression sur le point fixe sera la résultante des deux autres.

Il arrive ordinairement que le triangle ABC (fig. 84 *bis*) est isoscèle, et que le corps est simplement placé sur un plan qui le retient. FD est alors parallèle à ce plan (p. 160, 2°.); et comme $a=b$, on a $R = Q = \dfrac{a\mathrm{P}}{c}$. La force P doit d'ailleurs être appliquée au milieu N de la tête du coin, pour que les trois forces P, Q, R concourent en un même point. Q′ et R′ sont égales, aussi bien que Q″ et R″, et que α et β, A et B. On a donc

1°. Pour la pression sur le plan horizontal

$$2\mathrm{Q}'' = \frac{a}{c} \times 2\mathrm{P}\cos\alpha; \text{ or } a\cos\alpha = \mathrm{BC} \times \cos\mathrm{B} = \tfrac{1}{2}c;$$

donc cette pression est $= \mathrm{P}$.

2°. Pour les forces opposées Q′ et R′, $\mathrm{Q}' = \dfrac{a}{c}\mathrm{P}\sin\alpha$; or $a\sin\alpha =$ la hauteur CN $= h$ du triangle ABC, dont AB est la base; donc $\mathrm{Q}' = \dfrac{\mathrm{P}h}{c}$: ou, *la force* P *est à la résistance* Q′, *comme la tête du coin est à sa hauteur :* d'ailleurs les puissances horizontales Q′ et R′ se détruisent.

En rapprochant cette exposition de celle qu'on a faite pour le plan incliné, il est facile de voir le rapport qu'elle a avec cette dernière, et avec la théorie de l'équilibre des voûtes. On reconnaît d'ailleurs que la force P agit à l'aide du coin avec d'autant plus d'avantage, que h est plus grand, et que c est plus petit; c'est-à dire lorsque l'angle C est plus aigu.

X. *Des Machines composées.*

123. La plupart des machines que nous venons d'examiner sont, à proprement parler, simples. Mais il arrive souvent qu'une d'elles ne suffit pas seule à l'objet auquel on la destine : alors on

en dispose plusieurs ensemble de la manière la plus convenable. Cherchons d'abord les moyens d'appliquer le calcul à ces machines, et de trouver le rapport entre la puissance et la résistance. Dans la vis et les roues dentées, nous avons déjà fait remarquer l'esprit de la méthode qu'on doit employer à cet effet; nous allons le rendre plus sensible par des exemples.

124. *Vis sans fin* (fig. 86). Le cylindre qui a pour rayon $cr = r$, porte sur son axe une roue dentée dont le rayon est $Kc = k$; cette roue fait corps avec le cylindre, sur lequel est roulée une corde qui soutient un poids R : une vis AB, dans une situation horizontale, est posée sur deux tourillons A et D : le pas de cette vis est $EF = h$, elle engrène avec la roue : enfin sur l'axe de la vis est une manivelle dont le bras est $BC = q$. La force Q, en imprimant un mouvement à la vis, fait tourner le cylindre et monter le poids. Cette machine a été nommée Vis sans fin.

Proposons-nous de connaître, dans le cas d'équilibre, le rapport entre les forces R et Q, et la pression X exercée contre les filets de la vis. Il est clair que puisque l'équilibre existe entre les puissances Q et X, on a (121), $hX = Q.$ cir. q; pareillement on a pour l'équilibre entre les forces R et X (110), $Rr = Xk$; en multipliant ces deux équations afin d'éliminer X, on trouve

$$Rhr = Qk \times \text{cir} q = 2\pi q Qk \ldots (V'').$$

Ainsi *dans l'équilibre de la vis sans fin, la puissance est à la résistance comme le produit du rayon du cylindre par le pas de la vis, est au produit du rayon de la roue par la circonférence que décrit la puissance.*

125. *Pont-Levis.* La figure 87 est le profil d'un Pont-Levis. Cette machine est composée du *Tablier* CD, et de deux longues pièces de bois, profilées en EB. On nomme *Bascule* la partie EA de ces pièces; elles sont liées entre elles par des traverses de bois; l'autre partie AB est appelée *Flèche*; chaque flèche a son extrémité unie au tablier par une chaîne, représentée en BC. En A et D sont des tourillons, qui permettent aux flèches et au tablier de s'incliner par rapport à l'horizon.

On dispose le tablier de manière à servir de plancher, à l'aide d'un assemblage de pièces de bois : tout le système peut être mis en mouvement par une force convenable appliquée en E : de sorte qu'on peut employer le tablier à servir de pont ou de porte, suivant qu'on le met horizontalement ou verticalement. Proposons-nous de trouver la force propre à produire ce mouvement; pour cela, supposons que les chaînes ne forment qu'une ligne droite BC, et que le pont-levis soit mis dans une position quelconque. Désignons par α, ζ et γ les angles formés par l'horizontale, avec les flèches, avec le tablier et avec la chaîne; c'est-à-dire que BAX $= \alpha$, CDI $= \zeta$, CBK $= \gamma$: on a DCB $= \zeta + \gamma$. Soient enfin AE $= b$, AB $= f$, DC $= t$, BC $= c$; puis T, C, B et F les poids du tablier, de la chaîne, de la bascule et de la flèche.

Cela posé, les seules forces du système consistent en des poids, savoir : d'une part, T, C et F, qu'on peut regarder comme des forces appliquées respectivement aux centres de gravité de DC, BC et AB. De l'autre part, le poids Π agissant en E, et le poids B de la bascule; cette dernière force sera appliquée au milieu de EA, et on pourra la concevoir décomposée en deux autres, égales chacune à $\frac{1}{2}$ B, et appliquées l'une en A et l'autre en E; la première sera détruite; ainsi le poids agissant en E sera $= \Pi + \frac{1}{2}$ B, que nous ferons, pour simplifier $=$ M.

Nous supposerons les poids T, C et F appliqués respectivement au milieu de chacune des lignes DC, BC et AB : cette hypothèse pourra paraître peu rigoureuse, car les flèches ne sont ni cylindriques, ni prismatiques; elles ont, au contraire, la forme d'une pyramide tronquée : mais outre qu'il serait fort aisé d'appliquer les raisonnemens ci-après au cas où le centre de gravité des flèches serait placé en un point quelconque, on remarquera que dans la pratique on peut regarder le milieu de la ligne à peu près comme le centre de gravité, tant parce que l'extrémité B porte quelques pièces de fer, que parce que la diminution d'épaisseur de la flèche de A en B n'est pas très considérable. Chacune de ces forces est verticale, et peut être décomposée en deux autres, savoir :

11..

1°. La force F, en $\frac{1}{2}$ F appliquée en A et détruite, et $\frac{1}{2}$ F appliquée en B, selon BD.

2°. La force T, en $\frac{1}{2}$ T appliquée en D et détruite, et $\frac{1}{2}$ T appliquée en C, selon CQ.

3°. La force C, en $\frac{1}{2}$ C appliquée en B, et $\frac{1}{2}$ C appliquée en C.

Ces six forces équivalent à deux puissances verticales, appliquées

$$\text{l'une en B} \ldots \ldots = \tfrac{1}{2}\,(\text{F} + \text{C}) = \text{P},$$
$$\text{l'autre en C} \ldots \ldots = \tfrac{1}{2}\,(\text{T} + \text{C}) = \text{Q}.$$

Décomposons maintenant la force Q en deux autres, dirigées, l'une suivant le prolongement Ca de la chaîne BC, l'autre suivant DC : celle-ci sera évidemment détruite : quant à l'autre, on la trouvera en formant le parallélogramme ba (n° 20); on aura

$$\frac{\sin a}{\text{CQ}} = \frac{\sin \text{CQ}a}{a\text{C}}, \quad \text{ou} \quad \frac{\sin\,(\mathfrak{6} + \gamma)}{\frac{1}{2}\,(\text{T} + \text{C})} = \frac{\cos \mathfrak{6}}{a\text{C}};$$

d'où
$$a\text{C} = \frac{\cos \mathfrak{6}\,(\text{T} + \text{C})}{2 \sin\,(\mathfrak{6} + \gamma)}.$$

Or, cette force aC peut être supposée appliquée en B; prenons donc BL=aC, et formons le parallélogramme df. La puissance aC sera décomposée en deux autres, dirigées, l'une suivant Bd, l'autre suivant BH; celle-ci sera détruite, et on aura (n° 20)

$$\frac{\sin \text{B}d\text{L}}{\text{BL}} = \frac{\sin \text{BL}d}{\text{B}d}, \quad \text{ou} \quad \frac{\cos a}{a\text{C}} = \frac{\sin\,(a + \gamma)}{\text{B}d},$$

donc
$$\text{B}d = \frac{\sin\,(a + \gamma)}{\cos a} \times a\text{C}.$$

La résistance et la puissance étant réduites à deux forces verticales, on exprimera (104) qu'elles sont en équilibre autour du point fixe A, à l'aide du principe des momens; or, la force appliquée en B est

$$P + Bd = \tfrac{1}{2}(F + C) + \frac{\sin(\alpha + \gamma)}{2\sin(\mathcal{C} + \gamma)} \cdot \frac{\cos \mathcal{C}}{\cos \alpha} \cdot (T + C)$$

Ainsi on a pour équilibre

$$bM = \frac{f}{2}\left\{ F + C + \frac{\cos \mathcal{C}}{\cos \alpha} \cdot \frac{\sin(\alpha + \gamma)}{\sin(\mathcal{C} + \gamma)}(T + G) \right\} \dots (X^a).$$

Cette équation fait voir que la force M doit varier avec la position des parties du système, et qu'on doit appliquer à la bascule des forces Π variables suivant les différentes inclinaisons du tablier : or, le problème qui consiste à trouver pour une position donnée la grandeur du poids Π serait résolu, si l'un des angles α, $\mathcal{C}$ ou γ étant donné, les autres étaient connus. Pour cela, menons les horizontales BN et CO, il est clair que le triangle ANB donne AN $= f \sin \alpha$; faisons BC $= c$, AG $= h$, GD $= a$, DC $= t$, nous aurons de même NO $= c \sin \gamma$, et GO $= t \sin \mathcal{C}$; on aura donc

$$h + f \sin \alpha = c \sin \gamma + t \sin \mathcal{C}.$$

Pareillement, en opérant par rapport à GI, on aura

$$a + t \cos \mathcal{C} = f \cos \alpha + c \cos \gamma.$$

Ces deux équations serviront à compléter la solution du problème.

126. Si les points A et D sont dans une même verticale, et si de plus le quadrilatère ABCD est un parallélogramme, on a $a = 0$, $t = f$, $c = h$ et $\alpha = \mathcal{C}$, et les trois équations précédentes deviennent

$$bM = \frac{f}{2}(F + T + 2C), \quad h = c \sin \gamma, \quad 0 = c \cos \gamma.$$

La première montre que comme la force M ne dépend plus de l'inclinaison du tablier, elle est constante pour toutes les positions qu'il peut prendre. Les deux autres font voir que γ est un angle droit, et que *la chaine reste toujours verticale*. Le cas le plus ordinaire est celui où la figure est un parallélogramme, sans que néanmoins AD soit vertical : la première des expressions ci-dessus a encore lieu, et les deux autres équations deviennent $h = a$ tang γ. Au reste, on aurait pu résoudre ces cas *à priori*, en opérant de la même manière que ci-dessus.

127. *Haquets.* On appelle Haquets les longues voitures qui servent au transport du vin et des autres liqueurs. Ces voitures consistent en deux grandes pièces de bois, unies par des traverses, posées sur un essieu, autour duquel elles peuvent faire la bascule, et prendre par là une position horizontale ou inclinée. A la partie antérieure est un treuil, destiné à opérer le chargement. C'est à peu près aussi de la même manière qu'on retire des caves les tonneaux chargés qu'elles contiennent. AB (fig. 88) est une échelle ; on l'adapte à la porte de la cave, en appuyant ses extrémités d'une part sur la muraille, et de l'autre sur la terre. Une corde, attachée à l'un des échelons CD, après avoir passé sous la tonne H, s'enroule autour d'un cylindre EF, qu'on fait tourner avec des leviers.

Supposons les deux cordons parallèles au plan incliné ; nommons P le poids de la tonne, r le rayon du cylindre, ϵ l'angle d'inclinaison du plan LN ; enfin, soit Q la puissance motrice ; R le rayon du cercle qu'elle décrit.

1°. Le plan incliné réduit le poids P à P sin ϵ (96, 2°.) ; 2°. comme le tonneau fait ici l'office d'une poulie mobile, le poids est réduit à moitié (109), et est $= \frac{1}{2}$ P sin ϵ. Or, ce poids est mis en équilibre par la puissance motrice Q, à l'aide du treuil ; on a donc (110)

$$QR = \tfrac{1}{2} r \, P \sin \epsilon \ldots \ldots (Y'').$$

On peut généraliser le problème précédent ainsi qu'il suit. Soit une courbe FZ (fig. 89) rapportée à des coordonnées Ax et Ay horizontales et verticales ; et un poids P placé en un point M de cette courbe, sur laquelle il est retenu par une force Q dont l'action est transmise à l'aide du treuil BD. Désignons par R et r les rayons CB et CD de la roue et du cylindre ; par t la tension

du cordon PD. Il est clair que pour l'équilibre du treuil, on doit
avoir QR $= tr$.

De plus la tension t retient le poids P sur la courbe FZ; suivant
l'angle formé par PD avec l'axe Ax, comme $t\cos\alpha$ et $t\sin\alpha$
sont les composantes de t suivant Ax et Ay, le corps P est animé
par les deux forces $t\cos\alpha$ et P $- t\sin\alpha$: l'équation de la courbe
et la tangente de l'angle ι que fait l'axe Ax avec la touchante GM,
étant représentées par $y = fx$ et par y', on obtient, pour l'é-
quation I'', p. 114, où Y tend à diminuer les y,

$$t\cos\alpha = (P - t\sin\alpha)\, y', \quad y' = \tang \iota = \frac{dy}{dx}.$$

Éliminons t à l'aide de QR $= tr$, nous aurons la condition d'é-
quilibre demandée,

$$QR(\cos\alpha + y'\sin\alpha) = Pry'\ldots\ldots(Z'').$$

En tirant de $y = fx$ la valeur de y', et la substituant ici, on obtiendra une relation entre les quantités α, x, P, Q, R et r, laquelle servira à faire connaître l'une d'elles, lorsque les autres
seront données.

Quant à l'angle α, on peut le prendre arbitrairement, puisqu'on peut disposer une poulie de renvoi i qui, sans rien changer
à l'état du système (107), donnera à α une valeur déterminée.
Si l'on veut que la tension t soit parallèle à la tangente GM, il
faut faire $\cos\alpha = \dfrac{dx}{ds}$, $\sin\alpha = \dfrac{dy}{ds}$, et l'équation (Z'') devient

$$QR ds = Pr dy, \text{ ou } QR = Pr\sin\iota.$$

C'est ainsi que, si la ligne FL est droite, $\sin\iota$ est constant, et on
retrouve ce qu'on a déjà obtenu (Y''). Mais si le point M étant
donné, on veut éviter la poulie de renvoi, comme PD est
une droite qui, passant par un point connu M, est tangente
au cercle CD, il suffit pour obtenir α de chercher la tangente
menée au cercle CD par un point pris hors de ce cercle.

128. *Grue.* La GRUE (fig. 66) est composée d'un treuil QN.

La corde qui enveloppe le cylindre, à l'une de ses extrémités
fixée en I : à l'aide de poulies de renvoi c, e, d, b, elle transmet
l'action de la puissance à une poulie mobile a; à la chappe de
laquelle est attaché un poids P. La tension du cordon ba est
(109) $= \frac{1}{2}$ P. Les autres poulies b, d, e, c, ne font que changer la
direction de la puissance; ainsi le poids que supporte le treuil
QN est $\frac{1}{2}$ P. Soient R et r les rayons de la roue et du cylindre;
Q la puissance agissant sur la roue, on a (110) pour l'équilibre
dans la grue, $QR = \frac{1}{2} Pr$.

129. Une machine est toujours destinée à produire la translation ou la rotation d'un corps, et ce mouvement peut ou continuer dans le même sens, ou rétrograder sur lui-même; de dernier effet prend le nom de *va-et-vient* ou de *mouvement alternatif* : ainsi toute machine produit l'une de ces quatre sortes de
mouvement , *rectiligne continu, rectiligne alternatif, circulaire
continu* et *circulaire alternatif*. Mais il arrive souvent que le
résultat de la machine ne convient pas au but qu'on se propose ,
et il importe de savoir substituer un de ces effets à un autre; c'est
ainsi qu'on change le mouvement circulaire continu d'une roue
en un va-et-vient qui élève et abaisse le piston d'une pompe, etc...
De là ce problème de Mécanique , *changer l'un des quatre
mouvemens communiqués à un corps, en un autre différent ou
de même espèce*. Les ouvrages de MM. Lanz et Bettancourt, et de
M. Hachette, sont destinés à montrer les divers procédés de l'art
pour résoudre les questions de ce genre; nous nous contente-
terons de donner ici quelques exemples propres à en faire concevoir l'importance, à faire prendre une idée juste de cette théorie,
et à enseigner à analyser une machine, quelque composée qu'elle
soit, en la réduisant à ses élémens.

I. Les *poulies de renvoi* (fig. 59) , les poulies mobiles (fig. 60) ,
les mouffles (fig. 62) , les treuils (fig. 63 à 67) , sont autant de
moyens de *changer un mouvement rectiligne continu ou alternatif, en un autre de même espèce*. En voici encore un exemple.

Le long d'une règle AB (fig. 90) faites glisser l'équerre CDE,
en la poussant selon PI parallèle à CE; la droite CE se mouvra
parallèlement à PI. Si la règle AB est divisée en parties égales,

en faisant répondre un trait marqué sur l'équerre, aux divisions de AB, le côté CE coupera la perpendiculaire GH en parties égales, mais plus petites ; quand l'équerre aura marché de la longueur CD, la force P aura parcouru CE, et le côté CE n'aura décrit que le chemin DE, en sorte que la longueur DE sera coupée en autant de parties égales que CD contient de divisions.

II. Dans le treuil (fig. 63 à 67) le *mouvement rectiligne continu* du poids *est changé en circulaire continu* de la roue, ou de la manivelle ; les vitesses sont dans le rapport qu'on veut, en proportionnant convenablement les parties. Les roues dentées (fig. 68), la vis sans fin (fig. 86), sont dans le même cas. L'écrou (fig. 82) ne peut descendre sur la vis qu'en tournant ; le mouvement rectiligne de la crémaillère d'un cric (fig. 78) se change aussi en rotation de la manivelle.

Le moulin dont les ailes cèdent à l'effort du vent, les roues à aubes et à augets que le courant de l'eau fait tourner, sont encore des solutions de notre problème. Une carte circulaire découpée en spirale, et alongée en hélice conique (fig. 91), lorsqu'elle est suspendue à un axe central *ab* près le tuyau d'un poêle, tourne poussée par le courant ascendant de l'air échauffé. Ce jouet, connu de tout le monde, a donné l'idée des tournebroches que la fumée meut en s'élevant dans la cheminée.

Dans presque tous les cas semblables, si l'on prend l'effet pour la cause, on change réciproquement *un mouvement circulaire continu, en rectiligne continu.* Il faut faire la même remarque dans ce qui suit.

III. Si la force imprime un va-et-vient en ligne droite dans les machines qu'on vient de citer, *le mouvement rectiligne alternatif sera changé en circulaire alternatif.* Le *Trépan* (fig. 92) est formé du fût AB, terminé par un foret C ; une traverse *bb* est jointe au sommet par deux cordes *ab*, et laisse au fût un libre passage dans un large trou qui la perce. Le mouvement qu'on donne dans le sens vertical à la traverse produit la rotation du foret, et le volant ED la conserve (220, 6°). L'*archet* (fig. 93) sert aussi aux tourneurs, à faire pirouetter rapidement un cylindre m sur ses deux bouts,

Deux chaînes ab, dc (fig. 94) sont attachées l'une en b au haut de la tige AB, mobile entre des brides e, f, et en c sur l'arc dc; l'autre en d sur cet arc et en a sur la tige. Le mouvement de rotation de l'arc cd en va-et-vient fait monter et descendre la tige. On peut encore garnir celle-ci et l'arc de dents qui engrènent.

On fait mouvoir la tige AE (fig. 95) du piston d'une pompe à l'aide d'un levier courbé à la partie supérieure AB, et percé d'un trou I où un axe le retient : en faisant basculer le levier, le bout A monte et descend, et produit la même alternation dans le piston D. La tige est assemblée librement en A par un boulon.

IV. *Pour changer un mouvement rectiligne continu en rectiligne alternatif, et réciproquement,* on le transforme d'abord en circulaire (2ᵉ cas) et celui-ci en rectiligne.

V. *Changer un mouvement circulaire continu en rectiligne alternatif,* et réciproquement. Soit une roue dentée (fig. 96) sur une partie de son contour seulement; si cette roue engrène avec une crémaillère, celle-ci monte, puis redescend par son poids dès que la roue cesse d'engrener. Une manivelle (fig. 97), qui fait tourner une tige coudée, résout le même problème.

Sur une roue BD (fig. 98), une courbe quelconque efd est fixée en relief; la pointe C d'une tige AC, porte sur cette courbe par son poids, ou bien est pressée de haut en bas par un ressort; des brides a, b retiennent la tige. Lorsqu'à l'aide d'une manivelle, ou autrement, on fait tourner la roue, la tige monte et descend tour à tour.

A la tige DC (fig. 99) est assemblée en croix une barre AB percée d'une fenêtre longitudinale, dans laquelle peut glisser une cheville i adhérente à la surface d'une roue. Quand cette roue tourne, la cheville excentrique i se promène dans la fenêtre, et fait monter et descendre la tige CD, qui est retenue dans des brides h et k.

La tige rigide li (fig. 100), fixée à la cheville excentrique i d'une roue et à la tige lD, fait aller haut et bas cette tige, parce que l et i sont des axes autour desquels la barre li peut tourner.

VI. En supprimant le poids du cylindre (fig. 68), l'engrenage servira à *changer un mouvement circulaire continu en un autre de même espèce, avec des vitesses données.* Il faut en dire autant du barillet qui tire la chaîne d'une fusée (fig. 72), de la vis sans fin (fig. 86), de l'engrenage à lanterne (fig. 76), et des deux roues unies par une corde sans fin (fig. 101).

VII. *Changer un mouvement circulaire continu en circulaire alternatif, et réciproquement.* La *pédale* qui fait tourner la roue du remouleur, du rouet à filer et du tour de tourneur, est une solution de ce problème; en voici quelques autres.

La fig. 102 représente le *levier à rochet de La Garousse* : en faisant basculer en va-et-vient la tige AB sur l'axe C, les deux cliquets AD, BE entrent successivement en prise, et quittent l'une des dents obliques de la roue F, qui prend une rotation continue.

La roue (fig. 103) est armée de *Cames a*, *b*, *c*, *d*, ou bras qui, lorsque cette roue est mise en mouvement, viennent tour à tour attaquer le manche d'un marteau HAB, mobile sur l'axe I : la tête AB est donc soulevée, puis elle retombe par son poids, et va frapper sur une enclume CD. La détermination de la courbe qui forme les cames, présente les mêmes difficultés que celles des dents des roues et des alluchons. (*V.* le Dict. de Technologie.)

La roue CD (fig. 104) tourne sur son axe EF, et ses dents engrènent avec les roues H et I dont l'axe est fixé en ses deux bouts ; cet axe GO tourne donc : mais comme CD ne porte des dents que sur la moitié de son contour, dès que ses dents atteignent l'autre roue OI portée sur le même axe, elle cesse d'engrener avec GH, et fait tourner OI et son arbre en sens contraire.

L'*échappement* (fig. 74 et 74 *bis*), présente encore un mouvement circulaire de la roue A, sous l'influence des oscillations d'un pendule M. Dans l'une, l'ancre butte tour à tour sur les dents de cette roue ; dans l'autre des bras saisissent et quittent tour à tour des chevilles dont cette roue est armée. (*V.* p. 148).

VIII. Pour *changer un mouvement rectiligne continu en circulaire alternatif, ou réciproquement,* on transforme d'abord le mouvement donné en circulaire continu (H ou VII), puis ce dernier en celui qu'on demande.

IXe *Changer un mouvement circulaire alternatif en un autre de même espèce.* Tous les procédés du problème VI peuvent être employés. On peut encore transformer le mouvement donné en circulaire continu (VII), et ce dernier en circulaire alternatif.

Nous sommes sans doute bien éloignés d'avoir épuisé ce sujet si digne d'attention et si riche en inventions ingénieuses ; nous renvoyons aux ouvrages cités pour de plus amples développemens ; nous n'avions en vue que de donner une idée de ce genre de problèmes, et d'exposer quelques-unes des solutions les plus simples ou les plus usitées.

XI. *Réflexions générales sur les Machines, principe des vitesses virtuelles.*

130. Quand deux forces sont en équilibre, si l'on augmente l'une d'elles, elle doit prévaloir sur l'autre : cette observation réduit les conditions du mouvement dans les machines à la théorie de leur équilibre. Cependant, comme les puissances éprouvent différens obstacles, nous allons traiter particulièrement de l'état où un système doit être amené pour que cet équilibre soit sur le point d'être rompu.

Il résulte de ce qu'on a vu dans le chapitre précédent, qu'on peut toujours établir l'équilibre entre deux forces quelconques, et qu'il ne faut pour cela que disposer convenablement les machines dont nous venons d'exposer les propriétés ; mais en augmentant ainsi l'effet d'une puissance, on tombe dans un inconvénient inévitable. L'expérience est d'accord en ce point avec la théorie, et on peut établir comme un fait constant que, dans toutes les machines, *on perd du côté du temps ce qu'on gagne du côté de la puissance.* On peut bien faire, par exemple, qu'un seul homme élève le même poids que trente ; mais il sera aussi trente fois plus de temps à l'élever d'une même hauteur. La vérité de ce principe dans le levier est évidente : il en est de même du plan incliné, et c'est par cette raison que pour rendre une route moins rapide, on lui fait parcourir divers circuits. Nous avons fait voir (p. 134 et 148) que le principe ci-dessus est vrai pour la poulie et les roues dentées : il est aisé de voir qu'il a également lieu dans le tour et la vis.

En effet, 1°. on a vu (110) qu'on a pour l'équilibre du tour $Pp = Qq$: donc si le rayon p de la roue d'un tour est m fois plus grand que celui q du cylindre, une force P fera équilibre à une résistance Q, m fois plus grande, ou $P = \dfrac{Q}{m}$. Mais quand le mouvement a lieu, la puissance fait évidemment le tour de la roue, tandis que la corde en s'enveloppant autour du cylindre, ne fait monter le poids que d'une hauteur égale à la circonférence de ce cylindre ; et puisque les circonférences sont entre elles comme leurs rayons, il est clair que la force P fait m fois plus de chemin que la résistance Q.

2°. Quand une vis tourne dans l'écrou, pour une révolution entière, elle n'avance dans le sens de son axe que d'une longueur égale au pas : l'équation (R″), n° 121, est dans le cas d'équilibre $P = \dfrac{h}{2\pi p} . Q$; en faisant $\dfrac{2\pi p}{h} = m$, on a $P = \dfrac{Q}{m}$; ainsi la puissance est m fois moindre que la résistance qui lui fait équilibre : mais pour faire parcourir la hauteur h au point Q, la force P doit faire une longueur $2\pi p$; ainsi elle fait mh, dans le même temps, c'est-à-dire m fois plus de chemin.

131. Le but n'est pas toujours d'éviter l'emploi du temps, et il arrive souvent que la durée en est assez indifférente : on peut même faire servir avantageusement ce qui, dans beaucoup de cas serait un obstacle, et tirer parti de l'emploi d'une force donnée de manière à faire parcourir un grand espace à la résistance. Les organes du mouvement de presque tous les animaux offrent un exemple de la manière dont la nature s'est servi de cette propriété : les muscles ont leurs points d'attache sur les os à la partie qui est voisine des articulations, autour desquelles les os doivent tourner lorsque les muscles se raccourcissent ; il résulte de là que l'autre extrémité des membres parcourt un grand

espace. Un procédé semblable peut servir à rendre un très petit mouvement plus sensible.

Soit, par exemple, une corde CD (fig. 107), ayant ses deux extrémités D et C attachées, la première à un point fixe D, la seconde à l'extrémité d'une verge AC, mobile autour d'un point B voisin de C; on tend la corde, en disposant un poids F en un point E quelconque de la verge. Il est clair que si par quelque cause la longueur de la corde CD change, quelque léger que soit le raccourcissement, il sera très sensible à l'autre extrémité A de la verge AC; si, par exemple, AB $= 10 \times$ BC, l'arc décrit par le point A sera dix fois plus grand que l'arc décrit par le point C : on se sert de cette disposition dans les *Hygromètres* ; alors le raccourcissement de la corde CD est causé par des variations survenues dans l'atmosphère.

On a, dans les *Baromètres*, un autre exemple de l'usage qu'on fait de cette propriété. Nous verrons bientôt que le mercure monte et descend dans le tube qui le contient, suivant les variations du ressort de l'air ; mais ces effets sont souvent trop faibles pour être sensibles : c'est pour les amplifier que l'on dispose un cadran ainsi qu'il suit. On suspend à un fil un poids a (fig. 108) assez léger, et on le fait entrer dans le tube par l'extrémité ouverte c : on fait passer le fil sur une poulie b ; et un autre poids f un peu moindre que le premier, tient ce fil tendu. Comme le poids ne fait que poser sur la surface du mercure, les variations font monter ou descendre ce poids; la poulie b tourne en même temps et une aiguille fixée sur le même centre que la poulie, marque sur la circonférence d'un cadran les différentes pressions de l'atmosphère.

Il arrive aussi quelquefois que la grandeur de la force est presque indéfinie, et qu'on demande que ses effets soient rapides ; le choc de l'eau ou de l'air contre les ailes d'un moulin en sert d'exemple.

132. Rien n'est plus commode pour juger si une machine est capable des effets dont on la suppose capable, que de concevoir que le système prend un petit mouvement, et de comparer entre eux les espaces parcourus par le moteur et par la résistance ;

car *il faut toujours que le moteur multiplié par l'espace décrit, donne le même produit que la résistance multipliée par le chemin qu'elle a parcouru.* Cette opération est même à la portée des personnes les moins exercées au calcul, ou à analyser les machines, et on remarque qu'elle est très lumineusement exposée dans un ouvrage de littérature où l'on ne s'attendrait pas à l'y rencontrer. (*Voir* le mot *Force mécanique* dans le Dict. philosophique de Voltaire.) C'est cette proposition qui constitue ce qu'on appelle *le Principe des vitesses virtuelles,* dont il convient de donner ici une démonstration générale. Voici l'énoncé de cette proposition.

Si un système est soumis à des forces en équilibre, et qu'on lui fasse prendre un petit mouvement quelconque, mais compatible avec les conditions auxquelles il est assujetti, chaque point d'application parcourra un espace ; qu'on projette cet espace sur la direction de la force qui agit sur ce point, et la somme des produits de chaque force par la projection correspondante sera toujours égale à zéro, en donnant le signe — aux projections qui tombent sur le prolongement des forces, et le signe + aux autres. Ces projections sont ce qu'on nomme les *vitesses virtuelles* des points, et notre théorème revient à dire que *la somme des produits de chaque force par la vitesse virtuelle de son point d'application, est nulle dans tout système en équilibre.*

On donne le nom de *moment* au produit d'une force par sa vitesse virtuelle, en sorte que notre théorème peut encore s'énoncer ainsi : *la somme des momens de forces en équilibre est toujours égale à zéro.* Cette expression de *moment* est d'un fréquent usage en Mécanique, où il reçoit des significations différentes. Il n'a pas ici le même sens qu'aux n°ˢ 26, 33 et 36, et il en aura encore d'autres par la suite. C'est sans doute un inconvénient de donner diverses acceptions au même mot ; mais ne pouvant réformer le langage reçu, nous nous bornons à en indiquer les défauts et à en expliquer les significations.

Tel est le principe des virtuelles, dont on sentira bientôt toute l'importance. La démonstration que nous en allons donner est celle que le savant M. Fourier a insérée dans le 5ᵉ cahier

du Journal de l'École Polytechnique, en y ajoutant les développemens qu'il a bien voulu nous communiquer.

Commençons par prouver que *si la somme des momens est
nulle, pour un petit mouvement qu'on attribue au système, ce
mouvement n'a pu être produit par les forces* P′, P″,.... *qui
agissent sur lui.* En effet, soit P′ (fig. 105) l'une de ces forces
agissant sur le point m, et M le lieu de ce point après le déplacement supposé ; $Ma = a'$ sera la projection de Mm, ou la vitesse
virtuelle, et P′a' le moment. Comme cet espace Mm est infiniment
petit, on a mB $= a$B, B étant un point quelconque pris sur la
direction de P′. Plaçons en B une poulie entourée d'un cordon
MBA que tire la force P′, et attachons cette corde en A au levier AD. Un poids p' tirera ce levier précisément comme le fait
P′, pourvu que l'appui C soit placé en un point C tel qu'on ait
P′ $\times$ AC $= p' \times$ CD. Ce poids p' exerçant la même action que
la force P′ peut la remplacer dans le système : et même on pourra
placer le point fixe C de manière que quand le point m se trans-
portera en M, c'est-à-dire quand le cordon Bm s'accourcira de
M$a = a'$, le poids p' descende d'une quantité arbitraire ν ; car
les extrémités A et D du levier décrivent ensemble des espaces
tels, qu'on a $a' : \nu :: $ AC : CD, d'où $a' \times$ CD $= \nu \times$ AC ; ce qui
change notre équation en P′$a' = p'\nu$; ainsi p' sera connu, pour
des valeurs quelconques de a' et de ν.

Concluons de là que sans rien changer à l'état du système,
on peut remplacer la force P′ par un poids p' agissant sur le levier ACD, tellement conçu que ce poids descendra d'une hauteur donnée ν, quand, par le déplacement supposé, le point m
ira en M, pourvu qu'on détermine p' par l'équation P′$a' = p'\nu$.
Disons-en autant pour toutes les forces P″, P‴... dont les momens sont positifs ; a'', a''' désignant les vitesses virtuelles, et posant P″$a'' = p''\nu$, P‴$a''' = p'''\nu$, etc., toutes ces forces seront remplacées par des poids connus qui tous tomberont de la même hauteur ν, par le déplacement attribué au système. Et comme, dans
tout ceci, la longueur absolue de chaque levier et sa direction
dans l'espace restent arbitraires, le rapport des deux bras étant
seul déterminé, on pourra disposer tous ces leviers de manière

à rendre contiguës toutes les extrémités qui sont chargées des poids p', p''... Ces poids descendant ensemble de la même hauteur ν, il sera permis de ne charger ce point d'attache que d'un seul poids $P = p' + p'' + p'''....$, lequel, en descendant de ν, déterminera dans tous les leviers un mouvement qui donnera aux points correspondans du système les vitesses virtuelles supposées a', a''..., et on a $P'a' + P''a''.... = (p' + p''...) \nu = P\nu$.

Il faudra en dire autant des autres points du système dont les vitesses virtuelles b', b''... sont négatives; et les forces Q', Q''... qui tirent ces points seront remplacées par un système de leviers dont les bouts libres coïncident et sont chargés d'un poids unique $Q = q' + q''....$ qui monte de la hauteur ν, par le fait du déplacement supposé.

Cela bien entendu, on admet que la somme des momens des forces est nulle, savoir, $P'a' + P''a''.... - Q'b'.... = 0$, ou $p' + p''.... - q' - q''.... = 0$; ou enfin $P = Q$; cette hypothèse revient donc à dire que la somme des poids qui montent est égale à celle des poids qui descendent, l'espace décrit étant égal; ainsi, si les forces proposées étaient capables d'imprimer au système le petit mouvement donné, nos deux poids égaux P et Q, aidés de nos leviers, le seraient aussi, et l'on verrait le poids P descendant avec une certaine vitesse, élever, au moyen du système, le poids égal Q avec la même vitesse. Or c'est ce qui est absolument impossible.

En effet, supposons qu'on place un levier AB (fig. 106) à bras égaux entre les deux cordons que tirent les poids P et Q, et que l'extrémité A soit attachée au cordon, l'autre bout B restant libre : il est clair que si les poids P et Q pouvaient opérer le déplacement dont il s'agit, la même chose aurait encore lieu après l'interposition de ce levier. Mais dans le mouvement de ce levier, le point B ne se séparera pas du point du cordon qui lui est contigu, puisque l'appui C est au milieu de AB, et que les poids ont même vitesse. En supposant donc aussi le bout B du levier attaché au cordon QE, il faudrait que le déplacement pût encore arriver. Or si l'on appliquait d'abord deux poids égaux P et Q à un levier AB à bras égaux, l'équilibre existerait;

et si l'on attachait ensuite ce levier armé de deux poids au système privé de toutes les forces, le même état subsisterait encore, puisque par lui-même ce système est essentiellement en repos. Donc il est impossible que les poids P et Q aient pu y créer le mouvement, non plus que les forces P′, P″..., qui leur sont équivalentes.

Par conséquent le déplacement supposé n'a pu résulter de l'action de nos forces sur le système : et si la même chose devait avoir lieu pour tous les déplacemens possibles, compatibles avec l'état du système, ensorte que la somme des momens des forces fût nulle pour toutes les vitesses virtuelles imaginables, l'équilibre aurait certainement lieu entre elles, puisque les puissances ne seraient capables de faire prendre au système aucune des positions qu'il lui est possible de recevoir.

Démontrons maintenant la réciproque de notre proposition, savoir que *si des forces sont en équilibre en agissant sur un système, la somme de leurs momens est nulle pour un déplacement quelconque.* En effet remplaçons, comme ci-devant, les puissances par une suite de leviers et de poids $p′, p″.. q′ q″...$ (fig. 105); les uns ascendans, les autres descendans de la même hauteur v, de manière à avoir $P′a′ = p′v$, $Q′b′ = q′v$, etc., pour un petit déplacement qu'on aurait contraint le système à subir, savoir $P′a′ + P″a″... — Q′b′... = (p′ + p″... — q′...) v$. Comme le premier membre n'est pas nul, on n'a plus ici $p′ + p″... = q′ + q″....$; ainsi il y aura une plus forte somme de poids qui iront dans un sens, qu'il n'y en aura qui iront en sens contraire ; et réunissant encore tous les points d'attache de ces poids en deux points, et tous les poids à deux, le système supposé en équilibre sera ramené à n'être plus tiré que par deux poids inégaux P, Q, animés de vitesses égales, mais contraires : or c'est ce qui est impossible. En effet, il est visible qu'on peut sans altérer l'état d'équilibre, disposer un levier AB (fig. 106) à bras égaux, dont les bouts seraient fixés aux cordons PA, QB. En abandonnant le levier à l'action des deux poids inégaux P et Q, il ne serait assurément pas en équilibre, et il faudrait qu'en adaptant au levier un système inerte, c'est-à-dire indifférent au repos ou au mouvement, l'équilibre fût établi, ce qui est absurde. Donc les poids P et Q ne pouvaient pas être inégaux, s'il y avait d'abord équilibre, et par suite $P - Q = o = P'q' + P''q''...$ ou la somme des momens égale à zéro.

C'est dans la réunion de notre proposition et de sa réciproque que consiste le *principe des vitesses virtuelles*, principe reconnu par Galilée, mais qui a été tiré d'oubli par Lagrange dans sa Mécanique. Ce savant célèbre a montré que toute la Statique pouvait être rapportée à ce principe unique, d'où il a conclu les conditions d'équilibre dans tous les systèmes imaginables. Voici la marche qu'on doit suivre dans les recherches de ce genre. Un système sur lequel agissent des forces est donné, on veut exprimer que tout reste en repos : on suppose que le système reçoit un petit mouvement, en vertu duquel chaque point d'application est déplacé; on projette l'espace parcouru sur la direction de chaque force pour avoir sa vitesse virtuelle ; comme les divers points du système sont liés entre eux par sa nature, une partie de ces vitesses dépend des autres, c'est-à-dire que le déplacement arbitraire de quelques-uns des points entraîne celui des autres points et leur donne une nouvelle position déterminée. On multiplie ensuite ces vitesses virtuelles par les forces respectives, en attribuant des signes différens aux vitesses qui tombent en sens opposés du point d'application, puis on égale à zéro. On prend sur la direction de chaque force, à partir de son point d'application, une longueur $p', p''...$ et les variations $\delta p', \delta p''...$ qu'elles éprouvent par le déplacement sont les vitesses virtuelles ; le théorème est alors compris dans l'équation

$$P'\delta p' + P''\delta p'' + \text{etc}... = o, \text{ ou } \Sigma (P\delta p) = o.$$

La lettre δ désigne une différentielle arbitraire, comme cela est usité dans le *calcul des variations* (Cours de Math. n° 885); car on ne doit pas oublier que le déplacement du système doit être quelconque ; seulement on devra établir entre toutes les quantités $\delta p', \delta p'',...$ les relations commandées par la dépendance des parties du système ; il ne restera que plusieurs de ces δ

arbitraires, et l'équation se partagera en autant d'autres, en égalant à zéro chaque terme dont un δ est facteur ; ce seront les conditions d'équilibre demandées.

Prenons pour exemple un point matériel en un lieu de l'espace qui a x, y, z pour coordonnées, sollicité par des forces ; et conservons la notation du n° 27. Si l'on prend sur la direction de P un point dont les coordonnées sont a, b, c, la distance entre ce point et le mobile étant désignée par p, on a

$$p^2 = (x - a)^2 + (y - b)^2 + (z - c)^2,$$

et différenciant

$$\frac{\delta p}{\delta x} = \frac{x - a}{p}, \quad \frac{\delta p}{\delta y} = \frac{y - b}{p}, \quad \frac{\delta p}{\delta z} = \frac{z - c}{p},$$

Or ces quantités représentent $\cos \alpha$, $\cos \beta$, $\cos \gamma$ (n° 23) ; ainsi

$$\delta p = \cos \alpha \,.\, \delta x + \cos \beta \,.\, \delta y + \cos \gamma \,.\, \delta z ;$$

en marquant de traits les termes semblables obtenus pour les autres forces, la somme des momens est

$$\delta x \,.\, \Sigma\,(\mathrm{P}\cos \alpha) + \delta y \,.\, \Sigma\,(\mathrm{P} \cos \beta) + \delta z \,.\, \Sigma\,(\mathrm{P} \cos \gamma) = 0,$$

ou $\mathrm{X}\delta x + \mathrm{Y}\delta y + \mathrm{Z}\delta z = 0$. Si le point matériel est libre, ces trois δ sont arbitraires, et on a les trois équations $\mathrm{X} = 0$, $\mathrm{Y} = 0$, $\mathrm{Z} = 0$, comme au n° 28. Quand le point est assujetti à rester à la même distance R de l'origine, l'équation $z^2 = \mathrm{R}^2 - x^2 - y^2$ exprime cette condition (p. 119) ; en différenciant on a

$$\delta z = -\frac{x}{z}\,\delta x - \frac{y}{z}\,\delta z ;$$

la substitution donne

$$(\mathrm{X}z - \mathrm{Z}x)\,\delta x + (\mathrm{Y}z - \mathrm{Z}y)\,\delta y = 0 ;$$

les deux δ sont indépendans, et l'équilibre d'un point mobile sur une sphère dont le centre est à l'origine exige les deux conditions $Xz = Zx$, $Yz = Zy$, comme n° 98.

Telle est la fécondité du principe des vitesses virtuelles, qu'il fait retrouver toutes les conditions d'équilibre dans les machines et dans les systèmes les plus compliqués (V. les *Mécaniques analytique et céleste*). Il peut même reproduire le parallélogramme des forces ; car pour trois forces P, P', P'' en équilibre sur un point libre, les équations ci-dessus deviennent

$$- P \cos \alpha = P' \cos \alpha' + P'' \cos \alpha'',$$
$$- P \cos \beta = P' \cos \beta' + P'' \cos \beta'',$$
$$- P \cos \gamma = P' \cos \gamma' + P'' \cos \gamma''.$$

Faisant la somme des carrés de ces trois équations, et se rappelant que la somme des carrés des trois cosinus est 1, on a

$$P^2 = P'^2 + P''^2 + 2 P' P'' (\cos \alpha' \cos \alpha'' + \cos \beta' \cos \beta'' + \cos \gamma' \cos \gamma''),$$

or ce dernier facteur revient au cosinus de l'angle θ que font entre elles les forces P' et P'', savoir $P^2 = P'^2 + P''^2 + 2 P' P'' \cos \theta$. La comparaison de cette équation avec celle qui lie un angle d'un triangle à ses trois côtés, montre que les trois forces P, P' et P'' qui se font équilibre sont dans un plan, et sont représentées en grandeurs et en directions par les trois côtés d'un triangle, ou par les côtés et la diagonale d'un parallélogramme, comme n° 20.

Il est vrai que nous nous sommes fondés ci-dessus sur le théorème du levier, et que pour rendre concluante la démonstration qui précède, il faudrait que celle du n° 30 fût indépendante du parallélogramme des forces.

La partie de ce paragraphe qui a pour objet de prouver que la résultante de deux forces parallèles est égale à la somme des composantes et leur est parallèle, est complètement indépendante du parallélogramme des forces, et il resterait à prouver *à priori* que le point d'application divise le levier en parties réciproques aux composantes; or c'est ce qui ne présente aucune difficulté. Voyez à cet égard les statiques de Monge et de M. Poinsot. Le théorème du levier est dû à Archimède, mais en se fondant sur un principe qu'on n'avait pas encore réussi à démontrer avant M. Fourier : ce savant est le premier parvenu, dans le mémoire cité, à mettre cette proposition hors de doute. Voyez la Mécanique analytique de Lagrange, n° 4 de la 2ᵉ édition.

CHAPITRE IV.

DES OBSTACLES QUE LES MACHINES OPPOSENT AUX PUISSANCES.

I. *Du Frottement.*

133. Lorsqu'un corps est placé sur un autre, les parties saillantes de l'un s'engagent dans les parties rentrantes de l'autre; les surfaces les mieux polies ne sont pas exemptes de ces petites inégalités. Lorsqu'on veut que l'un des deux corps glisse, il faut donc dégager ces inégalités ou les rompre : la force qu'on doit employer, pour vaincre cette résistance, est celle qui va nous occuper ici; elle soutient une partie du poids du corps en le soulevant pour ainsi dire, ou brise les saillies qui sont mutuellement engagées : c'est en cela que consiste le *Frottement.*

Le frottement tend donc à détruire les machines, et exige une action plus grande pour faire passer un mobile à l'état de mouvement. Il y a deux espèces de frottement; la première a lieu lorsqu'un corps doit glisser sur un autre, la seconde lorsque l'une des deux surfaces juxta-posées roule sur l'autre : ce dernier frottement est beaucoup moindre que le premier, car on voit que le mouvement de rotation contribue en partie à dégager les aspérités. C'est pour ralentir la vitesse d'une voi-

ture qu'on *enraie* lorsqu'on veut descendre une montagne rapide, afin d'augmenter le frottement qui devient par là de la
première espèce.

Le frottement tient à une multitude de circonstances que
le calcul ne peut seul embrasser, car il faut faire entrer en
considération le poli des surfaces, la température et l'humidité
de l'atmosphère, l'affinité des substances, la vitesse du mouvement, etc. On doit donc avoir recours à l'expérience pour calculer ces effets, et voici ce qu'elle nous apprend.

1°. *Le frottement varie pour des surfaces différemment polies.* Ainsi on peut le diminuer en polissant les surfaces, ou en
bouchant les pores avec quelques substances qui n'augmentent
pas l'adhérence, telles que les huiles, etc.

2°. *Le temps influe sur l'adhérence des corps.* On attribue
cette influence du temps à la flexibilité des parties qui composent les corps, qui permet à leurs surfaces de s'engager davantage.

3°. *Deux surfaces de même nature éprouvent un frottement
plus grand que deux surfaces de matières différentes également
polies.* C'est pour cela qu'on fait rouler les essieux, qui sont
d'acier, dans des boîtes de cuivre.

4°. *Le frottement ne dépend pas de l'étendue des surfaces en
contact, le poids du corps restant le même.* Ce principe, attesté
par l'expérience, paraît d'abord singulier; cependant on peut
observer que si l'on traîne un polyèdre sur un plan, et que les
faces, d'un égal poli, soient d'inégale étendue, suivant qu'on
fera frotter une surface ou une autre, les points de contact seront plus ou moins nombreux, et chacun d'eux portera un poids
moins ou plus considérable, et il paraît qu'il y a compensation
entre ces deux causes. Cependant si le corps frottant était terminé par une pointe, comme ce corps tracerait par son poids
un sillon sur la surface frottée, ce cas doit être excepté de la
règle.

5°. *Le frottement est proportionnel à la pression,* toutes choses égales d'ailleurs; c'est-à-dire qu'on éprouve une résistance
d'autant plus grande que le corps presse davantage. Voici

comment on doit entendre cette proposition, qui va servir de fondement à tout ce que nous aurons à dire.

134. Soit un corps M (fig. 109) placé sur un plan horizontal AB; puisque le poids est entièrement détruit, il est clair qu'abstraction faite de toute résistance, le corps devrait obéir au plus léger effort; or le frottement empêche que cela ne soit ainsi. Le poids Q attaché en D à l'aide d'une soie passée dans la gorge d'une poulie C, pour pouvoir entraîner le corps M sur le plan, devra être quelquefois assez considérable : or il est visible que ce poids Q est ce qui doit mesurer le frottement. On a reconnu que si le corps M pèse 2, 3... fois plus, il faut, au lieu de Q, mettre un poids précisément double ou triple........ La puissance Q aura donc avec le poids M un rapport constant, en supposant que les surfaces en contact ne changent pas de nature, et c'est dans ce sens qu'on doit entendre ces expressions usitées : le frottement est le tiers, le quart de la pression, pour désigner que le poids Q doit être le $\frac{1}{3}$, ou le $\frac{1}{4}$ du poids M. On conclut de là qu'en désignant par f le rapport constant de la force Q du frottement au poids M; on a

$$Q = fM \ldots (A''').$$

Comme M = 1, donne Q = f, on voit que la constante f est le poids propre à vaincre le frottement, c'est-à-dire à faire prendre au corps M un mouvement naissant, lorsque ce corps a l'unité de poids.

On a construit des tables propres à marquer les valeurs que prend f, pour les diverses substances les plus usuelles combinées deux à deux : on peut consulter le Traité de *Brisson*. Nous regarderons le nombre f comme connu; cependant nous devons ajouter que l'expérience prouve qu'il n'est constant qu'entre certaines limites; car lorsque les pressions deviennent très considérables, le coefficient f diminue; et au lieu d'être le tiers ou le quart de la pression, il n'en est quelquefois que le douzième.

Le frottement étant par sa nature une force passive dont

l'effet est de s'opposer à tout mouvement, on doit distinguer
avec soin deux cas : ou la force qu'on considère doit produire
le mouvement dans la machine ; dans ce cas le frottement lui
est contraire, et la puissance doit être augmentée d'une partie
convenable : ou cette force n'a pour but que d'établir l'équilibre dans le système, et alors le frottement lui est avantageux.
De sorte qu'une puissance peut faire équilibre, quoiqu'elle soit
moindre qu'elle ne doit l'être quand on n'a pas égard au frottement. Si cet effet est nuisible en ce qu'il amène la destruc-
tion des machines, et qu'il diminue les forces motrices, il y
a beaucoup de cas où il est fort utile. Sans le frottement, nous
ne pourrions saisir les objets ; ils glisseraient de nos mains ;
nous ne pourrions travailler les substances, marcher sans tomber,
poser en repos les corps sur le sol ou sur une table, etc. Les
énormes pressions données par le coin et la vis sont fréquemment employées dans les arts, pour produire des frottemens
considérables, qui servent à unir, arrêter les corps, et à s'opposer à leurs déplacemens.

Puisque le frottement est une force dont la direction est
tangente à la surface de contact, pour connaître les conditions
d'équilibre, en y ayant égard, il ne faut que la considérer
comme une puissance ordinaire, et la traiter à la manière des
autres forces. *On cherchera donc la pression normale qui a lieu
au point de contact; et la multipliant par f, on aura une nouvelle force tangente à introduire dans les calculs, outre celles
qui agissent sur la machine.*

135. Appliquons d'abord ces principes au *plan incliné*
(fig. 48). Employons les procédés et la notation du n° 95 ; la
pression N exercée sur le plan par les forces P et P′ est, comme
on sait, $N = P \sin \theta + P' \sin \theta'$; ainsi on a pour la force du
frottement $f(P \sin \theta + P' \sin \theta')$, force dirigée dans le sens de
la longueur du plan, en opposition avec la puissance P que
nous supposons être sur le point de produire le mouvement.
Ainsi on aura, au lieu de l'équation (C″, p. 111),

$$P \cos \theta = P' \cos \theta' + f(P \sin \theta + P' \sin \theta').$$

D'où l'on tire pour la force cherchée

$$P = \frac{P'(\cos\theta' + f\sin\theta')}{\cos\theta - f\sin\theta} \ldots (B''').$$

On peut, en opérant ici comme pour les cas exposés (96), faire prendre à cette expression différentes formes. On trouve par exemple, pour le cas (fig. 48), et où P' est un poids, $\theta' = \frac{1}{2}\pi - \iota$, puisque le plan AB est incliné de ι à l'horizon; d'où

$$P = \frac{P'(\sin\iota + f\cos\iota)}{\cos\theta - f\sin\theta} \ldots (C''').$$

Lorsque P agit dans le sens du plan, on a $\theta = 0$, d'où

$$P = P'(\sin\iota + f\cos\iota) \ldots (D''').$$

Et lorsque P agit horizontalement, $\theta = \iota$, et on a

$$P = \frac{P'(\sin\iota + f\cos\iota)}{\cos\iota - f\sin\iota} = \frac{P'(\tang\iota + f)}{1 - f\tang\iota} \ldots (E''').$$

La théorie du plan incliné (fig. 48) fournit, pour trouver f, un moyen plus simple que celui qu'on a indiqué n° 134 : en effet, quand un poids P' est placé sur un plan incliné, faisant avec l'horizon l'angle ι, il est clair que $P'\sin\iota$ est la composante de ce poids dans le sens du plan, et que $P'\cos\iota$ est sa composante perpendiculaire à ce plan : ainsi $fP'\cos\iota$ est le frottement; pour connaître la direction que doit avoir le plan incliné afin que le poids P' y soit en équilibre, à l'aide du seul frottement, et sur le point de descendre, on voit qu'il faut que $P'\sin\iota = fP'\cos\iota$, d'où l'on tire

$$f = \tang\iota = \frac{BC}{AC}.$$

Il résulte de là que *si l'on place un corps pesant quelconque sur un plan horizontal, et qu'on incline ce plan jusqu'à ce que le corps prenne un mouvement naissant, l'angle ı formé par ce plan avec l'horizon aura une tangente numériquement égale à* f: c'est ce qui a fait appeler, dans le cas présent, ı *l'angle du frottement.* On peut calculer aisément cette tangente, c'est-à-dire la quantité f, puisqu'il ne faut que diviser la hauteur BC du plan par sa base AC.

136. Traitons maintenant l'équilibre du levier dans l'hypothèse du frottement. Soit HG (fig. 110), un levier traversé par un trou circulaire dont le rayon soit B$m = b$: concevons le levier retenu par un axe ou boulon B, dont le rayon soit sensiblement aussi $= b$: nommons M et R les deux forces qui agissent sur le levier, et considérons la première M comme destinée à prévaloir.

Il est important de remarquer que les problèmes de cette espèce peuvent toujours être résolus à l'aide des équations d'équilibre; aussi bien que tous ceux qui sont relatifs aux machines simples. Nous en avons déja donné un exemple pour la poulie (p. 132). L'axe fixe qui retient en B le levier peut être remplacé par une force N, susceptible du même effet, et par conséquent normale en m au boulon, m désignant le point où celui-ci touche le levier. Le système sera donc tenu en équilibre par quatre forces; savoir : 1°. la résistance R; 2°. la force M qui lui fera équilibre, et qui sera sur le point de prévaloir sur elle; 3°. une puissance N normale en m au boulon; 4°. la force du frottement (134) qui est $= f$N, et qui a sa direction tangente en m à l'axe : cette force tend à faire tourner le levier en sens contraire de M. Pour exprimer les conditions d'équilibre, il faut recourir aux équations U n° 40 : faisons donc passer par le centre B, pris pour origine, la droite Bx parallèle à M; ce sera l'axe des x, les abscisses positives étant comptées de B vers x. Soient α et θ les angles que forment avec cet axe, ou DM, les directions de R et de N; et m, r, b, les perpendiculaires BC, BA, Bm. Les équations U deviennent ici

$$M + R \cos \alpha = N \cos \theta + f N \sin \theta,$$
$$R \sin \alpha = N \sin \theta - f N \cos \theta,$$
$$Mm = Rr + bf N.$$

Les signes des termes sont déterminés d'après les considérations développées n°s 25 et 26, en ayant égard au sens suivant lequel chaque force agit. On peut faire servir ces équations à trouver M, N et θ : en effet, la somme des carrés des deux premières sera

$$M^2 + 2MR \cos \alpha + R^2 = N^2 (1 + f^2) ,$$

expression qui donnera N quand M sera connue. En substituant pour N sa valeur $\dfrac{Mm - Rr}{bf}$ tirée de la troisième équation, et faisant, pour abréger, $q^2 = \dfrac{1 + f^2}{f^2} = 1 + \dfrac{1}{f^2}$, on a

$$(q^2 m^2 - b^2) M^2 - 2MR (b^2 \cos \alpha + q^2 mr) = R^2 (b^2 - q^2 r^2) ;$$

d'où l'on tire, en résolvant l'équation du second degré,

$$M = R . \frac{mrq^2 + b^2 \cos \alpha \pm b \sqrt{[q^2 (m^2 + 2mr \cos \alpha + r^2) - b^2 \sin^2 \alpha]}}{m^2 q^2 - b^2} ;$$

Si les forces sont parallèles $\alpha = 0$, et on a

$$M = R . \frac{mrq^2 + b^2 \pm bq (m + r)}{m^2 q^2 - b^2} \ldots \ldots (F'').$$

Ces deux équations se simplifient par une considération particulière : comme on ne peut résoudre que par approximation les problèmes relatifs au frottement, on supposera que b^2 est nul, puisque b est toujours fort petit par rapport à m et r : on aura donc, suivant que les forces ont des directions quelconques ou parallèles,

$$\left. \begin{aligned} M &= R \left\{ \frac{r}{m} \pm \frac{b}{m^2 q} \sqrt{(m^2 + 2mr \cos \alpha + r^2)} \right\} \\ M &= R \left\{ \frac{r}{m} \pm \frac{b}{m^2 q} (m + r) \right\} \end{aligned} \right\} \ldots (H'').$$

Il faut prendre, dans toutes ces formules, le signe supérieur pour le cas où la force M doit être sur le point de prévaloir, et le signe inférieur dans le cas contraire.

Lorsqu'on ne fait point entrer le frottement en considération, on peut traiter la question de l'équilibre par la méthode précédente : on voit que sans parler de l'élégance de cette solution, elle a beaucoup plus de généralité que celle qui a été donnée (104), puisqu'on peut y regarder comme inconnues trois quelconques des quantités M, R, a, θ, N, m et r. Il nous suffira ici de faire $f = o$, et nous aurons $q = \infty$, d'où

$$M = R \times \frac{r}{m} N = \sqrt{(M^2 + 2MR \cos a + R^2)},$$

l'expression de M comparée aux équations (H‴) montre de combien M doit être augmentée pour être sur le point de prévaloir, ou peut-être diminuée pour faire seulement équilibre, en ayant égard au frottement.

Nous avons supposé ici que l'axe ne faisait pas corps avec le levier ; mais il n'en est pas ainsi dans beaucoup de cas, tels que dans les canons, mortiers à bombes, etc. Alors cet axe est mobile dans des crapaudines fixes. Il est aisé de voir que le système est le même que ci-dessus, excepté que le point de contact étant à l'opposite en n, la force fN, qui provient du frottement, doit être appliquée en ce point, et dirigée en sens contraire. Ces considérations font voir que le problème est ici le même que ci-dessus, excepté que f doit y être mis avec un signe différent. Or, comme les résultats que nous venons d'obtenir ne renferment que f^2 ils ont encore lieu pour ce cas.

137. Le problème de la poulie avec ou sans frottement, pourrait être résolu de la même manière ; mais il est plus simple de faire les deux bras de levier égaux, ou $m = r$: cette considération change nos équations en

$$M = R . \frac{m^2 q^2 + b^2 \cos a \pm b \sqrt{[2m^2 q^2 (1 + \cos a) - b^2 \sin^2 a]}}{m^2 q^2 - b^2},$$

$$M = R . \frac{m^2 q^2 + b^2 \pm 2mbq}{m^2 q^2 - b^2}.$$

et si l'on néglige b^2,

$$M = R \left(1 \pm \frac{2b}{mq} \times \cos \tfrac{1}{2} a \right), \quad M = R \left(1 \pm \frac{2b}{mq} \right).$$

138. On pourrait résoudre le problème du frottement dans le treuil de la même manière; mais ici les forces étant disposées dans l'espace, il faudrait appliquer les six équations (X), (Y), n° 43. L'élimination serait alors fort laborieuse; et on aurait pour résultat une équation du quatrième degré si compliquée, qu'elle ne pourrait être d'aucune utilité. Au reste, on peut appliquer ici, d'une manière assez exacte, ce qui vient d'être dit sur le levier, puisque si l'on projette tout le système sur un plan perpendiculaire à l'axe de rotation, on n'a plus à considérer que des forces dans un même plan, appliquées à un levier. Nous ne nous arrêterons pas plus long-temps sur ce sujet.

139. Traitons maintenant le frottement dans la vis : pour cela, comme on l'a fait (121), supposons d'abord que l'écrou ne touche la vis qu'en un point, et conservons les notations employées dans ce paragraphe. Pour trouver la force horizontale M (fig. 80 et 81) propre à retenir le poids Q sur le plan incliné bd, en ayant égard au frottement, il faut avoir recours à l'équation (E‴),

$$M = \frac{Q \left(\tang \iota + f \right)}{1 - f \tang \iota}.$$

Mais $\tang \iota = \dfrac{cb}{cd} = \dfrac{h}{2\pi r}$, ainsi $M = Q \dfrac{h + 2f\pi r}{2\pi r - fh}$; il faut maintenant remplacer la force auxiliaire M par la force P qui retient en effet le poids de l'écrou en équilibre, en agissant à l'extrémité d'un levier (fig. 82) : or, on a $PR = Mr$; donc

$$PR = Qr \times \frac{h + 2f\pi r}{2\pi r - fh} \ \ldots\ldots\ldots\ (\text{I}‴).$$

Nous sommes parvenus à cette valeur en suivant le procédé employé n° 121; mais comme nous nous sommes servi d'élémens différens, le résultat ne fournit plus la même conséquence : en

effet, nous avons supposé, comme au n° 121, que l'écrou et la
vis n'avaient qu'un point de contact; mais l'équation (I‴) n'a pas
la propriété de ne pas contenir r, comme la valeur (R″). Nous
ne pouvons donc plus employer les considérations dont nous
nous sommes servi pour passer au cas où l'écrou touche la vis
en plusieurs points. Mais par une hypothèse fort simple, on peut
avoir une approximation suffisante; car on peut imaginer que
le poids entier de l'écrou soit concentré sur l'une des hélices
qu'on pourrait tracer sur la vis. Par exemple, quand il s'agira
d'une vis à filet carré, on pourra supposer, sans erreur sensible,
que tout le poids est porté par une hélice tracée au milieu de la
largeur du filet. Ainsi on n'aura plus à considérer que des poids
portés par une hélice, tracée sur un cylindre, qui a r pour
rayon de sa base : la formule (I‴) reçoit donc son application
immédiate; car en continuant les raisonnemens employés n° 121,
cette équation ne serait nullement changée par l'hypothèse d'un
nombre indéterminé de points de contact de l'écrou avec la vis,
ainsi qu'on l'a observé pour l'équation (R″).

II. *Raideur des cordes.*

140. Lorsqu'on emploie des cordes dans des machines de rotation, elles doivent souvent être capables de résister à un effort
considérable, pour transmettre, sans se rompre, l'action du moteur : le diamètre de la corde doit donc entrer en considération.
L'expérience a fait voir que cet effort s'exerce suivant l'axe de
la corde, en sorte que, s'il s'agit d'une poulie ou d'un treuil, il
faut ajouter le rayon de la corde à celui du cercle que tend à décrire la force qui la tire. C'est ce que nous avons déjà fait remarquer, p. 138.

Comme les cordes ne sont pas parfaitement flexibles, lorsqu'on les emploie dans les machines, il faut augmenter la force
qui doit être prépondérante: voici l'idée qu'il convient se faire de
cette augmentation. Soient deux forces P et P' (fig. 59) sur une
poulie; si la puissance P l'emporte, il est clair que la corde GHH'P
doit d'une part se courber en G dans la gorge de la poulie, et

de l'autre se déployer en H, pour conserver la direction H'P de la puissance P. Or, si cette corde est absolument rigide, ce double effet n'a pas lieu, et d'un côté le poids P' se trouve porté verticalement au-dessous de quelque point de la droite horizontale GE, ce qui rend le bras de levier de la force P' plus grand, tandis que de l'autre côté, celui de l'autre puissance P serait au contraire rendu plus petit : on n'aurait donc plus $P = P'$ pour la condition de l'équilibre.

Si la corde n'est qu'en partie rigide, l'effet ci-dessus indiqué n'a pas lieu en entier : on a observé même que dans la pratique le raccourcissement du bras de levier EH' est sensiblement nul ; c'est-à-dire qu'on peut ne pas avoir égard à celui des deux effets, qui est produit par le défaut de flexibilité de la partie IHP correspondante à la force P, qui est supposée prévaloir. Ainsi *pour faire entrer en considération la raideur de la corde employée dans une machine, il ne faut qu'augmenter le bras de levier de la résistance* P' *d'une quantité convenable* q.

Il reste maintenant à connaître cette quantité q : pour cela, observons qu'une corde résiste par deux causes aux efforts qu'on fait pour la ployer. La première est due à la tension de la corde et lui est proportionnelle, elle sera donc $= bP'$; la seconde est produite par son ourdissage, et on peut représenter par a la force nécessaire pour la vaincre : a et b sont ici, comme on voit, des coefficiens indéterminés. Ainsi pour une même corde, $a+bP'$ pourra représenter la force nécessaire pour la fléchir. Mais si l'on prend une autre corde dont le diamètre D soit différent, on pourra dire que, toutes choses égales d'ailleurs, la force qu'on doit employer est proportionnelle à une certaine puissance n de D ; car la force nécessaire pour ployer une corde croît avec son diamètre : cette puissance décroît, au contraire, avec le rayon r de la poulie ; $\dfrac{D^n}{r} (a + bP')$ pourra donc représenter la force nécessaire pour vaincre la raideur de toute corde : n est encore une quantité indéterminée. Cette valeur est l'accroissement qu'on doit donner à la force P pour qu'elle soit sur le point de prévaloir ; or on a d'ailleurs $Pr = P' (r + q)$: et comme dans le cas d'équilibre $P - P' = 0$, $P - P'$ ou $P' \times \frac{q}{r}$ est une autre valeur de cet accroissement; en égalant ces valeurs on a

$$D^n (a + bP') = P'q, \quad \text{d'où} \quad q = \frac{D^n}{P'} (a + bP')\ldots.(K''').$$

141. Cette équation n'est, il est vrai, fournie que par des considérations générales qu'on ne peut pas regarder comme rigoureusement représentées par notre analyse : cette expression renferme d'ailleurs des coefficiens inconnus, n, a, b, variables d'une corde à une autre. Mais il est un moyen de se convaincre que l'application à la pratique en est entièrement exacte, et de trouver la valeur numérique des indéterminés n, a et b.

On choisira une corde, et la ployant sur la gorge d'une poulie, on lui fera porter deux poids; on augmentera l'un d'eux convenablement, et l'on verra de combien il doit excéder l'autre, pour être sur le point de prévaloir : on aura ainsi une valeur de $P-P'$, telle que k; d'où $\frac{D^n}{r} (a + bP') = k$. En réitérant plusieurs fois la même expérience, et changeant de poids, de corde ou de poulie, on se procurera autant d'équations semblables dans lesquelles les nombres n, a et b seront les mêmes, et qui comprendront seulement des valeurs différentes, mais connues, des quantités D, r, P' et k. Trois de ces équations serviront à faire connaître les valeurs de n, a et b à l'aide de l'élimination; en substituant ces valeurs dans les autres relations, elles devront être satisfaites d'elles-mêmes, ce qui conduira à s'assurer si la formule (K''') a l'exactitude qu'on désire. Comme on peut faire intervenir toutes les expériences à la détermination de ces constantes inconnues, en se servant de la *méthode des moindres carrés*, on obtient ces valeurs avec toute la précision désirable. (*V.* le Cours de Math., tome II, p. 195, et le Dict. de Technologie, tome VI, p. 60.)

Coulomb, à qui on doit cette ingénieuse théorie, a trouvé que la quantité n était ordinairement $1,7$ ou $1,8$, et que par conséquent la résistance était à peu près proportionnelle au carré du diamètre de la corde ; mais n varie d'ailleurs, et devient même 1,4 lorsque la corde est très usée. Voici les résultats auxquels il est parvenu, exprimés en poids anciens :

$$
\begin{array}{lll}
& & \text{liv.} \hspace{3em} \text{liv.} \\
\text{Corde} & \text{de 30 fils de carret } \dfrac{D^n}{r} \times a = 4{,}2 \ldots \dfrac{D^n}{r} b \times 100 = 9 \\
\text{blanche} & \text{de 15 fils} \ldots\ldots\ldots = 1{,}2 \ldots \hspace{4em} = 5{,}1 \\
& \text{de \ 6 fils} \ldots\ldots\ldots = 0{,}2 \ldots \hspace{4em} = 2{,}2 \\[1em]
\text{Corde} & \text{de 30 fils de carret} \hspace{2em} = 6{,}6 \ldots \hspace{4em} = 11{,}6 \\
\text{goudron-} & \text{de 15 fils} \ldots\ldots\ldots = 2{,}0 \ldots \hspace{4em} = 5{,}6 \\
\text{née} & \text{de \ 6 fils} \ldots\ldots\ldots = 0{,}4 \ldots \hspace{4em} = 2{,}4
\end{array}
$$

III. *Frottement d'une corde qui s'enroule autour d'un cylindre.*

142. Soit BAN (fig. 85) le profil d'un cylindre, dont le rayon LC $= r$: AR une des extrémités de la corde, à laquelle est appliquée la résistance R : la puissance P, qui tend à vaincre cette résistance, est supposée agir à l'autre extrémité de la corde, qui est enroulée autour du cylindre, sur un arc quelconque AGN ; cette puissance étant sur le point de prévaloir, fait par conséquent équilibre à la résistance R et à la force provenant du frottement exercée sur l'arc embrassé par la corde. La tension t en un point quelconque B de cet arc est aussi dans le même cas ; elle consiste en une force tangente en B, qui doit être égale (par la nature de la poulie fixe qui ne sert qu'à changer les directions des forces, p. 132) à la résistance R, plus au frottement qui s'exerce depuis ce point B jusqu'en A. Soit AB $= s$, et prenons un arc infiniment petit, LB $= ds$, partagé en deux parties égales au point G ; menons les rayons CB, CG, CL, et nommons p la somme des pressions normales qui s'exercent sur tous les élémens de l'arc BA : la pression normale qui s'exerce sur LB sera $= dp$.

Cela posé, la tension de chacun des demi-élémens GB, GL étant désignée par t, la pression dp qui en résulte, c'est-à-dire la résultante de ces tensions, prise dans la direction GC, est (17) visiblement $dp = 2t \cos CGB$; mais en considérant le triangle CGB comme rectangle en B, on a, dans ce t̶

$$\cos CGB = \frac{GB}{GC} = \frac{ds}{2r}; \text{ donc } dp = \frac{tds}{r}.$$

Mais d'après ce qu'on a dit ci-dessus, f désignant le frottement, on a (134) $t = R + fp$, d'où l'on tire $fdp = dt$; mettant pour dp sa valeur, et faisant, pour abréger, $ar = f$, on en conclut $\frac{dt}{t} = \frac{fds}{r} = ads$, dont l'intégrale est $\log(Ct) = as$. Comme $s = 0$ donne $t = R$, on a $CR = 1$, donc $\log \frac{t}{R} = \frac{fs}{r} = as$; et en désignant par e le nombre dont le logarithme népérien est 1, on en conclut

$$t = Re^{as} \dots\dots\dots (L^{w}).$$

C'est l'expression de la tension qu'éprouve le point B. Quand on veut avoir la grandeur de la puissance P, qui fait équilibre, et est sur le point de prévaloir, il faut faire $s = AGN$, et $t = P$. S'il arrivait que AGN, ou la longueur de la corde qui embrasse le cylindre, fût égale à n fois la circonférence entière, c'est-à-dire que la corde fît plusieurs tours sur ce cylindre, on ferait $s = 2\pi rn$; ainsi on aurait dans ce cas

$$P = Re^{2\pi fn} \dots\dots\dots (M^{w}).$$

Quand on fait croître le nombre n en progression par différence, la valeur P croît en progression par quotient; si l'on fait $n = 1$, 2, 3... on trouve que, pour $f = \frac{1}{3}$, R est le produit de P par les nombres 0,1232, 0,0152, 0,0019,... La rapidité avec laquelle décroît la grandeur de R, explique la cause qui permet à une puissance R, très faible, de faire équilibre à une puissance P très considérable.

FIN DE LA STATIQUE.

13..

LIVRE SECOND.

DYNAMIQUE.

CHAPITRE PREMIER.

DU MOUVEMENT D'UN POINT EN LIGNE DROITE.

143. En voyant les choses qui nous environnent commencer et finir, nous acquérons l'idée de la succession : telle est l'origine de la notion du TEMPS. Le temps n'est point un phénomène particulier; c'est l'impression que laisse dans notre mémoire une suite d'évènemens dont nous sommes certains que l'existence a été successive : la notion du mouvement est donc liée naturellement à l'idée du temps. De là on conçoit bientôt des temps égaux entre eux, puisqu'on peut se représenter des successions d'effets identiquement les mêmes. Les oscillations d'un pendule nous en offrent un exemple, en négligeant cependant le frottement, la résistance de l'air, et les autres causes accidentelles qui empêchent le mobile d'être dans le même état avant et après chaque oscillation.

Jusqu'ici nous avons fait abstraction du temps, et c'est le propre de la Statique ; car on n'y considère que des forces qui s'entre-détruisent, et qu'on regarde comme de simples pressions. La DYNAMIQUE *est la partie de la Mécanique qui, faisant entrer le* TEMPS *en considération, a pour objet l'action des forces*

sur les corps solides, lorsqu'il résulte de cette action un mouve-
ment. Fidèles à la marche que nous avons suivie dans la Statique,
et que nous avons développée n° 5, nous ne traiterons dans ce
chapitre que du *mouvement rectiligne d'un point,* afin de ne pas
combiner à-la-fois tous les élémens qu'embrasse en général la
Dynamique : nous passerons dans les chapitres suivans à des considérations plus étendues.

I. *Du Mouvement Uniforme.*

144. La loi d'inertie (3) nous apprend que lorsqu'une force
unique agit sur un corps par une simple impulsion, ce mobile
décrit la direction de la puissance d'un mouvement tel que ce
corps se retrouve sans cesse dans les mêmes circonstances que
lorsqu'il a quitté le repos : c'est-à-dire que si pendant un temps
quelconque t le corps a décrit l'espace α, il devra décrire ce
même espace α, durant chacun des temps t successifs égaux.
Lorsqu'une force impulsive agit sur un point matériel, le mouvement qu'elle produit est appelé uniforme, et le point parcourt *des espaces égaux dans des temps égaux,* quels que soient
d'ailleurs ces temps. Le plus simple de tous les genres de mouvement nous conduira à l'analyse des autres.

Lorsqu'un corps se meut uniformément, il parcourt dans
chaque unité de temps le même espace que nous désignerons
par V. L'espace que parcourra un mobile pendant un nombre t
d'unités de temps, sera donc Vt; et il est visible que cela aura
lieu quelque soit t (entier ou fractionnaire) : de sorte que
dans le mouvement uniforme les espaces parcourus sont propor-
tionnels aux temps employés à les parcourir. Si donc la droite
AE (fig. 111) est celle que le mobile décrit, B étant son point de
départ, ou plutôt la position qu'il occupe à l'instant où l'on
compte $t = 0$: N étant le lieu du mobile au bout du temps t,
on a $BN = Vt$. Soit un point fixe A auquel on rapporte les positions successives du mobile ; en désignant par e sa distance AN
à ce point au bout du temps t, et par E l'espace initial AB, il est
clair qu'on a

$$e = \mathrm{E} + \mathrm{V}t\ldots\ldots (a)$$

pour l'équation générale des mouvemens uniformes. Ces mouvemens diffèrent d'ailleurs entre eux par les valeurs des constantes E et V. Si le mobile, au lieu de s'éloigner de l'origine A, s'en approchait, V serait négatif; et si le point de départ est situé en B' de l'autre côté de A, le signe de E est négatif.

145. On a donné à la constante V le nom de VITESSE; c'est comme on a vu, *l'espace parcouru pendant une unité de temps.* On a aussi une autre expression de la vitesse, car Vt ou l'espace BN décrit durant le temps t, est égal à $e - $ E; or on a

$$\mathrm{V} = \frac{e - \mathrm{E}}{t} = \frac{\mathrm{BN}}{t}$$: ainsi la *vitesse est le rapport constant qui existe entre un espace quelconque et le temps employé à le décrire.* On ne doit pas oublier qu'on ne peut entendre ici par e et t que des nombres abstraits, qui sont des nombres d'unités d'espace et de temps : ainsi on ne compare pas entre elles des choses hétérogènes, comme l'énoncé précédent semble l'indiquer : il n'est point d'expression algébrique qui ne donne lieu à une pareille remarque.

146. Cherchons dans la nature du mouvement uniforme, une quantité propre à mesurer l'intensité de la force impulsive à laquelle il est dû : pour cela, observons que les forces ne peuvent nous être connues que par les effets qu'elles produisent, c'est-à-dire par les espaces qu'elles font décrire dans des temps déterminés : il est donc naturel de prendre pour leur mesure la vitesse qu'elles engendrent, ou l'espace qu'elles font décrire dans chaque unité de temps; mais cela suppose que *les forces sont proportionnelles aux vitesses qu'elles impriment.* Or c'est ce que nous ne pouvons pas savoir *à priori*, vu notre ignorance sur la nature des forces. Il faut donc ici recourir à l'expérience, car tout ce qui n'est pas une suite nécessaire du peu de données que nous ayons sur la nature des choses, n'est pour nous qu'un résultat de l'observation.

Or quoique la terre soit animée dans l'espace d'un double

mouvement de rotation et de translation, nous savons que toutes les forces y produisent précisément les mêmes effets que si le globe était immobile. Un pendule emploie à faire ses oscillations la même durée, dans toutes les positions qu'on lui donne à l'égard de la ligne *est et ouest* : cet exemple est très convenable ici, puisque si cette durée avait des inégalités, quelque petites qu'elles fussent, elles deviendraient sensibles avec le temps, et les horloges les mettraient en évidence.

Le fait que nous indiquons suffit pour reconnaître notre proposition, comme vérité d'expérience, savoir que *la force est proportionnelle à la vitesse*. (V. la Mécanique Céleste, n°s 5 et 24, et l'Exp. du syst. du monde, III, chap. 2.) On tire de là plusieurs conséquences.

1°. *Une force agissant par impulsion sur un mobile, lui imprime un mouvement uniforme et rectiligne, et la vitesse qui a lieu dans ce mouvement mesure l'intensité de la force;* ainsi la vitesse V est ce qui caractérise en particulier chaque espèce de force, chaque espèce de mouvement uniforme.

2°. Soient F et f deux forces, V et ν les vitesses qu'elles impriment à *deux mobiles identiques*, on aura $\dfrac{F}{f} = \dfrac{V}{\nu}$. Soit a le rapport constant d'une force à sa vitesse, on a aV. On aurait de même $F' = aV'$, $F'' = aV''$..., si toutes ces forces agissent simultanément sur le même corps, la force φ qui leur équivaut étant $= F + F' + F'' + \ldots$ est aussi $= a(V + V' + V'' + \text{etc.})$. Soit u la vitesse produite par la force φ, on a $\varphi = au$; donc $u = V + V' + V'' + \text{etc.}$ Ainsi *plusieurs forces agissant dans le même sens sur un mobile, feront parcourir durant une unité de temps, un espace égal à la somme des espaces que chacune d'elles eût fait parcourir séparément.*

3°. D'après la nature du mouvement uniforme, le mobile est à chaque instant dans les mêmes circonstances que lorsqu'il a quitté le repos, de sorte qu'à chaque point de la ligne qu'il parcourt, on peut le regarder comme en repos, et supposer que la force qui l'avait animé le sollicite dans cet état. Si donc une force agit sur un corps déjà en mouvement, la vitesse s'accroît de ce qu'elle lui aurait communiqué s'il eût été en repos, puisqu'on peut supposer que les deux forces agissent ensemble. *V.* page 2, ce qui a été dit sur la *loi d'inertie.*

4°. La vitesse étant proportionnelle à la force, ces deux quantités peuvent être représentées l'une par l'autre, et tout ce que nous avons établi précédemment (20, 22) sur la composition des forces, doit être dit de la composition des vitesses. Lorsque deux forces P et Q (fig. 10) agissent simultanément sur le mobile A dans les directions AD et AH, en prenant ces longueurs égales aux vitesses respectives que les impulsions tendent à communiquer, le corps A doit se mouvoir uniformément suivant la diagonale AG du parallélogramme ADGH, et cette diagonale sera la vitesse engendrée. De même, si trois forces P, Q et S (fig. 13) dans des plans différens impriment les vitesses AB, AD et AC, le mouvement du point A sera uniforme suivant la diagonale AI du parallélépipède ALMH; et cette diagonale sera la vitesse.

5°. Si les directions de deux forces P et Q (fig. 9) sont rectangulaires, en les considérant chacune à part, elles ont pour *effet* d'éloigner le mobile A, durant l'unité de temps, des quantités AP et AQ, des directions respectives AQ et AP. puisque ces deux forces, par leur action simultanée, transportent le point A en R, et qu'on a AP = QR et AQ = PR, on voit que l'*effet* que chaque force tendait à produire isolément a encore lieu. De même, si le parallélépipède ALMH (fig. 13) est rectangle, considérons la force Q comme destinée à éloigner le point A du plan BAC de la quantité AD, durant l'unité de temps; à cause de AD = IH, cet *effet* est produit. Donc en général *quand des forces de directions rectangulaires agissent sur un point matériel, l'effet qu'elles produisent est le même que celui que chacune aurait produit séparément,* en n'oubliant pas quel sens on doit attacher au mot *effet.* C'est en cela que consiste l'indépendance entre les forces rectangulaires.

147. Considérons les mouvemens de plusieurs mobiles mus

uniformément : on aura pour chacun d'eux des équations de la forme $e = E + Vt$, qu'il faudra combiner entre elles convenablement. En voici quelques exemples.

I. Rapportons deux mobiles à leurs points respectifs de départ pour origine des espaces, les équations de leurs mouvemens seront $e = Vt$, $e' = V't$: on conclut de là que, *en temps égaux, les vitesses sont proportionnelles aux espaces parcourus;* car $t = t'$ donne $e : e' :: V : V'$. *Si les vitesses sont égales, les espaces parcourus sont proportionnels aux temps;* car $V = V'$ donne $e : e' :: t : t'$ *: et si les espaces sont égaux, les vitesses sont réciproques aux temps;* car $e = e'$ donne $Vt = V't$.

II. Soient V et V' les vitesses de deux mobiles, distans entre eux de E' lorsque $t = o$; cherchons au bout de quel temps ils seront distans l'un de l'autre de K. Il est clair qu'il faut pour cela qu'on ait $e - e' = K$; ou $e' - e = K$; ainsi le problème a deux solutions, l'une avant, l'autre après le point de rencontre. Pour cumuler les deux cas, faisons $t = t'$ et ......
$e - e' = \pm K$, dans les équations $e = Vt$ et $e' = E' + V't$
elles donneront

$$t = t' = \frac{E' \pm K}{V - V'}, \quad e = V \times \frac{E' \pm K}{V - V'}, \quad e' = \frac{VE' \pm V'K}{V - V'}$$

$K = o$ donne pour la rencontre des mobiles

$$t = t' = \frac{E'}{V - V'}, \quad e = e' = \frac{VE'}{V - V'} \ldots (b).$$

III. Le mouvement d'un mobile est déterminé lorsqu'on connaît les valeurs des deux constantes E et V qui entrent dans son équation, ou, ce qui revient au même, lorsqu'on donne des conditions auxquelles elles doivent satisfaire. Si, par exemple, dans le problème précédent, au lieu de donner E', on disait seulement que le second mobile était éloigné de l'origine, au bout du temps τ, de la quantité ι, l'équation ....
$e = E' + V't$ deviendrait, en mettant ces valeurs pour t et e,
$\iota = E' + V'\tau$, d'où l'on tire $E' = \iota - V'\tau$. Si l'on veut obtenir

une solution plus générale des problèmes précédens, on substituera $\imath - V'\tau$ à E', dans les équations auxquelles nous avons été conduits.

IV. Soient deux mobiles assujettis à décrire uniformément la même courbe. Pour trouver le point de rencontre, il est clair qu'il suffit de concevoir la courbe rectifiée, et de recourir aux équations (b). Mais si la courbe est fermée, les mobiles, en continuant de se mouvoir, se rencontreront de nouveau: le lieu de la première rencontre est alors pris pour point de départ, et pour y appliquer les mêmes formules, il suffit de regarder alors les deux mobiles comme distans du périmètre entier p de la courbe. L'instant de la seconde rencontre et le temps T écoulé depuis l'origine du mouvement sont.......

$$t = \frac{p}{V - V'}, \quad T = \frac{E' + p}{V - V'}.$$ En continuant ce raisonnement on aura la troisième rencontre, la quatrième, etc. et en général la $n^{ième}$ au bout du temps $T = \dfrac{E' + (n - 1)p}{V - V'}$, et les espaces parcourus par chaque mobile depuis son point de départ jusqu'au lieu de la $n^{ième}$ rencontre seront

$$e = V \times \frac{E' + (n - 1)p}{V - V'}, \quad e' = \frac{VE' + V'p(n - 1)}{V - V'}.$$

On pourrait prendre un plus grand nombre de mobiles.

A l'aide de ces formules, on détermine l'instant où les aiguilles d'une montre qui marque les heures et les minutes, se doivent rencontrer, puisqu'on peut regarder les extrémités des aiguilles comme des points qui parcourent uniformément la même circonférence.

II. *Du Mouvement Varié en général.*

148. Nous n'avons considéré jusqu'ici que des forces dont l'action est instantanée et qui, aussitôt après cette action, n'exercent plus d'effet sur le mobile: mais il est d'autres forces qui, telles que la pesanteur, l'attraction; etc., agissent perpé-

tuellement sur les corps, pendant qu'ils se meuvent. Le mouvement qu'elles produisent n'est plus uniforme, et on lui a donné le nom de VARIÉ. Pour avoir une idée nette de ce mouvement, il faut donc concevoir qu'un mobile est continuellement soumis à l'action d'une force, de sorte qu'il en reçoive à chaque instant une nouvelle impulsion : sans ces actions réitérées, le mouvement serait uniforme ; mais il n'en est plus ainsi, et la force agissant sans interruption sur le mobile, on peut supposer que ces impulsions sont séparées entre elles par des temps dt, dont la durée est infiniment petite. En effet, quand un mobile est soumis à divers chocs consécutifs, son mouvement est uniforme dans les intervalles; seulement à chaque impulsion nouvelle, il prend une vitesse différente. Notre hypothèse revient donc à supposer que le mouvement varié est de cette nature, mais que l'uniformité n'existe que pendant des temps infiniment courts. C'est par une considération de même genre que *les géomètres regardent les courbes comme des polygones d'une infinité de côtés.*

149. Si l'on suppose qu'au bout d'un temps quelconque t, la force cesse tout-à-coup d'agir, le mouvement du point devient sur-le-champ uniforme, et la vitesse, dans ce mouvement, est produite par les impulsions exercées durant le temps qui a précédé; cette vitesse, ou l'espace que le corps parcourt dans chaque unité de temps, est ce qu'on appelle la vitesse du corps au bout du temps t. Cela n'est point une chose de pure définition, et en y réfléchissant, on verra que nous ne nous formons pas une autre idée de la vitesse variable d'un corps : toutes les impulsions se sont ajoutées (146, 3°), et dans le mouvement uniforme qui s'est établi, la vitesse est celle qu'aurait produite une force unique égale à la somme de ces impulsions réitérées. Ainsi *dans un mouvement varié, la vitesse d'un mobile à un instant déterminé, est l'espace qu'il décrirait durant chaque unité de temps, si tout-à-coup à cet instant la puissance cessait d'agir.* Soient v cette vitesse, e l'espace décrit pendant le temps t , ou la distance du corps à l'origine après ce temps , de sera l'espace décrit pendant l'élément de temps dt; et puisque le mouvement est de-

venu uniforme, et que dans cet espèce de mouvement, la vitesse est le quotient de l'espace parcouru divisé par le temps, le quotient de *de* divisé par *dt* sera ici la vitesse, où l'espace qui serait décrit dans chaque unité de temps si la force cessait tout-à-coup d'agir. Donc

$$v = \frac{de}{dt} \cdots\cdots\cdots (c).$$

Ainsi *dans tout mouvement varié, la vitesse est le coefficient différentiel du premier ordre de l'espace, ou l'élément de l'espace divisé par l'élément du temps.* Si donc on désigne par $e = ft$, l'équation qui exprime la relation entre les espaces e et les temps t dans le mouvement qu'on considère, on obtiendra aisément, en fonction du temps t et par une simple différenciation, la vitesse $v = f't$. Et réciproquement si l'on a l'équation $v = f't$, il ne faudra qu'une simple intégration de l'équation $de = dt.f't$, pour obtenir l'équation du mouvement $e = ft$.

150. Du reste, si le corps s'éloigne de l'origine des e, v sera positif, parce que e et t croissant ensemble, de et dt sont de même signe. Le contraire aurait lieu si le corps s'approchait de l'origine des e, et v serait négatif. Lorsque les impulsions de la force continue sont dirigées dans le sens où le corps se meut, elles accroissent la vitesse, et le mouvement est *accéléré ;* on le dit *retardé* quand au contraire la force continue agit en sens opposé du mouvement; la vitesse croît avec le temps dans le 1er cas, elle diminue dans le 2e. On donne en général le nom de *force accélératrice* à la puissance continue qui engendre ces deux mouvemens variés.

Comme l'effet d'une force continue ou accélératrice sur un mobile est de lui communiquer par ses actions successives une vitesse finie, au bout d'un temps fini, et que le nombre de ces impulsions est infini, chacune d'elles doit être infiniment petite. Ainsi il n'y a pas de rapport fini entre une force d'impulsion et une force continue, puisque l'effet instantané de la première est fini, tandis que celui de l'autre est infiniment petit. C'est ce que nous aurons occasion de mieux développer par la suite (221 et 234).

151. Soient F et f deux puissances qui, par leurs impulsions, seraient capables de donner les vitesses V et v; concevons le temps τ partagé en un nombre quelconque n d'intervalles égaux, et supposons que les forces F et f agissent continuellement, et communiquent leurs impulsions constantes V et v, à la fin de chacun de ces intervalles. Il est clair que les vitesses engendrées seront successivement V, v; 2V, 2v; 3V, 3v;... et qu'au bout du temps τ, nV et nv seront les vitesses engendrées par l'action continue des puissances. Mais on a (146, 2°),......

$$\frac{F}{f} = \frac{V}{v} = \frac{nV}{nv};$$ donc *les forces accélératrices constantes sont proportionnelles aux vitesses qu'elles engendrent pendant des temps égaux,* puisqu'ici le temps qui sépare les actions successives est aussi petit qu'on veut. Soit α le rapport constant

$\dfrac{f}{nv}$, on a $F = \alpha \times nV$; ainsi *une force accélératrice constante est mesurée par la vitesse qu'elle imprime en agissant durant une seule unité de temps.* On a $\alpha = 1$ quand $f = 1$ et $nv = 1$, c'est-à-dire lorsqu'on prend pour unité de force celle dont l'action continue, durant une unité de temps seulement, communiquerait des impulsions telles que le mouvement uniforme qui en résulterait aurait *un* pour vitesse : alors $F = nV$.

152. Souvent l'intensité de la force accélératrice ne se conserve pas constante, et le mouvement qu'elle produit par son action permanente dépend des changemens qu'elle - même éprouve : cherchons la relation qui lie en général toute force accélératrice φ à la vitesse v qu'elle a engendrée après un temps t. Quand cette force φ est constante, nous avons démontré qu'elle est mesurée par la quantité de vitesse que son action ajoute après l'unité de temps : mais si elle varie, pour en mesurer l'intensité nous ferons ces deux suppositions 1°. que ses variations n'ont lieu qu'après chaque instant infinitésimal dt, mais que dans la durée dt, l'intensité ne change pas ; et 2°. que cette force φ devient constante pendant l'unité de temps : alors prenant la vitesse qu'elle est capable d'engendrer dans cet état, ce sera la mesure de cette force.

Or la vitesse v est devenue $v + dv$ après le temps $t + dt$; donc dv est l'accroissement de vitesse qui est produit pendant dt; après cette durée t, si la force φ devient tout-à-coup constante, elle continuera d'imprimer à la fin de chaque élément de temps dt la même vitesse dv; donc la vitesse qui sera produite pendant l'unité de temps sera l'élément dv, pris autant de fois que la force aura donné d'impulsions, c'est-à-dire autant de fois que l'unité de temps contient l'élément dt; le produit de dv par $\dfrac{1}{dt}$, sera donc la vitesse qu'aura engendrée pendant l'unité de temps la force φ devenue constante. On a donc

$$\varphi = \frac{dv}{dt}\ldots\ldots\ldots (d).$$

Ainsi dans tout mouvement varié *la force accélératrice est le coefficient différentiel du premier ordre de la vitesse*, ou *l'élément de la vitesse divisé par l'élément du temps*. Mais on ne doit point oublier que φ n'est point ici la valeur absolue de la force; mais seulement une quantité qui lui est proportionnelle, et lui sert de mesure; et comme en Mécanique on n'a besoin que du rapport des forces entre elles, ou avec l'une d'elles prise pour unité, cette quantité φ suffit à nos besoins. Si la force φ est accélératrice, la vitesse croît avec le temps, dv et dt sont de même signe, ainsi φ est positif : le contraire a lieu lorsque la force est retardatrice, car φ est alors négatif.

153. En multipliant *les deux équations du mouvement*

$$de = v\,dt, \quad \varphi\,dt = dv,$$

on obtient $\qquad \varphi\,de = v\,dv \ldots\ldots (e).$

On fait un très fréquent usage des équations c, d, e. Si l'on connaît l'équation $e = ft$ du mouvement, une première différenciation ayant déjà fait connaître la vitesse en fonction du temps, $v = f't$, une seconde différenciation fera connaître la force accélératrice $\varphi = f''t$. Mais le problème inverse se présente beaucoup plus souvent : c'est ordinairement la force φ qui est donnée en fonction du temps t, et il s'agit d'en déduire, par des intégrations, la vitesse, et l'équation $e = ft$ du mouvement. Plus généralement, la nature de la question fournit toujours une relation particulière entre la force φ, la vitesse ν et l'espace e, qui correspondent au temps t; ou seulement entre deux ou trois de ces quantités qui sont les seules variables de cette question : cette relation, exprimée par une équation, caractérise le problème et lui est essentiellement propre. On joint cette équation à $de = \nu dt$, $d\nu = \varphi dt$, $\varphi de = \nu d\nu$; et à l'aide du calcul intégral, en éliminant entre ces quatre équations, on obtient des relations entre deux quelconques de quatre variables φ, ν, e et t. L'intégration [force quelquefois à préférer l'équation $\varphi de = \nu d\nu$, à l'une des deux qui précèdent : cela arrive lorsque φ est donné en fonction de e ou ν, parce que les variables sont sur-le-champ séparées. L'intégration des équations effectuée, on obtient des relations qui renferment des constantes arbitraires qu'il est facile de déterminer d'après la connaissance de la vitesse du corps et de sa position à un instant donné. Des applications rendront cette exposition plus lucide. (Voy. art. IV.)

Le calcul infinitésimal a l'avantage d'être facile à exposer et simple dans ses procédés; mais comme il n'a pas la rigueur géométrique qu'on a droit de désirer, nous donnons ici une démonstration plus rigoureuse des équations du mouvement.

Soit $e = ft$ l'équation du mouvement d'un point mobile sollicité par des forces quelconques dirigées suivant la même droite : au bout des temps t et $t + \tau$, les distances de ce point à l'origine des e sont ft et $f(t + \tau)$; la différence entre ces deux espaces est l'espace décrit durant le temps τ, qui succède au temps t : cet espace est

$$f(t + \tau) - ft = \tau . f't + \tfrac{1}{2}\tau^2 . f''t + \text{etc} \ldots \ldots (1).$$

Considérons maintenant un temps τ compté avant l'expiration du temps t : l'espace parcouru pendant ce second intervalle, égal au premier, est visiblement

$$ft - f(t - \tau) = \tau.f't - \tfrac{1}{2}\tau^2.f''t + \text{etc.}\dots\dots (2).$$

Or si les forces viennent tout-à-coup à cesser d'agir au bout du temps t, le mouvement devient uniforme, et le mobile, étant supposé avoir la vitesse inconnue v, doit décrire, durant le temps τ qui succède au temps t, l'espace $v\tau$. Supposons que le mouvement varié dont il s'agit était accéléré durant les deux temps τ que nous venons de considérer, il est clair (148) que, quelque courte que soit leur durée, $v\tau$ devra être plus petit que la valeur (1) et plus grand que celle (2). Le contraire aurait lieu si le mouvement était retardé. Ainsi $v\tau$ est compris entre ces deux développemens, pourvu qu'on attribue à τ une valeur assez petite pour que le mouvement soit continuellement accéléré ou retardé durant ce temps τ, ce qui est toujours possible. Il résulte de là que v est toujours compris entre

$$f't + \tfrac{1}{2}\tau.f't + \text{etc. et } f't - \tfrac{1}{2}\tau.f''t + \text{etc.}$$

Mais plus τ est petit, plus ces deux développemens approchent de la valeur de leur premier terme $f't$, sans toutefois cesser de comprendre entre eux la valeur de v; donc on a$\dots\dots\dots$

$$v = f't = \frac{de}{dt};$$ ce qui est conforme à ce qu'on a vu (149).

Faisons pour la force accélératrice un raisonnement analogue. Soit $v = Ft$ la valeur de la vitesse au bout du temps t, d'un mobile animé d'un mouvement varié quelconque. Si l'on conçoit, comme ci-dessus, deux temps égaux représentés par τ, dont l'un expire avec le temps t, et dont l'autre succède à ce temps; il est aisé de voir qu'au commencement du premier la vitesse sera $F(t - \tau)$, et que pendant cet intervalle, elle recevra l'accroissement

$$Ft - F(t - \tau) = \tau.F't - \tfrac{1}{2}\tau^2.F''t + \text{etc.}\dots\dots (1).$$

Pareillement la vitesse acquise pendant le second temps τ sera

$$F(t + \tau) - Ft = \tau.F't + \tfrac{1}{2}\tau^2.F''t + \text{etc.}\dots\dots (2).$$

Or si la force cesse de varier au bout du temps t, l'accroissement de vitesse, pendant le temps τ qui suit, sera $\tau \cdot \varphi$, φ désignant la force accélératrice constante qui aura lieu alors, et dont on cherche la valeur : cela résulte de ce qu'on a dit (151). Or il est clair que $\tau \cdot \varphi$ sera plus grand que la valeur (1) et plus petit que (2), si dans le double intervalle que nous venons de considérer, le mouvement est continuellement accéléré; tandis que s'il est retardé, le contraire aura lieu. Donc $\tau \cdot \varphi$ est compris entre ces deux développemens, pourvu qu'on prenne τ suffisamment petit; ainsi la valeur de φ est entre

$$\mathrm{F}'t - \tfrac{1}{2}\tau \cdot \mathrm{F}''t + \text{etc.}, \text{ et } \mathrm{F}'t + \tfrac{1}{2}\tau \cdot \mathrm{F}''t + \text{etc.}$$

Or plus τ est petit, plus ces deux développemens approchent de la valeur de leur premier terme $\mathrm{F}'t$, sans que néanmoins φ cesse d'être compris entre eux : donc $\varphi = \mathrm{F}'t = \dfrac{d\nu}{dt}$; résultat qu'il s'agissait d'obtenir.

III. *Du Mouvement uniformément varié.*

154. La continuité de l'action d'une puissance sur un mobile nous a conduits à la notion du mouvement varié : mais il peut arriver que cette puissance soit constante, c'est-à-dire que, conservant sans cesse la même intensité, elle imprime à chaque instant des degrés égaux de vitesse : le mouvement qui a lieu dans ce cas a été appelé UNIFORMÉMENT VARIÉ : donc *le mouvement uniformément varié est celui qu'engendre une force continue et constante.*

La définition même du mouvement donne $\varphi = $ constante : désignons cette constante par g; c'est la vitesse qu'engendrera durant chaque unité de temps la force accélératrice. On a donc $d\nu = g\,dt$; intégrons et désignons par V la constante, nous aurons

$$\nu = \mathrm{V} + gt \ldots \ldots (f).$$

Comme gt est la vitesse acquise au bout du temps t, on voit que

la vitesse croît proportionnellement au temps. On a (149, c)
$de = vdt$; donc $de = Vdt + gtdt$, et en intégrant ,

$$e = E + Vt + \tfrac{1}{2}gt^2 \ldots\ldots\ldots (f).$$

Telle est l'équation générale du mouvement uniformément
varié.

Si l'on fait $t = 0$, on trouve $e = E$, $v = V$: ainsi soient AE
(fig. 111) la ligne que décrit le mobile, A l'origine des e, B le
lieu du mobile lorsque $t = 0$, on a AB $= E$; c'est l'*espace
initial.* V est d'ailleurs la *vitesse initiale,* c'est-à-dire celle
que le corps avait en B, soit en vertu d'une impulsion particulière, soit par l'effet de la puissance pendant les instans
antérieurs à son arrivée en ce point. Enfin il suit de ce qu'on a
vu (151) que g *est la vitesse gagnée au bout de chaque unité
de temps.*

Si l'on prend pour origine des espaces le point de départ du
mobile, ou plutôt le lieu où il se trouve lorsqu'on compte $t = 0$,
on a $E = 0$: si de plus le mobile n'a aucune vitesse à cet instant , $V = 0$; et le mouvement uniformément varié a pour ses
équations

$$v = gt, \quad e = \tfrac{1}{2}gt^2.$$

Ces formules ne renferment que les circonstances de mouvement dues à la force continue : de sorte qu'on voit que le coefficient g, ou la force accélératrice constante, est le double de l'espace que cette force fait parcourir au corps durant la première
unité de temps , car $e = \tfrac{1}{2}g$, quand $t = 1$.

Au bout du temps t, si tout à coup la force cesse d'agir , le
mouvement devient uniforme, et l'espace que le mobile décrit,
en vertu de la vitesse acquise, est gt pendant chaque unité de
temps, et (144) $gt \times t = gt^2$ durant un temps t égal au premier. Or cet espace est double de $\tfrac{1}{2}gt^2$, que le mobile a décrit
pendant le premier temps t : donc l'*espace décrit d'un mouvement uniformément varié, durant un certain temps, est la moitié de celui qui serait parcouru dans le même temps, d'un
mouvement uniforme, dont la vitesse serait égale à celle qu'a*

communiquée la force continue : g est positif ou négatif suivant que la force est accélératrice ou retardatrice (152). De même V est négatif ou positif, suivant que l'impulsion initiale est dirigée vers l'origine des espaces ou en sens contraire : enfin E serait négatif si le point de départ du mobile était situé en B′ de l'autre côté de l'origine A. De même que les forces s'ajoutent, les valeurs des espaces $\frac{1}{2}gt^2$ et $E + Vt$ qu'elles produisent, s'ajoutent également.

155. Voici quelques conséquences de ce qui précède.

1°. Les équations précédentes donnent la vitesse, et l'espace parcouru en fonction du temps; en éliminant t entre elles, on obtient l'équation

$$v^2 = 2ge,$$

qui fait connaître la vitesse v en fonction de l'espace e, et réciproquement. On aurait obtenu directement cette équation en intégrant la formule (e) qui devient ici $gde = vdv$.

2°. Si l'on avait à comparer entre eux les mouvemens de plusieurs mobiles, il faudrait combiner ensemble des équations de la forme $e = E + Vt + \frac{1}{2}gt^2$, ainsi qu'on l'a fait précédemment (147): mais ici les calculs seraient beaucoup plus compliqués. Nous nous bornerons à traiter le cas où deux mobiles identiques sont soumis aux actions d'une même force g, et où l'on fait abstraction des circonstances étrangères à cette force. Alors on a les équations suivantes, pour

le 1ᵉʳ mobile..... $e = \frac{1}{2}gt^2,\ v = gt,\ v^2 = 2ge,$
le 2ᵉ mobile..... $e' = \frac{1}{2}gt'^2,\ v' = gt',\ v'^2 = 2ge'.$

1°. *Les espaces parcourus sont entre eux comme les carrés des temps,* puisqu'on a $e : e' :: t^2 : t'^2$.

2°. *Les vitesses sont comme les temps,* car on a $v : v' :: t : t'$.

3°. Enfin *les espaces sont comme les carrés des vitesses,* puisqu'on a $e : e' :: v^2 : v'^2$.

156. Le mouvement des corps pesans est celui qui, par sa nature et ses nombreuses applications, mérite le plus notre attention. La pesanteur, cette force dont l'action s'exerce continuel-

lement sur tous les corps, leur communique sans cesse de nouveaux degrés de vitesse. En un lieu déterminé cette force est
constante, et, par conséquent, le mouvement qu'elle imprime est uniformément varié, car nous verrons bientôt (161)
que la force d'attraction qui porte tous les corps vers le centre
de la terre, a une intensité qui décroît comme les carrés de
leurs distances à ce centre augmentent: et puisque les plus
grandes chutes des corps sont fort petites par rapport au rayon
de la terre, à cause du peu d'étendue de la hauteur dont les corps
peuvent descendre en vertu de la gravité, il est facile de voir que
le mouvement varié qu'elle leur imprime est très peu différent
du mouvement uniformément varié que nous lui substituons.
En effet, soient r et $r + \alpha$ les distances de deux corps
au centre de la terre, les attractions qu'ils éprouvent sont
$g = \dfrac{m}{r^2}$ et $g' = \dfrac{m}{(r + \alpha)^2}$; or comme α est une très petite quantité, on peut, dans le développement de $(r + \alpha)^{-2}$, négliger α^2,
α^3.... et l'on a

$$g' = m\,(r^{-2} - 2\alpha r^{-3}) = \frac{m}{r^2} - \frac{2\alpha m}{r^3} = g - \frac{2\alpha m}{r^3} = g\left(1 - \frac{2\alpha}{r}\right).$$

Ainsi la gravité a décru de $\dfrac{2\alpha m}{r^3}$, quantité absolument inappré-
ciable.

En général il est visible que lorsque les forces variables n'a-
gissent que pendant un temps de fort courte durée, on peut les
regarder comme constantes.

Les équations $v = gt$, $e = \frac{1}{2}gt^2$, $v^2 = 2ge$ expriment donc
toutes les circonstances du mouvement d'un corps qui tombe librement dans le vide: le coefficient g y désigne la force accélératrice de la pesanteur. En faisant $t = 1$, on trouve $v = g$ et
$e = \frac{1}{2}g$: d'où il suit que g n'est autre chose que la quantité dont
s'accroît, pendant chaque unité de temps, la vitesse d'un corps
abandonné à la gravité seule (ce qu'on a déjà vu 154), ou, si l'on
veut, le double de l'espace qu'il parcourt pendant la première
unité de temps. Il est donc facile d'obtenir la valeur de g, en lais-

sant tomber un corps dans le vide : il est vrai que cette expérience ne peut être faite avec toute l'exactitude convenable ; mais nous verrons bientôt (195, 4°. et 233) d'autres procédés plus rigoureux, qui ont fait connaître qu'en prenant pour unité la 86400ᵉ partie du jour moyen, ou la seconde sexagésimale, on a à Paris

$$g = 9{,}808795 \text{ mètres,} \quad \text{ou} \quad g = 30{,}19583 \text{ pieds} \ldots \ldots (g).$$

Mais par des causes qui tiennent à la figure du sphéroïde terrestre et à sa rotation diurne, cette quantité g varie avec le lieux. V. n° 195.

En attribuant à g cette valeur, on a donc, pour les équations du mouvement d'un corps pesant qui tombe dans le vide,

$$\left. \begin{array}{ll} e = \tfrac{1}{2} gt^2, & v = gt, \\[2mm] e = \dfrac{v^2}{2g}, & v = \sqrt{(2ge)} \end{array} \right\} \ldots \ldots (h).$$

Les deux dernières sont d'un fréquent usage ; elles sont destinées à faire connaître la hauteur e dont un corps grave a dû tomber dans le vide pour avoir acquis la vitesse v, et réciproquement : v est ce qu'on nomme *la vitesse due à la hauteur* e.

157. On peut obtenir, au moyen des équations (h), la solution de tous les problèmes relatifs à la chute libre des corps pesans dans le vide. Nous en donnerons ici plusieurs exemples.

I. Combien de temps un corps mettra-t-il à tomber de 400 mètres ? L'équation $e = \tfrac{1}{2} gt^2$, en faisant $e = 400$, donne

$$t^2 = \frac{400}{4{,}904}, \quad \text{d'où } t = \sqrt{\left(\frac{400}{4{,}904} \right)} = 9{,}03139.$$

Ainsi ce corps emploiera un peu plus de 9 secondes.

II. Quelle sera la vitesse de ce corps à la fin de sa chute ? $v = gt$ devient ici $v = 9{,}809 \times 9{,}03 = 88{,}588$. Autrement on a $v = \sqrt{(2ge)} = \sqrt{(19{,}618 \times 400)} = 88{,}588$. Ainsi il parcourrait uniformément $88^m{,}588$ par seconde.

III. Un corps pesant ne peut parvenir au fond d'un précipice qu'au bout de $7''$, quelle est la profondeur? l'équation $e = \frac{1}{2} g t^2$ donne pour cette profondeur $e = 4,904 \times 49 = 240^m, 3$.

IV. De quelle hauteur faut-il qu'un corps pesant tombe pour acquérir une vitesse de 400^m par seconde? L'équation $e = \frac{v^2}{2g}$ donne $e = \frac{(400)^2}{19,618} = 8156^m$.

V. Jusqu'ici nous n'avons considéré que la chute libre d'un corps pesant; mais si on lui eût imprimé une vitesse initiale V, dans ce cas il aurait fallu recourir aux équations (f); ainsi, en prenant pour origine le point de départ, comptant les e positifs dans le sens de l'impulsion, on aurait, suivant que cette impulsion serait dirigée de haut en bas, ou de bas en haut,

$$v = V + gt, \qquad e = Vt + \tfrac{1}{2}gt^2,$$
$$v = V - gt, \qquad e = Vt - \tfrac{1}{2}gt^2.$$

Arrêtons-nous au second cas. Les valeurs de v et e sont formées de deux termes, l'un positif, l'autre négatif; dans le commencement le corps montera, quelque petite que soit l'impulsion; mais bientôt gt surpassera V, v deviendra négatif, et le corps redescendra. Pour trouver le lieu et l'instant où cela arrive, il est clair que e étant un *maximum*, il faut faire $\frac{de}{dt} = 0$, ou $v = 0$. Ainsi tant qu'on a $t < \dfrac{V}{g}$ le corps monte; lorsque $t = \dfrac{V}{g}$, on a $e = \dfrac{V^2}{2g}$, et le corps atteint son *maximum* d'élévation : enfin t devient $> \dfrac{V}{g}$, et le corps redescend; la vitesse v alors s'accélère en partant de $v = 0$. Si l'on fait $t = \dfrac{2V}{g}$, on trouve $v = -V$ et $e = 0$, ce qui prouve que le mobile emploie pour redescendre au point de départ le même temps qu'il a mis à s'élever, et qu'il a en sens contraire la vitesse de projection.

On peut donc trouver à quelle élévation est parvenu un corps jeté verticalement, quand on connaît le temps écoulé depuis l'origine de son mouvement jusqu'à la fin de sa chute. Par exemple, un corps qui lancé verticalement de bas en haut n'est de retour qu'au bout de 18″, a mis nécessairement 9″ à s'élever : on a donc pour la hauteur cherchée

$$e = \tfrac{1}{2} g t^2 = 4{,}904 \times 81 = 397{,}224 \text{ mètres.}$$

Nous réserverons dorénavant la lettre g pour désigner la force de la pesanteur, c'est-à-dire environ $9^{\mathrm{m}}{,}81$.

IV. *Applications des formules du Mouvement varié.*

Nous allons appliquer à quelques exemples les formules (c), (d) et (e) du mouvement varié, pour mieux développer les principes dont nous avons donné l'exposition (153).

158. *Déterminer toutes les circonstances du mouvement d'un point matériel placé en* A (fig. 112), *sollicité par deux forces ; l'une tendant à l'animer de* A *vers* B *d'un mouvement uniformément varié : l'autre tendant au contraire à le repousser de* A *vers* D, *en raison inverse de sa distance au point* B.

Soit AB $= a$, AN $= e = $ l'espace parcouru au bout du temps t : si l'on désigne par χ la force accélératrice qui provient de la répulsion du mobile de N vers D, et par m la valeur de cette force à l'unité de distance du point B, on aura, par la nature de la question $\dfrac{\mathrm{NB}}{1}$ ou $\dfrac{a+e}{1} = \dfrac{m}{\chi}$; donc $\chi = \dfrac{m}{a+e}$. Soit enfin g la force accélératrice constante qui agit sur le mobile de N vers B. La force φ qui anime en effet le corps au bout du temps t, est la différence entre ces deux forces, d'où $\varphi = \chi - g$; donc on a les trois équations

$$\varphi = \frac{m}{a+e} - g, \quad \varphi\, de = v dv, \quad de = v dt,$$

entre lesquelles il s'agit d'éliminer deux des quatre variables e, t, v et φ. La seconde et la première donnent

$$v\,dv = \left(\frac{m}{a+e} - g\right)de, \quad \text{d'où } \tfrac{1}{2}v^2 = m\,\log(a+e) - ge + \text{C.}$$

Pour déterminer C, observons qu'au point A, on a $v=0$, $e=0$; on en conclut $\text{C} = -\,m\log a$. Donc

$$v = \pm \,V\left\{ 2\,m \times \log\left(\frac{a+e}{a}\right) - 2ge \right\}\ldots\ldots (i);$$

équation qui détermine la vitesse que le mobile a acquise, après avoir parcouru l'espace e. Pour obtenir une relation entre e et t, il faudrait mettre ici pour v sa valeur $\dfrac{de}{dt}$ et intégrer de nouveau.

159. Le problème que nous venons de résoudre se présente dans une circonstance remarquable. Si un corps pesant, tel qu'un piston, ferme un cylindre ou tube indéfini BD (fig. 112), ouvert seulement à l'extrémité D, et si la partie AB contient un fluide élastique comprimé, il est clair, qu'en faisant abstraction du frottement du piston contre les parois du tube, ce piston sera soumis à l'action de la pesanteur et de la pression de l'air extérieur qui tendront à le faire descendre avec une force constante g, et à la force répulsive du fluide élastique : or on sait que le ressort du fluide est d'autant moindre, que l'espace qui le contient est plus grand, ou que le piston est plus éloigné de B; ainsi la force expansive provenant de la vapeur agit en raison inverse de la distance du piston mobile au point B. Pour obtenir le maximum de vitesse : il faut égaler à zéro la valeur de $\dfrac{dv}{dt}$, ou $\varphi=0$, et déduire ensuite celle de $a+e$, savoir $a+e = \dfrac{m}{g}$. Passé ce point, v diminue, le mouvement devient retardé et même il est nul lorsque $m\log\left(\dfrac{a+e}{a}\right) = ge$; ensuite le mobile revient sur ses pas, et oscille indéfiniment.

On trouve un exemple bien simple de cette espèce de mouvement dans les armes à feu : on sait que l'inflammation de la poudre développe une grande quantité de vapeur expansive, qui, contrainte dans un espace étroit, chasse avec force le projectile. Si l'on suppose que $e = \mathrm{AD} =$ la distance de l'orifice du canon, au point de départ de la balle, $a + e$ est la longueur totale BD de ce canon, et ν désigne alors la vitesse du boulet au sortir de l'arme. La longueur qu'il convient de donner au canon pour que cette vitesse soit plus grande possible, est $\dfrac{m}{g}$.

On peut faire abstraction de la résistance de l'air et du poids du boulet, qui altèrent peu la vitesse jusqu'à l'orifice D du canon : ce poids est d'ailleurs nul lorsque l'axe du tube est horizontal. Si l'on fait $g = 0$, ou, ce qui revient au même, si l'on ne suppose dès l'origine du calcul d'autre force que $\chi = \dfrac{m}{a + e}$, on a

$$\nu = \sqrt{\left\{ 2m \cdot \log\left(\frac{a+e}{a}\right) \right\}} \ \ldots\ldots (k).$$

160. *Trouver le mouvement d'un corps pesant dans le vide en ayant égard à la variation de la gravité.* Soit en D (fig. 113) un point matériel sollicité par une force accélératrice, agissant de D vers B en raison inverse du carré de la distance de ce mobile au point B : cherchons les circonstances du mouvement.

Soit BD $= a$, DN $= e =$ l'espace parcouru au bout du temps t : lorsque le mobile sera parvenu en N, la distance BN sera $a - e$; désignons par m la valeur de la force attractive φ quand le mobile est à l'unité de distance du point B; les conditions de la question exigent que $\varphi : 1^2 :: m : \mathrm{BN}^2$ ou $(a - e)^2$: on a donc

$$\varphi = \frac{m}{(a - e)^2}, \quad \varphi de = \nu d\nu, \quad \nu dt = de.$$

On élimine la quantité φ entre les deux premières, et l'on a

$$\nu d\nu = \frac{mde}{(a - e)^2}, \text{ d'où l'on tire } \nu^2 + \mathrm{C} = \frac{2m}{a - e}.$$

Supposons qu'à l'origine D, le mobile n'était animé d'aucune vitesse, c'est-à-dire n'avait reçu aucune impulsion; on avait donc en même temps $e = 0$ et $v = 0$, ainsi $C = \dfrac{2m}{a}$; en substituant et réduisant on obtient

$$v = \sqrt{\left(\frac{2m}{a}\right)} \times \sqrt{\left(\frac{e}{a - e}\right)} \ \ldots\ldots (l).$$

Pour obtenir la relation entre e et t, il suffit de mettre pour v sa valeur $\dfrac{de}{dt}$, et d'intégrer

$$dt = \sqrt{\left(\frac{a}{2m}\right)} \sqrt{\left(\frac{a - e}{e}\right)} de.$$

Or pour faciliter l'intégration, il importe de laisser le radical au dénominateur seul; nous multiplierons donc la fraction haut et bas par $a - e$, et le 2e radical sera $\dfrac{a - e}{\sqrt{(ae - e^2)}}$: donc on a

$$dt = \sqrt{\left(\frac{a}{2m}\right)} \times \frac{a - e}{\sqrt{(ae - e^2)}} . de.$$

On chasse ae du radical, en faisant $e = \frac{1}{2} a - z$, ce qui donne à intégrer la fraction $\dfrac{-\frac{1}{2} a - z}{\sqrt{(\frac{1}{4} a^2 - z^2)}} dz$; elle se partage en

$$\int \frac{- z dz}{\sqrt{(\frac{1}{4} a^2 - z^2)}} = \sqrt{(\tfrac{1}{4} a^2 - z^2)},$$

et

$$\int \frac{-\frac{1}{2} a dz}{\sqrt{(\frac{1}{4} a^2 - z^2)}} = \tfrac{1}{2} a . \text{arc} \left(\cos = \frac{2z}{a}\right);$$

la constante est nulle parce qu'on a à la fois $e = 0$, $t = 0$, $z = \frac{1}{2} a$; remettant pour z sa valeur $\frac{1}{2} a - e$, on en conclut

$$t = \sqrt{\left(\frac{a}{2m}\right)} \left\{ \sqrt{(ae - e^2)} + \tfrac{1}{2} a \times \text{arc} \left(\cos = \frac{a - 2e}{a}\right) \right\}.$$

Newton a donné une construction très élégante de cette formule. Soit décrit (fig. 113) sur $DB = a$, comme diamètre, un demi - cercle DMB; l'abscisse DN étant $= e$, l'ordonnée NM est comme on sait $= \sqrt{(ae - e^2)}$; de plus, DM est l'arc dont le sinus verse est e, dans le cercle DMB dont le rayon est $\frac{1}{2}\,a$; donc, NM $+$ MD représente le second facteur de la valeur de t, et l'on a

$$t = \sqrt{\left(\frac{a}{2m}\right)} \times [\text{NM} + \text{MD}].$$

Les valeurs ci-dessus de v et t donnent la solution complète du problème proposé, et renferment toutes les circonstances particulières du mouvement. Si l'on fait $e = a$, on obtient

$$v = \infty, \quad \text{et} \quad t = \sqrt{\left(\frac{a}{2m}\right)} \times \frac{a\pi}{2}.$$

La vitesse du point mobile au centre B d'attraction est donc infinie; ce qui est aisé à concevoir, puisque l'intensité de la puissance croît d'autant plus que le mobile est plus voisin du centre. La seconde expression donne le temps nécessaire pour arriver à ce centre; elle est proportionnelle à $a\sqrt{a}$, ou $\sqrt{a^3}$: ainsi *les temps employés par deux corps partant du repos, pour arriver au centre d'attraction, sont entre eux comme les racines carrées des cubes de leurs distances initiales à ce centre.*

161.On a nommé *Force Centripète* cette force d'attraction vers un centre fixe: les observations les plus constantes établissent que l'attraction est une des propriétés dont jouit la matière (*Voyez* n° 187); on a même reconnu que pour deux points matériels, cette attraction a lieu en raison inverse du carré de leurs distance. Le problème que nous venons de résoudre s'applique aux corps qui pèsent sur notre globe, car la pesanteur terrestre est un cas particulier de l'attraction universelle; il ne faut que donner à la constante m la valeur convenable. Or soit r le rayon terrestre, g la pesanteur à la surface; puisque m et g sont les valeurs de la force d'attraction aux distances 1 et r; du centre de la terre, on a $\dfrac{m}{r^2} = \dfrac{g}{1^2}$, mettant donc $r^2 g$ pour m, notre formule devient

$$rt \sqrt{\left(\frac{2g}{a}\right)} = V(ae - e^2) + \tfrac{1}{2} a . \operatorname{arc}\left(\cos = \frac{a - 2e}{a}\right),$$

et si e est très petit par rapport à a, $t = \dfrac{a}{r} \sqrt{\left(\dfrac{e}{2g}\right)}$.

162. Lorsqu'un corps se meut dans un fluide, il est obligé d'employer une partie de la force dont la puissance motrice l'a animé, pour déplacer les molécules fluides, se faire entre elles un passage, et se mouvoir : c'est ce qui sera rendu manifeste après que nous aurons traité du choc des corps (219, 1°.). Cet effort employé par un corps qui se meut dans un fluide, est visiblement dirigé dans le sens même de son mouvement ; il dépend de la vitesse qui l'anime. La résistance du fluide peut donc être assimilée à une force directement opposée au mouvement du corps, et variable avec sa vitesse suivant une certaine loi : de sorte qu'on peut considérer un corps mu dans un fluide, comme mis en mouvement dans le vide, pourvu qu'outre le système de forces qui agissent sur lui, on en conçoive une de plus qui exerce son action en sens contraire du mouvement, et dont l'intensité soit dépendante de la vitesse du mobile. Quant à la loi que suit cette résistance, on a coutume de prendre *la force retardatrice de la résistance du fluide, proportionnelle au carré de la vitesse. V.* à cet égard ce qui sera dit (222).

Quel est le mouvement d'un corps pesant lancé verticalement de bas en haut avec une vitesse V*, en ayant égard à la résistance de l'air ?* D'après ce qui vient d'être dit, ce corps pourra être considéré comme animé par deux forces; savoir: 1°. la pesanteur g, qui tendra à le faire descendre et qui sera dirigée en sens opposé de la vitesse imprimée V ; 2°. la force retardatrice du fluide, dont la valeur au bout du temps t sera représentée par mv^2, v étant la vitesse du corps à cet instant, et m un coefficient constant qui dépend de la nature du fluide et de la forme du corps; c'est la valeur de cette force lorsque le corps a une vitesse égale à l'unité. Cette puissance étant dirigée dans le même sens que la gravité, on n'a qu'une force, qui est $= -(g + m\nu^2)$, à cause qu'elle agit en sens contraire de l'impulsion primitive : cette impulsion entrera d'ailleurs bientôt en considération ; elle ne fait pas partie des forces continues, dites accélératrices, qui agissent au bout du temps t. Ainsi on a

$$\varphi = -(g + m\nu^2), \quad \varphi dt = d\nu, \quad \text{et} \quad \varphi de = \nu d\nu.$$

Mettant pour φ sa valeur dans les deux dernières,

$$dt = -\frac{d\nu}{g + m\nu^2}, \quad de = \frac{-\nu d\nu}{g + m\nu^2}.$$

Il est facile d'intégrer ces deux équations ; et l'on obtient

$$\sqrt{(mg)} \cdot t = C - \text{arc}\left\{ \text{tang} = \left(\nu \cdot \sqrt{\frac{m}{g}}\right)\right\},$$

$$2me = C' - \log(g + m\nu^2).$$

Les constantes C et C' se déterminent en observant que la question exige qu'on ait en même temps $t = 0, e = 0, \nu = V$; nous ferons, pour abréger, la constante $m = a^2 g$: nous aurons donc

$$C = \text{arc} (\text{tang} = aV), \quad C' = \log\left\{g(1 + a^2 V^2)\right\};$$

ce qui transforme les valeurs ci-dessus en

$$agt = \text{arc} (\text{tang} = aV) - \text{arc} (\text{tang} = a\nu),$$

$$2ga^2 e = \log\left(\frac{1 + a^2 V^2}{1 + a^2 \nu^2}\right) \ldots (m).$$

Ces deux valeurs servent à faire connaître l'espace parcouru par le mobile, et sa vitesse au bout du temps t : elles doivent remplacer celles que nous avons trouvées (156 et 157), puisque nous y avons fait abstraction de la résistance du fluide. Si l'on fait $\nu = 0$, on a pour la plus grande élévation E, à laquelle le mobile puisse parvenir en vertu de sa force de projection, et pour le temps T qu'il y emploie,

$$2a^2g\mathrm{E} = \log(1 + a^2\mathrm{V}^2), \quad ag\mathrm{T} = \text{arc}(\tan g = a\mathrm{V}).$$

Parvenu à son maximum d'élévation, le mobile a épuisé sa vitesse de projection ; il redescend donc : mais ici la force retardatrice de la résistance du fluide agit tout à coup en sens opposé, et les équations auxquelles nous venons de parvenir n'ont plus lieu : ainsi le mouvement n'est pas assujetti à la loi de continuité.

Pour analyser ce cas, proposons-nous de chercher le mouvement d'un corps pesant lancé verticalement de haut en bas. La force accélératrice est alors $g - mv^2$, et on a

$$\varphi = g - mv^2, \quad \varphi\, dt = dv, \quad \varphi\, ds = v\, dv ;$$

d'où l'on conclut $dt = \dfrac{dv}{g - mv^2}$, et $de = \dfrac{v\, dv}{g - mv^2}$: faisant, comme ci-dessus, $m = a^2g$, puis supposant pour intégrer la première $av = u$, on a $ag\, dt = \dfrac{du}{1 - u^2}$, ce qui donne $2agt = \mathrm{C} + \log\dfrac{1 + u}{1 - u}$: on trouve donc

$$2\, agt = \mathrm{C} + \log\left(\frac{1 + av}{1 - av}\right),$$

$$2\, a^2ge = \mathrm{C}' - \log\left\{ g(1 - a^2v^2) \right\}.$$

Comme $t = 0$ donne $e = 0$ et $v = \mathrm{V}$, on trouve

$$\mathrm{C} = -\log\left(\frac{1 + a\mathrm{V}}{1 - a\mathrm{V}}\right) \text{ et } \mathrm{C}' = \log\left\{ g(1 - a^2\mathrm{V}^2) \right\}.$$

Donc enfin on a pour les équations du mouvement

$$2\, agt = \log\left\{ \frac{(1 + av)\ (1 - a\mathrm{V})}{(1 + a\mathrm{V})\ (1 - av)} \right\},$$

$$2\, a^2ge = \log\left(\frac{1 - a^2\mathrm{V}^2}{1 - a^2v^2}\right) = \log\left\{ \frac{(1 + a\mathrm{V})\ (1 - a\mathrm{V})}{(1 + av)\ (1 - av)} \right\}.$$

Dans le cas où le mobile aurait été abandonné à l'action de la gravité, sans avoir reçu d'impulsion, il suffirait de faire dans ces formules $V = o$; ce qui donne

$$2agt = \log\left(\frac{1+a\nu}{1-a\nu}\right), \quad 2a^2ge = -\log\left\{(1-a\nu)\,(1+a\nu)\right\}.$$

Consultez la fin du n° 222.

Dans le problème précédent la vitesse du mobile, lorsqu'il est revenu au point de départ, n'est plus V comme (157, V); pour l'obtenir, il faut mettre ici E pour e; on trouve

$$\nu = \frac{V}{\sqrt{(1+a^2V^2)}}.$$

163. *Déterminer le mouvement d'un point pesant* M *qui descend le long d'un plan incliné* (fig. 114). Le poids M est parti de B, et la gravité l'a fait arriver en M au bout du temps t; il a alors la vitesse ν; e est l'espace BM qu'il a parcouru.

La gravité g imprime pendant le temps dt, dans la direction verticale MD, la vitesse élémentaire gdt; décomposons cette impulsion en deux autres, l'une perpendiculaire au plan et détruite par sa réaction, l'autre $gdt.\sin\epsilon$, dirigée dans le sens du plan, ϵ désignant l'angle A que le plan fait avec l'horizon : il est clair que cette dernière aura pour direction la ligne BA de plus grande pente sur le plan; ce sera celle que décrira le corps et suivant laquelle la vitesse ν aura lieu. La composante de l'impulsion gdt dans le sens BM étant $gdt.\sin\epsilon$, on a pour l'accroissement de vitesse le long du plan $d\nu = g\sin\epsilon.dt$. En intégrant on obtient

$$\nu = V + g\sin\epsilon.t, \quad e = C + Vt + \tfrac{1}{2}g\sin\epsilon.t^2\ldots\ldots(n).$$

Ainsi le point mobile est sollicité par la force accélératrice constante $g\sin\epsilon$ dans le sens du plan; on peut regarder ce plan comme vertical, pourvu que cette force remplace la gravité; *le mouvement est uniformément varié.* V est la vitesse initiale du corps qu'on suppose dirigée selon la ligne BA, et C est sa distance à l'origine des e lorsque $t = 0$. Si l'on prend le point B de départ pour origine des e, et si l'on n'imprime aucune impulsion initiale, l'équation du mouvement est donc

$$v = g \sin \iota \cdot t, \quad e = \tfrac{1}{2} g \sin \iota \cdot t^2 ;$$

la pression du corps sur le plan est $g \cos \iota$.

164. Comparons maintenant le mouvement sur le plan incliné, à celui qui a lieu quand le corps est libre. Comme il descend le long de la verticale BC, on a (156, h),

$$e' = \tfrac{1}{2} g t'^2, \quad v' = g t', \quad \text{et} \quad v'^2 = 2 g e'.$$

1°. Pour trouver en quel point de BC le mobile doit être parvenu, lorsque le corps M a décrit sur le plan incliné l'espace BM, il faut faire $t = t'$, et éliminer t entre les équations $e = \tfrac{1}{2} g \sin \iota \cdot t^2$, $e' = \tfrac{1}{2} g t^2$. On a donc $e = e' \sin \iota$, ce qui indique que e' est l'hypoténuse d'un triangle rectangle dont e est le côté opposé à l'angle ι; ainsi en menant en M la perpendiculaire ME sur AB, on a BE $= e'$, et le point E répond à la question.

Cette construction fait voir que si l'on mène dans un cercle ACDB (fig. 115) des cordes AC, AD, ... par l'extrémité A du diamètre vertical AB; ainsi que BC, BD, ... à cause des angles droits en C, D, ... *toutes ces cordes seront décrites dans le même temps que le diamètre* : cette propriété s'appelle *Isochronisme* (ἴσος, *égal*; χρόνος, *temps*).

2°. Comme on a $v'^2 = 2 g e'$, et $v^2 = 2 g e \sin \iota$, pour trouver en quels points de BA et de BC (fig. 114) les deux mobiles ont la même vitesse, il faut faire $v = v'$, ce qui donne $e' = e \sin \iota$. Donc e est l'hypoténuse d'un triangle rectangle dont e' est le côté opposé à l'angle ι; ainsi en menant l'horizontale MF, on voit que BF $= e'$, et que par conséquent lorsque les mobiles sont parvenus en M et en F, ce qui arrive à des instants différens, ils ont la même vitesse; ou, si l'on veut, que la vitesse du corps en M est dirigée dans le sens MA, et due à la hauteur BF. On conclut de là que *plusieurs corps qui parcourent des plans différemment inclinés, et qui, sans impulsion primitive, partent d'un même plan horizontal, ont des vitesses égales, après avoir décrit sur leurs plans respectifs des parties de même hauteur.* Nous allons voir dans peu (192) que ce théorème n'est point particulier au plan incliné.

3°. Comparons les temps employés à descendre les longueurs BC et BA terminés à l'horizontale AC; soit $BC = e'$ et $BA = e$; on a $e' = \frac{1}{2}gt'^2$ et $e = \frac{1}{2}g\sin\varepsilon . t^2 = \frac{1}{2}gt^2 . \dfrac{e'}{e}$, à cause que le triangle ABC donne $e\sin\varepsilon = e'$; donc $e^2 : e'^2 :: t^2 : t'^2$, ou $BA : BC :: t : t'$. Ainsi, quelle que soit l'inclinaison du plan, les temps sont proportionnels aux longueurs AB, BC : d'où il suit que *les temps employés à descendre le long de différens plans inclinés , sont entre eux comme les longueurs à ces plans.*

165. Nous avons fait abstraction jusqu'ici du frottement que le corps éprouve en glissant sur le plan ; nous allons maintenant y avoir égard. Coulomb a démontré qu'à moins que la vitesse ne soit très grande ou très petite, le frottement est environ le 10e de la pression et ne dépend point de la vitesse ; nous représenterons cette fraction $\frac{1}{10}$ par f : d'après cela, la pression que le corps exerce sur le plan étant $g\cos\varepsilon$, le frottement est dirigé en sens opposé au mouvement et $= fg\cos\varepsilon$ (134). Ainsi l'accroissement de vitesse qui a lieu en M quand le corps descend de B vers A, est $dv = g(\sin\varepsilon - f\cos\varepsilon)\,dt$, d'où l'on tire $v = g(\sin\varepsilon - f\cos\varepsilon)t + V$. La constante V est la valeur de v lorsque $t = 0$, c'est-à-dire est l'impulsion qu'on suppose avoir été communiquée au corps dans le sens BM , au commencement du temps t.

Si le corps était au contraire lancé de A vers B, alors la gravité et le frottement tendraient à diminuer la vitesse imprimée V, et l'on aurait $dv = -g(\sin\varepsilon + f\cos\varepsilon)\,dt$, d'où $v = V - g(\sin\varepsilon + f\cos\varepsilon)t$. De sorte qu'en cumulant ces deux circonstances, on a

$$v = V - g(f\cos\varepsilon \mp \sin\varepsilon)t\ldots\ldots\ldots(o).$$

On en tire aisément pour l'espace parcouru

$$e = V.t - \tfrac{1}{2}g(f\cos\varepsilon \mp \sin\varepsilon)t^2\ldots\ldots\ldots(p).$$

Le signe supérieur a lieu lorsque l'impulsion initiale est donnée de haut en bas; l'inférieur, de bas en haut.

Dans ce dernier cas, on voit que $v = 0$ lorsque

$$t = \frac{V}{g\,(\sin\varepsilon + f\cos\varepsilon)}, \quad e = \frac{h}{\sin\varepsilon + f\cos\varepsilon},$$

en substituant dans (p), et faisant $V^2 = 2gh$. Il est clair qu'alors le corps ne montera le long du plan que jusqu'à un certain point, dont nous venons de déterminer la position; d'où il redescendra ensuite en partant du repos.

Si $\varepsilon = 0$, le plan est horizontal, et l'on a pour la solution du problème des *Traîneaux*, les équations suivantes, qui n'ont lieu que jusqu'à ce que la vitesse d'impulsion soit épuisée.

$$v = V - fgt, \quad e = Vt - \tfrac{1}{2}gft^2.$$

CHAPITRE II.

DU MOUVEMENT D'UN POINT EN LIGNE COURBE.

I. *Propositions générales.*

166. Voici comment la notion du mouvement curviligne peut être déduite des premiers élémens de la Mécanique. Soit AB (fig. 116) la direction d'une force qui donne une impulsion au mobile A : le point parcourra uniformément cette ligne, si aucune cause n'altère son mouvement. Mais supposons que parvenu en B, ce point soit soumis à l'action d'une autre force qui lui communique dans le sens BD une impulsion; en formant le pa-

rallélogramme BCED, sur les parties BC, BD, proportionnelles aux vitesses imprimées, on sait que le corps décrira la diagonale BE. Si de même le mobile reçoit une impulsion suivant GE, il parcourra EF et ainsi de suite. On voit donc qu'il décrira le polygone ABEF: mais si l'on suppose que les intervalles de temps qui séparent ces diverses impulsions, sont plus courts, le polygone aura de plus petits côtés; de sorte qu'il est facile de voir que le mobile décrira en effet une courbe, si les forces agissent sans interruption.

Il suit de là que le point mobile qui décrit un polygone ABEF doit continuer à décrire uniformément le dernier côté EF, si aucune force n'agit désormais; et que par conséquent *lorsqu'un mobile décrit une courbe, si à un instant quelconque l'action des puissances cesse tout-à-coup, le mobile doit parcourir uniformément la tangente à cette courbe, au point où les forces ont cessé d'agir sur lui.* En effet, on peut regarder chaque élément de cette courbe comme le côté infiniment petit d'un polygone. Ainsi le corps change à chaque instant la direction de son mouvement, qui est celle de la tangente.

Lorsqu'un corps décrit une courbe en vertu de l'action de certaines forces, pour se faire une idée de ce que désigne le mot *vitesse*, il faut supposer que la courbe est rectifiée, et que tout à coup les forces cessent d'agir; l'espace décrit par le mobile durant l'unité de temps est sa vitesse à l'instant où ce changement s'est produit. Soit donc KMZ (fig. 117) la courbe que parcourt un point matériel: si au bout du temps t le corps est parvenu en M, en nommant s l'arc parcouru KM, si tout à coup les forces cessent d'agir, le corps devra décrire uniformément la tangente MH, avec une vitesse $v = \dfrac{ds}{dt}$.

167. Quelles que soient les forces qui agissent sur un mobile, on peut toujours les décomposer en trois autres parallèles à trois axes rectangulaires; il est clair que chaque composante aura un effet indépendant des deux autres (146, 5°), et que par conséquent on peut appliquer à chacune ce qui a été dit des mouvemens rectilignes. C'est par ce moyen qu'on parvient à connaître

les propriétés du mouvement d'un point, et la nature de la
ligne qu'il parcourt (qu'on nomme *Trajectoire*), lorsque les
forces qui agissent sur lui sont données en grandeurs et en directions. Le mouvement curviligne se réduit par là naturellement à
deux ou trois mouvemens rectilignes, selon que la courbe décrite est à simple ou à double courbure. En effet, en rapportant
cette courbe à des coordonnées rectangulaires, il est clair que la
détermination du point de la trajectoire où ce mobile se trouvera
à chaque instant, dépendra de la valeur de ses coordonnées au
même instant : de sorte que chacune de ces coordonnées sera
une fonction du temps, et pourra représenter l'espace rectiligne
parcouru par un mobile qui serait la projection du vrai mobile
sur chacun des axes coordonnés.

Ainsi, lorsque la trajectoire est plane, le mouvement pourra
être représenté par les deux équations $x = \mathrm{F}t, y = ft$, qui seront celles des mouvemens rectilignes de deux mobiles suivant
les axes des x et des y. En éliminant t entre ces équations, on
obtiendra, en x et en y, une relation qui sera l'équation de la
ligne parcourue par le mobile, puisqu'elle exprimera une condition indépendante du temps t, entre les variables x et y. De
même si la trajectoire est à double courbure, le mouvement sera
représenté par trois équations $x = \mathrm{F}t, y = ft, z = \varphi t$; en éliminant t, on obtient deux équations en x, y et z, qui sont celles
de la courbe à double courbure que décrit le corps.

Tout ceci s'éclaircira par la suite. Il s'agit ici de déduire les
équations $x = \mathrm{F}t, y = ft, z = \varphi t$, de la nature des puissances, ou
plutôt trois équations entre les quatre variables x, y, z et t; c'est
ce qui va être développé.

168. Reprenons les notations ordinaires (n° 27) pour désigner les forces accélératrices et les angles formés par leurs directions avec les axes respectifs des x, y et z Décomposons chaque
force en trois autres parallèles à ces axes; soient X, Y et Z, ces
composantes qui agissent ensemble sur le corps, et lui impriment
une impulsion élémentaire, chacune dans sa direction. On a

$$\mathrm{X} = \Sigma\,(\mathrm{P}' \cos \alpha'),\ \mathrm{Y} = \Sigma\,(\mathrm{P}' \cos \beta'),\ \mathrm{Z} = \Sigma\,(\mathrm{P}' \cos \gamma') \ldots (a').$$

Il est inutile de dire que chacune des composantes $P'\cos\alpha'$, $P'\cos\beta'$... doit être prise avec le signe qui lui appartient, et qui se détermine comme il a été dit n° 25.

Au bout du temps t, le mobile, placé sur sa trajectoire au point qui a x, y et z pour coordonnées, a donc dans le sens des x la vitesse $\dfrac{dx}{dt}$; de sorte qu'en ce point on peut concevoir ce mobile comme en repos, et recevant actuellement dans le sens des x une impulsion qui lui imprime la vitesse $\dfrac{dx}{dt}$. Cette vitesse doit s'accroître par l'effet des forces durant le temps dt, et devenir $\dfrac{dx}{dt} + d\left(\dfrac{dx}{dt}\right)$. Or la vitesse qui est imprimée au corps dans le sens des x (d, 152), est en effet $\dfrac{dx}{dt} + \mathrm{X}dt$; et comme les effets des forces de directions rectangulaires sont indépendans (146, 5°), les puissances Y et Z ne changent rien à cette vitessse. On en conclut que les vitesses $\mathrm{X}dt$ et $d\left(\dfrac{dx}{dt}\right)$ sont égales. On prouverait la même chose par rapport aux axes des y et des z; ainsi on a

$$\left.\begin{array}{l} d\left(\dfrac{dx}{dt}\right) = \mathrm{X}dt \\[2ex] d\left(\dfrac{dy}{dt}\right) = \mathrm{Y}dt \\[2ex] d\left(\dfrac{dz}{dt}\right) = \mathrm{Z}dt \end{array}\right\} \quad\ldots\ldots\ldots (b').$$

ou bien, en prenant dt constant,

$$\frac{d^2x}{dt^2} = \mathrm{X}, \quad \frac{d^2y}{dt^2} = \mathrm{Y}, \quad \frac{d^2z}{dt^2} = \mathrm{Z}\ldots\ldots(b').$$

Telles sont *les équations générales du mouvement libre d'un point*. Elles doivent être employées à la fois lorsque les forces P', P''... sont dans des plans différens : mais deux d'entre elles suffisent dans le cas contraire : elles remplacent d'ailleurs les équations $x = \mathrm{F}t$, $y = ft$, $z = \varphi t$, dont nous avons parlé dans le numéro précédent, équations qui appartiennent aux mouvemens des trois mobiles suivant les axes, de manière à être la projection du vrai mobile à chaque instant.

169. Les équations précédentes servent à faire connaître toutes les circonstances du mouvement d'un point matériel libre, et soumis à l'action de forces continues, données à chaque instant, en grandeurs et en directions; c'est-à-dire servent à assigner la vitesse du mobile et son lieu à un instant déterminé, ainsi que sa trajectoire. En effet, supposons pour plus de simplicité que les forces soient dans le plan des xy; X et Y étant constans ou variables, mais donnés, il ne s'agit que d'éliminer le temps entre les deux premières équations (b'). Si l'on conçoit ce calcul effectué, ainsi que les intégrations, on aura une équation entre x et y, qui sera celle de la trajectoire. On pourra même obtenir de semblables relations entre x et t, et y et t; qui feront connaître le lieu du mobile pour chaque valeur connue du temps t.

Les quantités $\dfrac{dx}{dt}$, $\dfrac{dy}{dt}$, donneront les vitesses du mobile dans le sens des x et des y, et sa vitesse absolue v sur la courbe sera la racine de la somme de leurs carrés, $v^2 = \dfrac{ds^2}{dt^2} = \dfrac{dx^2 + dy^2}{dt^2}$.

Plus généralement, la vitesse sur une courbe quelconque dans l'espace est

$$\nu = \frac{ds}{dt} = \frac{\sqrt{(dx^2 + dy^2 + dz^2)}}{dt}.$$

Il est à observer que chaque intégration introduit une constante: on aura donc six constantes arbitraires, dont trois seront déterminées par la valeur de la vitesse qui avait lieu à un instant donné, tel qu'au commencement du temps t: les autres dépendront des coordonnées du mobile à un instant quelconque, qui pourra être le même que le précédent. Ces principes deviendront plus lucides à l'aide des diverses applications que nous en ferons: nous ne les énonçons ici que pour faire sentir toute l'importance des équations (b'), et pour faire voir en même temps que, quoiqu'elles ne dépendent que des forces accéléra-trices, elles renferment néanmoins implicitement la vitesse et le lieu du mobile au commencement du mouvement.

170. On peut donc employer le calcul précédent pour assigner la vitesse du mobile à un instant déterminé : la marche suivante peut aussi donner v. Multiplions la première des équations (b') par dx, la seconde par dy, la troisième par dz, et ajoutons : il vient

$$\frac{dx \cdot d^2x + dy \cdot d^2y + dz \cdot d^2z}{dt^2} = X dx + Y dy + Z dz.$$

Or le numérateur du premier membre est la différentielle de $\frac{1}{2} (dx^2 + dy^2 + dz^2)$ ou de $\frac{1}{2} \cdot ds^2$: donc en intégrant

$$\frac{ds^2}{dt^2} = v^2 = A + 2 \int (X dx + Y dy + Z dz) \ \ldots\ldots (c').$$

Pour que cette équation puisse être appliquée à des circonstances de mouvement, il faut que $X dx + Y dy + Z dz$ soit une différen-tielle exacte; ainsi X, Y et Z sont des fonctions de x, y et z, indépendantes de t, et doivent satisfaire aux conditions sui-vantes (Cours de Math., n° 703).

$$\frac{dX}{dy} = \frac{dY}{dx}, \quad \frac{dX}{dz} = \frac{dZ}{dx}, \quad \frac{dY}{dz} = \frac{dZ}{dy} \ldots (d'),$$

et on pourra regarder $X dx + Y dy + Z dz$, comme la différen-tielle d'une fonction χ de x, y et z facile à trouver; c'est-à-dire qu'on a $X dx + Y dy + Z dz = d\chi$;

$$v^2 = A + 2\chi. \ldots\ldots\ldots (e').$$

La valeur de la constante A dépend de la vitesse initiale du mo-bile, ou, en général, de sa vitesse à un instant quelconque : ce résultat, nommé *principe des forces vives* (218), est surtout re-marquable en ce qu'il fait voir que la vitesse est indépendante de la trajectoire parcourue par le mobile, pourvu que $d\chi$ soit une différentielle exacte. Voyez le n° 204.

Il est inutile d'insister pour faire voir que lorsque la trajectoire est située dans le plan des xy, cette dernière équation a lieu; mais qu'alors $d\chi = X dx + Y dy$, et que (d') se réduit à $\dfrac{dX}{dy} = \dfrac{dY}{dx}$; X et Y sont d'ailleurs supposées des fonctions de x et y, indépendantes du temps t.

171. Si le mobile n'est soumis à l'action d'aucune force accélératrice, c'est-à-dire s'il ne se meut qu'en vertu d'une impulsion, on a $X = 0$, $Y = 0$, $Z = 0$: donc $v^2 = A$; ainsi la vitesse est constante. Les équations (b') donnent $\dfrac{dx}{dt} = c$, $\dfrac{dy}{dt} = c'$, $\dfrac{dz}{dt} = c''$; d'où on tire $\dfrac{dx}{dy} = \dfrac{c}{c'}$, $\dfrac{dx}{dz} = \dfrac{c}{c''}$; les équations des projections de la trajectoire sont donc $c'x = A + cy$, $c''x = B + cz$; ce qui fait voir que le mobile a un mouvement rectiligne et uniforme, proposition d'ailleurs évidente (144).

172. Les équations (b') conduisent à une conséquence remarquable. Pour la rendre plus facile à saisir, nous supposerons d'abord que la trajectoire est dans le plan xy : on ne doit alors employer que les deux premières valeurs (b'). Multiplions-les respectivement par y et x, puis soustrayons; il vient......
$$\frac{y \cdot d^2 x - x \cdot d^2 y}{dt^2} = Xy - Yx;$$
intégrant, on a

$$\frac{y dx - x dy}{dt} = C + \int (Xy - Yx)\, dt.$$

Or $Xy - Yx$ n'est nul que dans deux cas : 1°. lorsqu'on a $X = 0$ et $Y = 0$, c'est-à-dire lorsque le mobile n'est mu que par une impulsion; 2° lorsque $\dfrac{Y}{X} = \dfrac{y}{x}$; or le 1er membre est (19, A) la tangente de l'angle que forme avec l'axe des x la résultante des forces Y et X, ou la puissance qui anime le corps au bout du temps t; le 2e membre est la tangente de l'angle que forme avec l'axe des x, la ligne menée de l'origine (*le rayon vecteur*) au mobile, à cet instant : puisque ces angles sont égaux, il s'ensuit que cette puissance est dirigée vers l'origine. Ce dernier cas est celui

du système du monde, ainsi que nous le ferons voir bientôt (186).
Dans ces deux cas, on a donc

$$C = \frac{ydx - xdy}{dt}, \text{ ou } Ct + C' = \int (ydx - xdy) \ldots (f').$$

Cela posé, on sait, par les principes du calcul intégral, que
l'aire ADMP (fig. 118) d'une courbe est $= \int (ydx)$: concevons
qu'on ait mené de l'origine A, à deux points de cette courbe,
des *rayons vecteurs* AH et AM, on aura pour l'aire AHM qu'ils
comprennent, $\xi = $ ADMP $-$ AMP $\pm$ ADH, ou ....
$\xi = \int (ydx) - \frac{1}{2}xy \pm$ ADH; le $\pm$ dépend de la position de
AH relativement à l'axe des y. En différenciant, on obtient
$d\xi = ydx - \frac{1}{2}d(xy)$, ou $d\xi = \frac{1}{2}(ydx - xdy)$. Mettons cette
valeur dans l'équation (f'), elle devient $Ct + C' = 2\xi$, ou plutôt $\frac{1}{2}.Ct = \xi$; car on peut toujours supposer $C' = 0$, puisqu'il
ne faut pour cela que prendre convenablement l'origine du
temps t. Donc *les aires comprises entre les rayons vecteurs,
menés de l'origine à trois points d'une trajectoire, sont proportionnelles aux temps employés à décrire les arcs interceptés,
lorsque le corps ne se meut qu'en vertu d'une impulsion, ou
lorsque les forces accélératrices qui l'animent sont dirigées vers
l'origine.* On voit aussi que les aires ne peuvent être proportionnelles aux temps que dans ces deux cas, puisqu'ils sont les
seuls dans lesquels la quantité $Xy - Yx$ soit nulle.

Le même théorème a lieu lorsque la trajectoire est décrite
dans l'espace; car si l'on multiplie la première des équations (b')
par z, et la troisième par x, et qu'on les retranche; puis qu'on
opère de même sur la seconde et la troisième, on aura dans les
deux cas ci-dessus

$$\frac{xdz - zdx}{dt} = A, \quad \frac{zdy - ydz}{dt} = B.$$

On conclut de ces équations que *la trajectoire est plane;* car
faisant la somme des produits respectifs de A, B, C par y, x et z,
il vient l'équation du plan $Ay + Bx + Cz = 0$, et cette équation

étant indépendante de t, est l'une de celles de la trajectoire. Ainsi, *quand le mouvement est produit par une impulsion initiale et par une force centripète, la courbe décrite est plane.* En prenant ce plan pour celui des xy, on retombe sur ce qui vient d'être exposé.

II. Mouvement des Projectiles.

173. Pour appliquer les principes précédens à des exemples simples, nous prendrons d'abord le mouvement des projectiles dans le vide. Soit un point matériel A (fig. 117) lancé dans le vide sous la direction AD, avec la vitesse U. Si la gravité n'agissait pas sur ce mobile, il parcourrait la droite AD uniformément; la pesanteur tend à l'écarter de cette droite, et lui fait décrire une courbe AMZ que nous nous proposons de déterminer. Prenons l'axe des y vertical; comme il n'y a ici d'autre force que celle de la gravité, nous aurons $X = 0$, $Z = 0$, et $Y = -g$; ainsi les équations (b') deviennent

$$\frac{d^2x}{dt^2} = 0, \quad \frac{d^2z}{dt^2} = 0, \quad \frac{d^2y}{dt^2} = -g \dots\dots\dots(1).$$

d'où
$$\frac{dx}{dt} = c, \quad \frac{dz}{dt} = c'', \quad \frac{dy}{dt} = c' - gt \dots\dots\dots(2).$$

La 1re de ces équations étant divisée par la 2e, on trouve en intégrant, $c''x = cz$; équation linéaire qui fait voir que la projection de la trajectoire sur le plan des xz, qui est horizontal, est une droite. Donc cette courbe est dans un plan perpendiculaire à celui des xz, et par conséquent vertical, passant par l'axe des y. Prenons le plan xy pour celui qui la contient, et nous n'aurons plus égard qu'à la 1re et à la 3e équations. En intégrant de nouveau, on obtient

$$x = ct, \quad y = c't - \tfrac{1}{2}gt^2 \dots\dots (3).$$

On n'ajoute point ici de constantes, parce qu'on doit trouver à la fois $t = 0$, $x = 0$, et $y = 0$. Pour déterminer les autres constantes c et c', il faut recourir au commencement du mouvement.

$\frac{dx}{dt}$, $\frac{dy}{dt}$ sont à chaque instant les vitesses du corps suivant les axes; si l'impulsion U fait avec l'axe des x l'angle θ, ses composantes sont U $\cos\theta$ et U $\sin\theta$; et comme ce sont les valeurs de $\frac{dx}{dt}$, $\frac{dy}{dt}$, lorsque $t = 0$, on a $c = U\cos\theta$, et $c' = U\sin\theta$.

D'ailleurs l'une des équations (3) est celle d'un mouvement uniforme; l'autre appartient à un mouvement uniformément varié : ce sont les équations des mouvemens de deux points matériels qui occupent perpétuellement les pieds des projections du mobile sur les axes des x et des y. V. ce qui a été dit n° 167. Pour avoir l'équation de la trajectoire, il faut éliminer le temps t entre les deux valeurs (3); on trouve

$$y = \frac{c'}{c} x - \frac{gx^2}{2c^2}.$$

En substituant pour c et c' leurs valeurs, on a $c' = c \tan\theta$; et l'équation de la trajectoire est

$$y = x . \tan\theta - \frac{gx^2}{2\,U^2 . \cos^2\theta} \cdots \cdots \cdots (g').$$

En mettant $2gh$ pour U^2, h désigne la hauteur due à la vitesse initiale U (156),

$$y = x \tan\theta - \frac{x^2}{4h . \cos^2\theta} \cdots \cdots \cdots (h').$$

Cette équation est celle d'une parabole (fig. 120) qu'il sera facile de construire : on trouvera qu'elle a son axe MB vertical, et que les coordonnées de son sommet sont (Cours de Math., n° 441).

$$AB = 2h . \sin\theta . \cos\theta = h . \sin(2\theta), \quad BM = h \sin^2\theta :$$

son paramètre est $4h . \cos^2\theta$.

174. Les calculs précédens conduisent à plusieurs conséquences remarquables.

1°. *La trajectoire que décrivent les projectiles dans le vide est une parabole.*

2°. Le *maximum* d'élévation du projectile est le point qui a pour coordonnées $AB = h.\sin(2\theta)$, $BM = h.\sin^2\theta$: on peut encore parvenir à ce résultat, en égalant à zéro la valeur de $\dfrac{dy}{dx}$, conformément à la théorie des *maxima*.

3°. *L'amplitude du jet* est $AC = 2h.\sin(2\theta) = 2 \times AB$; car en faisant $y = 0$ dans l'équation (h'), on trouve pour x cette valeur.

4°. Si l'on veut que cette amplitude soit la plus grande possible, pour une vitesse U donnée, il faut prendre pour θ la valeur qui rend $2h.\sin(2\theta)$, ou plutôt $\sin(2\theta)$, un maximum; ce qui a visiblement lieu lorsque $2\theta = \frac{1}{2}\pi$: donc $\theta = \frac{1}{4}\pi = 50°$ est l'arc qui mesure l'inclinaison correspondante à la plus grande portée. On serait aussi parvenu à ce résultat en différenciant $2h.\sin(2\theta)$ par rapport à θ, et égalant ensuite à zéro.

5°. En général, lorsque la vitesse de projection est donnée, on peut se proposer de déterminer l'inclinaison qu'elle doit avoir pour qu'il en résulte une portée connue, et $= P$: alors il faut tirer la valeur de θ de l'équation $P = 2h.\sin(2\theta)$, ce qui donne $\theta = \frac{1}{2}.\,\text{arc}\left(\sin = \dfrac{P}{2h}\right)$. On voit d'abord que pour que le problème ne soit pas absurde, il faut qu'on ait $P < 2h$: on observe en outre qu'il y a deux solutions. En effet (fig. 120), soit $K'E' = \dfrac{P}{2h}$, le rayon AI étant $= 1$; la droite AD qui divise en deux parties égales l'arc $K'DI$ dont le sinus est $\dfrac{P}{2h}$, satisfait à la question. Menons $K'K$ parallèle à $I'I$, l'arc IK a aussi pour sinus $K'E'$; donc la droite AD' qui divise cet arc en deux parties égales correspondrait à la même portée. On peut même ajouter que les droites AD et AD', forment, de part et d'autre, des angles égaux avec la ligne AO qui divise l'angle droit LAI en deux parties égales; car $IK + ILK'$ est visiblement $= \pi$: la somme de la moitié de ces arcs est donc $\frac{1}{2}\pi$: ainsi $ID + ID' = IL$, d'où $ID' = LD$; et par conséquent $OD = OD'$.

6°. Si la position du but est connue par ses coordonnées a et b, on a $b = a\,\text{tang}\,\theta - \dfrac{a^2}{4h\,\cos^2\theta}$, d'où l'on tire pour l'angle θ que doit faire avec l'horizon l'impulsion primitive $U = \sqrt{(2gh)}$,

$$\text{tang}\,\theta = \frac{1}{a}\left\{ 2h \pm \sqrt{(4h^2 - 4hb - a^2)} \right\}.$$

Ainsi il y a deux trajectoires pour une vitesse initiale donnée; ce qui s'accorde avec ce qu'on a vu (5°).

7°. Si la vitesse U est imprimée verticalement de bas en haut, on a $\theta = \frac{1}{2}\pi$; alors l'équation (h') ne peut être employée ; mais les expressions (3) deviennent $x = 0$, et $y = Ut - \frac{1}{2}gt^2$; la première indique que le corps n'a point de mouvement dans le sens des x; la seconde est la même que nous avons employée (157, V).

175. Cherchons maintenant la trajectoire des projectiles dans les milieux résistans; telle est celle que décrit un corps lancé par une bouche à feu dans l'atmosphère. La résistance des fluides est une force retardatrice, qui est proportionnelle au carré de la vitesse (222), et dont la direction est sans cesse opposée à celle du mouvement; ainsi il suffit d'introduire la considération de cette puissance dans la question que nous venons de résoudre; et nous aurons à analyser les circonstances du mouvement d'un corps mu en vertu d'une force de projection, et de deux forces continues, la gravité g, et la résistance R du fluide : l'une qui agit verticalement de haut en bas, et l'autre qui est dirigée suivant la tangente en chaque point de la trajectoire.

On a coutume de substituer à cette courbe la parabole, parce qu'elle est la trajectoire dans le vide, et qu'on regarde l'air comme un fluide assez subtil, pour que la résistance qu'il oppose puisse être négligée : elle est en effet peu sensible, lorsque la vitesse du mobile est très petite. Mais dans le cas contraire, qui se rencontre beaucoup plus fréquemment, l'erreur est si considérable, qu'elle peut aller même jusqu'à donner une portée dix fois trop grande. $V.$ à cet égard le n° 222. Le problème de la *Ballistique* est donc aussi intéressant comme objet d'application, qu'il l'est sous le point de vue analytique. Newton, Euler et dernièrement Legendre ont donné des solutions élégantes de cette question ; et si les formules sont compliquées, c'est une difficulté inévitable, qui tient à la nature même du problème.

Prenons l'axe des y vertical (fig. 121) : désignons par x, y et z les coordonnées du lieu du mobile au bout du temps t, et par s l'arc décrit. On sait que $\dfrac{dx}{ds}$, $\dfrac{dy}{ds}$, et $\dfrac{dz}{ds}$ sont les cosinus des angles formés par la tangente avec les axes respectifs des x, des y et des z : ainsi les composantes de la force R dans le sens de chacun de ces axes, sont $R.\dfrac{dx}{ds}$, $R.\dfrac{dy}{ds}$ et $R.\dfrac{dz}{ds}$; les équations (a') deviennent

$$X = - R.\frac{dx}{ds}, \quad Y = -\left(R.\frac{dy}{ds} + g\right), \quad Z = - R.\frac{dz}{ds};$$

on affecte ces forces de signes négatifs, parce qu'elles tendent à diminuer les coordonnées x, y et z. Les équations (b') deviennent donc

$$\frac{d^2x}{dt^2} = - R\frac{dx}{ds}, \quad \frac{d^2y}{dt^2} = - R\frac{dy}{ds} - g, \quad \frac{d^2z}{dt^2} = - R\frac{dz}{ds}.$$

En divisant la 1re par la 3e, on a

$$\frac{d^2x}{d^2z} = \frac{dx}{dz}, \quad \frac{d^2x}{dx} = \frac{d^2z}{dz}, \quad \log dx = \log C dz.$$

Ainsi $x = Cz + A$; la projection de la trajectoire sur le plan xy étant une ligne droite, cette courbe est dans un plan vertical ; ce qu'on eût pu prévoir. Nous prendrons donc le plan yz

pour celui de notre courbe, comme p. 234, et la 3ᵉ de nos équations sera inutile.

On sait que la résistance R du milieu est proportionnelle au carré de la vitesse v, en sorte que (n° 222)

$$R = av^2 = q \cdot \frac{ds^2}{dt^2}.$$

Nos équations deviennent donc, dt étant constant,

$$d^2x = -adxds, \quad d^2y = -adyds - gdt^2 \ldots\ldots (1).$$

Il s'agit maintenant d'intégrer ces équations différentielles du 2ᵉ ordre. La 1ʳᵉ revient à (e est la base des log. népériens)

$$\frac{d^2x}{dx} = -ads, \quad \log Adx = -as, \quad \frac{dx}{dt} = ce^{-as}.$$

Cette équation fait connaître, en fonction de l'arc s décrit, la vitesse $\frac{dx}{dt}$ dans le sens horizontal. Pour déterminer la constante c introduite par l'intégration, observons qu'au commencement du mouvement, si la vitesse imprimée U faisait avec l'horizon un angle θ, sa composante selon les x était U cos θ, vitesse horizontale qui répond à $x = 0$, $t = 0$ et $s = 0$; ainsi

$$c = U \cos \theta.$$

L'angle variable α, que fait avec l'horizon la tangente à l'extrémité de l'arc s, a pour tangente

$$y' = \frac{dy}{dx} = \tang \alpha, \quad dy = y'dx, \quad d^2y = y'd^2x + dy'dx.$$

Substituons à d^2y, dans la 2ᵉ de nos équations différentielles (1), cette expression, puis mettons pour d^2x et dy leurs valeurs $-adxds$, et $y'dx$, elle deviendra $dy'dx = -gdt^2$; et comme nous avons trouvé $cdt = e^{as}dx$, nous voyons que

$$c^2dy' = -gdx \cdot e^{2as} \ldots\ldots\ldots (2).$$

Multiplions cette équation par $dx\sqrt{(1+y'^2)}=ds$ (qui équivaut à $ds^2=dx^2+dy^2$), nous trouvons enfin cette équation intégrable (Cours de Math., n° 773),

$$-ge^{2as}\,ds=c^2\sqrt{(1+y'^2)}\,dy'\ldots\ldots(3).$$

$$C-e^{2as}=2ah\cos^2\theta\left[y'\sqrt{1+y'^2}+\log\left(y'+\sqrt{1+y'^2}\right)\right]\ldots(4).$$

Nous avons fait ici $c^2=U^2\cos^2\theta=2gh\cos^2\theta$, h étant la hauteur due à la vitesse initiale (156), ou $U^2=2gh$. Or $y'=\operatorname{tang}\alpha$ donne

$$\sqrt{(1+y'^2)}=\sec\alpha,$$

$$y'+\sqrt{(1+y'^2)}=\operatorname{tang}\alpha+\sec\alpha=\frac{\sin\alpha+1}{\cos\alpha}=\operatorname{tang}(45°+\tfrac{1}{2}\alpha),$$

ainsi qu'on le voit, en faisant $k=90°+\alpha$, dans l'équation générale $\operatorname{tang}\tfrac{1}{2}k=\dfrac{1-\cos k}{\sin k}$ (équ. M, Cours de Math., n° 359); donc notre équation intégrée revient à

$$C-e^{2as}=2ah\cos^2\theta\left\{\frac{\sin\alpha}{\cos^2\alpha}+\log\operatorname{tang}(45°+\tfrac{1}{2}\alpha)\right\}.$$

On détermine la constante C en observant qu'à l'origine on a $s=0$ et $\alpha=\theta$, ce qui donne

$$C=1+2fah\cos^2\theta,$$

en posant

$$f=\frac{\sin\theta}{\cos^2\theta}+\log\operatorname{tang}(45°+\tfrac{1}{2}\theta);$$

ainsi notre équation intégrale est

$$e^{2as}=1+2ah\cos^2\theta\left\{f-\frac{\sin\alpha}{\cos^2\alpha}-\log\operatorname{tang}(45°+\tfrac{1}{2}\alpha)\right\}\ldots(i').$$

Cette équation n'est point celle de la trajectoire en x et y, mais elle établit une relation entre les deux variables s et α qui suffit pour trouver cette courbe et en connaître la forme et les particularités, ainsi que nous l'allons montrer.

176. Avant d'aller plus loin, il est bon d'observer que si la résistance du milieu était nulle, il faudrait faire $a = 0$ dans tous ces calculs. En remontant à l'équation (2), on obtient dans ce cas $2h \cos^2 \theta \, dy' = - dx$, d'où intégrant,

$$y' = \tang \alpha = \frac{dy}{dx} = D - \frac{x}{2h \cos^2 \theta}.$$

Or $x = 0$, donne $y' = \tang \theta$; donc $D = \tang \theta$: ainsi en intégrant de nouveau, on retrouve l'équation (h' p. 235), et tous les théorèmes démontrés alors. Puisque la trajectoire dans le vide est connue, et facile à construire, et que la difficulté des calculs ne nous permet pas d'obtenir l'équation de la trajectoire en x et y, lorsqu'il y a un milieu résistant; rapportons celle-ci à la 1re en les comparant ensemble. Faisons $a = 0$ dans l'équation (3); elle se réduit à $- ds = 2h . \cos^2 \theta . dy' \sqrt{(1 + y'^2)}$; en intégrant on obtient, par le même calcul que précédemment,

$$E - s' = h \cos^2 \theta \left\{ \frac{\sin \alpha}{\cos^2 \alpha} + \log \tang (45° + \tfrac{1}{2} \alpha) \right\}.$$

On doit bien distinguer entre eux les arcs s et s'; s est un arc de la trajectoire cherchée; s' est un arc de parabole : s et s' commencent d'ailleurs à l'origine des coordonnées, et sont terminés aux points de leurs courbes respectives, où les tangentes font avec l'axe des x le même angle α; ces arcs ne sont point décrits dans le même temps.

Comme $s' = 0$ donne $\alpha = \theta$, on trouve $E = fh \cos^2 \theta$; ainsi on a

$$s' = h \cos^2 \theta \left\{ f - \frac{\sin \alpha}{\cos^2 \alpha} - \log \tang (45° + \tfrac{1}{2} \alpha) \right\}.$$

Mettant dans l'équation (s') s' pour la valeur que nous venons d'obtenir, on parvient à cette relation remarquable entre les arcs s et s'

16

$$e^{2as} = 1 + 2as' \quad \text{ou} \quad 2as = \log(1 + 2as') \ldots (k').$$

177. Cette relation est très propre à faire connaître certaines particularités de la trajectoire cherchée : elle fait voir que s' croît en même temps que s, mais d'une manière bien plus rapide. Or on sait que plus le point qui termine l'arc de parabole ADG (fig. 121) est éloigné de son sommet, et plus la tangente à l'extrémité de cet arc approche d'être parallèle à son axe : il en résulte que la tangente menée à l'extrémité de l'arc s devient d'autant plus voisine de la verticale, que s est plus grand ; alors y' est très près de l'infini. Pour savoir précisément ce qui se passe alors, éliminons s entre (2 et 4) ; nous aurons en fonction de y' la valeur de $\dfrac{dy'}{dx}$, qui ferait connaître, après l'intégration, l'abscisse du point de la courbe dont la tangente a une inclinaison donnée. Mais s'il ne s'agit que des points de la branche descendante EsF, qui sont éloignés du sommet E, il faut intégrer entre deux valeurs très grandes de y' : on peut donc négliger dans (4) devant y'^2 les termes constans, et même log y'. Ainsi $dy' = ay'^2 dx$. L'intégrale est $x = C - \dfrac{1}{ay'}$; ce qui donne x fini quand y' est infini : ainsi *la branche descendante* EF *a une Asymptote verticale* IK.

Si l'on fait s et s' négatifs dans la formule (k'), elle devient $- 2as = \log(1 - 2as')$: les arcs s et s' sont pris de A vers N et N' sur les courbes EAN, DAN' continuées en deçà du point A. L'équation précédente donne s infini lorsque $s' = \dfrac{1}{2a}$; ce qui fait voir que si l'on prend sur la parabole DAN', un arc AN' numériquement égal à $\dfrac{1}{2a}$, la tangente N' V' au point N', est parallèle à celle qu'on mènerait à l'infini sur la branche AN ; ainsi la trajectoire a une autre asymptote NV parallèle à N' V' : ce qui fait voir que cette courbe est formée de deux branches dissemblables.

178. Quoique l'équation (i') ne soit pas en x et y, elle n'est pas moins propre à décrire et à calculer les parties de la trajectoire : car si l'on regarde les petits arcs Ab, bc, co,... (fig. 121) comme des lignes droites, leurs inclinaisons mutuelles seront très petites. On peut, par exemple, concevoir les longueurs de ces arcs telles, que les angles qu'ils forment décroissent de degré en degré. Pour chacun de ces arcs la valeur de α sera connue d'avance, et la formule (i') servira à déterminer la longueur correspondante de cet arc. Dans le triangle cof, on connaîtra donc l'angle c, et l'hypoténuse co; ainsi on pourra en calculer la base cf et la hauteur fo. En opérant de même sur chaque petit arc, et réunissant ensuite les bases entre elles, ajoutant pareillement les hauteurs, on aura l'abscisse, l'ordonnée et la longueur de l'arc qui répondent à une valeur donnée de α : il faudra opérer séparément sur les deux branches, et prendre toutes les valeurs intermédiaires de degré en degré, depuis $\alpha = \theta$ jusqu'à $\alpha = o$ pour la branche ascendante; et depuis $\alpha = o$ jusqu'à α égal à la valeur $> \frac{1}{2}\pi$ qui répond à un point déterminé de la branche descendante. En faisant $\alpha = o$, on aurait la longueur entière de la branche ascendante.

Ainsi on pourra construire des tables pour toutes les portées et les inclinaisons. Le calcul de chaque trajectoire n'est d'ailleurs pas aussi long qu'il le paraît d'abord; car, 1°. f est constant dans toute l'étendue de la même courbe; 2°. la quantité $y' \cdot \sqrt{(1 + y'^2)} + \log(y' + \sqrt{1 + y'^2})$, calculée de degré en degré, servira pour toutes les trajectoires; 3°. lorsqu'on prend $\alpha > \frac{1}{2}\pi$ pour calculer la branche descendante, cette valeur change de signe, mais conserve la même grandeur : cela est évident pour le 1er terme, qui change de signe avec y' : quant au 2e, il devient $\log(-y' + \sqrt{1 + y'^2})$; or en multipliant et divisant le nombre par $y' + \sqrt{(1 + y'^2)}$, on obtient $\log\left(\dfrac{1}{y' + \sqrt{1 + y'^2}}\right)$, qui équivaut à............ $-\log(y' + \sqrt{1 + y'^2})$; 4°. le calcul de la quantité variable est d'ailleurs facile à effectuer, puisqu'elle est......

16..

$$= \frac{\sin \alpha}{\cos^2 \alpha} + \log \operatorname{tang} \left(45^o + \tfrac{1}{2}\alpha\right);$$ 5°. enfin vers le sommet de la courbe les arcs devant être fort petits, afin de diminuer le nombre des opérations, on pourra employer, au lieu des cordes, les arcs des cercles osculateurs. Ce n'est pas ici le lieu de nous étendre sur cette matière, qu'on trouvera suffisamment détaillée dans le XIe cahier du Journal de l'École Polytechnique, p. 222, par M. *Moreau*.

179. L'équation (i') ne donne point la relation entre x et y; mais il est facile de l'obtenir lorsque l'angle θ d'impulsion initiale est fort petit, ce qui est le cas du *tir à ricochet*. En effet, développons $\sqrt{(1+y'^2)}$ dans (3)

$$-e^{2as}ds = 2h \cos^2\theta \, dy' \left(1 + \tfrac{1}{2}y'^2 \dots\right)$$

d'où
$$-e^{2as} + C = 4ah \cos^2\theta \left(y' + \tfrac{1}{6}y'^3 \dots\right)$$

comme θ est supposé très petit, y' l'est aussi à plus forte raison, et les termes du 3e ordre sont négligeables. On trouve C, en faisant $s = 0$ et $y' = \operatorname{tang}\theta$: ainsi

$$e^{2as} = 1 + 4ah \cos^2\theta \left(\operatorname{tang}\theta - y'\right),$$

mettant cette valeur dans (2) en place de e^{2as},

$$dx = \frac{-2h \cos^2\theta \, dy'}{1 + 4ah \cos^2\theta \left(\operatorname{tang}\theta - y'\right)},$$

d'où
$$2ax = \log\left[1 + 4ah \cos^2\theta \left(\operatorname{tang}\theta - y'\right)\right].$$

La constante est nulle, attendu que $x = 0$ répond à $y' = \operatorname{tang}\theta$. Passant des log. aux nombres, et tirant la valeur de y',

$$y' = \frac{dy}{dx} = \operatorname{tang}\theta - \frac{e^{2ax} - 1}{4ah \cos^2\theta},$$

enfin intégrant, et à cause que $x = 0$ donne $y = 0$,

$$y = x \left(\operatorname{tang}\theta + \frac{1}{4ah} \frac{1}{\cos^2\theta}\right) - \frac{e^{2ax} - 1}{8a^2h \cos^2\theta}.$$

Telle est l'équation de la trajectoire dans le cas du ricochet. En omettant la dernière fraction, on a une droite bien facile à tracer ; pour décrire la courbe, il restera à retrancher de chaque ordonnée de cette droite une quantité égale à la valeur que prend en ce point cette fraction omise, valeur qu'on trouve par logarithmes. L'équation $y = x$ tang θ est celle de la droite d'impulsion que le mobile aurait parcourue sans la gravité et la résistance de l'air ; les autres termes sont la chute due à ces deux causes. Le sommet de la courbe répond à $y' = 0$; l'abscisse de ce point est donné par

$$e^{2ax} = 1 + 4ah \cos^2 \theta \ \text{tang}\ \theta, \ \text{d'où}\ 2ax = \log (1 + 2ah \sin 2\theta).$$

L'amplitude du jet s'obtient en faisant $y = 0$, et prenant la valeur de x, ce qui ne se peut que par approximation, parce que l'équation est transcendante.

III. *Des forces centrales.*

180. *Quel est le mouvement d'un corps, qui étant lancé dans le vide avec une force de projection quelconque, est attiré vers un point fixe par une force* CENTRIPÈTE, *dont l'action varie à différentes distances de ce point ?*

Menons par le centre d'attraction trois axes rectangulaires, et désignons par P la valeur absolue de la force centripète à un instant quelconque : le rayon vecteur mené du centre au lieu où se trouve le mobile à cet instant, fait avec les axes des angles dont les cosinus sont $\dfrac{x}{r}$, $\dfrac{y}{r}$, $\dfrac{z}{r}$; ainsi les composantes de la force sont $\dfrac{Px}{r}$, $\dfrac{Py}{r}$, $\dfrac{Pz}{r}$. Si donc on prend dt constant, on trouve pour les formules (b'), en observant que ces forces tendent à diminuer les coordonnées

$$\frac{d^2x}{dt^2} = -\frac{Px}{r}, \quad \frac{d^2y}{dt^2} = -\frac{Py}{r}, \quad \frac{d^2z}{dt^2} = -\frac{Pz}{r} \dots\dots (1).$$

Il s'agit d'intégrer ces équations.

On a vu, n° 172, que l'on peut chasser de ces équations la force P, et prouver que la trajectoire est dans un plan qui passe par le centre des forces. Ce résultat, qu'on pouvait d'ailleurs prévoir, permet de ne plus traiter le problème qu'en deux dimensions, en prenant pour plan des xy celui de l'orbite. Soit donc FDM (fig. 118 et 119) la trajectoire, M le lieu du mobile à l'instant t, A le centre des forces, Ax et Ay les axes; on aura AP $= x$, PM $= y$, AM $= r$, et l'angle MA$x = u$: il suffira d'employer les deux premières équations (1), qui produisent (V, p. 232)

$$x\,dy - y\,dx = c\,dt \ldots \ldots (2).$$

Le triangle rectangle MAP donne pour la transformation en coordonnées polaires

d'où
$$\left. \begin{aligned} x &= r\cos u,\, y = r\sin u,\, r^2 = x^2 + y^2 \\ dx &= -r\sin u.\,du + \cos u.\,dr, \\ dy &= r\cos u.\,du + \sin u.\,dr, \end{aligned} \right\} \ldots \ldots (3).$$

Ainsi on a $x\,dy - y\,dx = r^2\,du$; ce qui change (2) en

$$r^2\,du = c\,dt \ldots \ldots (4).$$

Or on sait (172) que $\int r^2\,du$ ou $\int (x\,dy - y\,dx)$ est le double de l'aire ξ comprise entre deux rayons vecteurs AH et AM dont l'un a une position fixe; donc cette aire $\xi = \frac{1}{2}ct + $ A ou plutôt $\xi = \frac{1}{2}ct$, en prenant pour le rayon fixe AH celui qui passe par le lieu du mobile lorsque $t = 0$. Ainsi *quelle que soit la force centrale, l'aire décrite par le rayon vecteur pendant le temps* t, *est proportionnelle à ce temps.*

Prenons sur le rayon vecteur AM un point distant du centre A d'une longueur égale à l'unité; ce point décrit une circonférence lorsque le rayon vecteur suit le corps M dans son orbite, et la vitesse que ce point prend à chaque instant, mesure celle du rayon, et par conséquent celle du corps : c'est ce qu'on appelle la *vitesse angulaire* du rayon vecteur; elle est exprimée par $\dfrac{du}{dt} = \dfrac{c}{r^2} = s$; donc *la vitesse angulaire est réciproquement proportionnelle au carré de la distance du mobile au centre.*

Abaissons de l'origine A (fig. 118) une perpendiculaire AI sur la tangente en M ; la longueur δ de cette ligne est

$$\delta = \frac{xdy - ydx}{\sqrt{(dx^2 + dy^2)}} = \frac{cdt}{ds} = \frac{c}{v},$$

en faisant usage des valeurs (2 et 4), et à cause que la vitesse $v = \dfrac{ds}{dt}$: ainsi *la vitesse effective du mobile, dans un lieu quelconque de son orbite, est réciproque à la longueur de la perpendiculaire menée du centre sur la tangente en ce point.*

181. Reprenons les deux premières équations (1), et multiplions-les respectivement par dx, dy, puis ajoutons ; nous aurons, à cause de $xdx + ydy = rdr$,

$$\frac{dx \cdot d^2x + dy \cdot d^2y}{dt^2} = - Pdr.$$

Comme l'intensité de la force P varie, par hypothèse, avec la distance au centre, P est supposé une fonction connue de r ; ainsi l'intégrale $\int Pdr$ est facile à trouver, faisons

$$\int Pdr = \psi + \alpha,$$

α étant la constante arbitraire ; il vient

$$\frac{dx^2 + dy^2}{dt^2} = - 2(\psi + \alpha) = v^2 \dots\dots\dots(5).$$

Cette équation est celle des forces vives (170) : et les formules (2) et (5) sont les deux intégrales du premier ordre des équations (1), qu'elles doivent remplacer. Les constantes α et c sont engagées dans ces formules avec des quantités qui déterminent la vitesse du corps ; elles dépendent donc de la force de projection, ou, si l'on veut, de la vitesse en un point déterminé de l'orbite.

Si l'on conçoit, sur une ligne quelconque Ax, un autre mobile, attiré vers le point A par la même force P, l'équation $\varphi de = v dv$ (153, *e*) déterminera les lois de son mouvement rectiligne; et comme $de = -dr, v dv = -P dr$, d'où $v^2 = -2(\psi + a')$. Ainsi la vitesse de ce second mobile sera la même que celle du premier, à même distance du centre, pourvu qu'une fois ils aient eu tous deux la même vitesse pour des distances égales; car alors $a = a'$. C'est la 40e proposition, section VIII, du livre des Principes de Newton.

Transformons les coordonnées dans l'équation (5); il vient les deux intégrales du premier ordre

$$r^2 du = c dt, \quad dr^2 + r^2 du^2 = -2(\psi + a) dt^2 :$$

en éliminant dt, on a pour l'équation de la trajectoire

$$du = \frac{c dr}{\sqrt{\{-2 r^2 (\psi + a) - c^2\}}} \dots \dots (6);$$

et comme les variables u et r sont séparées, on pourra intégrer et construire: il faut en dire autant de l'équation (4), $c dt = r^2 du$, puisque du est connu en fonction de r; on a donc le lieu du mobile à chaque instant. Le radical porte ici le signe $\pm$, et on devra préférer le signe $+$ lorsque u et r croîtront ensemble, et le signe $-$ dans le cas contraire; ce qui ne dépend que de l'impulsion donnée au corps

182. Prenons le cas où la force est proportionnelle à la distance: supposons de plus que le mobile posé en F (fig. 118) ait reçu une impulsion dans une direction FV perpendiculaire à AF, V désignant la vitesse imprimée. On aura $P = \mu r$, μ étant une constante qui représente l'intensité de la force centrale, lorsque la distance $r = 1$. On en déduit $\psi = \frac{1}{2}\mu r^2$, et $v^2 = -\mu r^2 - 2a$: or V est la valeur de v lorsque $r = AF = a$, ainsi $-2a = V^2 + \mu a^2$: de plus, la vitesse angulaire du rayon AF étant $\varkappa = \dfrac{c}{a^2}$, (180), on en conclut pour la vitesse en F, $v = a\varkappa = \dfrac{c}{a}$, mais cette vitesse est V, donc $c = aV$. Telles sont les valeurs des constantes c et

α dans le cas présent : on voit comment elles dépendent de la force de projection, et ce qu'il faudrait faire pour les déterminer dans toute autre hypothèse. Nos valeurs 5 et 6 deviennent donc

$$v^2 - V^2 = \mu(a^2 - r^2), \quad du = \frac{-aV\,dr}{r\sqrt{\{-\mu r^4 + r^2(V^2 + \mu a^2) - a^2 V^2\}}}.$$

On a mis ici le signe — parce que u décroît tandis que r croît. Or il est facile de décomposer le radical en deux facteurs, $\mu r^2 - V^2$ et $a^2 - r^2$: ainsi

$$du = \frac{-aV\,dr}{r\sqrt{(\mu r^2 - V^2)}\sqrt{(a^2 - r^2)}}.$$

Pour intégrer cette formule, on fait $\sqrt{(a^2 - r^2)} = pr$, d'où $r = \dfrac{a}{\sqrt{(1 + p^2)}}$: substituant pour r et dr leurs valeurs, on a

$$du = \frac{V\,dp}{\sqrt{(\mu a^2 - V^2 - V^2 p^2)}}.$$

L'intégrale est $u = \text{arc}\left(\sin = \dfrac{Vp}{\sqrt{(\mu a^2 - V^2)}}\right)$; comme $r = AF = a$ donne $u = \pi$ et $p = 0$, la constante est nulle. Remettant pour p sa valeur en r, on a........ $V^2(a^2 - r^2) = r^2(\mu a^2 - V^2)\sin^2 u$; puis repassant aux coordonnées rectangles à l'aide des formules (3), on obtient

$$V^2 x^2 + \mu a^2 y^2 = a^2 V^2,$$

équation d'une ellipse dont le centre est à l'origine A, et dont les demi-axes sont a et $\dfrac{V}{\sqrt{\mu}}$: le sommet est en F.

Dans une ellipse dont a et b sont les demi-axes, on trouve aisément pour la perpendiculaire AI abaissée sur la tangente,
$$\delta = \frac{a^2 b}{\sqrt{\{a^4 - x^2(a^2 - b^2)\}}};$$ la plus petite valeur de δ répond à $x = 0$, la plus grande à $x = a$; l'une est b, l'autre est

a : or $\delta = \dfrac{c}{v}$, ainsi la plus grande vitesse est $a\sqrt{\mu}$ à l'extrémité D du petit axe; la plus petite est V, elle a lieu à l'extrémité F du grand axe. Comme $b = \dfrac{V}{\sqrt{\mu}}$, on a pour la vitesse en un point M quelconque

$$v^2 = a^2\,\mu - x^2\left(\mu - \frac{V^2}{a^2}\right).$$

Au reste ces diverses circonstances sont données par l'équation $v^2 = V^2 + \mu\,(a^2 - r^2)$.

Soit ξ l'aire NAM; les aires sont proportionnelles aux temps; et puisque $\frac{1}{2}c$ est l'aire décrite pendant l'unité de temps, on a $\dfrac{t}{\xi} = \dfrac{1}{\frac{1}{2}aV}$, ou $t = \dfrac{2\xi}{aV}$; équation qui donne le lieu du mobile à chaque instant: l'aire totale$=\pi ab$ (Cours de Math., n° 805, IV), le temps T de la révolution entière est donc

$$T = 2\pi \cdot \frac{b}{V} = \frac{2\pi}{\sqrt{\mu}}.$$

Ce temps est le même (144) qu'emploierait un mobile à décrire un cercle de rayon b avec la vitesse uniforme V : et comme il est indépendant de a, b et V, on voit que *plusieurs corps décrivent leurs ellipses autour du même centre d'attraction, durant le même temps.*

183. Traitons, pour dernier exemple, le cas de la nature ; c'est celui où la force P est en raison inverse des carrés des distances, ce qui suppose $P = \dfrac{\mu}{r^2}$, $\psi = -\dfrac{\mu}{r}$, d'où

$$v^2 = 2\left(\frac{\mu}{r} - \alpha\right), \quad du = \frac{cdr}{r\sqrt{\left\{2r\mu - 2\alpha r^2 - c^2\right\}}}.$$

Pour intégrer cette dernière équation, supposons.........
$r = \dfrac{c^2}{\mu + p}$, et substituons pour r et dr leurs valeurs; en fai-

sant, pour abréger, $\mu^2 - 2\alpha c^2 = k^2$, il vient, tout calcul fait,
$$du = \frac{-\,dp}{\sqrt{(k^2 - p^2)}}, \text{ dont l'intégrale est}$$

$$u = \theta + \operatorname{arc}\left(\cos = \frac{p}{k}\right), \text{ ou } p = k\cos(u - \theta).$$

Remettant pour p sa valeur $\dfrac{c^2}{r} - \mu$, on a enfin pour équation de l'orbite

$$\frac{1}{r} = \frac{\mu}{c^2}\left\{ 1 + \frac{k}{\mu}\cos(u - \theta) \right\}.$$

Cela posé (Cours de Math., n° 399), on sait que la longueur du rayon vecteur $r = AM$ (fig. 119), mené du foyer A à l'un des points M d'une ellipse, est

$$r = \frac{a(1 - e^2)}{1 + e\cos\iota},$$

a étant le demi-grand axe OH, ι l'angle variable MAH, O le centre de l'ellipse, e le rapport de l'excentricité OA au demi-grand axe. Prenons une autre droite quelconque Ax passant en A et faisant avec le grand axe AH un angle θ ; nous aurons, en nommant u l'angle MAx, $\iota = u - \theta$: donc l'équation de l'ellipse, rapportée à une droite quelconque Ax menée par le foyer A , est

$$\frac{1}{r} = \frac{1 + e\cos(u - \theta)}{a(1 - e^2)} \quad \ldots\ldots\ldots\ldots (7).$$

En comparant cette équation à celle de notre trajectoire, on reconnaît qu'elles deviennent identiques, lorsqu'on pose

$$\frac{c^2}{\mu} = a(1 - e^2),\ e = \frac{k}{\mu} \text{ ou } \frac{k}{c^2} = \frac{e}{a(1 - e^2)}.$$

Ces équations sont propres à déterminer dans tous les cas les constantes a et e de l'ellipse, et on a

$$e = \frac{k}{\mu}, \quad a = \frac{c^2\,\mu}{\mu^2 - k^2} = \frac{\mu}{2\,\alpha},$$

d'où il suit que notre courbe est une *Ellipse* dont le foyer est au centre d'attraction, et qu'on peut aisément décrire lorsque les constantes a, e et θ sont connues, puisqu'on connaît alors la position et la longueur du grand axe, ainsi que l'excentricité. Ces constantes dépendent de la force de projection, ou, si l'on veut, de la vitesse du corps à un instant et dans une position déterminés. On doit remarquer ici que l'équation (7) appartient à la *Parabole* quand $e = 1$, ou $a = \infty$, ce qui arrive lorsque $k = \mu$, et par conséquent $\alpha = 0$; et qu'elle est celle d'une *Hyperbole* lorsque k est $> \mu$, auquel cas a et α sont négatifs : alors la trajectoire n'est plus une ellipse, mais *dans tous ces cas elle est une section conique.*

Comme $\frac{1}{2} c$ est l'aire décrite dans l'unité de temps, on a par la proportionnalité des aires aux temps, en désignant par T le temps d'une révolution entière, $\dfrac{\frac{1}{2}c}{1} = \dfrac{\pi a^2\,\sqrt{(\,1 - e^2\,)}}{T}$, car l'aire de l'ellipse est $\pi a b = \pi a^2\,\sqrt{(\,1 - e^2\,)}$: ainsi $1 - e^2$ étant $= \dfrac{c^2}{a\mu}$, on a

$$T^2 = \frac{4\,\pi^2}{\mu}\,a^3.$$

Pour un corps décrivant une autre ellipse $\dfrac{4\,\pi^2}{\mu}$ serait le même coefficient : ainsi *les carrés des temps des révolutions sont comme les cubes des grands axes des orbites.*

La vitesse à chaque instant est donnée par la formule . . . . $v^2 = 2\left(\dfrac{\mu}{r} - \alpha\right)$; la valeur est la plus grande ou la plus petite, suivant que r est lui-même plus petit ou plus grand, ce qui arrive aux deux sommets; donc la vitesse est minimum en F et maximum en H; ces deux points se nomment les *Apsides ;* H est le *Périhélie* (*); F est l'*Aphélie*. La formule $\delta = \dfrac{c}{v}$ donne la même conséquence.

L'équation (4) $r^2 du = cdt$ va nous donner le lieu du corps à chaque instant; en effet, substituons-y la valeur de du en r et dr, et mettons pour c^2 et α leurs valeurs $a\mu (1 - e^2)$ et $\dfrac{\mu}{2a}$, nous aurons

$$dt = \dfrac{rdr}{\sqrt{\mu} \ \sqrt{\left\{ 2r - \dfrac{r^2}{a} - a(1 - e^2) \right\}}} :$$

en intégrant, on a t en fonction de r. Pour y parvenir, faisons $r = a(1 - e \cos \lambda)$, et mettons pour r et dr leurs valeurs, il viendra $\sqrt{\mu} . dt = a^{\frac{3}{2}} (1 - e \cos \lambda) d\lambda$: on intègre et faisant $a^{-\frac{3}{2}} \sqrt{\mu} = n$, on a $nt + B = \lambda - e \sin \lambda$; B est la constante arbitraire : mais si l'on veut compter les temps à partir de celui où le corps a passé au périhélie H, B est nul, parce que $u = 0$ donne $r = AH = a(1 - e)$, (ce qui est d'ailleurs visible) valeur qui répond à $\cos \lambda = 1$, ou $\lambda = 0$. On a donc ,

$$nt = \lambda - e \sin \lambda, \quad r = a(1 - e \cos \lambda) \ \dots\dots (8).$$

Il faudrait éliminer λ; mais la difficulté des calculs fait préférer de laisser cet angle et de s'en servir comme d'un auxiliaire : on le nomme *Anomalie* (**) *Excentrique*. On peut aussi compter les arcs u, à partir de AH, ce qui donne $\delta = 0$: l'angle u est alors ce qu'on nomme l'*Anomalie vraie* : on nomme nt l'*Anomalie moyenne*. Pour obtenir la relation entre t et u, mettons pour r dans l'équation (7) sa valeur (8), il vient.........

(*) APHÉLIE, de ἀπό, *ab*, *longè*; ἥλιος, *sol*: loin du soleil.

PÉRIHÉLIE, de περί, *circa*; ἥλιος, *sol*: autour du soleil.

(**) ANOMALIE, de a privatif; ὁμαλος, *æqualis*, régulier: ce mot signifie irrégularité, parce que l'anomalie est en effet la loi des irrégularités apparentes des mouvemens planétaires, car elle est l'angle formé par les lignes des apsides et le rayon vecteur mené au lieu réel ou moyen de la planète.

$$1 - e \cos\lambda = \frac{1 - e^2}{1 + e \cos u} :$$ on en tire les valeurs de......

$1 - \cos\lambda$ et $1 + \cos\lambda$, qui, divisées l'une par l'autre, donnent

$$\frac{1 - \cos\lambda}{1 + \cos\lambda}, \text{ ou tang } \tfrac{1}{2}\lambda = \sqrt{\left(\frac{1-e}{1+e}\right)} \text{ tang } \tfrac{1}{2} u \ldots\ldots (9).$$

Les équations (8) et (9) servent à déterminer les quantités r, t u lorsqu'on connait une d'elles; elles complètent la résolution du problème.

Nous avons dit que les constantes a, c et θ sont données par la connaissance de l'état du mobile à un instant déterminé. Pour montrer la manière d'en trouver la valeur, supposons qu'en un certain point H (fig. 119) distant de l'origine A de AH $= f$, la vitesse ait été V perpendiculaire à AH, soit que cet effet ait été produit par l'état antérieur du corps déjà mu dans l'orbite depuis long-temps, soit qu'il ait été le résultat de la force de projection; la valeur de v^2 donne

$$V^2 = 2\left(\frac{\mu}{f} - a\right), \text{ d'où } a = \frac{\mu}{f} - \tfrac{1}{2} V^2.$$

De même la vitesse angulaire ω du rayon vecteur AH étant

$$\omega = \frac{V}{f} = \frac{c}{f^2}, \text{ on a } c = fV : \text{ on tire de là les équations}$$

$$v^2 - V^2 = 2\mu\left(\frac{1}{r} - \frac{1}{f}\right), \text{ et } k = \mu - fV^2.$$

La première donne la vitesse à chaque instant : la seconde montre que $\theta = 0$, car $r = f$ doit donner $u = 0$, ainsi AF se confond avec Ax et est la direction de l'axe de l'ellipse dont les dimensions sont maintenant connues.

184. Nous terminerons ce chapitre en traitant le cas du mouvement parabolique. Il faut pour cela faire $e = 1$, $a = \infty$; la quantité $a(1 - e)$ représente la distance périhélie AH, nous la désignerons par D. L'équation (7) devient alors

$$r = \frac{D}{\cos^2 \frac{1}{2} u},$$

à cause de $2 \cos^2 \frac{1}{2} u = 1 + \cos u$: telle est donc l'équation polaire de la parabole. La valeur de *dt* devient

$$dt = \frac{r\,dr}{V[2\mu\,(r-D)]}, \text{ d'où } t = \tfrac{1}{3} V\frac{2}{\mu} \times V(r-D)\{ r + 2D \};$$

on n'ajoute pas de constante, puisqu'on peut compter les temps, de sorte que $r = D$ donne $t = 0$. On peut aussi déduire t en fonction de l'anomalie vraie u; il suffit pour cela de mettre pour r sa valeur : on a ainsi

$$t = \frac{D^{\frac{3}{2}}}{3} V\frac{2}{\mu} \times \left(2 + \frac{1}{\cos^2 \frac{1}{2} u} \right) V\left\{ \frac{1}{\cos^2 \frac{1}{2} u} - 1 \right\},$$

or le second facteur variable équivaut à $\tang \frac{1}{2} u$; le premier à

$$3 + \frac{1 - \cos^2 \frac{1}{2} u}{\cos^2 \frac{1}{2} u} = 3 + \tang^2 \frac{1}{2} u; \text{ donc}$$

$$t = D^{\frac{3}{2}} V\frac{2}{\mu} \left\{ \tang \tfrac{1}{2} u + \tfrac{1}{3} \tang^3 \tfrac{1}{2} u \right\}.$$

IV. *De la Gravitation universelle.*

185. Le problème que nous venons de résoudre s'applique au mouvement des planètes autour du soleil, parce que *les corps s'attirent en raison directe des masses et inverse des carrés des distances.* Ce n'est pas d'après l'exacte concordance des résultats que nous venons de trouver avec les phénomènes de la physique céleste, que nous établissons cette vérité; mais nous allons prendre le problème en sens inverse pour remonter des phénomènes connus à leur cause; car les équations (b') ne sont pas seulement propres à faire connaître le mouvement produit par des forces données, mais encore à déterminer la nature des

forces, lorsque les circonstances du mouvement sont connues : ce qui suit peut en servir d'exemple.

Nous regarderons ici les lois de Képler comme démontrées par l'observation : les détails dans lesquels nous serions obligés d'entrer pour exposer comment on a pu connaître ces lois, nous écarteraient trop du but que nous nous proposons ; c'est pourquoi nous renvoyons à l'*Exposition du Système du Monde* de Laplace, et à notre *Uranographie*. Les phénomènes qui servent de base à la théorie que nous voulons exposer, sont connus sous la dénomination de lois de Képler, du nom du savant qui les a découvertes : voici leur énoncé.

1°. *Les aires décrites autour du centre du soleil, par les rayons vecteurs des planètes, sont proportionnelles aux temps employés à les décrire.*

2°. *Les orbes planétaires sont des ellipses dont le centre du soleil occupe un des foyers.*

3°. *Les carrés des temps des révolutions des planètes, sont entre eux comme les cubes des grands axes de leurs orbites.*

Nous regarderons donc ici ces lois comme des vérités dues à l'expérience : Képler les a obtenues par une longue suite d'observations ; on les a depuis confirmées, et il est impossible d'élever le plus léger doute à cet égard. Considérons le soleil et une planète, telle que la terre, par exemple.

186. Soient x et y les coordonnées rectangles AP et PM (fig. 119) du lieu d'une planète M dans son orbite FDM, l'origine A étant au centre du soleil : nommons de plus X et Y les forces dont cette planète est animée dans son mouvement autour du soleil, parallèlement aux axes des x et des y : les équations (b'), sont $d^2x = X dt^2$, $d^2y = Y dt^2$; dt est ici constant. Si l'on retranche les produits respectifs de ces deux équations, par y et par x, on a $x.d^2y - y.d^2x = (xY - yX) dt^2$. Le premier membre est la différentielle de $x.dy - y.dx$: or on a vu (172) que $\int(xdy - ydx)$ est le double de l'aire que décrit le rayon vecteur AM de la planète, pendant le temps t, autour du soleil : d'après la première loi de Képler, cette aire étant proportionnelle au temps, on a $\int(xdy - ydx) = ct$; d'où l'on tire

$$xdy - ydx = cdt, \text{ et } Yx - Xy = 0.$$

Il suit de là (172) que les forces X et Y ont leur résultante dirigée vers le centre du soleil, qui est à l'origine des coordonnées. D'ailleurs la courbe décrite par la planète étant concave vers le soleil, il est visible que la force qui fait décrire cette courbe tend vers ce point. La loi des aires proportionnelles aux temps employés à les décrire, nous conduit donc à ce premier résultat remarquable, *la force qui sollicite chaque planète est dirigée vers le centre du soleil.*

187. Déterminons la loi suivant laquelle cette force agit à différentes distances de cet astre : il est clair que les planètes, s'approchant et s'éloignant alternativement du soleil à chaque révolution, la nature du mouvement elliptique doit nous conduire à cette loi. Reprenons dans cette vue les équations.......
$d^2x + Xdt^2 = 0$, $d^2y + Ydt^2 = 0$; les signes des forces X et Y sont changés, parce qu'elles tendent à diminuer les coordonnées : en ajoutant les produits respectifs de ces équations par dx et dy, on a $dx.d^2x + dy.d^2y + (Xdx + Ydy)\, dt^2 = 0$; et comme la première partie est la différentielle de $\frac{1}{2}(dx^2 + dy^2)$, en intégrant, et mettant pour dt sa valeur $\frac{xdy - ydx}{c}$, donnée par la loi de la proportionnalité des aires décrites aux temps, on a

$$\frac{c^2(dx^2 + dy^2)}{(xdy - ydx)^2} + 2\int(Xdx + Ydy) = 0.$$

La constante arbitraire est comprise dans le signe $\int$. Transformons, pour plus de facilité, les variables x et y, en coordonnées polaires; et pour cela ayons recours aux formules (3) du n° 180 dans lesquelles r est le rayon vecteur AM (fig. 119) mené par les centres du soleil et de la planète, u l'angle MAx qu'il forme avec l'axe des x. On trouve $dx^2 + dy^2 = r^2du^2 + dr^2$ et $xdy - ydx = r^2du$. Soit φ la force qui agit sur la planète; X et Y en sont les composantes; donc $X = \varphi\cos u$, $Y = \varphi\sin u$, et

$\mathrm{X}dx + \mathrm{Y}dy = \varphi\,dr$. Notre équation est donc changée en

$$\frac{c^2\,(r^2du^2 + dr^2)}{r^4du^4} + 2\int \varphi dr = 0.$$

Si la force φ était connue en fonction de r, cette équation ferait connaître la relation en r et u qui appartient à la trajectoire ; mais comme ici cette courbe est donnée, tandis qu'au contraire φ ne l'est point, il faut introduire la relation en r et u qui appartient à l'ellipse, et employer cette équation à déterminer φ. Elle se met sous la forme

$$c^2 \left(\frac{dr^2}{r^4du^2}\right) + \frac{c^2}{r^2} + 2\int \varphi\,dr = 0.$$

En différenciant on obtient

$$\varphi = \frac{c^2}{r^3} - \frac{c^2}{2dr}\,d\left(\frac{dr}{r^2du}\right)^2.$$

On a vu (183) que l'équation polaire de l'ellipse est (7)

$$\frac{1}{r} = \frac{1 + e\cos(u - \theta)}{a(1 - e^2)},$$

e désigne le rapport de l'excentricité au demi-grand axe a, θ est l'angle que celui-ci fait avec un axe fixe $\mathrm{A}\dot{x}$, u est l'angle variable $\mathrm{MA}x$ que cet axe fait avec le rayon vecteur $\mathrm{AM} = r$. Pour introduire cette valeur dans celle de φ, on différencie et on a $\frac{dr}{r^2du} = \frac{e\sin(u - \theta)}{a(1 - e^2)}$; et on en chasse $\sin(u - \theta)$ à l'aide de la précédente qui donne $e\cos(u - \theta)$, dont le carré retranché de e^2 produit

$$e^2\sin^2(u - \theta) = \frac{2a(1 - e^2)}{r} - \frac{a^2(1 - e^2)^2}{r^2} - (1 - e^2),$$

d'où $\quad \left(\dfrac{dr}{r^2du}\right)^2 = \dfrac{2}{ar(1 - e^2)} - \dfrac{1}{r^2} - \dfrac{1}{a^2(1 - e^2)}.$

La différentielle du second membre est $-\dfrac{2dr}{a(1-e^2)r^2} + \dfrac{2dr}{r^3}$;
la valeur de φ devient donc

$$\varphi = \frac{c^2}{a(1-e^2)} \times \frac{1}{r^2} = \frac{h}{r^2} \dots\dots\dots (l)\,;$$

en faisant la constante $\dfrac{c^2}{a(1-e^2)} = h$; donc *de ce que les or-*
bites des planètes sont elliptiques, on conclut que la force qui les
anime est réciproque au carré de la distance du centre de ces
astres à celui du soleil.

188. L'intensité de la force φ, relativement à chaque planète,
dépend du coefficient h ; les lois de Képler donnent encore le
moyen de la déterminer. En effet, si l'on nomme T le temps de
la révolution d'une planète, l'aire que son rayon vecteur décrit
pendant ce temps sera la surface même de l'ellipse planétaire ;
cette surface est $\pi ab = \pi a^2 \sqrt{(1-e^2)}$; mais on a, d'après la
première loi de Képler, $\dfrac{\frac{1}{2}ct}{\pi a^2 \sqrt{(1-e^2)}} = \dfrac{t}{T}$, et d'après la troisième, $T^2 = m^2 a^3$, m étant un coefficient constant pour toutes
les planètes : on a donc $c^2 m^2 = 4\pi^2 a(1-e^2)$, d'où

$$h = \frac{c^2}{a(1-e^2)} = \frac{4\pi^2}{m^2},$$

et
$$\varphi = \frac{4\pi^2}{m^2} \times \frac{1}{r^2} \dots\dots\dots (m')\,.$$

Le coefficient $\dfrac{4\pi^2}{m^2}$ étant le même pour toutes les planètes, il en
résulte que pour chacun de ces corps la force φ est réciproque
au carré des distances au centre du soleil, et qu'elle ne varie
d'un corps à l'autre qu'à raison de ces distances ; d'où il suit
qu'elle est la même pour tous ces corps supposés à égale distance
du soleil. Ainsi les planètes abandonnées à leur gravité vers cet

satre, tomberaient, dans ce cas, en temps égal, d'égales hauteurs, en sorte que *leur poids serait proportionnel à leur
masse.*

189. Nous voilà donc conduits, par les belles lois de Képler,
à regarder le centre du soleil comme le foyer d'une force attractive qui s'étend à l'infini dans tous les sens, et décroît en raison du carré des distances. La loi de la proportionnalité des aires
décrites par les rayons vecteurs, aux temps employés à les décrire, nous montre que la force principale qui sollicite les planètes est constamment dirigée vers le centre du soleil. L'ellipti-
cité des orbes planétaires prouve que pour chaque planète cette
force est réciproque au carré de sa distance au soleil ; enfin de la
proportionnalité des carrés des temps des révolutions aux cubes
des grands axes des orbites, il résulte que cette force est la même
pour toutes les planètes placées à égales distances du soleil : en
sorte que dans ce cas ces corps se précipiteraient vers lui avec la
même vitesse ; d'où l'on conclut que la gravitation est proportionnelle à la masse.

Puisque la loi de l'attraction est connue, on peut obtenir une
première approximation du mouvement des corps célestes, en
supposant que les masses des planètes sont trop petites et trop
éloignées les unes des autres pour s'influencer. Cette hypothèse
permet de considérer les phénomènes pour chaque planète,
comme si ce corps existait seul avec le soleil; et la théorie exposée dans le chapitre précédent s'applique directement. Seulement
chaque planète n'a une orbite connue que lorsqu'on a préalable-
ment déterminé les constantes.

Ainsi soit M la masse du soleil, m celle de la planète.
$\frac{M}{r^2}, \frac{m}{r^2}$ sont leurs attractions; chacune tend à attirer l'un des astres
vers l'autre : si donc on veut regarder le soleil comme fixe, il faut
concevoir la force $\frac{M}{r^2}$ appliquée à la planète en sens contraire ;
ainsi le mouvement relatif est dû à la somme de ces forces ou
$\frac{M+m}{r^2}$, de sorte que $h = M + m$, à moins qu'on ne néglige

m relativement à M , ce qui suffit pour une première approximation.

Il est en outre nécessaire de connaître, pour chaque planète, sept quantités, que l'on nomme les *Élémens du Mouvement elliptique.* Cinq de ses élémens, relatifs au mouvement dans l'ellipse, sont 1°. la durée T de la révolution sidérale; 2°. le demi-grand axe *a* de l'orbite, ou la moyenne distance de la planète au soleil; 3°. l'excentricité $l = ae$; 4°. la longitude moyenne de la planète à une époque donnée, afin de déterminer V ; 5°. la longitude θ du périhélie à la même époque. Les deux autres élémens se rapportent à la position de l'orbite, et sont 1°. la longitude, à une époque donnée, des nœuds de l'orbite; 2°. l'inclinaison de l'orbite. *V. l'Uranographie.*

L'équation d'ellipse que nous avons employée n'appartient pas seulement à cette courbe : lorsque *e* est $>$ 1 et *a* négatif, elle est celle d'une hyperbole; et elle devient enfin celle d'une parabole, lorsque $e = 1$ et $a = \infty$. Quoique ces deux circonstances ne se rencontrent point dans le système céleste, cependant comme les comètes décrivent des orbes à très peu près paraboliques, on voit que la loi d'attraction est encore vraie pour ces astres; et leur mouvement est alors déterminé par les formules du n° 184. Les lois de Képler s'appliquent également aux *Satellites* des planètes, qui ont autour d'elles un mouvement relatif à peu près comme si elles étaient immobiles; ces satellites gravitent donc suivant les mêmes lois. Le soleil et les planètes qui ont des satellites, sont par conséquent douées d'une force attractive qui, en décroissant à l'infini réciproquement au carré des distances, embrasse dans sa sphère d'activité tous les corps. L'analogie nous porte à penser qu'une pareille force réside généralement dans les autres planètes et dans les comètes : mais on peut s'en assurer directement de cette manière. C'est une loi constante de la nature, qu'un corps ne peut agir sur un autre, sans en éprouver une réaction égale et contraire; ainsi les planètes et les comètes étant attirées vers le soleil, elles doivent attirer cet astre suivant la même loi. Les satellites attirent par la même raison leur planète; cette propriété attractive est donc commune aux planètes, aux comètes et aux satellites, et par conséquent on peut regarder la gravitation des corps célestes les uns vers les autres comme une propriété générale de cet univers.

Nous venons de voir qu'elle suit la raison inverse du carré des distances; à la vérité, cette raison est donnée par les lois du mouvement elliptique, auxquelles les mouvement célestes ne sont pas rigoureusement assujettis; mais les perturbations résultent de l'action même des forces attractives des planètes les unes sur les autres. Consultez à cet égard le chap. Ier du livre II de la *Mécanique céleste*, et l'*Exposition du système du Monde*, ouvrages de M. de Laplace, dont nous ne saurions trop recommander la lecture, et dont nous avons extrait tout ce que nous avons dit dans cet article.

La même loi s'observe sur la terre : on s'est assuré, par des expériences très précises faites au moyen d'un pendule (p. 268), que sans la résistance de l'air, tous les corps se précipiteraient vers son centre avec une égale vitesse : les corps terrestres pèsent donc sur la terre en raison de leurs masses, ainsi que les planètes pèsent vers le soleil, et les satellites vers leurs planètes. Cette conformité de la nature avec elle-même sur la terre et dans l'immensité des cieux, nous montre, de la manière la plus frappante, que la pesanteur observée ici bas n'est qu'un cas particulier d'une loi générale répandue dans l'univers. Les phénomènes célestes, comparés aux lois du mouvement, nous conduisent donc à ce grand principe de la nature, *que les molécules de la matière s'attirent mutuellement en raison des masses, et réciproquement au carré des distances.*

V. *Mouvement d'un corps pesant sur une courbe sans frottement.*

190. Nous avons supposé jusqu'ici que le mobile obéissait librement à l'action des puissances qui le sollicitaient; supposons maintenant qu'il se trouve assujetti à parcourir une courbe donnée (comme il arriverait s'il était retenu dans un canal cur-

viligne sans frottement), et animé par des forces connues. Mais pour rendre tout ce que nous avons à dire plus facile à saisir, nous allons d'abord traiter le cas où le mobile n'est soumis qu'à la gravité; ce cas, le plus commun dans la nature, mérite un examen particulier à cause de son importance et de sa simplicité.

191. Supposons qu'un point matériel pesant parte de B (fig. 122), parcourre l'arc de courbe BM, et parvienne en M au bout du temps t. Prenons pour axes l'horizontale Ax et la verticale Ay, de sorte que AP $= x$, PM $= y$, et BM $= s$: soit BC $= k$. La vitesse v que le mobile a en M, dans le sens de l'élément de la courbe, est $v = \dfrac{ds}{dt}$, et la gravité l'augmente de dv dans l'instant dt: mais cette force tend à communiquer la vitesse $g\,dt$ dans le sens de MG. Imitons donc ici ce qui a été fait (163), et décomposons cette impulsion en deux autres, dirigées, l'une suivant la normale MN et détruite par la résistance de la courbe; l'autre suivant la tangente MH et......
$= g\,dt.\dfrac{dy}{ds}$, puisque $\dfrac{dy}{ds}$ est le cosinus de l'angle que forme la tangente TM avec l'axe des y; ainsi l'accroissement de vitesse est $dv = g\,dt.\dfrac{dy}{ds}$; d'où $v\,dv = g\,dy$. En intégrant, on a.....
$v^2 = 2g(y + C)$: or $y = k$ correspond au point B auquel la vitesse du mobile était nulle ou due à la hauteur h (156), suivant qu'il n'a pas reçu ou a reçu une impulsion initiale; ainsi $v = 0$, ou $v^2 = 2gh$, lorsque $y = k$; d'où C $= - k$ ou $= h - k$; donc

$$v^2 = 2g(y - k) , \text{ ou } v^2 = 2g(y + h - k)\ldots\ldots(n').$$

Dans le 2ᵉ cas, prenons BL $= h$, et nous aurons un point K de la courbe dont l'ordonnée est CL $= k - h$, d'où......
$v^2 = 2g(y - $ CL $)$. Ce cas rentre donc dans l'autre, puisque les choses reviennent à supposer que le mobile part du repos en K.

Dans le premier cas $v^2 = 2g \times$ MI , ainsi le mobile a la même vitesse en M, suivant la tangente, que s'il était tombé de la hauteur IM. Donc *lorsqu'un corps pesant tombe, sans impulsion initiale, ni frottement, le long d'une courbe, il a en chaque point la même vitesse que s'il était tombé librement de pareille hauteur verticale, quelle que soit la courbe décrite.* Ce résultat nous apprend que la deuxième conséquence du n° 164 n'est qu'un cas particulier de ce dernier principe. *V.* 224.

Quoique notre fig. 122 suppose la courbe plane, cependant il est aisé de voir que tous les raisonnemens et les calculs sont vrais dans le cas d'une courbe à double courbure.

192. Le théorème précédent servira à faire connaître le mouvement du mobile; en effet, on trouve

$$\frac{ds}{dt} = V\{2g(y - k)\} , \text{ et } dt = \frac{ds}{V\{2g(y - k)\}} \dots (o').$$

On tirera de l'équation donnée de la courbe, *ds* en fonction de *y* et *dy*; et substituant ici, on aura, en intégrant depuis $y = h$, le temps employé à descendre de B en M. Lorsqu'il y a une impulsion, il faut mettre $k - h$ pour k.

193. Sur une courbe plane quelconque AQ (fig. 123), on a posé un mobile en A en lui donnant une impulsion propre à le faire remonter de A vers M, point où il arrive au bout du temps t : pour trouver les circonstances du mouvement, raisonnons comme ci-dessus. A étant l'origine des coordonnées, AG $= y$, on aura $vdv = - gdy$; le $-$ vient de ce que la gravité g agit en sens contraire de l'impulsion; ainsi $v^2 = 2g(C - y)$. Si l'impulsion a été dirigée selon la tangente en A, et est mesurée par la vitesse due à la hauteur $h =$ AD, on a $y = o$ quand $v^2 = 2gh$, d'où $v^2 = 2g(h - y)$. Le calcul se continue aisément. On voit que plus y croît, ou plus le mobile s'élève sur la courbe, plus la vitesse v diminue; elle devient nulle au point Q pour lequel $y = h =$ AD. Le corps part alors du repos en ce point Q et redescend selon la loi ci-devant énoncée. Lorsqu'il est revenu en A, après un temps égal à celui de son

ascension, il a repris en sens contraire sur la tangente la vitesse d'impulsion ; et si le point A se trouve avoir sa tangente horizontale, le corps remonte sur l'arc AK et revient au repos en Q' sur l'horizontale QQ' menée par le point D. Il redescend ensuite, oscillant de la sorte perpétuellement sur l'arc QAQ' ; mais examinons plus particulièrement cette espèce de mouvement.

VI. *Pendule simple.*

194. Appliquons ce qui vient d'être dit au cercle : soit un point matériel pesant Q lié à un fil QO (fig. 123), inextensible et sans pesanteur, dont l'extrémité O est fixe ; on donne à ce système le nom de PENDULE SIMPLE. Si le mobile part du repos au point Q, nous venons de dire qu'arrivé en A, au point le plus bas du cercle qu'il décrit, il a acquis la même vitesse que s'il était tombé de la hauteur verticale DA ; et qu'en vertu de cette vitesse, qui est dirigée selon la tangente horizontale, il remontera en Q', à la même hauteur et dans le même temps qu'il a employé à descendre, puis redescendra et ainsi de suite. On donne le nom d'*oscillation* à l'excursion totale de OQ en OQ' ; on voit que le mouvement se continuerait indéfiniment, dans des temps égaux, sans la résistance de l'air et le frottement sur l'arc O, circonstances dont nous ferons abstraction ici.

Examinons d'abord le cas où *les oscillations sont très petites;* nommons OA $= r$ le rayon du cercle, f et θ les angles QOA, MOA formés avec la verticale OA, au commencement du mouvement et au bout du temps t, lorsque le mobile est arrivé en un point quelconque M. La vitesse en M est due à la hauteur DG $=$ OG $-$ OD ; mais dans les triangles rectangles MOG, QOD, on a OG $= r\cos\theta$, OD $= r\cos f$, d'où

$$v^2 = 2gr(\cos\theta - \cos f) = \frac{ds^2}{dt^2}, \quad dt = \frac{ds}{\sqrt{2gr(\cos\theta - \cos f)}} ;$$

mais on a $1 : d\theta :: r : ds = - rd\theta$; nous mettons ici $-$ parce que s croît quand θ diminue; il reste donc à intégrer l'équation

$$dt = \sqrt{\left(\frac{r}{2g}\right)} \cdot \frac{-d\theta}{\sqrt{(\cos\theta - \cos f)}} \ \dots\dots \ (1).$$

Pour exprimer que θ et f sont très petits, prenons, au 4e ordre près, les séries $\cos\theta = 1 - \frac{1}{2}\theta^2$, $\cos f = 1 - \frac{1}{2}f^2$, et nous aurons

$$t = \sqrt{\left(\frac{r}{g}\right)} \cdot \int \frac{-d\theta}{\sqrt{(f^2 - \theta^2)}} = \sqrt{\left(\frac{r}{g}\right)} \cdot \mathrm{arc}\left(\cos = \frac{\theta}{f}\right) + \mathrm{C}.$$

La constante C est nulle; attendu que $\theta = f$ donne $t = 0$. Pour en déduire le temps de la demi-oscillation, on fera $\theta = 0$, et doublant on aura le *temps* T *de l'oscillation entière,* ou de l'excursion totale de Q en Q',

$$\mathrm{T} = \pi \sqrt{\left(\frac{r}{g}\right)} \ \dots \ (p').$$

On observera que l'arc qui a zéro pour cos est aussi bien $\frac{1}{2}\pi$ que $\frac{3}{2}\pi$, $\frac{5}{2}\pi$......; ce qui prouve que le mobile arrive en Q dans une infinité de temps successifs, tous séparés entre eux par la durée $2\pi \sqrt{\left(\frac{r}{g}\right)}$ de la double oscillation. C'est ce qui résulte de ce qu'à chaque excursion le mobile se retrouve en repos, comme au moment du départ, ainsi qu'on l'a déjà remarqué.

195. On tire de (p') diverses conséquences importantes.

1°. Comme le temps T est indépendant de b, quelle que soit l'amplitude de l'excursion Q'AQ, le temps de l'oscillation entière est le même, pourvu qu'elle ait lieu dans un très petit arc; ces oscillations sont dites *isochrones* (164). Des mobiles placés en divers points de l'arc QA, partant ensemble du repos, arriveront tous au même moment en A. Nous reviendrons sur cette propriété. Deux pendules sont dits *synchrones,* quand ils accomplissent leurs oscillations dans la même durée (Σὺν, *ensemble;* Χρονοσ, *temps*).

2°. Soient r et r' les longueurs de deux pendules, les temps T et T' de leurs oscillations donneront $T : T' :: \sqrt{r} : \sqrt{r'}$; ainsi *les durées des oscillations sont entre elles comme les racines carrées des longueurs des pendules.*

3°. Si pendant le temps t un pendule fait N oscillations, la durée de l'une d'elles est $T = \dfrac{t}{N}$; et l'on a

$$\frac{t}{N} = \pi \cdot \sqrt{\left(\frac{r}{g}\right)}; \quad \text{d'où} \quad r = \frac{g}{\pi^2} \cdot \frac{t^2}{N^2} :$$

un autre pendule de longueur r' ferait N' oscillations dans le même temps t, donc $r'N'^2 = r.N^2$. *Donc les longueurs de deux pendules sont entre elles en raison inverse des carrés des nombres d'oscillations faites dans le même temps.* L'équation précédente donnera l'une des quatre quantités r, N, r' et N' lorsqu'on connaîtra les trois autres.

Ainsi pour déterminer la longueur r du pendule qui bat les secondes, on en fera osciller un de longueur arbitraire r', et l'on comptera le nombre N' d'oscillations qu'il fait dans un temps déterminé, tel qu'une minute, ce qui donnera r. C'est ainsi que, par exemple, on trouve qu'un pendule de 797 millimètres de long fait 67 oscillations par minute. On a donc $r' = 0^m,797$, $N' = 67$; faisant $N = 60$, on en conclut que *dans le vide, à Paris, la longueur du pendule simple qui bat la seconde sexagésimale de temps moyen,* est

$$r = 0^{mèt.},99388 \; 87446 = 3^{pieds}.05647 \; 692994 = 440^{lig}.,5593$$
$$\log = \overline{1},99731 \; 59236 \ldots\ldots;1,48564 \; 71843 \ldots\ldots \quad 2,6440044.$$

4°. comme rN^2 conserve constamment sa valeur pour toute longueur r d'un pendule qui accomplit N oscillations dans un temps désigné, faisons $r' =$ longueur du pendule à secondes de temps moyen, et $N' = 3600$, nombre des oscillations par heure, le produit $r'N'^2$ deviendra un nombre connu. On a donc

$$\log r + 2\log N = 7,10992092 ;$$

r est le nombre de mètres d'un pendule simple qui, à Paris, fait, dans le vide, le nombre N d'oscillations en une heure de temps moyen. Cette relation donne l'une des quantités r et N quand on connaît l'autre; c'est ainsi qu'on trouve qu'un pendule qui retarde ou avance de $1''$ par jour, est trop long ou trop court de $0^{mm},023$, l'unité étant le millimètre; que le pendule qui bat $3609,830$ oscillations en 1^h de temps moyen (ou le pendule de temps sidéral) a pour longueur, à Paris,… $r = 0^m,9884337$, c'est - à - dire est plus court que le 1er de $5^{mm},41$.

5°. On tire de ces considérations et de (p')

$$g = \frac{r\pi^2}{T^2} = \frac{r\pi^2 N^2}{t^2}.$$

On peut donc déterminer avec une grande exactitude la valeur numérique de la gravité g, à l'aide d'expériences, qui feront connaître les nombres N et t pour un pendule simple de longueur connue r; on a $g = \pi^2 r$, quand r est la longueur du pendule à secondes. Nous verrons bientôt comment on ramène à cet état idéal un pendule de forme définie quelconque. (V. Cours de Math., n° 597). C'est ainsi qu'on a trouvé les valeurs données n° 156, p. 213.

6°. Nous avons prouvé (156) que dans le vide la chute des corps graves se faisait d'un mouvement uniformément varié; maintenant il est facile de s'assurer que la gravité ne varie pas pour les divers corps, à la manière des attractions chimiques. Il suffit pour cela de faire osciller des corps de nature différente, de les réduire par le calcul à des pendules simples, et de voir si les longueurs sont entre elles en raison inverse des carrés des nombres d'oscillations faites dans le même temps (195, 3°.); car la plus légère différence entre les actions de la pesanteur serait rendue considérable dans ces expériences. Newton les a faites avec le plus grand soin; on les a répétées souvent depuis, et tout a prouvé que la force qui pousse les corps vers la terre a la même intensité pour tous, quelle que soit leur masse et leur nature, et que par conséquent le poids est proportionnel à la masse (50, 221).

7°. Il ne faut pas omettre de dire ici que la pesanteur g est la résultante de deux forces, savoir l'attraction terrestre et la force centrifuge due à la rotation diurne du globe (n° 209); en sorte que la pesanteur g en un lieu désigné dépend de la figure de notre sphéroïde et de son mouvement. Elle dépend encore de l'élévation h de l'observateur au-dessus de la mer (156).

La théorie de l'attraction démontre que *la pesanteur g varie proportionnellement au carré du sinus de la latitude l du lieu*, ou ce qui équivaut, proportionnellement au cosinus du double de la latitude. La longueur r du pendule à secondes de temps moyen varie donc aussi selon la même loi (V. Méc. cél., t. II, n° 42; Cours de Math., n° 597) : ainsi on peut poser les équations suivantes, qui ont lieu *dans le vide, au niveau des mers, sous la latitude l* :

$$g = G - F \cos 2l, \qquad r = H - K \cos 2l.$$

en mètres $\begin{cases} G = 3^m, 805942, \\ H = 0^m, 9935496, \end{cases}$ $\quad \log F = \overline{2},4208223,$ $\quad \log K = \overline{3},4265226,$

en pieds $\begin{cases} G = 30^{pi}, 1870648, \\ H = 3^{pi}, 058588. \end{cases}$ $\quad \log F = \overline{2},9091536,$ $\quad \log K = \overline{3},9148539.$

Voici comment ces valeurs résultent de celles que M. Biot a trouvées par expérience (Système métrique, IV p. 573). Comme $r = H + B \sin^2 l$, en un autre lieu dont la latitude est l', on a $r' = H + B \sin^2 l'$, et retranchant

$$r - r' = B (\sin^2 l - \sin^2 l') = \tfrac{1}{2} B \sin (l + l') \sin (l - l').$$

En faisant osciller des pendules durant des temps déterminés, puis réduisant les nombres r et r' qui en résultent au niveau des mers, au pendule simple (261) et au vide (Géodésie de Puissant, II, p. 239), tout sera connu dans notre équation, excepté

B qu'on en déduira aisément. En outre, il suit de la théorie que l'aplatissement du globe est $\alpha = 0,00865 - \dfrac{B}{H}$: la valeur....

$\alpha = 0,00326$, ou environ $\dfrac{1}{307}$, est celle qu'on adopte ici, comme s'accordant mieux avec les phénomènes observés ; on trouve ainsi les valeurs ci-dessus énoncées. G et H sont la pesanteur et la longueur du pendule à secondes à 45° de latitude.

Dans l'usage, comme ces formules sont relatives au niveau des mers, on doit leur faire subir une correction dépendant de l'élévation h du lieu au-dessus de ce niveau ; en sorte que (p. 212) les véritables valeurs de la pesanteur et de la longueur du pendule dans le vide en un lieu donné, sont, R étant le rayon de la terre,

$$g = (G - F \cos 2l) \left(1 - \frac{2h}{R} \right), \quad r = (H - K \cos 2l) \left(1 - \frac{2h}{R} \right).$$

196. Examinons ce qui arrive lorsque les excursions du pendule sont de grandeurs quelconques. Au lieu d'intégrer l'équation (1) où les coordonnées sont polaires, rapportons le mobile à des axes rectangulaires. Prenons le point A (fig. 123) le plus bas, pour origine, et la verticale AO pour axe des x, savoir AG $= x$, GM $= y$, AM $= s$, AD $= b$, DG $= b - x$; la vitesse du mobile, au bout du temps t, selon la tangente en M est

$$v = \sqrt{2g \times \overline{DG}} = \sqrt{2g(b-x)} = -\frac{ds}{dt}, dt = \frac{-ds}{\sqrt{2g(b-x)}}$$

Nous mettons —, parce que l'arc s décroît lorsque le temps t augmente. On détermine ds en x et dx par l'équation du cercle

$$y^2 = 2rx - x^2, \quad ds = \frac{rdx}{y} = \frac{rdx}{\sqrt{(2rx - x^2)}},$$

$$dt = \frac{-rdx}{\sqrt{2g} . \sqrt{(2rx - x^2)(b - x)}} \quad \dots \quad (2)$$

Pour intégrer, nous diviserons et multiplierons respectivement par $2rx$ le 2e facteur sous le radical, ce qui donne

$$t = \tfrac{1}{2} \cdot \sqrt{\left(\frac{r}{g}\right)} \times \int \left\{ \frac{-dx}{\sqrt{(bx - x^2)}} \times \frac{1}{\sqrt{\left(1 - \frac{x}{2r}\right)}} \right\}.$$

développant $\left(1 - \dfrac{x}{2r}\right)^{-\frac{1}{2}}$, on a une suite convergente,

$$t = \tfrac{1}{2} \sqrt{\left(\frac{r}{g}\right)} \times \int \left\{ \frac{-dx}{\sqrt{(bx-x^2)}} \left[1 + \frac{1}{2} \cdot \frac{x}{2r} + \frac{1 \cdot 3}{2 \cdot 4} \cdot \frac{x^2}{4r^2} + \text{etc.}\right] \right\}$$

On observe que les termes à intégrer sont tous de la forme $\dfrac{-x^m dx}{\sqrt{(bx - x^2)}}$, et que de plus pour obtenir le temps de la demi-oscillation, l'intégrale doit être prise entre les limites $x = b$, et $x = 0$. Or les formules connues (Cours de Math., n° 782), donnent

$$\int \frac{-x^m dx}{\sqrt{(bx-x^2)}} = \frac{x^{m-1}}{m} \cdot \sqrt{(bx-x^2)} + \tfrac{1}{2}b \cdot \frac{2m-1}{m} \times \int \frac{-x^{m-1}dx}{\sqrt{(bx-x^2)}}.$$

Le premier terme disparaît, soit que $x = b$, soit que $x = 0$: si donc on fait $\displaystyle\int \frac{-x^m dx}{\sqrt{(bx - x^2)}} = U_{(m)}$, on aura

$$U_{(m)} = \tfrac{1}{2} b \cdot \frac{2m-1}{m} \cdot U_{(m-1)},$$

$$U_{(m-1)} = \tfrac{1}{2} b \cdot \frac{2m-3}{m-1} \cdot U_{(m-2)}, \text{etc.}\ldots$$

$$U_{(0)} = \int \frac{-dx}{\sqrt{(bx-x^2)}} = \text{arc}\left(\cos = \frac{2x-b}{b}\right) = \pi.$$

Multipliant ces équations entre elles, et réduisant, on a

$$U_{(m)} = \int \frac{-x^m dx}{\sqrt{(bx-x^2)}} = (\tfrac{1}{2}b)^m \cdot \pi \cdot \frac{1 \cdot 3 \cdot 5 \ldots (2m-3)(2m-1)}{1 \cdot 2 \cdot 3 \ldots m}.$$

En attribuant successivement à m les valeurs $0, 1, 2, 3\ldots$ et substituant les résultats, on obtient

$$t = \frac{\pi}{2}\,V\!\left(\frac{r}{g}\right) \times \left\{ 1 + \left(\frac{1}{2}\right)^2 \cdot \frac{b}{2r}\cdots + \left(\frac{1.3\ldots(2m-1)}{2.4\ldots2m}\right)^2 \frac{b^m}{2^m r^m} + \text{etc.} \right\}$$

Comme b est le sinus verse de l'angle QOA (fig. 123), lorsque cet angle est très petit, la formule précédente se réduit à la valeur (p') n° 194.

197. Le mobile passe de Q en A par différens degrés de vitesse qu'il est important de connaître. Pour cela désignons par s la *vitesse angulaire*, c'est-à-dire la vitesse du point de la ligne MO qui est distant de O de l'unité : les circonférences étant entre elles comme leurs rayons, les vitesses des points qui les décrivent sont dans le même rapport; ainsi on voit que la vitesse du point M est rs, et on a (191) $rs = V(2g \times DG)$; or $DG = OG - OD$, et les triangles OMG, OQD donnent $OG = r.\cos\theta$, $OD = r.\cos f$, donc

$$s = \sqrt{\left\{ \frac{2g}{r}(\cos\theta - \cos f) \right\}} \ldots\ldots\ldots (t').$$

VII. *Propriétés mécaniques de la Cycloïde.*

198. Servons-nous de la formule (o') pour trouver le temps qu'emploierait un corps pesant, placé en M (fig. 34), sans impulsion initiale, pour descendre au point A le plus bas, de l'arc de cycloïde MA, dont l'axe CC est horizontal. Soit a le diamètre BA du cercle générateur, nous avons vu (67) que l'équation de la cycloïde est $s^2 = 4ay$, en prenant AB pour axes des y, et le point A pour origine. On en tire $ds = V a \cdot \dfrac{dy}{Vy}$; et comme, en supposant $AP = h$, on a pour la vitesse du mobile en O, $V(2g \times PQ) = V[2g(h-y)] = \dfrac{-ds}{dt}$, on en tire

$$dt = \frac{1}{V(2g)} \cdot \frac{-ds}{V(h-y)} = \frac{1}{2}\sqrt{\left(\frac{2a}{g}\right)} \times \frac{-dy}{V(hy - y^2)},$$

d'où (160) $\quad t = \frac{1}{2} \sqrt{\left(\dfrac{2a}{g}\right)} \cdot \text{arc} \left(\cos = \dfrac{2y - h}{h} \right) + C,$

et en prenant l'intégrale depuis $y = h$, jusqu'à $y = 0$,

$$t = \frac{\pi}{2} \cdot \sqrt{\left(\frac{2a}{g}\right)}.$$

On tire de là deux conséquences remarquables.

1°. Cette valeur est celle que nous avons déjà trouvée pour le temps de la demi-oscillation (194) dans un arc de cercle très petit, en supposant toutefois $2a = r$; c'est-à-dire que le cercle doit avoir $2 \times AB$ pour rayon. Cela vient de ce que le cercle osculateur de la cycloïde au point A, a pour rayon $2a$, et se confond avec cette courbe pendant un petit arc : on peut donc supposer que ce cercle est, dans cet espace, la courbe que le corps pesant décrit.

2°. La quantité h n'entrant point dans la valeur du temps t, il s'ensuit que le temps employé à arriver au point A serait le même, quel que fût le point de départ M. Cette propriété de la cycloïde n'appartient au cercle dans les arcs très petits, que parce que ces courbes sont osculatrices. On a donné à cette propriété dont jouit la cycloïde le nom de *Tautochronisme* (Ταυτό, même, χρόνος, temps).

Après avoir reconnu que la cycloïde était Tautochrone, Huygens, à qui l'on doit l'application du pendule aux horloges, imagina de leur donner pour régulateur un pendule à oscillations cycloïdales : voici comment il en conçut l'exécution. On sait que la cycloïde a pour développée une autre cycloïde égale, mais disposée en sens différent (Cours de Math., n° 735, III). Supposons donc qu'on a courbé deux lames AC et AD (fig. 124), sous la forme de deux arcs de cycloïde égaux, qui auraient pour sommet commun le point A de suspension d'un pendule. Il est clair que le fil en se courbant successivement sur chacune des deux lames, ferait décrire au mobile M un arc de cycloïde, quelle que fût l'excursion qu'il serait contraint à faire. Mais cette théorie est plus ingénieuse qu'utile ; car comment donner et conser ver aux lames la forme cycloïdale ? On se sert avec plus d'avantage des pendules à petites oscillations; leur mouvement est sensiblement isochrone, et ne présente pas les mêmes inconvéniens.

199. Après avoir reconnu que la cycloïde est tautochrone dans le vide, il convient de s'assurer si elle jouit seule de cette propriété. Prenons l'origine des coordonnées au point le plus bas où la tangente est horizontale, comptons les y verticalement; nommons s l'arc qui reste à décrire, et S l'arc entier. La composante de la gravité suivant l'arc s de la courbe est $-g\dfrac{dy}{ds}$: si l'équation de cette courbe était donnée, $\dfrac{dy}{ds}$ serait une fonction de s; on peut donc supposer $\dfrac{dy}{ds} = Ms^{\alpha} + Ns^{\epsilon} +$ etc., α, ϵ... étant des exposans $>$ o et positifs, puisque $g\dfrac{dy}{ds}$ doit être nul lorsque $s=$ o; M, N.... des coefficiens indépendans de S. Concevons maintenant la courbe rectifiée, car la vitesse n'est point changée par la courbe ($V.$ 204, 1°.) B l'origine (fig. 125), D le point de départ, BD $=$ S, BN $= s$, et le mobile soumis en N à la force $-g\dfrac{dy}{ds}$; on a donc (d, p. 206)

$$\frac{d^2s}{dt^2} = -gMs^{\alpha} - gNs^{\epsilon} - \text{etc.}$$

Il s'agit d'intégrer cette équation depuis $s = $ S jusqu'à $s = $ o, et on devra obtenir une valeur de t indépendante de S. On multiplie par $2ds$, on intègre, et comme la vitesse est nulle en D où $s = $ S, on trouve

$$\frac{ds^2}{dt^2} = \frac{2gM}{\alpha + 1}(S^{\alpha+1} - s^{\alpha+1}) + \frac{2gN}{\epsilon + 1}(S^{\epsilon+1} - s^{\epsilon+1}) + \text{etc.}$$

Pour dégager les divers termes de S, faisons $s = S\omega$, ils seront tous de la forme $\dfrac{2gM}{\alpha + 1}S^{\alpha-1}(1 - \omega^{\alpha+1})$, le premier membre étant $\dfrac{d\omega^2}{dt^2}$. Or les limites de l'intégration qui reste à effectuer étant $\omega = 1$ et $\omega = o$, qui ne contiennent pas S, cette quantité S ne peut disparaître, à moins que l'un des termes n'en soit indépendant et les autres nuls; ainsi $\alpha = 1$ et $N = o \ldots$ Ce résultat n'est vrai qu'autant que la force accélératrice est indépendante de la vitesse, car M, $N \ldots$ seraient des fonctions de S.

On a donc $\frac{dy}{ds} = Ms$ ou $\frac{d^2s}{dt^2} = -\,gMs$; ce qui montre que pour que la courbe soit tautochrone, il est nécessaire et il suffit que, pour chaque instant, la composante de la gravité dans le sens de la tangente, soit proportionnelle à l'arc qui reste à décrire pour arriver au point le plus bas. Pour trouver l'équation de la courbe, il faut intégrer $\frac{dy}{ds} = Ms$, ce qui donne $y = \frac{1}{2}\,Ms^2$, et éliminer s entre ces deux équations : comme en général cette courbe est à double courbure, on obtient, en faisant

$$\frac{1}{2M} = A,$$

$$A\frac{dy^2}{y} = ds^2, \text{ ou } A\frac{dy^2}{y} = dx^2 + dy^2 + dz^2.$$

En sorte que si une relation entre les trois variables x, y et z satisfait à cette équation, la courbe à laquelle elle appartiendra sera tautochrone, et réciproquement. Or une seule relation entre trois coordonnées ne suffit pas pour déterminer une courbe : si elle était intégrable (et par conséquent décomposable en deux facteurs du premier degré), elle donnerait une surface courbe qui serait le lieu de toutes les tautochrones, c'est-à-dire que toutes les courbes qu'on pourrait tracer sur cette surface jouiraient de la propriété du tautochronisme. Mais comme cette équation n'appartient pas à une surface courbe, elle est du nombre de celles qu'on regardait autrefois comme absurdes, et que MONGE a démontré appartenir à une infinité de courbes à double courbure, jouissant d'une propriété commune. (*V.* Cours de Mathém. n° 861.)

S'il faut que la courbe soit dans un plan incliné, on pourra toujours supposer l'axe des x dans ce plan. Alors, pour rapporter la courbe à des coordonnées x' et y' prises dans le plan, on fera $x = x'$, $z = y' \cos\theta$ et $y = y' \sin\theta$, θ étant l'angle que le plan fait avec celui des xz, ce qui donne........

$A \sin\theta . \dfrac{dy'^2}{y'} = dx'^2 + dy'^2 = ds^2$, d'où l'on tire (198),

$s^2 = 4Ay' \sin\theta$, qui est l'équation de la *cycloïde :* quand le plan est vertical $\sin\theta = 1$.

Il résulte de là qu'*il y a une infinité de Tautochrones à double courbure, et une seule Tautochrone plane, qui est la cycloïde, verticale ou inclinée.*

200. Si l'on veut que la tautochrone soit tracée sur un cylindre vertical à base quelconque, ou, ce qui revient au même, si l'on se donne sur le plan horizontal l'équation de cette base, qui est la projection de la tautochrone; l'élément de l'arc de la base sera $d\mu^2 = dx^2 + dz^2$, ce qui change notre équation différentielle en $A \dfrac{dy^2}{y} = dy^2 + d\mu^2$. Or il suit de ce qu'on vient de dire, que cette équation est celle d'une cycloïde qui a l'arc μ pour abscisse, comptée sur la base cylindrique; donc si l'on trace sur un plan une cycloïde, et qu'on la courbe sur un cylindre vertical à base quelconque, en mettant l'origine au point le plus bas, on aura une tautochrone à double courbure.

201. Le temps qu'un mobile emploie à parcourir la corde DB (fig. 115) d'un cercle ACB, est le même (164, 1°) que celui qu'il met à décrire le diamètre vertical $AB = a$, temps qui est

$(h, 156) = \sqrt{\left(\dfrac{2e}{g}\right)} = \sqrt{\left(\dfrac{2a}{g}\right)}$. Mais celui qu'il emploie

à descendre le long d'un petit arc DB étant $\dfrac{\pi}{2} . \sqrt{\left(\dfrac{\frac{1}{2}a}{g}\right)}$, quan-

tité plus petite que la précédente, on voit que le chemin le plus court pour aller de D en B, n'est pourtant pas celui que le mobile décrit dans un moindre temps. Nous allons faire voir que *la ligne de plus vite descente, ou Brachystochrone,* n'est pas même l'arc de cercle, et que cette courbe est la cycloïde. (βρα-χύστος, très court; χρόνος, temps.)

Soient C et R (fig. 126) deux points donnés, et CMR la courbe de plus vite descente de l'un de ces points à l'autre; il est évident que si l'on prend deux autres points M et m' sur cette courbe, l'arc Mmm' sera aussi celui de la plus vite descente de M en m'; car s'il n'en était pas ainsi, et si l'arc Mnm', par exemple, était celui de la plus vite descente, il est clair que CMnm'R serait la courbe cherchée. Cela est vrai, quelle que soit la longueur de l'arc Mm'; supposons-le infiniment petit, et partagé en deux portions égales Mm, mm'. Il s'agit d'exprimer analytiquement que le point matériel pesant arrivant en M avec une vitesse due à la hauteur CP, parcourt l'arc Mmm' dans un moindre temps que s'il décrivait tout autre arc Mnm'.

Faisons CP $= x$, PM $= y$, CM $= s$; la vitesse en M sera $\sqrt{[2gx]}$, et le temps employé à parcourir M$m = ds$ sera (c),

$$dt = \frac{ds}{\sqrt{(2gx)}}.$$

En faisant pareillement Cp ou $x + dx = x'$; pm ou $y + dy = y'$, CM $= s + ds = s'$; on aura, pour le temps employé à parcourir mm'; $\dfrac{ds'}{\sqrt{(2gx')}}$: le temps nécessaire pour descendre de M en m', devant être un *minimum*, on aura donc

$$\delta\left\{\frac{ds}{\sqrt{(2gx)}} + \frac{ds'}{\sqrt{(2gx')}}\right\} = 0.$$

Nous employons le signe δ, pour distinguer la *variation* qui a lieu ici, et qui se rapporte au passage d'un point de la courbe à un point d'une autre courbe, de celle qu'on désigne communément par la lettre d, et qui provient de la considération de deux points pris sur la même courbe. (Cours de Mathém., n° 882.) Or il y a ici des grandeurs constantes qu'il est facile de reconnaître; telles sont g, x, x', puisqu'elles ne dépendent pas de la considération qui vient d'être exposée pour établir les variations. On a donc $\dfrac{\delta.ds}{\sqrt{x}} + \dfrac{\delta.ds'}{\sqrt{x'}} = 0$. Cela posé, à cause de $\delta.dx = 0$, on a $\delta.ds = \dfrac{dy}{ds}\,\delta.dy$; et aussi $\delta.ds' = \dfrac{dy'}{ds'}\,\delta.dy'$; donc...

$\dfrac{dy\,\delta.dy}{ds\sqrt{x}} + \dfrac{dy'\,\delta.dy'}{ds'\sqrt{x'}} = 0$. Or, soit qu'il s'agisse de l'arc Mmm', ou de l'arc Mnm', l'ordonnée pm ou pn devient toujours $p'm'$, donc $dy + dy'$ est une grandeur constante; d'où l'on tire $\delta\,(dy + dy') = 0$, ou $\delta.dy = -\,\delta.dy'$: et

$$\frac{dy}{ds\sqrt{x}} - \frac{dy'}{ds'\sqrt{x'}} = 0.$$

Il est aisé de voir que le 2e terme de cette équation n'est autre que le 1er, dans lequel on a augmenté chaque variable de son accroissement; cette équation équivaut donc à $d\left(\dfrac{dy}{ds\sqrt{x}}\right) = 0$, ou $\dfrac{dy}{ds\sqrt{x}} = A$. Or $\dfrac{dy}{ds}$ est le cosinus de l'angle que la tangente à la courbe fait avec l'axe des abscisses; au point où cette tangente est horizontale, cet angle est zéro, et l'on a $\dfrac{dy}{ds} = 1$: soit a l'abscisse inconnue de ce point, on a $A = \dfrac{1}{\sqrt{a}}$, d'où

$$\frac{dy}{ds} = \sqrt{\left(\frac{x}{a}\right)}, \qquad \frac{dy}{dx} = \sqrt{\left(\frac{x}{a - x}\right)},$$

à cause de $ds^2 = dx^2 + dy^2$. Cette équation appartient à une cycloïde (67) dont l'axe des x est vertical, l'origine en C′ (fig. 34) et qui a le diamètre de son cercle générateur $= a$; ainsi *la courbe de plus vite descente est une cycloïde.*

Pour construire cette courbe, il suffit de trouver le diamètre a du cercle générateur; comme on connaît l'abscisse et l'ordonnée du point R (fig. 127) où le mobile doit parvenir, on mettra ces valeurs dans l'équation précédente après l'avoir intégrée, et on en déduira la valeur de a. On peut aussi employer une construction fort simple : A et R étant les deux points donnés, on mènera la droite AR, on tracera sur la base horizontale AF une cycloïde quelconque AKL, et par le point K de rencontre de cette courbe avec AR, on mènera à l'extrémité L de son axe la droite KL; la parallèle RF à KL déterminera le point F qui donnera AF pour l'axe de la cycloïde cherchée, c'est-à-dire que AF sera égal à la circonférence du cercle générateur, ou $AF = 2\pi a$. Cette construction est fondée sur ce que toutes les cycloïdes sont des courbes semblables, puisqu'il n'entre dans leur équation qu'une seule constante, qui est le diamètre du cercle générateur. On voit aussi que pour deux points donnés A et R, il n'y a qu'une seule cycloïde qui puisse remplir les conditions du problème de la brachystochrone.

VIII. *Du mouvement d'un point assujetti à parcourir une courbe plane.*

202. Jusqu'ici nous n'avons considéré d'autre mouvement sur une courbe que celui qui est produit par la gravité : il est important maintenant de généraliser notre théorie et de l'étendre à des forces quelconques. Pour cela, observons qu'un mobile ne peut être ainsi contraint dans son mouvement, sans exercer continuellement une pression N sur la courbe qu'il décrit : cette pression est d'ailleurs normale à cette courbe; car autrement elle pourrait se décomposer en deux (49 et 98), l'une normale et détruite, l'autre tangente et en vertu de laquelle le point n'aurait pas d'action sur la courbe, ce qui est contre l'hypothèse. Employons les procédés qui nous ont déjà été utiles (97), pour ramener le mobile à l'état de liberté où il doit être pour que les équations (b') soient applicables; concevons, au lieu de la réaction de la courbe, une force normale — N (et par conséquent variable d'un point à l'autre de grandeur et de direction), et qui soit sans cesse égale et opposée à la pression N; et supposons que cette force agisse d'une manière active, avec celles du système réduites à deux X et Y (168). Il est clair que détruisant sans cesse la pression du mobile, la force — N le met dans le même état que s'il était libre : et la courbe qu'il décrit, peut être considérée comme une trajectoire ordinaire, résultat de l'action simultanée des forces X, Y et — N.

203. Soit BMZ (fig. 128) la courbe plane que le mobile est assujetti à décrire et que nous supposerons concave vers les x positifs : X et Y sont les forces parallèles aux axes Ax et Ay ; le corps est supposé en M au bout du temps t; BM $= s$, AP $= x$, PM $= y$; enfin N est la pression normale dont nous venons de parler. On sait que $\dfrac{dy}{ds}$ et $\dfrac{dx}{ds}$ sont les cosinus des angles que forme la normale avec les axes des x et des y, ainsi les composantes de la pression N dans le sens de ces axes sont $- \text{N}\,\dfrac{dy}{ds}$, et $\text{N}\,\dfrac{dx}{ds}$ (*); la première est ici négative, parce qu'elle tend à diminuer les x : ainsi le mobile peut être considéré comme libre et animé par les forces $\text{X} + \text{N}\,\dfrac{dy}{ds}$ et $\text{Y} - \text{N}\,\dfrac{dx}{ds}$ parallèles aux axes ; et les équations (b') deviennent, en prenant dt constant,

$$\frac{d^2x}{dt^2} = \text{X} + \text{N}\cdot\frac{dy}{ds}, \quad \frac{d^2y}{dt^2} = \text{Y} - \text{N}\cdot\frac{dx}{ds} \ \ldots\ (q').$$

Telles sont les équations du mouvement : et l'on voit que si on

---

(*) La pression N agit suivant la normale, mais on ne connaît pas d'avance dans quel sens ; nous supposons ici qu'*elle tend à éloigner le mobile du centre de courbure*. Or, cela est indifférent pour l'analyse dont l'un des plus précieux avantages est de donner non-seulement les forces inconnues, mais encore le sens suivant lequel elles agissent. Si donc, pour un instant, et au lieu qu'occupe le corps, les formules (q') donnaient pour N une valeur numérique négative, on reconnaîtrait que la force agit dans un sens opposé à celui qu'on lui attribue ici, c'est-à-dire tend vers le centre de courbure.

Ce qu'il importe surtout de remarquer, c'est que les deux composantes de N sont essentiellement de signes contraires : en effet, si la disposition de la figure 128 permettait aux composantes de N d'avoir les mêmes signes, la courbe devrait affecter une forme telle que x, y et z ne croîtraient pas ensemble, comme cela a lieu (fig. 128), et les rapports différentiels, qui sont les facteurs de N, auraient des signes contraires ; il suffira, pour s'en convaincre, d'examiner tour-à-tour les quatre dispositions que peuvent avoir la force N et la courbe.

leur adjoint l'équation du canal que le mobile est assujetti à décrire, on aura trois relations entre les quatre variables x, y, t et N; de sorte qu'à l'aide de l'intégration et de l'élimination, on obtiendra des équations entre deux d'entre elles. C'est ce que nous allons développer et appliquer à des exemples.

204. Pour trouver la valeur de la vitesse, employons le procédé du n° 170. Multiplions la première de nos équations par dx, la seconde par dy, et ajoutons : ce calcul fait disparaître les termes qui renferment N, et on a encore ici, comme précédemment, $v^2 = A + 2\int(X dx + Y dy)$, ou $v^2 = A + 2\chi$, ce qui donne la même valeur de v que p. 231, et nous fournit plusieurs conséquences importantes.

1°. La valeur de la constante A dépend de celles de v et χ à un instant déterminé : marquons d'un trait les variables pour désigner leurs valeurs à cet instant; en faisant $v = v'$ et $\chi = \chi'$, on trouve $A = v'^2 - 2\chi'$; ainsi la vitesse v en un second point est donnée par $v^2 = v'^2 + 2(\chi - \chi')$: or χ et χ' ne dépendent que des coordonnées des points extrêmes; ainsi la vitesse au second instant est donnée par la vitesse au premier et par la position de ces points; d'où l'on conclut qu'en général *la vitesse ne dépend nullement de la forme de la courbe décrite ; mais seulement des positions respectives des points de départ et d'arrivée :* de sorte que si le corps était assujetti à décrire une autre courbe quelconque, passant par ces deux mêmes points, il aurait encore la même vitesse. L'expression étant la même que si la trajectoire eût été librement parcourue (e', p. 231), on voit que *la pression qu'exerce le mobile sur la courbe qu'il est contraint de décrire , ne diminue rien de sa vitesse* (*).

2°. Si le mobile n'est soumis à l'action d'aucune force conti-

---

(*) Cette conséquence peut être démontrée immédiatement. En effet, lorsqu'un mobile dénué de tout ressort, lancé dans la direction FE (fig. 129) avec la vitesse V, représentée par FE, rencontre un plan BH, cette vitesse est décomposée en deux autres BE et EI : celle-ci est détruite par le plan ; la première a son entier effet, de sorte que le corps glisse le long de BH avec la vitesse BE, il a donc perdu la vitesse $FE - BE = V - V . \cos\theta$, en nommant

nue, son mouvement ne peut provenir que d'une impulsion primitive; et sa vitesse, d'après ce qu'on vient de dire, doit rester toujours la même. On voit en effet que $X = o$, et $Y = o$, donnent $v^2 = A$. Le mouvement est alors uniforme et rentre dans ce qui a été dit p. 198.

3°. Le cas de la gravité est renfermé dans ce qu'on vient de dire; si cette force agit seule, on a $X = o$, et $Y = g$, en comptant les y positifs verticalement de haut en bas : ainsi.... $v^2 = A + 2gy$. Soit B (fig. 122) le point de départ, en ne supposant aucune vitesse initiale, ABM la trajectoire donnée; en faisant $y = BC = k$; on a $v = o$; ainsi $A = - 2gk$, et $v^2 = 2g(y - k) = 2g \times MI$: ce qui donne de nouveau le théorème (191).

205. La pression que le mobile exerce sur la courbe est N; pour la déterminer, multiplions la 1re des équations (q') par dy et la 2e par dx, puis retranchons le 1er produit du 2e, nous aurons

$$\frac{dxd^2y - dyd^2x}{dt^2}, \quad \text{ou} \quad \frac{dx^2}{dt^2} d\left(\frac{dy}{dx}\right) = Ydx - Xdy - Nds;$$

or $\quad \dfrac{ds}{dx} \cdot \dfrac{dx}{dt} = v$; éliminant $\dfrac{dx}{dt}$ du 1er membre, il vient

$$Nds = Ydx - Xdy - v^2 \cdot \frac{dx^2}{ds^2} d\left(\frac{dy}{dx}\right).$$

On pourrait aisément tirer de là la valeur de N en fonction des quantités connues X et Y, et des coordonnées x et y du point qu'occupe actuellement le mobile sur la courbe donnée qu'il décrit : mais cette formule est plus simple, lorsqu'on y introduit le rayon de courbure R; car on sait que...............

θ l'angle FEB. Cela posé, on voit que la vitesse perdue étant $V . 2 \sin^2 \frac{1}{2} θ$, lorsque le corps décrira une courbe, il perdra, en passant d'un élément à l'autre, une vitesse proportionnelle à un sinus carré, et par conséquent à un infiniment petit du second ordre; de sorte que la vitesse perdue ne sera finie que lorsque l'arc décrit sera infini.

$$\pm R = \frac{(1+y'^2)^{\frac{3}{2}}}{y''} = \frac{s'^3}{y''}$$ (Cours de Mathém., n° 733), lorsque x est variable principale, y', y'', s' désignant les coefficiens différentiels tirés de l'équation $y = fx$ de la trajectoire. Or comme dt n'entre plus dans la valeur de Nds, on peut y regarder dx comme constant : divisant tout par ds, le dernier terme devient $-\dfrac{v^2 y''}{s'^3} = +\dfrac{v^2}{R}$. Nous prenons ici le signe — pour R, parce que la courbe (fig. 128) tourne sa concavité à l'axe des x. Donc on a

$$N = \frac{v^2}{R} + \frac{Ydx - Xdy}{ds} \ldots \ldots \ldots (r').$$

206. Ainsi lorsqu'un point matériel sera assujetti à parcourir une courbe plane dont on connaîtra l'équation $y = fx$, on substituera dans l'équation (c', 170) pour X, Y, y et dy leurs valeurs en fonction de x, et on en déduira la valeur de v; à l'aide de laquelle, et par une semblable substitution dans la formule précédente, on obtiendra N : revenant ensuite aux équations (q') on aura, après les intégrations convenables, l'espace décrit, dans le sens de chaque axe, et le lieu du mobile au bout du temps t.

Pour faire l'application de cette théorie à un exemple simple, cherchons les circonstances du mouvement d'un corps pesant sur la droite AB (fig. 114), formant avec l'horizon l'angle ι. Prenons pour origine le point B de départ, et comptons les y verticalement : l'équation de la droite AB est $y = x.\tan\iota$; de plus on a $X = 0$, $Y = g$, et

$$dy = dx.\tan\iota, \quad d^2y = 0, \quad \frac{dx}{ds} = \cos\iota, \quad \frac{dy}{ds} = \sin\iota.$$

On en conclut 1°. $v^2 = A + 2gy$, comme (204, 3°).

2°. $R = \infty$, ce qui change (r') en $N = g\cos\iota$.

3°. Les équations (q') deviennent

$$\frac{d^2x}{dt^2} = g.\cos\iota.\sin\iota, \quad \frac{d^2y}{dt^2} = g.\sin^2\iota;$$

les vitesses dans le sens des x, des y et de BA sont

$$\frac{dx}{dt} = gt \cos\iota \sin\iota, \quad \frac{dy}{dt} = gt \sin^2\iota, \quad \frac{ds}{dt} = gt \sin\iota.$$

4°. On a enfin pour l'espace parcouru au bout du temps t, de B vers A, $s = \frac{1}{2} gt^2 \sin\iota$.

On peut remarquer l'accord qui existe entre tout ce qui vient d'être dit, et ce qu'on a vu (168).

207. L'équation (q') fait voir que la pression N qu'un point matériel exerce sur une courbe qu'il est assujetti à décrire, se compose de deux parties qui sont dues, l'une à la vitesse actuelle de ce corps, l'autre aux forces accélératrices Y et X qui le sollicitent : celle-ci est la somme des composantes...

$$Y.\frac{dx}{ds} - X.\frac{dy}{ds},$$ de ces forces dans le sens de la normale. Il pourrait arriver que le corps ne fût soumis à l'action d'aucune force accélératrice ; son mouvement ne serait alors dû qu'à une impulsion primitive, et serait uniforme (204, 2°) ; la pression se réduirait à la première partie, et h étant la hauteur due à la vitesse ν, on aurait

$$N = \frac{\nu^2}{R}, \quad \text{ou} \quad N = \frac{2gh}{R} \dots\dots\dots (s').$$

N est alors ce qu'on nomme la *Force Centrifuge :* cette force est donc *la partie de la pression qui dépend uniquement de la vitesse ;* et lorsqu'il n'y a pas de forces accélératrices, elle est la pression même. En général elle varie à chaque instant ; cependant elle devient constante lorsque, dans ce dernier cas, le corps doit décrire la circonférence d'un cercle ; car ν et R sont constans. Le nom de force centrifuge est dû à ce que cette puissance est dirigée selon le rayon de courbure et tend à écarter le mobile du centre de son mouvement. (*)

(*) On peut démontrer la formule (s') en parvenant directement à la valeur de la force centrifuge. Soit AdE (fig. 130) la circonférence qu'un point matériel décrit en vertu d'une impulsion ; sa vitesse ν sera constante : soit A le lieu du mobile à un instant quelconque ; s'il devenait tout-à-coup libre, il

On se rend très bien raison *à priori* des deux parties qui constituent la pression d'un mobile contre une courbe qui le retient et qu'il est contraint de décrire. En décomposant les forces accélératrices qui agissent sur le point au lieu où il se trouve actuellement, en une force tangente et une normale à la courbe , la première ne presse pas la courbe , et le mobile décrirait librement cette trajectoire sans les autres causes qui agissent ; mais la force normale est entièrement anéantie par la réaction de cette courbe ; telle est donc la première partie de la pression , laquelle est due aux forces accélératrices et a pour valeur la seconde partie de l'équation (r').

Mais en outre, si aMn (fig. 131) est la trajectoire, lorsque le mobile vient de décrire l'arc aM et qu'il a atteint le point M avec la vitesse v, il tend à parcourir la tangente Mt prolongement de l'arc aM. La résistance opposée par la trajectoire l'oblige à se

---

parcourrait la tangente AT uniformément ; et pendant l'instant dt, il décrirait l'espace $Af = vdt$. Mais la force centrale N qui ramène le point dans le cercle, faisant parcourir pendant le temps dt l'espace Ab, le mobile devra décrire la diagonale Ad du parallélogramme fb, et le point d devra être sur la circonférence. Or, on a $(bd)^2 = bE \times Ab$, ou $v^2 dt^2 = 2R \times Ab$, parce que bE équivaut à $2 \times AB = 2R$. Mais la force accélératrice N, supposée constante pendant le temps dt, ferait parcourir (154) l'espace

$$\tfrac{1}{2}N dt^2 = Ab ; \text{ on a donc } v^2 = R \times N, \text{ d'où } N = \frac{v^2}{R}.$$

S'il s'agissait d'une courbe quelconque parcourue en vertu d'une impulsion, cette formule aurait encore lieu, R y désignant le rayon du cercle osculateur ; car à chaque instant le corps peut être supposé parcourir ce cercle.

Enfin, si le corps est soumis à l'action des forces accélératrices X, Y, il faut ajouter leurs composantes, selon la normale à la courbe, à la pression due à la vitesse v au bout du temps t, la pression sur la courbe serait $= \frac{v^2}{R}$; cette pression qui est $= \frac{v^2}{R}$ doit donc être augmentée de la somme des composantes $-\frac{Xdy}{ds}$ et $\frac{Ydx}{ds}$ des forces accélératrices X et Y dans le sens de la normale, et l'on retrouve l'équation (r').

dévier et à parcourir l'arc M*n*, qui fait avec M*t* l'*angle de con-tingence* *t*M*t′* $= \theta$: les composantes de ν sont $\nu \sin \theta$ et $\nu \cos \theta$.

La 1re suivant la normale presse la courbe avec l'effort $\dfrac{\nu\theta}{dt}$,

puisque θ étant fort petit, $\nu \sin \theta$ ou $\nu\theta$ est l'élément de vitesse dû

à cette force accélératrice (*d*, n° 152) : et comme $\theta = \dfrac{ds}{R}$, on a

$\dfrac{\nu\,ds}{R\,dt} = \dfrac{\nu^2}{R}$ pour la pression due à la vitesse actuelle. Quant à la

composante $\nu \cos \theta$ selon la tangente, elle exprime la vitesse du mouvement selon l'arc M*n*, en sorte que la vitesse ν est diminuée de $\nu - \nu \cos \theta = \nu\,(1 - \cos \theta) = 2\nu \sin^2 \frac{1}{2}\theta$, qui est négligeable comme étant du 2e ordre.

208. Si le mobile n'est soumis qu'à la force accélératrice de la pesanteur, soit AŻ (fig. 122) la courbe plane qu'il est assujetti à décrire; MP vertical et $= y$, AP $= x$; on a alors X $=$ o et

Y $= g$, la valeur de la pression devient N $= \dfrac{\nu^2}{R} + g\,\dfrac{dx}{ds}$. En sup-

posant qu'en A la vitesse était due à la hauteur h, on aura (191)

$$\nu^2 = 2g\,(h + y),\ \ N = \frac{2g\,(h + y)}{R} + g\,\frac{dx}{ds}.$$

Pour *trouver la courbe sur laquelle la pression est la même en tous les points*, il faut donc égaler N à une constante C, et intégrer. On a, *ds* étant constant (Cours de Math., 734, 6°.),

$$R = \frac{dy\,ds}{d^2x},\ \ 2\,(h + y)\,d^2x + dx\,dy = C\,dy\,ds;$$

Le facteur $\frac{1}{2}\sqrt{(h + y)}$ rend intégrable, et comme *ds* est constant, on a (en intégrant par parties)

$$[\,C\,\sqrt{(h + y)} + A\,]\,ds = \sqrt{(h + y)}\,dx \ldots \ldots (1).$$

Puisque $\dfrac{dx}{ds}$ est le sinus de l'angle que la courbe fait en un point

quelconque avec la verticale, et qu'on connaît en un point A ou

B la valeur de ce sinus; cela sert à déterminer la constante A que nous regarderons comme connue. En carrant et mettant pour ds^2 sa valeur $dx^2 + dy^2$, on trouve une équation très facile à séparer, de sorte que l'intégration n'offre plus de difficultés.

Si la vitesse initiale était nulle, on aurait $A = h = 0$, d'où l'on tirerait $Cds = dx$; donc

$$(1 - C^2)\, dx^2 = C^2 dy^2 ; \quad x = \frac{Cy}{\sqrt{(1 - C^2)}} ;$$

les constantes sont nulles, parce que $x = 0$ donne $y = 0$. Ainsi *la courbe d'égale pression* est ici une droite qui fait avec la verticale un angle dont le sinus est $= C$; il faut que l'on ait $C < 1$.

209. Si dans (s') on fait $h = \frac{1}{2} R$, on a $N = g$, et la force centrifuge devient égale à la pesanteur g : ainsi un corps pesant attaché à l'une des extrémités d'un fil, qui est fixé par son autre extrémité, tendrait ce fil avec la même force, s'il était suspendu verticalement, que si on le faisait mouvoir sur un plan horizontal avec la vitesse qu'il acquerrait, en tombant d'une hauteur égale à la moitié de la longueur du fil.

L'équation (s') donne la théorie des *frondes,* abstraction faite du poids du mobile, v étant la vitesse d'impulsion, R la longueur constante du fil, et N sa tension.

Comme la terre a un mouvement de rotation autour de son axe, toutes ses parties sont animées d'un certain degré de force centrifuge, lequel est plus ou moins grand, selon qu'elles sont plus ou moins éloignées de l'axe. Sous l'équateur, les points sont à la plus grande distance de l'axe; cette force, directement opposée à celle de la pesanteur, doit donc la diminuer davantage qu'en tout autre lieu; et quant aux lieux intermédiaires entre les pôles et l'équateur, la diminution de la pesanteur doit être moins sensible, à mesure qu'ils sont plus près des pôles. Au pôle, la force centrifuge est nulle, et les corps ont le même poids que si la terre était immobile.

Comme la gravité doit être normale à la surface des eaux, et qu'elle est la résultante de l'attraction terrestre et de la force centrifuge, on voit qu'elle doit varier avec les lieux, et que si la terre a été fluide dans l'origine, elle n'a pu conserver, en vertu de son mouvement de rotation, la forme sphérique; elle a donc dû prendre la figure d'un sphéroïde applati, qu'on démontre être engendré par la révolution d'une ellipse autour de son petit axe. C'est aussi ce que l'expérience confirme, et l'aplatissement vers les pôles rend l'axe de $\frac{1}{310}$ moindre que le diamètre de l'équateur. Pour ce qui se rapporte à ce sujet, à la longueur du pendule et à l'intensité de la pesanteur sous différentes latitudes, Voyez *Géod. Puissant,* n° 167; *Méc. cél.* tome II, n°ˢ 34. et 42, p. 145.

Sur la terre, les corps décrivent dans chaque seconde décimale un arc de 4″,1095 de leur circonférence; le rayon de l'équateur est de 6 376 522 mètres; pendant une seconde, les corps tombent sous le plan de 3ᵐ,64933 : ainsi la force centrifuge est à la pesanteur dans le rapport de 1 à 288,4. La première de ces deux forces diminue la seconde, et les corps ne tombent qu'en vertu de leur différence. Nommons donc *gravité* la pesanteur entière, la force centrifuge est à l'équateur environ le 289ᵉ de la gravité (ou 0,0253). Si la rotation de la terre était dix-sept fois plus rapide, l'arc décrit dans une seconde sous l'équateur, serait dix-sept fois plus grand; la force centrifuge serait alors 17^2 ou 289 fois plus forte; elle serait donc égale à la gravité, et les corps cesseraient de peser sur la terre à l'équateur : et pour une rotation plus rapide, les corps, sous ce plan, monteraient dans l'atmosphère à la manière de la fumée.

210. Tout corps qui tourne, développe en chacun de ses points, par le seul fait de sa rotation, une force qui, dirigée selon les divers rayons, tend à disperser ses molécules; et si l'adhérence était tout-à-coup détruite, on verrait toutes les parties se projetter en divergeant, en vertu de deux forces, l'une, qui est la vitesse de la molécule et tangente au cercle qu'elle décrit; l'autre qui agit selon le rayon de ce cercle, et tend à écarter du centre, est la force centrifuge.

Lorsqu'un corps solide tourne autour d'un axe fixe, ses divers points sont animés de vitesses différentes; la connaissance de la vitesse de l'un d'entre eux suffit visiblement pour déterminer celles des autres, puisque les circonférences, et par conséquent les vitesses des points qui les parcourent, sont entre elles comme leurs rayons ; ainsi pour faire connaître le mouvement de rotation d'un corps, il suffit de donner sa *vitesse angulaire*, c'est-à-dire (197) *la vitesse du point qui est situé à l'unité de distance de l'axe de rotation.* Soit donc s la vitesse angulaire, $v = \mathrm{R}s$ sera sa vitesse du point qui est situé à la distance R de l'axe. En rapprochant cette équation de (s') on a pour la force centrifuge

$$\mathrm{N} = \mathrm{R}s^2, \quad s = \frac{v}{\mathrm{R}} \cdot \ \text{et} \ \ s = \sqrt{\left(\frac{\mathrm{N}}{\mathrm{R}}\right)} \ldots \ (t').$$

Lorsqu'un corps tourne autour d'un axe fixe, ses divers points sont animés de vitesses de rotation, et les forces centrifuges qui en résultent sont utiles à comparer entre elles. Soient R et R' les distances de deux points à l'axe; v et v' leurs vitesses; f et f' leurs forces centrifuges, on a

$$\mathrm{R}f = v^2, \ \mathrm{R}'f' = v'^2 \ ; \ \text{mais} \ \frac{v}{v'} = \frac{\mathrm{R}}{\mathrm{R}'} \ ; \ \text{donc} \ \frac{f}{f'} = \frac{\mathrm{R}}{\mathrm{R}'}.$$

Ainsi *les forces centrifuges des divers points d'un corps tournant autour d'un axe, sont proportionnelles à leurs distances à cet axe, et à leurs vitesses respectives.* Cette conséquence résulte également de l'équation $\mathrm{N} = \mathrm{R}s^2$, puisqu'elle donne $f = \mathrm{R}s^2$ et $f' = \mathrm{R}'s^2$.

Soient f et f' les forces centrifuges de deux points de la surface terrestre supposée sphérique, le premier, pris à l'équateur, le second, ayant λ pour latitude; comme $\mathrm{R}' = \mathrm{R}\cos\lambda$, R étant le rayon de la terre, on voit que $f' = f\cos\lambda$: on a obtenu ci-dessus $f = 0{,}0253 = \dfrac{1}{289}$ de la gravité g.

IX. *Mouvement d'un point assujetti à décrire une courbe à double courbure.*

211. Reproduisons ici tout ce qui a été dit n° 202, sur la pression N normale à la courbe donnée, et sur le moyen de rendre le mobile libre en introduisant dans le système une puissance — N égale à la réaction de la courbe. Soient l, m, n les angles formés par N avec les trois axes coordonnés; nous serons en droit de supposer que le corps décrit librement la trajectoire, si nous le supposons animé par les quatre forces X, Y, Z et — N ; les équations (b' p. 229) deviendront donc applicables, savoir,

$$\frac{d^2x}{dt^2} = X - N \cos l, \quad \frac{d^2y}{dt^2} = Y - N \cos m, \quad \frac{d^2z}{dt^2} = Z - N \cos n.$$

les angles l, m et n sont liés par les équations

$$\cos^2 l + \cos^2 m + \cos^2 n = 1 \ \ldots \ (1),$$
$$dx . \cos l + dy . \cos m + dz . \cos n = 0 \ \ldots \ (2).$$

La 1re appartient à toute droite dans l'espace (n° 23); la 2e indique que la direction de N est perpendiculaire à la tangente, car l'élément d'arc fait avec les axes des angles dont les cos sont $\frac{dx}{ds}$, $\frac{dy}{ds}$, $\frac{dz}{ds}$, et il faut multiplier respectivement ces quantités par $\cos l$, $\cos m$, $\cos n$, puis faire la somme et égaler à zéro, pour exprimer que ces deux directions sont perpendiculaires (Cours de Math., n° 633, 6°.).

Voilà donc 5 équations, entre lesquelles il faudra éliminer N, l, m et n qui sont inconnues, et on devra adjoindre l'équation finale, aux deux équations de la trajectoire donnée, pour avoir les formules propres à déterminer le lieu du mobile, ou x, y et z, en fonction du temps, sa vitesse, etc.

Multiplions la 1re équation par dx, la 2e par dy, la 3e par dz et ajoutons, N disparaît et on a

$$\frac{dx\,d^2x + dy\,d^2y + dz\,d^2z}{dt^2} = X\,dx + Y\,dy + Z\,dz.$$

Supposons que le 2e membre soit une différentielle exacte $d\chi$, X, Y, Z étant des fonctions de x, y, z seuls; on aura donc en intégrant

$$\frac{dx^2 + dy^2 + dz^2}{dt^2} = \frac{ds^2}{dt^2} = v^2 = A + 2\chi.$$

Nous retrouvons donc cette équation des *forces vives* qui avait lieu dans le mouvement libre (e', 170), et la conséquence que nous en avons tirée p. 281, qui subsiste pour les trajectoires à double courbure.

L'équation $v^2 = A + 2\chi$ fait connaître la vitesse du mobile en x, y, z; les deux équations de la courbe connue serviront à éliminer deux coordonnées, telles que y et z, et on aura l'équation $ds = dt\,\sqrt{(A + 2\chi)}$, qui étant entre les deux variables x et t, sera intégrable par les quadratures. Mais si la fonction $X\,dx$+etc. n'est pas une différentielle exacte, le calcul se présentera sous une forme plus compliquée.

Il reste à déterminer la pression N : mais sans nous arrêter à la déduire de nos équations générales, il est clair que nous pouvons reproduire ici tout ce qui a été dit p. 285, pour une courbe plane; seulement dans la fig. 131 les élémens de la courbe ne sont situées que deux à deux dans un plan qu'on nomme osculateur; en passant de l'élément aM à Mn, le mobile presse la courbe en vertu de sa vitesse actuelle, et l'effort, tendant à accroître le rayon de courbure R, est encore $\dfrac{v^2}{R}$; on doit combiner cet effet avec celui qui est dû aux forces accélératrices; on prendra la résultante de X, Y, Z, et on la décomposera en deux, l'une selon la tangente, l'autre dans le plan de ces deux directions et perpendiculaire à la courbe. Ce sera celle-ci qu'il faudra composer avec la pression due à la seule vitesse, mais qui ici ne s'ajoute plus avec elle, parce que la force centrifuge est dans le plan

19..

osculateur , et que la composante dont il s'agit ne s'y trouve pas en général.

X. *Mouvement d'un point assujetti à parcourir une surface courbe.*

212. Concevons maintenant un point matériel assujetti à se mouvoir sur une surface courbe donnée par son équation $z = f(x,y)$, ou par son équation différentielle $dz = pdx + qdy$, p et q étant les coefficiens des différences partielles de z prises respectivement par rapport à x et à y. Nous ferons pour abréger

$$\varphi = \frac{1}{\sqrt{(1 + p^2 + q^2)}}.$$

On sait (Cours de Math. , n° 747) que la normale à une surface courbe fait avec les axes des x, y et z, des angles dont les cosinus sont $-p\varphi$, $-q\varphi$, $+\varphi$; nous affectons les deux premiers du signe — parce que nous supposons que la surface est concave vers les x et y positifs. Introduisons, comme au n° 202, une force — N dirigée suivant la normale, égale et opposée à la pression N; ses composantes dans le sens des axes seront $Np\varphi$, $Nq\varphi$ et — $N\varphi$. On peut donc regarder le point mobile comme libre, et sollicité par les trois forces accélératrices $X + Np\varphi$, $Y + Nq\varphi$, et $Z - N\varphi$: au lieu des équations (b'), on aura, en supposant dt constant,

$$\frac{d^2x}{dt^2} = X + Np\varphi, \quad \frac{d^2y}{dt^2} = Y + Nq\varphi, \quad \frac{d^2z}{dt^2} = Z - N\varphi\ldots(z').$$

213. Ces équations ont le même usage que celles du n° 211; elles donnent toutes les circonstances du mouvement du mobile. En effet, si l'on multiplie la première par dx, la seconde par dy, et la troisième par dz, en ajoutant, N disparaîtra à cause de $dz = pdx + qdy$, et on obtiendra l'équation (c'), en suivant le même calcul qu'au n° 170; d'où il résulte que toutes les conséquences énoncées n° 204 ont également lieu ici.

De plus, si l'on multiplie les équations (z') respectivement par $-p$, $-q$ et 1, en ajoutant, il viendra

$$\frac{d^2z - pd^2x - qd^2y}{dt^2} = Z - pX - qY - N\varphi\,(1 + p^2 + q^2).$$

Mais $dz = pdx + qdy$, donne, en différenciant............
$d^2z = p.d^2x + q.d^2y + dp.dx + dq.dy$: ainsi

$$\frac{dpdx + dqdy}{dt^2} = Z - pX - qY - \frac{N}{\varphi},$$

d'où l'on tire, à cause de $ds = vdt$

$$- N = \frac{(dpdx + dydy)\,v^2\,\varphi}{ds^2} + (pX + qY - Z)\,\varphi,$$

Il serait aisé de déduire de ces formules celles que nous avons trouvées lorsque l'orbite est plane. Dans chaque cas particulier, il est plus convenable de trouver la valeur de N, en faisant le calcul précédent sur les équations mêmes du mouvement, que d'employer la formule ci-dessus. L'équation (e', 170) donne la vitesse v, à l'aide de laquelle et de celle de la surface (qui donne p, q, φ, $\frac{dp}{dx}$; $\frac{dq}{dx}$, $\frac{ds}{dx}$ en fonction de x et y), on obtient N : enfin les formules (z') serviront, concurremment avec l'équation de la surface, à déterminer le lieu du mobile et la courbe qu'il décrit.

214. Pour appliquer ces principes à un exemple, concevons une parabole BAC (fig. 132) qui tourne autour de son axe vertical ADz ; le paramètre étant $2a$, la surface engendrée aura pour équation, en prenant le point A pour origine,

$$2az = x^2 + y^2, \quad \text{d'où} \quad adz = xdx + ydy\ldots\ldots (1).$$

On tire de là $\quad p = \dfrac{x}{a}, q = \dfrac{y}{a}, \varphi = \dfrac{a}{\sqrt{(a^2 + 2az)}}.$

Supposons donc qu'un point mobile pesant reçoit une impulsion quelconque, et est assujetti à se mouvoir sur le paraboloïde, on aura $X = o$, $Y = o$ et $Z = - g$, et les équations (z') seront ici

$$\frac{d^2x}{dt^2} = \frac{Nx\varphi}{a}, \quad \frac{d^2y}{dt^2} = \frac{Ny\varphi}{a}, \quad \frac{d^2z}{dt^2} = - g - N\varphi \dots (2).$$

L'équation (d') donne $v^2 = 2g(h - z)$, à cause de $\chi = -gz$; h est ici une constante qui dépend de la vitesse initiale. Cette expression s'obtient d'ailleurs directement en pratiquant le calcul du n° 170, qui consiste à multiplier respectivement les équations (2) par dx, dy et dz, puis à ajouter et intégrer:

$$\frac{dx^2 + dy^2 + dz^2}{dt^2} = \frac{ds^2}{dt^2} = v^2 = A - 2gz = 2g(h - z) \dots (3).$$

Eliminons N entre les deux premières équations (2), nous aurons $xd^2y - yd^2x = o$, d'où $xdy - ydx = Cdt$. Ainsi les aires (172) sont proportionnelles aux temps dans le sens horizontal, ce qui était facile à prévoir (p. 233). Le carré de l'équation (1) ajouté à $C^2 dt^2 = (xdy - ydx)^2$ donne

$$a^2dz^2 + C^2dt^2 = (x^2 + y^2)(dx^2 + dy^2);$$

or $x^2 + y^2 = 2az$; de plus, l'équation (3) donne

$$\frac{dx^2 + dy^2}{dt^2} = 2g(h - z) - \frac{dz^2}{dt^2}; \quad \text{en substituant, on trouve,}$$

$$\frac{dz}{dt} = \sqrt{\left\{ \frac{4agz(h - z) - C^2}{a^2 + 2az} \right\}} \dots (4).$$

Par l'intégration, on déduira z en fonction de t, et par suite toutes les autres circonstances du mouvement.

C'est ainsi, par exemple, que pour obtenir la valeur de la pression N, il faudrait multiplier respectivement les équations (2) par $- x$, $- y$ et a, puis ajouter; il viendrait à cause de la différentielle de l'équation (1),

$$\frac{dx^2 + dy^2}{dt^2} = - ga - N\sqrt{(a^2 + 2az)}.$$

Mettant ici pour le premier membre sa valeur tirée de la formule (3), ainsi que (4) pour $\frac{dz}{dt}$, on a enfin

$$-N = \frac{C^2 + a^3 g + 2a^2 gh}{(a^2 + 2az)^{\frac{3}{2}}}.$$

Si l'on fait $\frac{dz}{dt} = 0$, on obtient pour les points où z est un *maximum* ou un *minimum*, les deux valeurs inégales

$$z = \frac{h}{2} \pm \sqrt{\left\{\frac{h^2}{4} - \frac{C^2}{4ag}\right\}}:$$

l'une se rapporte au *maximum* et l'autre au *mimimum* de l'orbite : elles dépendent des constantes C et h, qui sont relatives aux circonstances initiales du mouvement.

On peut déterminer ces constantes de manière à satisfaire à certaines conditions : si, par exemple, on veut rendre les deux valeurs de z égales, ce qui exige que $h^2 ag = C^2$, alors $z = \frac{1}{2} h$: or il est clair que l'orbite est un plan horizontal; car si dans (4) on met $h^2 ag$ pour C^2, on trouve $\frac{dz}{dt} = (h - 2z) \sqrt{\left(\frac{-g}{a + 2z}\right)}$ valeur imaginaire (puisque z est toujours positif), si ce n'est lorsque $z = \frac{1}{2} h$: la vitesse dans le sens des z est donc nulle, et l'orbite a une élévation constante AD (fig. 132) au-dessus du plan xy. Le mouvement est alors donné par les équations

$$x\,dy - y\,dx = C\,dt, \quad C = h\sqrt{(ag)}, \quad x^2 + y^2 = ah.$$

Comme les coordonnées polaires sont plus commodes, prenons l'origine au centre D de l'orbite circulaire, dont le rayon DC ou OF est $\varrho = \sqrt{(ah)}$; pour changer de coordonnées, on fera donc $x = \varrho \cos\theta$, $y = \varrho \sin\theta$, θ étant l'angle EOF formé par le rayon vecteur OE avec l'axe OF : notre première équation devient par là $ah.d\theta = C\,dt$, ou $d\theta\sqrt{a} = dt\sqrt{g}$; et comme $\frac{d\theta}{dt}$

ou la vitesse angulaire est $=\sqrt{\dfrac{g}{a}}=$ constante indépendante de h, on voit que le mouvement est uniforme, et que pour le même paraboloïde cette vitesse est constante, quelle que soit la hauteur AD de l'orbite au-dessus du plan xy.

215. On pourrait également appliquer la théorie au cas où l'équation de la surface serait implicite; c'est ce qu'on va voir par un exemple.

Prenons pour seconde application le pendule à *oscillations coniques*. Concevons un fil inextensible et sans pesanteur, dont l'une des extrémités est liée à un point matériel pesant, et dont l'autre bout est fixe. L'origine étant en ce dernier point, la surface de sphère que le mobile sera assujetti à parcourir, aura pour équation

$$x^2 + y^2 + z^2 = r^2, \text{ d'où } xdx + ydy + zdz = 0 \dots (1).$$

r est la longueur du pendule. Si l'on prend les z positifs verticalement de haut en bas, on a $X = 0$, $Y = 0$, $Z = g$: de plus $p = -\dfrac{x}{z}$, $q = -\dfrac{y}{z}$ et $\varphi = \dfrac{z}{r}$: nos équations (z') deviennent ici

$$\frac{d^2x}{dt^2} = -\frac{Nx}{r}, \ \frac{d^2y}{dt^2} = -\frac{Ny}{r}, \ \frac{d^2z}{dt^2} = g - \frac{Nz}{r} \dots (2).$$

Multiplions ces équations respectives par dx, dy et dz, ajoutons et intégrons, il vient pour la force vive

$$\frac{dx^2 + dy^2 + dz^2}{dt^2} = 2g(z - h) = v^2 \dots (3).$$

Pour obtenir la valeur de N, on multiplie respectivement les équations (2) par x, y et z; ajoutant, et ayant égard à la différentielle de l'équation (1) et à l'équation (3), on trouve $N = \dfrac{g}{r}(3z - 2h)$. Sans chercher à introduire cette valeur dans les équations (2), pour éliminer ensuite, afin d'obtenir les relations entre deux des quatre variables x, y, z et t, on peut éliminer N entre les deux premières. En effet, comme la gravité n'est pas dirigée sans cesse vers l'origine des coordonnées, il est vrai que (172) le principe des aires proportionnelles aux temps n'a point lieu : mais on doit trouver qu'il existe dans le sens horizontal, puisqu'aucune force n'agit parallèlement au plan xy. Multiplions donc respectivement par y et par x les deux premières équations (2) ; soustrayons et intégrons, il viendra

$$x\,dy - y\,dx = \mathrm{A}\,dt \ldots \ldots (4),$$

A étant une constante arbitraire. Les trois équations (2) sont donc remplacées par les expressions (1), (3) et (4) qui sont du premier ordre, et doivent servir à déterminer les valeurs de x, y et z en fonction de t : c'est ce que nous allons voir. Élevons au carré $x\,dx + y\,dy = -z\,dz$, et la formule (4), puis ajoutons, nous aurons $(x^2 + y^2)(dx^2 + dy^2) = \mathrm{A}^2 dt^2 + z^2 dz^2$; on tire de (1) et (3) la valeur des facteurs du premier membre, et on trouve enfin.

$$dt = \frac{-r\,dz.}{\sqrt{\{2g(r^2 - z^2)(z - h) - \mathrm{A}^2\}}} \ldots \ldots (5).$$

Nous mettons ici le signe $-$, parce que nous supposons que les temps sont comptés à partir de l'instant où le mobile est au point le plus bas de son orbite, ce qui exige que t croisse, lorsque z décroît.

Cherchons maintenant les *maxima* et *minima* de l'orbite ; pour cela il faut faire $\dfrac{dz}{dt} = 0$, ou $dv = 0$ puisque $v\,dv = g\,dz$; ainsi en ces points la vitesse est aussi un *maximum* ou un *minimum* ; $dz = 0$ donne en développant

$$z^3 - hz^2 - r^2 z + r^2 h + \frac{\mathrm{A}^2}{2g} = 0.$$

Cette équation a au moins deux racines réelles, car l'orbite a nécessairement un *maximum* et un *minimum*, puisque le mobile ne sort pas de la surface de la sphère. Or les imaginaires étant toujours en nombre pair (Cours de Math., n°s 515 et 530), notre équation doit avoir ses trois racines réelles : de plus une seule est négative, d'après l'ordre des signes. On peut donc en désignant par a, b et $-c$ ces trois racines, écrire notre équation sous la forme $(z-a)(z-b)(z+c) = 0$, a, b et c étant des nombres positifs. Si l'on exécute les multiplications et si l'on compare, on aura

$$a+b-c = h, \quad bc+ac-ab = r^2, \quad abc = r^2 h + \frac{A^2}{2g}.$$

La seconde donne

$$c = \frac{r^2+ab}{a+b} \ldots \ldots \ldots (6).$$

Substituant dans les deux autres, on trouve

$$h = \frac{a^2+ab+b^2-r^2}{a+b}, \quad A^2 = \frac{2g(r^2-a^2)(r^2-b^2)}{a+b}.$$

Voilà par conséquent les constantes A et h, déterminées en fonction de r, a et b : c est une fonction connue de ces mêmes quantités : a est le z du point le plus élevé, et b celui du point le plus bas de l'orbite. Introduisons donc a, b et c au lieu des arbitraires A et h, dans l'équation (5); elle devient

$$dt = \frac{-rdz}{\sqrt{\{2g(a-z)(z-b)(z+c)\}}} \ldots \ldots (7).$$

La résolution du problème dépend de l'intégration de cette formule. En effet, supposons que z soit connu en fonction de t : soit A (fig. 118) le centre, et FDM la projection de l'orbite sur le plan xy; M sera celle du mobile au bout du temps t. Faisons l'angle MAP $= u$ et AM $= \varrho$; comme AP $= x$ et PM $= y$, le triangle MAP donne

$$x = \varrho \cos u, \quad y = \varrho \sin u, \quad \varrho^2 = x^2+y^2 = r^2-z^2.$$

Ces valeurs étant introduites dans l'équation (4), donnent

$\varrho^2 du = A dt$, d'où $du = \dfrac{A dt}{r^2 - z^2}$: en intégrant on aura donc u,
et par suite x et y en fonction de t.

Pour avoir le temps de la demi-oscillation, c'est-à-dire celui que le mobile emploie à parvenir du point le plus bas au point le plus élevé de son orbite, il faut intégrer l'équation (7) entre les limites $z = a$, et $z = b$. Pour cela supposons

$$\sin^2 \theta = \frac{a - z}{a - b}.$$

Cette transformation est destinée à faciliter l'intégration; elle est d'ailleurs légitime; car comme le mobile ne doit jamais sortir des limites $z = a$ et $z = b$, la nature de la question exige qu'on ne puisse jamais avoir $z > a$ et $z < b$; $a - z$ et $a - b$ sont donc positifs. De plus z passe par toutes les grandeurs entre a et b, comme $\dfrac{a - z}{a - b}$ passe de 0 à 1, sans sortir de ces limites, qui sont aussi celles de $\sin \theta$. Les limites sont remplacées par $\sin \theta = 0$, et $\sin \theta = \pm 1$.

Il est aisé de voir qu'on a $z = a \cos^2 \theta + b \sin^2 \theta$. Or en supposant, pour abréger, $\gamma^2 = \dfrac{a^2 - b^2}{(a + b)^2 + r^2 - b^2} = \dfrac{a^2 - b^2}{a^2 + 2ab + r^2}$,

on a $a - z = (a - b) \sin^2 \theta$, $z - b = (a - b) \cos^2 \theta$,

$z + c = (1 - \gamma^2 \sin^2 \theta) \times \dfrac{a - b}{\gamma^2}$, $dz = 2\sin \theta \cos \theta (b - a) d\theta$.

En substituant dans l'équation (7) on trouve

$$dt = \frac{2r\gamma}{\sqrt{\{2g(a - b)\}}} \times \frac{d\theta}{\sqrt{(1 - \gamma^2 \sin^2 \theta)}},$$

le développement de $(1 - \gamma^2 \sin^2 \theta)^{-\frac{1}{2}}$ est

$$1 + \frac{1}{2} \gamma^2 \sin^2 \theta + \frac{1 \cdot 3}{2 \cdot 4} \gamma^4 \sin^4 \theta + \frac{1 \cdot 3 \cdot 5}{2 \cdot 4 \cdot 6} \cdot \gamma^6 \sin^6 \theta + \text{etc}.$$

Ainsi on n'a à intégrer que des termes de la forme $d\theta \cdot \sin^m \theta$, *m* étant un nombre pair : or, les formules connues (Cours de Mathém., n° 796) donnent

$$\int d\theta \cdot \sin^m \theta = -\frac{1}{m}\cos\theta \cdot \sin^{m-1}\theta + \frac{m-1}{m}\int d\theta \cdot \sin^{m-2}\theta.$$

Nous n'aurons point égard ici au premier terme de cette intégrale, parce qu'il est nul aux deux limites désignées $\sin\theta = 0$ et $\sin\theta = \pm 1$. Un calcul semblable à celui du n° 196 donne enfin

$$\int d\theta \cdot \sin^m \theta = \frac{1.3.5\ldots(m-1)}{2.4.6\ldots m}\times\theta.$$

Or maintenant les limites $\sin\theta = 0$, et $= \pm 1$, ne donnent pour θ que les valeurs indéterminées $\theta = k\pi$, $\theta = \frac{1}{2}(2n+1)\pi$, k et n étant des nombres entiers quelconques; ce qui fait voir que le mobile devra passer une infinité de fois du *maximum* au *minimum* de z : cela s'accorde avec la théorie des oscillations (194). Pour obtenir les temps qui s'écoulent entre ces divers passages, il faudrait prendre tour à tour $\theta = \frac{1}{2}\pi$, $= \frac{3}{2}\pi$, $= \frac{5}{2}\pi$, ..., quantités qui diffèrent entre elles de π; et comme θ n'entre dans notre intégrale qu'à la première puissance, il est clair que les temps des oscillations sont égaux entre eux.

Pour avoir le temps de l'oscillation entière, il faut prendre pour limites $\theta = 0$ et $\theta = \pi$, ce qui donne

$$t = r\gamma\pi\sqrt{\frac{2}{g(a-b)}}\times\left\{1 + \left(\frac{\gamma}{2}\right)^2 + \left(\frac{1.3.\gamma^2}{2.4}\right)^2 + \left(\frac{1.3.5.\gamma^3}{2.4.6}\right)^2 \text{etc.}\right.$$

On peut déduire de cette formule les oscillations dans un cercle vertical; car comme la projection de l'orbite sur le plan xy est alors une droite, on a $A = 0$: en remontant aux valeurs précédentes de A, h et c, on voit qu'on a $a = r$, $h = b$, et $c = r$: telles sont les valeurs de z qui répondent au *maximum* et au *minimum* ; on a aussi $\gamma^2 = \dfrac{r-h}{2r}$. En substituant, la valeur de t ci-dessus conduit à celle du n° 196. Dans le cas des petites oscillations, $\dfrac{r - h}{2r}$ est une fraction très petite, et qu'on

peut négliger : ce qui donne de nouveau la formule (p', 194).

CHAPITRE III.

MOUVEMENT D'UN SYSTÈME.

I. *Choc des Corps durs ; mesure des Forces , des Pressions,....*

216. Tout ce que nous avons dit jusqu'ici repose sur ce principe, que la force est proportionnelle à la vitesse (146) ; ce qui est vrai tant que les puissances ne sont destinées qu'au mouvement d'un corps unique. Il convient donc, avant de traiter ce qui dépend du mouvement d'un système, de chercher la mesure des forces qui agissent sur des masses différentes. Essayons de faire dépendre ce dernier cas de l'autre.

Concevons une masse M divisée en n parties égales; désignons chacune par m, et supposons-les sans liaison les unes avec les autres : s'il faut une force f pour communiquer à m la vitesse V, il faudra n de ces forces f pour donner à ces n masses m la vitesse commune V ; et comme la vitesse V est la même, les parties n'exercent point d'action les unes sur les autres, même en rétablissant leur liaison mutuelle : on peut donc regarder M comme un corps unique et solide, sans changer rien à ce qu'on vient de dire. Ainsi il est évident que pour donner la vitesse V à la masse

$$M = nm,\ \text{il faut une force } F = nf = \frac{Mf}{m}.\ \text{En raisonnant}$$

de même pour un autre corps M′, on trouve, pour la force propre à lui imprimer la vitesse V′, $F' = \dfrac{M'f'}{m}$, f' désignant la force capable de donner la vitesse V′ à la portion m du corps M′. Donc $\dfrac{F}{F'} = \dfrac{Mf}{M'f'}$ ou $\dfrac{F}{F'} = \dfrac{MV}{M'V'}$, puisque les forces f et f' agissent sur la même masse m, et sont proportionnelles aux vitesses V, V′.

Cette démonstration s'applique toutes les fois que les masses sont commensurables; pour l'étendre à tous les cas, supposons que M et M′ étant incommensurables, on ait.............. $\dfrac{F}{F'} = \dfrac{MV}{(M' \pm h)V'}$. Partageons M en k masses m égales et plus petites que h, de sorte que M $= km$; soit une autre masse $k'm$ comprise entre M′ et M′ $\pm h$; la force f propre à lui imprimer la vitesse V′ devant satisfaire à la condition...... $\dfrac{F}{f} = \dfrac{MV}{k'mV'}$, on a $\dfrac{f}{F'} = \dfrac{k'm}{M' \pm h}$; ce qui est absurde, puisqu'il faut visiblement une force plus grande pour communiquer la même vitesse à une masse plus grande : donc $h = 0$.

Ainsi *les forces sont proportionnelles aux produits des masses par les vitesses :* comme ce produit est une fonction dont l'usage est fréquent, on lui a donné le nom de *Quantité de mouvement;* donc les forces sont proportionnelles aux quantités de mouvement. Il peut arriver que les forces F et F′ soient égales, ce qui donne

$$MV = M'V' \dots\ (a'').$$

On voit donc que la même force, capable de communiquer la vitesse V à la masse M, donnerait à la masse M′ la vitesse V′, pourvu que *les masses soient en raison inverse des vitesses ;* cette force imprimerait une vitesse k fois plus grande à une masse k fois moindre.

Puisque le rapport $\dfrac{F'}{M'V'}$ est constant, on peut le représenter par a, et on a $F = a.MV$. On peut même prendre $a = 1$; il suffit pour cela de regarder comme unité de force celle qui imprimerait l'unité de vitesse à l'unité de masse; ce qui revient à faire $F' = 1$, $V' = 1$, $M' = 1$. *Nous mesurerons donc la force d'un corps en mouvement par le produit de la masse de ce corps, par la vitesse dont il est animé.* Lorsque les corps sont hétérogènes, nos raisonnemens s'appliquent encore, pourvu que nous y désignions par m des masses égales, c'est-à-dire des masses qui, animées de vitesses égales et opposées, se feraient équilibre; ou plutôt des corps de même poids, puisque le poids est proportionnel à la masse (50, 248) : en général, dans tout ce qui vient d'être dit, on peut substituer les poids aux masses.

217. La Mécanique ne remonte pas aux causes de mouvement; elle ne voit que le fait qui en résulte, et son objet est de rechercher comment ce mouvement se conserve ou se modifie : ainsi les calculs dépendent, non de la force facultative du moteur , mais bien de la force effective qu'il déploie. On peut évaluer l'*effet* d'une puissance de deux manières; par exemple, s'il s'agit de celle d'un homme, on examine, ou quel fardeau il peut supporter, ou quel ouvrage il peut faire dans un temps donné : dans le premier cas, les puissances sont comparées à une *force morte*, c'est-à-dire à la force qui peut leur faire équilibre; ce nom lui vient de ce qu'elle est aussitôt détruite qu'engendrée : nous avons montré qu'alors les puissances sont entre elles comme les produits des masses par les vitesses : dans le second, on les compare à une *force vive*, c'est-à-dire à celle qui pourrait élever un poids à la même hauteur, dans le même temps; et il est évident que, dans cette manière d'envisager l'*effet* de la force, cet effet est en raison composée du poids et de la hauteur : soit donc M la masse, φ la force, de la hauteur correspondante au temps dt, $M\varphi de$ ou (153), $Mvdv$ sera l'effet produit durant ce temps dt, et $\int Mvdv = \frac{1}{2} Mv^2$ l'effet durant le temps t. Ainsi *les forces vives sont entre elles comme les produits des masses par les carrés des vitesses ;* c'est ce qui a fait donner le nom de force vive à la valeur v^2 trouvée ci-dessus (c', 170 et 204), car la masse y est $= 1$.

Il y eut autrefois de grandes discussions entre les géomètres pour mesurer les forces, et savoir si elles étaient proportionnelles au produit de la masse par la vitesse ou par le carré de la vitesse. Quoiqu'il ne soit pas de la nature de cet ouvrage de nous arrêter à ces disputes, cependant nous avons cru devoir ne point passer sous silence une doctrine qui a eu pour défenseurs Leibnitz et les Bernoulli. Il résulte de ce qu'on vient de dire, que les choses mesurées étant différentes, leurs mesures doivent l'être aussi; mais en raisonnant juste dans l'un et l'autre système, on devait arriver au même résultat, et ce résultat avait seul de l'importance, puisqu'il était l'objet des recherches. La discussion ne provenait que de ce qu'on n'avait pas attaché au mot *effet* la même idée. La théorie des forces vives montre aussi qu'il est faux d'avancer que *les effets sont proportionnels à leurs causes.* Il est clair qu'il est indifférent de mesurer les forces de l'une ou de l'autre manière, pourvu qu'on raisonne conséquemment à l'hypothèse; et que les résultats de la Mécanique n'y sont nullement intéressés.

218. Qu'une force soit prépondérante ou anéantie, puisque le produit de la masse par la vitesse, ou la quantité de mouvement, est propre à la mesurer, on doit préférer cette espèce de mesure qui convient à tous les cas, à la force vive qui suppose le mobile animé; aussi tous les géomètres se sont-ils accordés sur ce point et nous suivrons cet usage. Cependant lorsqu'on a pour objet de mesurer les effets des machines ou des moteurs en mouvement, il convient mieux de comparer ensemble les trois élémens qui forment le résultat du travail, savoir, le *poids* P qu'on a élevé, la *hauteur* H de l'élévation, et le *temps* T qu'on a employé. L'effet produit est alors mesuré par la quantité $\dfrac{P \times H}{T}$; car on voit bien que c'est la même chose d'élever un poids double à une hauteur moitié moindre dans un temps donné, ou de doubler ce temps et aussi le poids ou bien la hauteur. Dans ce sens on dira que la mesure d'un effet produit est toujours représentée par *le produit d'un poids par la hauteur à laquelle il a*

été élevé, divisé par le temps du travail (*). Deux machines dont l'une élève 120 kilog. à 63 mètres en une minute, et dont l'autre élève 36o kilog. à 7 mètres en 20 secondes, sont équivalentes , puisqu'on a $\dfrac{120 \times 63}{6o} = \dfrac{36o \times 7}{20} = 126$, et qu'elles montent l'une et l'autre 126 kil. , à 1 mètre, en une seconde.

Les mécaniciens assimilent tous les effets des forces actives à un poids P élevé à une hauteur H dans un certain temps qu'on prend le même pour tous les cas : ils forment une *unité dynamique composée d'un kilogramme élevé à un mètre*, et ils expriment un moteur ou un effet par le nombre d'unités dont il est capable. Dans l'exemple qui précède, on aurait 126 unités dynamiques. Lorsqu'il s'agit de grandes machines, l'unité est *un mètre cube d'eau, ou mille kilogrammes, élevé à un mètre*, qui revient à *un kilogramme élevé à un kilomètre*. (**)

219. Cette mesure des forces s'accorde très bien avec le principe des *vitesses virtuelles* (p. 175) qui veut qu'on ne puisse rien gagner en force ou en poids, qu'on ne le perde en espace parcouru, pour que le produit PH demeure le même. Et cela est vrai dans le cas même de l'équilibre, puisqu'un levier qui met un kil. en repos

---

(*) Cette fraction représente une force vive, car $\dfrac{H}{T}$ est la vitesse (145), et le poids P est une pression mesurée par le produit d'une masse par une *vitesse virtuelle.*

(**) Les forces motrices qui mettent les machines en jeu sont les courans d'eau, l'action du vent, l'expansion de la vapeur, la pression atmosphérique, la chute d'un poids, la force de l'homme ou des animaux , les ressorts, etc. Or quel que soit celui de ces agens qu'on emploie, il faut surtout connaître de combien d'unités dynamiques il est capable, et faire la part des résistances, pour ne pas s'exposer à développer une force trop grande, ou à manquer l'effet faute de puissance.

On estime en général que la force de l'homme est la moitié de celle de l'âne et le 7e de celle d'un cheval; mais ces rapports varient avec les individus. On évalue à 100 ou 140 kilogr. la force de trait d'un cheval de roulage, durant 8 heures de travail diurne, parcourant 40 kilom. ; la vitesse est de 14 décimètres par seconde. Le cheval de poste tire 90 kilogr. au trot, avec une vitesse de 8 kilom. par heure, parcourant 34 à 38 kilom. par jour (environ 22

avec 4, tend réellement à faire descendre ce kil. 4 fois plus vite què ce poids quadruple; 1 ne soulève quatre, que sous la condition de monter 4 fois plus haut dans le même temps. Cette loi est générale quelle que soit la machine; on ne peut faire varier l'un des trois nombres P, H, T que sous la condition de laisser à $\frac{PH}{T}$ la même valeur, et encore les frottemens, les résistances inévitables dans les machines réduisent souvent cette fraction à son tiers, et à moins encore. Il faut donc distinguer avec soin l'*effet utile* d'une machine, de la force qui la meut, dont une grande partie se trouve anéantie.

Ces notions suffisent pour montrer que le *mouvement perpétuel* est impossible à réaliser, même en supposant les matériaux indestructibles par l'usage. Sans le frottement et les résistances, en vertu de la loi d'inertie (3), toute machine mise en rotation doit toujours tourner avec la vitesse d'impulsion; c'est bien là un mouvement perpétuel. Mais les personnes qui font de ce sujet la matière de leurs recherches, veulent en outre qu'il y ait une force disponible propre à produire de certains effets, tels que monter un poids, manœuvrer un piston de pompe, etc. Ainsi il ne leur suffirait pas qu'une machine mise en mouvement conservât sa vitesse sans altération, malgré les frottemens;

---

décim. par seconde). Un bon cheval attelé à un manége peut donner 5oo à 6oo grandes unités dynamiques pour un travail de 6 heures par jour, c'est-à-dire qu'il peut élever 5 à 6 cents mètres cubes d'eau à un mètre. On entend par *force d'un cheval*, en langage de fabrique de machine à vapeur, 5974 grandes unités dynamiques obtenues par un travail continuel de 24 heures.

Quant à la force de l'homme, D. Bernouilli, supposant 8 heures de travail diurne, admet qu'elle produit 275 grandes unités (275 mètres cubes d'eau élevés à un mètre); mais lorsqu'on exige un travail long-temps continué, au lieu de faire des alternatives de travail rude et de repos, l'homme ne peut guère porter plus de 12 kilogr. 8 heures durant, ni élever plus de 10 kilogr. à un mètre par seconde. D'ailleurs la manière plus ou moins commode dont la force est appliquée, influe beaucoup sur ses effets utiles. Appliqué à une manivelle, l'homme produit environ 116 grandes unités par jour; lorsqu'il monte de l'eau d'un puits on n'obtient guère que 71 unités, etc. *V.* la Mécanique de M. Hachette.

il leur faut encore qu'elle puisse d'elle-même accélérer ses mouvemens, pour produire un excès de force qu'on veut employer
à d'autres usages, et qui devrait venir sans cause ; et cela outre
la force nécessaire pour réparer les pertes dues aux frictions.
Mais supposer de pareils effets, c'est admettre qu'un poids peut
remonter seul, ou en entraîner un plus considérable avec une
plus grande vitesse. Ce fait, impossible en soi, on l'attend d'une
heureuse combinaison d'agens mécaniques dans l'espoir qu'on
rendra la quantité $\dfrac{PH}{T}$ du moteur plus forte qu'elle n'est, et ce
qui précède montre qu'il est certain qu'on n'y réussira jamais. On
ne peut, dans une machine, que retrouver la force motrice
moins les frottemens. Une machine n'est qu'un dépositaire des
puissances qu'on lui confie ; et loin de les faire fructifier, elle dis-
sipe une partie du dépôt, et ne le restitue qu'infidèlement. Les
effets dont les forces eussent été capables, sans son secours, sont
diminués par les réactions et les résistances ; et la quantité $\dfrac{P'H'}{T'}$
obtenue, comparée à celle $\dfrac{PH}{T}$ qu'on y a employée, est toujours
beaucoup moindre que celle-ci : la différence s'accroît d'autant
plus que la machine se complique davantage. La recherche du
mouvement perpétuel est une preuve d'ignorance des lois de la
Mécanique, ou celle d'une maladie de l'esprit.

220. Le cas le plus simple du mouvement d'un système est
celui où deux corps M et M', mus dans la même droite, se rencontrent ; à l'instant où le *Choc* s'opère, les vitesses V et V'
des deux corps changent ; il s'agit de déterminer les conditions
propres à l'équilibre, ou les lois du mouvement après le choc.
Nous considérerons d'abord les corps comme parfaitement durs ;
ce qui exige qu'après le choc les mobiles restent juxta-posés
l'un à l'autre, et que si l'équilibre n'a pas lieu, ils prennent un
mouvement commun : de plus nous les regarderons comme deux
points matériels. On peut observer qu'au lieu de considérer les
corps comme sollicités par deux impulsions F, F', et se choquant avec les vitesses V, V' dont ils sont animés, on peut les

regarder comme en repos, juxta-posés en leur point de rencontre, et supposer que ces mêmes impulsions F, F′, agissent sur
eux dans cet état.

1°. D'abord pour le cas d'équilibre, il est nécessaire et il suffit que les forces F et F′ soient égales; donc l'équation (a'') a
lieu : ainsi *deux corps qui se choquent en allant en sens contraire, restent en équilibre lorsque leurs masses sont en raison
inverse de leurs vitesses*, ou, si l'on veut, *lorsque leurs quantités de mouvement sont égales*. La manière dont nous avons démontré ce théorème fait voir que l'équilibre n'a lieu que dans
ce cas, et que, par conséquent, la proposition réciproque est
vraie.

2°. Passons maintenant au cas où les forces ne sont pas égales;
alors la masse M ne fait plus équilibre à la masse M′; mais
comme on a dit qu'on pourrait regarder à l'instant du choc les
deux corps comme juxta-posés, en repos, et recevant dans cet
état les impulsions qui les avaient animés, on voit que, MV et
M′V′ étant ces deux forces, le système est composé de la masse
M + M′ en repos, sollicitée par la force MV − M′V′; si les
forces agissaient dans le même sens, on aurait la force MV+M′V′ :
enfin si M′ est en repos, on a la force MV. Soit v la vitesse inconnue commune aux deux corps après le choc, la force capable
de communiquer à la masse M + M′ cette vitesse v, est évidemment (M + M′) v; donc on a (M + M′) $v =$ MV + M′V′,
en regardant V′ comme négatif ou comme nul, suivant que M′
marchait en sens contraire de M, ou était en repos avant le choc;
d'où

$$v = \frac{MV + M'V'}{M + M'} \dots\dots\dots (b'').$$

Si M′ était en repos, V′ $=$ 0, et on a

$$v = \frac{MV}{M + M'} \dots\dots\dots (c'').$$

Ainsi la formule (b'') renferme tous les cas possibles du choc
de deux corps, soit qu'ils aillent dans le même sens, soit qu'ils

marchent en sens contraire, soit enfin que l'un d'eux soit en repos.

La formule (b'') fournit quelques conséquences importantes.

1°. Prenons d'abord le cas où $V' = o$, qui est renfermé dans l'équation (c''). On voit qu'on a $v < V$ et que plus M' croît, plus v décroît; de sorte que si M' est infini par rapport à M, on a $v = o$. C'est ce qui arrive lorsqu'on frappe un édifice, ou quelqu'autre corps dont la masse est considérable : le mouvement du corps choquant est détruit sans qu'il en passe aucune partie dans le corps choqué.

2°. Observons que dans le cas ci-dessus où le corps M' est en repos, M, qui a la force MV ou $(M + M')v$, perd, par le choc, la quantité de mouvement $M'v$, puisque celle qui lui reste est Mv. Or M' acquiert par le choc précisément la force $M'v$ qu'il a fait perdre à M. Cette perte de force dans le corps M annonce que M' a opposé une résistance au mouvement, et cela indépendamment de la pesanteur et de tout autre obstacle. Ainsi tout corps jouit de la *propriété* de résister au mouvement, et c'est en résistant qu'il en reçoit; de plus, il en reçoit précisément autant qu'il en détruit dans celui qui agit sur lui : de même qu'un vase (pour me servir des expressions de M. de *Laplace*) se remplit aux dépens d'un vase plein qui communique avec lui. En un mot, la résistance que les corps opposent au mouvement n'est qu'un effet qui dérive de ce principe général, la *réaction est égale et opposée à l'action.* Cette propriété des corps de n'acquérir du mouvement qu'en en détruisant une égale quantité dans le moteur est un effet de l'*inertie* (n° 3); cette quantité étant $M'v$, on voit que l'*inertie est proportionnelle à la masse, et par conséquent au poids du corps,* bien qu'elle soit entièrement indépendante de la gravité.

Quand une force s'exerce contre une masse, elle a deux obstacles à vaincre, le poids et l'inertie de la matière; ces deux causes sont proportionnelles à la masse, mais on doit bien les distinguer l'une de l'autre. Le poids est une qualité accidentelle qu'on détruit, soit en suspendant le corps librement à un fil, soit en le

posant sur un plan horizontal parfaitement poli : mais l'inertie
est inhérente à la masse; on ne peut l'en priver; elle subsiste
encore quand le poids est détruit; et elle résiste autant lorsqu'on
veut mouvoir une masse en repos, que pour arrêter ou accroître
un mouvement déjà imprimé.

3°. Si les corps M et M' ont des masses égales, et vont en sens
contraire, on a $\nu = \frac{1}{2}$ (V — V'); ainsi la vitesse après le choc
est la moitié de la différence entre les vitesses imprimées; elle
est de plus dirigée dans le sens du plus prompt des deux mobiles.

4°. Le centre de gravité du système de deux points matériels
qui se choquent jouit d'une propriété intéressante, qui tient
aux grands principes de la Mécanique, et qu'on a nommée *Conservation du centre de gravité* : voici en quoi elle consiste. Prenons sur la droite que décrivent les corps un point quelconque
pour origine des espaces, nommons e et e' les distances des deux
corps à ce point au bout du temps t, et X celle de leur centre
de gravité; on a (54, A'), $X = \dfrac{Me + M'e'}{M + M'}$: en différenciant
et mettant pour $\dfrac{de}{dt}$, $\dfrac{de'}{dt}$ les vitesses des mobiles, on a la vitesse
du centre de gravité de leur système. Or avant le choc ces vi-
tesses sont V et V', ainsi la vitesse du centre de gravité est
$\dfrac{dX}{dt} = \dfrac{MV + M'V'}{M + M'}$; cette valeur se réduit à ν, qui est la vitesse
des deux corps après le choc; ainsi *la vitesse du centre de gravité
est la même avant et après le choc*. Nous verrons (226, 1°., et
275, 3°.) que ce théorème n'est qu'un cas particulier d'un autre
qui est relatif au mouvement d'un système quelconque de corps
libres.

5°. La somme des forces vives est $MV^2 + M'V'^2$ avant le
choc, et (M + M') ν^2 après le choc : ainsi..........
$MV^2 + M'V'^2 - (M + M') \nu^2$ est la force vive perdue; or en
remplaçant V et V' par V — ν et V' — ν, puis rétablissant l'é-
galité, on trouve $M (V — \nu)^2 + M' (V' — \nu)^2$ après avoir mis
pour $MV + M'V'$ sa valeur $\nu (M + M')$: donc *dans le chan-*

*gement brusque qui s'opère par le choc des corps durs, la partie
de la force vive qui est détruite, est précisément celle qui résulterait de la vitesse perdue par chaque corps.* Ce théorème est
dû à *Carnot* qui l'a étendu à un nombre quelconque de corps.
Dans le cas d'équilibre, la force vive est entièrement détruite (*).

6°. Ordinairement le mouvement des machines n'est pas régulier, soit parce que le moteur a des intermittences, soit parce
que l'action ne s'exerce pas dans des circonstances également favorables. L'homme qui tourne une manivelle a moins de force
quand il la relève que lorsqu'il s'aide du poids de son corps;
dans les *va-et-vient* la force développpée à la fin de chaque course
est réduite à rien, etc. D'ailleurs les résistances varient elles-
mêmes. Pour régulariser l'action motrice, on charge l'axe de
masses, ou bien l'on y adapte une roue pesante en fonte et sans
dents. C'est ce qu'on appelle un *volant*. La meule de grès du ré-
mouleur tient lieu de volant et régularise la pédale intermit-
tente; le mouvement a une vitesse de rotation à peu près constante.

Dans les premiers instans du mouvement, l'inertie d'un lourd
volant résiste au moteur; mais dès qu'il tourne, on retrouve
cette quantité de mouvement dans les instans d'intermission, ou
pour surmonter les résistances; car pour arrêter le volant il faudrait développer une force égale et contraire à celle qui l'a animé. Cette masse continue donc à tourner en vertu de sa quantité
de mouvement acquise, détruit les résistances accidentelles,
supplée quelques momens à la force dans le repos, résiste à son

---

(*) Comme l'élasticité des corps est bien éloignée d'être parfaite, les chocs,
dans les machines, doivent entraîner des pertes de forces vives. On doit donc
par cette raison, éviter les changemens brusques, et aussi parce qu'ils détruisent les agens et rendent les actions irrégulières. Ainsi, pour qu'une machine
soit bien combinée, il faut, autant que possible, qu'elle marche sans bruit et
sans secousses, éviter les trépidations, les chocs, et les remplacer par de simples pressions; si le mouvement doit changer de direction, il faut ralentir peu
à peu la vitesse jusqu'à zéro à l'instant où le changement va se produire.

tour à celle-ci quand elle exerce sa plus grande puissance; enfin *le volant n'est qu'un dépôt de force destiné à régulariser le mouvement.*

Plus le volant a de masse et de vitesse et plus cette régularité s'établit; mais l'accroissement de poids entraîne celle du frottement de l'axe (134); on est donc forcé de se renfermer dans des limites, qu'imposent d'ailleurs la nécessité d'un premier effort, la difficulté des transports, etc. La règle pratique indiquée par l'expérience est de faire *le rayon du volant quatre à cinq fois celui de la manivelle ;* on l'adapte à l'axe qui tourne avec le plus de rapidité. *L'effet dynamique a pour mesure la masse multipliée par le carré de la vitesse* (*V.* la force centrifuge, n° 207), en sorte qu'il est avantageux d'accroître la vitesse du volant et d'en diminuer la masse.

221. Nous avons supposé, dans tout ce qui vient d'être dit, que les corps choquans étaient animés de vitesses constantes; or, s'il n'en était pas ainsi, on chercherait, d'après les principes exposés précédemment (153), le temps et le lieu de leur rencontre, ainsi que les vitesses dont ils sont animés à cet instant : il suffit pour cela de connaître les positions et les vitesses initiales des corps, ainsi que les forces accélératrices qui les sollicitent. Par là, on retomberait dans le cas précédent, et on pourrait facilement déterminer la vitesse des corps après le choc.

Nous avons trouvé (*d*, 152) pour la valeur de la force accélératrice $\varphi = \dfrac{d\nu}{dt}$; mais nous supposions alors que les puissances agissaient sur le même corps, ou sur des masses égales. Maintenant les forces ne sont plus proportionnelles aux simples vitesses, mais bien aux quantités de mouvement; et nous ne pouvons plus introduire, dans les problèmes où il s'agira d'examiner l'action des divers corps, la simple quantité φ, mais bien le produit $m\varphi$ de la force accélératrice φ par la masse m sur laquelle elle agit. En effet, comme $d\nu = \varphi dt$, l'élément de la quantité de mouvement est $md\nu = m\varphi dt$; c'est cette quantité qui mesure l'accroissement de la force dont le corps m est animé. Celui d'un autre corps m', sollicité par la force φ', serait de même $m'd\nu' = m'\varphi'dt$.

Pour que ces forces soient égales, on doit avoir $m\varphi\,dt = m'\varphi'\,dt$,
ou $m\varphi = m'\varphi'$: leur rapport est $\dfrac{m\varphi}{m'\varphi'}$; ainsi le produit $m\varphi$ mesure l'intensité de la force φ, comme mv mesure celle de la masse m animée de la vitesse v. On nomme la quantité $m\varphi$ FORCE MOTRICE; *c'est le produit de la force accélératrice par la masse qu'elle anime* : de sorte que réciproquement pour avoir la force accélératrice, lorsqu'on connaît la force motrice, il faut diviser celle-ci par la masse.

Nous venons de faire voir qu'on a $m\varphi\,dt$ pour l'élément de la quantité de mouvement : c'est cette valeur qui sert de mesure à la force d'un corps doué seulement d'une vitesse naissante : $dv = \varphi\,dt$ exprime cette *vitesse virtuelle*. Ainsi, lorsqu'un corps m posé contre un obstacle est soumis à l'action de la force φ, $m\varphi\,dt$ est la valeur de la *pression* qu'il exerce : pareillement $mg\,dt$ est le *poids* du corps m, g étant la gravité. Car on conçoit que, bien que la vitesse virtuelle $g\,dt$ n'ait pas son effet actuel, si tout à coup la pesanteur devenait double, la pression exercée par le poids doublerait pareillement, aussi bien que la vitesse engendrée par la chute après un temps déterminé. On voit que les pressions ne peuvent être comparées aux chocs, et qu'elles sont infiniment petites par rapport à eux : de sorte qu'on ne peut mesurer par des poids la force des corps en mouvement. C'est pourquoi un clou entre assez avant dans un corps lorsqu'on en frappe la tête, tandis qu'un poids assez considérable ne produit rien (234).

Comme on ne doit comparer que des pressions entre elles, il est alors inutile de prendre pour leur mesure la quantité $m\varphi\,dt$, et l'on peut employer $m\varphi$, puisque dt disparaît dans le rapport $\dfrac{m\varphi\,dt}{m'\varphi'\,dt}$. Ainsi, lorsqu'on cherche le poids p d'un corps, il est visible qu'on n'a pour but que de trouver parmi les corps connus le poids qui exerce la même pression verticale que celui-là. Prenons, par exemple, des corps dont m' soit la masse, et supposons qu'il faille un nombre k de ces corps pour mettre en équilibre le poids p à l'aide d'une balance : il est clair qu'alors les pressions $mgdt$ et $km'gdt$ que ces corps exercent sur les deux plateaux de la balance sont égales, et que $mg = k . m'g$. Soit pris $m'g$ pour unité (ce qui arrive lorsque le corps m' est un gramme ou un kilogramme, etc.), alors $mg = k$, et k est ce qu'on appelle le *Poids absolu* du corps, c'est-à-dire le nombre de grammes qui exercent la même pression verticale, *quantité proportionnelle à la masse* m. Les forces que nous avons considérées en Statique, sont donc ou des pressions, ou des chocs égaux comparés entre eux, puisque ces forces s'entre-détruisent.

II. *De la Résistance des Milieux.*

222. Lorsqu'un corps est en mouvement dans un fluide stagnant, il en choque à chaque instant les molécules pour les déplacer et se faire un passage : la vitesse de ce corps doit donc diminuer, car on a $v < V$, $(c'', n° 220, 2°.)$ ainsi le mouvement se ralentit peu à peu par la résistance du milieu, qui est d'autant plus grande que le milieu a plus de densité.

Nous avons dit (50) que, dans le vide, l'or et la plume la plus légère mettent le même temps à descendre de hauteurs égales en vertu de la gravité; mais que la *résistance de l'air* empêche les choses de se passer ainsi, de sorte que les corps qui ont plus de masse tombent avec plus de rapidité que les autres. Supposons, par exemple, deux balles de même diamètre, l'une de plomb, l'autre de liége, qui commencent à tomber en même temps avec la même vitesse V ; ces deux balles dont M et M' désigneront les masses, présentant des surfaces égales à la résistance de l'air, éprouveront des résistances égales, que je représenterai par α ; MV et M'V seront leurs quantités de mouvement, qui seront réduites à $MV - \alpha$ et $M'V - \alpha$. En divisant (217) ces quantités de mouvement par les masses sur lesquelles elles agissent, on a

$$v = \frac{MV - \alpha}{M} = V - \frac{\alpha}{M}, \quad v' = V - \frac{\alpha}{M'},$$

ν étant la vitesse de la balle de plomb et ν' celle de la balle de liége; d'où $\nu' < \nu$, puisque $M' < M$. Le phénomène de la résistance de l'air se répétant à chaque instant, à chaque instant aussi la vitesse du corps dont la masse est la plus grande se trouvera moins diminuée.

Soit A une surface plane exposée au choc perpendiculaire d'un fluide, ou mue elle-même dans un fluide en repos avec la vitesse ν. Elle parcourra l'espace νdt dans l'instant dt, et par conséquent aura déplacé un volume $A\nu dt$ de fluide. Soit donc appelée D la densité de ce fluide, nous aurons $AD\nu dt$ pour la masse qui aura été mise en mouvement dans l'instant dt, et qui aura par conséquent reçu la quantité de mouvement $AD\nu^2 dt$; il est vrai que le fluide se rejette sur les côtés du corps et n'est point ainsi poussé en avant et sans cesse pressé; ainsi notre explication n'est pas exacte; mais elle conduit à une approximation à laquelle on est obligé de s'arrêter dans une théorie aussi difficile. Soit donc M la masse du corps qui présente la surface A au choc direct du fluide, $d\nu$ la diminution instantanée de vitesse causée par la résistance de ce fluide; et comme l'impulsion fait perdre au corps choquant une quantité de mouvement, égale à celle qu'il communique (p. 309, 2°.); on a $Md\nu = AD\nu^2 dt$, d'où l'on voit que la force R que cette résistance oppose est $\dfrac{d\nu}{dt} = \dfrac{AD}{M} \times \nu^2 = R$; elle est *proportionnelle au carré de la vitesse*.

Lorsque la surface A se présente obliquement au choc du fluide, la résistance, qui est toujours perpendiculaire à cette surface, n'est plus mesurée par cette valeur : soit ν la vitesse, α *l'angle d'incidence* que fait la direction de ν avec la surface : l'on décompose cette vitesse oblique ν en deux autres; l'une normale à la surface, et l'autre dirigée dans le sens de cette surface. La dernière ne produit aucune résistance; l'autre a pour valeur $\nu \sin \alpha$. On remplace donc ν par $\nu \sin \alpha$ dans la valeur précédente, ce qui donne pour la résistance $DA\nu^2 \sin^2 \alpha = MR$.

Lorsqu'on considère le mouvement dans un fluide élastique,

il faut doubler ces valeurs de la résistance; car u' (n° 225, II), est double de ν (c'', 220).

223. Ramenons la première des valeurs de R à des mesures connues. Soit h la hauteur due à la vitesse ν, on a $\nu^2 = 2gh$, ou $R = \dfrac{2\mathrm{AD}gh}{\mathrm{M}}$. Or $2\mathrm{A}h$ est le volume d'un prisme qui a A pour base et $2h$ pour hauteur; $2\mathrm{DA}h$ est donc la masse d'un prisme de fluide qui a la surface pressée pour base et pour hauteur le double de celle qui est due à la vitesse ν : $2\mathrm{DA}gh$ est le poids P de ce prisme; de sorte que $R = \dfrac{\mathrm{P}}{\mathrm{M}}$.

Les auteurs qui ont traité de la résistance des fluides ne s'accordent entre eux que sur la proportionnalité au carré des vitesses : mais ils diffèrent sur la valeur absolue de cette résistance. La formule relative au choc oblique ne s'accorde même nullement avec l'expérience lorsque l'angle est moindre de 40°, et surtout lorsque cet angle est fort petit. Newton a reconnu que la résistance ne doit être que la moitié de celle que donne l'expression précédente; il a trouvé (Principes de Math., livre II, sec. VII) que la résistance d'un cylindre, telle que la donne la théorie, est double de celle d'une sphère, et que cette dernière est

$$R = \tfrac{3}{8}\,\frac{\mathrm{D}}{\mathrm{D}'} \cdot \frac{\nu^2}{k}.$$

D' étant la densité d'un globe qui est mu dans le fluide, k le diamètre de ce globe. Cette valeur est assez d'accord avec celle que l'expérience donne, dans le cas où les vitesses ne sont pas très considérables : mais lorsqu'il s'agit des globes métalliques lancés par les bouches à feu, il faut substituer 0,45 à $\tfrac{3}{8}$ dans la formule précédente : c'est du moins ce que l'observation paraît confirmer. La théorie précédente n'est pas d'accord avec l'expérience ; cela tient à ce que la nature même des fluides ne nous étant pas connue, les circonstances du choc sont différentes de ce que nous les avons supposées. Il suit de cela que si le corps que nous avons considéré en mouvement (162 et 175) est une sphère, dont k

est le diamètre, il faut, suivant que le mouvement est lent ou très rapide, remplacer les coefficiens m et a, par $\frac{3}{8} \cdot \frac{D}{D'k}$, ou par $(0{,}45) \times \frac{D}{D'k}$; $\frac{D'}{D}$ est le rapport entre les poids spécifiques du mobile et du fluide (329).

224. Pour compléter la théorie (162) de la chute des corps graves, tirons de la rélation entre e et v donnée en haut de la page 223, la vitesse v d'un corps qui tombe verticalement dans un milieu résistant, $av = \sqrt{(1 - c^{-2mc})}$, c étant la base des logarithmes népériens : en mettant cette valeur dans celle de t, on trouve, tout calcul fait,

$$e = \frac{1}{m} \cdot \log \left\{ \frac{c^{agt} + c^{-agt}}{2} \right\}, \text{ ou } e = \frac{1}{m} \left(agt - \log 2 \right),$$

en négligeant c^{-agt} qui est une très petite quantité. Plus e croît, plus le radical de la valeur de v approche de l'unité, et plus le mouvement est près d'être uniforme; la vitesse approche de $\frac{1}{a} = \sqrt{\frac{g}{m}}$, sans qu'à la rigueur elle puisse atteindre cette valeur, même dans un milieu infini. Dans ces formules g n'est plus $9^m,81$, car le poids des corps doit être diminué de celui du fluide qu'ils déplacent (336), et l'on doit remplacer g par......
$g' = \left(1 - \frac{D}{D'}\right) g$. Si le corps tombe dans le vide, on a

$$v = \sqrt{\frac{g'}{m}}, \quad e = \frac{g'}{2gm} = \frac{4}{3} \cdot \frac{(D' - D)k}{D}$$

pour la vitesse v qu'il a acquise (h, 156) après être tombé de la hauteur e. Lorsqu'une balle de plomb tombe dans l'eau.... $D' = 11{,}4$, $D = 1$, on trouve que cette balle ne peut jamais acquérir une vitesse égale à 13 fois són diamètre, plus huit dixièmes.

III. *Choc des Corps élastiques.*

225. Passons maintenant au choc direct des *Corps élastiques*. Avant tout, examinons les circonstances physiques qui accompagnent le choc de ces corps à ressort. Lorsqu'un corps élastique va choquer un plan dur et inébranlable, l'effet du choc force ce corps à changer de figure; il s'*aplatit* en se comprimant jusqu'à ce que la réaction du plan choqué ait éteint son mouvement. C'est alors que commence le phénomène de l'élasticité. On doit le regarder comme produit par une force qui, agissant de l'intérieur du corps vers l'extérieur, repousse les molécules que la compression a déplacées, pour les remettre dans leur état primitif. Il arrive donc que le corps se *rétablit;* et si son ressort est parfait, la force avec laquelle ce rétablissement s'opère est égale et opposée à celle de la compression. Le plan sert alors d'appui; à mesure que le corps reprend sa figure, toutes ses parties reçoivent une impulsion en sens contraire de celui du choc; il repousse donc le plan, ou, ce qui revient au même, il en est repoussé; et par conséquent il retourne en arrière.

Appliquons ces considérations au choc de deux corps élastiques M et M', qui sont animés des vitesses V et V' dirigées dans le même sens. M poursuit M', et lorsque ces deux mobiles se rencontrent (ce qui exige qu'on ait $V > V'$), ils se pressent mutuellement jusqu'à ce qu'ils aient acquis une vitesse commune v : alors M a perdu la vitesse $V - v$, tandis qu'au contraire M' a gagné la vitesse $v - V'$. Dans cet état, les corps ne se pressent plus, ils sont simplement juxta-posés, et ils ont atteint leur *maximum* de compression. Jusqu'ici la force de restitution n'a point été mise en jeu, et il est clair que tout s'est passé comme si les corps avaient été durs : de sorte que la vitesse v, qui est commune aux deux corps, n'est autre que celle dont nous connaissons déjà la valeur (b'', p. 3o8).

Mais tout-à-coup la restitution s'opère; les corps ne restent même qu'un instant infiniment court dans cet état *stationnaire* qui sépare l'instant de la compression de celui du rétablissement.

Nous avons dit que l'élasticité devait être considérée comme une force agissant de l'intérieur des corps vers l'extérieur : dans l'état où sont nos deux corps juxta-posés et sans pression mutuelle, cette force exerce son action sur chacun d'eux, et son intensité est la même que celle avec laquelle ils se sont comprimés, à cause du ressort supposé parfait. On voit donc que le corps M' sera poussé par l'élasticité de M dans le sens de la tendance commune, et par conséquent devra gagner de nouveau la vitesse $\nu - V'$: tandis qu'au contraire le corps M sera repoussé en arrière par l'élasticité de M', et devra perdre encore la vitesse $V - \nu$. Ainsi M aura perdu la vitesse $2(V - \nu)$, et M' aura gagné $2(\nu - V')$: donc en désignant par u et u' les vitesses de M et M' après le choc, on a $u = V - 2(V - \nu)$, et $u' = V' + 2(\nu - V')$; ou

$$u = 2\nu - V, \quad u' = 2\nu - V' \ldots \ldots (d'').$$

La valeur de ν est d'ailleurs connue par l'équation (b''). On peut la substituer ici, il vient

$$u = \frac{V(M - M') + 2M'V'}{M + M'}, \quad u' = \frac{-V'(M - M') + 2MV}{M + M'}.$$

Ces formules font voir que si les masses sont égales, les mobiles échangent leurs vitesses dans le choc, et continuent ensuite de se mouvoir dans le même sens; car $M = M'$ donne $u = V'$, et $u' = V$.

I. Quand les deux mobiles vont en sens contraire, il suffit de changer dans ces formules le signe de V'; ce dont on peut se convaincre en reprenant tout le raisonnement ci-dessus.

Le cas présent conduit à plusieurs conséquences.

1°. Si les vitesses sont égales, $V' = -V$ donne

$$u = \frac{M - 3M'}{M + M'} \times V, \quad \text{et } u' = \frac{3M - M'}{M + M'} \times V.$$

On en conclut que M arrêtera un corps de masse triple, et

qu'il reculera lui-même avec une vitesse double; car $M = 3M'$ donne $u = o$, et $u' = 2V$.

2°. Chacun des corps M et M' s'arrêtera, continuera sa route, ou rebroussera chemin, suivant que l'on aura, savoir :

$$\text{pour } M \ldots VM =, \text{ où} >, \text{ ou} < M' (V + 2V'),$$
$$\text{pour } M' \ldots V'M' =, \text{ où} >, \text{ ou} < M (V' + 2V).$$

3°. Si les masses sont égales, les deux mobiles rebrousseront chemin après avoir échangé leurs vitesses; car $M = M'$ donne $u = -V'$ et $u' = V$.

II. Enfin si M' est en repos, il suffit de faire $V' = o$, dans nos formules, ce qui donne

$$u = \frac{V (M - M')}{M + M'}, \text{ et } u' = \frac{2MV}{M + M'}.$$

1°. Si les masses sont égales, le corps choquant devra rester en repos, et le corps choqué se mouvra avec la vitesse qu'avait le premier; car $M = M'$ donne $u = o$, et $u' = V$. Au jeu de billard, une bille choquée *pleine* prend toute la vitesse de celle qui la choque, laquelle reste en repos. Donc lorsque plusieurs corps élastiques A, B, C, D,... N, P, Q, ont des masses égales, juxta-posés et en ligne droite, si l'on communique au premier corps A la vitesse V, tous les mobiles B, C,... devront rester en repos, excepté le dernier Q qui prendra la vitesse V. Car le corps A communiquera cette vitesse à B, qui à son tour, la donnera à C, etc. De même si l'on donne à-la-fois aux deux corps A et B la vitesse V; C, D,... N resteront en repos, et P et Q prendront cette vitesse par le choc : et ainsi de suite.

2°. Si la masse du corps choquant est la plus grande, les deux mobiles devront aller dans le même sens que lui, car lorsqu'on a $M > M'$, u et u' sont positifs.

3°. Enfin si la masse M du corps choquant est la plus petite, il rebroussera chemin, et le corps choqué M' se mouvra dans la direction que M avait avant le choc; puisque $M' > M$ donne u négatif et u' positif.

226. Quelque hypothèse qu'on fasse d'ailleurs sur les grandeurs et les directions de V et V', il y a trois conséquences remarquables à déduire.

1°. On a vu (p. 310 , 4°.) que la distance du centre de gravité de deux corps à un point quelconque de la ligne qu'ils parcourent est $\dfrac{Me + M'e'}{M + M'}$; qu'en différentiant on obtient la vitesse de ce centre en fonction de celles des corps, et qu'avant le choc elle se réduit à v. Pour avoir la vitesse de ce centre après le choc, lorsque les corps sont élastiques, il faut mettre u et u' (d''') pour $\dfrac{de}{dt}$, $\dfrac{de'}{dt}$, ce qui donne $2v - \dfrac{MV + M'V'}{M + M'}$ qui se réduit (b'') à v. Donc ici, comme dans le choc des corps durs, *le centre de gravité a conservé le même mouvement, malgré le changement brusque qui s'est opéré dans les vitesses des mobiles.*

2°. La force vive n'est point la même (220, 5°.) avant et après le choc des corps durs ; s'ils sont élastiques, elle est d'une part $MV^2 + M'V'^2$, et de l'autre $Mu^2 + M'u'^2$: en substituant les valeurs (d'''), cette dernière quantité devient

$$4v^2 (M + M') - 4v (MV + M'V') + MV^2 + M'V'^2.$$

Les deux premiers termes se détruisent visiblement (b''), et comme il ne reste que $MV^2 + M'V'^2$, on voit que, malgré le changement brusque de mouvement, *dans le choc des corps élastiques, la force vive est la même avant et après le choc.*

3°. Les valeurs (d''') deviennent $u = 2v - V, u' = 2v \pm V'$ en cumulant ensemble tous les cas. Ainsi, après le choc, *la vitesse relative,* ou $u - u'$, est $= - (V \pm V')$; or $V \pm V'$ est la vitesse relative avant le choc ; donc *les vitesses relatives, avant et après le choc, sont égales et dirigées en sens contraires :* ou, ce qui revient au même, *à des instans égaux pris avant et après le choc, les mobiles sont à la même distance l'un de l'autre.*

227. Soit CD (fig. 133) un plan fixe, et A un mobile à ressort parfait, lancé avec la vitesse AF : décomposons cette vitesse en deux autres, dont l'une FI soit perpendiculaire au plan,

et dont l'autre CF soit dirigée dans le sens du plan. Celle-ci n'éprouve aucun obstacle à son effet entier; quant à l'autre, si elle existait seule, l'élasticité devrait communiquer au mobile la vitesse FI de F vers I ; ainsi lorsque le mobile est parvenu en F, il est soumis à l'action de deux forces qui lui communiquent les vitesses FI et FD = FC; donc il aura dans la direction FB la vitesse FK. On nomme AFI *l'angle d'incidence*, et KFI *l'angle de réflexion*; comme les deux rectangles CI et ID sont égaux, il est visible que ces angles le sont aussi. Donc *lorsqu'un corps à ressort parfait vient choquer un obstacle, il se réfléchit en faisant l'angle de réflexion égal à l'angle d'incidence.*

Si le mobile allait choquer une surface courbe ou une courbe, il faudrait concevoir au point de contact un plan tangent, ou une tangente, et y appliquer ce qui vient d'être dit. Alors les angles d'incidence et de réflexion sont ceux que forment, avec la normale, les directions du mobile avant et après le choc : rien n'est donc plus aisé que de déterminer l'un de ces angles par l'autre.

228. Voici les solutions graphiques de divers problèmes intéressans, relatifs au choc oblique des corps à ressort.

I. *Trouver en quel point* F (fig. 133), *d'un plan* CD, *on doit faire choquer un mobile placé en* A, *pour qu'il aille rencontrer un corps placé en* B. Menons AH perpendiculaire sur CD; prenons AC = CH; menons HB, le point F de rencontre de cette droite avec CD sera le point cherché. En effet, les triangles ACF et HCF étant égaux, on en conclut qu'il y a égalité entre les angles AFC, CFH et DFK : donc, etc. Au jeu de billard, on appelle *Bricoller* toucher une bille placée en B, après avoir frappé la bande CD.

II. *Résoudre le même problème par une double bricolle.* A est le corps choquant (fig. 134), B le corps qu'on veut toucher, menons AH perpendiculaire sur IL; prenons AI = IH; il faudra supposer que la bille A est transportée en H, et que H doit arriver en B après avoir traversé la bande IL en quelque point inconnu D. De même menant HF perpendiculaire à LK, et prenant HG = GF, on regardera F comme la position de la bille A, qui devra choquer B après avoir traversé la bande LK. Donc tirons la droite BF, puis par le point C la droite CH, et enfin par le point D, la droite AD : la bille A devra parcourir la route ADCB, et les points D et C seront ceux où le corps A doit choquer IL et LK. En effet les angles ADI et CDL sont égaux à l'angle IDH; de même les angles FCG, GCH et BCK sont égaux.

La même construction s'applique à *un nombre quelconque de bricolles sur le contour d'un polygone donné*. C'est ce qu'on voit sur la fig. 135, où la bille A va choquer B en suivant la route ADCC′C″B·

Nous supposons ici les billes réduites à leur centre; ainsi dans ces deux problèmes, on doit remplacer chaque bande d'un billard par une ligne parallèle, qu'on imagine en dedans, et à une distance de la bande égale au rayon de la bille.

III. *Étant données les deux sphères ou billes égales* A *et* L (fig. 136), *faire en sorte que celle-ci étant choquée par la première, aille en* C, *trouver la direction du mouvement de la bille* A *après le choc*. Menons CL par le point C et le centre de la bille L; faisons toucher la bille A au point I où la surface est rencontrée par CL. Soit Ii le rayon de la bille; prolongeons CL vers B, et abaissons sur BI la perpendiculaire iD; en achevant le rectangle BD, on voit que la force Ai équivaudra aux forces Bi et iD. La première est entièrement employée à faire mouvoir la bille L, et à lui donner la vitesse Bi, (225, II, 1°.); elle est détruite dans la bille A. La deuxième ne contribue pas au choc; elle a donc son entier effet, et ei sera la direction de la bille A après le choc, et Di sa vitesse.

IV. *Faire bricoller la bille* B *sur la bande* MN (fig. 137) *de manière à choquer la bille* A *et à l'envoyer dans la direction* IK. Tirez EF parallèle à MN, distante de cette bande de Ea égale au rayon des billes. Prolongez KI vers O, et prenez Ii égal à ce rayon : tirez BD perpendiculaire à EF et prenez DE = BE, enfin menez Di, et BC; BCi sera la route que devra suivre la bille B. En effet le rectangle PO montre que la force du choc se décompose en Oi et Pi; la 1ʳᵉ chasse la bille A selon la ligne donnée IK ; la 2ᵉ est la vitesse que conservera la bille B après le choc.

IV. *Principe de d'Alembert.*

229. On doit à d'ALEMBERT une méthode directe et générale pour résoudre, ou du moins pour mettre en équation tout problème de dynamique ; par ce procédé toutes les lois du mouvement des corps sont réduites à celles de leur équilibre. Avant lui, Jacques Bernoulli avait déjà traité, d'une manière à peu-près semblable, quelques problèmes de Dynamique : toutefois d'Alembert est regardé comme l'inventeur du principe dont il s'agit, car celui-là doit avoir la gloire de la découverte qui sait en tirer parti et l'appliquer à nos besoins. Voici en quoi consiste le théorème connu sous le nom de *Principe de d'A-lembert.*

Concevons un système de corps sollicités par des forces quelconques ; la liaison de ces corps contraindra chacun d'eux à prendre un mouvement différent de celui qu'il aurait pris s'il eût été libre : or si l'on introduit de nouvelles forces, qui, agissant sur chaque corps en sens contraire de son mouvement effectif, soient capables de le réduire au repos, il y aura équilibre ; d'où il suit que *dans tout système, les quantités de mouvement imprimées, et celles qui ont lieu prises en sens opposé, doivent se faire mutuellement équilibre, en ayant égard à la liaison des parties du système.*

Ce principe porte avec soi un caractère d'évidence et de simplicité qui lui est propre ; il est d'ailleurs précieux par sa très grande généralité : car en exprimant par des équations la liaison des parties du système, ainsi que l'équilibre entre les forces imprimées, et celles qui ont lieu prises en sens opposé, on obtient des expressions analytiques propres à faire connaître celles-ci, et par conséquent le mouvement de chaque corps. C'est ce qui sera rendu plus clair par les applications que nous allons en faire. Commençons d'abord par des cas fort simples.

230. *Choc des corps.* Soient deux mobiles M et M′ animés des vitesses V et V′ ; quelles seront leurs vitesses u et u' après le

choc? On suppose que les vitesses ont le signe positif, c'est-à-dire que les deux corps se meuvent dans le même sens. On a donc

masses.	vitesses imprimées.	vitesses effectives.
M	V	u.
M'	V'	u'.

Si, à l'instant où le choc s'opère, on imprimait, en sens contraire, à chaque masse, la vitesse respective u et u', il y aurait équilibre; les forces qui se détruisent sont donc

$$\text{MV, MV', } - \text{M}u \text{ et } - \text{M}'u'.$$

Or pour l'équibre on a vu (a'', 216) que la somme des quantités de mouvement, prises avec leurs signes, doit être nulle; donc on a $\text{MV} + \text{M}'\text{V}' - \text{M}u - \text{M}'u' = 0$. Cette équation unique ne peut pas faire connaître u et u'; il faut donc recourir à la nature du système pour en obtenir une seconde. Nous ferons remarquer qu'ici le principe de d'Alembert ne suffit pas pour déterminer le mouvement : on a des occasions nombreuses d'appliquer cette observation.

Si les corps sont durs, après le choc ils restent juxta-posés, et se meuvent avec la même vitesse v; donc par la nature du système $u = u' = v$: on en déduit l'équation (b''). Si les corps jouissent d'une élasticité parfaite, comme la force de leur choc dépend de leurs vitesses relatives, et que la force de restitution est égale à celle de leur compression ; on peut voir *à priori*, que les vitesses relatives sont égales et opposées avant et après le choc : ainsi on a $u - u' = \text{V}' - \text{V}$. En éliminant entre ces deux équations, on obtient pour u et u' les valeurs déjà trouvées (225).

Il serait facile d'appliquer le même raisonnement au cas où les mobiles vont en sens contraire, et au cas où l'un d'eux est en repos : il est inutile de nous y arrêter; on fera simplement V' négatif ou nul dans nos équations.

231. *Mouvement sur la poulie*. Soient m et m' les masses de deux poids P et Q (fig. 138) unis par un cordon non pesant passé dans la gorge d'une poulie BEC ; cherchons les circonstances de leur mouvement. Soit ν la vitesse avec laquelle les corps se meuvent, m' en montant et m en descendant ; cette vitesse est prise positivement pour les deux corps , parce que, comme la poulie ne sert ici qu'à changer les directions des forces , on peut regarder comme positives les directions qui sont dans le sens m'CEBm, comme s'il ne s'agissait que d'une droite. La gravité g qui sollicite les deux corps leur a déjà , au bout du temps t, communiqué la vitesse ν ; et dans l'instant suivant , elle imprime à chacun d'eux la vitesse gdt ; mais l'une de ces impulsions est dirigée dans le sens du mouvement de m , tandis que l'autre a lieu pour m' dans un sens opposé. Si donc le fil venait à se rompre au bout du temps t, dans l'instant suivant les vitesses seraient $\nu + gdt$ pour m, et $\nu - gdt$ pour m'. Or par la liaison du système, la vitesse devient pour tous deux $\nu + d\nu$; et on a le tableau suivant :

$$\text{masses} \ldots\ldots\ldots \text{ vitesses imprim} \ldots\ldots \text{ vitesses effectives.}$$

$$m \ldots\ldots\ldots\ldots\ldots \nu + gdt \ldots\ldots\ldots\ldots \nu + d\nu.$$

$$m' \ldots\ldots\ldots\ldots\ldots \nu - gdt \ldots\ldots\ldots\ldots \nu + d\nu.$$

D'ailleurs, pour l'équilibre entre les forces imprimées et celles qui ont lieu prises en sens contraire, il faut (216) que la somme des quantités de mouvement (prises avec leurs signes) soit nulle ; ce qui donne

$$m\,(\nu + gdt) + m'\,(\nu - gdt) - m\,(\nu + d\nu) - m'\,(\nu + d\nu) = 0,$$

ou en réduisant $(m - m')gdt - (m + m')d\nu = 0$; d'où

$$\nu = \frac{m - m'}{m + m'} \cdot gt + C,$$

$$e = \frac{m - m'}{m + m'} \cdot \tfrac{1}{2} gt^2 + Ct + E.$$

Ce qui prouve que le mouvement est uniformément varié. Comme les poids sont proportionnels aux masses (50), on peut remplacer ici m et m' par P et Q, ainsi que dans les problèmes suivans.

Il se présente ici deux cas, suivant qu'on a originairement laissé partir les mobiles du repos en les abandonnant à la seule gravité, ou qu'on leur a fait prendre une vitesse initiale, en donnant une impulsion à l'un d'eux.

232. Dans le premier cas on a visiblement C $=$ o; et si l'on compte les e à partir du point de départ de chaque corps, on a aussi E $=$ o; ce qui donne

$$ e = \frac{m - m'}{m + m'} \cdot \tfrac{1}{2} g t^2, \quad v = \frac{m - m'}{m + m'} \cdot g t \quad \dots \quad (e''). $$

233. *Athood*, physicien anglais, a employé ces formules à la vérification de tout ce qui a été exposé précédemment sur la nature et les effets de la gravité, sur le choc des corps durs, etc. Il s'est servi pour cela d'une machine qui consiste en une poulie BEC (fig. 138), et deux poids P et Q, unis par un cordon mBECm'; il a de plus rendu cette machine susceptible d'une très grande précision, 1°. en faisant porter l'axe de la poulie sur des rouleaux mobiles, afin d'en diminuer le frottement (133); 2°. en suspendant les poids P et Q à des soies très fines, afin que celui des deux corps qui a de son côté une plus grande longueur de cette soie, n'ait pas son poids sensiblement augmenté; 3°. en ajoutant au système une horloge sonnant les secondes; 4°. en faisant porter cet appareil par un pied marqué de divisions égales.

La machine d'Athood sert à plusieurs expériences intéressantes : 1°. si l'on suspend deux poids égaux, mais qu'on charge l'un deux d'un poids additionnel, et qu'à l'aide d'un arrêt attaché au support, on enlève ce poids à un instant déterminé de la chute, comme les deux masses égales P et Q se font équilibre, elles sont censées non-pesantes; le seul poids additif qui les a entraînées n'existant plus, le mouvement devra continuer uniformément avec la vitesse acquise. On pourra donc créer un mouvement physique propre à donner une idée exacte de ce que nous avons nommé la vitesse variée des corps (149), et modifier cette vitesse à son gré. Et même comme ce poids additif a partagé son mouvement avec les masses P et Q, on pourra reconnaître par le fait, la vérité de ce qui a été dit p. 309 sur la loi d'inertie.

2°. Si l'on prend des poids m et m' dont la différence soit petite, les valeurs (e'') de la hauteur e, et de la vitesse v de la chûte, seront d'autant moindres que ces poids seront eux-mêmes plus grands : la chute sera aussi lente qu'on voudra, et on pourra en évaluer avec précision la quantité à chaque instant.

3°. Puisque l'expérience fera connaître les valeurs de e et t correspondantes, tout sera donné dans les équations (e''), excepté g ; en négligeant, par approximation, la résistance de l'air, parce que le mouvement a peu de rapidité. On peut donc, à l'aide de cette machine, vérifier la mesure de la gravité g dont nous avons précédemment trouvé la valeur (195, 5°.).

234. Dans le second cas, si au lieu d'abandonner simplement les corps à la gravité, on a imprimé de haut en bas à P l'impulsion V ; cette vitesse a dû être répartie entre les deux masses m' et m, suivant la même loi que si m choquait avec la vitesse V le corps m' en repos : ainsi la vitesse commune aux deux poids est $\dfrac{mV}{m+m'}$, (c''). Telle sera la valeur de la vitesse lorsqu'on compte $t = 0$, ou plutôt celle de la constante C ; donc

$$v = \frac{mV + (m - m')\,gt}{m + m'} \ldots\ldots\ldots (f'').$$

On déduira aisément de là e en fonction de t. Si l'on a $m' < m$, $(m' - m)\,gt$ et v sont positifs. Ce qui fait voir que le poids P l'emportera dans tous les instans.

La solution précédente s'applique encore à une autre question intéressante, mais de la même nature. Supposons qu'on ait $m' > m$ (fig. 134), et que m' étant posé sur un plan horizontal, le mouvement soit produit par une impulsion donnée à m de haut en bas. Il est clair que toute l'analyse précédente s'applique ici, et que l'équation (f'') devient

$$\nu = \frac{m\mathrm{V} - (m' - m) \, gt}{m + m'}.$$

On voit que P entraînera d'abord Q, et que par conséquent l'impulsion V l'emportera toujours, pendant un certain temps, sur l'action de la pesanteur, quelque grand que puisse être d'ailleurs m' par rapport à m, puisqu'on aura d'abord $m\mathrm{V} > (m'-m)gt$. Il n'y a donc pas d'impulsion, si petite qu'elle soit, qui ne puisse vaincre le poids d'un corps : ce qui confirme ce que nous avons déjà avancé (150, 221), que la force des corps en mouvement ne peut être mesurée par des poids, et qu'on ne peut comparer la percussion à la pression. Mais on voit aussi que la vitesse, diminuant de plus en plus, serait nulle lorsqu'on aurait........ $m\mathrm{V} = (m' - m) \, gt$; ensuite le poids Q l'emporterait à son tour. Il serait très facile de déterminer quelles valeurs de e répondent à ces circonstances.

235. *Mouvement sur les plans inclinés adossés.* Soient deux plans inclinés adossés AC, CB (fig. 51), faisant avec l'horison les angles ϵ, et ϵ'; et deux masses m et m', unies par un fil mCm', passé sur la poulie C, et soumises à la gravité; ces poids agissent alors l'un sur l'autre : cherchons les circonstances de leur mouvement.

Au bout du temps t, m aura la vitesse ν, dirigée de m vers A, et la pesanteur lui imprimerait, dans l'instant dt suivant, la vitesse verticale gdt si ce corps était libre ; or la vitesse sera en effet $\nu + d\nu$; on a donc, en comptant les vitesses positives dans le sens $m'Cm$,

masses.	v. imprimées.	v. qui auront lieu.
m........ ν ... gdt		$\nu + d\nu$,
m'........ ν ... gdt		$\nu + d\nu$.

Donc si l'on imprimait aux masses m et m' ces dernières vitesses en sens contraires, il y aurait équilibre. Pour exprimer cette condition, rappelons-nous qu'il faut pour cela que la somme des composantes des forces, dans le sens des plans, soit nulle, en prenant chacune avec le signe qui lui appartient. Cette somme (en supprimant tous les termes affectés de ν qui s'entre-détruisent) donne (n° 99)

$$mg \sin \epsilon \, dt - m'g \sin \epsilon' dt - (m + m') d\nu = 0.$$

$$\nu = \frac{m \sin \epsilon - m' \sin \epsilon'}{m + m'} gt, \quad e = \frac{m \sin \epsilon - m' \sin \epsilon'}{m + m'} \cdot \tfrac{1}{2} gt^2.$$

Ainsi le mouvement est encore uniformément varié. Nous n'ajoutons pas ici de constantes, parce que nous supposons que l'on n'a pas donné d'impulsion initiale, et que les e sont comptés à partir du point de départ de chaque corps. S'il en était autrement, il serait facile d'opérer comme dans les problèmes précédens. En faisant ici $\epsilon = \epsilon' = \tfrac{1}{2} \pi$, on trouve les résultats que nous avons déjà obtenus (232).

236. *Mouvement sur le Treuil.* Concevons deux poids P et Q appliqués, le premier à la roue GF, le second au cylindre DC d'un treuil (fig. 139) : soient m et m' leurs masses; $r = $ DC le rayon du cylindre, R = CF celui de la roue, et ν la vitesse de m au bout du temps t : comme les circonférences sont proportionnelles aux rayons, et que les vitesses de m et de m' sont dans le rapport des circonférences, il est clair que $\frac{r}{R} \cdot \nu$ sera celle de m'. Si les corps devenaient libres tout-à-coup, dans l'instant dt suivant, la gravité communiquerait à chacun d'eux l'impulsion gdt; de sorte qu'en comptant les vitesses positives dans le même sens, ainsi qu'on l'a fait dans les problèmes précédens, $\nu + gdt$ et $\frac{r\nu}{R} - gdt$ seraient les vitesses respectives de m et de m'. Or par la liaison du système, il n'en est pas ainsi, et l'on a

$$\text{masses.} \qquad \text{v. imprimées.} \qquad \text{v. effectives.} \qquad \text{dist. à l'axe.}$$

$$m \ldots \ldots \nu + gdt \ldots \ldots \nu + d\nu \ldots \ldots \ldots \text{R}$$

$$m' \ldots \ldots \frac{r\nu}{\text{R}} - gdt \ldots \frac{r}{\text{R}}(\nu + d\nu) \ldots \ldots \ldots r.$$

En prenant les vitesses effectives en sens contraires, il y aurait donc équilibre dans le système, ce qui exige que la somme des momens (110, 45) des quantités de mouvement, par rapport à l'axe, soit nulle, en prenant ces momens avec leurs signes. Ainsi on a, en supprimant les termes affectés de ν qui s'entre-détruisent,

$$m\text{R}.gdt - m'rgdt - m\text{R}d\nu - m'.\frac{r^2}{\text{R}}d\nu = 0,$$

$$d\nu = \frac{m\text{R}^2 - m'\text{R}r}{m\text{R}^2 + m'r^2} \times gdt.$$

Le mouvement est donc encore uniformément varié. Il serait facile de déduire de là l'équation du mouvement de m et sa vitesse, et par suite les mêmes choses pour m'.

237. Jusqu'ici nous avons fait abstraction du *poids des cordons ;* il ne serait guère plus difficile d'y avoir égard. En effet , prenons d'abord le cas de la poulie; représentons par p la masse de l'unité de longueur du cordon, et par a sa longueur entière diminuée de la partie BEC (fig. 138); soit z la longueur Bm de la partie de ce cordon qui est du côté du poids P; $a - z$ sera Cm', c'est-à-dire celle qui est de l'autre côté au bout du temps t: les masses respectives de ces cordons sont donc pz et $p(a-z)$. En raisonnant comme ci-dessus (231) , on verra qu'on a

$$\text{masses.} \qquad \text{v. imprimées.} \qquad \text{v. effectives.}$$

$$m + pz \ldots \ldots \ldots \nu + gdt \ldots \ldots \ldots \nu + d\nu,$$

$$m' + p(a - z) \ldots \nu - gdt \ldots \ldots \ldots \nu + d\nu.$$

L'équilibre entre les forces imprimées et les forces effectives, prises en sens opposé , donne

$$dv = \frac{m - m' + p\,(2z - a)}{m + m' + pa} \cdot g\,dt.$$

On intègre cette équation en la multipliant par $vdt = dz$, et on trouve, tout calcul fait,

$$v^2 = 2g \times \frac{(m - m' - pa)\,z + pz + \mathrm{C}}{m + m' + pa}.$$

Lorsque la vitesse est nulle en même temps que z, on a $\mathrm{C} = 0$: on déterminerait aisément dans tout autre cas la valeur de la constante C. Pour obtenir une relation entre z et t, on met $\dfrac{dz}{dt}$ pour v, et il ne s'agit plus que d'intégrer une fonction de la forme

$$\mathrm{A}dt = \frac{dz}{\sqrt{\{\alpha + \ell z + \gamma z^2\}}},$$

ce qui n'offre aucune difficulté (Cours de Math. n° 773).

Le mouvement sur le treuil, en ayant égard aux poids des cordons, se traite absolument de même ; conservons les notations du n° 236 ; de plus nommons l et n les longueurs des cordons lorsque $t = 0$, et z la longueur de cordon qui se développe de dessus la roue durant le temps t. L'autre cordon s'enveloppera en même temps sur le cylindre (fig. 139) d'une longueur $\dfrac{r}{\mathrm{R}}\,z$. Ainsi les cordons auront pour longueurs au bout du temps t,

$$\mathrm{F}m = l + z, \quad \text{et} \quad \mathrm{D}m' = n - \frac{r}{\mathrm{R}}\,z : \text{leurs masses seront.....}$$

$$p\,(l + z),\ \text{et}\ p\,\Big(n - \frac{r}{\mathrm{R}}\,z \Big);\ \text{et on aura}$$

masses.	v. impr.	v. effectives.
$m + p\,(l + z)\ \dots\ v + gdt\ \dots\dots\ v + dv,$		
$m' + p\,\Big(n - \dfrac{r}{\mathrm{R}}z \Big)\dots\ \dfrac{rv}{\mathrm{R}} - gdt\ \dots\ \dfrac{r}{\mathrm{R}}\,(v + dv).$		

Il suffira donc de remplacer, dans les calculs du n° 236, m par

$m + p(l + z)$, m' par $m' + p\left(n - \dfrac{r}{R} z\right)$; on obtiendra une expression de la forme $d\nu = \dfrac{\alpha + 6z}{\alpha' + 6'z} \times dt$, qu'on intégrera comme ci-dessus, après l'avoir multipliée par $\nu dt = dz$.

238. Dans l'article précédent, nous avons fait abstraction de l'inertie de la poulie; or, dans le mouvement dont nous venons de parler, la gravité, dont les effets sur la poulie sont détruits par l'axe fixe, n'en emploie pas moins une partie de son action sur les poids, pour imprimer à cette machine un mouvement de rotation (p. 309, 2°.). Réparons cette omission volontaire.

Tout ce que nous avons dit dans le n° précédent de l'action de la pesanteur sur les masses m et m' et sur les cordons, a également lieu ici; il n'y a rien à changer. Mais en outre remarquons que toutes les particules de la poulie (fig. 138) ont un mouvement commun de rotation, et que la vitesse des points de la circonférence est celle des poids P et Q; de sorte qu'elle est $= \nu$, au bout du temps t. Mais les particules qui sont plus voisines de l'axe ont une vitesse moindre, et la diminution se fait dans le rapport des circonférences qu'elles décrivent, ou plutôt de leurs distances à l'axe; de sorte que si nous considérons des molécules dont les masses soient μ', μ'',... distantes de l'axe de ϱ', ϱ'',... en nommant r le rayon de la poulie, leurs vitesses (p. 289) seront $\dfrac{\varrho'\nu}{r}$, $\dfrac{\varrho''\nu}{r}$,.... La pesanteur n'exerce d'ailleurs aucune action sur μ, μ'... et au bout du temps $t + dt$, on a le tableau suivant, pour le mouvement sur une poulie.

masses.	v. imprimées.	v. effect.	dist. à l'axe.
$m + pz$............	$\nu + gdt$......	$\nu + d\nu$.........	r,
$m' + p(a - z)$..	$\nu - gdt$......	$\nu + d\nu$.........	r,
μ'................	$\dfrac{\varrho'}{r}\nu$............	$\dfrac{\varrho'}{r}(\nu + d\nu)$....	ϱ',
μ''................	$\dfrac{\varrho''}{r}\nu$............	$\dfrac{\varrho''}{r}(\nu + d\nu)$....	ϱ'',
etc............	etc............	etc............	etc.

Pour l'équilibre entre les forces imprimées et les forces effectives prises en sens contraire, il faut que la somme des momens de ces quantités de mouvement par rapport à l'axe soit nulle (45), et on a

$$[\, m - m' + p\,(2z - a)\,]\, g\, dt = dv \left\{ m + m' + pa + \frac{\Sigma\,(\mu\varrho^2)}{r^2} \right\}$$

en posant

$$\Sigma\,(\mu\varrho^2) = \mu'\varsigma'^2 + \mu''\varrho''^2 + \text{etc.} = \mathrm{T}.$$

C'est ce qu'on nomme en Dynamique le *moment d'inertie du corps :* en multipliant cette équation par $dz = vdt$, et intégrant, on obtient

$$v^2 = \frac{(\, m - m' - pa\,)\, z + pz^2}{r^2\,(\, m + m' + pa\,) + \Sigma\,(\mu\varrho^2)} \times 2gr^2.$$

Le reste n'a plus de difficulté. Quant à la valeur du moment d'inertie $\mathrm{T} = \Sigma\,(\mu\varrho^2)$, nous allons nous occuper des moyens de la trouver (p. 338), non-seulement pour une poulie de dimensions connues, mais encore pour un corps et un axe quelconques, parce que par la suite nous en aurons fréquemment besoin.

V. *Momens d'inertie.*

239. Soient m', m'', m''',... les masses des molécules d'un corps de figure connue; ϱ', ϱ'', ϱ''',... leurs distances à un axe quelconque : on a nommé MOMENT D'INERTIE, la quantité... $\Sigma\,(\mu\varrho^2)$. C'est *la somme des produits des masses des molécules du corps, par les carrés de leurs distances à l'axe.* Si l'on suppose que ce corps est homogène, on peut remplacer les masses des molécules par leurs volumes qui leur sont proportionnels.

La quantité $\mathrm{T} = \Sigma\,(m\varrho^2)$ ne dépend que de la forme du système et de la position de l'axe; de sorte que comme elle est indépendante du temps, elle l'est aussi de toute idée de mouvement; en un mot *cette fonction est purement géométrique et essentiellement positive :* cependant nous appellerons, pour abréger, *axe de rotation,* l'axe par rapport auquel on cherche le moment d'inertie. Soient x', y' ; x'', y'' ; ... les coordonnées des molécules m', m'',... de ce corps, en regardant l'axe donné comme étant celui des z. On a $\varrho'^2 = x'^2 + y'^2$, etc. , et

$$T = m'(x'^2 + y'^2) + m''(x''^2 + y''^2) + \text{etc.} = \Sigma . m(x^2 + y^2).$$

Et lorsqu'il s'agira d'un corps figuré dont la masse est M, la molécule dM dont les coordonnées sont x, y et z, a pour volume l'élément différentiel $dxdydz$, et la masse dM élémentaire devient $D dxdydx$, D étant sa densité, en même temps que le signe Σ se change en celui $\int$ de l'intégration, savoir

$$T = \int(\varrho^2 D\, dM) = \int D dxdydz\,(x^2 + y^2) \ \ldots \ (g'').$$

Ainsi, pour trouver le moment d'inertie T d'un corps par rapport à l'axe des z, on intégrera dans toute l'étendue du corps la quantité (g''), en suivant les mêmes procédés que pour les quadratures et les centres de gravité (p. 74). Si le corps est homogène, on peut faire $D = 1$; dans le cas contraire, D est une fonction connue de x, y, z, qui exprime la loi de variation de la densité du corps.

Mais il arrive très souvent que l'équation qui détermine la forme du corps n'a pas pour axe des z celui par rapport auquel on cherche le moment d'inertie. L'emploi de l'équation précédente exige donc dans ce cas la résolution de ce problème : *Trouver le moment d'inertie par rapport à une droite quelconque prise pour axe de rotation :* occupons-nous de résoudre cette question.

240. Supposons d'abord que l'axe de rotation soit parallèle à celui des z : il est visible que si l'on transporte l'origine des coordonnées au point où l'axe de rotation rencontre le plan xy, le nouvel axe des z sera celui de rotation. Soient h et l les coordonnées de ce point, et r sa distance à l'origine, ou la distance entre les deux axes parallèles, de sorte que $h^2 + l^2 = r^2$: on changera donc simplement x' et y' en $x' - h$ et $y' - l$, dans $x'^2 + y'^2$; de sorte qu'en multipliant par dM et intégrant, on aura

$$\int dM\,(x^2 + y^2) + r^2M - 2h\mathrm{MX} - 2l\mathrm{MY} \,\ldots,\, (\mathrm{I}).$$

M désigne ici la masse entière du corps, ou $m' + m'' +$ etc.
X et Y sont les coordonnées du centre de gravité; de sorte que
(A', 54) on a $\mathrm{MX}=m'x'+m''x'' +$ etc., $\mathrm{MY}=m'y'+m''y''+$etc.
La fonction (1) résout complètement le problème proposé, car
le premier terme est le moment d'inertie donné relativement à
l'axe des z; le second terme est constant et connu; enfin on
obtient X et Y par des intégrations (*Voyez* p. 74).

Si l'axe des z passait par le centre de gravité, alors la valeur
(1) se simplifierait beaucoup, car X et Y seraient nuls; le moment d'inertie se réduirait dans ce cas à

$$\int dM\,(x^2 + y^2) + r^2M \ldots\ldots\ldots\ldots (h'').$$

Or dans cette formule , r^2M est le produit de la masse entière
du corps par la distance du centre de gravité au nouvel axe; le
premier terme est le moment d'inertie pris par rapport à l'axe
passant par ce centre : donc, *pour avoir le moment d'inertie
d'un corps par rapport à une droite, quand on connaît la valeur de ce moment par rapport à une autre droite parallèle passant par le centre de gravité, il faut à cette valeur ajouter le
produit de la masse du corps par le carré de la distance entre les
deux axes.*

On écrit souvent la formule (h'') sous une autre forme plus
commode. On suppose, ce qui est visiblement permis, que....
$\mathrm{M}k^2 = \mathrm{S}.m\,(x^2 + y^2)$; de sorte que k^2 est le quotient du moment d'inertie du corps, par rapport à l'axe qui passe par le
centre de gravité, divisé par la masse du corps. Alors le moment
d'inertie est

$$\mathrm{M}\,(r^2 + k^2)\ldots\ldots\ldots\ldots\ldots (i'').$$

241. Voici quelques applications de ces formules.

I. Trouver le moment d'inertie d'une droite $\mathrm{AB} = a$ (fig. 140)
par rapport à un axe quelconque O'C' mené dans l'espace? par
le milieu G, centre de gravité de la droite AB, menons un axe

OC parallèle à O'C', et soit φ l'angle OGA ; PG $= y$ est la distance d'un élément quelconque dy au point G, la distance PC à l'axe OC est $y \sin \varphi$; ainsi $\sin^2 \varphi \int(y^2 dy) = \frac{1}{3} y^3 \sin^2 \varphi$ est donc le moment d'inertie d'une portion de AB ; et si l'on prend l'intégrale depuis $y =$ GA $= -\frac{1}{2} a$, jusqu'à $y =$ GB $= \frac{1}{2} a$, on aura M$k^2 = \frac{1}{12} a^3 \sin^2 \varphi$ pour le moment d'inertie par rapport à l'axe OC. Mais pour avoir ce moment par rapport à l'axe donné O'C', il faut (240) y ajouter $a \alpha^2$, α désignant la distance DG entre les deux axes ; on aura enfin, pour le moment cherché ,
$$a \left(\alpha^2 + \tfrac{1}{12} a^2 \sin^2 \varphi \right).$$

II. Cherchons le moment d'inertie d'un parallélépipède rectangle dont les arêtes sont a, b et h, par rapport à l'axe des z passant par le centre de gravité et parallèle à l'arête a : l'origine est à ce centre. Une molécule a pour volume $dxdydz$; le carré de sa distance à l'axe est $y^2 + x^2$. Il faut donc intégrer la quantité $dxdydz (y^2 + x^2)$ dans toute l'étendue du corps. Opérons d'abord par rapport à z dont les limites sont $z = -\frac{1}{2} a$ et $+ \frac{1}{2} a$; nous aurons $adydx (y^2 + x^2)$. Intégrons ensuite de $x = -\frac{1}{2} h$, à $x = \frac{1}{2} h$; nous aurons $ah \left(y^2 + \frac{1}{12} h^2 \right) dy$: en intégrant de même de $y = -\frac{1}{2} b$, à $y = \frac{1}{2} b$, on obtient $\frac{1}{12} abh (b^2 + h^2)$. Enfin on a pour le moment d'inertie cherché

$$\mathrm{M}k^2 = abh \left(\frac{b^2 + h^2}{3.4} \right) = \mathrm{M} \left(\frac{b^2 + h^2}{3.4} \right).$$

III. Soit demandé le moment d'inertie d'un cercle de rayon C$b = r$ (fig. 141) par rapport à un axe perpendiculaire à son plan et mené par le centre C, ou mené en A. Concevons au point n de l'aire qui a C$p = x$ et $pn = t$ pour coordonnées, un élément rectangulaire $dxdt$; le produit de cet élément par le carré de sa distance nC au centre C , sera $dxdt (t^2 + x^2)$; en intégrant par rapport à t seul, on a $\frac{1}{3} t^3 dx + tx^2 dx$: pour obtenir le moment d'inertie des élémens disposés le long de la double ordonnée mm', il faut prendre cette intégrale depuis $t = -y$, jusqu'à $t = y$, y étant l'ordonnée pm, et par conséquent $= \sqrt{(r^2 - x^2)}$, on trouve $\frac{2}{3} \sqrt{(r^2 - x^2)} [r^2 + 2x^2] dx$. En intégrant cette expression depuis $x = - r$ jusqu'à $x = r$, on aura le moment d'inertie de l'aire entière du cercle par rapport au centre C. Pour exécuter cette intégration, observons qu'en intégrant par parties, on a

$$\int x \cdot 2x \sqrt{(r^2 - x^2)} \cdot dx = - \tfrac{2}{3} x (r^2 - x^2)^{\frac{3}{2}} + \tfrac{2}{3} \int (r^2 - x^2)^{\frac{3}{2}} dx.$$

Or le dernier terme équivaut à $\tfrac{2}{3} \int (r^2 - x^2) \sqrt{(r^2 - x^2)} \, dx$, ou $\tfrac{2}{3} r^2 \int \sqrt{(r^2 - x^2)} \, dx - \tfrac{2}{3} \int x^2 \sqrt{(r^2 - x^2)} \, dx$; substituant, transposant et réduisant, on a

$$\int 2x^2 \sqrt{(r^2 - x^2)} \, dx = - \tfrac{1}{2} x (r^2 - x^2)^{\frac{3}{2}} + \tfrac{1}{2} r^2 \int dx \sqrt{(r^2 - x^2)}. \, .$$

Nous ne tiendrons pas compte ici du premier terme qui est nul aux limites $- r$ et $+ r$, et qui par conséquent disparaît de l'intégrale complète : ainsi, en substituant dans la formule ci-dessus, on trouve que, par rapport à C, le moment d'inertie est $= \int r^2 \sqrt{(r^2 - x^2)} \, dx$: or $\int dx \sqrt{(r^2 - x^2)}$ est un segment de demi-cercle, dont x est l'abscisse; cette intégrale, prise entre les limites $x = - r$ et $x = r$, exprime donc le demi-cercle, c'est-à-dire est $= \tfrac{1}{2} \pi r^2$, et le moment d'inertie cherché est $\tfrac{1}{4} \pi r^4 = M k^2$.

On peut aussi raisonner comme il suit : concevons dans notre cercle une circonférence décrite d'un rayon $= Cn = q$, et une autre circonférence infiniment voisine; la première aura $2\pi q$ pour longueur, et elles formeront dans le cercle une couronne infiniment mince, dont l'épaisseur sera dq, et dont l'aire sera $2\pi q dq$; en multipliant par $\overline{Cn^2} = q^2$ on aura $2\pi q^3 dq$ pour le moment d'inertie de cette couronne. En intégrant, on a $\tfrac{1}{2} \pi q^4$ pour le moment d'inertie d'une couronne concentrique d'épaisseur finie, et en prenant l'intégrale depuis $q = 0$ jusqu'à $q = r$, il vient $M k^2 = \tfrac{1}{2} \pi r^4$ pour le moment d'inertie de l'aire du cercle.

Soit donc r le rayon d'une poulie, h son épaisseur, $\tfrac{1}{2} \pi r^4 h$ est son moment d'inertie par rapport à l'axe de rotation; il faut donc remplacer $\Sigma (\mu \varrho^2)$ par cette valeur dans la formule du n° 238; ou plutôt par $\tfrac{1}{2} \pi \delta r^4 h$, δ étant la densité (51), parce que la poulie n'est pas homogène avec les cordons et les masses m et m'.

S'il fallait trouver le moment d'inertie par rapport à l'axe perpendiculaire en A, il ne faudrait qu'ajouter à $\frac{1}{2}\pi r^4$, le produit de l'aire πr^2 du cercle par $AC^2 = s^2$, ce qui donnerait..... $\pi r^2\left(\frac{1}{2}r^2 + s^2\right)$.

IV. Trouver le moment d'inertie d'une sphère ou d'un segment sphérique, par rapport à son diamètre, ou à un axe quelconque. En un point arbitraire P du diamètre AB (fig. 142), si l'on conçoit un plan perpendiculaire, il coupera la sphère suivant un cercle, d'un rayon $RP = y$: ce que nous avons dit ci-dessus fait voir que le moment d'inertie de tous les élémens de ce cercle par rapport à son centre P, est $\frac{1}{2}\pi y^4$. Ce rayon y est une ordonnée d'un grand cercle de la sphère; en mettant l'origine à l'extrémité A du diamètre, et désignant le rayon de la sphère par a, on a $y^2 = 2ax - x^2$; ainsi le moment d'inertie d'une tranche infiniment mince, est $\frac{1}{2}\pi y^4 dx = \frac{1}{2}\pi\left(2ax - x^2\right)^2 dx$, dont l'intégrale est $\pi x^3\left(\frac{2}{3}a^2 - \frac{1}{2}ax + \frac{1}{10}x^2\right) = Mk^2$. Cette intégrale, prise entre les limites $x = 0$, et $x = 2a$, donne $Mk^2 = \dfrac{8}{15}\pi a^5$; la 1re est le moment d'inertie du segment sphérique; la 2e est celui de la sphère entière, par rapport à son diamètre.

D'après ce qu'on a vu (240), pour obtenir le moment d'inertie par rapport à un axe quelconque CQ parallèle à AB, il suffit d'ajouter à ce qu'on vient de trouver le produit de la masse entière du corps, par le carré de la distance $GX = n$ du centre à l'axe; on a donc :

1°. Pour le cas du segment sphérique dont le volume est $= \pi x^2\left(a - \frac{1}{3}x\right)$; x désignant la flèche :

$$\pi x^2\left\{\frac{\left(2a^2 - n^2\right)x}{3} - \frac{ax^2}{2} + \frac{x^3}{10} + an^2\right\}.$$

2°. Pour la sphère dont le volume est $\frac{4}{3}\pi a^3$,

$$\frac{4}{3}\pi a^3\left(n^2 + \frac{2a^2}{5}\right).$$

242. Il nous reste à trouver le moment d'inertie d'un corps relativement à un axe quelconque AB (fig. 143) passant par l'origine A. Soient m une molécule dont les coordonnées sont x, y, z; $mB = \varrho$ une perpendiculaire abaissée sur l'axe de rotation AB ; $Am = r$ la distance de m à l'origine ; ϵ l'angle mAB que font ces deux droites; $\alpha\,\beta\,\gamma$, $\alpha'\beta'\gamma'$ les angles que AB et Am font avec les x, y, z; on a $r^2 = x^2 + y^2 + z^2$, et (Cours de Mathém. n° 633, 5°.).

$$\cos\epsilon = \cos\alpha\,\cos\alpha' + \cos\beta\,\cos\beta' + \cos\gamma\,\cos\gamma',$$

d'où $\quad r\cos\epsilon = x\cos\alpha + y\cos\beta + z\cos\gamma,$

parce que $\dfrac{x}{r}$, $\dfrac{y}{r}$, $\dfrac{z}{r}$ sont les cosinus de α', β', γ'. Dans le triangle rectangle mAB, on a $mB = r\sin\epsilon$, $\varrho^2 = r^2 - r^2\cos^2\epsilon$; substituant à r^2 et $(r\cos\epsilon)^2$ leurs valeurs ci-dessus, il vient

$$\varrho^2 = x^2\sin^2\alpha + y^2\sin^2\beta + z^2\sin^2\gamma$$
$$- 2xy\cos\alpha\cos\beta - 2xz\cos\alpha\cos\gamma - 2yz\cos\beta\cos\gamma.$$

Multipliant par dm et intégrant dans toute l'étendue du corps, puis posant, pour abréger,

$$\left.\begin{array}{lll} a = \int x^2 dm, & b = \int y^2 dm, & f = \int z^2 dm, \\ g = \int xy\,dm, & h = \int xz\,dm, & i = \int yz\,dm, \end{array}\right\} \dots (1)$$

on trouve pour le moment d'inertie par rapport à l'axe AB,

$$T = \int \varrho^2 dm = a\sin^2\alpha + b\sin^2\beta + f\sin^2\gamma$$
$$- 2g\cos\alpha\cos\beta - 2h\cos\alpha\cos\gamma - 2i\cos\beta\cos\gamma \dots (2).$$

Les intégrales définies a, b, f.... sont indépendantes de la direction de l'axe de rotation AB, et sont relatives aux seules coordonnées générales x, y, z, entre des limites données : ce sont donc des constantes connues qui dépendent de la figure du corps et de sa situation relativement aux axes coordonnés, mais

qui conservent leurs grandeurs numériques de quelque manière
que l'axe AB de rotation soit dirigé.

243. Il est souvent commode de fixer la situation de cet axe
par des coordonnées polaires, plutôt que par les angles α, β, γ ;
désignons par θ l'angle BAD que AB fait avec sa projection AX
sur le plan xy, et par η l'angle DAx que cette projection fait
avec les x ; les équations de la note p. 24 donnent les relations
suivantes :

$$\cos\alpha = \cos\theta\cos\eta, \quad \cos\beta = \cos\theta\sin\eta, \quad \cos\gamma = \sin\theta,$$

ainsi notre valeur de T peut aussi être écrite

$$T = \int \varrho^2 dm = a + b - (a\cos^2\eta + b\sin^2\eta - f)\cos^2\theta$$
$$- 2g\cos^2\theta\cos\eta\sin\eta - 2\sin\theta\cos\theta\,(h\cos\eta + i\sin\eta)\ldots\ldots(3).$$

Ces équations (2 et 3) font connaître le moment d'inertie T par
rapport à un axe de rotation AB dirigé d'une manière quelconque dans l'espace.

244. Il y a un cas important à examiner ; c'est celui où le système d'axes x, y, z, auquel on a rapporté arbitrairement le corps,
est tellement choisi, qu'on a

$$g = \int xy dm = o, \quad h = \int xz dm = o, \quad i = \int yz dm = o\ldots(4).$$

Les axes coordonnés dont il s'agit sont alors ce qu'on nomme
des AXES PRINCIPAUX DE ROTATION. Nous démontrerons bientôt
qu'il existe en effet pour chaque point pris pour origine, soit au
dedans, soit au dehors du corps, trois axes rectangulaires qui
remplissent ces conditions. Mais remarquons d'abord que nos
équations (2 et 3) se réduisent alors à leur 1re ligne, savoir :

$$T = \int \varrho^2 dm = a\sin^2\alpha + b\sin^2\beta + f\sin^2\gamma\ldots\ldots(5)$$
$$= a + b - (a\cos^2\eta + b\sin^2\eta - f)\cos^2\theta.$$

On a des calculs plus simples à effectuer pour les axes principaux du corps, que pour toute autre droite prise pour axe de

rotation. On trouve à ces axes des propriétés que nous allons exposer.

245. Et d'abord faisons voir que *si l'on connaît les momens d'inertie par rapport à trois axes principaux pris pour ceux des* x, y, z, *le moment d'inertie par rapport à* AB *se trouve aisément.* En effet, les premiers de ces momens sont pour l'axe

$$
\begin{aligned}
\text{des } x \ \ldots \ & \int (y^2 + z^2)\ dm = b + f = A, \\
\text{des } y \ \ldots \ & \int (x^2 + z^2)\ dm = a + f = B, \\
\text{des } z \ \ldots \ & \int (x^2 + y^2)\ dm = a + b = C.
\end{aligned}
$$

On suppose A, B, C connus : tirons de ces équations les valeurs de a, b, f, et substituons-les dans l'expression (5)

$$
T = \tfrac{1}{2} A (\sin^2\beta + \sin^2\gamma - \sin^2\alpha)
$$
$$
+ \tfrac{1}{2} B (\sin^2\alpha + \sin^2\gamma - \sin^2\beta) + \tfrac{1}{2} C (\sin^2\alpha + \text{etc.}).
$$

Mais $\cos^2\alpha + \cos^2\beta + \cos^2\gamma = 1$; retranchons chaque membre de cette équation de 3, et faisons $1 - \cos^2 = \sin^2$; nous aurons

$$
\sin^2\alpha + \sin^2\beta + \sin^2\gamma = 2,
$$

le 1er terme devient $A \cos^2\gamma$; en raisonnant de même pour les facteurs de B et C, on trouve enfin

$$
\left.
\begin{aligned}
T = \int \varrho^2 dm &= A \cos^2\alpha + B \cos^2\beta + C \cos^2\gamma \\
&= (A \cos^2\eta + B \sin^2\eta - C) \cos^2\theta + C,
\end{aligned}
\right\} \ \ldots \ldots (6)
$$

en mettant pour $\cos\alpha$, $\cos\beta$, $\cos\gamma$, leurs valeurs en η et θ.

Ces équations équivalent à la formule (5) et répondent aussi à la question proposée.

246. *Un moment d'inertie est toujours essentiellement positif,* puisqu'il est formé de carrés multipliés par des masses ; or en mettant pour $\cos^2\alpha$ sa valeur $1 - \cos^2\beta - \cos^2\gamma$, la formule (6) devient

$$
T = A + (B - A) \cos^2\beta + (C - A) \cos^2\gamma ;
$$

or si A est la plus petite des trois quantités A, B, C (qui sont constantes, positives et finies), B — A, C — A sont positifs, et $T > A$: ce qui prouve que tous les momens d'inertie T relatifs à des axes quelconques menés par l'origine, sont plus grands que A. Et si au contraire A surpasse B et C, tous ces momens sont moindres que A, par la même raison. Donc *des trois momens d'inertie relatifs aux axes principaux, l'un est un maximum, et l'autre est un minimum;* c'est-à-dire que l'un surpasse tout moment d'inertie par rapport à un axe de rotation quelconque mené par la même origine, et que l'autre est moindre que ce dernier. Si l'on avait $A = B = C$, l'équation ci-dessus se réduirait à $T = A$; tous les momens d'inertie seraient égaux entre eux, quel que fût l'axe de rotation.

247. Il nous reste à démontrer qu'en effet il existe des axes principaux, c'est-à-dire, des axes tels, que les intégrales g, h et i, prises dans toute l'étendue du corps, sont nulles, et à en assigner la position. Puisque ces axes, s'il y en a de tels, jouissent de la propriété de *maximum* qu'on vient d'exposer, cherchons à donner à l'axe de rotation AB (fig. 143) une telle direction que le moment d'inertie par rapport à cette droite soit un *maximum*. La théorie connue (Cours de Mathém., n° 720) nous apprend qu'il faut égaler à zéro les différentielles de T relatives à η et à θ, tirées de l'équation (3). En désignant par s et s' les sinus, c et c' les cosinus des angles η et θ, il vient

$$scc'\,(a - b) + gc'\,(s^2 - c^2) - s'\,(ic - hs) = 0 \ldots\ldots(7)$$
$$c's'\,(ac^2 + bs^2 - f + 2gsc) + (s'^2 - c'^2)\,(hc + is) = 0.$$

Ces équations sont les valeurs de $\dfrac{dT}{d\eta}$, $\dfrac{dT}{d\theta}$, divisées par $2c'$ et par 2 : on en tire

$$\frac{s'}{c'} = \tang\,\theta = \frac{(a - b)\,sc + g\,(s^2 - c^2)}{ic - hs} \ldots\ldots(8)$$

$$\frac{2s'c'}{c'^2 - s'^2} = \frac{\sin 2\theta}{\cos 2\theta} = \tang\,2\theta = \frac{2\,(hc + is)}{ac^2 + bs^2 - f + 2gsc}.$$

Les angles θ et η qui satisfont à ces deux conditions déterminent la situation des axes pour lesquels le moment d'inertie est un *maximum*. Pour trouver ces angles, on éliminera θ, et l'équation en s et c se réduira à n'avoir pour inconnue que tang η : cette équation sera du 3ᵉ degré (*). Comme l'une des racines

---

(*) Ce calcul est assez difficile ; le voici tel que M. de Prony l'a donné dans le 6ᵉ Journ. Polyt., p. 203.

On a tang $2\theta = \dfrac{2\,\text{tang}\,\theta}{1 - \text{tang}^2\,\theta}$: substituant ici les valeurs ci-dessus, on trouve

$$\frac{hc + is}{ac^2 + bs^2 - f + 2gsc} = \frac{[(a - b)\,sc + g(s^2 - c^2)](ic - hs)}{(ic - hs)^2 - [(a - b)\,sc + g(s^2 - c^2)]^2} ;$$

réduisant au même dénominateur et transposant

$$(hc + is)(ic - hs)^2 = (hc + is)[(a - b)\,sc + g(s^2 - c^2)]^2$$

$$+ [(a - b)\,sc + g(s^2 - c^2)](ic - hs)(ac^2 + bs^2 - f + 2gsc).$$

Mettons $(a - b)\,sc + g(s^2 - c^2)$ en facteur commun du 2ᵉ membre ;

$$(hc + is)(ic - hs)^2 = [(a - b)\,sc + g(s^2 - c^2)]$$

$$\times \left\{ (hc + is)[(a - b)\,sc + g(s^2 - c^2)] + (ic - hs)(ac^2 + bs^2 - f + 2gsc) \right\}.$$

Faisant les multiplications, la dernière ligne étant ordonnée devient

$$c^3\,(ai - gh) + s^2 c\,(ai - gh)$$
$$+ s^3\,(gi - bh) + sc^2\,(gi - bh) + hfs - fic ;$$

et à cause des facteurs communs binomes, et de $c^2 + s^2 = 1$,

$$(ai - gh - fi)\,c + (gi - bh + fh)s.$$

Restituons donc ce facteur dans notre équation, à la place de son égal, puis posons $s = c\,\text{tang}\,\eta = ct$, tout sera divisible par c^3 et l'on aura

$$(h + it)(i - ht)^2 = [(a - b)\,t + g(t^2 - 1)]$$
$$\times [ai - gh - fi + (gi - bh + fh)\,t].$$

Enfin exécutant les calculs, on trouve

$$[(h^2 - g^2)\,i + (b - f)\,gh]\,\text{tang}^3\,\eta$$
$$+ [h^3 - 2hi^2 + g^2 h + (b - 2a + f)\,gi - (b - a)(b - f)\,h]\,\text{tang}^2\,\eta$$
$$+ [i^3 - 2ih^2 + g^2 i + (a - 2b + f)\,gh - (a - b)(a - f)\,i]\,\text{tang}\,\eta$$
$$+ [i^2 - g^2)\,h + gi(a - f) = 0.$$

répond à un *maximum*, et une autre à un *minimum* dont l'existence est démontrée (246), les trois racines de cette équation sont réelles. La 3ᵉ racine satisfait aux conditions (7), sans cependant répondre à un *maximum* ni à un *minimum*, à moins qu'il n'y ait des racines égales.

248. Ce qui précède suffit pour reconnaître que ces trois racines déterminent la situation des trois axes principaux, et attestent que ces axes existent dans tous les cas, et forment un système unique, pour chaque point pris pour origine. Mais c'est ce qu'on peut montrer directement avec évidence, en prouvant que ces trois racines rendent nulles les intégrales (4), ce qui est le caractère de définition de ces axes.

En effet, transformons les coordonnées x, y et z, en d'autres x', y', z' ainsi déterminées ; 1°. une droite arbitraire AB (fig. 143) dans l'espace sera prise pour axe des x', cette ligne étant fixée, comme ci-devant, par l'angle θ qu'elle fait avec sa projection AX sur le plan xy, et par l'angle η de cette projection avec Ax. 2°. La droite Ay' menée dans le plan xy perpendiculaire à AX sera l'axe des y ; comme Ay', est perpendiculaire au plan XAZx', cette droite l'est aussi sur Ax' ; 3°. enfin l'axe Az' sera perpendiculaire au plan x'Ay'.

Les formules propres à cette transformation d'axes se trouveront ainsi qu'il suit, en procédant par deux opérations successives.

1°. Sans changer l'axe Az, prenons AX et Ay' pour axes des X et des Y (Cours de Math., n° 383) ; les relations qui expriment la dépendance des coordonnées x, y, X et Y (z restant le même), sont

$$X = x \cos \eta + y \sin \eta, \quad Y = y \cos \eta - x \sin \eta ; \quad Z = z.$$

2°. Maintenant, prenons dans le plan ZAX, qui est celui des XZ, la droite Ax' pour axe des y', sa perpendiculaire Az' pour axe des z', sans changer l'axe AY. Considérant la fig. 144, le même mode de calcul donne

$$x' = X \cos \theta + Z \sin \theta, \quad z' = Z \cos \theta - X \sin \theta ; \quad y' = Y ;$$

d'où l'on tire par l'élimination des X, Y, Z,

$$\left. \begin{aligned} x' &= x \cos \eta \cos \theta + y \sin \eta \cos \theta + z \sin \theta, \\ y' &= y \cos \eta - x \sin \eta, \\ z' &= z \cos \theta - x \sin \theta \cos \eta - y \sin \theta \sin \eta, \end{aligned} \right\} \ldots\ldots (9).$$

Ainsi le corps étant supposé rapporté d'abord aux axes x', y', z', voici les valeurs qu'il faudra substituer pour qu'il le soit aux axes x, y, z, quels que soient ces deux systèmes, pourvu que chacun d'eux soit rectangulaire, et que l'origine soit la même.

Voyons ce que deviennent alors les intégrales (4). En formant le produit $x'y'$, on en tire la valeur de $\int x'y' \, dm$, qui est exactement le 1er membre de l'équation (7) en signe contraire; de même $\int x'z' \, dm$ est la 2e équation (7). D'où il faut conclure que si l'on a choisi pour les angles η et θ qui déterminent la position de l'axe des x', précisément les mêmes valeurs qui entrent dans ces formules; et que par conséquent η soit donné par l'une des racines de l'équation du 3e degré, on aura $\int x'y' \, dm = 0$, $\int x'z' \, dm = 0$. Et si l'axe des y' et celui des z' étaient aussi déterminés par les autres racines de l'équation du 3e degré, la même propriété aurait lieu pour ces axes, et l'on aurait en outre $\int y'z' \, dm = 0$; alors les trois quantités g, h, i seraient nulles, les trois axes coordonnés seraient principaux, et notre définition (4) de ces lignes serait justifiée. Mais cela suppose que les trois racines de notre équation expriment des directions telles, que les axes sont rectangulaires, ce qu'il faut démontrer.

249. Admettons que l'un des axes est celui des x, auquel cas on a $g = h = 0$; nos valeurs (7) donnent

$$ci \, \mathrm{tang} \, \theta = cs \, (a - b),$$
$$(ac^2 + bs^2 - f) \, \mathrm{tang} \, 2\theta = 2is.$$

On tire de la 1re $c = 0$; car autrement on aurait......
$\mathrm{tang} \, \theta = \dfrac{s(a - b)}{i}$; éliminant θ, on trouverait $i^2 = (a - b)(a - f)$,

équation de condition qui n'a lieu qu'accidentellement, et qui d'ailleurs ne saurait déterminer η dont elle est indépendante.

Ainsi $c = 0$, d'où $s = 1$ et $\tang 2\theta = \dfrac{2i}{b-f}$. Comme une tangente appartient à deux arcs qui diffèrent de 180°, cette équation fait connaître pour θ deux angles dont la différence est de 90°; ainsi les deux autres axes sont à angle droit, chacun est déterminé de position par notre valeur de θ, et leur plan est perpendiculaire à l'axe des x, à cause de $\cos \eta = 0$, $\eta = 90°$. C'est ce qu'il s'agissait de démontrer.

250. Concluons de tout ce qu'on vient de dire que

1°. *Par un point quelconque de l'espace pris pour origine, il y a toujours trois axes principaux, définis par les équations* (4), *et il n'y en a que trois.*

2°. *Ces axes sont à angles droits.*

3°. *Le moment d'inertie du corps par rapport à l'un de ces axes est un maximum; ce moment est un minimum relativement à un autre de ces axes.*

4°. On peut toujours assigner la position de ces axes dans un corps, un point donné quelconque étant pris pour origine; il faut pour cela résoudre une équation du 3ᵉ degré, dont les racines, toujours réelles, en font connaître les directions rectangles.

5°. Il est aisé de trouver deux axes principaux, quand on connaît le troisième.

6°. Il l'est aussi de rapporter le système à ces axes pris pour axes coordonnés, à l'aide d'une tranformation (Équ. 9).

7°. Le moment d'inertie relatif à un axe quelconque est donné par les formules (5 ou 6) quand le corps est rapporté à ses axes principaux. Ainsi, *lorsqu'on connaît les momens d'inertie d'un corps par rapport aux trois axes principaux, pour obtenir ce moment par rapport à une droite quelconque, il suffit de multiplier les premiers par les carrés des cosinus des angles respectifs formés par cette droite avec les axes principaux.*

251. Rapprochons les principes qu'on a démontrés dans les paragraphes qui précèdent de ceux qui l'ont été n° 240; puisque

de deux axes parallèles, celui qui passe par le centre de gravité a un moment Mk^2 plus petit que l'autre de la quantité
Mr^2, on conclut que de tous les axes qui passent par le centre
de gravité, celui pour lequel le moment d'inertie est un *minimum*, jouit de la même propriété relativement à tous les axes
menés dans l'espace.

252. Faisons maintenant quelques applications de la théorie
des axes principaux.

I. Comptons les z perpendiculairement au plan d'une aire ;
pour tous les points de ce plan z sera $= 0$, d'où $h = 0$,
$i = 0$; donc *toute figure plane a l'un de ses axes principaux
perpendiculaire à son plan;* les deux autres sont situés dans ce
plan. S'il s'agit d'une droite $AB = a$ (fig. 140), elle est elle-même
un de ses axes principaux, puisque le moment d'inertie par
rapport à AB étant nul, il est un *minimum* : il y a une infinité de droites perpendiculaires entre elles, et à AB qui sont
les deux autres axes principaux : pour obtenir le moment relativement à un axe OC, passant par le milieu G, et qui fait un
angle $AGO = \varphi$ avec AB, il faut, dans l'Équ. 6 (n° 245), faire
$A = 0$, $\gamma = 90°$, $\mathcal{C} = 90° - \varphi$, et $B = \int x^2 dx = \frac{1}{12} a^3$; il
vient $T = \frac{1}{12} a^3 \sin^2 \varphi$, comme p. 337.

II. Pour déterminer deux autres axes principaux, l'un étant
connu, il faut déduire de tang $2\theta = \dfrac{2g}{a - b}$ les deux valeurs
de θ : pour une aire dans le plan xy, la molécule $m = dxdy$; donc
$i = \int xydxdy$ quantité qui est $= \frac{1}{2} y^2 \int x dx$, et qui est nulle par
conséquent toutes les fois que les deux limites de x ou de y
sont égales et de signes contraires, c'est-à-dire toutes les fois
que la courbe est coupée en deux parties symétriques par l'un
des axes coordonnés.

S'il s'agit d'une ellipse dont l'équation est............
$y = \pm \dfrac{b'}{a'} \sqrt{(a'^2 - x^2)}$, on a $a = \int x^2 dxdy$; après une première intégration entre les limites de y, $\dfrac{2b'}{a'} \int x^2 dx \sqrt{(a'^2 - x^2)}$,
qui est (241, III) $= \frac{1}{4} \pi a'^3 b'$, depuis $x = - a'$ jusqu'à......

$x = + a'$; telle est la valeur de a. Un calcul semblable donne $b = \frac{1}{4}\pi b'^3 a'$; ainsi tang $2\theta = 0$, d'où $\theta = 0$, et $\theta = 90°$; donc *les axes mêmes de l'ellipse sont les axes principaux*. S'il s'agissait cependant d'un cercle, $a' = b'$ donnerait tang $2\theta = \frac{0}{0}$; ce qui annonce qu'il y a une infinité d'axes principaux, qui sont toutes les lignes tracées à angle droit par le centre; résultat d'ailleurs évident.

Le moment d'une ellipse par rapport à un axe mené par le centre et formant un angle δ avec le grand axe, se trouve en faisant a $= B = \frac{1}{4}\pi b'^3 a'$, b $= A = \frac{1}{4}\pi a'^3 b'$, $C = 0$, $\gamma = 100°$, $\alpha = \delta$, dans T (n° 245); donc

$$T = \frac{1}{4}\pi\,(a'^2 \sin^2 \delta + b'^2 \cos^2 \delta)\,a'b'.$$

253. III. L'équation générale des surfaces de révolution autour de l'axe des z est $x^2 + y^2 = fz$ (Cours de Math. n° 622); or h $= \int xz\,dx\,dy\,dz$: l'intégrale par rapport à x entre les limites $\pm \sqrt{(fz - y^2)}$ est nulle; d'où h $= 0$. Il est clair que la même chose aurait lieu pour toute surface symétrique de part et d'autre du plan yz. On a aussi i $=$ g $= 0$, qui offre la même conséquence pour les plans xz et xy. Donc les axes coordonnés, savoir, celui de révolution et deux droites rectangulaires quelconques tracées dans le plan xy, sont les trois axes principaux; cherchons a, b et f. Une première intégration de $y^2 dx\,dy\,dz$ relative à x entre les limites $\pm \sqrt{(fz - y^2)}$ donne $2y^2 \sqrt{(fz - y^2)}\,dy\,dz$: pour un z déterminé, un plan perpendiculaire à l'axe de révolution coupe la surface suivant un cercle Bmm' (fig. 141), dont le rayon est C$m = \sqrt{(x^2 + y^2)}$ ou $\pm\sqrt{(fz)}$; ainsi l'intégrale relative à y entre ces deux limites (241, III) est $= \frac{1}{4}\pi\,(fz)^2\,dz$: en intégrant enfin depuis la plus petite jusqu'à la plus grande valeur de z, on aura b; mais ce calcul ne peut être poussé plus loin sans connaître fz. Comme on trouvera encore a $= \frac{1}{4}\pi \int(fz)^2 dz$ entre les mêmes limites, on a tang $2\theta = \frac{0}{0}$; on a donc la même conséquence que pour le cercle; ce qui résulte évidemment de ce que toutes les sections parallèles aux xy sont circulaires. On trouve de même $f = \pi \int(fz \cdot z^2 dz)$.

S'il s'agit d'un cylindre dont $2h$ est la hauteur, r le rayon de la base, et dont l'origine est au milieu de l'axe, $fz = r^2$; d'où $a = b = \frac{1}{2}\pi r^4 h$ et $f = \frac{2}{3}\pi r^2 h^3$; $a + f =$ le moment B par rapport à l'axe des x ou des $y = \pi, r^2 h\left(\frac{1}{2} r^2 + \frac{2}{3} h^2\right)$; f est relatif aux z. Il sera donc aisé d'avoir celui qui est relatif à une droite quelconque. En égalant a à f, on trouve que les momens par rapport à tous les axes qui passent par le centre de gravité sont égaux, pour le cylindre qui est tel que $3r^2 = 4h^2$.

S'il est question d'un segment de paraboloïde dont l'origine est au sommet, et la hauteur h, $fz = 2pz$, et on trouve....... $a = \frac{1}{3}\pi p^2 h^3 = b$, $f = \frac{1}{2}\pi ph^4$.

Pour le cône dont la hauteur est h et l'origine au sommet, $fz = m^2 z^2$, m étant la tangente du demi-angle au sommet, on a
$$a = b = \frac{\pi h}{4.5} \cdot m^4 h^4; \quad f = \frac{\pi h}{5} \cdot m^2 h^4.$$

VI. *Mouvement d'un corps choqué retenu par un axe fixe.*

254. Concevons un corps dont la masse M et la forme soient connues, qui soit retenu par un axe fixe perpendiculaire en A au plan de la figure 145 : supposons que ce corps reçoive une impulsion produite par un choc, et admettons que cette impulsion ait sa direction BC perpendiculaire à un plan AB mené par l'axe fixe : s'il n'en était pas ainsi, il faudrait décomposer l'impulsion en deux autres situées dans un plan parallèle à l'axe; or l'une de ces forces, dans le sens de l'axe, ne contribuerait en rien au mouvement du corps et serait détruite, puisqu'on suppose l'axe retenu en deux de ses points. Cherchons les circonstances du mouvement de rotation qui s'établira.

Représentons l'impulsion communiquée par la quantité de mouvement Mu, en sorte que u soit la vitesse que prendrait la masse M si elle était libre et réduite à un point matériel, et que la force motrice agît sur elle. Soit uB la direction de cette force, et $AB = \xi =$ la distance de cette direction à l'axe de rotation A.

Par l'effet de l'impulsion, la molécule m décrira un cercle dont le rayon est $Am = \varrho$, et par conséquent, sa vitesse sera ϱs, en désignant par s la *vitesse angulaire*; le mouvement de m aura pour direction la droite mD perpendiculaire à Am; $\varrho' s$ sera de même la vitesse de m' : et ainsi de suite. Nous ferons ici usage du principe de d'Alembert, et nous aurons

masses.	v. imprim.	v. effectives.	dist. à l'axe.
m	o	ϱs	ϱ.
m'	o	$\varrho' s$	ϱ'.
etc.			

L'équilibre entre les forces qui ont lieu et l'impulsion Mu prise en sens opposé, devant s'établir autour de l'axe fixe, on sait (45) qu'il faut qu'en prenant, par rapport à cet axe, les momens des quantités de mouvement, la somme de ces momens soit nulle. Ainsi on a

$$ m\varrho^2 . s + m'\varrho'^2 . s + \text{etc.} - Mu\,\xi = o, \quad \text{d'où} \quad s = \frac{Mu\,\xi}{\Sigma.\varrho^2 m}. $$

Soit G le centre de gravité du corps; faisons $AG = p$, nous avons vu (240, i'') qu'on a $\Sigma\,\varrho^2 m = M\,(\,p^2 + k^2\,)$, Mk^2 étant le moment d'inertie du corps par rapport à l'axe qui, passant par le centre de gravité, serait parallèle à l'axe fixe. Ainsi *la rotation se fait d'un mouvement uniforme avec la vitesse angulaire*

$$ s = \frac{u\,\xi}{p^2 + k^2}, \ \dots \ (k''). $$

expression équivalente à la première. Observons que, si un corps de masse m, dont les points sont animés de vitesses v égales, dirigées dans des plans perpendiculaires à l'axe fixe, vient choquer la masse M retenue par cet axe, s'anéantit aussitôt après le choc, ou reste adhérent à M, les circonstances du mouvement qui aura lieu seront données par notre formule en y faisant $Mu = mv$.

352   DYNAMIQUE.

Et s'il y avait plusieurs corps choquant simultanément, il suffirait de mettre au numérateur de la valeur (k''), la somme des produits $u\xi$ relatifs aux diverses impulsions.

255. Les effets qu'éprouve l'axe fixe sont importans à considérer. Soit pris cet axe Az (fig. 146) pour celui des z; Ay pour celui des y, parallèle à l'impulsion Mu, exerçant son action perpendiculairement au plan zAx en un point C, dont AP $= \xi$, PC $= \zeta$ soient les coordonnées. Au lieu de regarder l'axe des z comme fixe, introduisons des forces propres à le retenir : ces forces, qui seront les percussions exercées sur l'axe, peuvent être réduites à deux (p. 49) parallèles, l'une P aux x et dont le z soit AB $= a$, l'autre Q aux y, et dont le z soit AD $= b$.

La molécule m décrit un cercle mf parallèle au plan xy; sa vitesse $\varrho\varpi$ est dirigée selon la tangente mt, et les cosinus des angles que cette direction fait avec les x et y sont $-\dfrac{y}{\varrho}$ et $\dfrac{x}{\varrho}$; les composantes de la quantité de mouvement $m\varrho\varpi$ de la particule m selon les axes, sont $- my\varpi$, $mx\varpi$: on en dira autant pour chaque molécule. L'équilibre devant s'établir entre les forces qui ont lieu et la force Mu imprimée en sens contraire, on formera le tableau suivant :

forces	composantes suivant			coord. d'appli. suivant		
	les x	les y	les z	les x	les y	les z
$- Mu \ldots$	o	$- Mu$	o $\ldots$	ξ	o	ζ
$P \ldots$	P		o	o $\ldots$	o	o	a
$Q \ldots$	o	Q	o $\ldots$	o	o	b
$m\varrho\varpi$	$- my\varpi$	$mx\varpi$	o $\ldots$	x	y	z
$m'\varrho'\varpi$	$- m'y'\varpi$	$m'x'\varpi$	o $\ldots$	x'	y'	z'
etc.						

Soient M la masse du corps; X, Y, Z les coordonnées de son centre de gravité; en appliquant les équations d'équilibre p. 53 et à cause des relations A$'$, p. 67, on a

$$P = \varpi.MY, \quad Q + \varpi.MX = Mu, \quad \varpi.\Sigma.\varrho^2 m = Mu\xi,$$

$$\varpi\,\Sigma.myz = aP, \quad \varpi\,\Sigma.mxz + Qb = Mu\zeta.$$

La 3e équation donne pour la vitesse angulaire ϖ la relation (k''); les quatre autres font connaître les efforts P et Q et leurs points d'application à l'axe, ce qui résoud complétement le problème.

256. Observez que si la force motrice était R, oblique à l'axe Az, on la décomposerait en deux dans un plan parallèle à cet axe, l'une Mu dont on vient de considérer les effets, l'autre S qui, sans rien changer au mouvement de rotation, presserait l'axe avec des efforts $\dfrac{S\xi}{b-a}$ (V. p. 50), lesquels se composeraient avec P et à Q.

257. Si l'on voulait que l'impulsion fût telle que l'axe ne ressentît aucune percussion suivant les x ou les y, il faudrait 1°. que la composante S fût nulle; (alors la force d'impulsion serait dans un plan perpendiculaire à l'axe), et 2°. qu'on eût P ou Q nul : et pour qu'il n'y ait pression nulle part, on doit avoir à la fois P $=$ o, Q $=$ o, S $=$ o, ou

$$Y = o, \quad \varpi X = u, \quad \varpi.\Sigma\varrho^2 m = Mu\xi,$$

$$\Sigma.myz = o, \quad \Sigma.mxz = MX\zeta.$$

La 1re équation indique que le centre de gravité est situé dans le plan xAz auquel l'impulsion Mu est perpendiculaire; la 2e donne la vitesse angulaire ϖ; la 3e prend la forme

$$\xi = \frac{\Sigma.\varrho^2 m}{MX} = \frac{X^2 + k^2}{X} = X + \frac{k^2}{X} \cdots (l''),$$

en désignant le moment d'inertie par M$(X^2 + k^2)$, (240) : la dernière détermine ζ, de sorte qu'on connaît les coordonnées ξ et ζ du point C sur le plan xz où l'impulsion Mu doit être communiquée; ce point est ce qu'on nomme le CENTRE DE PERCUSSION,

23

qu'on doit définir *le point auquel il faut que le choc soit imprimé perpendiculairement au plan qui passe par l'axe et par le centre de gravité, pour que cet axe n'éprouve aucune percussion.*

Quant à l'équation $S.myz = 0$, elle exprime une relation qui dépend de la figure du corps et de sa liaison à l'axe ; et comme elle n'aura lieu que dans des cas particuliers (pag. 340), on voit que dans tout corps fixé à un axe donné de position, il n'y a pas nécessairement un centre de percussion.

Supposons que l'axe de rotation soit parallèle à un axe principal passant par le centre de gravité ; comme pour transporter l'origine et faire en sorte que l'axe des z passe par ce centre, il faut faire simplement $x = X + x'$, et qu'alors on a (241), ... $\Sigma.mx'z = 0$, on voit que $\Sigma.mxz = X.\Sigma.mz = XMZ$, d'où $\zeta = Z$; l'impulsion Mu serait alors donnée en un point de la ligne menée du centre de gravité perpendiculairement à l'axe fixe.

Supposons que u soit la vitesse du centre de gravité du corps, on a $u X = u$; la formule (k'') donnera pour ξ la valeur (l'') ; ce qui indique que *si l'on applique au centre de percussion d'un corps une quantité de mouvement égale et opposée à celle de son centre de gravité, le mouvement sera détruit.* Quand le corps est fixé à un axe, on voit que c'est au centre de percussion qu'il faut appliquer la force Mu pour le réduire au repos ; ainsi c'est par ce point que passe la résultante des forces dont chaque particule du corps est animée. On peut donc concentrer par la pensée le corps au centre de percussion ; et ce point remplace ici le centre de gravité dont il offre une des propriétés de statique.

258. A l'instant du choc, de ce que les choses auraient été disposées dans le système de manière que l'axe ne ressente aucune percussion, il ne faudrait pas en conclure que, dans le temps qui suit, l'axe n'est pas pressé, et qu'il ne tend à prendre aucune translation ; car la rotation fait naître des forces centrifuges dont nous allons calculer l'effet dans toute espèce de disposition du corps par rapport à l'axe. La molécule m a la vitesse $u\varrho$ selon la tangente mt (fig. 146), d'où résulte la force centrifuge $u^2m\varrho$ selon le rayon Am (207) : le s composantes parallèles aux axes des

x et des y sont $s^2 mx$, $s^2 my$, et les momens $s^2 mzx$, $s^2 mzy$. Comme l'action que nous examinons a lieu selon le rayon ϱ, elle agit sur l'axe et tend à le transporter. Les sommes des forces et de leurs momens sont $s^2 \Sigma . mx = s^2 MX$, $s^2 \Sigma . my = s^2 MY$, $\Sigma . mzx$, $\Sigma . mzy$: il est donc bien aisé de calculer cet effet. Dans le cas où l'on voudrait que les forces centrifuges n'eussent aucune action sur l'axe, on devrait poser

$$ X = 0, \quad Y = 0, \quad \Sigma . mzx = 0, \quad \Sigma . mzy = 0. $$

Ainsi, *pour que la rotation n'exerce aucune pression sur l'axe, il faut que cet axe soit principal et passe par le centre de gravité.*

Et remarquez que ces conditions ne peuvent coexister avec celles qui déterminent le centre de percussion, puisqu'elles rendent ξ et ζ infinis. Ainsi on pourra bien disposer les choses de manière qu'au premier instant l'axe ne ressente aucune trépidation, mais il faudra ensuite retenir l'axe pour s'opposer à la translation produite par les forces centrifuges; ou bien on pourra arranger le système de manière que l'axe n'ait plus besoin d'être retenu après le premier choc, et qu'il demeure comme s'il était fixé; mais à l'instant de l'impulsion, l'axe aura reçu une percussion à laquelle il aura fallu résister.

VII. *Mouvement d'un corps solide retenu par un axe fixe; Pendule composé.*

259. Jusqu'à présent le corps n'était soumis qu'à l'action d'une ou plusieurs forces impulsives : voyons ce qui arriverait, si ce corps étant toujours retenu par un axe fixe A, chaque molécule était sollicitée par une force accélératrice particulière. Considérons le corps M dont les molécules m, m',.... sont sollicitées par les forces φ, φ',... connues en grandeurs et en directions, et supposées dans des plans perpendiculaires à l'axe, dont elles sont distantes de p, p'...; soient ϱ, ϱ',... les distances de ces molécules à l'axe. Soit enfin s la vitesse angulaire du corps au bout,

du temps t, vitesse qui devra s'accroître de ds dans l'instant dt suivant.

Cela posé, on voit que la molécule m, par exemple, reçoit dans les directions mD et mH (fig. 147), deux impulsions $s\varrho$ et $\varphi\,dt$; mais que par la liaison du système ces impulsions ne produisent pas tout leur effet, et que la vitesse que la molécule m prendra réellement suivant mD sera $\varrho\,(s + ds)$: on aura d'ailleurs A$m = \varrho$, et AH $= p$. On en dira autant des autres molécules ; et on aura

masses.	v. impr.	dist. à l'axe.	v. effectives.	dist. à l'axe.
m	$\left\{\begin{array}{l}\varrho\ s\ \dots\ \varrho\\ \varphi\ dt \dots\ p\end{array}\right\}$		$\varrho\,(s + ds)$	ϱ
m'	$\left\{\begin{array}{l}\varrho'\ s\ \dots\ \varrho'\\ \varphi'\ dt \dots\ p'\end{array}\right\}$		$\varrho'\,(s + ds)$	ϱ'
etc.........				

L'équilibre entre les forces qui ont lieu prises en sens contraire et les forces imprimées, devant être établi à l'aide de l'axe fixe A, on doit exprimer (45) que la somme des momens de toutes ces forces, par rapport à cet axe, est nulle, ce qui donne

$$(m\,\varphi\,p + m'\,\varphi'\,p' + \text{etc.})\,dt = (m\,\varrho^2 + m'\,\varrho'^2 + \text{etc.})\,ds\,;$$

donc

$$\frac{ds}{dt} = \frac{\Sigma\,(\varphi p m)}{\Sigma\,(\varrho^2 m)} \dots\dots\dots\dots (m'').$$

Il résulte de là que *la force accélératrice angulaire est le quotient de la somme des momens des forces motrices divisée par le moment d'inertie.* Σ désigne des intégrations faites dans toute l'étendue du système et indépendantes du temps, aussi bien que de toute notion de mouvement; elles ne se rapportent qu'aux propriétés géométriques du corps; de sorte que quoique φ puisse être dans quelques cas une fonction de x, y, z et t, relativement au signe Σ, le temps t doit être regardé comme constant.

Du reste, voici l'usage de cette équation. Après avoir trouvé les valeurs de $\Sigma\,(\varrho^2 m) = $ M $(a^2 + k^2)$ et de $\Sigma\,(\varphi p m)$ en fonction de t, on intégrera par rapport aux variables t et $\varkappa$; on obtiendra ainsi la vitesse absolue $\varkappa$ d'un point situé à la distance 1 de l'axe fixe. Ce point a décrit un arc que nous désignerons par α, à partir d'un instant déterminé, (par exemple depuis le moment où l'on avait $t=0$); on a $\varkappa = \dfrac{d\alpha}{dt}$. En intégrant de nouveau, on obtiendra α en fonction de t, et par conséquent on aura tout ce qui peut intéresser dans le mouvement de rotation du corps, puisqu'on pourra trouver pour chaque point (167), la vitesse, l'arc décrit au bout du temps t etc. Les constantes introduites dans ces intégrations dépendent des valeurs initiales de la vitesse $\varkappa$ et de l'arc α; elles se détermineront comme précédemment (173, 180...).

260. Appliquons ces principes au *Pendule composé* (fig. 148 et 149) : concevons un corps M, de figure déterminée, retenu par un axe fixe horizontal Az, et dont toutes les molécules soient sollicitées par la gravité; soient MqI la coupe de ce corps par un plan vertical passant par le centre de gravité I, et perpendiculaire à l'axe de rotation : l'axe Az traverse le corps fig. 149, ou y est retenu par une verge inflexible (fig. 148); la droite AI est une perpendiculaire menée à l'axe par le centre de gravité I; An est la position initiale de cette droite, qui est supposée parvenue en AI au bout du temps t. Menons la verticale AB et faisons l'angle IAB $= \theta$, nAB $= f$, nAI $= \alpha$, et AI $= r$. Comme la gravité g est la force accélératrice qui sollicite toutes les molécules, on peut sortir g du signe Σ, et la formule (m'') devient $\dfrac{d\varkappa}{dt} = \dfrac{g\,\Sigma\,(mp)}{\Sigma\,(\varrho^2 m)}$. Or on peut (i'') remplacer le moment d'inertie $\Sigma\,(\varrho^2 m)$ par M$(r^2 + k^2)$, M étant la masse du corps oscillant. Par la théorie des centres de gravité (54), en prenant les momens relativement à un plan vertical AB mené par l'axe A, on a M $\times$ IP $= m'p' + m''p'' +$ etc. $= \Sigma\,(mp)$: d'ailleurs IP $= r\sin\theta$; donc on a $\Sigma\,(mp) = r$M$\sin\theta$, et la formule (m'') devient enfin $\dfrac{d\varkappa}{dt} = \dfrac{rg\sin\theta}{r^2 + k^2}$.

Pour intégrer cette équation, observons que $\varkappa\,dt = d\alpha$; mais

$\alpha = f - \theta$; donc $u\, d\alpha = -\, d\theta$; multipliant cette équation par la première, on a $u\, du = -\dfrac{gr}{r^2 + k^2} \times \sin\theta\, d\theta$, dont l'intégrale est $u^2 = \dfrac{2gr}{r^2 + k^2}\,(\cos\theta + C)$; et comme $\theta = f$ doit donner $u = 0$, on a $C = -\cos f$; donc enfin

$$u = \sqrt{\left\{\frac{2gr}{r^2 + k^2}\,(\cos\theta - \cos f)\right\}} \ldots\ldots\ldots (n'').$$

Cette équation redonne celle de la p. 272 lorsqu'on fait $k = 0$.

261. Les divers points matériels qui composent le pendule ont des vitesses différentes de celles qu'ils auraient s'ils étaient isolément suspendus à l'axe, ainsi qu'on peut s'en convaincre en comparant la vitesse de l'un d'eux à celle qu'il aurait dans cette hypothèse, à l'aide de la formule précédente et de (t', 197). Ainsi la liaison de ces points entre eux les force d'exercer une action mutuelle qui altère leurs vitesses propres : celle des uns est plus grande, celle des autres est moindre que s'ils étaient seuls. Il est donc aisé de prévoir qu'il y a quelque part sur la ligne AI un point q dont la vitesse n'est pas altérée, et qui se meut comme s'il était seul. On a donné à ce point le nom de *Centre d'Oscillation*. Voici comment on peut en trouver la position. Soit $Aq = \iota$; au bout du temps t, la formule (t' ou n'') fait voir que si ce point était seul, il aurait une vitesse absolue u, telle que

$$\iota u = \sqrt{[\, 2g\iota\,(\cos\theta - \cos f)\,]}.$$

Mais comme ce point fait d'ailleurs partie du corps, sa vitesse u résulte de l'équation (n'') : en égalant les deux valeurs, on trouve

$$\iota = \frac{r^2 + k^2}{r} = r + \frac{k^2}{r} \ldots\ldots\ldots (o'').$$

Cette équation sert à déterminer la longueur ι d'un pendule simple qui ferait ses oscillations dans le même temps que le pendule composé dont il s'agit : car si l'on conçoit toute la masse de celui-ci réunie au centre d'oscillation, on n'aura plus à considérer qu'un pendule simple dont les oscillations seront *synchrones* avec les premières; c'est-à-dire d'égale durée : on peut donc appliquer ici tout ce qui a été dit chap. II, art. VI, p. 266.

Il faut remarquer que si, par le centre d'oscillation q, on mène une droite parallèle à l'axe, tous les points de cette ligne ont le même mouvement que ce centre, et forment aussi des pendules simples synchrones avec le pendule composé. On pourrait donc considérer chacun d'eux comme autant de centres d'oscillations.

262. De l'équation (o'') on conclut que :

1°. Le centre d'oscillation est le même que le centre de percussion; c'est celui où l'on peut réunir toute la masse du corps en mouvement autour de l'axe (257) : ce point est sur la ligne qui joint l'axe au centre de gravité, et il est plus éloigné de l'axe que celui-ci de la quantité $q\mathrm{I} = \dfrac{k^2}{r}$. Cette valeur devient infinie lorsque l'axe de rotation passe par le centre de gravité : ce qui signifie, que le temps d'une oscillation est infini dans ce cas; et en effet, comme alors la gravité est détruite, l'impulsion communiquant au corps un mouvement de rotation sans fin, il n'y a point d'oscillations.

2°. Désignons par s la distance $q\mathrm{I}$ entre les centres de gravité et d'oscillation, $s = \dfrac{k^2}{r}$ donne $r = \dfrac{k^2}{s}$: or si l'axe de rotation était situé au point q (fig. 149), la formule (o'') donne la même distance du centre de gravité I au nouveau centre d'oscillation qui est par conséquent situé en A; donc *le centre d'oscillation et le point de suspension sont réciproques l'un de l'autre.*

3°. Puisque (o'') ne dépend que de r, il est visible que les valeurs de s, et par conséquent *les temps des oscillations d'un corps déterminé, sont les mêmes pour des centres de suspension, pris à égale distance du centre de gravité.* Il est aisé de conclure de là que si, dans le plan mené par le centre de gravité, perpendiculairement à l'axe de rotation, on trace de ce centre et avec les rayons r et s deux cercles; le premier sera la base d'un cylindre droit dont toutes les génératrices sont des axes de suspension synchrones : la seconde circonférence est le lieu de tous les centres d'oscillation correspondans; c'est le théorème d'Huyghens. Mais de plus, si l'on a égard à la réciprocité des centres d'oscillation et de suspension, la seconde circonférence sera de même la base d'un cylindre droit dont les génératrices seront aussi des axes synchrones.

Si maintenant on changeait la direction de l'axe de rotation, on trouverait un autre système d'axes qui jouiraient de la même propriété : de sorte que ces différens systèmes sont tangens à deux sphères concentriques autour du centre de gravité. On conclut de là qu'*il existe dans tout corps solide une infinité d'axes autour desquels les oscillations sont synchrones,* c'est-à-dire d'égale durée. Consultez à cet égard un mémoire de M. Biot, p. 242 du 13e cahier du *Jour. de l'Éc. polyt.*

263. Appliquons maintenant la formule (o'') à la recherche de la position du centre d'oscillation ou de percussion d'un corps de figure connue.

I. Commençons par la sphère dont a est le rayon et $M = \frac{4}{3}\pi a^3$ le volume; son moment d'inertie (242, IV) par rapport au diamètre est $Mk^2 = \frac{8}{15}\pi a^5$, donc $k^2 = \frac{2}{5}a^2$; la formule (o'') devient donc $s = r + \frac{2}{5}\cdot\frac{a^2}{r}$, d'où $s = \frac{2a^2}{5r}$. Si l'axe de suspension était tangent à la sphère, comme r serait $= a$, on aurait $s = \frac{2}{5}a$. Et si l'on avait le diamètre pour axe, s serait ∞, ce qui est d'ailleurs évident (262, 1°.).

II. S'il s'agit d'un segment de sphère (fig. 150), en faisant la flèche $KO = x$, on sait que $M = \pi\left(a - \frac{1}{3}x\right)x^2$: d'ailleurs on a (241, IV) pour le moment d'inertie............
$Mk^2 = \pi x^3\left(\frac{2}{3}a^2 - \frac{1}{2}ax + \frac{1}{10}x^2\right)$; donc

$$s = \frac{k^2}{r} = \frac{\left(\frac{2}{3}a^2 - \frac{1}{2}ax + \frac{1}{10}x^2\right)x}{r\left(a - \frac{1}{3}x\right)}.$$

Les pendules de nos horloges sont ordinairement composés de deux segmens accolés par les cercles de leurs bases (fig. 150) : la formule précédente est visiblement la même pour un segment que pour deux; mais l'emploi en serait plus commode, si au lieu d'être en fonction du rayon a de la sphère, elle renfermait le rayon NK $= b$ du cercle de la base. Or on a visiblement $b^2 = 2ax - x^2$, d'où $a = \dfrac{x^2 + b^2}{2x}$: en substituant, on trouve

$$s = \frac{k^2}{r} = \frac{b^4 + \frac{1}{2} b^2 x^2 + \frac{1}{10} x^4}{r(3b^2 + x^2)}.$$

En ajoutant r à cette valeur, on aurait la distance $qC = \epsilon$ de l'axe de suspension au centre d'oscillation.

III. De même pour un parallélépipède rectangle dont les côtés sont a, b et h, qui oscille autour d'une ligne parallèle à l'arête a, menée par le point de son axe qui est distant de r de son centre de gravité, on a (242, II) $k^2 = \dfrac{b^2 + h^2}{3.4}$; d'où $s = \dfrac{k^2}{r} = \dfrac{b^2 + h^2}{3.4r}$. Si l'axe de rotation était placé à la base supérieure du parallélépipède, on aurait $r = \frac{1}{2} h$, d'où

$$\epsilon = \frac{4h^2 + b^2}{6h}.$$

264. Quelquefois plusieurs corps liés invariablement ensemble oscillent autour d'un même axe; voyons comment on peut déterminer la position du centre d'oscillation de leur système. Soient r', r''.... ϵ', ϵ''.... les distances de l'axe de rotation aux centres de gravité et d'oscillation de ces corps; M′, M″.... leurs masses : la distance ϵ de l'axe de rotation au centre d'oscillation du système est le quotient du moment d'inertie divisé par le produit (M′ + M″ + etc.) r de la masse par la distance r du centre de gravité du système à ce même axe. Or supposons que tous les corps ont leurs centres de gravité dans le même plan vertical mené par l'axe, ce produit est donné par les formules (A′, 54); il est $=$ M′r' + M″r'' + etc. De plus pour le centre d'oscillation du corps M′, on a cette même formule $\epsilon' = \dfrac{r'^2 + k'^2}{r'}$; donc son moment d'inertie est M′$r'\epsilon'$; le mo-

ment d'inertie du système, ou la somme des momens d'inertie de tous les corps qui le composent, est $M'r'\epsilon' + M''r''\epsilon'' +$ etc.; donc enfin on a,

$$\iota = \frac{M'r'\epsilon' + M''r''\epsilon'' + \text{etc.}}{M'r' + M''r'' + \text{etc.}} \dots \dots \dots (p'').$$

365. Il est maintenant facile de comprendre comment on trouve, par expérience, la longueur du pendule à secondes en un lieu donné, et on obtient les formules de la p. 269. Un pendule, formé d'un point matériel pesant, suspendu à un fil inextensible et sans masse, oscillant dans le vide et dans un arc infiniment petit, est une chose idéale, que le calcul et la théorie peuvent cependant réaliser. Mais il faut, pour avoir des résultats précis, environner les observations d'une multitude de soins dont nous allons donner l'idée.

1°. On suspend une sphère de métal à un fil de cuivre, d'or ou d'argent. On préfère une boule de platine, le plus dense des métaux; les oscillations diminuent moins d'étendue par la résistance de l'air (222), et durent plus long-temps, sans exiger de force réparatrice des pertes de vitesse. Le fil de suspension doit être très fin, par les mêmes motifs. On mesure une longueur de ce fil et on la pèse, pour être assuré du poids précis de la longueur qui sera employée à l'expérience. On pèse la boule de métal, on en mesure le diamètre; l'art a des moyens précis d'obtenir ces dimensions et ces poids. Une calotte métallique, travaillée sur le même rayon, porte à son centre une vis par laquelle le fil est attaché; et on fait tenir cette calotte à la sphère, par une simple adhérence, qu'on aide avec une goutelette d'huile. Le bout supérieur du fil est fixé à un prisme triangulaire d'acier qu'on leste de manière que posé sur une arête, il ait des oscillations à peu près d'une seconde. Ce prisme porte sur un plan d'agate parfaitement horizontal et solidement fixé à la muraille. Ce mode de suspension est en usage dans les bonnes horloges.

2°. Comme nos formules donnent aisément la place du centre d'oscillation de ce système, le pendule simple est ainsi bien connu; il faut le mettre en mouvement et compter ses excur-

sions dans un temps déterminé. Concevons qu'on ait une horloge
dont la marche soit bien connue astronomiquement : on collera
au milieu de sa lentille une mouche de papier blanc, et on disposera les choses de manière que la lentille et le pendule d'expérience, étant en repos et vus à distance à l'aide d'une lunette
fixe, le fil coupe cette mouche au centre. On met le tout en mouvement à la fois. C'est à partir du moment où l'on verra le fil
couvrir le centre de la mouche qu'on doit compter les temps,
dont au reste l'horloge marque la durée : comme les oscillations
des deux corps sont supposées à fort peu près égales, ce qu'il
est facile d'obtenir en donnant au fil une longueur convenable,
ce n'est qu'au bout de quelques minutes que la coïncidence dont
nous venons de parler se reproduira, après avoir cessé d'exister ;
les pendules marcheront alors en sens contraires. Supposons,
par exemple, qu'on ait remarqué qu'en 15′ ou 900″ de l'horloge,
le pendule a fait 901 oscillations; on aura une mesure plus
exacte de ces mouvemens en les laissant continuer. Car une nouvelle coïncidence se reproduira, les pendules marchant dans le
même sens, 15′ après le premier temps; puis une autre 15′ après
celui-ci, etc. Donc la boule de platine gagnera successivement 1,
2, 3.... oscillations sur la lentille de l'horloge; et comme le
mouvement de celle-là peut durer 36 heures, il suffira, 24 heures
environ après, de saisir une coïncidence, de noter l'heure juste
à laquelle elle a lieu, de diviser le temps écoulé par le nombre
des coïncidences, pour avoir la durée écoulée de l'une à la suivante, et par suite le temps de chaque oscillation de la boule de
platine, en temps de la pendule, puis en temps sidéral, ou
moyen.

3°. Lorsqu'on conserve les deux 1ʳˢ termes de la série p. 272,
on trouve que le temps d'une oscillation d'un pendule simple
est

$$
\mathrm{T} = \pi \sqrt{\frac{r}{g}} \left(1 + \frac{1}{8} \cdot \frac{b}{r} \right) = \pi \sqrt{\frac{r}{g}} \left(1 + \frac{1}{4} \sin^2 \frac{1}{2} f \right),
$$

f étant l'arc AQ (fig. 123) de la demi-oscillation; en effet on a
$r - b = \mathrm{OD} = r \cos f$, d'où $\frac{b}{r} = 1 - \cos f$. Mais si l'oscilla-

tion était infiniment petite, cette durée serait $t = \pi \sqrt{\dfrac{r}{g}}$, d'où

$$T = t\left(1 + \frac{1}{4}\sin^2\frac{1}{2}f\right).$$

Soient n et n' les nombres d'oscillations accomplies par ces pendules dans un même temps quelconque θ; $\dfrac{\theta}{n}$, $\dfrac{\theta}{n'}$ sont les durées de chacune, valeurs de T et t; d'ailleurs $\sin^2\frac{1}{2}f = \frac{1}{4}\sin^2 f$; ainsi

$$n' = n\left(1 + \frac{1}{16}\sin^2 f\right).$$

En sorte qu'en mesurant l'étendue de l'excursion $2f$, de la boule de platine, sur un arc gradué, on connaîtra le nombre n' d'oscillations infiniment petites que ce corps ferait, dans le temps que notre même pendule en fait n dans l'arc $2f$. Et si l'excursion étant d'abord f', se réduisait à f'' par la résistance de l'air, on prendrait $f = \frac{1}{2}(f' + f'')$, ou l'arc moyen entre ces deux extrêmes, du moins en supposant que l'expérience a peu de durée, ce qu'on peut admettre ici pour deux coïncidences successives.

4°. La résistance de l'air retarde la descente du pendule ; et accroît la durée de la demi-oscillation ; mais on démontre que le temps de l'ascension est précisément diminué de la même quantité, en sorte que la durée totale n'est pas influencée par cette cause. Mais le poids du mobile est diminué du poids d'un égal volume d'air (336), ensorte que la gravité g est affaiblie dans le rapport de ces poids. Cette correction et celle de l'étendue des excursions sont les seules que la présence de l'air rende nécessaires.

5°. On doit faire une correction relative à la température, lorsqu'elle a varié durant l'expérience, puisque la chaleur dilatant le fil, en accroît la longueur. On regarde alors la température moyenne comme ayant régné constamment dans toute la durée, et si cette température moyenne n'est pas celle qui règne à l'instant où l'on mesure la longueur du pendule, il faut l'y réduire en corrigeant cette longueur de la dilatation due à cette différence de température. L'observation et les calculs qui en sont la conséquence, indiquent donc qu'un pendule simple de longueur donnée, a accompli n' oscillations dans le vide, suivant un arc infiniment petit. Le reste de l'opération est donnée p. 266.

Supposons qu'un pendule de longueur r' fasse $N + n$ oscillations en 24 heures sidérales ou moyennes, tandis que pour être exactement d'accord avec cette durée, il n'en devrait faire que N, et être long de r; et admettons que n est fort petit relativement à N : l'équation $rN^2 = r'N'^2$, page 267, donne

$$ r - r' = r' \left(\frac{2n}{N} + \frac{n^2}{N^2} \right) : $$

telle est la correction que la longueur r' du pendule doit subir pour devenir celle qui convient au temps sidéral ou moyen : on y peut d'ailleurs négliger n^2.

VIII. *Théorie de la Percussion, en ayant égard à la figure des corps.*

266. Dans l'article 254, nous n'avons examiné les phénomènes de la percussion qu'en supposant l'un des corps retenu par un axe fixe ; il convient de généraliser notre théorie, et de supposer les corps parfaitement libres.

Soit d'abord un système de points matériels $m, m', m''\ldots$ libres, et point liés entre eux, animés de vitesses parallèles $V, V', V''\ldots$ cherchons quel sera le mouvement du centre de gravité de ce système.

Faisons passer par ce centre un plan parallèle aux directions des impulsions; comme dans l'origine du mouvement, la somme des momens de $m, m', m''\ldots$ par rapport à ce plan (55) est nulle; il est clair qu'elle sera encore nulle dans la suite, puisque ces corps conservent leurs distances respectives à ce plan; ainsi le centre de gravité y est constamment : et comme on peut en dire autant de tout autre plan parallèle aux impulsions et passant par ce centre, il s'ensuit que le *centre de gravité décrit une droite parallèle aux vitesses imprimées.*

Concevons un plan perpendiculaire aux directions des vitesses et désignons par $E, E', E''\ldots$ les distances de $m, m', m''\ldots$ à ce plan au commencement du mouvement; au bout du temps t leurs distances seront $E + Vt, E' + V't\ldots$ $(a, 144)$; prenons les momens par rapport à ce plan; a, x étant les distances du centre de gravité à ce plan, à l'origine du mouvement et au bout du temps t, on aura (54) les équations

$$(m + m' + \text{etc.})\, a = m\ E + m'E' + \text{etc.}$$
$$(m + m' + \text{etc.})\, x = m\,(E + Vt) + m'\,(E' + V't) + \text{etc.}$$

On obtient, en soustrayant la première de la seconde,

$$(m + m' + \text{etc.})\,(x - a) = (mV + m'V' + \text{etc.})\,t;$$

ce qui fait voir que l'espace $x - a$ parcouru par le centre de gravité est proportionnel au temps : *ainsi le mouvement de ce point est uniforme.* On ne doit pas oublier de prendre négativement les vitesses qui sont dirigées en sens contraire de celles qu'on regarde comme positives.

Concevons au centre de gravité une masse égale à la somme des masses du système; notre équation prouve que sa quantité de mouvement est $mV + m'V' + \text{etc.}$; donc *la quantité de mouvement qu'aurait le centre de gravité, si l'on concevait toutes les masses concentrées en ce point, serait égale à la somme de celles des corps.*

Ainsi *le centre de gravité se meut avec la même vitesse que si toutes les impulsions lui eussent été immédiatement imprimées,* ou, si l'on veut, *le centre de gravité se meut comme si toutes les masses du système y étaient concentrées, et que toutes les forces lui fussent appliquées, en les transportant parallèlement à leurs directions.*

Si ces vitesses imprimées n'étaient pas parallèles, la même chose aurait encore lieu. Car décomposons chacune d'elles en trois autres parallèles à des axes rectangulaires : en vertu de chacun de ces groupes, le centre de gravité sera mu parallèlement à chaque axe, comme si ces forces lui étaient immédiatement appliquées, puisqu'on peut faire pour chacun d'eux le raisonnement précédent ; et à cause de l'indépendance des effets des forces de directions rectangulaires (146, 5°.), l'action simultanée de ces trois groupes de forces n'altérera en rien ce mouvement dans le sens de chacun des axes.

267. Faisons voir maintenant que lorsque les corps sont liés entre eux d'une manière quelconque, la proposition ci-dessus est également vraie. Pour cela soient P, P′.... les forces impulsives qui agissent sur ces corps : décomposons chacune d'elles en deux autres ; l'une qui ait lieu, et l'autre qui soit détruite par la réaction des parties : de sorte que F, F′.... soient les forces qui produisent tout leur effet, d'après la nature du système ; et que $f, f′$.... soient celles qui se trouvent détruites par l'action mutuelle de ses parties : F et f sont d'ailleurs les composantes de P, et ainsi des autres. En vertu des forces F, F′.... le corps devra se mouvoir sans qu'il y ait de force perdue ; c'est-à-dire que si l'on ne supposait que ces puissances agissant sur le système, il serait indifférent d'en regarder les parties comme liées entre elles, ou comme parfaitement libres.

Il résulte de là, et de ce qu'on a vu ci-dessus, que le centre de gravité du système devra se mouvoir comme si les forces F, F′.... lui étaient immédiatement appliquées, en les transportant parallèlement à leurs directions. Quant aux forces $f, f′$.... elles se détruisent mutuellement lorsqu'elles agissent sur les parties du système, et satisfont par conséquent aux six équations (X et Y, 43) ; donc, à plus forte raison, elles doivent se détruire en les transportant au centre de gravité, puisqu'alors les équations (K , n° 28) suffisent pour l'équilibre. Ce centre est donc sollicité à la fois par les forces F, F′.... et $f, f′$.... ou, ce qui revient au même, par les puissances P, P′.... ce qui démontre le théorème ci-dessus.

268. Lorsqu'on donne à un corps une impulsion P qui ne passe pas par le centre de gravité G (fig. 151), ce centre prend donc

le même mouvement de translation que si la force agissait immédiatement sur lui. Mais le corps doit en outre tourner ; en effet,
pour réduire au repos le centre de gravité G, appliquons-y une
nouvelle force Q égale et opposée à P; il suit de ce qu'on a démontré qu'il n'y a que le centre de gravité de G qui puisse rester
ainsi fixe par cette double action des forces P et Q. Abaissons une
perpendiculaire AG sur la force P, et prenons, de l'autre côté de
ce centre, GB = AG. Concevons que le point B est sollicité par
deux forces opposées R et S égales entre elles et à $\frac{1}{2}$ P : l'état du
corps ne sera point changé, et il sera soumis aux quatre forces P,
Q, R et S. Mais en composant la puissance S et la moitié de la
force P, on obtient une force T = P, égale et opposée à la force
Q, et qui la détruit; il ne restera plus que les forces R et $\frac{1}{2}$ P
égales, et une nouvelle force Q égale et opposée; et comme le
centre de gravité est censé fixe, on peut assimiler le corps à une
poulie et transporter la force R en AP, c'est-à-dire rétablir en
entier la puissance P. Ainsi l'effet de la force Q est uniquement
d'arrêter le mouvement de translation du centre de gravité.

Il suit de là que *lorsqu'un corps est mu par des forces impulsives dont la résultante ne passe pas par le centre de gravité, ce
corps a un double mouvement, 1°. ce centre se meut comme si les
forces lui étaient immédiatement appliquées ; 2°. il tourne
comme si ce centre était absolument fixe.*

269. Rien ne sera donc plus facile que de trouver le mouvement d'un corps symétrique par rapport à un plan, ou d'une
surface plane mue par une impulsion dirigée dans ce plan. En
effet, la translation du centre de gravité rentrera dans la théorie connue, puisqu'il ne s'agira que du mouvement d'un point;
et la rotation étant la même que s'il y avait un axe fixe passant par le centre de gravité, on n'aura plus qu'à appliquer ce
qui a été dit à ce sujet (254). Soit P la quantité de mouvement imprimée, ι sa distance OG au centre de gravité du corps
M (fig. 152); on aura (268) pour la vitesse de translation du
centre de gravité $\nu = \dfrac{\mathrm{P}}{\mathrm{M}}$. La vitesse angulaire sera donnée
par la formule (k'', p. 351); mais comme l'axe fixe passe ici par

le centre de gravité du corps, le moment d'inertie se réduit à
Mk^2, et l'on a

$$\omega = \frac{P\epsilon}{Mk^2} = \frac{v\epsilon}{k^2} \ldots \ldots (q'')$$

La vitesse absolue de chaque point du corps se compose
d'ailleurs de ces deux vitesses; ainsi le point O, où la perpendiculaire abaissée du centre de gravité G sur la direction
de la force P rencontre cette force, prend deux vitesses; l'une
Oi que devra recevoir le centre de gravité G; et l'autre ih qui
est due à la rotation. Tout autre point de OG offre la même
circonstance : de sorte qu'en prenant celui qui est distant du
point G de la quantité b, il a pour vitesse absolue $v \pm b\omega$; le
signe $+$ a lieu pour tous les points situés de G vers O, le signe
— se rapporte à ceux qui sont placés de G vers C.

Concevons l'effet de ce double mouvement pendant un instant; la ligne Oih pourra être considérée comme droite et décrite par le point O, dans le temps que le centre de gravité G
passe en g : la droite OG prendra la position hgC, de sorte que
le point C n'aura pas changé de place; en effet, il aurait dû
passer de C en C′ en vertu de la translation, et revenir de C′
en C par l'effet de la rotation. Ce point C a été nommé *Centre
spontané de rotation*. Il est facile d'en connaître la position ;
car il est déterminé par la condition que sa vitesse absolue
$v - b\omega$ soit nulle, ce qui donne $b = \dfrac{v}{\omega}$, ou plutôt $b = \dfrac{k^2}{\epsilon}$,
à cause de la formule (q''). Or, OC $=$ OG $+$ GC $= \epsilon + b$; donc
on a OC $= \epsilon + \dfrac{k^2}{\epsilon}$. Cette expression comparée à $(o''$ et $l'')$, fait
voir que le *centre spontané de rotation serait le même que le
centre de percussion et d'oscillation, si l'on supposait que le
corps tournât autour d'un axe passant en* O. Ce point C est d'ailleurs indépendant des forces, car la valeur de OC ne renferme ni
M, ni P. De plus, si l'on place en C un axe de rotation, il n'é-
prouvera aucune secousse, ce qui est d'accord avec ce qu'on a
déjà vu (257).

24

270. Pour expliquer le double mouvement de rotation et de translation des planètes, il suffit de supposer que chacune a reçu primitivement une impulsion dont la direction ne passe pas par son centre de gravité. La terre fait chaque jour un tour sur son axe, et la vitesse de rotation d'un des points de l'équateur, ou l'espace qu'il décrit en tournant pendant $1''$ sexagésimale de temps sidéral, est $V = \dfrac{2\pi r}{24.3600''}$, r étant le rayon de l'équateur. En outre le mouvement de translation du centre fait parcourir, en une année de $365^j \frac{1}{4}$, une circonférence dont le rayon est de 24096 rayons terrestres: ainsi la vitesse de translation du centre est $\nu = \dfrac{2\pi r . 24096}{24.3600'' . 365\frac{1}{4}}$. Mais on a trouvé (263, I) que $k^2 = \frac{2}{5} r^2$, et (n° 210) $V = r \upsilon$; cette planète aurait donc reçu une impulsion dont la direction aurait passé à une distance ε de son centre que (q'') donne $= \frac{2}{5} . \dfrac{r V}{\nu}$, en la supposant homogène. Le calcul donne à peu près....

$$\varepsilon = \frac{r}{165}.$$

IX. *Mouvement d'un système de corps dont toutes les parties sont sollicitées par des forces accélératrices quelconques.*

271. Examinons les circonstances du mouvement d'un système soumis à l'action de forces accélératrices quelconques qui agissent sur toutes ses parties m, m', m'',... Réduisons, pour chaque molécule, les forces qui la sollicitent à trois parallèles à trois axes immobiles; savoir, X, Y, Z pour m; X', Y', Z' pour m'; et ainsi des autres. Soient a, b et c les coordonnées variables du centre de gravité de ce système par rapport à ces trois axes. Concevons de plus qu'on a fait passer par ce centre trois autres axes parallèles aux premiers, et tels que, lorsque le système est en mouvement, il les emporte avec lui, sans qu'ils cessent d'être parallèles aux premiers, ni de passer par le centre de gravité : bien entendu que leurs points de rencontre avec le corps seront

variables. Nommons x, y et z les coordonnées de la molécule m rapportée à ces trois axes; de même x', y' et z' pour m'; ... les variables a, b et c détermineront la position du centre de gravité du corps au bout du temps t; et x, y, z; x', y', z'; ... donneront les positions respectives des molécules, dans leur mouvement particulier par rapport aux axes mobiles : c'est ce qui sera bientôt éclairci. Les coordonnées de m par rapport aux trois premiers axes immobiles sont $x+a$, $y+b$, $z+c$: de même $x'+a$, $y'+b$, $z'+c$ pour m'; etc..... Nous ne ferons ici nos raisonnemens que dans le sens de l'un des axes, parce que les deux autres axes offrent les mêmes considérations.

La vitesse de la molécule m' dans le sens des x est $\dfrac{d(x+a)}{dt}$, vitesse qui, par l'effet des autres puissances, et d'après la liaison mutuelle et la réaction des parties du système, doit s'accroître de $d\left(\dfrac{dx+da}{dt}\right) = \dfrac{d^2x+d^2a}{dt}$, en prenant dt constant. La vitesse imprimée à m, suivant l'axe des x pendant l'instant dt, est Xdt. D'où résulte que, par la liaison du système, la molécule m perd dans le sens des x la force $m\left(Xdt - \dfrac{d^2x+d^2a}{dt}\right)$; on trouve de même les forces élémentaires perdues par les autres molécules. Or si ces forces perdues étaient seules imprimées, puisqu'elles devraient s'entre-détruire par l'état du système, l'équilibre subsisterait entre les forces imprimées X, et les forces effectives $\dfrac{d^2x+d^2a}{dt^2}$, appliquées en sens contraires. En raisonnant de même dans le sens des y et des z, on aura

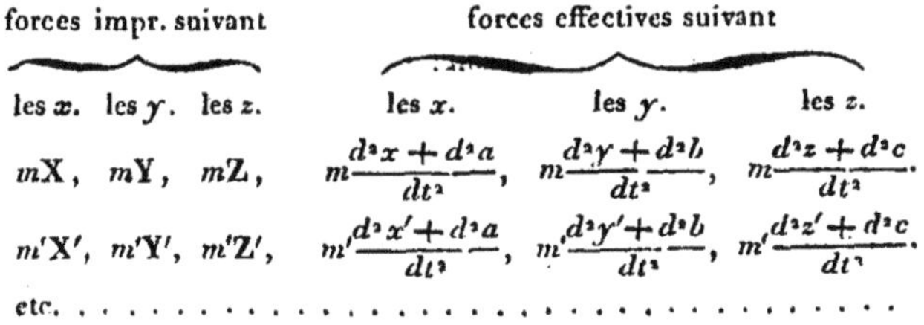

	forces impr. suivant		forces effectives suivant		
les x.	les y.	les z.	les x.	les y.	les z.
mX,	mY,	mZ,	$m\dfrac{d^2x+d^2a}{dt^2}$,	$m\dfrac{d^2y+d^2b}{dt^2}$,	$m\dfrac{d^2z+d^2c}{dt^2}$.
$m'X'$,	$m'Y'$,	$m'Z'$,	$m'\dfrac{d^2x'+d^2a}{dt^2}$,	$m'\dfrac{d^2y'+d^2b}{dt^2}$,	$m'\dfrac{d^2z'+d^2c}{dt^2}$.
etc. . . . .

24..

Il s'agit maintenant d'exprimer qu'il y a équilibre entre les forces imprimées et celles qui ont lieu prises en sens opposé : ce qui nécessite l'usage des six équations (X et Y, 43).

272. 1°. Les trois équations (X) indiquent que la somme des composantes dans le sens de chaque axe est nulle; on a donc pour l'axe des x

$$0 = (Xm + X'm' + \dots) dt^2 - d^2a (m + m' + \dots) - (m.d^2x + m'.d^2x' + \dots).$$

Mais par la propriété du centre de gravité (B' p. 67),

$$mx + m'x' + \text{etc.} = 0, \quad my + m'y' + \text{etc.} = 0 \dots (1).$$

En différentiant, on a donc

$$md^2x + m'd^2x' + \text{etc.} = 0, \quad md^2y + m'd^2y' + \text{etc.} = 0 \dots (2).$$

Désignons comme précédemment $m + m' + m'' + $ etc., ou la masse entière du corps, par M, et $mX + m'X' + m''X'' + $ etc. par $\Sigma.mX$; nous aurons donc

$$Md^2a - dt^2 \Sigma.mX = 0.$$

De même, pour les axes des y et des z; on trouve donc pour les trois premières équations de mouvement

$$\left. \begin{aligned} M . \frac{d^2a}{dt^2} &= \Sigma . Xm, \\ M . \frac{d^2b}{dt^2} &= \Sigma . Ym, \\ M . \frac{d^2c}{dt^2} &= \Sigma . Zm. \end{aligned} \right\} \dots\dots\dots (r'')$$

273. Nous nous servons ici de deux signes dont il est important de bien distinguer le sens. La caractéristique d est employée à désigner les variations successives des coordonnées lorsque le corps change de position : le signe Σ est destiné à représenter

des sommes de termes de même forme et dont les accens sont seuls différens : lorsque le nombre de ces termes est infini, Σ désigne une véritable intégrale, prise dans toute l'étendue du système, mais qui, relative à la forme du mobile, ou à la disposition mutuelle de ses molécules m, m',... est indépendante de ses changemens de position. L'intégrale qui se rapporte à cette dernière circonstance sera désignée par la lettre S ; de sorte que $\int$ et d se rapportent au temps, et Σ aux dimensions du système.

274. 2°. Il faut exprimer que les momens des composantes satisfont aux équations (Y, p. 53). Prenons donc la différence des momens par rapport aux plans des xz et des yz respectivement, des composantes parallèles aux x et aux y, et égalons cette différence à zéro. Or, observons que, pour le point m, les composantes X, Y sont distantes de l'axe des z; savoir, la première de $y + b$, et la seconde de $x + a$; on aura donc, pour la différence des momens,

$$\left(Xm - \frac{d^2 x}{dt^2} m - \frac{d^2 a}{dt^2} m \right) \left(y + b \right)$$

$$- \left(Ym - \frac{d^2 y}{dt^2} m - \frac{d^2 b}{dt^2} m \right) \left(x + a \right).$$

En exécutant les multiplications, et observant que, comme chaque molécule doit donner une expression de même forme, toutes les lettres, excepté a, b et c, doivent se reproduire dans des termes semblables avec 1, 2, 3,... accens; de plus en représentant la somme des termes de même forme par le signe Σ, et ayant égard aux équations (1) et (2) données par la propriété du centre de gravité, on obtient

$$\left. \begin{aligned} &b\,\Sigma.mX - \Sigma.my\frac{d^2 x}{dt^2} + \Sigma.yXm - Mb\frac{d^2 a}{dt^2} \\ &- a\,\Sigma.mY + \Sigma.mx\frac{d^2 y}{dt^2} - \Sigma.xYm + Ma\frac{d^2 b}{dt^2} \end{aligned} \right\} = 0.$$

Cette équation peut être mise sous une forme plus simple; en effet, en vertu du produit de la seconde des équations (r'') par

a, et de celui de la première par b, le premier et le dernier termes de chaque ligne disparaissent, et on a simplement

$$\Sigma . X my - \Sigma . Y mx - \Sigma . \frac{d^2 x}{dt^2} my + \Sigma . \frac{d^2 y}{dt^2} mx = 0,$$

d'où
$$\Sigma . m \frac{x d^2 y - y d^2 x}{dt} = \Sigma . m (Yx - Xy) dt.$$

L'intégrale du premier membre, prise par rapport au temps, est $\Sigma . m \dfrac{x dy - y dx}{dt}$. En opérant de même pour les deux autres axes, et faisant, pour abréger,

$$\Sigma \left\{ m . \int (Yx - Xy) \, dt \right\} = L, \\ \Sigma \left\{ m . \int (Zx - Xz) \, dt \right\} = K, \\ \Sigma \left\{ m . \int (Zy - Yz) \, dt \right\} = N, \quad \dots\dots\ (s'')$$

on aura pour les trois autres équations du mouvement

$$\Sigma . m \frac{x dy - y dx}{dt} = L, \\ \Sigma . m \frac{x dz - z dx}{dt} = K, \quad \dots\dots\ (t^v). \\ \Sigma . m \frac{y dz - z dy}{dt} = N.$$

275. Il résulte de là plusieurs conséquences importantes.

1°. Les trois équations (r'') ne renferment pas x, x', ... ; elles se rapportent donc uniquement au mouvement du centre de gravité. Elles servent à en déterminer les coordonnées a, b, c, quel que soit l'état des molécules du système.

Au reste, si l'on conçoit toute la masse réunie en un point unique sur lequel agiraient les forces X, Y, Z, etc., il est visible que toutes ces forces seraient réduites à trois qui solliciteraient un point dont la masse serait M : mais alors les équations (r''), qui sont destinées à déterminer le mouvement du centre de gravité du corps, deviendraient celles qu'on a trouvées n° 168

(b'), d'où résulte ce théorème général, que *le mouvement du centre de gravité d'un système libre quelconque, est toujours le même que si tous les corps qui le composent étaient réunis en ce seul point, et que les mêmes forces accélératrices, dont les parties du système étaient animées dans leur état naturel, fussent appliquées à ce point, parallèlement à leurs directions propres.* Ceci s'accorde avec ce qu'on a dit (268).

2°. Les équations (t'') ne renferment pas les coordonnées a, b, c, du centre de gravité, et sont par conséquent destinées à faire connaître les diverses positions des parties du système, par rapport aux trois axes mobiles qui passent par ce centre : ces équations ne seront en rien altérées si l'on applique au centre de gravité des forces qui le retiennent en repos, puisque les valeurs de L, K, N, ne peuvent renfermer les puissances qui passent par ce centre, attendu que les momens de ces forces sont nuls par rapport à ce point (n°ˢ 26 et 41) : donc le mouvement de rotation que les équations (t'') déterminent, est le même que si ce centre était fixe.

Ainsi *lorsqu'un système sera soumis à l'action de diverses forces accélératrices, il aura un double mouvement ; le premier sera une translation du centre de gravité, comme si, à chaque instant, toutes ces forces agissaient parallèlement à leurs directions sur ce point, auquel on imaginerait la masse concentrée : le second sera un mouvement de rotation autour du centre de gravité comme si ce point était fixe.*

3°. Si le corps n'est mu que par une impulsion primitive, on a $X = 0$, $Y = 0$, etc. Les équations (r''), qui déterminent le mouvement du centre de gravité, se réduisent donc à....
$$\frac{da}{dt} = \alpha, \quad \frac{db}{dt} = \beta, \quad \frac{dc}{dt} = \gamma,$$ d'où l'on tire

$$a = \alpha t + \alpha', \quad b = \beta t + \beta', \quad c = \gamma t + \gamma'.$$

On voit donc que les espaces décrits dans le sens de chaque axe croissent proportionnellement au temps, comme cela avait lieu n° 171 ; on en conclut aisément que *le mouvement du centre de*

gravité est rectiligne et uniforme, et que sa vitesse est.........
$= \sqrt{(\alpha^2 + \beta^2 + \gamma^2)}$, c'est-à-dire la même que si la force impulsive agissait immédiatement sur lui; ce qui est conforme à ce que nous avons déjà démontré (266).

Cette conséquence subsiste encore dans le cas où le système n'est soumis qu'à des forces accélératrices X, Y, Z, qui seraient de nature à s'entre-détruire, si le système était un corps solide; par exemple, si les parties n'étaient animées que par des attractions ou répulsions mutuelles. En effet, on aurait alors les trois équations (X, p. 53) qui deviennent ici

$$\Sigma.mX = 0, \quad \Sigma.mY = 0, \quad \Sigma.mZ = 0;$$

ainsi *le mouvement du centre de gravité d'un système de corps ne dépend nullement des actions mutuelles que ces corps exercent les uns sur les autres, et est le même que si ces forces n'existaient pas; ce centre se meut uniformément, quand le système n'obéit à aucune autre force accélératrice qu'à des actions de ce genre.* On prouve même que des changemens brusques laissent subsister cette loi de mouvement. C'est ce théorème qui constitue ce qu'on appelle *la conservation du centre de gravité.*

276. Faisons sur les valeurs (s'') les mêmes raisonnemens qu'au n° 172. La quantité $\Sigma.m'(\,Y'x'-X'y'\,)$ est nulle dans trois cas : 1°. lorsque le système n'est soumis à l'action d'aucune force accélératrice, et n'est mu que par une impulsion; 2°. quand toutes les forces passent par l'origine; 3°. lorsque les forces sont les attractions mutuelles des parties, puisque leurs momens sont nuls par rapport à ce point. En effet, soit Δ la distance de m' à m, et f leurs attractions réciproques égales et opposées, on aura $m'X' = -\,mX = \dfrac{f}{\Delta}(\,x'-x\,)$, car $\dfrac{x'-x}{\Delta}$ est le cosinus de l'angle formé par f avec les x; de même $m'Y' = -\,mY = \dfrac{f}{\Delta}(\,y'-y)$. Or, les termes que produisent ces quatre forces dans la valeur de L des équations (s'') sont

$mY(x' - x) + mX(y' - y)$, quantité visiblement nulle; donc les termes qui proviennent des attractions se détruisent deux à deux. Dans ces trois cas, L, K, N sont donc des constantes.

Cela posé, si l'on projette la masse m sur le plan des x et des y, la différentielle $xdy - ydx$ sera (172) la moitié de l'aire que trace, dans l'instant dt, le rayon vecteur mené de l'origine des coordonnées à la projection de m. La somme de ces aires élémentaires multipliées respectivement par les masses est donc $= Ldt$, et proportionnelle à l'élément du temps: d'où il suit que, dans un temps fini, elle est $= Lt$, et proportionnelle au temps. On peut en dire autant des projections des aires sur les autres plans coordonnés. Il en faut donc conclure que *lorsqu'un système libre n'est mu que par une impulsion, ou n'obéit à d'autres forces accélératrices qu'à des actions mutuelles, ou à des puissances dirigées à un point qu'on a pris pour l'origine, la somme des aires décrites par les rayons vecteurs menés de ce point est proportionnelle aux temps employés à les décrire.* C'est en cela que consiste le *principe de la conservation des aires proportionnelles aux temps*.

Nous allons montrer qu'on peut par une transformation de coordonnées trouver des axes pour lesquels deux des constantes L, K et N soient nulles.

277. On sait (Cours de Math., n° 753) que *la projection* p *sur un plan d'une aire plane* k *de figure quelconque, est le produit de cette aire* k *multipliée par le cosinus de l'angle* θ *des deux plans,* ou de l'angle formé par les perpendiculaires à ces plans (*); $p = k \cos θ$: et que *le carré de cette aire* k *est égal à la somme des carrés de ses trois projections* p, p', p" *sur des plans rectangulaires* $k^2 = p^2 + p'^2 + p''^2$.

(*) Par un point quelconque a fig. 153, pris sur un plan dans l'espace, menons les deux droites ag, af perpendiculaires l'une à ce plan, l'autre à l'un des plans coordonnés; celle-ci af sera parallèle à l'un des axes. Le plan gaf de ces deux droites coupe nos deux plans suivant les lignes ab, bd, qui, par la propriété du triangle rectangle abd, donne l'angle $b = gaf$; deux plans font donc le même angle que leurs perpendiculaires.

Soient θ, θ', θ'' les angles d'un plan avec les plans coordonnés, ou ceux que fait la perpendiculaire à ce premier plan avec les trois axes. Les projections de l'aire k tracée dans ce plan sont $p = k\cos\theta$, $p' = k\cos\theta'$, $p'' = k\cos\theta''$. Sur un autre plan incliné de φ à l'aire k, la projection serait $P = k\cos\varphi$; mais on sait que si deux plans dans l'espace font entre eux l'angle φ, c'est-à-dire si φ est l'angle de deux droites perpendiculaires à ces plans, on a l'équation (Cours de Math., n° 633, 5°.),

$$\cos\varphi = \cos a \cos\theta + \cos a' \cos\theta' + \cos a'' \cos\theta'', \ldots\ldots (1)$$

a, a', a'' étant les angles formés par la perpendiculaire au 2° plan proposé avec les axes coordonnés. Multipliant par k, et mettant pour $k\cos\theta$, $k'\cos\theta'$... leurs valeurs p, p', p'', on trouve

$$P = p\cos a + p'\cos a' + p''\cos a''; \ldots\ldots (2)$$

équation qui fait connaître la projection P d'une aire plane sur un plan quelconque, quand on connaît, outre la direction de celui-ci, les projections p, p', p'', de cette aire sur les trois plans coordonnés rectangulaires; bien entendu que p, p' et p'' entrent ici avec les signes qui leur appartiennent, tels que les donnent les valeurs $k\cos\theta$, $k'\cos\theta'$, $k''\cos\theta''$.

Soient diverses aires situées dans des plans différens; raisonnons de même pour chacune, et nous aurons autant d'équations semblables à la précédente; les cosinus y seront les mêmes parcequ'ils se rapportent aux angles qui déterminent la position du plan sur lequel on fait la projection de toutes ces aires : les facteurs de ces cosinus seront les diverses projections de ces aires sur les plans coordonnés respectifs. Faisant la somme, il est visible que nous retrouverons l'équation précédente, en désignant par P la somme de toutes les projections des aires sur le plan donné, et par p, p', p'' les sommes de leurs projections sur les plans coordonnés respectifs.

278. Concevons maintenant trois nouveaux axes $x_{\prime}$, $y_{\prime}$, $z_{\prime}$, aussi rectangulaires; que l'un de leurs plans $x_{\prime}y_{\prime}$ soit celui que nous venons de considérer, ce qui donne l'équation précédente;

puis raisonnons de même pour les deux autres plans $z_,y_,$, $x_,z_,$; nous aurons en outre,

$$P' = p \cos \beta + p' \cos \beta' + p'' \cos \beta'',$$
$$P'' = p \cos \gamma + p' \cos \gamma' + p'' \cos \gamma'';$$

$\beta \, \beta' \, \beta''$, $\gamma \, \gamma' \, \gamma''$, sont les angles formés par chacun des deux axes $x_,$, $y_,$, tracés dans le premier plan, avec les premiers axes coordonnés, angles analogues à α, α', α'' qui se rapportent au nouvel axe z'. Bien entendu qu'on a

$$\cos^2 \alpha + \cos^2 \alpha' + \cos^2 \alpha'' = 1\,,$$
$$\cos^2 \beta + \cos^2 \beta' + \cos^2 \beta'' = 1\,,$$
$$\cos^2 \gamma + \cos^2 \gamma' + \cos^2 \gamma'' = 1\,,$$

$$\cos \alpha \cos \alpha' + \cos \alpha \cos \alpha'' + \cos \alpha' \cos \alpha'' = 0\,,$$
$$\cos \beta \cos \beta' + \cos \beta \cos \beta'' + \cos \beta' \cos \beta'' = 0\,,$$
$$\cos \gamma \cos \gamma' + \cos \gamma \cos \gamma'' + \cos \gamma' \cos \gamma'' = 0.$$

Les trois premières équations sont démontrées p. 23; les suivantes expriment que les nouveaux axes sont rectangulaires; on les tire de (1) lorsque $\varphi = 90°$. Formons les carrés de nos valeurs de P, P', P'' et ajoutons. Les cosinus des termes se réduisent à 1, et ceux des doubles produits à zéro, en vertu des relations précédentes; on trouve donc

$$P^2 + P'^2 + P''^2 = p^2 + p'^2 + p''^2, \ldots (3)$$

équation indépendante de la position des nouveaux axes, et qui prouve que *la somme des carrés des aires planes dans l'espace, projettées sur trois plans rectangulaires quelconques, est constante, quelles que soient les positions de ces plans.* Cependant chaque terme, pris en particulier, varie avec leurs situations; la somme des carrés ne peut donc rester la même qu'autant que les uns croissent quand d'autres diminuent.

279. Cherchons maintenant la position des plans pour lesquels deux des termes p', p'' seraient nuls, car la somme des

carrés des projections se réduisant, pour l'un des plans $y,x,$, à p^2, sera la plus grande possible, ce qui lui fait donner le nom de *plan du maximum des aires.*

Pour les nouveaux plans coordonnés ainsi disposés , p' et p'' étant nuls , on a $P = p \cos \alpha$, $P' = p \cos \beta$, $P'' = p \cos \gamma$,

et
$$p^2 = P^2 + P'^2 + P''^2, \ldots \ (4)$$

$$\cos \alpha = \frac{P}{\sqrt{P^2 + P'^2 + P''^2}},$$
$$\cos \beta = \frac{P'}{\sqrt{P^2 + P'^2 + P''^2}},$$
$$\cos \gamma = \frac{P''}{\sqrt{P^2 + P'^2 + P''^2}}.$$

Tels sont les angles formés par les premiers axes avec l'un des nouveaux axes, celui $z,$ qui est perpendiculaire au plan $y,x,$ du maximum des aires. Ainsi, connaissant les sommes P, P', P'' des projections de nos aires sur trois plans rectangulaires quelconques , ces expressions détermineront la position du plan maximum par rapport à ceux-ci : il n'existe , comme on voit, qu'un seul plan qui jouisse de la propriété dont il s'agit, quand l'origine reste la même.

Et puisque , si l'on prend un plan quelconque faisant l'angle φ avec le plan du maximum , on a pour la somme des aires projetées sur ce plan ,

$$N = p \cos \varphi = \sqrt{(P^2 + P'^2 + P''^2)} \cos \varphi.$$

on voit que 1°. pour tous les plans parallèles entre eux , φ est le même , et la somme des projections reste constante ; 2°. tous les plans parallèles à celui du maximum des aires jouissent de la même propriété ; 3°. plus les plans font un angle voisin de 90°, et plus la somme des aires décroît ; cette somme est nulle pour tous les plans perpendiculaires à celui du maximum.

280. Soit représentée une force dans l'espace par une longueur AB (fig. 154) prise sur sa direction ; le moment de cette

force par rapport à un point quelconque C est le produit de AB par la distance CD de la force au point, produit qui est double de l'aire du triangle CAB $= k$. Or, si l'on projette ce triangle CAB sur un plan quelconque, on aura un autre triangle dont la base sera la projection de AB, ou de la force, et la hauteur, la distance de cette projection à celle du point C. Ainsi le double de l'aire de ce dernier triangle sera le moment de la force projetée par rapport à la projection de C. Nous pouvons donc remplacer, dans tout ce qu'on vient de dire, les aires par les momens des forces dans l'espace, et les projections de ces aires par les momens des forces projetées. L'équation (2), par exemple, fera connaître la somme P des momens de toutes les forces projetées sur un plan donné, quand on aura les sommes $p\ p'\ p''$ des momens de leurs projections sur trois plans coordonnés, ces momens étant pris relativement aux projections d'un point quelconque dans l'espace.

Ainsi l'équation (3) prouve que *la somme des carrés des momens des forces projetées sur trois plans rectangulaires est constante,* et les formules (4) déterminent la position d'un plan qui jouit de la propriété d'être *celui du maximum des momens.*

281. Lorsqu'un système de forces dans l'espace est en équilibre autour d'un point fixe, en prenant ce point pour origine des coordonnées et des momens, les équations (Y) p. 53, qui caractérisent cet état, désignant que chacune des sommes des momens des forces projetées sur les trois plans sont nulles ; équivalent à cette condition que *le moment maximum est nul,* puisque l'équation $P^2 + P'^2 + P''^2 = o$, se partage nécessairement en trois qui ne sont autres que (Y).

Et si l'équilibre a lieu autour d'un axe fixe, l'équ. Z, p. 55, revient à dire que *cet axe est situé d'une manière quelconque dans le plan du moment maximum,* puisqu'alors $\cos \alpha' = o$ donne $P = o$, qui équivaut à l'équation (Z).

282. Lorsqu'un système libre se meut dans l'espace et qu'il n'est soumis à d'autres forces accélératrices qu'à des actions

mutuelles et des forces dirigées vers un centre pris pour origine, nous avons démontré (275, 3°.) que les binomes des équations (s'') étant constans, les sommes des aires décrites par les rayons vecteurs, multipliées par les masses, croissent proportionnellement aux temps. Mais il suit de ce qui vient d'être exposé, qu'il existe un plan unique, passant par l'origine, pour lequel la somme des projections des aires et celle des momens sont des maximums. Il en faut donc conclure que si l'on change, dans les équations (4), P, P', P'', en L, K, N, on aura la position de ce plan; et comme ces valeurs de $\cos \alpha$, $\cos \beta$, $\cos \gamma$, sont constantes, ce plan ne change pas quand le système se meut, ce qui l'a fait nommer *plan invariable.*

Donc, dans tout système en mouvement libre, il existe un plan immobile, plan dont nous savons trouver la situation, qui jouit de la propriété que, dans quelque position que soit amené le système, la somme des projections des aires décrites par les rayons vecteurs multipliées par les masses respectives est constante et maximum, pourvu que les forces ne consistent qu'en actions mutuelles des parties. Ce plan passe par l'origine qui est d'ailleurs arbitraire, en sorte que tout plan parallèle remplit les mêmes conditions; il est aussi le plan du maximum des momens. Et s'il existe en outre des forces qui tendent constamment vers un centre, la même propriété aura encore lieu ; mais il faut alors prendre ce point pour origine des coordonnées, des aires et des momens. C'est à M. de Laplace qu'on doit la connaissance de ce théorème. *V. Mécanique céleste,* I. p. 58.

283. Tout ceci a lieu quelle que soit l'origine des coordonnées : transportons donc cette origine du point arbitraire où .elle était, au centre de gravité du système, en changeant respectivement $x_{\prime}, y_{\prime}$ et $z_{\prime}$ en $a + x_{\prime}$, $b + y_{\prime}$, $c + z_{\prime}$ pour la molécule m; en $a + x_{\prime}'$, $b + y_{\prime}'$, $c + z_{\prime}'$, pour m', et ainsi des autres; le centre de gravité du système change, il est vrai, de place dans l'espace; mais dans tous les mouvemens qu'il fait , ce centre emporte avec lui les nouveaux axes $x_{\prime}$, $y_{\prime}$, $z_{\prime}$, qui

restent sans cesse parallèles aux premiers dans toutes leurs positions successives; a, b, c varient avec le temps t.

Formons la quantité $xdy - ydx$ qui entre dans la 1re équation (t''); nous aurons

$$(adb - bda) + (x_,dy_, - y_,dx_,) + (x_,db - y_,da) + (ady_, - bdx_,).$$

Multiplions par m; puis affectons successivement les lettres m, $x_,$, $y_,$ d'accens, pour obtenir les résultats relatifs aux molécules m', m''...; enfin faisons la somme de tous les résultats pour composer la quantité $\Sigma.(xdy - ydx)\,m$, nous aurons, au lieu de la 1re des équations (t''),

$$Ldt = (adb - bda)\,M + \Sigma\,(x_,dy_, - y_,dx_,)\,m$$
$$+ db\,\Sigma.mx_, - da\,\Sigma.my_1 + a\,\Sigma.mdy_, - b\,\Sigma.mdx_,.$$

Mais puisque la nouvelle origine est au centre même de gravité dont les coordonnées sont a, b, c, on a les relations (1 et 2 p. 372), c'est-à-dire que $\Sigma.mx_,$, $\Sigma\,my_,$ et leurs différentielles sont nulles : la 2e ligne de notre équation disparaît en vertu de ces conditions.

Nous admettons d'ailleurs que le système n'a aucun point fixe dans l'espace, et que les seules forces accélératrices qui le sollicitent sont des attractions ou répulsions mutuelles, ce qui emporte les conditions que les aires soient proportionnelles aux temps, que L, K N soient des quantités constantes, et que le centre de gravité ait un mouvement uniforme et rectiligne. Mais alors aussi $adb - bda$ est le double de la projection sur le plan des $x_,$ $y_,$, de l'aire élémentaire décrite dans l'espace, pendant l'instant dt, par le rayon vecteur mené de la 1re origine au centre de gravité. Puisqu'on a (p. 375)

$$a = \alpha t + \alpha', \quad b = \beta t + \beta', \quad \text{d'où } da = \alpha\,dt, \quad db = \beta\,dt.$$

Le terme $adb - bda$ devient $(\alpha'\beta - \alpha\beta')\,dt$. Ainsi les trois équations (t'') deviennent par ces calculs, répétés sur chacune d'elles

$$L = \alpha'\beta - \alpha\beta' + \Sigma . \frac{x_i dy_i - y_i dx_i}{dt} \, m,$$

$$K = \alpha'\gamma - \alpha\gamma' + \Sigma . \frac{x_i dz_i - z_i dx_i}{dt} \, m,$$

$$N = \beta'\gamma - \gamma'\beta + \Sigma . \frac{y_i dz_i - z_i dy_i}{dt} \, m.$$

Telles sont les équations des aires, après la transformation des axes fixes en mobiles : et puisque tout est ici constant, excepté les termes affectés du signe Σ, on voit que le principe des aires a également lieu par rapport à trois plans mobiles emportés par le centre de gravité, comme il subsistait pour les trois plans fixes primitifs ; seulement les termes constans ne sont pas les mêmes.

284. Par conséquent nous pouvons reproduire ici les calculs et les raisonnemens des paragraphes précédens, et nous saurons trouver, comme n° 279, la position du *plan invariable ou du maximum des aires et des momens* ; ainsi il existe un certain plan passant par le centre de gravité de tout système libre, parallèlement au premier plan, et qui jouit de la propriété de donner $m = n = o$ dans les équations

$$\Sigma . (x_i dy_i - y_i dx_i) \, m = ldt,$$
$$\Sigma (x_i dz_i - z_i dx_i) \, m = kdt,$$
$$\Sigma (y_i dz_i - z_i dy_i) \, m = ndt.$$

La position du plan des $x_i y_i$ dont il s'agit ici, sera toujours facile à déterminer à chaque instant, puisque, contenant le centre de gravité, il est constamment parallèle à celui qui passe par la 1re origine et jouit de la même propriété.

Il est donc prouvé 1°. *que dans tout système libre, animé par de seules actions mutuelles, il existe un plan invariable sur lequel les aires décrites par les rayons vecteurs, projetées sur ce plan et multipliées par les masses respectives, est un maximum.*

2°. *Qu'il n'existe qu'un seul plan remplissant cette condition, du moins parmi tous ceux qui passent par une origine donnée.*

3°. *Que la somme des aires est nulle, en les projetant sur tout plan perpendiculaire à celui-ci.*

4°. *Que si le centre de gravité est pris pour origine, de sorte que le plan invariable se meuve avec le corps, ce plan demeurera toujours parallèle à lui-même.*

X. *Principes des forces vives et de la moindre action.*

285. Au lieu de rapporter les parties du système au centre de gravité, nommons x, y, z les coordonnées de la molécule m, relativement à trois axes immobiles; x', y', z', celles de m' etc...; reproduisons le raisonnement du n° 271 pour trouver les forces imprimées et celles qui ont lieu, puis en déduire les forces détruites en vertu de la liaison des parties du système : nous trouvons, en recourant au principe des *vitesses virtuelles* démontré p. 179, qu'on a pour exprimer l'équilibre de translation ,

$$\Sigma \cdot m \left(\frac{d^2 x}{dt^2} \, \delta x + \frac{d^2 y}{dt^2} \, \delta y + \frac{d^2 z}{dt^2} \, \delta z \right) =$$

$$\Sigma \cdot m \left(X \, \delta x + Y \, \delta y + Z \, \delta z \right).$$

Il faut concevoir sous les signes Σ autant de termes de mêmes formes qu'il y a de molécules dans le système, en marquant ces termes d'accens différens. Ici $\delta x, \delta x' \ldots$ sont les élémens qu'on suppose parcourus, durant le temps dt, dans les sens des axes , par les molécules $m, m' \ldots$, en attribuant au système un petit mouvement. Mais à quelques conditions que soient assujettis ces points dans leurs déplacemens, on peut les représenter par des équations fonctions de $x, y, z, x', y', z', \ldots$ et de t. Soit $\varphi = 0$ une de ces relations, $\delta \varphi$ a la forme (Cours de Math., n° 885)

$$\frac{d\varphi}{dx} \cdot \delta x + \frac{d\varphi}{dy} \cdot \delta y + \ldots = 0.$$

On aura autant de ces équations variées qu'il y a de conditions imposées $\varphi = 0$, $\varphi' = 0 \ldots$; ces relations devront servir à déterminer un égal nombre de variations $\delta x, \delta y \ldots$, dont on devra substituer ensuite les valeurs dans l'équation ci-dessus : puis on partagera l'équation ainsi obtenue en autant d'autres qu'il restera de variations arbitraires. Telle est la marche ordinaire à ces sortes de calculs (V. p. 180).

Mais $x, y, \ldots$ sont des fonctions du temps t; φ doit par conséquent varier avec t. En différentiant donc $\varphi = 0$ par rapport à t, c'est-à-dire en se servant du signe d, au lieu de δ, il est clair qu'on trouvera $\dfrac{d\varphi}{dx} dx + \ldots = 0$, savoir, la même équation que précédemment en changeant δ en d : à moins cependant que φ ne contienne *explicitement* t, car il y aurait alors un terme $\dfrac{d\varphi}{dt} dt$, qui n'existe pas ci-dessus. Donc, ce cas excepté, c'est-à-dire toutes les fois que les équations de condition du système ne contiennent pas t, on peut changer $\delta x, \delta y, \ldots$ en $dx, dy, \ldots$ dans l'équation générale. Ainsi

$$\Sigma . m \left(\frac{d^2x}{dt^2} dx + \frac{d^2y}{dt^2} dy + \frac{d^2z}{dt^2} dz \right) =$$
$$\Sigma . m \left(X dx + Y dy + Z dz \right).$$

Mais on sait que la vitesse v de la molécule m est.....
$$= \sqrt{\left(\frac{dx^2 + dy^2 + dz^2}{dt^2} \right)};$$ il est donc évident que le 1er membre de notre équation équivaut à une somme de termes de la forme $\frac{1}{2} d (m v^2)$, d'où intégrant

$$\Sigma . m v^2 = 2 \, \Sigma . \int m \left(X dx + Y dy + Z dz \right) \ldots (u'').$$

Or $\int (X dx + Y dy + Z dz)$ est une intégrale exacte lorsqu'il n'y a que des forces attractives, car il suit de ce qu'on a dit (276) que $m X dx = \dfrac{f}{\Delta} (x - x') dx$, etc. Si l'on réunit les termes qui proviennent des attractions de m et m', on trouve

$$\frac{f}{\Delta} \left\{ (x - x')(dx - dx') + (y - y')(dy - dy') + (z - z')(dz - dz') \right\}$$

quantité visiblement $= \dfrac{f}{\Delta} (\frac{1}{2} d . \Delta^2) = f d \Delta ; f$ est une fonction de Δ, ainsi $f d \Delta$ est intégrable. On en dira autant des autres parties de l'expression. En désignant l'intégrale du 2ᵉ membre de l'équation (u'') par ψ, on a donc

$$\Sigma . m v^2 = A + 2 \psi \dots (v'').$$

On détermine la constante A d'après des valeurs simultanées de v et ψ données par les conditions du problème : soient v' et ψ' ces valeurs, on a $\Sigma . m (v^2 - v'^2) = 2 (\psi - \psi')$. Ainsi dans tout système qui n'est soumis qu'à des actions mutuelles, ou à des attractions dirigées vers des centres fixes, en supposant même que diverses parties soient assujetties à se mouvoir sur des lignes immobiles données ; *la somme des forces vives de toutes les molécules, doit satisfaire à l'équation (u''), et l'accroissement que cette somme éprouve d'un instant à l'autre ne dépend nullement des courbes décrites par chaque point, mais seulement de leurs positions respectives à ces deux instans.* C'est en cela que consiste le principe connu sous le nom de la *conservation des forces vives* (204). La somme des forces vives, ou la force vive totale du système, est constante, si le système n'est sollicité par aucune force.

286. La somme des forces vives, ou $\Sigma . m v^2$, est un *maximum* ou un *minimum* en même temps que la fonction ψ, savoir, quand il arrive qu'on a

$$d \psi = 0, \text{ ou } \Sigma . m (X dx + Y dy + Z dz) = 0.$$

Ce cas a lieu quand le système vient à prendre une position où il demeurerait en repos s'il y était tout à coup attaqué par les seules forces accélératrices X, Y, Z, etc. : car le principe des vitesses virtuelles apprend que dans le cas d'équilibre supposé entre ces forces, on doit avoir $\Sigma . m (X \delta x + Y \delta y + Z \delta z) = 0$; et on sait d'ailleurs qu'on est libre de changer les δ en d, savoir $d \psi = 0$. Par exemple, un ellipsoïde pesant, formé de couches homogènes, qui roule sur un plan horizontal, a la somme des forces vives de tous ses points la plus grande ou la moindre possible, quand l'un des sommets coincide avec le plan ; parce que dans ces situations, l'équilibre subsisterait entre tous les poids

des molécules, si on l'y posait en repos. On démontre d'ailleurs
que le maximum répond à l'*équilibre stable*, c'est-à-dire à celui
qui se rétablit quand on en écarte un peu le corps ; le minimum
appartient au cas contraire (V. n° 356).

287. Prenons la variation de l'équation (u''), c'est-à-dire différencions en changeant d en δ,

$$\Sigma . m v \delta v = \Sigma . m (X \delta x + Y \delta y + Z \delta z)$$
$$= \Sigma . m \left(\frac{d^2 x}{dt^2} \delta x + \frac{d^2 y}{dt^2} \delta y + \frac{d^2 z}{dt^2} \delta z \right),$$

à cause de la 1re des équations du n° 285. Mais ds étant l'arc décrit par m dans le temps dt, ds' par m', etc., on a $ds = v dt$,
$ds' = v' dt$, savoir

$$\Sigma . m ds \delta v = \Sigma . m \left(d \frac{dx}{dt} . \delta x + d \frac{dy}{dt} . \delta y + d \frac{dz}{dt} . \delta z \right).$$

D'ailleurs $ds = \sqrt{(dx^2 + dy^2 + dz^2)}$; prenant la variation ,
on trouve à cause de $ds = v dt$,

$$\delta ds = \frac{dx . \delta dx + dy . \delta dy + dz . \delta dz}{ds},$$
$$v . \delta ds = \frac{dx}{dt} . d \delta x + \frac{dy}{dt} d \delta y + \frac{dz}{dt} . d \delta z.$$

Comme les signes δ et d se rapportent à des opérations indépendantes l'une de l'autre, nous avons changé δd en $d\delta$, conformément aux règles ordinaires du calcul des variations (Cours
de Math. , n° 885). Cette équation revient visiblement à

$$v . \delta ds = d \left(\frac{dx \delta x + dy \delta y + dz \delta z}{dt} \right)$$
$$= d \frac{dx}{dt} . \delta x - d \frac{dy}{dt} . \delta y - d \frac{dz}{dt} . \delta z.$$

Il faut en dire autant pour chaque molécule du système ; mul-

tiplions par m, puis marquons les lettres d'accens et ajoutons :
cette dernière partie donnera $-\Sigma . m ds \delta \nu$, à cause de l'équation
ci-dessus, et on aura

$$\Sigma . m \left(\nu \delta ds + ds \delta \nu \right) = d \left(\frac{dx \delta x + dy \delta y + dz \delta z}{dt} \right).$$

Le 1er membre est $= \Sigma . m \delta \left(\nu ds \right)$. Enfin intégrant relativement au temps et changeant $\int \delta$ en $\delta \int$, parce que le signe $\int$ ne
pouvant regarder que les variables ν et s, n'a aucune relation
avec les signes Σ et δ, il vient

$$\Sigma . \delta \int \left(m \nu ds \right) = \frac{dx \delta x + dy \delta y + dz \delta z}{dt} + C.$$

La constante C est nulle, si l'on suppose que dans tous les
points où commencent les intégrales $\int \nu ds$, on ait δx, δy et δz
nuls ; si de plus on admet qu'au terme où finissent ces inté-
grales ces variations sont aussi nulles, la fraction, et par conséquent le 2e membre, sera $= 0$: donc

$$\Sigma \, \delta \int \left(m \nu ds \right) = 0.$$

Cette équation exprime que la fonction $\Sigma . m \int \nu ds$ est un minimum ou un maximum, théorème qui constitue le *principe de
la moindre action*, dont voici l'énoncé. *Dans le mouvement d'un
système quelconque de corps animés par des forces mutuelles
d'attraction, ou tendantes à des centres fixes, et proportionnelles
à des fonctions quelconques des distances, les courbes décrites
par les différens corps et leurs vitesses, sont telles que la somme
des produits de chaque masse par l'intégrale de sa vitesse multipliée par l'élément de courbe, est un maximum ou un minimum,
pourvu que l'on regarde les premiers et les derniers points de
chaque courbe comme donnés.*

Comme $\nu ds = \nu^2 dt$, notre théorème équivaut à dire que
$\Sigma . \int m \nu^2 dt$ est un minimum ; or $\int m \nu^2 dt$ est la somme des forces
vives de la molécule m dans tout le temps qu'on considère ; d'où
l'on voit que le principe de la moindre action revient à dire que

la somme des forces vives de chaque point du système, dans toute la durée du mouvement pour passer d'un état à un autre donnés, est un minimum.

On peut voir dans la Mécanique analytique de La Grange, section III, n° 4o, p. 299, comment le principe que nous venons de démontrer peut servir à déterminer le mouvement des corps et tient lieu des six équations générales (r'' et t'').

Lorsqu'on ne considère qu'un point matériel mobile, l'équation précédente devient simplement $\delta\left(\int v\,ds\right) = 0$, ainsi $\int(v\,ds)$ est un minimum, pourvu que les forces soient telles que la fonction $X\,dx + Y\,dy + Z\,dz$ soit une différentielle exacte. La vitesse v, et par suite $v\,ds$ sera alors connu en x, y, z : or, le principe de la moindre action se réduit à dire que le mobile qui part d'un point donné pour arriver à un autre point aussi donné, choisit la courbe pour laquelle $\int v\,ds$ prise entre ces limites est un minimum, et cela que le mobile soit ou non libre dans ses mouvemens; seulement s'il est assujetti à rester sur une surface donnée, la trajectoire est celle de toutes les courbes qui y sont tracées dont la valeur $\int v\,ds$ est la moindre.

Et s'il n'existe aucune force accélératrice, comme v est constant (204), c'est vs, ou plutôt l'arc s qui est un minimum; en sorte que la courbe décrite par le mobile est, dans ce cas, la plus courte qu'on puisse tracer sur la surface du point de départ au point d'arrivée; et vu l'uniformité du mouvement, l'espace est parcouru dans le moindre temps possible.

288. Quand le système consiste en un corps solide, toutes nos équations ont pareillement lieu; mais on doit considérer la particule m comme la différentielle de la masse M de ce corps, produit de sa densité D par son volume, $M = SD\,dx\,dy\,dz$; alors S désigne une intégrale a prendre dans toute l'étendue du corps. Les seconds membres des équations (r'') sont $S.X\,dM$, $S.Y\,dM$ $S.Z\,dM$; ces équations sont relatives au seul mouvement du centre de gravité, et ne présentent pas d'autres difficultés que lorsqu'il s'agit d'un seul point mobile. Il n'en est pas de même des équations (t'') qui expriment les circonstances du mouvement de rotation du corps autour du centre de gravité comme

s'il était fixe. Mais comme nous allons passer à l'examen du mouvement d'un corps autour d'un point fixe, il sera facile d'en déduire ce qui se passe quand ce point est le centre de gravité, et de compléter ce qui se rapporte au mouvement d'un corps solide libre. On n'oubliera pas que les signes f et d se rapportent à t, c'est-à-dire aux variations de position des parties du corps, tandis que S désigne une intégration relative aux dimensions du mobile.

XI. *Du mouvement d'un corps solide retenu par un point fixe.*

289. Prenons pour origine le point fixe auquel le corps est attaché; à l'instant t, les forces accélératrices qui agissent sur la molécule m, étant décomposées en trois x, y, z, parallèles à des axes rectangles x, y, z, on reproduira le tableau de la p. 371, entre les forces imprimées et les forces qui subsistent au bout du temps t.

Les forces motrices effectives seront réduites à l'état d'équilibre, si l'on applique les forces imprimées en sens contraire, en ayant toutefois égard à la liaison des parties du système. L'équilibre autour de l'origine fixe, exige qu'on ait, entre les forces motrices, les trois équations (η) p. 57 : donc (V. p. 374)

$$\Sigma . \frac{xd^2y - yd^2x}{dt^2} \, m = \Sigma . (Yx - Xy) \, m,$$

$$\Sigma . \frac{zd^2x - xd^2z}{dt^2} \, m = \Sigma . (Xz - Zx) \, m,$$

$$\Sigma . \frac{yd^2z - zd^2y}{dt^2} \, m = \Sigma . (Zy - Yz) \, m,$$

le signe Σ se rapporte à toutes les molécules $m, m', m'' \ldots$; les forces accélératrices sont données en fonction des coordonnées et du temps. Multipliant par dt, les 1ers membres sont intégrables, et nous supposerons que les seconds le sont pareillement. Nous avons vu p. 396 que c'est ce qui arrive dans les cas les plus ordinaires dans la nature. Posons donc

$$\Sigma . \int (Yx - Xy)\, mdt = L,$$
$$\Sigma . \int (Xz - Zx)\, mdt = K, \qquad \dots\dots\dots (1)$$
$$\Sigma . \int (Zy - Yz)\, mdt = N,$$

et nous aurons

$$\Sigma . \frac{xdy - ydx}{dt}\, m = L,$$
$$\Sigma . \frac{zdx - xdz}{dt}\, m = K, \qquad \dots\dots\dots (2)$$
$$\Sigma . \frac{ydz - zdy}{dt}\, m = N.$$

Voyons comment ces équations feront connaître les circonstances de mouvement du corps à un instant t quelconque.

290. Concevons trois autres axes rectangulaires $x_{/}$, $y_{/}$, $z_{/}$ fixés dans le corps et mobiles avec lui; ces axes le rencontrent toujours aux mêmes points et varient de position dans l'espace pendant que le corps tourne. Il est clair que nous connaîtrons la situation que celui-ci se trouve avoir à tout moment, si nous savons qu'elle est la position qu'ont reçue ces axes mobiles par rapport aux premiers x, y, z, qui sont fixes dans l'espace. Pour transformer les coordonnées de l'un de ces systèmes en l'autre, nommons α, β, γ les trois angles que fait l'axe des $x_{/}$ avec les x, y et z respectivement, et a, b, c les cosinus de ces angles; a', b', c', a'', b'', c''; seront de même les cosinus des angles formés par les $y_{/}$ et $z_{/}$ avec les axes fixes. La théorie des projections donne (Cours de Mathém., nº 637)

$$x = ax_{/} + a'y_{/} + a''z_{/},$$
$$y = bx_{/} + b'y_{/} + b''z_{/}, \qquad \dots\dots (3)$$
$$z = cx_{/} + c'y_{/} + c''z_{/}.$$

Ces cosinus ont entre eux une dépendance exprimée par les équations suivantes, dont les trois premières expriment la relation entre les angles qu'une droite fait avec les axes (V. p. 23),

et les trois dernières proviennent de ce que les nouveaux axes
sont rectangulaires. (Cours de Mathém., n° 633.)

$$a^2 + b^2 + c^2 = 1,$$
$$a'^2 + b'^2 + c'^2 = 1,\ \Big\} \dots (4)$$
$$a''^2 + b''^2 + c''^2 = 1,$$

$$aa' + bb' + cc' = 0,$$
$$aa'' + bb'' + cc'' = 0,\ \Big\} \dots (5)$$
$$a'a'' + b'b'' + c'c'' = 0.$$

Et puisque α, α', α'' sont les angles que forme l'axe des x avec
les axes mobiles des $x_{\prime}$, $y_{\prime}$ et $z_{\prime}$, et que a, a', a'' sont les cosinus
de ces angles, etc..., on a pareillement

$$a^2 + a'^2 + a''^2 = 1,$$
$$b^2 + b'^2 + b''^2 = 1,\ \Big\} \dots (6)$$
$$c^2 + c'^2 + c''^2 = 1,$$

$$ab + a'b' + a''b'' = 0,$$
$$ac + a'c' + a''c'' = 0,\ \Big\} \dots (7)$$
$$bc + b'c' + b''c'' = 0.$$

291. Avant de transformer les coordonnées dans les équations
(1 et 2) du mouvement, observons que les x, y, z qui déterminent la place de la molécule m, varient avec le temps t, aussi
bien que les angles α, β, γ, α'.... et leurs cosinus a, b, c....,
puisque les nouveaux axes, emportés par le corps, changent
sans cesse de position : mais $x_{\prime}$, $y_{\prime}$, $z_{\prime}$ restent constans, parce
que la molécule m, dans toutes ses situations, conserve les mê-
mes distances à ces axes qui suivent tous ses mouvemens. Ainsi
x, y, z, a, b... varient avec le temps t, tandis que $x_{\prime}$, $y_{\prime}$, $z_{\prime}$, restent constans.

Quoique le corps soit en mouvement autour de l'origine fixe,
d'autres points sont momentanément en repos : s'il existe en
effet des molécules immobiles pendant l'instant dt, il est aisé

d'en connaître la position. En effet, $\dfrac{dx}{dt}$ est la vitesse de m suivant les x; pour les molécules en repos, cette fonction doit être
nulle. Tirons donc dx des équations (3), t variant, mais $x_\prime, y_\prime, z_\prime$
étant constans, et égalons à zéro : disons-en autant de dy et dz,
et nous aurons ces équations

$$
\left.
\begin{aligned}
dx &= x_\prime da + y_\prime da' + z_\prime da'' = 0,\\
dy &= x_\prime db + y_\prime db' + z_\prime db'' = 0,\\
dz &= x_\prime dc + y_\prime dc' + z_\prime dc'' = 0.
\end{aligned}
\right\} \dots\dots (8)
$$

Ces relations étant linéaires et devant se réaliser pour tous les
points immobiles, on voit que ces molécules en repos momen-
tané sont disposées en ligne droite. Et comme ces points ne sont
en repos que pendant le temps dt, on a nommé cette ligne, *l'axe
instantané de rotation*. Pour en obtenir la projection sur le plan
$y_\prime\, z_\prime$, il faut éliminer $x_\prime$; multiplions ces équations respectives
par a, b, c, et ajoutons; les termes en $x_\prime$ auront pour facteur
$ada + bdb + cdc$, ou la demi-différentielle de la 1re équation (4);
ainsi x disparaîtra. On chasse de même y, en multipliant par
a', b', c', etc.... Faisons pour abréger

$$
\begin{aligned}
pdt &= ada' + bdb' + cdc',\dots\dots (9)\\
qdt &= a'da'' + b'db'' + c'dc'',\\
rdt &= a''da + b''db + c''dc,
\end{aligned}
$$

et observons qu'on peut, dans ces expressions, *échanger l'un en
l'autre les accens des lettres qui entrent dans chaque terme,
pourvu qu'on donne le signe — au premier membre :* cela résulte
des différentielles des équations (5) qui donnent

$$
ada' + bdb' + cdc' = pdt = -a'da - \text{etc.}
$$

On trouve ainsi, tout calcul fait, que *les équations des projections de l'axe instantané de rotation* sur nos trois plans mobiles,
sont :

$$
rx_\prime = qy_\prime, \quad py_\prime = rz_\prime, \quad qz_\prime = px_\prime,\dots\dots (10).
$$

On regarde ici p, q, r comme connus en fonction de t, en sorte que cet axe varie sans cesse de position dans le corps : nous verrons bientôt comment on détermine ces trois fonctions variables, d'après les données de la question.

Il suit des principes de l'analyse géométrique, que les angles formés par cet axe de rotation avec les coordonnées mobiles x_i, y_i, z_i ont pour cosinus (Cours de Mathém., n° 633, 1°.)

$$\frac{q}{\sqrt{p^2+q^2+r^2}}, \quad \frac{r}{\sqrt{p^2+q^2+r^2}}, \quad \frac{p}{\sqrt{p^2+q^2+r^2}}.$$

292. La position de cet axe au bout du temps t, une fois connue, on la regarde comme fixe, et on cherche la vitesse de rotation du corps autour de cette droite : cette vitesse résultera de celle de l'une quelconque des molécules, parce qu'on en tirera la vitesse angulaire du corps. Soit ab (fig. 153) l'axe de rotation, bd l'axe des y_i ; prenons la molécule d qui est sur cet axe, à la distance 1 de l'origine b, ou $bd = 1$, On a $x_i = z_i = 0$, $y_i = 1$, et les coordonnées selon les axes fixes, données par les équations (3), sont $x = a'$, $y = b'$, $z = c'$. Les vitesses de ce point d dans les sens des x, y, z, sont donc

$$\frac{dx}{dt} = \frac{da'}{dt}, \quad \frac{dy}{dt} = \frac{db'}{dt}, \quad \frac{dz}{dt} = \frac{dc'}{dt},$$

d'où
$$V^2 = \frac{da'^2 + db'^2 + dc'^2}{dt^2};$$

V est la *vitesse absolue* du point d dans l'espace. Faisons les carrés des valeurs de p et $-q$, et ajoutons ; il vient

$$(p^2 + q^2)\, dt^2 =$$
$$(a^2 + a''^2)\, da'^2 + (b^2 + b''^2)\, db'^2 + (c^2 + c''^2)\, dc'^2 +$$
$$2da'db'(ab + a''b'') + 2da'dc'(ac + a''c'') + 2db'dc'(bc + b''c'').$$

1°. Nous ferons dans le 1er terme $a^2 + a''^2 = 1 - a'^2$, en vertu des équations (6), et nous exécuterons la multiplication ;

nous ferons un calcul semblable pour les deux termes suivans.

2°. D'après la 1re équation (7), nous mettrons $- a'b'$, pour $ab + a''b''$, et ainsi des autres termes; nous trouverons de la sorte

$$(p^2 + q^2)\, dt^2 = da'^2 + db'^2 + dc'^2$$
$$- (a'da' + b'db' + c'dc')^2.$$

Or les trois premiers termes sont $= V^2 dt^2$; et le trinome carré est nul, comme formant la demi-différentielle de la seconde équation (4); donc notre équation se réduit à

$$V^2 = p^2 + q^2:$$

or la distance de la molécule d à l'axe ab est............ $ad = bd.\sin d = \sin \alpha$, à cause de $bd = 1$; le cosinus de l'angle $abd = \alpha$, est

$$\cos \alpha = \frac{r}{\sqrt{p^2+q^2+r^2}}, \text{ d'où } \sin \alpha = \sqrt{\frac{p^2+q^2}{p^2+q^2+r^2}};$$

pour en tirer *la vitesse angulaire du corps autour de l'axe instantané de rotation* (p. 289), il faut diviser la vitesse absolue V de la molécule d, par sa distance à l'axe, ou par $ad = \sin \alpha$: ainsi

$$\textit{vitesse angulaire } u = \sqrt{(p^2 + q^2 + r^2)}.$$

293. Les valeurs de dx, dy, dz données (8) ne sont plus nulles, quand elles se rapportent à des molécules m qui ne sont pas immobiles; en les divisant par dt, elles expriment les vitesses $\frac{dx}{dt}$, $\frac{dy}{dt}$, $\frac{dz}{dt}$ de ce point matériel dans le sens des axes fixes. En multipliant ces valeurs respectives par a, b, c, qui sont les cosinus des angles que font les x, y, z avec l'axe mobile des $x_/$, on aura les composantes de ces vitesses selon cet axe $x_/$, et la somme sera la vitesse de m dans cette direction, savoir :

$$x_{\prime}\,(a\,da + b\,db + c\,dc)$$
$$+\ y_{\prime}\,(a\,da' + b\,db' + c\,dc')$$
$$+\ z_{\prime}\,(a\,da'' + b\,db'' + c\,dc'') :$$

or la 1re ligne est nulle, à cause de la différentielle de l'équation (4) : le facteur de $y_{\prime}$ dans la 2e ligne est $= p\,dt$, celui de $z_{\prime}$ est $= -\,r\,dt$, à cause des équations (9) et de l'observation qui les suit. Donc les vitesses d'une molécule dans les sens des $x_{\prime}$, $y_{\prime}$ et $z_{\prime}$ sont respectivement

$$py_{\prime} - rz_{\prime}\,, \quad qz_{\prime} - px_{\prime}\,, \quad rx_{\prime} - qy_{\prime} :$$

les deux dernières se trouvent par un calcul semblable à la 1re. Ainsi ces binomes, qui sont nuls pour toutes les molécules en repos, sur l'axe instantané de rotation, et déterminent la situation de cet axe, expriment les composantes de la vitesse absolue de chaque molécule parallèlement aux axes mobiles des $x_{\prime}$, $y_{\prime}$, $z_{\prime}$.

294. Il suit de ces calculs que si l'on connaît, à un instant donné, les valeurs des angles α, β, γ, α' ..., c'est-à-dire la position des axes mobiles à l'égard des axes fixes, on connaîtra par là même les cosinus de ces angles en fonction de t, et par suite p, q et r, puis la direction de l'axe instantané de rotation, et la vitesse angulaire du corps. Mais avant de chercher ces neuf angles en fonction du temps, observons qu'on peut d'avance en exprimer trois à l'aide des six autres. En effet, éliminons d'abord a, puis b, entre les deux 1res équations (5) ; nous aurons

$$b\,(b'a'' - a'b'') + c\,(c'a'' - a'c'') = 0,$$
$$a\,(a'b'' - b'a'') + c\,(c'b'' - b'c'') = 0.$$

Posons
$$i = b'a'' - a'b'',$$
$$n = a'c'' - c'a'',$$
$$l = c'b'' - b'c''.$$

En carrant ces équations et ajoutant, on a

$$i^2 + n^2 + l^2 =$$
$$a''^2(b'^2 + c'^2) + b''^2(a'^2 + c'^2) + c''^2(a'^2 + b'^2)$$
$$- 2(a'b'a''b'' + a'c'a''c'' + b'c'b''c'').$$

Or le carré de la 3ᵉ équation (5) réduit cette dernière ligne à

$$a'^2 a''^2 + b'^2 b''^2 + c'^2 c''^2 :$$

ainsi d'après les relations (4), $i^2 + n^2 + l^2 = 1$.

Mais nos deux premières équations sont

$$ib = cn, \quad ia = cl.$$

La somme des carrés donne évidemment, $i = \pm c$, $n = \pm b$, $l = \pm a$; nous préférerons le signe $+$. En recommençant le calcul pour obtenir a', b' et c', on trouverait les équations suivantes, qui résultent plus simplement de ces dernières par un simple échange dans les accens. Seulement comme les radicaux comportent $\pm$, on doit avoir égard à la dépendance mutuelle des signes, ainsi qu'on va le dire. On a

$$a = c'b'' - b'c'', \quad b = a'c'' - c'a'', \quad c = b'a'' - a'b'',$$
$$a' = c''b - b''c, \quad b' = a''c - c''a, \quad c' = ab'' - ba'',$$
$$a'' = cb' - bc', \quad b'' = ac' - a'c, \quad c'' = a'b - ab'.$$

Pour reconnaître que nous avons en effet choisi les signes convenables, prenons, par exemple, l'équation $a' = c''b - b''c$, et substituons-y pour b et c leurs valeurs données, dans la 1ʳᵉ ligne, par le calcul ci-dessus; nous aurons

$$a' = a'(c''^2 + b''^2) - a''(b'b'' + c'c''),$$

équation visiblement identique d'après la 3ᵉ équation (5).

295. Introduisons maintenant les coordonnées mobiles dans les équations (2) du mouvement, n° 289. Mais pour simplifier les calculs, prenons pour $x_\prime$, $y_\prime$ et $z_\prime$ les *axes principaux*, ce qui entraîne les conditions (p. 341)

$$\Sigma . x_{,}y_{,}m = 0, \quad \Sigma . x_{,}z_{,}m = 0, \quad \Sigma . y_{,}z_{,}m = 0.$$

En substituant dans l'équation (2) pour $x, y \ldots$ les valeurs (3), et leurs différentielles relatives à $a, b, c \ldots$, nous omettrons donc les rectangles des variables, parce que les sommes de ces produits sont nulles, quand on les prend dans tout le système ; enfin, remarquant que $a, b, c \ldots$, variables avec le temps t, sont les mêmes à un instant quelconque pour toutes les molécules, c'est-à-dire, sont constans relativement au signe Σ, on forme les produits xdy et ydx, et l'on trouve

$$\Sigma . (xdy - ydx)m = (adb - bda) \, \Sigma . x_{,}^{2}m$$
$$+ (a'db' - b'da') \, \Sigma . y_{,}^{2}m + (a''db'' - b''da'') \, \Sigma . z^{2}{}_{,}m.$$

Mettons dans $adb - bda$ pour a et b leurs valeurs l et n (n° 294), nous aurons précisément la même quantité que si l'on effectuait la valeur du binome $(c''p + c'r)dt$, en se servant des équations (9), et ayant égard à l'observation qui les suit. Un calcul semblable pour les deux autres coefficiens fait reconnaître qu'ils équivalent à $(cq + c''p) \, dt$, et $(c'r + cq) \, dt$. Ainsi

$$\Sigma . \left(\frac{xdy - ydx}{dt}\right)m = L = (c'r + c''p) \, \Sigma . x_{,}^{2}m$$
$$+ (c''p + cq) \, \Sigma . y_{,}^{2}m + (cq + c'r) \, \Sigma . z_{,}^{2}m.$$

Ordonnons par rapport à p, q et r, et représentons par A, B, C comme p. 342, les momens d'inertie par rapport aux axes principaux mobiles, savoir :

$$A = \Sigma (y_{,}^{2} + z_{,}^{2})m, \quad B = \Sigma (x_{,}^{2} + z_{,}^{2})m, \quad C = \Sigma (x_{,}^{2} + y_{,}^{2})m;$$

d'où
$$Acq + Bc'r + Cc''p = L ;$$

nous poserons, pour abréger,

$$Aq = q', \quad Br = r', \quad Cp = p' \ldots (11).$$

Puis nous traiterons de la même manière les autres équations du mouvement, et nous aurons sous cette forme

$$\left.\begin{array}{l} cq' + c'r' + c''p' = L, \\ bq' + b'r' + b''p' = -K, \\ aq' + a'r' + a''p' = N. \end{array}\right\} \quad \dots\dots\ (12)$$

Bien entendu qu'on doit effectuer la même transformation de coordonnées sur les fonctions L, K et N, déterminées par les équations (1) n° 289.

Si l'on pouvait chasser de ces équations les angles $\alpha,\ \beta\dots$ qui ont pour cosinus $a,\ a'\dots$, on aurait trois relations qui feraient connaître $p',\ q'$ et r' en fonction du temps t, et par suite $p,\ q$ et r, et le problème serait complètement résolu; car on saurait déterminer à chaque instant la direction de l'axe instantané de rotation, la vitesse angulaire du corps autour de cette ligne, et la vitesse absolue de chaque molécule (V. p. 396).

296. Il y a une de ces relations qui s'offre d'elle-même. Élevons au carré chaque équation et ajoutons; les produits $q'r', p'r', p'q'$, disparaîtront à cause des équations (5), et le résultat se réduira, en vertu des relations (4), à

$$p'^2 + q'^2 + r'^2 = L^2 + K^2 + N^2.$$

297. Supposons que le corps ne soit sollicité par aucune force accélératrice, ou qu'il ne le soit que par des attractions mutuelles ou des forces dirigées à l'origine fixe : on sait qu'alors les intégrales représentées par L, K, N sont des quantités constantes (275, 3°.) : nous nous bornerons à examiner ce cas, qui est le plus ordinaire dans la nature. Différencions les équations (12)

$$cdq' + q'dc + c'dr' + r'dc' + c''dp' + p'dc'' = 0,$$
$$bdq' + q'db + b'dr' + r'db' + b''dp' + p'db'' = 0,$$
$$adq' + q'da + a'dr' + r'da' + a''dp' + p'da'' = 0.$$

Multiplions respectivement ces équations par $c',\ b',\ a'$, et ajou-

tons : 1°. le coefficient de dq' est nul, d'après l'équation (5) ;
2°. celui de q' est $= - pdt$, d'après l'équation (9) et l'observation qui la suit ; 3°. celui de dr' est 1, par la 2ᵉ équation (4) ;
4°. la différentielle de celle-ci rend nul le coefficient de r' ;
5°. celui de dp' est nul ; et enfin 6°. le dernier terme se réduit à $p'qdt$. Ainsi

$$- pq'dt + dr' + p'qdt = 0 ;$$

et chassant p et q par les relations (11), on a

$$\left. \begin{array}{l} \mathrm{AC}dr' + (\mathrm{C} - \mathrm{A})\, p'q'dt = 0 ; \\ \mathrm{BC}dq' + (\mathrm{B} - \mathrm{C})\, p'r'dt = 0 ; \\ \mathrm{AB}dp' + (\mathrm{A} - \mathrm{B})\, q'r'dt = 0. \end{array} \right\} \quad \ldots (x'')$$

Les deux dernières équations s'obtiennent par un calcul analogue. Ici les angles α, β... n'entrent plus ; A, B, C sont des constantes connues dépendantes de la figure du mobile, et on peut en tirer les fonctions p', q' et r'. Multiplions ces équations respectives par r', q' et p', et ajoutons ; les derniers termes s'entre-détruisent et nous avons

$$\mathrm{AC}r'dr' + \mathrm{BC}q'dq' + \mathrm{AB}p'dp' = 0,$$

d'où intégrant, et représentant par h^2 la constante,

$$\mathrm{AB}p'^2 + \mathrm{BC}q'^2 + \mathrm{AC}r'^2 = h^2$$

outre

$$p'^2 + q'^2 + r'^2 = k^2.$$

En représentant par k^2 le 2ᵉ membre de l'équation du n° 296. Ces relations permettent d'exprimer deux des quantités p', q', r', par la 3ᵉ ; par exemple on trouve

$$r'^2 = \frac{h^2 - \mathrm{BC}k^2 + \mathrm{B}\,(\mathrm{C} - \mathrm{A})\,p'^2}{\mathrm{C}\,(\mathrm{A} - \mathrm{B})},$$

$$q'^2 = \frac{h^2 - \mathrm{AC}k^2 + \mathrm{A}\,(\mathrm{C} - \mathrm{B})\,p'^2}{- \mathrm{C}\,(\mathrm{A} - \mathrm{B})},$$

et substituant dans la 3ᵉ des équations (x''), on obtient

$$dt = \frac{\mathrm{ABC}\,dp'}{\sqrt{[h^2 - \mathrm{BC}k^2 + \mathrm{B(C-A)}\,p'^2][\mathrm{AC}k^2 - h^2 - \mathrm{A(C-B)}\,p'^2]}}.$$

Admettons que cette équation soit intégrée, nous connaîtrons donc p', et par suite q' et r', en fonction du temps t. Cette opération ne peut, il est vrai, être effectuée en général; (*) mais il est évident que le problème se trouve réduit à l'intégration d'une fraction irrationnelle. Car en substituant ces valeurs de p', q', r', dans les équations (12), il n'y entrera plus d'autres inconnues que les cosinus de nos 9 angles, entre lesquelles on a les 9 équations (4, 5 et 12).

298. Toutefois, on observera qu'il manque une équation pour achever ce calcul, parce que ces 9 relations ne sont pas toutes distinctes : en effet, si l'on prend pour plan primitif des xy celui du *maximum des aires* (n° 279), ce qui n'ôte rien à la généralité, comme K et N seront nuls, en multipliant respectivement les équations (12) par c, b, a, il viendra $q' = \mathrm{L}c$; on aura de même $r' = \mathrm{L}c'$, $p' = \mathrm{L}c''$, en faisant $\mathrm{L}^2 = p'^2 + q'^2 + r'^2$; ainsi

$$c = \frac{q'}{\sqrt{p'^2 + q'^2 + r'^2}}, \quad c' = \frac{r'}{\sqrt{p'^2 + q'^2 + r'^2}}, \quad c'' = \frac{p'}{\sqrt{p'^2 + q'^2 + r'^2}}$$

Or il est visible que ces trois relations n'en forment que deux distinctes, à cause de $c^2 + c'^2 + c''^2 = 1$; en sorte que l'une des équations (4) étant comprise ici, les six relations (4 et 12) n'en forment que cinq différentes.

Pour trouver l'équation qui doit compléter le problème, formons la valeur de $(cq + c'r)\, dt$ au moyen des relations (9), nous aurons

---

$$(cq + c'r) \, dt = da'' (a'c - ac') + db'' (b'c - bc'),$$

et substituant pour c et c' leurs valeurs n° 294,

$$(cq + c'r) \, dt = a''db'' - b''da'' = a''^2 d\left(\frac{b''}{a''}\right) = a''^2 d\omega,$$

en posant, pour abréger,

$$\omega = \frac{b''}{a''}, \text{ d'où } 1 + \omega^2 = \frac{1 - c''^2}{a''^2};$$

donc
$$\frac{(cq + rc') \, dt}{1 - c''^2} = \frac{d\omega}{1 + \omega^2} = \frac{Bcq' + Ac'r'}{AB (1 - c''^2)} \, dt.$$

Comme c, c' et c'' sont déjà exprimées en p', q' et r', et que ces dernières lettres le sont en t, la valeur de ω résultera de cette nouvelle relation, et le problème se trouvera enfin complètement résolu.

XII. *Du cas où la rotation d'un corps solide se fait autour d'une ligne qui diffère peu d'un des axes principaux.*

299. En remettant les quantités (11) pour p', q' et r' dans les équations (x''), on trouve

$$B dr + (C - A) \, pq dt = 0,$$
$$A dq + (B - C) \, pr dt = 0,$$
$$C dp + (A - B) \, qr dt = 0.$$

On a donné n° 291 les valeurs générales des cosinus des angles que fait l'axe instantané de rotation avec les axes principaux ; pour exprimer que l'axe de rotation est très voisin d'un axe principal, il faut que l'un de ces cosinus diffère peu de 1 et les autres de zéro ; il faut donc visiblement réduire le dénominateur $\upsilon = \sqrt{(p^2 + q^2 + r^2)}$ (qui exprime la vitesse angulaire actuelle, n° 292) à $\upsilon = p$. Donc on doit négliger les termes du 2ᵉ ordre en q et r ; la 3ᵉ de nos équations se réduit à $dp = 0$, ou

$p = \mathbf{s} =$ constante. Ainsi *le corps doit tourner d'un mouvement à fort peu près uniforme.*

Pareillement la valeur de L^2 n° 298 se réduisant à p'^2 ou $C^2 p^2$, on trouve que les cosinus des angles que fait l'axe de rotation avec le plan du maximum des aires et ses deux plans perpendiculaires, sont, en négligeant les termes du 2e ordre,

$$c'' = 1 ,\; c' = \frac{r'}{p'} = \frac{Br}{Cp} ,\; c = \frac{q'}{p'} = \frac{Aq}{Cp} \dots (1).$$

Ainsi *le plan invariable est perpendiculaire à l'axe de rotation.*

Nos deux premières équations donnent

$$\frac{dq}{dr} = - \frac{C - B}{C - A} \cdot \frac{Br}{Aq} ,\quad qdq = - \frac{C - B}{C - A} \cdot \frac{B}{A}\, rdr,$$

d'où

$$q = \pm \sqrt{\frac{B}{A} \cdot \frac{C - B}{C - A}} \times \sqrt{(H^2 - r^2)},$$

H^2 étant la constante arbitraire : substituant dans la 1re des équations n° 299, où p est constant, puis faisant pour abréger

$$n = p\; \sqrt{\frac{(C-A)\,(C-B)}{AB}} \dots (2)$$

on trouve

$$\mathrm{arc}\left(\sin = \frac{r}{H}\right) = nt + m,$$

ou

$$r = H\, \sin\,(nt + m) \dots (3)$$

puis

$$q = H'\, \cos\,(nt + m) \dots (4)$$

en substituant pour r sa valeur dans celle de q, et posant

$$H' = H \cdot \sqrt{\frac{B}{A} \cdot \frac{C - B}{C - A}} \dots (5)$$

Ces valeurs de q et r font donc connaître c et c', c'est-à-dire les angles que fait à chaque instant l'axe de rotation avec le plan du maximum des aires, lequel est perpendiculaire à l'axe principal des z.

300. Il s'agit maintenant de discuter la possibilité de ces expressions. Il est d'abord clair que la valeur (2) de n doit être réelle, et puisque A, B, C sont essentiellement positifs (n° 239), il faut que C — A et C — B soient de même signe. Donc *pour qu'un corps libre puisse tourner à très peu près autour d'un de ses axes principaux, et fasse autour de lui de très petites excursions, il faut que cet axe soit celui pour lequel le moment d'inertie est le plus grand ou le plus petit.*

Si le corps tourne autour du 3e de ces axes, η est imaginaire, les sinus de nos intégrales se changent en exponentielles (Cours de Math., n° 843), et les valeurs de q et r peuvent croître indéfiniment; la supposition qu'elles sont fort petites n'est donc admissible dans ce cas que pour un temps très court.

Quand au commencement de la rotation, l'axe instantané est celui-même des z, on a $q = 0$, $r = 0$ pour $t = 0$, d'où H et H' nuls; on aura donc sans cesse $q = 0$ et $r = 0$ quel que soit t; c'est-à-dire que *si le corps commence à tourner autour d'un de ses axes principaux, il continuera toujours cette même rotation.* La réciproque a lieu, savoir que q et r ne peuvent être nuls à la fois à un instant, sans l'être en tout temps : ainsi *lorsque, dès l'origine du mouvement, l'axe instantané ne coincide pas avec un des axes principaux, il ne peut jamais arriver qu'ensuite il y coincide.* La rotation est *stable* autour des deux axes principaux qui ont le plus grand et le moindre moment d'inertie; elle est non stable autour du 3e (V. n° 356).

Lorsque $C = A$, on a $dr = 0$, ainsi p et r sont constans, et on trouve

$$Aq = (C - B) \, prt + \text{const.}$$

On voit que q croît avec t, et qu'on n'est pas en droit de supposer cette quantité très petite. Il en faut dire autant du cas où $C = B$.

Quand $A = B = C$, on satisfait aux conditions en laissant

p, q et r quelconques; mais on sait qu'alors tous les axes du corps sont principaux (246).

XIII. *Sur l'attraction des Sphéroïdes.*

3o1. Cherchons l'effet produit par l'action d'un corps CdA (fig. 155) qui attire une molécule m située où l'on voudra dans l'espace. L'élément a de la masse de ce corps est D$dx'dy'dz'$, D étant une fonction donnée qui exprime la loi de variation de densité du corps attirant, rapporté à trois axes rectangulaires. Soient x, y, z les coordonnées de la molécule attirée m, qu'on regarde comme en repos; δ étant la distance am entre ces molécules, comme am est projetté en bc sur l'axe des x, $\dfrac{bc}{ma}$ ou $\dfrac{x-x'}{\delta}$ est le cosinus de l'angle formé par cette ligne am avec les x; on a pour l'attraction exercée sur m et pour sa composante parallèle à cet axe, les quantités

$$\frac{\mathrm{D}dx'dy'dz'}{\delta^2} \quad \text{et} \quad \frac{\mathrm{D}dx'dy'dz'\ (x-x')}{\delta^3};$$

or

$$\delta^2 = (x-x')^2 + (y-y')^2 + (z-z')^2;$$

substituant et intégrant dans toute l'étendue du corps, on a pour l'expression de l'attraction totale exercée par le corps CdA sur la molécule m dans le sens des x,

$$\mathrm{X} = \int \frac{\mathrm{D}dx'dy'dz'\ (x-x')}{\left\{(x-x')^2 + (y-y')^2 + (z-z')^2\right\}^{\frac{3}{2}}}.$$

Mais on remarque que cette fraction est le coefficient différentiel relatif à x de la fonction

$$\varphi = -\frac{\mathrm{D}dx'dy'dz'}{\sqrt{(x-x')^2 + (y-y')^2 + (z-z')^2}}, \quad \text{ou} \quad \mathrm{X} = \int \frac{d\varphi}{dx};$$

d'où l'on voit que si φ était connu en x, y, z, x', y', z', l'attraction X s'ensuivrait. Et attendu que les signes $\int$ et d sont indépendans, l'un se rapportant aux trois dernières coordonnées x', y', z', et l'autre à x, y, z, on peut écrire $X = \dfrac{d(\int\varphi)}{dx}$; en sorte que pour trouver X, il faudrait intégrer φ relativement à x', y' et z', dans les limites données par la figure du corps, puis différentier l'intégrale définie relativement à x seul. Posons, pour simplifier,

$$V = \int \frac{D\,dx'\,dy'\,dz'}{\sqrt{(x-x')^2 + (y-y')^2 + (z-z')^2}} \ldots\ldots(1)$$

V *désigne la somme des quotiens de chaque masse élémentaire du corps attirant, divisée par la distance δ de cette masse à la molécule attirée.* Alors $\int\varphi = -V$; et comme la symétrie de la formule donne, par un simple changement de lettres, les effets selon les deux autres axes, on voit que l'attraction totale exercée par le corps a pour composantes respectives dans les sens des x, des y et des z, les fonctions

$$-\frac{dV}{dx}, \quad -\frac{dV}{dy} \text{ et } -\frac{dV}{dz}\ldots\ldots\ldots(2)$$

Ainsi le problème proposé serait résolu si, pour chaque corps attirant donné, on connaissait V en x, y, z, x', y' et z'. Cette valeur de V suppose une triple intégration entre des limites données, et on ne peut obtenir V que lorsque D est connu.

Posons $\quad \psi = \dfrac{1}{\delta} = \left\{ (x-x')^2 + (y-y')^2 + (z-z')^2 \right\}^{-\frac{1}{2}}$;

d'où $\quad \dfrac{d\psi}{dx} = -\delta^{-2} \cdot \dfrac{d\delta}{dx} = -\dfrac{x-x'}{\delta^3} = -(x-x')\psi^3$,

$$\frac{d^2\psi}{dx^2} = -\psi^3 - 3(x-x')\psi^2 \cdot \frac{d\psi}{dx} = -\psi^3 + 3(x-x')^2\psi^5 ;$$

Changeons x en y, puis en z, ψ reste le même ; ajoutant les trois résultats, on trouve zéro pour somme, savoir :

$$\frac{d^2\psi}{dx^2} + \frac{d^2\psi}{dy^2} + \frac{d^2\psi}{dz^2} = 0.$$

Si donc on prend, dans $V = \int D\psi\, dx'\, dy'\, dz'$, les différentielles secondes relatives à x, y et z tour à tour, comme D, x', y', z' sont constantes, on trouve le produit de la dernière équation par $\int D dx'\, dy'\, dz'$: donc enfin

$$\frac{d^2V}{dx^2} + \frac{d^2V}{dy^2} + \frac{d^2V}{dz^2} = 0 \dots\dots (y'')$$

302. Si cette équation était intégrée, on saurait quelle fonction de x, y, z est la quantité V; les expressions (2) donneraient ensuite les composantes de la force attractive dans les sens des axes coordonnés. L'intégrale comporte deux fonctions arbitraires (Cours de Mathém., n° 877), qui sont déterminées par la loi de la densité du corps et sa forme. Quand ces conditions sont données d'avance, le calcul est très simple, parce que tout est connu dans la formule (1), et il n'est plus nécessaire de recourir à l'équation (y'').

303. Prenons pour exemple l'action d'une sphère C (fig. 155). En quelque lieu que soit situé le point attiré m ou m', il est visible que l'attraction d'une couche sphérique homogène zAy infiniment mince est la même, pourvu que la distance Cm, ou $Cm' = r$, de ce point au centre C soit constante; ainsi V est une fonction de r, $V = f(r)$; r doit être considéré comme dépendant des coordonnées x, y, z de la molécule m ou m'; car étant placée où l'on veut, à cette distance r, elle est comme à la surface d'une sphère; d'où $r^2 = x^2 + y^2 + z^2$; ainsi

$$\frac{dr}{dx} = \frac{x}{r}, \qquad \frac{d^2r}{dx^2} = \frac{y^2 + z^2}{r^3},$$

$$\frac{dr^2}{dx^2} + \frac{dr^2}{dy^2} + \frac{dr^2}{dz^2} = 1,$$

$$\frac{d^2r}{dx^2} + \frac{d^2r}{dy^2} + \frac{d^2r}{dz^2} = \frac{2}{r},$$

$$\frac{dV}{dx} = \frac{dV}{dr} \cdot \frac{dr}{dx},$$

$$\frac{d^2V}{dx^2} = \frac{dV}{dr} \cdot \frac{d^2r}{dx^2} + \frac{dr^2}{dx^2} \cdot \frac{d^2V}{dr^2};$$

donc en formant les trois termes de l'équation (y''),

$$\frac{dV}{dr} \cdot \frac{2}{r} + \frac{d^2V}{dr^2} = 0,$$

l'intégrale de cette équation est $V = A + Br^{-1}$ (Cours de Mathém. n° 840). La résultante des forces dans le sens des axes, forces qui ont les expressions (2) pour valeurs, se réduit à

$$- \frac{dV}{dr} = \frac{B}{r^2}.$$

Telle est l'attraction totale de la couche sphérique sur la molécule m ou m', il faut maintenant distinguer deux cas.

304. 1°. Si la molécule m' est située dans l'intérieur de la sphère, la constante B doit être telle que si l'on suppose m' au centre, l'attraction soit nulle, parce que tous les efforts y sont égaux dans tous les sens; $r = 0$ ne peut rendre Br^{-2} nul, qu'autant que $B = 0$. Et puisque B est constant, cette valeur convient à toutes les positions intérieures, ce qui réduit l'attraction à zéro dans tous ces cas. Ainsi *une molécule placée au-dedans d'une couche sphérique homogène, est également attirée dans tous les sens, quelque place qu'elle y occupe, et comme si elle était au centre même.*

305. 2°. Quand la molécule est en m au-dehors de la sphère, B doit être tel que, si cette molécule est située à l'infini, l'attraction soit $\frac{M}{r^2}$, c'est-à-dire la même que si la sphère n'était qu'un point : cette action est donc donnée en faisant $B =$ la masse M de la courbe sphérique. D'où l'on voit que *toute molécule placée hors d'une couche sphérique homogène est attirée comme si la masse était réunie en un point placé au centre.*

3o6. Supposons maintenant que le corps attirant soit une sphère homogène, ou formée de couches concentriques de densités variables de l'une à l'autre ; le théorème précédent sera visiblement applicable quand la molécule attirée sera située au-dehors en m', puisque chaque couche sphérique peut être censée réunie en C ; ainsi l'on pourra réduire l'attraction à l'effort d'un point unique, en supposant la masse réunie au centre de la sphère. Mais si le point est situé dans l'intérieur en m', il est clair que toutes les couches des sphères concentriques placées en dehors dans l'épaisseur $m'd$ n'ont aucun effet, et que les autres rentrent dans le cas précédent ; l'attraction se réduit donc à celle d'un point central ayant la masse des couches intérieures.

3o7. Si le corps attirant est un cylindre homogène indéfini, il est visible que l'action sera la même lorsque la molécule aura une position quelconque, pourvu que sa distance r à l'axe soit constante ; ainsi V est encore fonction de r seul, $V = fr$; mais en prenant l'axe pour celui des x, on a $r^2 = y^2 + z^2$, quel que soit x ; donc

$$\frac{dr}{dy} = \frac{y}{r}, \quad \frac{d^2r}{dy^2} = \frac{z^2}{r^3}, \quad \frac{dV}{dx} = \frac{d^2V}{dx^2} = 0,$$

$$\frac{d^2V}{dy^2} = \frac{dV}{dr} \cdot \frac{d^2r}{dy^2} + \frac{dr^2}{dy^2} \cdot \frac{d^2V}{dr^2}$$

$$= \frac{dV}{dr} \cdot \frac{z^2}{r^3} + \frac{y^2}{r^2} \cdot \frac{d^2V}{dr^2} ;$$

Changeant y en z, et substituant dans l'équation (y''),

$$o = \frac{dV}{dr} \cdot \frac{1}{r} + \frac{d^2V}{dr^2}.$$

L'intégrale est $-\dfrac{dV}{dr} = \dfrac{H}{r}$, en sorte que *l'attraction d'une couche cylindrique homogène est simplement réciproque à la distance r de la molécule attirée à l'axe.*

Il faut ici, comme pour la sphère, distinguer deux cas :

1°. Si le point est au-dedans d'une couche cylindrique homogène infiniment mince, celle que nous venons de considérer on voit, comme ci - devant, que $H = 0$, c'est-à-dire que tout point situé à l'intérieur y demeure en repos, parce que toutes les attractions s'entre-détruisent.

2°. Quand la molécule attirée est au-dehors, en la supposant située à l'infini, on pourra regarder la base du cylindre comme infiniment petite, c'est-à-dire supposer que la masse attirante est uniformément répartie sur l'axe illimitée bd (fig. 153). Soit a une particule attirée $ac = r$, b un point quelconque attirant, on a $\cos b = \dfrac{bc}{ab} = \dfrac{x}{V(x^2 + r^2)}$; d'ailleurs $\dfrac{adx}{x^2 + r^2}$ est l'attraction exercée par l'élément dx placé en b; les composantes de ces forces parallèles à l'axe bd des x s'entre-détruisent visiblement : quant aux forces perpendiculaires, leur somme est

$$\int \frac{adx}{x^2 + r^2} \cdot \cos b = \int \frac{axdx}{(x^2 + r^2)^{\frac{3}{2}}} = -\frac{a}{V(r^2 + x^2)}.$$

Cette intégrale doit être prise depuis $x = 0$ jusqu'à $x = \infty$, et doublée, ce qui donne $= \dfrac{2a}{r}$; en sorte que *l'attraction totale est simplement réciproque à la distance à l'axe, quand la molécule est extérieure au cylindre attirant.*

Cet exposé rapide ne doit être considéré que comme une introduction à une doctrine de Mécanique transcendante qui a pour objet l'attraction des sphéroïdes elliptiques ; on la trouvera développée dans tous ses détails au tome 1er de la Mécanique céleste et dans un beau Mémoire de l'Académie des Sciences, 1785, p. 411, par M. Legendre. Le mouvement du point matériel m résulte de l'ensemble des forces attractives du sphéroïde et de l'impulsion primitive qu'il a reçu ; nous ne pouvons nous étendre davantage sur ce sujet, l'un des plus féconds de la Mécanique théorique.

XIV. *Des Cordes vibrantes.*

3o8. Le problème des cordes vibrantes a fait le sujet des recherches des plus profonds analystes; Euler, La Grange, d'Alembert, D. Bernoulli.... l'ont traité successivement : voici en quoi consiste ce problème.

Une corde AB (fig. 156) *étant tendue et fixée en ses deux extrémités, si on la contraint de prendre une forme quelconque* ASB, *et si on la lâche ensuite, trouver à chaque instant la figure et le mouvement de cette corde.* (*)

Soit PS l'ordonnée initiale, c'est-à-dire l'ordonnée d'un point pris sur la courbe ASB dans sa position primitive et répondant à l'abscisse AP $= x$. Au bout du temps t, par l'effet de la tension de la corde, le point S sera en M , et la courbe prendra la figure AMB. Soit PM $= y$; il est clair que PS n'est fonction que de x, tandis que y l'est de x et du temps t : cherchons celle-ci d'après la connaissance de l'autre, et en supposant que,

1°. La corde est de grosseur uniforme; a est sa longueur, P son poids, F le poids employé à la tendre.

2°. On n'imprime à la corde aucune vitesse initiale.

3°. Il ne s'agit que de mouvemens très peu étendus, en sorte qu'à chaque instant on pourra regarder les ordonnées y comme fort petites; et de plus un arc quelconque AS pourra être considéré comme sensiblement égal à son abscisse AP ; Ainsi.....
AM $=$ AS $= .... =$ AP : d'où il suit que chaque point S se

(*) Une corde élastique tendue, dont les bouts A et B sont fixes , peut être considérée comme une ligne droite matérielle et parfaitement élastique ; elle résiste à la force qui veut la courber, et la tension dépend de la figure ASB qu'elle a reçue. Pour faire concevoir le problème, nous représentons ici cette tension par un poids P qui agit à l'aide de la poulie A ; mais dans ce qu'on va dire , il faut supposer les deux extrémités A et B fixes; par exemple, remplacer le poids P par l'action d'une cheville A rendue immobile. En effet, quand on force la corde à quitter la direction rectiligne, et à se courber selon ASB, si l'on supposait l'existence d'une poulie, le poids P monterait, la tension resterait la même qu'avant, et l'alongement de la corde ne serait plus l'effet de son élasticité, ainsi qu'on veut que cela soit. On changera donc , dans la figure et dans la démonstration ci-dessus, la poulie A en une cheville.

meut dans son ordonnée PS, et que la tangente TMD à la courbe, à un instant et à un point quelconques, faisant avec l'axe un angle ω très petit, on a sin $\omega = \omega$ et cos $\omega = 1$.

309. Prenons deux élémens voisins Mm et Mm', prolongés suivant les tangentes iM et MD : la tension F de la corde au point M est exercée suivant ces deux lignes (85) : celle qui a lieu suivant Mm de M vers D, se décompose en deux autres, agissant l'une suivant Mo et $= $ F cos $\alpha = $ F, l'autre suivant Mi et $=$ F sin $\omega = $ Fω; la première sera par hypothèse détruite par la composante suivant Mn de la tension dirigée de M vers m'. Enfin comme l'angle T $= \omega$, MiP $= \omega + d\omega$, la tension Mt a pour composante dans le sens de MP, F ($\omega + d\omega$). Ainsi la tension au point M se réduit à une force unique $=$ F$d\omega$ agissant de M vers P.

La corde étant de grosseur uniforme, les longueurs des arcs sont proportionnelles à leurs poids, et le poids gdm de l'élément dm placé en M, se trouve par la proportion $a : $ P $:: dx : gdm$; donc $dm = \dfrac{Pdx}{ag}$. Or, comme F$d\omega$ est une force motrice parce que F est un poids, on aura la force accélératrice (221) en divisant F$d\omega$ par la masse dm de l'élément sur lequel elle agit; cette dernière force est donc $= \dfrac{ag\text{F}}{\text{P}} \times \dfrac{d\omega}{dx}$.

On observera que ω est l'angle T formé par l'axe AB avec la tangente DMT menée en M à la courbe qui a lieu au bout du temps t déterminé; et que $d\omega$ n'est que l'accroissement de ω pris par rapport à la seule variable x : mais l'arc ω, son sinus et sa tangente se confondent, donc $\omega = \dfrac{dy}{dx}$; et comme ici y ne doit pas être différencié par rapport à t; que de plus ω croît quand x et y diminuent; on a $\left(\dfrac{d\omega}{dx} \right) = -\left(\dfrac{d^2y}{dx^2} \right)$, en ne différenciant toujours y que par rapport à x. Ainsi la force accélératrice qui agit sur l'élément en M est $- \dfrac{ag\text{F}}{\text{P}} \times \left(\dfrac{d^2y}{dx^2} \right)$. Or l'expression générale de la force accélératrice (152) est $\dfrac{d^2y}{dt^2}$, ou plutôt $-\left(\dfrac{d^2y}{dt^2}\right)$, par la même raison que ci-dessus; donc en faisant, pour simplifier, la constante $\dfrac{agF}{P} = b^2$, on obtient

$$b^2 \times \left(\dfrac{d^2y}{dx^2}\right) = \left(\dfrac{d^2y}{dt^2}\right) \ldots\ldots\ldots \ (1)$$

310. Telle est l'équation aux différences partielles du mouvement d'un point quelconque de la corde. Pour l'intégrer, remarquons que le coefficient différentiel du second ordre relatif à x, multiplié par b^2, devant être égal à celui qui est relatif à t, il est visible que $x + bt$ satisfait à cette condition, aussi bien que toute fonction φ de $x + bt$. Et comme on peut en dire autant de toute autre fonction F de $x - bt$,

$$y = \tfrac{1}{2}\left\{\varphi\ (x + bt) + F\ (x - bt)\right\}$$

est l'intégrale de l'équation (1) puisqu'elle contient deux fonctions arbitraires. (V. le Cours de Math. , n° 877.)

Appliquons ce résultat à la corde vibrante. La vitesse à un instant quelconque est

$$\dfrac{dy}{dt} = \dfrac{b}{2}\left\{\varphi'\ (x + bt) - F'\ (x - bt)\right\}.$$

Supposons que la corde soit originairement en repos dans la situation ASB, il faut que $t = 0$ réponde à $\dfrac{dy}{dt} = 0$: ainsi on a $\varphi'x = F'x = 0$, quel que soit x; donc $\varphi x = Fx$; puis mettant $x - bt$ pour x, $\varphi\ (x - bt) = F\ (x - bt)$, ce qui prouve que les deux fonctions φ et F sont les mêmes l'une que l'autre. Notre analyse ne renferme plus qu'une fonction arbitraire φ, la condition de la vitesse initiale nulle en ayant éliminé une. L'équation finie et intégrale de la courbe et la vitesse à un instant quelconque sont donc

$$y = \tfrac{1}{2}\left\{\varphi\ (x + bt) + \varphi\ (x - bt)\right\} \ldots\ldots \ (2)$$

$$\dfrac{dy}{dt} = \tfrac{1}{2}\,b\left\{\varphi'\ (x + bt) - \varphi'\ (x - bt)\right\} \ldots\ldots \ (3)$$

311. Si l'on fait $t = 0$, on a $y = \varphi x$; la fonction φ est donc
déterminée par la condition que $y = \varphi x$ soit l'équation de la
courbe initiale ASB (fig. 156); et comme cette courbe est connue, la fonction φ doit être regardée comme donnée; il suffira
d'y changer x en $x + bt$ et $x - bt$, et de prendre la moitié de
la somme des résultats, et on aura la valeur de y à un instant
quelconque. On pourra donc construire la courbe qui a lieu pour
un instant déterminé, en attribuant à t la valeur qui y répond,
et l'équation (2), où t désigne une constante connue, sera celle
de cette courbe. Remarquons toutefois qu'il suit de la théorie
des équations aux différences partielles, que la courbe initiale ASB peut être *discontinue*, c'est-à-dire formée de plusieurs
portions de lignes différentes et quelconques; de sorte qu'alors
la fonction φ peut ne point être assujettie à la loi de continuité :
alors dans l'équation (2) de la courbe au bout du temps t, il faudrait changer la forme de la fonction φ, lorsqu'on voudrait déterminer le lieu d'un point dont l'abscisse x appartient à une
autre courbe initiale. Or cela n'empêche point de construire la
courbe et de trouver toutes les particularités de son mouvement;
il ne faut que laisser φ arbitraire.

D'abord pour construire la courbe, on tracera sa figure initiale ASB (fig. 156), dont $\varphi\,(x + bt)$ et $\varphi\,(x - bt)$ sont les
ordonnées ql et pn qui répondent aux abscisses $Aq = x + bt$,
$Ap = x - bt$, de sorte que $Pp = Pq = bt$; la moitié de la somme
des ordonnées ql et pn sera l'ordonnée PM. En conservant la
même valeur de t et changeant l'abscisse x, on trouve successivement les divers points de la courbe à cet instant : si au contraire
t varie seul, on obtient tous les points que M occupe successivement. Cette construction devient, il est vrai, impossible dès
que les points p ou q tombent hors de l'espace AB; mais il faut
à cet égard faire une remarque importante.

312. La courbe ASB n'est pas brusquement terminée en
A et B, et on doit la concevoir prolongée de part et d'autre, suivant une certaine loi; il en est de même de la courbe AMB au
bout du temps t: c'est ce qui va bientôt s'éclaircir. Puisque pendant tout le mouvement, A et B sont fixes, il est clair que $y = 0$

lorsque $x = 0$ et $x = a = $ AB, et cela quel que soit t. L'équation (2) fait donc voir ~~que~~ quel que soit $u = bt$, on doit avoir

$$\varphi u = - \varphi (- u), \ \varphi (a + u) = - \varphi (a - u) \ldots (4)$$

Or, si dans cette dernière relation on change u en $a + u$, on trouve $\varphi (2a + u) = - \varphi (- u) = \varphi u$: de même en opérant sur celle-ci, il vient $\varphi (4a + u) = \varphi u \ldots$ En général $2m$ désignant un nombre pair quelconque, on a

$$(5) \ldots \varphi (2ma + u) = \varphi u, \quad \varphi (2ma - u) = - \varphi u \ldots (6)$$

Celle-ci résulte de $\varphi (- u) = - \varphi u$. Cela posé, il est clair qu'il est indifférent de terminer la corde en A et B, ou de la prolonger de part et d'autre, pourvu qu'on lui donne une figure initiale telle, que la tension de la partie ASB et sa figure restent les mêmes, et que les points A et B demeurent fixes; cherchons s'il existe une courbe qui satisfasse à cette condition. Les points fixes sont donnés par l'équation $\varphi (x + bt) + \varphi (x - bt) = 0$, quel que soit t : or il résulte de l'équation (5) que cette expression ne sera nullement changée, si l'on remplace x par $2ma + x$. De plus, on sait que $x = 0$ et $x = a$ doivent satisfaire à notre équation; donc $2ma$ et $2ma + a$ y satisferont aussi : et comme on a d'une part tous les multiples pairs, et de l'autre tous les impairs de a, on voit que si l'on prend AB $=$ BC $=$ CD $= a$ (fig. 157), les points A, B, C, D...... resteront fixes durant tout le mouvement, pourvu qu'on donne à la courbe AMM'M"D une figure convenable. Ainsi le prolongement de la corde est non-seulement permis, mais même l'analyse fait voir qu'il est inhérent à la théorie, et compris dans l'équation générale.

Quant à la figure de la corde prolongée, elle offre des particularités remarquables : pour trouver les ordonnées P'M' et P"M" qui répondent aux points P', P", à une distance d'un nœud.... C $=$ AP $= x$, il faut mettre dans (3), $2a - x$ et $2a + x$ pour x; et en général $2ma \mp x$. Les deux fonctions φ deviennent... $\varphi(2ma \mp x + bt)$ et $\varphi(2ma \mp x - bt)$: occupons-nous d'abord des signes supérieurs, c'est-à-dire de P'; en changeant dans l'é- l'équation (6) u en $x + bt$, et ensuite en $x - bt$, on voit que les deux fonctions φ de l'équation (2) restent les mêmes, mais avec un signe contraire. Ainsi soit AMB la courbe au bout du temps t, les coordonnées PM et P'M' sont égales et opposées. En prenant les signes inférieurs, et changeant de même u en $x + bt$ et $x - bt$ dans (5); on voit que PM $=$ P"M". Il résulte de là que la courbe AMBM'M".... forme à tous les instans, et par conséquent originairement, des ventres alternativement placés de part et d'autre de l'axe ZX ; que leur nombre est infini, et enfin que ceux de rang pair sont égaux entre eux, et que ceux de rang impair sont aussi égaux aux premiers, mais après un double renversement, d'abord de haut en bas, et ensuite de droite à gauche.

313. Pour connaître la figure de la courbe au bout du temps $t = \dfrac{a}{b}$, il faut faire $bt = a$ dans (2), ce qui donne $y = \varphi(x+a)$, en vertu des équations (4) : donc l'ordonnée Pm est égale à celle $p'm'$ qui répond à l'abscisse $x + a$, lorsque $t = 0$; ordonnée d'ailleurs négative. Ainsi les courbes AmB, BM'C sont identiques. Mais maintenant on peut regarder AmB comme une courbe initiale, de sorte que la corde devra reprendre sa première figure au bout d'un temps égal au premier.... Toutes ces circonstances, qu'on aurait pu déduire de la construction que nous avons donnée, sont rendues évidentes par la supposition générale de $t = \dfrac{ka}{b}$, k étant un entier quelconque : car l'équation (3) devient

$$y = \tfrac{1}{2}\left\{ \varphi\,(x + ka) + \varphi\,(x - ka) \right\}.$$

Or en changeant dans l'équation (5), u en $x + ka$ et $x - ka$, on voit que les deux fonctions ne changent pas en prenant les formes $\varphi(2ma + x + ka)$ et $\varphi(2ma + x - ka)$; et comme $2m$ est un nombre pair quelconque, on peut le prendre différent dans les deux cas, de sorte que les résultats soient équivalens à $\varphi\,(x + la)$ et $\varphi\,(x - la)$, l étant le même et pair ou impair avec k. Les valeurs de y redeviennent donc les mêmes dans toute l'étendue de la courbe, pour tous les instans qui répondent à des valeurs de $t = \dfrac{ka}{b}$ et $t = \dfrac{la}{b}$; d'où il suit que la courbe reprend sa figure initiale pour toutes les valeurs de k paires, et la figure opposée égale et renversée pour k impair. Ces temps sont séparés entre eux par l'intervalle $\dfrac{a}{b}$; c'est la durée de l'oscillation.

Quoiqu'il soit certain que la corde revient toujours au même état, après le temps $t = \dfrac{2a}{b}$, il ne s'ensuit pas que la corde n'achève dans ce temps que 2 vibrations, et il serait même possible qu'elle en fît 4, 6, ou un nombre pair quelconque. Cela dépend d'une certaine disposition de l'état initial de la corde; lorsqu'elle n'a qu'un seul ventre, comme dans la figure 156, le temps d'une vibration est sans doute $t = \dfrac{a}{b}$. Mais si la figure initiale avait deux ventres égaux, comme si la corde ayant AC pour longueur (fig. 157), on lui avait donné une forme composée de deux ventres égaux AMB et BM'C, séparés au milieu B par un point commun avec l'axe AB, alors ce point B demeurerait en repos, et le mouvement de la corde AC serait le même que celui d'une corde de longueur moitié moindre et d'une tension égale. Or il faut, pour produire ces vibrations deux fois plus rapides, que le nœud de la figure initiale soit précisément au milieu de la longueur, et que les deux ventres soient égaux et semblables entre eux.

314. Sans cette disposition ou toute autre analogue, la corde n'achèvera une vibration qu'au bout du temps

$$ t = \frac{a}{b} = \sqrt{\left\{ \frac{Pa}{Fg} \right\}}. $$

Ainsi $\sqrt{\left(\dfrac{Pa}{Fg} \right)}$ exprime le nombre de secondes nécessaire pour achever une vibration. Comme la tension F est représentée par un poids, on peut lui substituer le poids F d'une longueur q de la corde vibrante : or on a visiblement $a:q::P:F$, d'où

$$\mathrm{F} = \frac{\mathrm{P}q}{a}\,;\ \text{donc}\ \sqrt{\left(\frac{\mathrm{P}a}{\mathrm{F}g}\right)} = \frac{a}{\sqrt{(qg)}}.$$

Il résulte de là que le nombre de vibrations que la corde fait dans chaque seconde est

$$\frac{1}{t} = \sqrt{\left(\frac{\mathrm{F}g}{\mathrm{P}a}\right)} = \frac{\sqrt{(qg)}}{a}.$$

C'est ce nombre qu'on regarde comme la mesure du son produit par une corde mise en vibration; et on voit que, *à tension égale, le son est réciproquement proportionnel à la longueur de la corde*.

315. Si l'on fait $bt = \frac{1}{2}a$ dans l'équation (2), on a

$$y = \tfrac{1}{2}\left\{\varphi\left(x + \tfrac{1}{2}a\right) + \varphi\left(x - \tfrac{1}{2}a\right)\right\}.$$

Or $\varphi u = -\varphi(-u)$ montre que cette valeur s'évanouit, quel que soit x, si $\varphi\left(\frac{1}{2}a + x\right) = \varphi\left(\frac{1}{2}a - x\right)$, c'est-à-dire si la figure ASB (fig. 156), donnée au commencement du mouvement, a des ordonnées égales correspondantes aux abscisses $\frac{1}{2}a + x$ et $\frac{1}{2}a - x$; ce qui arrive lorsque l'ordonnée élevée au milieu de AB est un diamètre de cette courbe, c'est-à-dire la partage en deux parties semblables. Ainsi, dans ce cas, la courbe se tend en ligne droite au milieu de chaque vibration.

FIN DE LA DYNAMIQUE.

LIVRE TROISIÈME.

HYDROSTATIQUE.

CHAPITRE PREMIER.

DE L'ÉQUILIBRE DES FLUIDES EN GÉNÉRAL.

1. *Proposition fondamentale.*

316. Quoique la figure des molécules d'une masse fluide quelconque nous soit inconnue, nous ne pouvons douter que ses
particules ne soient matérielles, et que par conséquent les lois
générales de l'équilibre ne leur conviennent comme aux corps
solides. La propriété distinctive des fluides consiste dans la peti-
tesse et la mobilité excessive de leurs molécules (1). Si cette propriété était traduite en calcul, les lois de l'équilibre des fluides
n'exigeraient pas une théorie spéciale; elles formeraient un
cas particulier des propositions générales de la Statique. Mais
comme cette condition n'est point susceptible de se prêter aux
symboles analytiques, d'Alembert a pris pour base de l'Hydrostatique le principe de l'*égalité de pression*. Voici en quoi consiste ce principe.

Lorsqu'un fluide est renfermé dans un vase AMB (fig. 158), *si on lui applique une pression, elle se distribuera également et en tout sens dans toute la masse, de sorte que les molécules liquides, et par conséquent les surfaces plongées et les parois du vase, seront également pressées.* Bien entendu que nous ne supposons ici aucune force agissant sur les diverses molécules de cette substance liquide, et que par conséquent nous là regardons comme non pesante.

317. Imaginons donc qu'une force H agit sur ce fluide, supposé en équilibre et dans l'impossibilité de s'échapper par aucun orifice : on conçoit pour cela un *Piston* (*) PD adapté à l'une des parties du vase. Soit en I une surface plane $= A$, et égale à la section transversale du piston; elle sera pressée avec la même énergie que si le piston PD lui était immédiatement appliqué. De là il suit qu'on peut, si l'aire pressée est une partie de la paroi en E, produire l'équilibre, soit en employant en E un nouveau piston pressé par une force $Q = P$, ou en laissant simplement le vase fermé en E, parce que la résistance de la paroi équivaut à ce piston. D'ailleurs l'aire pourrait être située dans l'intérieur du fluide où l'on voudra en M; car on peut de D conduire en M un canal, et supposer qu'à l'exception du fluide qui y est contenu, tout le reste soit devenu solide : il est clair que l'état d'équilibre devra encore subsister : car, en général, l'équilibre d'un système de corps n'est point troublé, en supposant que plusieurs d'entre eux viennent à s'unir ou à s'attacher à des points fixes. Dans l'état du canal DM tout rentre dans ce qu'on vient d'exposer.

On doit conclure de là que si l'on dispose tant de pistons qu'on voudra, ayant des bases égales et que ces pistons soient poussés par des forces égales, il y aura équilibre. Or l'une de ces forces peut être regardée comme faisant équilibre à toutes les autres ; de plus, la distance entre les bases est ici arbitraire, et on peut la supposer nulle : donc la force P agissant sur un piston dont la base est A, fait équilibre à la puissance nP agissant sur un pis-

---

(*) Un piston est un corps qui remplit exactement la capacité d'un cylindre creux, qu'il peut parcourir librement dans le sens de son axe.

ton dont la base est $n\mathrm{A}$. Soit $n\mathrm{P} = p$, et $n\mathrm{A} = a$, nous aurons donc $\mathrm{P} : \mathrm{A} :: p : a$, ou

$$pA = a\mathrm{P} \dots\dots\dots(\alpha)$$

Cette équation donne $p = \dfrac{a}{\mathrm{A}} \times \mathrm{P}$; on peut donc, par l'intermède d'un fluide incompressible, produire avec une puissance arbitraire P une pression p aussi grande qu'on voudra. Il ne s'agira pour cela que de prendre les aires a et A des bases des pistons dans un rapport convenable; c'est sur ce principe qu'est fondée la presse de *Pascal.* Consultez le *Traité de l'équilibre des liqueurs.*

318. Pour que le mot de pression, appliqué aux fluides, n'offre rien de vague à l'esprit, avant d'aller plus loin, nous rappellerons ici ce qui a été dit (49 et 221) sur les pressions en général. Nous avons vu que lorsque des forces sont détruites par la résistance que leur oppose un corps solide, il faut que la résultante de ces forces soit normale à la surface de ce corps : la *pression* est cette résultante; de sorte qu'elle est égale et directement opposée à la puissance qui mettrait le système en équilibre, si l'obstacle n'existait pas. De plus cette force est mesurée par le produit de la masse sur laquelle elle agit multipliée par l'élément de vitesse qu'elle est capable de lui imprimer durant le premier instant. Comme on n'a jamais que des pressions à comparer entre elles, on prend simplement pour leur mesure *le produit de la force par la masse qu'elle sollicite.*

On rapporte ordinairement les pressions à l'unité de surface, c'est-à-dire qu'on suppose que l'aire pressée $= 1$; si donc $\mathrm{A} = 1$, l'équation (α) se réduit à $p = a\mathrm{P}$, ce qui apprend que *pour trouver la pression qu'éprouve l'aire* a, *il faut multiplier* a *par la pression qu'éprouve l'unité de surface.*

II. *Équations d'équilibre d'une masse fluide ; pressions qu'éprouvent ses diverses molécules.*

319. Supposons maintenant que les diverses molécules d'un fluide, soient soumises à l'action de puissances, telles que la gravité, etc. ; le principe d'égalité de pression exige une modification, car il ne peut plus indiquer qu'une surface a éprouve la même pression en quelque lieu qu'elle soit située, ce qui serait contraire aux faits. On doit entendre par cette égalité de pression, que la puissance qui agit sur le piston se distribue encore comme si le fluide n'était soumis à l'action d'aucune force accélératrice ; mais en outre, il faut avoir égard à l'effet dû à celle-ci qui doit s'ajouter à la première. Ainsi la pression varie alors d'un point à l'autre de la masse fluide, puisqu'elle est due aux forces accélératrices et à la pression que le liquide éprouve à ses limites, considérée indépendamment de ces forces. Nous rapporterons dorénavant la pression à l'unité de surface, c'est-à-dire que nous supposerons que l'aire pressée est $= 1$, et que la pression est la même en tous ses points. Considérée sous ce rapport la pression devient finie et n'est plus qu'hypothétique, puisque l'aire pressée est en général quelconque : mais il en est ici comme de la vitesse et de la force accélératrice (149, 152) qui sont modifiées par des hypothèses, sans que, pour cela, le résultat en soit altéré.

320. Désignons par p la pression rapportée à l'unité de surface, qu'éprouve une molécule dont les coordonnées sont x, y et z ; par X, Y et Z les composantes parallèles aux axes de la force accélératrice qui agit sur cette molécule ; enfin par D la densité du fluide. Comme p, X, Y, Z et D peuvent varier d'un point à l'autre de la masse fluide, ce sont des fonctions de x, y et z.

Cela posé, la masse fluide étant en équilibre, cet état ne sera nullement altéré, si l'on conçoit une portion de cette masse comprise dans une enveloppe flexible ; et la figure de cette enveloppe, quelle qu'elle soit, ne devra pas changer, puisque chaque point devra être également pressé tant à l'intérieur qu'à l'extérieur. Pour traduire facilement ce fait en analyse, nous attribuerons à l'enveloppe la forme d'un parallélépipède, dont les arêtes soient parallèles aux axes : et même pour pouvoir évaluer la pression, nous supposerons cette enveloppe infiniment petite, ce qui permettra de regarder tous les points d'une même face, comme également pressés, et la densité D et les forces X, Y et Z, comme constantes dans cette étendue.

La face Mc fig. 159 est parallèle au plan des xy; M'c' est la projection de notre enveloppe. M est le point dont les coordonnées sont x, y, z; p est la pression que le fluide y exerce sur tout élément de surface, quelle qu'en soit la direction; cette pression est rapportée à l'unité d'aire : les arêtes du parallélépipède sont dx, dy et dz. Ainsi la face $Mc = dxdy$ reçoit la pression $pdxdy$ (318); de même la face $Ma = dzdx$ éprouve la pression $pdzdx$, etc. Celles qui sont exercées extérieurement sur les faces de l'angle trièdre M sont donc

$$pdxdy, \qquad pdzdy, \qquad pdxdz.$$

Pour obtenir celle qu'éprouve une aire placée en N, il faut changer z en $z + dz$ dans p, et on aura $p + \dfrac{dp}{dz} dz$ pour cette pression rapportée à l'unité de surface : de sorte que la face ab reçoit l'effort $\left(p + \dfrac{dp}{dz} dz\right) dxdy$. En en disant autant des deux autres faces, on a pour ces pressions exercées extérieurement au petit parallélépipède $Mabc$,

$$\left(p + \frac{dp}{dz} dz\right) dxdy, \quad \left(p + \frac{dp}{dx} dx\right) dzdy, \quad \left(p + \frac{dp}{dy} dy\right)dxdz.$$

Regardons maintenant le parallélépipède $Mabc$ comme un vase, et la face Mc comme un piston soumis à la force p. Cette pression se distribuera dans tout le fluide intérieur, et combinée avec les forces X, Y, Z qui en poussent les molécules, elle agira sur chaque face avec la même intensité qu'on vient de déterminer pour la partie extérieure. La base du piston est $dxdy$, le fluide réagit sur elle avec la force $pdxdy$. De plus, les faces ressentent cette pression proportionnellement à leur étendue (α, 317); de sorte que la face Ma est pressée par le piston avec une force $= pdxdy \times \dfrac{\mathrm{M}a}{\mathrm{M}c} = pdzdx$; il en serait de même pour les autres faces. Il faut à ces pressions ajouter (α, 317) celles qui proviennent des forces X, Y, et Z; comme ces puissances tendent à accroître les coordonnées x, y et z, elles n'agissent pas sur les faces de l'angle trièdre M. Les pressions tant extérieures qu'intérieures sur ces trois faces ont donc mêmes valeurs, ce qui ne fournit aucune condition. Mais la face ab éprouve l'effort de Z, qui la presse à la manière d'un poids (221, 317); le volume du fluide est $dxdydz$, la masse est D$dxdydz$; donc la pression causée par Z est DZ$dxdydz$. On verra de même que celle que X exerce sur Mb est DX$dxdydz$, etc. Comme ces pressions doivent être ajoutées à celles que transmet le piston Mc, on en conclut que les trois autres faces reçoivent les efforts intérieurs

$$(p + \mathrm{DZ}dz)\, dxdy, \quad (p + \mathrm{DX}dx)\, dzdy, \quad (p + \mathrm{DY}dy)\, dxdz.$$

Égalant ces valeurs à celles qu'on a déjà trouvées, il vient

$$\frac{dp}{dz} = \mathrm{DZ}, \quad \frac{dp}{dx} = \mathrm{DX}, \quad \frac{dp}{dy} = \mathrm{DY}.$$

Multipliant ces équations respectives par dz, dx, dy, et ajoutant, comme $dp = \dfrac{dp}{dx}\, dx + \dfrac{dp}{dy}\, dy + \dfrac{dp}{dz}\, dz$, on a

$$dp = \mathrm{D}\,(\mathrm{X}dx + \mathrm{Y}dy + \mathrm{Z}dz)\ldots\ldots\ldots(\beta)$$

L'intégrale de cette équation donnera la valeur de la pression p en fonction de x, y et z, et rapportée à l'unité de surface, en sorte qu'on saura trouver la grandeur de la pression exercée en un point déterminé de la masse fluide, en mettant pour x, y et z les coordonnées de ce point, lequel sera placé, soit dans l'intérieur, soit à la paroi du vase qui contient le fluide et qui par sa résistance détruit cette pression.

Voici quelques remarques importantes.

I. 321. Il est clair que dp étant une différentielle exacte, il doit en être de même de D ($Xdx + Ydy + Zdz$) : d'où

$$\frac{d.DX}{dy} = \frac{d.DY}{dx}, \quad \frac{d.DX}{dz} = \frac{d.DZ}{dx}, \quad \frac{d.DY}{dz} = \frac{d.DZ}{dy}.$$

Sans ces trois conditions les forces X, Y, Z ne seraient pas de nature à se faire équilibre, et le fluide serait dans une agitation perpétuelle, sous quelque figure qu'on le disposât : mais si elles ont lieu, l'équilibre sera possible, et on saura intégrer par les quadratures l'équation ($\mathcal{C}$) (Cours de Mathém., n° 857), ce qui donnera la pression en un lieu quelconque du fluide. Du reste, cela ne suffira pas pour que l'équilibre ait lieu : il faudra en outre donner à la masse fluide une figure déterminée.

En exécutant les différentiations et multipliant ensuite les résultats par $Z, — Y$ et X respectivement, puis ajoutant, le facteur commun D disparaît, et on a

$$X\left(\frac{dY}{dz} - \frac{dZ}{dy}\right) + Y\left(\frac{dZ}{dx} - \frac{dX}{dz}\right) + Z\left(\frac{dX}{dy} - \frac{dY}{dx}\right) = 0.$$

Cette équation tient lieu d'une des précédentes ; et comme elle est indépendante de D, lorsqu'on ne connaîtra pas la loi suivant laquelle la densité varie, on pourra cependant juger en partie si l'équilibre est possible. Quand la densité est constante, nos trois équations reproduisent les valeurs (d', p. 231).

II. 322. A la surface libre du fluide, la pression doit visiblement être nulle puisque rien n'y détruirait cette force ; ainsi $dp = 0$, d'où

$$Xdx + Ydy + Zdz = 0 \dots\dots (\gamma)$$

Cette relation en x, y et z est celle qui convient à la surface libre du fluide : et comme on a vu qu'on savait l'intégrer, on aura l'équation de cette surface libre, ce qui est une nouvelle condition d'équilibre. L'équation (γ) convient encore aux surfaces pour lesquelles la pression est la même, ou $p = $ constante, ainsi elle appartient à toutes les *couches d'égale pression*. Ces surfaces ne diffèrent que par la constante de l'intégration, parce que la pression est bien la même pour tous les points d'une même couche, mais elle varie d'une couche à l'autre.

Ainsi lorsqu'on considère la partie de la surface libre d'un fluide qui soutient une pression extérieure, telle que le poids de l'atmosphère, il faut que cette action soit la même dans toute cette surface.

III. 323. La normale à ces surfaces fait avec les axes des angles dont les cosinus sont $\dfrac{X}{M}$, $\dfrac{Y}{M}$, $\dfrac{Z}{M}$, en faisant.........
$M = \sqrt{(X^2 + Y^2 + Z^2)}$; V. Cours de Mathém., n° 747. Or la direction de la résultante des forces X, Y, Z, fait aussi avec les axes des angles qui ont pour cosinus ces mêmes valeurs (H, p. 31); donc l'équation (γ) revient à dire que la résultante des forces est normale à la surface de toute couche d'égale pression : ce qui est d'ailleurs visible pour la surface extérieure.

IV. 324. Quand la densité n'est pas uniforme, on a trouvé les conditions qui expriment que D $(Xdx + Ydy + Zdz)$ est une différentielle exacte. Mais s'il arrivait qu'alors..........
$Xdx + Ydy + Zdz$ fût encore une différentielle exacte $d\psi$; on aurait $\dfrac{dp}{D} = d\psi$; de sorte que pour les couches d'égale pression, on aurait encore la même équation (γ), ou $\psi = 0$, et de plus D devrait être une fonction de p; il en résulte que la densité et la pression ne variant qu'ensemble, le fluide serait disposé par couches d'égale pression et de même densité; nos conséquences précédentes auraient encore lieu.

325. Faisons des applications de nos formules.

1°. Supposons que les molécules fluides soient toutes sollicitées par des forces dirigées vers un point fixe, pris pour origine ;

soit r la distance du centre d'attraction au point qui a x, y et z pour coordonnées, ce qui donne $r^2 = x^2 + y^2 + z^2$; cette ligne r fait avec les trois axes des angles dont les cosinus sont $\frac{x}{r}$, $\frac{y}{r}$ et $\frac{z}{r}$. Désignons par φ la force qui agit sur la molécule placée au point dont nous parlons; $\frac{\varphi x}{r}$, $\frac{\varphi y}{r}$ et $\frac{\varphi z}{r}$ sont ses composantes dans les sens des axes; on doit les prendre négativement, parce qu'elles tendent à diminuer les coordonnées; et il faut substituer ces valeurs dans les équations précédentes, à X, Y et Z.

On peut d'abord aisément reconnaître que les équations (d', p. 231) sont satisfaites; ainsi l'équilibre est possible dans le système, lorsque la densité est constante ou lorsqu'elle est une fonction de la pression seule. De plus l'équation (γ) devenant

$$xdx + ydy + zdz = 0,$$

en supprimant le facteur commun $-\frac{\varphi}{r}$, on obtient, en intégrant, $x^2 + y^2 + z^2 = C^2$. Comme cette équation est celle d'une sphère qui a C pour rayon, on en conclut que la masse fluide devra affecter la forme sphérique, pour que l'équilibre puisse exister en vertu des forces φ qui animent ses molécules. Telle serait la figure des planètes, si elles avaient été originairement fluides, et si le mouvement de rotation qui les anime n'avait déterminé une force centrifuge dont l'effet a dû les aplatir vers leurs pôles et les élever à l'équateur. De plus, si la densité n'est pas constante, le fluide devra être disposé par couches sphériques et concentriques, dont chacune en particulier est d'égale densité.

Supposons que la force d'attraction φ soit proportionnelle à la puissance n de la distance r au centre, et que la densité D soit constante : on a $\varphi = A r^n$, ce qui change l'équation (ς) en......
$p = AD \int r^{n-1} (xdx + ydy + zdz)$; or

$$xdx + ydy + zdz = \tfrac{1}{2} d(r^2) = rdr;$$

donc $p' = AD \int r^n dr = \dfrac{AD}{n+1} \times V\{x^2 + y^2 + z^2\}^{n+1} + k.$

2°. Si la masse fluide sollicitée par les forces accélératrices X, Y et Z est animée d'un mouvement de rotation autour d'un axe, ses points matériels sont animés de forces centrifuges perpendiculaires à cet axe (207). Soit s la vitesse angulaire; l'une des molécules, située à la distance r de l'axe, décrit un cercle avec la vitesse absolue rs, et la force centrifuge est rs^2 (n° 210). Il faut donc avoir égard à cette puissance, outre celles qui animent la molécule que nous considérons, et qui a pour coordonnées x, y, z, l'axe de rotation étant pris pour celui des z. Comme la composante de cette force dans le sens des z est nulle; que suivant les x et les y, les composantes sont xs^2, et ys^2, attendu que $\dfrac{x}{r}$ et $\dfrac{y}{r}$ sont les cosinus des angles formés par le rayon r avec ces axes; il s'ensuit que X et Y devront être accrus de ces quantités, ainsi $Xdx + Ydy$ le sera de

$$xs^2 dx + xs^2 dy = s^2 (xdx + ydy) = s^2 rdr.$$

Donc l'équation des couches de niveau, et celle de la surface libre du fluide animé d'un mouvement de rotation est

$$Xdx + Ydy + Zdz + s^2 rdr = 0.$$

Cette vitesse s doit, comme on voit, être indépendante du temps, c'est-à-dire constante, pour que la figure de la masse reste la même; et qu'en outre X, Y, Z soient des attractions mutuelles, ou dirigées vers des points de l'axe de rotation.

Dans le cas où les molécules fluides ne sont sollicitées que par la gravité, $Z = g$, $X = Y = 0$, et on a $gdz + s^2 rdr = 0$, d'où

$$gz + \tfrac{1}{2} s^2 r^2 = C, \quad \text{ou} \quad 2gz + s^2 (x^2 + y^2) = 2C.$$

Le fluide pesant qui tourne sur un axe vertical, a donc la forme d'un paraboloïde de révolution autour de cet axe.

3°. Lorsque les molécules fluides ne sont soumises à d'autre force qu'à la gravité, en prenant l'axe des z vertical, et les z positifs de haut en bas, on a $X = 0$, $Y = 0$ et $Z = g$. On voit que les équations (d') étant satisfaites, l'équilibre est possible; que de plus l'équation (γ) se réduisant à $gdz = 0$, ou $z = $ const., la surface supérieure du fluide est parallèle au plan xy, c'est-à-dire horizontale, lorsque l'équilibre a lieu. Enfin la valeur de la pression en un point quelconque du fluide est

$$p = \int Dgdz \ldots\ldots\ldots\ldots (\delta)\cdot$$

Cette équation a lieu pour tous les fluides pesans. Lorsque la densité D est constante (ce qui arrive aux fluides incompressibles et homogènes), ou qu'elle est fonction de z seul, on remarque que la pression ne varie qu'avec la hauteur z; ce qui fait voir que *toutes les molécules qui sont situées sur un même plan horizontal sont également pressées, et réciproquement;* résultat conforme à ce qu'on a vu (322). Ces diverses propriétés des fluides pesans servent de base à une foule de considérations importantes qu'il convient de développer; c'est ce que nous allons faire.

326. On distingue deux sortes de fluides : les uns, tels que l'eau, le vin, le mercure... sont *incompressibles ;* (*) leur densité est

---

(*) Dans la réalité, il n'existe aucun fluide qui soit rigoureusement incompressible, et les expériences de MM. Kanton, Perkins, etc. ont révélé aux physiciens cette propriété dont on soupçonnait déjà l'existence. M. Oersted a même imaginé un ingénieux appareil qui lui a servi à mesurer la compressibilité de l'eau; il a trouvé que sous une force équivalente au poids d'une colonne de mercure de 760 millimètres, ou d'une colonne d'eau de 10^m,4, qui est le poids ordinaire de l'atmosphère, l'eau se réduit à un volume moindre de 0,000046. Par conséquent, s'il existe en mer des profondeurs de 13600 mètres, ce que rendent vraisemblables les hauteurs de certaines montagnes, la pression de l'eau y est d'environ 1300 atmosphères et le volume de l'eau moindre de 0,06; c'est-à-dire qu'un litre d'eau porté de la surface à cette profondeur, n'occuperait plus qu'un volume de 0,94 litres. Mais les pressions énormes que suppose une compressibilité sensible de ce liquide, nous autorisent à la considérer comme nulle dans les cas ordinaires.

constante ; on les nomme *Liquides ;* les autres sont compressibles et *aériformes ;* on les appelle *Fluides élastiques,* parce qu'ils ont aussi la faculté de se rétablir : tels sont les gaz et l'air atmosphérique. Nous allons successivement examiner les propriétés de ces deux sortes de fluides.

CHAPITRE II.

DES FLUIDES INCOMPRESSIBLES ET PESANS.

I. *Des Siphons et Niveaux ; pressions exercées sur les parois planes des vases.*

327. Puisque la surface du fluide est horizontale, quelle que soit la figure du vase qui le contient, on voit que si plusieurs tuyaux, de courbure arbitraire, se communiquent entre eux , le fluide pesant qui y sera renfermé devra s'élever dans chacun à la même hauteur. On a donné le nom de *siphon* à un tube courbé ayant deux ou plusieurs branches, quel qu'en soit la forme et les dimensions. Ainsi dans les branches d'un siphon (fig. 169) , un liquide doit s'élever à la même hauteur, du moins en faisant abstraction d'un effet nommé *capillarité,* qui n'est pas considéré ici. V. les *Traités de Physique.*

C'est sur ce principe que la construction du *Niveau d'eau* est fondée. Cet instrument, qui n'est qu'un siphon à deux branches, consiste en un canal EF (fig. 161) plus ou moins long, aux extrémités duquel sont luttées à angle droit deux fioles AE, BF ; si l'on verse de l'eau dans l'une d'elles ; ce fluide, après avoir enpli le canal EF, s'élèvera dans la fiole BF, et toute droite qui passera par les deux surfaces A et B du liquide sera horizontale. On adapte à cet assemblage un pied en C, qui porte cet instrument, dont l'usage est trop connu pour que nous nous y arrêtions davantage.

328. L'instrument appelé *Niveau à bulle d'air* est fondé sur le même principe et remplit le même objet : il est composé d'une boîte CD(fig.160) de métal; cette boîte renferme et protège un tube de verre, qu'elle recouvre entièrement, à l'exception d'une partie qu'on voit paraître par une ouverture ou fenêtre *de* pratiquée à la boîte CD. Le tube, fermé hermétiquement, contient une liqueur, qui est ordinairement de l'alcool ou de l'éther, et qui, n'en remplissant pas entièrement la capacité, laisse un petit vide ab occupé par la vapeur. L'instrument doit être disposé de manière que, lorsque les extrémités a et b de la bulle d'air sont également distantes d'un point m qui a une position constante sur le tube, l'axe soit horizontal. Ce point milieu n'est pas marqué sur le tube; mais il y a de chaque côté, et dans l'espace où les extrémités de la bulle se trouvent limitées, sous différentes températures, un certain nombre de divisions égales qui y sont numérotées, et on règle l'instrument de manière que son axe soit horizontal, quand les extrémités de la bulle sont sur deux divisions de même numéro.

On adapte souvent à cet instrument une lunette, dont l'axe optique est parallèle à l'axe du niveau; et pour régler la sensibilité de l'instrument, on *rode* le tube de verre, c'est-à-dire qu'on le travaille intérieurement, de manière que sa section longitudinale intérieure soit un arc de cercle très peu courbe. Nous ne pouvons entrer ici en détail sur la construction du niveau, les procédés de nivellement, les corrections des réfractions, etc. On peut consulter à cet égard l'*Uranographie*, n° 456, et la Géodésie de M. Puissant.

329. Lorsque la densité D est constante, comme on peut prendre le plan horizontal de la surface du fluide pour celui des xy, et compter les z positifs de haut en bas, l'équation (δ) devient

$$p = C + Dgz$$

De plus, lorsqu'on fait $z = o$, on a $p = C$; donc C est la pression exercée sur chaque unité de la surface du fluide; cette pression est celle que produit le poids de l'atmosphère; elle est nulle quand on en fait abstraction. On peut représenter C par le poids d'un prisme du même fluide, en donnant à ce prisme la hauteur h, et une base égale à l'unité : alors h est le volume de ce prisme, Dh sa masse (50), et Dgh son poids (221). Ainsi $C = Dgh$; h est connu lorsqu'on connaît Dg et C. Donc l'équation précédente équivaut à

$$p = Dg\,(h + z) = \pi\,(h + z) \ldots\ldots\ldots (\epsilon)$$

en faisant $Dg = \pi$; π est, comme on voit, *le poids absolu de l'unité de volume* du fluide; c'est ce qu'on nomme le POIDS ou la PESANTEUR SPÉCIFIQUE de ce fluide. Lorsqu'on considère deux substances, leurs poids spécifiques sont Dg et $D'g$, D et D' étant leurs densités respectives : le rapport de ces quantités est $\dfrac{Dg}{D'g}$ ou $\dfrac{D}{D'}$, ou le rapport des densités. Mais on ne peut mesurer la densité d'un corps qu'en le comparant à un autre corps (n° 51), en sorte qu'on n'entend par D que le rapport de la densité d'une substance à celle d'une autre qu'on regarde comme terme de comparaison; on peut prendre l'une de ces densités pour unité, ou $D' = 1$; alors le rapport des poids spécifiques est $= D$. On voit donc que le rapport des poids de l'unité de volume des corps étant égal à celui de leurs densités, on peut dire que le *poids spécifique est égal à la densité*, pourvu qu'on prenne pour terme de comparaison la substance dont la densité est prise pour unité. Nous donnerons bientôt la valeur du *poids spécifique* de chaque espèce de substance. (*V*. p. 453 et à la fin du volume).

330. Puisque la pression exercée par un fluide pesant sur la surface *un* dans toute l'étendue d'un plan horizontal est la même, celle qu'éprouve une surface horizontale A, dont Z est l'enfoncement dans le fluide, est (317), $\pi A (Z + h)$. Cette valeur

se compose de la pression πAh qui serait éprouvée à la surface du fluide, et de celle πAZ qui est le poids d'un volume de fluide égal à AZ. Ainsi en faisant abstraction de la première partie, on voit que *la pression qu'éprouve l'aire horizontale* A *, est le poids d'un prisme de fluide qui a cette aire* A *pour base, et pour hauteur sa distance à la surface du fluide.*

Cette conséquence s'applique immédiatement à la pression exercée sur le fond horizontal des vases; il en résulte un fait assez singulier. Si l'on a trois vases dont les fonds horizontaux soient égaux, et dans lesquels un même fluide incompressible soit contenu et s'élève à même hauteur, la pression sera égale sur les fonds de ces vases, dont la forme est d'ailleurs arbitraire. Ainsi cette pression sera moindre ou plus grande que le poids du fluide qui y est renfermé, ou égale à ce poids (fig. 180, 181 et 182), suivant que le vase sera un tronc de cône renversé ou droit, ou sera un cylindre. On doit donc bien distinguer le poids du fluide, de la pression qu'il fait éprouver aux parois et au fond des vases.

331. Lorsqu'un vase est destiné à contenir une grande masse de fluide, les parties les plus enfoncées supportent une plus forte pression. Si donc on assemble des tuyaux pour élever l'eau ou tout autre fluide, c'est se jeter dans une dépense superflue que de donner la même épaisseur à toutes les parties. Car si les inférieures ont une épaisseur suffisante, comme elles doivent l'avoir en effet pour résister à la charge, les parties supérieures en ont nécessairement trop. Il convient donc alors d'avoir des tuyaux d'assemblage de même diamètre intérieur, mais d'épaisseurs différentes : de placer en bas les tuyaux les plus épais, et successivement les autres, à raison des différentes hauteurs de l'eau.

Pour trouver en général l'épaisseur que doivent avoir les tuyaux de conduite, il faudrait, par des expériences faites avec exactitude, déterminer la force de cohésion des différentes substances qu'on emploie pour fabriquer ces tuyaux. Nous nous écarterions trop de notre objet en traitant ici cette matière, sur laquelle on peut consulter l'*Hydrodynamique* de Bossut.

332. Cherchons maintenant la pression exercée par un fluide

pesant et incompressible sur une surface plane, qui y est disposée d'une manière quelconque : cela s'applique naturellement
aux parois latérales des vases, et à leurs fonds, lorsqu'ils ne sont
pas horizontaux. Si l'on prend seulement un des élémens a' de
la surface en question, l'équation (ε) donne pour la pression
qu'exerce le fluide sur cet élément a' (317), $pa' = \pi a'z$, en
faisant abstraction de la pression exercée à la surface supérieure
du fluide, laquelle se distribue également sur tous les points de
la surface pressée, quelle qu'en soit l'inclinaison (319). Cela
posé, nommons a', a''.... les divers élémens de cette surface ;
z', z''.... leurs distances à la surface supérieure du fluide, qui
est le plan des xy ; on aura $\pi a'z'$, $\pi a''z''$.... pour les pressions
qu'ils éprouvent. Ces pressions forment un système de forces
normales au plan qu'on considère ; leur résultante R sera visiblement égale à leur somme, car ces forces sont parallèles entre
elles ; elle sera donc

$$R = \pi (a'z' + a''z'' + \text{etc.}) = \pi AZ \ldots (\zeta)$$

En effet, désignons par A l'étendue de la surface pressée, ou
$A = a' + a'' + \ldots$. De plus $a'z'$, $a''z''$.... sont les momens,
par rapport au plan de la surface du fluide, des élémens a',
a''.... qui composent l'aire A. Or en désignant par Z la distance
du centre de gravité de cette aire à la surface supérieure du
fluide, on a (A', 54), $AZ = a'z' + a''z'' + \ldots$; donc on a
$R = \pi AZ$ pour la pression cherchée. Or AZ est le volume d'un
prisme qui a A pour base et Z pour hauteur : de plus π est le
poids spécifique, ou le poids de l'unité de volume de ce fluide
(329) ; donc *la résultante des pressions qu'exerce un fluide pesant sur une surface plane qui y est plongée et à une position
quelconque, ou sur une paroi plane, est le poids d'un prisme de
ce fluide qui a pour base cette surface, et pour hauteur l'enfoncement de son centre de gravité dans le fluide.*

Il est important de remarquer que toutes les surfaces planes
plongées dans un fluide, éprouvent des pressions égales lorsque
les aires sont égales, pourvu que les enfoncemens de leurs centres

de gravité soient les mêmes. Donc *toute surface plane, plongée dans un fluide, éprouve des pressions, dont la résultante ne change pas de grandeur, lorsqu'on fait mouvoir cette surface autour de son centre de gravité, et on peut la disposer horizontalement.* Cette résultante change d'ailleurs de direction, car elle est sans cesse normale à la surface pressée.

333. Le *centre de pression* est le point par lequel passe la résultante : ce centre est facile à assigner, d'après ce qu'on a dit (35), puisqu'il ne s'agit que de connaître la position de la résultante d'un système de forces parallèles. Supposons que chacune des pressions élémentaires devienne horizontale, ce qui ne change rien au point d'application de la résultante (37). Soit z l'enfoncement du centre de pression, il ne s'agit que d'égaler le moment Rz de la résultante, par rapport à la surface du fluide, à la somme des momens $\pi a'z'^2, \pi a''z''^2 \ldots$ des pressions élémentaires $\pi a'z', \pi a''z'' \ldots$ ce qui donne

$$Rz = \pi AZz = \pi\,(a'z'^2 + a''z''^2 + \ldots) \text{ ou } AZz = \Sigma.a'z'^2.$$

Ainsi la distance z du centre de pression à la surface du fluide est

$$z = \frac{\Sigma.a'z'^2}{AZ} = \frac{\pi}{R} \times \Sigma.a'z'^2 \ldots\ldots(\eta)$$

Pour faire usage de cette formule, il faudra exprimer l'aire élémentaire a' en fonction des différentielles des coordonnées ; mettre pour z'^2 sa valeur donnée en x et y par l'équation du plan pressé, et intégrer $a'z'^2$ dans les limites déterminées par la figure de l'aire plane qu'on considère. Cette formule (η) ne fait d'ailleurs connaître le centre de pression que dans le cas où l'on connaît *à priori* une ligne qui le contient, ce qui a lieu lorsque l'aire pressée est partagée en deux portions symétriques par un plan vertical : mais dans tout autre cas, il faut en outre prendre les momens des pressions élémentaires $\pi a'z', \pi a''z'' \ldots$ par rapport à un plan vertical, perpendiculaire à celui qu'on vient de considérer : en opérant comme ci-dessus, on obtient la distance

.du centre de pression à ce plan vertical, et par conséquent sa position.

334. En général, toute cette théorie s'applique à la poussée des eaux stagnantes contre les digues qui s'opposent à leur écoulement. Consultez à ce sujet l'*Architecture hydraulique* de M. de Prony, p. 279, celle de Bélidor, par M. Navier, et les *Recherches sur la construction des Digues,* par Bossut et Viallet.

Nous nous bornerons ici à appliquer ces principes généraux à la pression contre la vanne verticale et rectangulaire d'une écluse : soit m son côté horizontal, n sa hauteur depuis la partie inférieure jusqu'au niveau de l'eau. On a $A = mn$; et comme le centre de gravité est au milieu de la hauteur n, $Z = \frac{1}{2} n$. Il suit de là que, 1°. la pression est $R = \frac{1}{2} \pi mn^2$; 2°. le centre de pression est visiblement sur la ligne verticale qui passe par le milieu de la base m; 3°. en prenant pour élément a' un rectangle horizontal qui ait dz' pour sa hauteur, et m pour sa base, on a $a' = mdz'$: ainsi $\Sigma . a'z'^2 = \Sigma . mz'^2 dz' = \frac{1}{3} mz'^3$. Or les limites sont $z' = 0$ et $z' = n$; cette intégrale devient donc $\frac{1}{3} mn^3$: ainsi l'on a pour l'enfoncement du centre de pression $z = \frac{2}{3} n$.

Nous allons exposer la théorie de l'équilibre des corps flottans, après quoi nous traiterons des pressions exercées sur les surfaces courbes des vases.

II. *Conditions d'équilibre des corps flottans ; pressions exercées sur leurs parois courbes.*

335. Examinons maintenant ce qui arrive lorsqu'un corps flotte sur un fluide pesant. Prenons sur la surface immergée de ce corps un élément a ; la pression normale qu'il éprouve est $Dgaz = \pi az$, (ι). Cette pression infiniment petite ne doit point être intégrée dans l'étendue du corps, puisque les pressions n'étant pas parallèles, ne doivent point avoir leur résultante égale à leur somme. Il faut donc avant tout décomposer cette pression en d'autres parallèles à trois axes rectangulaires ; puis procéder à l'intégration. Or la normale est perpendiculaire au plan

tangent, et l'axe des z l'est au plan xy; donc ces droites font
entre elles le même angle que ces plans : ainsi pour obtenir la
composante parallèle aux z de la pression élémentaire, il faut
multiplier $\pi a z$ par le cosinus de l'angle que forme le plan tangent avec le plan xy; or le produit de a par ce cosinus est la projection de a sur ce plan xy, comme p. 377 : la même chose ayant
lieu pour les axes des x et des y, on conclut que *les composantes
de la pression élémentaire parallèles à chaque axe, sont les produits de πz, par la projection de l'élément sur le plan coordonné
qui est perpendiculaire à cet axe.*

Cela posé, concevons le prisme parallèle aux x et dont l'élément a est la base; c'est le prisme projetant cet élément sur le
plan yz. Les plans de ses faces détermineront sur le corps plongé
un autre élément, opposé à celui qu'on considère, et qui ayant
même z et même projection sur le plan yz, éprouvera aussi une
même pression parallèle aux x, quoique dirigée en sens contraire
de la première; et comme on peut en dire autant de tous les élémens de la surface, il en résulte que les pressions parallèles aux
x s'entre-détruisent. Il est visible que la même chose a lieu dans
le sens des y; donc *toutes les pressions horizontales que le fluide
exerce sur chaque section horizontale du corps plongé se détruisent mutuellement.*

Venons-en aux pressions verticales. Concevons de même le
prisme projetant l'élément a sur le plan xy, et désignons par ω
cette projection qui sert de base au prisme; $\pi z \omega$ sera la pression
élémentaire dans le sens des z; elle est égale au poids d'un filet
de fluide, d'un volume égal à celui du prisme différentiel dont
nous venons de parler. Projetons la partie du corps plongée sur
le plan des xy, qui est la surface du fluide : le cylindre projetant
aura pour base cette projection; supposons qu'il embrasse le
corps et le touche suivant une courbe, de manière à séparer,
à la surface plongée du corps, des parties situées les unes en
dessous, les autres en dessus. N'ayons d'abord égard qu'aux
pressions éprouvées par les élémens situés à la partie inférieure
de cette courbe. Ces pressions forment visiblement une série de
forces verticales, dirigées de bas en haut; chacune d'elles est égale

au poids d'un prisme élémentaire de fluide, prisme dont nous venons de parler. Mais une partie de ces pressions sera diminuée par celles qui sont exercées sur les élémens placés au-dessus de la courbe, car celles-ci agissent en sens contraire : si même le corps était entièrement plongé, il faudrait les diminuer toutes du poids du filet de fluide supérieur. De sorte que la force qui en résultera sera simplement la différence des poids de ces filets de fluide.

Il résulte de là qu'on peut faire abstraction des pressions qui ont lieu à la partie supérieure du corps, pourvu qu'on regarde celles qui sont exercées à la partie inférieure comme égales au poids d'un prisme de fluide d'un volume égal au filet du corps plongé qui répond au-dessus de l'élément qu'on considère. Donc, *un corps plongé en tout ou en partie dans un fluide pesant et en équilibre, éprouve des pressions dont la résultante est verticale, dirigée de bas en haut et égale au poids du fluide que le corps déplace : cette résultante passe d'ailleurs par le centre de gravité du fluide déplacé,* car toutes les composantes étant assimilées à des poids, elle doit passer par le centre de gravité de leur système (*). Cette résultante est ce qu'on appelle *la poussée du fluide.*

336. Nous avons jusqu'ici fait abstraction du poids du corps : or ce poids est une force verticale dirigée de haut en bas, et agissant au centre de gravité du corps : cette force est donc opposée à la *poussée du fluide.* Donc, *le poids d'un corps plongé en tout ou en partie dans un fluide, est diminué du poids d'un volume de fluide égal à celui qu'il déplace par son immersion.*

(*) On peut se rendre raison *à priori* de cette conséquence : en effet, supposons qu'une force agissant sur un corps non pesant le retienne en équilibre plongé en tout ou en partie dans un fluide pesant. Si l'on remplace la portion plongée du corps par un segment égal de fluide devenu solide, l'équilibre subsistera visiblement sans le secours d'aucune force. Donc le poids de ce solide sera égal à la pression du fluide, c'est-à-dire à la force qui retient le corps plongé en équilibre. Donc, etc.

Quand il arrive que la partie immergée est de tel volume
que le poids du corps est égal à celui du fluide déplacé, les
deux forces ne s'entre-détruisent que lorsqu'elles sont directement opposées (10), ce qui exige que les centres de gravité
du corps et du fluide déplacé soient dans la même verticale.
*Ainsi, pour qu'un corps pesant flotte en équilibre sur un fluide,
il faut deux conditions; 1°. que le poids entier du corps soit
égal au poids du volume de fluide déplacé; et 2°. que la droite
qui passe par les centres de gravité du corps et du fluide déplacé soit verticale.*

337. Soient Π et π les poids spécifiques respectifs ou les densités d'un corps et d'un fluide ; V le volume du corps, ν celui
du fluide qu'il déplace ; $\pi\nu$ sera le poids du fluide déplacé, et
représentera la pression totale exercée sur le corps ou la poussée verticale du fluide de bas en haut : ΠV sera le poids du
corps; et il se présente ici trois cas.

1°. Quand l'équilibre subsiste, alors on a

$$\pi\nu = \Pi V \ldots \ldots (6)$$

Cette équation exprime l'une des deux conditions nécessaires
pour que l'équilibre ait lieu. On remarque que si le corps est
entièrement plongé dans le fluide, comme $\nu = V$, il faut
alors que $\pi = \Pi$, c'est-à-dire que le corps doit avoir le même
poids spécifique que le fluide : dans ce cas l'équilibre a lieu,
quels que soient la position et l'enfoncement du corps dans le
fluide, car le centre de gravité du corps est le même que celui
du fluide déplacé. La réciproque est vraie.

2°. Lorsqu'on a $\pi\nu > \Pi V$; alors le corps doit remonter, car
la poussée du fluide surpasse le poids du corps de la quantité
$\pi\nu - \Pi V$.

Cette différence est la force qui pousse verticalement le
corps de bas en haut. Le corps remonte donc, et bientôt il sort
en partie du liquide. Or dans ce cas ν, ou le volume plongé,
diminue à mesure que le corps sort du fluide, et l'on voit qu'il
doit arriver un instant où $\pi\nu = \Pi V$; de sorte qu'après plu-

sieurs oscillations verticales, si les centres de gravité du corps
et du fluide déplacé se trouvent toujours dans la même verticale, le frottement doit rétablir l'équilibre. Observons que
le cas présent exige que le poids spécifique du corps soit plus
petit que celui du fluide, car on a toujours $\nu < V$.

3°. Enfin, si l'on a $\pi\nu < \Pi V$ le corps devra descendre, et
son poids sera réduit à $\Pi V - \pi\nu$: cette différence est le poids
qui serait nécessaire pour soutenir le corps en repos. Mais
comme ν croît à mesure que le corps descend, il est clair que
l'on parviendra à avoir $\pi\nu = \Pi V$, si Π est $< \pi$; et comme ν
ne peut surpasser V, on sait que l'état d'équilibre n'est jamais
possible lorsque π est $< \Pi$. Le corps descend alors jusqu'à ce
qu'il trouve un obstacle qui l'arrête.

Ainsi il n'y a que les substances dont le poids spécifique est
moindre que celui de l'eau, qui puissent flotter sur ce fluide.
Cependant on doit observer que lorsque les corps ne sont pas
homogènes, ou lorsqu'ils ont une capacité vide, il faut alors
remplacer Π par un poids spécifique moyen et hypothétique
qu'on trouve en divisant le poids total du corps par le nombre d'unités de volume renfermées dans son volume apparent.
Le corps plongé se comporte dans le fluide précisément comme
le ferait un corps homogène, plein et solide qui aurait le quotient pour poids spécifique Π. Ainsi il n'y a pas de substance
qu'on ne puisse faire surnager ; car on peut l'unir à une autre
dont le poids spécifique soit moindre, de manière à composer
un poids spécifique moyen plus petit que celui du liquide, ou
lui donner une forme concave qui puisse satisfaire à l'équation (θ). L'action capillaire produit encore un autre effet dont
on ne peut négliger l'influence; mais nous ne pouvons examiner ici cette force, et nous nous bornerons à faire remarquer que le fluide se déprime autour des corps qui ne sont
point de nature à être mouillés : alors le volume plongé doit
être augmenté du vide produit par cette dépression : c'est ce
qui explique pourquoi une aiguille enduite de cire, peut
flotter sur l'eau, quoique plus pesante que ce fluide. *V.* le 4ᵉ vol.
de la Méc. céleste de M. de Laplace.

338. Dans tout ce qui vient d'être dit nous avons fait abstraction du poids de l'atmosphère; mais les résultats n'en sont pas moins exacts. Car il est facile de considérer en particulier la pression produite par cette cause. En faisant de nouveau tous les raisonnemens développés dans les articles précédens, mais remplaçant πz par la pression constante P, il sera aisé d'en conclure que *lorsqu'un corps pesant est plongé dans un fluide en équilibre, si l'on applique une force qui agisse sur le fluide à l'aide d'un piston, l'équilibre ne sera nullement altéré, et cette pression s'ajoutera à celle qui est due à la pesanteur.* Consultez le n° 319 qui rend bien raison de ce théorème.

339. Nous avons vu (336) qu'il faut essentiellement deux conditions pour qu'un corps puisse flotter en équilibre sur un fluide : or, par la propriété des centres de gravité (31 et 52, 4°.), la droite qui joint les centres de gravité d'un corps et d'un segment formé par un plan quelconque, doit aussi passer par celui de l'autre segment; dans le cas que nous traitons ici, le plan coupant est la surface même du fluide, qu'on nomme *plan de flottaison.* On en conclut que pour qu'un corps pesant soit en équilibre sur un fluide spécifiquement plus pesant que lui, il faut que la droite qui passe par les centres de gravité du corps et d'un des segmens formés par le plan de flottaison, soit perpendiculaire à ce plan. Ainsi le problème général de la recherche des positions d'équilibre d'un corps pesant homogène est réduit au suivant : *couper par un plan, un corps de figure donnée, de manière que la ligne droite qui passe par le centre de gravité du corps et par celui de l'un des segmens, soit perpendiculaire au plan coupant; et de plus que le volume de l'un des segmens, soit à celui du corps entier dans un rapport donné.* Ce rapport est assigné par l'équation (θ). En mettant donc cette double condition en équation, les positions d'équilibre d'un corps seront données par des racines qui en indiquent le nombre. Ce problème ne dépend, comme on voit, que de la Géométrie analytique. Consultez la *Mécanique philosophique,* page 244 : en voici la solution.

Plaçons l'origine des coordonnées au centre de gravité du corps entier; soient $x = az$, $y = bz$ les équations d'une droite quelconque rapportée à un système d'axes rectangulaires, cette droite, que nous nommerons *axe normal*, sera celle qui devra être verticale ou perpendiculaire au plan de flottaison. Un plan perpendiculaire à cette ligne a pour équation (Cours de Math., n°s 629 et 634),

$$ z + ax + by = C; $$

et l'angle V que ce plan fait avec celui des yx est donné par l'équation

$$ \cos V = \frac{1}{\sqrt{(1 + a^2 + b^2)}}. $$

Cela posé, substituons $z = C - ax - by$ dans l'équation.... $z = f(x,y)$ de la surface du corps proposé;

$$ C = ax + by + f(x,y) $$

est l'équation de la projection de la courbe de section du corps par notre plan perpendiculaire à l'axe normal.

L'intégrale $\int (y dx)$, qu'on tirera de cette équation, étant prise entre les limites convenables, fera connaître l'aire totale φ de cette courbe en fonction de a, b, C; et cette aire étant divisée par $\cos V$ donnera

$$ A = \varphi \sqrt{(1 + a^2 + b^2)}, $$

pour l'aire de la section dans l'espace.

En faisant varier la constante C du plan dans A, nous ferons mouvoir ce plan parallèlement, et les aires des sections changeront d'étendue; en posant $A = 0$, nous aurons donc la valeur de C (en a et b) qui appartient au cas où le plan touche seulement le corps; ce sera la plus grande valeur que C puisse recevoir, pour que le plan rencontre la surface; nous la nommerons C_1: au-delà, le plan cesse de couper le corps.

Concevons maintenant le corps coupé par une série de plans perpendiculaires à l'axe normal et formant des tranches élémentaires; le volume de l'une de ces tranches est.....

$$\frac{AdC}{\sqrt{(1+a^2+b^2)}} = \varphi dC.$$ Intégrant relativement à C dont φ dépend, on a le volume du segment compris entre deux plans perpendiculaires à l'axe normal; si l'on intègre depuis $C = C_2$ jusqu'à $C = C_1$, l'un des plans coupant sera tangent à la limite du corps, et l'autre arbitraire fixée par la valeur C_2 de C qu'on voudra prendre. Soient M le volume entier du corps, et r le rapport donné du segment à ce volume (le rapport entre les poids spécifiques du corps et du fluide) on égalera l'intégrale à Mr, savoir:

$$\int \varphi dC = Mr;$$

et cette équation déterminera la seconde limite C_2 de C, conformément aux conditions du problème. Les quantités C_1 et C_2 sont des fonctions des inconnues a et b qui fixent la position de l'axe normal, et qu'il s'agit maintenant de déterminer par la condition que le centre de gravité du segment soit situé sur l'un des points de cet axe.

Soient k, l, m les coordonnées du centre de gravité de l'aire A, données par le calcul (p. 83); $\int A k dC$, $\int A l dC$, $\int A m dC$, étant divisés par $\sqrt{(1 + a^2 + b^2)}$, seront les sommes des momens des tranches élémentaires par rapport aux trois plans coordonnés; savoir, $\int \varphi k dC$, $\int \varphi l dC$, $\int \varphi m dC$, relativement à C entre les limites C_1 et C_2. En divisant par Mr, on aura ainsi les trois coordonnées du centre de gravité du segment en fonction de a et b : substituant dans $x = az$, et $y = bz$, pour exprimer que ce point est sur l'axe normal, on aura enfin deux équations qui détermineront a et b ; par suite, l'axe normal sera donc connu, puis C_2 et le plan coupant; enfin, le problème proposé sera complètement résolu, et aura autant de solutions qu'on trouvera de valeurs réelles de a, b et c, qui rempliront les conditions imposées par les équations $x = az$; $y = bz$.

340. Il résulte de ce qu'on vient de dire, que les prismes et les cylindres droits, homogènes et à base quelconque, ont deux positions d'équilibre manifestes, en disposant verticalement la ligne génératrice et plongeant tour à tour chacune des bases dans le fluide. La même chose a lieu aussi pour les solides de révolution et pour les corps symétriques par rapport à une ligne, en plaçant cette ligne verticalement.

De plus, les prismes et cylindres droits, et en général tous les corps susceptibles d'être coupés par un plan en deux segmens symétriques, ont des positions d'équilibre dans lesquelles ce plan est vertical. Pour trouver ces positions, il suffit de considérer seulement celles de l'aire résultant de l'intersection du corps par ce plan.

341. Un exemple simple suffira pour faire voir cette dernière proposition, et comment différentes positions d'équilibre d'un corps sont données par une même équation. Supposons que le solide soit un prisme triangulaire homogène et droit, dont les arètes sont horizontales et dont la base est le triangle SAB (fig. 162 et 163): XX′ est le plan de flottaison. Il faut considérer deux cas; 1°. celui (fig. 162) où les bases de ce prisme ont un angle S plongé dans le fluide, et deux angles A et B hors de ce fluide; 2°. le cas inverse (fig. 163). Nous allons traiter à la fois ces deux circonstances, parce que le calcul en est le même.

Pour connaître la ligne MN suivant laquelle le plan XX′ coupe le triangle, il faut trouver $SM = x$, et $SN = y$. Soit P le milieu de AB; les données sont

$$SB = a, \quad SA = b, \quad SP = k, \quad PSB = m, \quad PSA = n.$$

Désignons par $r = \dfrac{\Pi}{\pi}$ le rapport du poids spécifique Π du corps à celui π du fluide; l'équation (θ) donne

Dans le premier cas (fig. 162) .... $r.\text{SAB} = \text{SMN}.$

Dans le second cas (fig. 163) .... $r.\text{SAB} = \text{ABMN}.$

Or les deux triangles SMN, SAB ont l'angle S commun, et l'on a (Cours de Math., n° 264)

$$\frac{\text{SMN}}{\text{SAB}} = \frac{\text{SM} \times \text{SN}}{\text{SA} \times \text{SB}} = \frac{xy}{ab},$$

d'où
$$\frac{\text{SAB} - \text{SMN}}{\text{SAB}} = \frac{\text{AMNB}}{\text{SAB}} = \frac{ab - xy}{ab};$$

on a donc, suivant qu'il s'agit de la fig. 162 ou 163,

$$xy = rab, \quad \text{ou} \quad xy = ab\,(1 - r) \dots (1)$$

Il s'agit maintenant de satisfaire à la seconde condition (336); c'est à-dire que les centres de gravité de SAB et du fluide déplacé soient dans la même verticale. Si l'on prend $PR = \frac{1}{3}\,PS$, R sera (58) le centre de gravité du triangle SAB; de même si Q est le milieu de MN, et si $QO = \frac{1}{3}\,QS$, O sera le centre de gravité du triangle SMN : la droite RO, ou sa parallèle PQ, doit donc être verticale dans le cas d'équilibre, c'est-à-dire que PM = PN exprimera cette condition. Abaissons du point P les perpendiculaires PE et PD, sur SB et SA. On a

$$PE = k \sin m, \quad PD = k \sin n,$$
$$SE = k \cos m, \quad SD = k \cos n.$$

Donc $EM = x - k \cos m$, et $ND = k \cos n - y$, or PM = PN, donne $EP^2 + EM^2 = PD^2 + ND^2$. En substituant et réduisant, on a

$$x^2 - 2kx \cos m = y^2 - 2ky \cos n.$$

Pour trouver les positions d'équilibre, il faut donc éliminer x et y entre cette équation et l'une des deux relations n° (1) : mais comme la seconde se déduit de la première en y changeant r en $1 - r$, il est aisé de ne faire qu'une élimination; ce qui donne, suivant qu'il s'agit de la figure 162 ou de la figure 163,

$$x^4 - 2kx^3 \cos m + 2abkrx.\cos n - r^2a^2b^2 = 0 \dots \dots \dots$$
$$x^4 - 2kx^3 \cos m + 2(1-r)abkx \cos n - (1-r)^2.a^2b^2 = 0 \Big\} \dots (2)$$

Ces équations sont du quatrième degré et ont au moins deux racines réelles, à cause du dernier terme qui est négatif (Cours de Math., n° 515, II) ; mais ces racines peuvent être toutes les quatre réelles, et alors la disposition des signes indique, par la règle de *Descartes* (Cours de Math., n° 531), que trois des racines sont positives, et que la quatrième est négative. Cette dernière racine est inutile au cas présent ; car la pesanteur n'agissant jamais que de haut en bas, la droite SM ne peut être placée sur la ligne SB que d'un seul côté par rapport au point S ; de sorte qu'on ne peut porter la valeur de x sur le prolongement de MS au-delà du sommet S. Il y aura donc une ou trois positions d'équilibre qui seront données par les racines positives des équations (2) : les valeurs correspondantes des y seront données par les équations (1). On devra cependant avoir $x < a$, et $y < b$.

342. Appliquons ces raisonnemens au triangle isocèle, afin de pouvoir pousser le calcul jusqu'au bout : ne considérons que le cas où il n'y a qu'un seul angle du triangle plongé dans le fluide (fig. 162). On a donc ici $m = n$, et $a = b$: ce qui donne

$$xy = a^2r, \text{ et } x^4 - 2kx^3 \cos m + 2a^2rkx \cos m - r^2a^4 = 0.$$

Les facteurs du second degré de cette dernière étant....
$x^2 - a^2r = 0$, et $x^2 - 2kx \cos m + a^2r = 0$, on en conclut, en ne prenant que les racines positives,

$$x = a\sqrt{r}, \text{ et } x = k \cos m \pm \sqrt{(k^2 \cos^2 m - a^2r)} ;$$

d'où $y = x,$ et $y = k \cos m \mp \sqrt{(k^2 \cos^2 m - a^2r)}.$

La première racine indique qu'il y a une position d'équilibre en supposant AB horizontal. Cela s'applique aussi au cas de la fig. 163. Les autres positions sont données par les deux autres racines, mais elles doivent satisfaire à des conditions remarquables : car x et y doivent être $< a$, avec $\pi < \Pi$ ou $r < 1$; donc $a - k \cos m > \pm \sqrt{(k^2 \cos^2 m - a^2 r)}$; en carrant et réduisant, et observant de plus que chaque radical doit être réel, on obtient pour r les deux limites

$$r > \frac{2k \cos m - a}{a}, \quad r < \frac{k^2 \cos^2 m}{a^2}.$$

On aura de même les limites pour le second cas (fig. 163), en changeant r en $1 - r$; elles sont

$$r < \frac{2a - 2k \cos m}{a}, \quad r > \frac{a^2 - k^2 \cos^2 m}{a^2}.$$

Ces conditions doivent être satisfaites pour qu'il y ait trois positions d'équilibre : sans cela, il n'y aurait que celle qui est donnée par l'équation $x = y = a\sqrt{r}$, avec $r > 1$.

Lorsque le triangle est équilatéral, m est le tiers d'un angle droit, d'où l'on tire $\cos m = \sqrt{\frac{3}{4}}$: ainsi $k = SB \times \cos m = a . \sqrt{\frac{3}{4}}$: donc les limites ci-dessus deviennent

$$1^{er} \text{ cas } r > \tfrac{1}{2} \text{ et } r < \tfrac{9}{16}; \quad 2^e \text{ cas } r < \tfrac{1}{2} \text{ et } r > \tfrac{7}{16}.$$

343. Lorsqu'un corps flottant est en équilibre, nous savons que si on le charge d'un poids P, il doit s'y enfoncer jusqu'à ce que le nouveau fluide déplacé soit devenu égal au poids primitif du corps, plus la charge P : supposons que les centres de gravité du corps et du fluide déplacés restent dans une même verticale, et proposons-nous de déterminer la hauteur z de l'enfoncement. Soit K l'aire de la section du corps par le plan de flottaison dans la seconde position d'équilibre, c'est-à-dire lorsque l'enfoncement est opéré. Il est clair que K est une fonction de z donnée par la forme du corps et sa disposition sur le fluide dans le premier état d'équilibre. Kdz est la tranche élémentaire du corps; de sorte que $\int Kdz$ est le vo-

lume de la partie du corps qui s'est enfoncée, en prenant l'intégrale depuis $z = 0$: donc le poids du fluide déplacé par cet
enfoncement est $\pi \int K dz$, π étant le poids spécifique du fluide.
Il est manifeste que ce poids de fluide doit être égal à celui P
qu'on a ajouté : ainsi on a

$$P = \pi \int K dz \ldots \ldots (1).$$

Pour faire usage de cette formule, on y substituera pour K sa
valeur en fonction de z, et l'intégrale étant prise depuis $z = 0$,
on en déduira z, ou la hauteur de l'enfoncement.

Cette théorie s'applique principalement aux corps symétriques
par rapport à un axe vertical (fig. 132), tels que les corps
de révolution, prismes, cônes, cylindres, etc.; parce que les
centres de gravité du corps et du fluide déplacé sont alors
sur cet axe. L'équation de la courbe génératrice du corps de
révolution est $y = fz$; supposons que l'origine soit au point D
où l'axe Az est coupé par le plan de flottaison primitif BC : K est
l'aire d'un cercle ni dont l'ordonnée y est le rayon; ainsi $K = cy^2$,
(c étant le rapport du diamètre à la circonférence) l'équation
(1) devient donc

$$P = \pi c \int y^2 dz.$$

Par exemple, soit un paraboloïde de révolution, d'abord
placé dans une position d'équilibre, l'axe Az étant vertical; on a
pour l'équation de la parabole $y^2 = m (a + z)$, m étant le paramètre, et a désignant la distance AD du sommet D au plan de
flottaison BC. Ainsi on a $P = \frac{1}{2} \pi cm (a + z)^2 + C$; et comme
$P = 0$ donne $z = 0$, on a $C = -\frac{1}{2} \pi cma^2$; donc enfin

$$z = - a \pm \sqrt{ \left\{ \frac{2P}{\pi cm} + a^2 \right\} }.$$

Le signe inférieur se rapporte au cas où l'on aurait au contraire ôté le poids P.

344. La formule (1) peut encore s'appliquer aux prismes et
cylindres droits à base quelconque, dans les cas où la génératrice est horizontale ou verticale. En effet, dans le premier

cas, il suffit d'avoir égard à la base qui est une courbe plane dont l'équation est donnée, alors K est simplement l'aire du rectangle qui résulte de l'intersection de ce cylindre par le plan de flottaison dans le second état d'équilibre. Si au contraire la génératrice est verticale, K est l'aire constante de la base, et l'on a simplement $P = \pi K z$, d'où $z = \dfrac{P}{\pi K}$.

Ainsi pour le cylindre droit à base parabolique (fig. 132), dont la génératrice est horizontale et h la longueur, on a encore ici $y^2 = m(a + z)$; d'où l'on voit que $K = 2h\sqrt{m} \cdot \sqrt{(a + z)}$, ce qui donne pour la formule (ι),

$$P = \tfrac{4}{3}\pi h\sqrt{m}\left\{(a + z)^{\frac{3}{2}} - a^{\frac{3}{2}}\right\},$$

d'où il faudra déduire la valeur de z. Si au contraire ce cylindre a sa génératrice verticale, comme on sait que la base est un segment parabolique dont l'aire est $K = \tfrac{2}{3}hk$, h et k étant les deux plus grandes dimensions de ce segment, on a

$$z = \frac{3P}{2\pi hk}.$$

On observe que tout ce qui vient d'être dit s'applique également au cas où l'on ôterait au contraire un poids P au corps flottant.

345. Évaluons maintenant les pressions exercées sur la paroi courbe d'un vase.

On a vu (335) qu'on doit décomposer la pression sur l'élément ω de surface plongée, parallèlement aux axes des z, y et x, et que les composantes sont les produits de πz par les projections de cet élément ω sur les plans des xy, xz et yz, projections qui sont respectivement les rectangles différentiels $dxdy$, $dxdz$ et $dydz$. Les composantes de la pression élémentaire suivant les z, les y et les x, sont donc

$$\pi z\,dxdy, \qquad \pi z\,dxdz, \qquad \pi z\,dydz.$$

Ces trois valeurs étant intégrées dans les limites que prescrit l'étendue de la surface plongée qu'on considère, donneront les résultantes des pressions parallèles aux axes, éprouvées par cette partie de la surface plongée. Quant aux trois points où ces résultantes pressent la surface, il faut, pour les obtenir, recourir au théorème des momens ou aux équations (P), p. 43. Ainsi désignons par Z et Y les coordonnées du centre de pression des forces parallèles aux x, et par R leur résultante, nous obtiendrons

$$\mathrm{R} = \iint \pi z \, dy \, dz, \quad \mathrm{RZ} = \iint \pi z^2 \, dy \, dz, \quad \mathrm{RY} = \iint \pi z y \, dy \, dz.$$

De même dans les sens des y et des z, on a

$$\mathrm{R}' = \iint \pi z \, dx \, dz, \quad \mathrm{R}'\mathrm{Z}' = \iint \pi z^2 \, dx \, dz, \quad \mathrm{R}'\mathrm{X}' = \iint \pi z x \, dx \, dz.$$
$$\mathrm{R}'' = \iint \pi z \, dx \, dy, \quad \mathrm{R}''\mathrm{Y}'' = \iint \pi z y \, dx \, dy, \quad \mathrm{R}''\mathrm{X}'' = \iint \pi z x \, dx \, dy.$$

On ne pourra d'ailleurs réduire ces trois pressions à une seule que dans des cas particuliers (47). Quant aux intégrations, elles se pratiquent en suivant les mêmes principes que lorsqu'il s'agit d'évaluer l'aire ou le volume d'une portion de surface courbe; car on doit connaître l'équation de la surface pressée et les projections de ses limites.

Si la paroi pressée est un plan vertical, on peut prendre ce plan pour celui des xz, dont l'équation est $y = 0$. On a donc R et R″ nuls, ce qui est d'ailleurs visible : et l'intégrale de $\pi z \, dx \, dz$, prise dans les limites convenables donnera la pression cherchée : or $dx \, dz$ est l'élément pressé, $z \, dx \, dz$ est son moment relativement au plan des xy, ainsi $\iint z \, dx \, dz$ est le z du centre de gravité de l'aire pressée, ce qui reproduit le théorème 332. Il est d'ailleurs aisé de voir que la valeur de Z′ revient à la formule (η).

III. *De l'Aréomètre et de la Balance hydrostatique*.

346. Comme la théorie des corps flottans exige la connaissance des poids spécifiques des divers corps, tant solides que fluides, nous allons nous occuper des moyens propres à déterminer ces poids. On a vu (n° 329) que la *densité* ou le *poids*

spécifique est le poids absolu de l'unité de volume ; mais comme nous n'avons d'autre moyen d'assigner le poids d'un corps, que de trouver son rapport à un poids pris pour unité (221), il est aisé d'en conclure qu'il ne s'agit ici que d'assigner les rapports qui existent entre les poids spécifiques des diverses substances. Il faut donc concevoir qu'on a pris pour unité la densité ou le poids spécifique d'une substance, telle que l'eau, et qu'on veut seulement trouver les rapports qui existent entre ce poids et celui des autres substances.

Il n'est pas nécessaire que les corps soient réduits à l'unité de volume, puis pesés dans cet état ; car si l'on connaît les poids de volumes égaux de deux substances, comme il faudrait diviser ces poids par le nombre d'unités de volumes qu'ils contiennent, pour obtenir le poids du volume 1, et que ce diviseur serait le même des deux parts, il est clair que le *rapport des poids de deux substances, sous même volume, est le rapport des poids spécifiques de ces corps.*

Si le corps est liquide, on prendra un flacon dont on cherchera le poids vide, puis plein d'eau, et enfin rempli du fluide dont on veut obtenir le poids spécifique : soient a, b et c ces poids respectifs ; $b - a$ est celui de l'eau et $c - a$ celui du liquide contenu dans le flacon : comme les volumes sont égaux, le rapport des pesanteurs spécifiques est égal à celui de ces poids,

$$\text{ou} = \frac{c - a}{b - a}.$$

S'il s'agit d'un corps solide, après avoir mis le flacon plein d'eau dans un des plateaux de la balance, et produit l'équilibre à l'aide de poids connus convenablement choisis, on placera le corps à côté du flacon, et on ajoutera de l'autre part le poids nécessaire pour rétablir l'équilibre ; ce poids sera celui du corps. Introduisant ensuite le corps dans le flacon toujours plein d'eau, et replaçant le tout dans le même plateau qu'auparavant, on sera obligé d'ajouter un nouveau poids au flacon pour faire équilibre ; ce sera le poids de l'eau qui a été chassée du flacon lorsqu'on y a mis le corps. Il ne reste plus qu'à diviser ces deux poids l'un par l'autre ; car le rapport cherché est le quotient du poids du corps divisé par le poids d'un volume d'eau égal à celui de ce même corps.

Cette méthode est due à Klaproth. Il est inutile de dire qu'il faut environner ces expériences de toutes sortes de précautions, pour pouvoir compter sur l'exactitude des résultats. Ainsi on emploiera une balance très exacte, et le procédé indiqué p. 131. On se servira d'eau distillée; on opérera à une température déterminée, puisque la chaleur fait varier le volume des corps.... *V.* les Traités de *Physique*. On prend ordinairement 12° du thermomètre centigrade, parce qu'il est plus facile de se procurer cette température. Au reste, il est aisé de ramener les expériences à une température déterminée; car chaque degré donne sensiblement la même augmentation de volume pour une substance désignée. Mais la dilatation varie avec les diverses substances et avec la température : il résulte des expériences de M. Gay-Lussac, que les gaz bien desséchés se dilatent tous des $\frac{8}{800}$ de leur volume à zéro pour chaque degré du thermomètre centigrade. Pour 100° de température, le plomb se dilate en chaque sens de 0,0028; le cuivre de 0,0017; le fer de 0,00122; le mercure de 0,00191; le verre blanc 0,00089, etc. Il est facile d'en conclure l'augmentation qu'éprouve une surface ou un solide : si par exemple, un parallélépipède, dont les arêtes sont a, b et c, éprouve, sur chacune, une dilatation a pour un degré, a est ce qu'on nomme la *dilatation linéaire ;* la surface devient $ab + 2aab$ et le solide $abc + 3aabc$, en négligeant le carré et le cube de la petite quantité a. Un volume d'eau se dilate pour 100° de 0,0433; un d'alcool de 0,110; un de mercure de 0,018 $= \frac{2}{111}$,etc.

C'est d'après ces procédés et à la température de 12° centigrades, ou d'après les principes qu'on va développer, qu'on peut concevoir la formation de la table des poids spécifiques que nous donnons à la fin de cet ouvrage, et dans laquelle le poids spécifique de l'eau distillée a été pris pour terme de comparaison et représentée par 1. De sorte que les nombres 7,264 et 1 qu'on lit dans cette table à la suite des mots *Étain* et *Eau,* désignent que les poids de l'unité de volume, ou si l'on veut, les poids de deux volumes égaux d'étain et d'eau, sont entre eux comme 7,264 est à 1, à 12° centigrades. On voit de même que ces poids pour le fer et le cuivre sont entre eux comme 7,8 est à 8,895, ou comme 7800 à 8895.

On peut se servir de cette table, pour déterminer le poids x, d'une substance dont le volume est connu; il faut pour cela chercher le poids a d'un pareil volume d'eau, et faire cette proportion (dans laquelle D désigne le nombre mis dans la table à côté de la substance dont il s'agit) $1:D::a:x$; donc $x = aD$. Ainsi *pour trouver le poids d'un volume déterminé d'une substance, il faut multiplier le nombre mis dans la table à côté de cette substance par le poids d'un volume égal d'eau.* Pour trouver ce dernier poids, on doit savoir que le centimètre cube d'eau distillée pèse 1 gramme, et que le décimètre cube pèse 1 kilogramme. Ainsi en multipliant 7,264, qui est la densité D de l'étain, par 1 kilog., on a 7 kilog.,264 pour le poids d'un décimètre cube d'étain : de sorte que notre table n'est en effet que le poids d'un décimètre cube de chaque substance exprimé en kilogrammes.

Il peut être utile de savoir que, d'après les anciennes mesures, le pied cube d'eau distillée pèse 69,969 livres, et le pouce cube 5 gros 13 ½ grains.

347. L'*Aréomètre* ($\alpha\rho\alpha\iota\delta\varsigma$, petit, mince; $\mu\epsilon\tau\rho\sigma\nu$, mesure) ou *Pèse-liqueur* est un instrument destiné à faire connaître les rapports des poids spécifiques des fluides : sa forme est à peu près arbitraire. Soit D (fig. 164) un globe de verre lesté inférieurement en F, afin qu'il garde la position verticale (355), et surmonté d'un tube CI. Si l'on plonge cet instrument dans un fluide, il s'y enfoncera jusqu'en un point C, et le poids entier de l'aréomètre sera égal au poids du volume ν du fluide qu'il déplace. Dans un autre fluide, l'instrument s'enfoncerait jusqu'en E, et déplacerait un volume ν' : désignons par π et π' les poids spécifiques des fluides, le poids total de l'instrument sera donc égal d'une part à $\pi\nu$, et de l'autre à $\pi'\nu'$; ainsi on aura $\pi\nu = \pi'\nu'$; c'est-à-dire que *les poids spécifiques de deux fluides sont en raison inverse des volumes déplacés.* Si donc on pouvait parvenir à connaître ces volumes, on aurait le rapport des poids spécifiques.

Dans les usages ordinaires de la vie , comme on n'a besoin que
de valeurs grossièrement approchées, et d'ailleurs comme on
n'éprouve qu'un petit nombre de fluides, on marque des divisions
sur le tube CI; de sorte qu'au premier aspect on juge des poids
spécifiques d'après les nombres de degrés de l'instrument. Mais
ce procédé n'est propre qu'à indiquer si un fluide est plus ou
moins dense qu'un autre, et il ne peut servir à mesurer le rapport de leurs densités.

Il faudrait donc avoir un moyen rigoureux d'évaluer les volumes de fluide déplacé dans les deux expériences; Fahrenheit
en a évité la recherche en plaçant une cupule B à la partie supérieure du tube, puis y ajoutant ou en ôtant des poids, jusqu'à ce que la surface de l'eau montât au même point, ce qu'on
appelle *affleurer;* car comme par là les volumes déplacés sont
toujours les mêmes, p et $p \pm q$ désignant les poids de l'instrument, et v le volume déplacé dans les deux épreuves faites sur des
fluides dont π et π' sont les pesanteurs spécifiques, on a $p = \pi v$
et $p \pm q = \pi' v$, d'où

$$\frac{\pi'}{\pi} = \frac{p \pm q}{p} \ldots \ldots \ldots (\varkappa)$$

348. *Nicholson* a imaginé d'employer à la détermination des
pesanteurs spécifiques des solides un instrument analogue à l'a-
réomètre de *Fahrenheit,* et qui mérite d'être connu. Il consiste
en un tube MN (fig. 165) de fer-blanc, surmonté d'une tige Bb,
faite d'un fil de laiton, et qui porte à son extrémité une petite
cuvette A. Cette tige est marquée vers son milieu d'un trait b
fait avec la lime. La partie inférieure tient suspendu un cône
renversé E, concave à l'endroit de sa base, et lesté en dedans
avec du plomb. Le poids de l'instrument doit être tel, que quand
on plonge celui-ci dans l'eau pour l'abandonner ensuite à lui-
même, une partie du tube surnage. La cuvette A qui termine la
tige, et qui a la forme d'une calotte sphérique, y est assujettie au
moyen d'un petit tube de fer-blanc, dans lequel cette tige entre
avec frottement. On a ordinairement une seconde cuvette plus
large que l'on place au-dessus de la première, dans le creux de

laquelle elle s'engage par sa convexité. On peut ainsi enlever à
volonté cette seconde cuvette, soit pour retirer plus facilement
les poids dont elle est chargée, comme nous le dirons dans
un instant, soit pour faire quelque changement dans leur assor-
tissement.

L'usage de cet instrument est facile à concevoir. On commence par placer dans la cuvette supérieure le poids k nécessaire pour que le trait q, marqué sur la tige, descende à fleur
d'eau ; puis ôtant ce poids, on y substitue le corps destiné pour
l'expérience, et on y ajoute le poids l nécessaire pour produire
l'affleurement. Soit p le poids du corps dans l'air ; comme le volume du fluide déplacé est le même dans les deux cas, on a
$p = k - l$. On retire l'aréomètre pour placer le corps dans le
bassin inférieur E ; puis ayant replongé l'instrument, on produit de nouveau l'affleurement à l'aide d'un poids m, c'est-à-dire
qu'on ajoute au poids l de la seconde expérience le poids $m - l$,
qui est par conséquent la perte que le corps a faite de son poids
dans l'eau, ou le poids du volume de fluide déplacé. Il ne s'agit
plus que de diviser le poids p du corps par celui $m - l$ du fluide
déplacé ; de sorte que le rapport des poids spécifiques est.......
$= \dfrac{k - l}{m - l}$; k, l, m étant les trois charges de l'aréomètre. On a
dû remarquer que cet instrument donne le poids du corps dans
l'air et dans l'eau.

S'il s'agit de deux fluides, soient a le poids entier de l'instrument, l la charge qui produit l'affleurement dans le premier fluide, λ le poids qu'il faut ajouter ou ôter pour le
produire dans le second : $a + l$ et $a + l \pm \lambda$ sont les
poids de fluide déplacé ; donc le rapport de leurs poids spécifiques est

$$\frac{a + l \pm \lambda}{a + l} = 1 \pm \frac{\lambda}{a + l}.$$

(V. *les Traités de Physique* de Haüy, n° 54, et de M. Biot.)

349. Soient trois substances M, N et P, telles qu'un sel, de
l'alkool et de l'eau, il est facile de trouver le rapport des poids

spécifiques du sel et de l'eau, lorsqu'on connaît ceux qui existent entre l'eau et l'alkool d'une part, et le sel et l'alkool de l'autre. Car soient π, π', π'' les poids spécifiques de M, N et P; a, b, c leurs rapports, de sorte que $\pi = a\pi'$, $\pi = b\pi''$, $\pi' = c\pi''$; en éliminant π entre les deux premières, on a $a\pi' = b\pi''$, d'où $b = ac$: on devra employer ce procédé toutes les fois qu'on voudra trouver le poids spécifique d'un corps soluble dans l'eau.

350. Concevons une balance très exacte, qui porte en dessous de l'un de ses plateaux un crin auquel on puisse suspendre les corps, afin de les peser dans l'air et dans l'eau : cet instrument a été nommé *Balance hydrostatique.* Après avoir mis un corps en équilibre dans l'air, on fait en sorte qu'il plonge dans l'eau ; comme ce corps y perd alors une partie de son poids, on est obligé d'ajouter un poids f pour rétablir l'équilibre; ce poids f est celui de l'eau qu'il a déplacée. Soit P le poids du corps dans l'air, $\dfrac{P}{f}$ sera le rapport du poids du corps à celui de l'eau déplacée, et par conséquent sera le rapport des poids spécifiques du corps et du fluide.

Puisque f est le poids d'un volume V d'eau égal à celui du corps, on a $f : V :: 1$ kilog. : 1 litre ou décimètre cube. (*Voy.* n° 346), ainsi $V = \dfrac{f \times 1^{litre}}{1^{kil.}}$; le poids f, exprimé en kilo-grammes, donnera donc le volume du corps exprimé en déci-mètres cubes; ce qui offre le moyen d'avoir le volume d'un corps quelconque.

La balance hydrostatique sert aussi à trouver les rapports des poids spécifiques des fluides; car soient f et f' les poids qu'il faut, comme ci-dessus, ajouter à un corps pour qu'il soit en équilibre dans deux fluides; ce sont les poids de deux volumes égaux des fluides, $\dfrac{f}{f'}$ est donc le rapport cherché. Ainsi *le rapport des poids spécifiques des fluides est le même que celui des pertes de poids que fait le corps plongé.* Consultez sur cette matière la *Table des pesanteurs spécifiques,* par Brisson.

351. Il est aisé maintenant de comprendre comment Archimède put résoudre le problème de Hiéron, roi de Syracuse. Il s'agissait de s'assurer, sans endommager une couronne, si elle était composée d'or pur; et dans le cas où on y aurait mêlé de l'alliage, de connaître le rapport entre les parties constituantes de ces deux métaux. Ce problème revient à trouver le titre d'un lingot composé d'or et d'un autre métal, tel que de l'argent.

Soient Π et Π' les rapports connus des poids spécifiques de ces deux métaux à celui de l'eau; f et f' les poids du mélange dans le vide et dans l'eau; enfin x et $f - x$ les poids respectifs des parties d'or et d'argent contenues dans le mélange. Puisque Π est le quotient du poids x de l'or divisé par le poids de l'eau qu'il déplace, ce dernier poids est $= \dfrac{x}{\Pi}$: de même $\dfrac{f - x}{\Pi'}$ est celui que l'argent déplace. La somme de ces quantités est le poids f' du volume d'eau déplacé par le mélange; ainsi

$$f' = \frac{x}{\Pi} + \frac{f - x}{\Pi'}, \quad \text{d'où} \quad x = \frac{\Pi(f - f'\Pi')}{\Pi - \Pi'}.$$

S'il n'y avait eu que de l'or, on aurait eu $\Pi = \dfrac{f}{f'}$, d'où $x = f$; il est donc aisé de s'assurer si le mélange contient de l'alliage, ou s'il n'est formé que d'or pur. Cette théorie est supposée dégagée de la pénétration apparente que les corps mélangés peuvent éprouver en vertu de leurs actions chimiques.

IV. *Stabilité et oscillations des corps flottans.*

352. Lorsqu'un corps flottant est en équilibre, s'il est dérangé de cet état par une cause quelconque, telle qu'une impulsion, il est important de connaître si cette circonstance permettra au corps de revenir à sa première position, on le contraindra au contraire à s'en écarter davantage : c'est ce que nous proposons d'examiner ici.

Dans la situation d'équilibre la droite GO (fig. 166 et 167)

qui joint le centre de gravité G du corps DFE à celui O du
fluide déplacé AFB, est verticale; ce sera notre axe des z : lorsqu'on dérange le corps, la ligne GO s'incline, O n'est plus le
centre de gravité du fluide déplacé aFb (fig. 167); nous supposerons ici que le dérangement a été très petit, ou que le corps a
tourné infiniment peu; nous prendrons le plan horizontal qui
passe en G pour celui des yx; le plan de la figure est perpendiculaire
à ce dernier; l'axe des y y est projeté en G, Gx est l'axe des x,
AB est la surface de flottaison dans l'état primitif d'équilibre, ab
est celle de l'état varié. On est supposé avoir pris les y parallèles
à l'axe de ces surfaces, qui sépare la partie BCb nouvellement immergée, de celle ACa qui vient de sortir du fluide; c'est ce qu'on
nomme l'axe de flottaison; cet axe est projeté en C. O peut être
placé plus bas que G; cela ne change rien aux considérations :
notre figure suppose que le corps flottant n'est point homogène,
et que sa partie inférieure est chargée d'une substance spécifiquement plus pesante que le fluide. Du reste nous regarderons
comme infiniment petit l'angle $aCA = \theta = $ GOV : de sorte
qu'on peut supposer l'onglet ACa engendré par la révolution de
la surface AC autour de l'axe de flottaison C; il en est de même
de BCb; qq' et pp' sont les projections des arcs décrits par les
centres de gravité de BC et AC.

Nous ferons ici abstraction du mouvement vertical du corps,
et nous regarderons aFb comme égale à AFB, de sorte que la
partie ACa qui est sortie du fluide soit égale à celle BCb qui s'y
est plongée. S'il n'en était pas ainsi, le poids du corps ne serait
plus égal à la poussée du fluide, et ces deux forces pouvant être
considérées comme appliquées en G (275), le corps aurait un
mouvement vertical : mais en outre il tournerait autour du point
G comme s'il était fixe; et comme ce dernier mouvement a
lieu indépendamment du premier, et qu'il est le seul qui nous
intéresse, notre hypothèse simplifie les considérations et ne
change rien à ce mouvement. En égalant les expressions des volumes égaux ACa, BCb qui sont (p. 93) AC $\times$ pp' et CB $\times$ qq',
on voit que comme les momens des aires AC et BC sont égaux

par rapport à l'axe C de flottaison, le centre de gravité de la surface AB ou ab est situé sur cet axe.

L'équilibre n'ayant plus lieu, nous allons chercher le mouvement que le corps devra prendre. Soient $GO = a$, le volume $AFB = aFb = S$; on a de plus $\sin\theta = \theta$, $\cos\theta = 1$.

La poussée du fluide sur la partie plongée aFb est égale au poids du fluide déplacé; cette force agit au centre de gravité de aFb; or comme la position de ce centre nous fera trouver le sens du mouvement du corps autour du point G, il faut en déterminer la position, en prenant les momens par rapport aux plans yz et xz. Pour cela observons que $aFb + aCA$ est la même chose que $AFB + CBb$: or il est démontré (52, 4°.) qu'en considérant les volumes aFb, aCA comme concentrés en leurs centres de gravité respectifs, ainsi que ceux de AFB et CBb, et prenant les momens par rapport à un plan quelconque, ces momens seront de part et d'autre égaux. Prenons donc les momens par rapport au plan yz.

1°. On a $AFB \times GV = S \cdot a\sin\theta = S \cdot a\theta$, pour le moment de AFB supposé réuni en O.

2°. $BCb \times qi$ sera celui de CBb, parce que q diffère infiniment peu du pied de la verticale passant par le centre de gravité BCb.

3°. $ACa \times ip$ sera de même celui de aCA.

4°. Enfin soit gn la projection de la verticale passant par le centre de gravité de aFb, $aFb \times Gn = Sx$ sera le moment de aFb, en supposant $Gn = x$.

Cela posé, le moment de aCA doit être pris en signe contraire de celui de aFb, parce que le poids et la poussée tendent à faire tourner en sens contraires (33) autour de l'axe des y. On a donc

$$Sx - ACa \times ip = Sa\theta + BCb \times qi, \text{ d'où } Sx = Sa\theta + CBb \times pq.$$

Pour déterminer les centres de gravité des onglets, il faut diviser la somme des momens de leurs élémens par leurs volumes : or soit pris un élément s de la surface AC, dont la distance à l'axe C de flottaison soit ϱ, $\theta\varrho$ est l'arc qu'il décrit dans la rotation de AC autour de cet axe, ou la hauteur du petit parallélépipède qu'il engendre ; $\theta \varrho \iota$ est son volume, et $\theta \rho^2 \iota$ son moment relativement à un plan vertical mené par l'axe C : $\theta f(\varrho^2 \iota)$ est donc la somme de ces momens, ainsi $\theta f(\varrho \iota) = \mathrm{AC} a \times \mathrm{C} p$: on aurait de même $\mathrm{C} c b \times \mathrm{C} q$, et ajoutant on trouve $\mathrm{BC} b \times p q = \theta b^2$, en désignant par b^2 le moment d'inertie de l'aire AB de flottaison relativement à son axe ; moment positif (239) et connu, puisque cet axe est parallèle à celui des y, et mené par le centre de gravité de AB. Donc enfin l'abscisse Gn de la poussée du fluide est

$$x = \left(a + \frac{b^2}{S} \right) \theta.$$

Le moment du volume AFB n'est ici positif que parce que le centre de gravité O du fluide déplacé s'est trouvé plus élevé que celui du corps ; mais s'il n'en eût pas été ainsi, et que le point O se fût trouvé placé sous le point G , la perpendiculaire GV serait tombée du côté opposé ; alors le moment de AFB aurait tendu à faire tourner en sens contraire, et on aurait eu...........

$x = \left(- a + \dfrac{b^2}{S} \right) \theta$. Si l'on veut cumuler les deux cas dans la même formule, on écrira donc

$$x = \left(\frac{b^2}{S} \pm a \right) \theta \quad \ldots \ldots \ldots \ldots \quad (\lambda)$$

en prenant le signe supérieur lorsque le centre de gravité du corps est plus bas que celui du fluide déplacé ; et le signe inférieur dans le cas contraire.

353. Nous ne connaissons encore que l'x du point g où la verticale gn va couper la ligne GO qui joint les deux centres de gravité. Pour obtenir l'y, recourons à l'équation............ $a\mathrm{F}b + a\mathrm{CA} = \mathrm{AFB} + \mathrm{CB}b$, et prenons les momens relativement au plan xz : celui de $a\mathrm{F}b$ est Sy ; celui de AFB est nul, puisque le centre de gravité O est dans le plan xz : il ne nous reste donc plus qu'à évaluer ceux des deux onglets. Supposons que les ordonnées dans le sens des y de leurs centres de gravité respectifs sont positives : l'élément ι pris sur CB donne le paral-

lélépipède élémentaire $\theta \varrho \varepsilon$; en désignant par r sa distance au plan xz, $\varrho \varepsilon r$ est son moment; la somme des momens est donc $\theta \int (\varrho \varepsilon r)$; bien entendu que ces divers momens doivent varier de signes avec r, c'est-à-dire suivant que les élémens sont d'une part ou de l'autre du plan xz : on a donc $\theta \int (\varrho \varepsilon r)$ pour le moment de BCb. On obtiendra pour aCA une expression semblable, mais elle doit être prise en signe contraire, parce que la poussée qui est relative à Bcb et aFb agit visiblement en sens contraire du poids de ACa : cette expression négative, passée dans le second membre, devient positive, et on a $Sy = \theta \int (\varepsilon \varrho r)$; d'où l'on tire

$$ y = \frac{\theta}{S} \int (\varepsilon \varrho r). $$

Le signe $\int$ désigne une intégration dans toute l'étendue de la surface de la flottaison, et relative à une droite qui est l'intersection de cette surface par le plan xz : on doit la regarder comme connue; mais elle n'est pas essentiellement positive, comme $\int (\varepsilon \varrho^2)$; ses parties doivent y être prises avec leur signe, suivant qu'elles tombent d'un côté ou de l'autre de l'axe dont il s'agit. Ainsi l'y du point g est positive, négative ou nulle avec $\int (\varepsilon \varrho r)$.

354. Quand le corps est coupé par le plan xz en deux parties symétriques, $S(\varepsilon \varrho r)$ est nul, $y = 0$ et l'x du centre de gravité est donnée par la formule (λ).

Si, par exemple, il s'agit d'un cylindre horizontal dont la base soit DFE (fig. 167), on trouve, pour le moment d'inertie du rectangle qui est la surface de flottaison

$$ \int (\varrho^2 \varepsilon) = \int (y^2 dx dy) = \tfrac{1}{12} k h^3, $$

k étant la longueur de l'arête, ou la base, et k la hauteur AB de ce rectangle. Si donc on désigne par B l'aire de la partie AFB plongée de la base, on a $S = bk$, $b^2 = \tfrac{1}{12} k h^3$, d'où

$$ y = 0, \quad x = \left(\frac{h^3}{12\,B} \pm a \right) \theta = A\theta \;\ldots\ldots\; (\mu) $$

en posant $\qquad\qquad A = \dfrac{h^3}{12\,B} \pm a.$

Lorsque $x = 0$, les centres de gravité du corps et du fluide déplacé se trouvent encore dans la même verticale Gz; ainsi l'équilibre subsiste dans la nouvelle position du corps. Cela arrive lorsque a étant négatif, on a $a = \dfrac{b^2}{S}$; mais si ces conditions n'ont pas lieu, comme la poussée du fluide agit de bas en haut, il est clair que lorsque x est positif, le corps tend à reprendre sa première position : on dit alors que l'équilibre est *stable*. Ce cas a lieu quand a est positif, ou lorsque a étant négatif, il arrive que a est plus petit que $\dfrac{b^2}{S}$. Enfin si a est négatif et $> \dfrac{b^2}{S}$, x est négatif, ce qui signifie que le centre de gravité de aFb est disposé de l'autre côté de la verticale Gz : il est alors évident que la poussée du fluide tend à écarter davantage le corps de sa position primitive, et que l'équilibre n'est point stable.

La poussée du fluide rencontre l'axe des z primitif ou la droite GO qui passe par les centres de gravité G du corps Q et du fluide déplacé, en un point auquel *Bouguer* a donné le nom de *Métacentre* (Μετὰ, au-delà ; Κέντρον, centre) dans son *Traité du Navire*. Il suit de cette définition que *le corps flottant est en équilibre stable lorsque le métacentre est plus élevé que le centre de gravité du corps ; qu'il manque au contraire de stabilité lorsque le métacentre est plus bas que le centre de gravité du corps ; et qu'enfin lorsque ces deux points coïncident, le corps persiste dans l'état où on le met.* Il est en effet évident que le point g (fig. 167) est plus élevé ou moins élevé que G, ou même coïncide avec G, suivant que la valeur de Gn est positive, négative ou nulle.

355. Représentons, pour abréger, par A le coefficient de θ dans la formule (μ), ou dans celle (λ), en y regardant toutefois le corps comme coupé symétriquement par le plan xz; ainsi...
$A = \dfrac{b^2}{S} \pm a$; donc $Gn = A\theta$ et $Gg = A$: enfin, P désignant le poids du corps ou la poussée du fluide, $PA\theta$ sera le moment de cette force par rapport à l'axe passant par le centre de gravité G. Nous avons vu (k'', 254) que lorsqu'un corps, retenu par un axe fixe, est soumis à l'action d'une force, l'effet de cette force pour faire tourner le corps croît proportionnellement à l'intensité de la puissance et à sa distance de l'axe fixe.

La puissance est ici la poussée du fluide; son moment par rapport au centre de gravité est $P\mathcal{A}i$: il suit de là que lorsqu'un corps flotte sur un fluide, son poids P étant constant, la vitesse qu'engendre la poussée du fluide est d'autant plus grande que l'inclinaison i est elle-même plus grande, ainsi que $\mathcal{A}$. Donc *la stabilité d'un corps flottant en équilibre est d'autant plus grande que son centre de gravité est plus bas au-dessous de celui du fluide déplacé, et que la distance entre ces centres est plus grande.* Alors si le corps est tiré de l'état d'équilibre, la force qui tend à l'y rétablir est elle-même d'autant plus grande. C'est par cette raison qu'on *leste* les corps flottans dont on veut empêcher le renversement : on dispose à leur partie inférieure une substance d'un poids spécifique plus grande que celle du fluide, afin que le centre de gravité du corps soit plus bas que celui du fluide déplacé. L'*arrimage* des vaisseaux consiste à placer dans la *cale* des substances très pesantes, telles que des saumons de fonte; on évite par-là que le *roulis* et le *tangage* ne soient trop considérables; ces mouvemens du bâtiment fatiguent beaucoup les navigateurs.

356. On aura une juste idée de l'équilibre stable et de l'équilibre non stable, en considérant une ellipse placée verticalement sur un plan horizontal. Si l'ellipse est en équilibre sur son petit axe, on voit qu'en l'écartant un peu de cette situation, elle tend à y revenir, en faisant des oscillations que le frottement et la résistance de l'air auront bientôt anéanties. Mais si l'ellipse est en équilibre sur son grand axe, une fois écartée de cette situation, elle tend à s'en éloigner davantage, et finit par se renverser sur son petit axe. Voyez ce qu'on a dit n°ˢ 286 et 300.

L'exemple que nous venons de donner offre une circonstance remarquable, mais qui pourtant ne lui est pas particulière; les quatre positions d'équilibre de l'ellipse sur les extrémités de ses deux axes, sont alternativement stables et non stables : il est aisé de se convaincre que la même chose a lieu pour tous les corps. En effet, soient deux positions d'équilibre stable d'un corps, et telles qu'en faisant tourner ce corps autour d'un axe parallèle à une droite immobile, on le fasse passer de l'une de ces positions à l'autre, et que cependant entre ces deux situations il n'en existe aucune de même nature : si le corps, supposé dans une de ces positions, en est écarté pour l'approcher de l'autre; suivant que cet écartement sera plus ou moins grand, le corps tendra à revenir à son premier état, ou à atteindre la seconde position. Il suit de là qu'il faut nécessairement qu'entre ces deux positions il y en ait une où le corps ne tende pas plus vers l'une que vers l'autre : cet état intermédiaire est un équilibre non stable; car quelque peu qu'on en écarte le corps vers l'une des deux positions stables, il devra parvenir à celle ci.

Donc *si un corps, en tournant autour d'un axe parallèle à une droite donnée, passe successivement par plusieurs positions d'équilibre, elles seront tour-à-tour stables et non stables.* S'il part d'une situation où l'équilibre ait de la stabilité, la suivante n'en aura pas; la 3e redeviendra stable, et ainsi alternativement. On voit donc que le nombre total de ces positions est pair, à moins que deux positions consécutives ne se confondent en une seule; dans ce cas la position résultant de leur réunion, donnera l'état déjà examiné, dans lequel la valeur (λ) est nulle.

357. Lorsqu'on écarte très peu un corps d'une position d'équilibre stable, puisque le moment $PA\theta$ de la poussée du fluide est proportionnel à l'arc θ que le corps devra décrire pour se rétablir dans l'état primitif, cette restitution devra s'opérer suivant les mêmes lois que pour le pendule. Le corps fera donc des oscillations autour de la position d'équilibre stable, et même il oscillerait sans cesse autour du centre de gravité, si la résistance du fluide n'éteignait peu à peu sa vitesse, et ne le rendait enfin au repos stable dont on l'a tiré. Le calcul fournit des moyens de s'assurer directement de tout ceci, et en outre sert à déterminer toutes les circonstances du mouvement oscillatoire, ainsi que nous allons l'exposer, en nous bornant toujours au cas où le corps est symétrique par rapport au plan xz.

Supposons que le corps ait été très peu écarté de sa position d'équilibre, puis abandonné ensuite à l'instant où l'on compte $t = 0$. Au bout du temps t, la droite GO (fig. 167) qui passe par les centres de gravité du corps et du fluide déplacé dans l'état d'équilibre, fera avec la verticale un angle GOV mesuré par l'arc θ. Soit f la valeur de θ lorsque $t = 0$, c'est-à-dire la valeur angulaire qui détermine la position du corps à cet instant : enfin soit α l'arc décrit par le point placé sur GO à l'unité de distance du point G, et u la vitesse de ce point, ou la vitesse angulaire ; on a $\theta = f - \alpha$: ces dénominations sont les mêmes qu'aux n°s 260 et 194 pour le pendule (fig. 149 et 123). Au bout du temps t, la poussée du fluide tend à accroître la vitesse u ; et en appliquant ici la formule (m'', 259), on voit que pour obtenir la force accélératrice angulaire $\dfrac{du}{dt}$, il faut diviser le moment PAθ de la poussée du fluide, par rapport au centre de gravité G, par le moment d'inertie : or M étant la masse du corps, on a P$=g$M ; et le moment d'inertie est Mk^2 ; ainsi

$$\frac{du}{dt} = \frac{Ag\theta}{k^2} = \frac{Ag}{k^2}(f - \alpha) : \text{or } u = \frac{d\alpha}{dt};$$

multipliant ces deux équations, et intégrant, on a

$$u = \frac{\sqrt{(Ag)}}{k} \cdot \sqrt{(2f\alpha - \alpha^2)},$$

d'où
$$dt = \frac{k}{\sqrt{(Ag)}} \cdot \frac{d\alpha}{\sqrt{(2f\alpha - \alpha^2)}};$$

on intègre de nouveau (voyez pag. 218), et on trouve

$$t = \frac{k}{\sqrt{(Ag)}} \cdot \text{arc}\left(\cos = \frac{f - \alpha}{f}\right),$$

d'où
$$\alpha = f\left\{ 1 - \cos\left(\frac{t}{k}\sqrt{(Ag)}\right)\right\}.$$

Les constantes sont nulles, parce que $t = 0$ donne $u = 0$ et $\alpha = 0$. On conclut de là que

1°. Si A est positif, pour que la valeur de u soit réelle, il faut que α soit $< 2f$, qui est l'excursion QOQ' (fig. 123) que l'axe

MO du corps fait de part et d'autre de la verticale OA ; il y a donc stabilité : si au contraire A est négatif, il n'y a pas stabilité ; de sorte que la réciproque est vraie.

2°. En comparant la valeur de s à celle (n'', p. 358), on voit que le corps doit osciller lorsque A est positif, et que ses oscillations sont isochrones : $a = 2f$ donné pour le temps T de l'oscillation entière,

$$T = \frac{k\pi}{\sqrt{(Ag)}}.$$

3°. En comparant cette valeur avec celle (p', p. 266), on obtient pour la longueur r du pendule simple *synchrone* (261) ,

$$r = \frac{k^2}{A}.$$

358. Appliquons ces principes au cas où le corps est un prisme dont le profil transversal est DCE (fig. 168), tel que sa partie plongée soit un triangle ABC isocèle, et dans lequel . . . . AB $= b = 2m = 2$AF, et CF $= h$: le surplus ADEB du profil peut avoir une forme quelconque. Soit G le centre de gravité du corps ; O celui de ACB ; FO $= \frac{1}{3} h$, (58) ; soit FG $= n$: on aura donc GO $= a = n - \frac{1}{3} h$; de plus l'aire ACB est S $= mh$. Ainsi la distance A du métacentre au point G est

$$A = \frac{2m^2 \pm h\,(3n - h)}{3h} ;$$

et il est aisé d'en conclure les conditions nécessaires pour que le corps soit dans un équilibre stable, non stable ou persistanent. On obtient pour la longueur du pendule synchrone

$$r = \frac{3hk^2}{2m^2 \pm h\,(3n - h)} :$$

on aurait aussi aisément le temps de l'oscillation.

Si la partie plongée du corps était un rectangle ABIH, en faisant de même AB $= b = 2m$, BI $= h$, et OF $= n$, on trouve S $= 2mh$, OF $= \frac{1}{2} h$, GO $= a = n - \frac{1}{2} h$: donc

$$A = \frac{m^2}{3h} \pm (n - \tfrac{1}{2} h);$$

et les conditions de la stabilité s'en déduisent aisément : on obtient aussi la longueur du pendule synchrone et le temps de l'oscillation. *V. Méc. phil.*, p. 270.

CHAPITRE III.

DES FLUIDES PESANS DE DENSITÉ VARIABLE.

I. *Des Fluides hétérogènes pesans et incompressibles.*

359. Si dans un même vase on mêle ensemble des fluides de densités différentes, les molécules devront se séparer, et celles d'une même espèce se réuniront entre elles : les positions respectives des fluides devront être telles, que les couches qui les séparent soient horizontales, pour que leurs surfaces soient de niveau (325, 3°.) ; il faut que les fluides spécifiquement moins pesans soient disposés dans la partie supérieure du vase, pour que l'équilibre soit stable. *V.* fig. 170.

Soit ABCD (fig. 169) un siphon de forme arbitraire renfermant deux fluides en équilibre, contenus l'un en EBCG, l'autre en OGHN ; ces substances sont en contact en OG. Soient π et π' les poids spécifiques respectifs, h et h' les hauteurs des fluides au-dessus du niveau de OG, c'est-à-dire EF $= h$, KI $= h'$. Cela posé, il est visible que la partie FBCG au-dessous du niveau FG est naturellement en équilibre ; il faut donc, pour que l'équilibre existe, que les pressions exercées sur OG, par les fluides EF et HG, soient égales, c'est-à-dire que le poids du fluide OGHN exerce à la surface OG la même pression que le poids de la colonne EL exerce sur FL, et transmet à OG ; le fluide renfermé en FBCG se trouve poussé par ces deux forces en sens contraire, et doit demeurer en repos. Or nous savons que l'effet de la première (330) est $\pi h \times surface$ OG; celui de la seconde est $\pi' h' \times surface$ OG : donc $\pi h = \pi' h'$, c'est-à-dire que *deux fluides en équilibre dans un siphon, doivent avoir leurs hauteurs au-dessus du niveau de la surface de contact, en raison inverse de leurs densités ou poids spécifiques.*

360. On pourra toujours (330) substituer à un fluide de densité π renfermé dans un vase; un autre fluide, d'une densité constante et donnée π', sans que la pression sur le fond du vase soit changée; il suffira pour cela de remplacer la hauteur h du

1er par $h' = \dfrac{\pi}{\pi'} . h$. Si donc un vase contient plusieurs fluides en équilibre, et de densités différentes, on pourra leur substituer un fluide homogène qui produirait la même pression sur le fond de ce vase. On conclut aisément de là que *si un même vase renferme différens fluides, la pression exercée sur le fond horizontal, est le produit de la surface de ce fond, par la somme des produits des poids spécifiques des fluides par leurs hauteurs respectives.*

II. *Des fluides élastiques.*

361. Les fluides classés sous la dénomination d'*aériformes*, jouissent de la propriété remarquable d'occuper sensiblement un espace d'autant plus petit, que les puissances qui les compriment sont plus grandes, et de se rétablir dans leurs volumes primitifs, lorsque les forces qui ont fait changer ces volumes cessent leur action. Cette propriété leur a fait donner le nom de *Fluides élastiques.* Tous les corps en jouissent, il est vrai, lorsqu'on ne les comprime que dans les limites où leur élasticité n'est pas détruite : mais les substances que nous nommons fluides élastiques peuvent recevoir une compression presque indéfinie, et éprouver des diminutions de volumes très considérables, sans altérer leur élasticité, tandis que les solides et les liquides ne se réduisent qu'extrêmement peu sous des pressions énormes.

On distingue deux espèces de fluides élastiques, savoir : les *gaz permanens* et les *vapeurs.* On sait qu'en augmentant la chaleur, ou diminuant la pression, on réduit les liquides en gaz ; ces fluides aériformes jouissent de toutes les propriétés qui appartiennent aux fluides élastiques et ne s'en distinguent que parce qu'ils ne persistent pas sous cette forme, et qu'on les ramène à l'état liquide, en leur enlevant le calorique dans lequel ils étaient dissous, ou en les comprimant d'une certaine manière ; tandis que les gaz permanens conservent leur état sous les pressions les plus fortes. Lorsqu'on place de l'eau sous le récipient de la machine pneumatique, et qu'on fait le vide, elle ne tarde pas à perdre l'air qui s'y trouve en dissolution, puis à bouillir ; une partie se réduit à l'état de vapeur invisible, jouissant de toutes les propriétés des fluides élastiques, excepté de persévérer dans l'état de gaz, car elle reprend en tout ou en partie la forme liquide, dès que la température baisse ou qu'on réduit le volume par la pression. Les expériences prouvent même que, pour une température et dans un espace donné, il se forme précisément autant de vapeur dans le vide que dans l'air, sous toute pression ; cette quantité varie seulement avec la température, et l'air ne fait que retarder, par sa présence, l'évaporation du liquide. Si vous réduisez l'espace par la compression, une partie de la vapeur devient liquide, et il ne reste de vapeur que celle qui peut exister dans ce nouvel espace, sous la température actuelle. C'est ce qui fait dire que *la vapeur ne se laisse pas comprimer* ; sa quantité ne dépend que de l'étendue de l'espace et de la température, nullement de la pression. Mais si *l'espace n'est pas saturé*, c'est-à-dire, s'il ne contient pas toute la vapeur que le liquide peut développer à cette température, il suit dans ses diminutions de volume la même loi que les gaz ; et seulement approche de plus en plus du terme de saturation. *V.* les Traités de Physique.

La loi de Mariotte, démontrée par des expériences incontestables, établit que *les gaz diminuent de volume précisément dans le rapport des pressions :* et cette loi appartient aussi aux vapeurs, pourvu que le volume auquel la compression les ramène, ne soit pas hors des limites où la forme gazeuse ne peut plus leur

convenir. Ainsi soit P une pression exercée sur un volume V de
fluide dont la densité est D; p une autre pression, v le volume
que prendra la masse du fluide en vertu de cette pression; et d
sa densité : la propriété de l'élasticité parfaite connue sous le
nom de loi de Mariotte, est exprimée par la proportion $P : p :: v : V$,
ce qui donne les équations (n° 51)

$$PV = pv, \quad VD = vd, \quad \text{et} \quad Pd = pD \quad \ldots (\nu).$$

En faisant abstraction de la pesanteur, ou de toute autre force
qui, agissant sur les molécules fluides, suivant une loi quelconque, pourrait faire varier la densité lorsqu'on passe d'un point
de la masse du fluide à un autre point, tout ce qui a été dit (317)
s'applique ici : ainsi la pression se transmet dans les fluides élastiques, précisément comme elle le ferait dans un liquide, proportionnellement aux surfaces.

362. Reprenons l'équation (δ, p. 430) $dp = gD\,dz$; lorsque
le fluide est compressible et pesant, il est évident que les couches
les plus basses étant chargées du poids de toutes celles qui sont
au-dessus, deux tranches horizontales de ce fluide, prises à différentes hauteurs, ne peuvent avoir même densité; D variera
donc avec x, y et z, et la loi de cette variation dépendra de la
nature du fluide. Si l'on suppose la température constante, l'intégration sera facile à faire, puisque D ne sera fonction que de p.
C'est ce qui arrive pour l'air atmosphérique, quand on suppose que, dans toute la masse, la chaleur est uniforme; car alors
la densité D est sensiblement proportionnelle à la pression, et
chaque couche horizontale d'air est comprimée en raison inverse des poids dont elle est chargée. Mais lorsque la température
varie avec la hauteur, la chose n'a plus lieu ainsi, parce que l'é-
lasticité de l'air augmente par la chaleur, de sorte qu'avec une
densité moindre, il peut soutenir la même pression.

363. Concevons qu'un gaz ou une vapeur ait été enfermé dans
une enveloppe flexible (une vessie, un aérostat, un tube barométrique, etc.), sous une pression atmosphérique constante; et
que le thermomètre vienne à s'élever; la force expansive inté-

rieure croîtra sous l'influence de la chaleur, et la pression extérieure ne faisant plus équilibre à cette action, l'enveloppe cédera
et le volume augmentera. Il suit des expériences de M. Gay-Lussac, que les volumes de tous les gaz et des vapeurs augmentent,
pour chaque degré du thermomètre centigrade, des $\frac{3}{800}$ (ou
0,00375) des volumes qu'ils occupaient à la température zéro.
Ainsi un volume d'air représenté par 800 à 0°, devient 803, 806,
809,.... quand le thermomètre monte à 1°, 2°, 3°.... Cette
loi, aussi importante qu'elle est certaine, se traduit ainsi en
équation,

$$V (800 + 3t) = v (800 + 3T)$$

V et v sont deux volumes, aux températures respectives centé-
simales T et t. Et quand la pression extérieure varie, qu'elle est
P dans le premier cas et p dans le second, la loi de Mariotte se
combinant avec la précédente, on a

$$PV (800 + 3t) = pv (800 + 3T)$$

ou $\qquad PV (1 + 0,00375.t) = pv (1 + 0,00375.T).$

On voit donc que pour une masse d'air quelconque soumise à
diverses pressions et températures, la fraction $\dfrac{pv}{1 + 0,00375\,t}$ est

constante, ou $\dfrac{p}{D (1 + 0,00375t)} = \dfrac{1}{k},$ savoir :

$$kp = D (1 + 0,00375t)\ldots\ldots\ (\varsigma),$$

relation entre la pression p exercée sur l'unité de surface par un
gaz dont D est la densité, et t la température. La constante m
dépend de la nature de ce gaz.

364. Qu'après avoir plongé le bout d'un tube dans un liquide,
on vide entièrement ce tube de l'air qu'il contient; si l'orifice
supérieur ferme l'accès à l'atmosphère, et que l'inférieur soit
ouvert, le liquide montera dans le tube. En effet, la pression de
l'air extérieur à la surface du liquide se transmet en tout sens

(317), et soulève la lame qui est au bas du tube, parce qu'aucune pression intérieure, comme avant le vide, ne contrebalance plus cette force. On voit même que le liquide devra s'élever jusqu'à une hauteur telle, que le poids de cette colonne pèse sur le liquide du réservoir, autant que la pression de l'atmosphère. Si ce liquide est de l'eau, la colonne aura environ 32^{pi} ou $10^m 4$ d'élévation; s'il est du mercure, elle n'aura que 28^{po} ou 760 millimètres, plus ou moins, selon le poids actuel et sans cesse variable de l'atmosphère, le rapport de ces nombres est égal à celui des poids spécifiques de l'eau et du mercure. C'est même cette expérience qui fait connaître ce poids, ainsi qu'on va le dire en traitant du baromètre fig. 176 et 177.

Quand le tube a une longueur moindre que celle qu'on vient d'indiquer, le liquide s'élance jusqu'en haut du tube, le remplit entièrement et y reste suspendu; mais si le vide n'est que partiel dans le tube, le liquide ne s'y élève qu'à la hauteur qui convient pour que le poids de la colonne, plus le ressort de l'air intérieur, équivalent exactement à la pression de l'air extérieur. C'est en comparant cette colonne à celle qui reste suspendue dans un tube à vide parfait, qu'on évalue le ressort de l'air extérieur.

365. C'est sur ces propriétés qu'on fonde l'usage des *siphons* pour transvaser les liquides. Plongez la plus courte branche d'un siphon renversé DEF (fig. 175) dans de l'eau, et faites le vide, soit en suçant l'air par l'autre extrémité, soit par tout autre moyen, l'eau montera dans le tube; et si la branche courte a moins de $10^m,4$, le liquide gagnera le coude supérieur E, et redescendra dans la longue branche; puis continuera à s'écouler tant que l'orifice supérieur D sera baigné par l'eau et fermera l'accès à l'air. En effet, quoique la pression de l'air aux deux orifices soit sensiblement la même, le poids de la colonne verticale IF la force à tomber; il faut donc que, si l'air ne peut diviser l'eau et s'introduire en F, il se produise un vide dans le haut du siphon, vide qui ne peut manquer d'être rempli par l'action sans cesse présente de l'air du dehors sur l'eau du vase supérieur. L'écoulement se continue donc, et on voit que, sauf la résistance

de l'air et le frottement du liquide contre le tube, la vitesse d'écoulement en F est due à la différence $IF = h$ de niveau entre le réservoir et l'orifice inférieur, ou vitesse $= \sqrt{(2gh)}$. L'écoulement sera donc d'autant plus rapide que cette différence h sera plus grande.

III. *Du Baromètre.*

366. Appliquons cette théorie au BAROMÈTRE (βάρος, poids, charge; μέτρον, mesure.) Cet instrument consiste en un tube recourbé ABC (fig. 176), fermé en A et ouvert en C; la partie AO est entièrement vide d'air, et la partie OBF est remplie d'un fluide pesant, tel que du mercure. Les points O et a n'étant pas au même niveau, il est évident (327) que si aucune puissance n'est appliquée en a, le mercure doit s'échapper par l'orifice C, jusqu'à ce que la surface O soit parvenue en i au niveau de a. Mais dans l'état des choses, l'extrémité A est fermée, et la surface O n'est pressée par aucun poids supérieur, parce que l'espace AO est vidé. Or l'orifice C étant chargé du poids de la colonne d'air qui lui répond verticalement, et le fluide renfermé au-dessous de ia étant de lui-même en équilibre, il faut, pour détruire la pression exercée en a par le poids de l'air, une colonne de mercure Oi dont, à bases égales, le poids soit identiquement le même que celui de la colonne d'air, ou environ 76 centimètres, à Paris, *V*. n° 364.

On peut donc se servir de cet instrument pour mesurer le ressort de l'air, par la hauteur à laquelle le mercure reste suspendu dans le tube. Pour cela on fixe le tube sur une planche portant une échelle graduée vers O et a, afin de mesurer les changemens successifs du niveau en O et a du mercure. Dans le *baromètre à siphon* (fig. 176) on juge du ressort de l'air en comparant entre elles les hauteurs des surfaces O et a du mercure au-dessus d'un niveau B quelconque, et l'on a, par une simple soustraction, la différence des niveaux, c'est-à-dire la hauteur de la colonne Oi de mercure suspendue. On se sert aussi de *baromètres à cuvettes* (fig. 177), ou à cadran (fig. 108); mais nous ne pouvons nous arrêter sur ces détails de construction. V. le mot *Baromètre* du Dictionnaire de Technologie.

Il faut observer que dans tous les cas, la branche où le mercure est élevé doit être plus longue que 76 centimètres, puisqu'alors ce métal l'emplirait entièrement et y resterait suspendu. Si l'on faisait un baromètre avec de l'eau, il faudrait que le tube eût plus de 32 pieds, ou 10,4 mètres; car on peut s'assurer (346) qu'une colonne d'eau de cette hauteur a le même poids qu'une colonne de mercure de $0^m,76$ de haut. Enfin on voit que le baromètre peut s'adapter à une *machine pneumatique*, afin de faire connaître jusqu'à quel point on a fait le vide, ou raréfié l'air sous le récipient.

La quantité h qui entre dans l'équation (1, 329), et qui provient du poids de l'atmosphère, est donc le poids variable de la colonne de mercure suspendue par le ressort de l'air, colonne qui a environ 28 pouces de haut, ou 76 centimètres, plus ou moins, selon l'état physique de l'atmosphère.

L'air renfermé dans une chambre communique par toutes les issues avec l'air extérieur, se met en équilibre de tension et exerce par son ressort, la même pression que s'il agissait librement par son poids; en conséquence la hauteur de la colonne de mercure doit être la même dans un endroit fermé que dans l'air libre. Cependant l'état de la température de l'atmosphère doit faire varier un peu cette hauteur; car lorsque l'air devient plus chaud, le mercure se dilate et sa densité diminue : il faut donc alors un plus grand volume de mercure pour qu'il en résulte le même poids : ainsi le ressort de l'air étant supposé le même, la colonne de mercure doit avoir une plus grande hauteur pour lui faire équilibre. Cette variation de densité du mercure n'étant guère sensible, on peut en faire abstraction dans les opérations qui n'exigent pas une grande exactitude.

367. L'un des usages les plus intéressans auxquels on ait destiné le baromètre, est l'application qu'on en a faite au nivellement : cette théorie est d'une trop haute importance pour que nous négligions de l'examiner. Il résulte de ce qu'on a vu, que la densité des couches atmosphériques décroît à mesure

qu'on s'élève, et par conséquent la colonne de mercure doit en
même temps s'abaisser. Une évaluation grossière montre qu'en
s'élevant de $10^{m}\frac{1}{2}$, le baromètre baisse à peu près d'un millimètre, ou 1 ligne pour 12 toises; mais cette appréciation manque
d'exactitude, et il convient d'étudier les circonstances du phénomène pour en mesurer l'étendue avec précision. Voici comment on a fait servir la connaissance de ces abaissemens à la détermination de la différence des hauteurs verticales entre deux
lieux d'observation.

Dans l'équation $dp = -gDdz$, D est la densité actuelle de
l'air au lieu dont z est l'élévation au dessus d'un niveau quelconque, p est la pression que produit en ce lieu la force élastique
de l'air, pression que mesure la colonne barométrique, enfin g
est la gravité. Pour intégrer cette équation, observons que la pression p varie proportionnellement à la densité (361), à égale
température, et que la dilatation varie proportionnellement à
l'accroissement de température (363) à pression égale. Si donc
on désigne la température par α, on a $p = m\alpha D$, m étant une
constante indéterminée. Divisons nos deux équations l'une par
l'autre, il vient $\dfrac{dp}{p} = -\dfrac{gdz}{m\alpha}$, d'où $\log p = -\displaystyle\int \dfrac{gdz}{m\alpha}$. Nous désignons par p et p' les pressions correspondantes aux hauteurs Z
et o, le mercure étant élevé dans le baromètre de h et h'; de
sorte que les lettres accentuées se rapportent à la station inférieure : du reste on a $\dfrac{p'}{p} = \dfrac{h'}{h}$. Puisque les limites de l'intégration sont de p' à p, et de o à Z, on a $\log p' - \log p = \displaystyle\int \dfrac{gdz}{m\alpha}$,
d'où

$$ m \log \left(\frac{h'}{h} \right) = \int \frac{gdz}{\alpha} \cdots\cdots\cdots\cdots\cdots (\xi), $$

L'intégration qui reste à effectuer doit être depuis $z = $ o jusqu'à
$z = $ Z; mais il faudrait connaître pour cela la loi suivant laquelle la température varie à mesure qu'on s'élève dans l'atmosphère, ou α en fonction de z. Nous examinerons d'abord le

cas le plus simple qui est celui où cette température est supposée constante. On a alors, en supprimant g et α qui se combinent avec m et le module pour changer les log. népériens en ceux de Briggs (V. Cours de Math., n° 586),

$$Z = m \, \log \left(\frac{h'}{h} \right).$$

Deluc ayant choisi, parmi les résultats dus à l'observation, ceux qui paraissaient mériter le plus de confiance, et cherchant la valeur du facteur numérique m, trouva ce résultat d'une simplicité remarquable $m = $ 10000 toises, lorsqu'on se sert des log. de Briggs, et que la température est d'environ $16°\frac{3}{4}$ du thermomètre de Réaumur : mais pour toute autre température, il fallait faire subir une correction à la formule : comme il croyait que l'air varie du 215e de son volume par chaque degré, il augmentait le résultat ci-dessus d'autant de fois sa 215e partie qu'il y avait de degrés de différence entre $16°\frac{3}{4}$ et la température moyenne entre celle des deux lieux d'observation. Soit k cette différence, la formule de Deluc est donc

$$Z = 10000 \, \mathrm{L} \left(\frac{h'}{h} \right) \left\{ 1 \pm \frac{k}{215} \right\};$$

le signe L indique des logarithmes ordinaires ou de Briggs.

Trembley, par des expériences plus nombreuses, a trouvé qu'il fallait prendre pour k la différence entre $11°,5$ et la température moyenne ; il remplaçait de plus le nombre 215 par 192. Ces estimations sont rapportées à la toise pour unité, et il paraît que celle de Trembley est moins inexacte.

368. Ces procédés ont plutôt une exactitude empirique qu'une certitude raisonnée, et l'on sent que la détermination à laquelle ils conduisent ne peut être que très vague; car ils reposent sur diverses hypothèses absolument inadmissibles : 1°, à des élévations un peu considérables la gravité g décroît; 2°, les gaz et autres corps étrangers dont l'air est sans cesse chargé, modifient la variation de sa densité; 3°. comme on a reconnu que l'air

se refroidit graduellement à mesure qu'on s'élève, l'hypothèse de la température constante est démentie par l'expérience; 4°. enfin le baromètre étant lui-même soumis aux impressions de la chaleur, le fluide métallique qui compose cet instrument éprouve des changemens de dimension (p. 475) auxquels on ne peut négliger d'avoir égard. Ces deux dernières circonstances sont même celles qui influent d'une manière plus décisive dans les expériences, et ce sont elles que les physiciens ont surtout eues pour objet, lorsqu'ils ont voulu corriger la théorie précédente.

Comme l'usage du baromètre est beaucoup plus expéditif et plus commode que celui des instrumens de Géométrie, il était très important de se procurer une formule susceptible d'une plus grande précision.

M. De Laplace a donné (pag. 289, tom. IV, *Méc. cél.*) une solution très élégante du problème qui nous occupe; elle consiste à déterminer la loi qui lie z à α, à l'introduire dans l'équation (ξ), et à intégrer depuis $z = 0$ jusqu'à $z = Z$.

Nous avons eu (n°s 325 et 364) les équations δ et ϱ

$$dp = - g\mathrm{D}dz, \quad p = m\mathrm{D} (1 + it)$$

en représentant par i le nombre 0,00375, qui mesure la dilatation des gaz; m est une constante, p est la pression qu'éprouve l'unité de surface, quand l'air a pour densité D et pour température t degrés centigrades. Éliminons D, nous aurons

$$m \frac{dp}{p} = - \frac{gdz}{1 + it}.$$

Mais la gravité décroît, quand on s'élève verticalement, comme les carrés des rayons terrestres (156); si g' est la gravité à la surface inférieure, on a

$$g = \frac{g'r^2}{(r+z)^2}, \text{ d'où } m \frac{dp}{p} = - \frac{r^2 g' dz}{(1+it)(r+z)^2},$$

et pour intégrer cette équation, il faudrait connaître la loi suivant laquelle la température décroît à mesure qu'on s'élève dans l'atmosphère, ou comment t est fonction de z.

La constitution physique de l'atmosphère dépend d'élémens si compliqués et si variables, qu'il est très douteux que l'analyse puisse les combiner d'une manière rigoureuse. Le froid des couches d'air supérieures les condense, et la pression qui en résulte doit être plus forte que dans l'hypothèse d'une température constante. La théorie des réfractions (*Méc. cél.*, IV, pag. 257) prouve que la constitution réelle de l'atmosphère est comprise entre deux limites, savoir : une température constante et une température décroissante en progression arithmétique, lorsque les hauteurs croissent dans une progression semblable. L'abaissement d'un degré centigrade répond à 190 mètres d'élévation dans l'atmosphère, toutes choses égales d'ailleurs et abstraction faite des causes particulières, telles que le rayonnement des corps voisins, un courant d'air différent, etc. Cette dernière évaluation satisfait aux phénomènes avec une exactitude suffisante, attendu que l'élévation de nos montagnes est peu considérable relativement à celle de l'atmosphère entière, qui est de 60 000 mètres environ. On conçoit en effet que parmi les causes de variation de la température, il en est qui sont insensibles dans une aussi petite étendue; tandis qu'il en est d'autres qui doivent se reproduire d'une manière constante.

Heureusement ces difficultés sont nulles dans la question qui nous occupe ici; car le coefficient i est si petit qu'on peut légèrement altérer t, sans qu'on ait à craindre quelque erreur notable. Il est donc permis de supposer t constant pourvu qu'on attribue à cette lettre la valeur de la température moyenne $\frac{1}{2}\,(\,t+t'\,)$, entre celles des deux stations dont on demande la différence Z de niveau. Ainsi intégrant on a

$$m \log p = \frac{r^2 g'}{1 + \frac{1}{2} i\,(\,t+t'\,)} \int \frac{-\,dz}{(\,r+z\,)^2},$$

$$m \log p = \frac{r^2 g'}{1 + \frac{1}{2} i\,(\,t+t'\,)} \cdot \frac{1}{r+z} + \text{C}.$$

Pour déterminer la constante, on fera $p = p'$ et $s = o$, et on aura, en désignant par Z la différence de niveau demandée ;

$$m \log \frac{p'}{p} = \frac{rg'}{1 + \frac{1}{2} i (t'+t)} \cdot \frac{Z}{r + Z},$$

d'où
$$Z = \frac{m}{rg'} \left(1 + \frac{1}{2} i (t' + t) \right) \log \frac{p'}{p} \cdot (r+Z).$$

Nous supposerons que les logarithmes sont ici ceux des tables ordinaires, ce qui n'altère que la constante m, qui est encore inconnue. De plus nous faisons $i = o,oo4$, ce qui accroît légèrement cette valeur ; ce changement est fait dans le dessein de tenir compte autant que possible de la vapeur d'eau qui est contenue dans l'air, et rend ce fluide un peu plus léger. Enfin nous remplacerons p' et p par les hauteurs h' et h des deux colonnes barométriques qui servent de mesure à ces pressions, et nous aurons l'équation

$$Z = \frac{m}{g'} \log \left(\frac{h'}{h} \right) \times [1 + o,oo2 (t' + t)] \left(1 + \frac{Z}{r} \right).$$

369. Cette équation exige plusieurs corrections.

1°. Le baromètre n'est pas soumis à la même température aux deux stations, et puisque le mercure est plus dense à la station la plus froide (la supérieure ordinairement) la même pression atmosphérique en soutient un moindre poids que si ce métal conservait sa température. Les pressions qu'on veut comparer aux deux stations doivent être mesurées par des colonnes de mercure également denses, et il faut augmenter la colonne de la station supérieure de ce que la dilatation du métal lui ferait éprouver si sa température fût restée constante (*). Les expériences de M. Dulon donnent $\frac{1}{5550}$ pour l'augmentation de vo-

---

(*) Lorsqu'on veut comparer des observations barométriques faites à différentes températures, comme on a pour objet de conclure la pression de l'air du poids des colonnes de mercure supportées, c'est ce poids qu'il faut évaluer, et par conséquent on doit dégager les hauteurs barométriques des effets de

lume du mercure, à chaque degré centigrade, pour θ degrés la hauteur h, doit donc devenir $h + \frac{1}{5550} h\theta$; ainsi dans notre formule il faudra changer $\log h$ en

$$\log h + \log\left(1 + \frac{1}{5550}\theta\right) = \log h + \frac{1}{5550} M\theta,$$

en développant et ne prenant qu'un terme; M est le module. Ce dernier terme a pour valeur $0,00008\,\theta$; c'est la correction de $\log h$.

2°. La gravité g' varie avec les lieux, et nous savons (p. 270) qu'elle devient $g' = g''(1 - \alpha \cos 2l)$, sous la latitude l, en désignant par g'' sa valeur à $45°$ de latitude, et faisant $\alpha = 0,002837$. Substituons cette valeur pour le dénominateur du coefficient de notre formule; or $(1 - \alpha \cos 2l)^{-1} = (1 + \alpha \cos 2l)$, en se bornant aux deux 1ers termes, attendu que α est très petit; ainsi

$$g' = \frac{g''}{1 + \alpha \cos 2l}.$$

370. Rassemblons ces corrections, représentons par a le facteur $\frac{m}{g''}$, et nous aurons pour la différence de niveau des stations

---

la dilatation, en les ramenant à la même température; la quantité $\frac{h\theta}{a}$ est ce qu'il faut ajouter à la hauteur h qui répond au moindre degré thermométrique, ou qu'il faut ôter de celle dont la température est la plus haute, θ étant la différence des températures du mercure, et $a = \frac{1}{5550}$ ou $\frac{1}{4440}$, selon qu'on se sert de l'échelle centigrade ou de celle de Réaumur. Si on lit h pour la hauteur de la colonne barométrique à t degrés, cette hauteur réduite à la température zéro, est

$$\frac{h}{1 + \frac{t}{a}} = \frac{ah}{a + t}.$$

Dans les baromètres à cuvettes, l'action capillaire affaisse la colonne de mercure, et lorsqu'on veut des résultats précis, il faut augmenter cette colonne de

2,90 millim. pour un tube de 3^{mm} de diamètre intérieur.

2,04 4

1,51 5

1,15 6

Cet effet est en raison inverse des diamètres.

$$P = \log h' - \log h - 0{,}00008 \, \theta,$$

$$Z = a\mathrm{P} \left\{ 1 + 0{,}002 \, (t + t') \right\} (1 + \alpha \cos 2l) \left(1 + \frac{Z}{r} \right) \dots (\pi)$$

Il reste à déterminer la constante a. Concevons que pour une différence Z de niveau connue trigonométriquement, on ait observé des valeurs précises de h, h', t, t', et θ ; notre équation ne renfermant plus que l'inconnue a, ce coefficient en résultera : et même, pour plus de précision, il conviendra de faire diverses observations semblables, qui toutes devront s'accorder à donner pour a des valeurs égales, ou du moins très peu différentes les unes des autres. Une moyenne entre ces nombres sera le coefficient a propre à toutes les expériences. C'est ainsi que M. Ramond a opéré et a trouvé $a = 18336^m$.

Notre formule contient un terme où l'inconnue Z se trouve entrer ; mais comme le rayon r de la terre est au dénominateur et que $r = 6366193$ mètres, ce facteur diffère peu de l'unité. Ainsi on cherchera la valeur de Z, en négligeant ce dernier facteur ; puis on recommencera le calcul en mettant, dans ce facteur, pour Z la valeur approchée qu'on vient d'obtenir.

Au reste le calcul se simplifie beaucoup lorsqu'on ne veut pas tenir compte de ce facteur, ce qui est permis en augmentant un peu la valeur de la constante a ; les nombreuses expériences de M. Ramond, faites avec un grand soin, lui ont donné dans ce cas $a = 18393$ mètres. Voici donc à quoi se réduit la formule en admettant ce procédé, qui suffit toutes les fois qu'on n'a pas pour objet de mesurer des hauteurs considérables

$$Z = a \, (\log h' - \log h - 0{,}00008 \, \theta) \, [1 + 0{,}002 \, (t' + t)] \, (1 + \alpha \cos 2l).$$

Formule dans laquelle on a

$$a = 18393 \text{ mètres} \dots \log = 4{,}2646527,$$
$$a = 9437 \text{ toises} \dots \log = 3{,}9748326,$$
$$a = 0{,}002837 \dots \log = \overline{3}{,}45287.$$

On emploie celle des valeurs de a qu'on veut, selon que Z doit être exprimé en mètres ou en toises : h et h' sont les hauteurs du baromètre, aux deux stations ; elles sont rapportées à la même unité quelconque (mètres, toises, pouces; etc.) ; t et t' sont les températures de l'air libre ; θ est la différence des températures des baromètres, qu'il faut distinguer des précédentes, attendu que le plus souvent les instrumens ne restent pas assez long-temps en expérience pour qu'ils soient à l'unisson de température avec l'air ambiant; θ est mesuré par un thermomètre logé dans la monture même du baromètre. Les lettres accentuées se rapportent à la station inférieure; l est la latitude du lieu; on peut souvent négliger le facteur $1 + \alpha \cos 2l$ qui est presque sans aucune importance.

Voici donc la marche de l'opération; deux observateurs, dont chacun est placé à l'une des stations qu'il faut niveler, notent l'état du baromètre et des thermomètres à une même heure convenue d'avance ; ces expériences font connaître les nombres h', h, t', t et θ, qui introduits dans notre formule donnent la différence Z de niveau. Il est bon de répéter plusieurs fois les observations de ce genre, et de s'arrêter à la moyenne entre les valeurs obtenues.

Il est inutile de dire que les instrumens devront être construits avec un grand soin, comparables dans leur marche, et munis de verniers pour évaluer les plus petites fractions d'échelle. On choisira, pour observer, les circonstances les plus favorables aux observations, savoir un temps calme, le milieu du jour, etc. Voyez à ce sujet le beau mémoire publié par M. Ramond. Cela fait, on livrera les données au calcul et l'on en conclura la différence Z de niveau en mètres ou en toises, selon la valeur attribuée à α.

L'Annuaire du Bureau des longitudes contient, chaque année, de petites tables de M. Oltmanns, où l'on trouve les facteurs tout calculés; elles n'exigent qu'une addition pour donner Z.

Appliquons cette théorie à l'une des observations de M. Ramond au Puy-de-Dôme.

	Baromètres.	Therm. libres.	Th. des barom.	Latit.
Clermont...........	$h' = 728,52^{mm}$	$t' = 28°3$	$24°,7$	$45°46',$
Puy-de-Dôme....	$h = 705,65$	$t = 25,5$	$27,8$	
		$t' + t = 53,8,$	$\theta = -3,1.$	

h'........ 2.86244	α........ $\overline{3}.45287$	a.......... 4.26465
-8θ........ $+25$	$\cos 2l...$ $\overline{2}.42746 -$	$1,1076.....$ 0.04438
h........ 2.84859	$\overline{5}.88033 -$	$0,999924...$ $\overline{1}.99997$
0.01410.................................. $\overline{2}.14922$
$Z = 287^m,22.............$ $2.45822.$

Voici encore des observations faites par M. de Humboldt pour
déterminer l'élévation de Guanaxuato au Pérou.

	Baromètres.	Therm. libres.	Th. des barom.	Latit.
	$h' = 763,15^{mm}$	$t' = 25°3$	$25°3$	$21°$
	$h = 600,95$	$t = 21,3$	21.3	
		$t' + t = 46,6,$	$4,0 = \theta.$	

h'...... 2.88261	a........ $\overline{3}.45287$	a............ $4,26465$
$h....$ $-$ 2.77884	$\cos 2l....$ $\overline{1}.87107$	$1,0932........$ $0,03870$
$8\theta.........$ -32	$\overline{3}.32394$	$1,0021083....$ 0.00092
0.10345.................................. $\overline{1}.01473$
$Z = 2084^m50.............$ $3.31900.$

Pour plus d'exactitude nous aurions pu faire subir à la colonne de mercure la correction due au décroissement de la
gravité dans le sens vertical ; car ce métal pèse moins à mesure
qu'on s'élève : cette correction qui, réglée sur le même calcul
que précédemment, changerait $\log h'$ en $\log h' + 2\log\left(1 + \dfrac{Z}{r}\right),$
a, comme on voit, fort peu d'importance. (V. p. 270).

371. Le baromètre ordinaire est peu propre à mesurer les
hauteurs parce qu'en le renversant pour le porter d'un lieu à un
autre, l'extrémité inférieure du tube cesse de plonger dans le
mercure de la cuvette; l'air s'y crée un passage, et va diviser

la colonne. On préfère le baromètre de Fortin, ou celui qu'a imaginé M. Gay-Lussac, ou enfin celui que j'ai décrit T. II, p. 557 du Dictionnaire de Technologie.

On n'a pas toujours des observations simultanées et correspondantes pour déterminer la différence de niveaux de deux lieux : il suffit de se transporter de l'une des stations à l'autre et d'y faire les observations du baromètre et du thermomètre, dans des circonstances atmosphériques où le premier de ces instrumens conserve la même colonne; et on en peut conclure d'une manière satisfaisante la différence Z' des niveaux de deux lieux peu distans l'un de l'autre.

Souvent aussi on se sert d'un très grand nombre d'observations qui font connaître la hauteur moyenne du mercure dans le baromètre et le thermomètre aux deux stations, durant un mois, ou une année : ces résultats donnent aussi d'une manière sûre la différence de niveaux de stations très éloignées.

Enfin, si l'on en croit les assertions de MM. Lithrow et Lindenau, on peut se contenter d'observations isolées pour trouver l'élévation d'un lieu au-dessus du niveau de la mer, en supposant la hauteur moyenne h' à ce niveau $h' = 760^{mm},247$, et la température t' en ce lieu, à l'instant de l'observation........ $t' = 63°,6 + t \overset{\bullet}{-} 67°,7 \, h,$ t et h étant la température centigrade, et la hauteur du baromètre exprimée en millimètres, observées à la station supérieure : puis faisant avec ces données le calcul voulu par la formule (p.ᵉ 482). Mais les observations de M. Ramond démentent cette proposition qu'il trouve en contradiction avec les faits. On doit donc attendre sur ce sujet des recherches ultérieures.

372. Notre formule (π) est absolument d'accord avec l'expérience : nous en citerons pour exemple la mesure du Mont-Blanc, la montagne la plus élevée de notre hémisphère, et l'une des plus hautes du globe. Saussure est le premier qui l'ait gravie jusqu'au sommet; il y a fait des observations consignées dans son Voyage aux Alpes, n° 2003 : aux mêmes heures d'autres personnes observaient à Genève dans la vallée de Chamouny. Arrêtons-nous à celles qui ont été faites à midi, comme offrant moins

d'incertitude. A un mètre au-dessous de la cime du Mont-Blanc, le baromètre marquait $434^{mm},2$, et le thermomètre centigrade, $—2^d,87$: à $35^m,55$ au-dessus du lac de Genève, le baromètre était élevé à $738^{mm},5$, le thermomètre à $28^d,25$. Il est facile d'en conclure

$$t = — 2^d,87, \quad t' = 28^d,25, \quad t' + t = 25^d,38, \quad \theta = 31^d,12.$$

La formule (π) donne, tout calcul fait, $4396^m,1$, à quoi ajoutant $35^m,55 + 1^m$, différence d'élévation des lieux d'observation au-dessus du lac de Genève, on trouve $4432^m,65$. M. Corabœuf(*) a trouvé $4435^m,92$ pour la hauteur du Mont-Blanc. Ce résultat est le produit d'opérations géodésiques faites à l'aide des triangles du premier ordre, et sur l'exactitude desquelles on peut compter. On voit combien peu nous différons ici de la valeur véritable : en y faisant entrer les corrections de la latitude et de la diminution de poids du mercure par l'élévation, on trouve $4436^m,20$, ce qui ne fait que 28 centimètres d'erreur, quantité à peine appréciable dans une opération de cette nature.

M. Corabœuf a soumis au calcul diverses autres sommités alpines, et il les a toutes trouvées conformes aux mesures données par la Géométrie. On ne sera peut-être pas fâché de trouver ici quelques-uns des résultats qu'il a obtenus : les hauteurs suivantes sont prises du niveau du lac de Genève, qui est élevé de $376^m,165$ au-dessus du niveau de la mer.

Piton des Salèves	$1907^m,23$		Buet	$2727^m,76$
Mole	1492 ,06		Aiguille de la Sassière	3389 ,88
Mont-Chervin	2038 ,18		Aiguille noire de la Vanoise	3490 ,66
Mont-du-Chat	1070 ,73		Cornette	2059 ,76
Chambéry	82 ,68		Voisrons	1074 ,21
Montceau	140 ,16		Dent du Corbeau	2113 ,97
Belleface	2450 ,54		Grenier	1561 ,63

L'Annuaire du Bureau des Longitudes contient une table des élévations des principales sommités du globe terrestre au-dessus de la mer.

(*) Ancien élève de l'École Polytechnique, Officier supérieur au corps royal des ingénieurs-géographes.

IV. *Des pompes.*

373. Expliquons maintenant comment l'eau s'élève dans les POMPES. Le *piston* AB (fig. 172) remplit exactement la capacité intérieure d'un cylindre creux, qu'on appelle *Corps de pompe* OV, et peut la parcourir dans sa longueur ; ce cylindre est fermé dans une section V de sa hauteur, au moyen d'un diaphragme qui est percé d'un trou : ce trou est alternativement ouvert et fermé par un petit couvercle E, à charnière, qui bouche très exactement l'orifice auquel il est adapté ; ce couvercle se nomme *Soupape;* il est destiné à permettre ou défendre le passage à l'eau, selon qu'il est ouvert ou fermé. Une semblable soupape est adaptée au piston en L. Le corps de pompe communique à un tuyau KH dont l'extrémité inférieure plonge dans l'eau RS; c'est le *tuyau d'aspiration.* Nous entendrons par base du piston celle du corps de pompe, ou sa section horizontale circulaire et intérieure.

On distingue deux espèces de pompes; la *pompe aspirante* fait monter l'eau en aspirant l'air contenu dans le corps de pompe ; la *pompe foulante,* au contraire, agit en pressant le fluide. Expliquons le jeu de ces deux machines.

374. Supposons que l'eau étant au même niveau RS (fig. 172), dans le réservoir et dans le tuyau KH d'aspiration, une force P appliquée à la tige du piston, l'élève en O : l'air diminuera de ressort en se répandant dans l'espace que le piston laissera libre, et exercera sur la soupape dormante E un effort moindre que ne le fait l'air renfermé dans le tuyau KH : cette soupape se levera donc, et l'air du tuyau d'aspiration affluera dans le corps de pompe, jusqu'à ce qu'il soit parvenu à avoir dans ces deux espaces OV, KH une densité égale, quoique moindre qu'à l'extérieur. Alors la soupape E, également pressée des deux côtés, se refermera par son propre poids. L'excès de pression de la part de l'air extérieur, fera donc monter l'eau dans le tuyau HK à une certaine hauteur N telle que le poids de la colonne de fluide NH, joint à la pression de l'air intérieur, équivale au poids d'une colonne de fluide de 10 mètres de haut environ (n° 364).

L'équilibre ainsi rétabli, si l'on baisse le piston, l'air renfermé dans le corps de pompe DV au-dessous du piston, se condensera, sans néanmoins agir sur l'air renfermé dans le tuyau d'aspiration KH avec lequel il n'a plus de communication : ainsi l'eau dans ce tuyau restera dans le même état. Cependant l'abaissement du piston ne tardant pas à rendre l'air du corps de pompe plus dense que l'air extérieur, la soupape L doit s'élever et la densité devenir la même en EB qu'à l'extérieur : la soupape L se referme ensuite par son propre poids. Si l'on recommence la même manœuvre, l'eau s'élevera de nouveau dans le tuyau d'aspiration, et cela de plus en plus à chaque course du piston; en sorte qu'ayant enfin gagné le corps de pompe, elle passera, à chaque abaissement du piston, par le trou de la soupape L : cette soupape se fermant par son poids, retiendra au-dessus d'elle l'eau qui aura passé, et que l'on élèvera en même temps que le piston. Tel est le jeu de la pompe aspirante.

375. Dans la pompe foulante le piston est situé vers D (fig. 173) dans le tuyau KH, au-dessous du niveau de l'eau RS : lorsqu'on le force à descendre, il se fait un vide entre la soupape E, qui est alors fermée, et la base du piston. Le poids de l'eau agissant, conjointement avec celui de l'air extérieur, contre la soupape L du piston, fait passer l'eau dans le tuyau KH, où elle reprend le niveau RS. Lorsque l'eau cesse d'entrer, la soupape du piston se ferme par son propre poids. Alors si l'on remonte le piston, il chasse devant lui l'eau qui est entrée, et l'introduit dans le tuyau VY, en levant la soupape E qui se referme ensuite, et retient l'eau, jusqu'à ce que, par un autre effort semblable au premier, on en fasse passer une nouvelle quantité. Quelquefois cette pompe est différemment composée (*Voy.* l'*Archi. hydr.*, p. 310), mais dans toute disposition, l'effet s'explique d'une manière analogue.

376. On forme des pompes qui réunissent les effets des deux précédentes, et qu'on nomme pour cela *Pompes foulantes et aspirantes*. La soupape (fig. 171 et 174) du piston n'existe plus; mais on en adapte une à l'orifice I d'un tuyau T qui vient communiquer avec le corps de pompe. Quand le piston AB s'élève, il fait

entrer l'eau dans l'espace VB, comme dans la pompe aspirante; lorsqu'il s'abaisse, il foule l'eau contenue dans cet espace, laquelle ne pouvant s'échapper par la soupape E, qui s'est fermée d'elle-même, lève la soupape I et passe dans le tuyau TI.

377. À chaque coup de piston il sort un volume d'eau équivalent à un cylindre, dont la base est celle du piston, et dont la hauteur est son *jeu* ou sa *course*, c'est-à-dire la quantité dont il s'élève dans le corps de pompe. Quant à la force qu'il faut employer pour mouvoir le piston, de bas en haut, en faisant abstraction du frottement et du poids du piston, *elle soutient le poids d'une colonne d'eau, qui aurait pour base celle du piston, et pour hauteur celle dont l'eau est élevée dans la pompe au-dessus de la surface du réservoir.* La chose est évidente (330) dans la pompe foulante, puisque la base du piston n'est pressée que par la colonne d'eau qui est soutenue depuis le niveau RS jusqu'à la lame supérieure.

Si la pompe est aspirante, le piston est d'une part visiblement chargé de toute la colonne d'eau qui est au-dessus : quant à celle BEH (fig. 172) qui est au-dessous, elle ne peut être soutenue que par la pression exercée par l'air extérieur sur la surface RS; donc la force doit faire équilibre à cette pression, laquelle équivaut à la colonne d'eau qui aurait pour base celle du piston, et dont la hauteur serait égale à la distance de AB à RS. Ainsi la force qui anime le piston porte ce double poids; ce qui est conforme à ce qu'on a dit. Pour faire descendre le piston, il suffit visiblement de vaincre le frottement.

378. Dans la pompe foulante et aspirante (fig. 171 et 174) on doit considérer deux circonstances différentes. Quand le piston monte, il n'éprouve aucune pression de la part de l'eau renfermée dans le tuyau ascendant IT, parce que la soupape I est alors fermée ; le moteur porte donc une colonne d'eau qui a pour base celle du piston, et pour hauteur sa distance à la superficie du réservoir. Lorsque le piston descend, comme la soupape dormante E est alors fermée, l'effort du moteur doit faire équilibre au poids d'un cylindre d'eau qui aurait pour base celle du piston, et pour

hauteur la différence de niveau du fluide, dans le corps de pompe et dans le tuyau montant IT.

379. Maintenant analysons toutes les circonstances que peut offrir le jeu d'une pompe. Désignons par e et E les volumes ED et EO (fig. 172) d'air compris depuis la soupape dormante E jusqu'au point D le plus bas, et au point O le plus élevé de la course du piston : par γ et a les hauteurs EN et EH entre cette même soupape et les niveaux N et RS du fluide dans le tuyau d'aspiration et le réservoir : par s la section transversale de ce tuyau KH : par x la hauteur d'une colonne d'eau qui exercerait en N la même pression que l'air raréfié renfermé dans le tuyau d'aspiration; et par h la hauteur d'une colonne d'eau, dont le poids est égal à la pression de l'air atmosphérique ($10^m,4$).

Lorsque le piston est baissé, l'eau doit rester suspendue dans le tuyau d'aspiration à une hauteur $a - y$ telle que la pression de l'air intérieur , jointe au poids du fluide, équivale à la pression de l'air extérieur; on a donc $h = x + a - y$ ou $x - y = b$, en faisant, pour abréger , $h - a = b$. Le volume d'air renfermé dans le tuyau d'aspiration est sy; et comme sa densité est à celle du corps de pompe, ou de l'air extérieur, (361) dans le rapport de x à h, ce volume sy, réduit à la même densité, est $\frac{xsy}{h}$. ainsi $e + \frac{xsy}{h}$ est le volume total ABN de l'air intérieur , lorsqu'il est réduit à la densité extérieure.

Les choses étant dans cet état, si l'on élève le piston, l'air se trouve avoir la même densité dans toute l'étendue intérieure, et l'eau monte dans le tuyau d'aspiration. Soient x' et y' ce que deviennent alors x et y. On a donc

$$x - y = b, \text{ et } x' - y' = b \dots\dots\dots\dots (1).$$

Maintenant le volume d'air intérieur est $E + y's$, sa densité étant déterminée par x'; avant d'élever le piston, le volume était $e + \frac{xsy}{h}$, ramené à la densité extérieure, qui est mesurée par h; ces quatre quantités étant en proportion inverse, on a

$$x' = \frac{he + sxy}{E + sy'} \ldots\ldots\ldots\ldots\ldots (2)$$

Telle est la hauteur x' de la colonne d'eau dont le poids exercerait la même pression que l'air dilaté exerce à la surface du fluide dans le tuyau d'aspiration. On a ainsi trois équations qui déterminent y, x' et y' en fonction de x; on ne doit prendre que les racines qui répondent à $x' < h$. L'élimination donne

$$x' = \frac{bs - E}{2s} \pm \sqrt{\left\{\left(\frac{bs - E}{2s}\right)^2 + \frac{he}{s} + x^2 - bx\right\}},$$

$$y' = -\frac{bs + E}{2s} \pm \sqrt{\left\{\left(\frac{bs - E}{2s}\right)^2 + \frac{he}{s} + x^2 - bx\right\}}.$$

On peut déduire de là les densités successives de l'air, et les hauteurs auxquelles l'eau s'élève à chaque coup de piston. En effet, supposons qu'il n'y ait eu aucun coup de piston donné, on a $x = h$ et $y = a$, d'où l'on conclut le ressort x' de l'air, et l'élévation $a - y'$ de l'eau après le premier coup de piston : substituant pour x, dans les mêmes équations, la valeur x' qu'on vient de trouver, on aura les valeurs de x' et y' répondant au second coup de piston, et ainsi de suite. On pourra même par là trouver de combien chaque coup de piston élève l'eau, en prenant les différences successives des valeurs de y.

380. Pour que l'eau cesse de monter, il faut qu'on ait......
$y - y' = 0$, d'où $x = x'$: l'équation (2) donne alors $x = kh$, en faisant $\frac{e}{E} = k$, pour abréger; on en conclut $y = a - (1 - k)h$.

Si donc il y a un espace e entre la soupape dormante E et le point D le plus bas de la course du piston; lorsque l'eau sera montée à la hauteur $a - y = (1 - k)h$, elle ne pourra plus s'élever au-delà : de sorte que si la hauteur EH de la soupape dormante au-dessus du réservoir RS est plus grande ou même égale à cette quantité, de nouveaux coups de piston ne la feront plus élever. Cela résulte de ce que l'air dilaté du corps de pompe n'ayant pas alors un ressort moindre que celui du tuyau KN,

la soupape E ne s'élève pas et la densité KN reste la même.
On voit aussi qu'il faut que a soit $< h$, même lorsque k n'est
pas nul.

381. Supposons maintenant la soupape dormante au niveau
RS, ou même au-dessous, ou entre H et K; mais qu'on soit
parvenu à faire monter l'eau au-dessus de cette soupape; et
qu'on veuille continuer de l'élever : Conservons les dénominations précédentes. Lorsque le piston est baissé, l'air qui y est
renfermé au-dessous est dans l'état naturel; les formules (1) et
(2) ont donc encore lieu ici, en faisant $x = h$ et changeant le
signe de y et y' : c'est au reste ce dont on peut s'assurer en reproduisant les raisonnemens qui précèdent; ainsi on a

$$b = x' + y' \text{ et } x' = \frac{e - sy}{E - sy'} \times h \ldots\ldots (3).$$

D'où l'on tire

$$x' = \frac{bs - E}{2s} \pm V\left\{ \frac{E^2}{4s^2} + \frac{2he - bE}{2s} + \tfrac{1}{4}b^2 - hy \right\},$$

$$y' = \frac{bs + E}{2s} \mp V\left\{ \frac{E^2}{4s^2} + \frac{2he - bE}{2s} + \tfrac{1}{4}b^2 - hy \right\}.$$

Si le tuyau d'aspiration et le corps de pompe ont mêmes diamètres, ces formules sont applicables dans toute l'étendue de la
colonne fluide; ainsi on peut calculer les dilatations successives
de l'air et les ascensions correspondantes de l'eau, comme précédemment : mais si les diamètres sont différens, on appliquera les
formules (3), tant que l'eau n'aura pas atteint le point V de
jonction du tuyau d'aspiration au corps de pompe : après quoi
prenant ce point pour origine des y, y', a, E et e, les mêmes formules seront applicables aux ascensions de l'eau dans le corps
de pompe, pourvu que s en désigne la section : c'est ce dont on
peut aisément s'assurer. Ceci donne l'ascension de l'eau au-dessus de la soupape dormante E, lorsqu'elle est placée en ce point
de jonction.

382. Le fluide cessera de monter si l'on a dans quelques
cas $y' = y$, ce qui donne

$$b - y = \frac{(e - sy)\, h}{E - sy},$$

d'où
$$sy^2 - y\,(E - as) = eh - Eb.$$

Tant que cette équation est impossible, le fluide doit monter; mais comme elle a ses racines réelles lorsque

$$\tfrac{1}{4}\,(sa + E)^2 \text{ est} > sh\,(E - e),$$

on a deux points entre lesquels l'ascension de l'eau cesse d'avoir lieu : alors le carré de la moitié du volume OH est plus grand que $h \times$ volume OD, ou 32 fois le volume du cylindre engendré par le mouvement du piston, ce volume étant exprimé en pieds cubes, ou enfin $10\,\tfrac{4}{10}$ fois ce même volume en mètres cubes : en effet h est environ 32 pieds ou $10^m,4$.

FIN DE L'HYDROSTATIQUE.

LIVRE QUATRIÈME.

HYDRODYNAMIQUE.

I. *De l'Écoulement des fluides par des orifices horizontaux.*

383. On sait que lorsqu'un fluide pesant et incompressible sort d'un vase par une ouverture faite au fond ou aux parois, la surface demeure toujours sensiblement horizontale; du moins en supposant que les parois du vase conduisent à l'orifice sans rompre la loi de continuité, et en faisant abstraction de la cause qui produit au-dessus de l'orifice une espèce d'entonnoir, quand la surface du fluide est très proche de l'orifice. Il résulte de là que, si l'on conçoit une infinité de tranches horizontales dans le fluide, elles conserveront, en s'abaissant, leur parallélisme; et que de plus, chaque point d'une même tranche descend verticalement, en n'ayant pas égard aux molécules qui sont près des parois courbes ou inclinées, parce que le nombre de celles-ci est infiniment petit par rapport à celui des autres points de la tranche. Nous regarderons donc ici, d'après ces considérations, comme un fait dû à l'expérience, que *lorsqu'un fluide s'écoule d'un vase* CApqB (fig. 179) *par un orifice horizontal* pq, *toutes les tranches horizontales du fluide conservent en s'abaissant leur parallélisme,* de sorte que tous les points d'une même tranche ont la même vitesse verticale. Et pour rendre cette hypothèse plus conforme aux observations, nous regarderons la distance entre la surface supérieure AB du fluide et

l'orifice pq comme assez considérable pour que la surface ne présente pas l'entonnoir dont on a parlé. La figure de la paroi intérieure du vase est supposée connue et donnée par son équation en x, y et z; les z étant comptés sur la verticale $C k$ qui passe par l'orifice pq, et l'origine étant en un point quelconque C. Toute section horizontale du vase, telle que $TV = S$, aura donc une figure déterminée en fonction de $CQ = z$; on a $S = fz$: il en est de même de la surface supérieure $AB = K$ du fluide, laquelle peut être constante ou varier avec $CR = l$; on connaît aussi l'aire $pq = k$ de l'orifice que nous supposons être une section du vase répondant à la hauteur $Rk = h$, ou à l'abscisse $Ck = l + h$.

Concevons le fluide partagé en une infinité de tranches horizontales $ABba$, $TVtv$; il faudra, par hypothèse, que toutes les molécules qui composent l'une de ces tranches aient la même vitesse verticale; soit ν celle de la tranche quelconque TV pour laquelle $CQ = z$ et $TV = S$: ν est fonction de x et t. Toutes ces tranches agissent les unes sur les autres dans toute l'étendue Rk : en sorte que si la vitesse des unes est accélérée par le poids de celles qui sont au-dessus d'elles, la vitesse de celles-ci est diminuée par les autres dont l'écoulement ne se fait pas avec la même rapidité que si le fluide tombait librement. Nous désignerons par u la vitesse du fluide qui s'écoule, au bout du temps t, par l'orifice pq; u n'est fonction que de t; et par p la pression verticale exercée de haut en bas à la surface TV, au même instant, cette pression étant rapportée à l'unité de surface (318).

La nature du problème que nous nous proposons de résoudre comporte deux sortes de variations qu'il est important de bien distinguer. Tantôt on a pour but de considérer les espaces décrits par une molécule *dans des temps successifs*; nous affecterons du signe $\int$ les intégrales que cette circonstance introduira; tantôt aussi on considère, *au même instant*, deux molécules de la masse fluide, déterminées par des valeurs de z différentes : nous emploierons la caractéristique Σ pour désigner les intégrales qui se rapportent à ce cas, et qui sont uniquement relatives à la forme du vase, et absolument indépendantes du temps et du mouvement.

384. Cette notation établie, considérons le mouvement de la tranche VT au bout du temps t; la vitesse v de cette tranche s'accroîtra de dv dans l'instant dt qui suit, ou plutôt $\frac{dv}{dt} dt$, puisqu'ici on ne considère que la variation que v éprouve lorsqu'il s'agit d'une même tranche de fluide. Or, s'il n'y avait aucune action des molécules les unes sur les autres, l'accroissement de vitesse serait $g dt$; d'où il suit que durant le temps dt, la tranche TV perd, en vertu de cette action mutuelle, la vitesse $\left(g - \frac{dv}{dt}\right) dt$. Par le principe de d'Alembert (229), si chaque tranche n'était mue que par la force verticale $g - \frac{dv}{dt}$, l'équilibre aurait lieu : pour exprimer cette condition il faut recourir à l'équation $(6, 320)$ et faire $\mathrm{X} = 0$, $\mathrm{Y} = 0$, $\mathrm{Z} = g - \frac{dv}{dt}$; la densité D étant $= 1$, on trouve

$$ p = \Sigma\left(g - \frac{dv}{dt}\right) dz \ldots\ldots\ldots (1). $$

L'intégrale doit être prise depuis la surface AB du fluide jusqu'à la tranche indéterminée dont on cherche la pression, t étant constant (*).

385. Il convient de distinguer dans notre intégrale la partie

---

(*) Soient S', S''... les aires des tranches des fluides ; v', v''... leurs vitesses ; $g\mathrm{S}'dz$, $g\mathrm{S}''dz$... sont les forces motrices qui les sollicitent : or par la réaction des parties $\frac{dv'}{dt}.\mathrm{S}'dz$, $\frac{dv''}{dt}.\mathrm{S}''dz$...sont les forces qui ont lieu: les forces perdues sont donc $\left(g - \frac{dv'}{dt}\right)\mathrm{S}'dz$, $\left(g - \frac{dv''}{dt}\right)\mathrm{S}''dz$.... D'après cela la première tranche exerce sur la seconde la pression $\left(g - \frac{dv'}{dt}\right)\mathrm{S}'dz$, pression qui se transmet à la troisième par l'intermédiaire de la seconde ; en multipliant

qui dépend du temps de celle qui est fonction de z, car v et la différentielle dv relative au temps, sont des fonctions de z et t. Pour cela, observons qu'en vertu de l'incompressibilité du fluide, la tranche TV ne peut descendre de dz durant l'instant dt, sans qu'il s'écoule en même temps par l'orifice k une portion égale de fluide : ces quantités étant visiblement $kudt$ et Sdz, on a

$$kudt = Sdz, \text{ d'où } ku = vS \ldots\ldots\ldots\ldots (2),$$

à cause de $dz = vdt$: v et S sont des fonctions de z et t, qui cependant sont telles que leur produit vS est indépendant de z, puisqu'il est $= ku$; il en est de même de Sdz : ainsi vS et Sdz sont constans relativement à notre intégration.

Cela posé, 1°. $\Sigma.gdz = gz$; entre les limites $z = l = $ CR et $z = z' + l = $ CQ, cette intégrale devient gz', z' étant la distance RQ de la surface supérieure du fluide à la tranche quelconque TV ; 2°. $v = \dfrac{ku}{S}$ donne $\dfrac{dv}{dt} = \dfrac{k}{S}\cdot\dfrac{du}{dt} - \dfrac{ku}{S^2}\cdot\dfrac{dS}{dt}$; d'où

$$\Sigma.\frac{dv}{dt}\,dz = k.\frac{du}{dt}\Sigma.\frac{dz}{S} - ku\Sigma.\frac{dS}{S^2}\cdot\frac{dz}{dt}.$$

L'intégrale $\Sigma\,\dfrac{dz}{S}$ devra être prise entre les mêmes limites ; elle

---

par le rapport $\dfrac{S''}{S'}$ des surfaces pressées $(a, 317)$, on a pour la pression de la première tranche sur la troisième $\left(g - \dfrac{dv'}{dt}\right) S''dz$, laquelle, jointe à celle qu'exerce la seconde, donne $\left(2g - \dfrac{dv'}{dt} - \dfrac{dv''}{dt}\right) S''dz$; on trouvera de même $\left(3g - \dfrac{dv'}{dt} - \dfrac{dv''}{dt} - \dfrac{dv'''}{dt}\right) S^{iv}dz$, pour la pression exercée sur la quatrième tranche. Celle qui a lieu sur une tranche quelconque TV est donc.......
$g \times$ RQ.S$ - S\Sigma.\dfrac{dv}{dt}dz$: en divisant par S, on obtient la pression p sur l'unité de surface ; ce qui s'accorde avec ce qu'on vient de voir. (Cette démonstration est de M. Poisson.)

sera connue en fonction de z, puisque S se déduit de l'équation
de la paroi du vase : quant au second terme, comme Sdz est con-
stant, il équivaut à $-ku.S\dfrac{dz}{dt}\ \Sigma\ \dfrac{dS}{S^3}$; et comme d'une part
$S\ \dfrac{dz}{dt}=ku$, et que de l'autre $\Sigma\ .\ \dfrac{dS}{S^3}=\dfrac{1}{2K^2}-\dfrac{1}{2S^2}$ entre les
limites désignées $AB=K$, $TV=S$; on a en réunissant ces ré-
sultats,

$$p=A+gz'-k\ \frac{du}{dt}\ \Sigma.\frac{dz}{S}+\tfrac{1}{2}\ u^2\left(\frac{k^2}{K^2}-\frac{k^2}{S^2}\right)\ldots\ (\varrho).$$

A désigne ici la pression que l'atmosphère, ou toute autre cause,
exerce sur chaque unité de la surface supérieure AB. Cette équation détermine p en fonction de z, z' et u; de sorte qu'il faut
maintenant trouver des relations entre ces variables, qui se rapportent à l'écoulement du fluide par l'orifice k; $ku=vS$ donnera ensuite la vitesse d'une tranche quelconque.

386. Pour appliquer l'équation (ϱ) à la tranche fluide qui
s'écoule par l'orifice, il faut faire $S=k$, avec $p=A$: ...
$z=Ck=h+l$ et $z'=Rk=h$: l'intégrale $\Sigma\ .\ \dfrac{dz}{S}$ qui reste
à effectuer devra être prise entre les limites $z=l$ et.....
$z=l+h$; désignons par N la fonction de l et h qui en résultera,
nous aurons (*)

$$gh-kN.\ \frac{du}{dt}-\tfrac{1}{2}\ u^2\left(1-\frac{k^2}{K^2}\right)=0\ \ldots\ldots\ (\sigma);$$

(*) L'équation (σ) peut être démontrée immédiatement par les raisonnemens mêmes que nous avons employés pour obtenir p : car si chaque tranche
fluide n'était animée que de la vitesse $gdt-dv$, il y aurait équilibre; de
sorte qu'un fond qui fermerait l'orifice pq ne devrait pas éprouver de pression. Or la pression sur le fond horizontal (330) est $\Sigma\ (gdt-dv)\ dz$, l'intégrale étant prise dans toute l'étendue du fluide, c'est-à-dire depuis la surface
AB jusqu'à l'orifice pq : il faut donc ici que cette intégrale soit nulle, d'où
$gdt\ \Sigma\ dz-\Sigma\ dvdz=0$. Or $\Sigma\ dz=h$, entre les limites $z=l$ et $z=l+h$.
On a trouvé ci-dessus $\Sigma.dvdz$, seulement il faut étendre la seconde limite
jusqu'à l'orifice : ainsi on obtient l'équation (σ).

équation entre u et t qui sert à trouver la vitesse u du fluide qui s'écoule.

387. Si l'orifice k est infiniment petit, l'équation précédente se réduit à $u^2 = 2gh$, ce qui prouve que *lorsqu'un fluide incompressible et pesant s'écoule d'un vase par un orifice infiniment petit, il a, à sa sortie du vase, une vitesse due à la hauteur de la surface supérieure du fluide, au-dessus de l'orifice, c'est-à-dire la même vitesse que s'il tombait dans le vide d'une hauteur égale à la distance de la surface de niveau à l'orifice d'écoulement* : dans la fig. 179, la vitesse en k est due à la hauteur kR. Cette conséquence a lieu quelles que soient les figures du vase et de l'orifice.

388. On peut mettre l'équation (σ) sous une forme plus simple, en désignant par α la hauteur due à la vitesse u, ce qui donne $u^2 = 2g\alpha$; et faisant pour abréger $1 - \dfrac{k^2}{\mathrm{K}^2} = \mathrm{M}$, on a

$$h - \frac{k\mathrm{N}}{\sqrt{(2g\alpha)}} \cdot \frac{d\alpha}{dt} = \mathrm{M}\alpha \ldots\ldots\ldots (\tau).$$

389. Tout ce qui vient d'être exposé a lieu, soit que le vase se vide sans recevoir de nouvelle eau, soit que chaque partie de fluide écoulé soit renouvelée en AB (fig. 179) par une nouvelle couche de fluide ayant même vitesse que la couche qu'elle remplace. Quand le premier cas a lieu, h, z' et l ne sont plus constantes, et il convient d'obtenir une relation entre h et les autres variables.

Les volumes de fluide qui s'écoulent dans le même temps par l'orifice k et par la tranche supérieure K étant égaux, on a $kudt$, ou $k \cdot \sqrt{(2g\alpha)}\, dt = - \mathrm{K}dh$: on met ici le signe $-$, parce que t croît lorsque h décroît. L'équation (τ) devient donc

$$\mathrm{K}hdh + \mathrm{N}k^2 d\alpha - \mathrm{K}\alpha\left(1 - \frac{k^2}{\mathrm{K}^2}\right)dh = 0 \ldots (\varphi).$$

K est alors fonction de h. Supposons $\dfrac{\mathrm{K}h}{\mathrm{N}k^2} = -\mathrm{Q}$, ainsi que

$\dfrac{k^2 - K^2}{k^2 KN} = P$; nous aurons $d\alpha + P\alpha dh = Q dh$. Cette équation s'intègre par les formules connues des équations différentielles linéaires. (*Voy.* Cours de Math., n°s 817 et 820). On obtient ainsi la relation entre h et α ;...........................

$\alpha = e^{-\int P dh} \times \int Q e^{\int P dh}\, dh$. On en aura ensuite une entre h et t, en observant que $u = \sqrt{(2g\alpha)} = -\dfrac{K}{k} \cdot \dfrac{dh}{dt}$, ce qui donne la loi des abaissemens successifs du fluide.

390. Un des objets qu'on a plus particulièrement en vue dans la théorie qui nous occupe, est le volume de fluide écoulé par l'orifice au bout d'un temps donné. Pour le déterminer, observons que ce volume peut être regardé comme égal à celui d'un prisme qui aurait l'orifice k pour base (fig. 179), et une hauteur $\zeta = kR$ variable avec le temps : il s'agit donc de trouver ζ en fonction de t. Pour cela, on a $u^2 = 2g\alpha$, d'où $udu = gd\alpha$ et $udt = d\zeta$. Divisant la seconde de ces équations par la troisième, on a $\dfrac{du}{dt} = g \cdot \dfrac{d\alpha}{d\zeta}$; ce qui change l'expression (σ) en

$$hd\zeta - kN d\alpha = M\alpha d\zeta \ldots\ldots\ldots (\chi).$$

391. Lorsque le fluide est constamment entretenu à la même hauteur dans le vase, K et M sont constans, (τ) donne la vitesse u en fonction de t ; et on sépare aisément les variables dans l'équation (χ), dont l'intégrale est

$$\zeta M = - Nk \left\{ \log (h - M\alpha) + C \right\};$$

$\alpha = 0$ donne $\zeta = 0$, donc $C = - \log h$, et

$$M\zeta = Nk \cdot \log \left(\frac{h}{h - M\alpha} \right), \text{ d'où } \alpha = \frac{h}{M} \left(1 - e^{-\frac{M\zeta}{Nk}} \right)$$

e étant le nombre dont le logarithme népérien est $= 1$.

Ces expressions donnent en quantités finies, la relation entre la hauteur ζ du prisme de fluide écoulé et la hauteur α due à la vitesse à l'orifice. Si l'on veut obtenir t en fonction de α, comme

$$u\,dt = d\zeta = \frac{Nk\,d\alpha}{h - M\alpha},$$ en remettant $\dfrac{u^2}{2g}$ pour α, on a l'équation

$$dt = 2Nk \cdot \frac{du}{2gh - Mu^2},$$ formule dont l'intégration rentre dans la théorie des fractions rationnelles.

Enfin la relation entre t et ζ se trouve aisément, car on a $d\zeta = u\,dt = dt \cdot \sqrt{(2g\alpha)}$; mettons pour α sa valeur ci-dessus, et, pour faciliter l'intégration, faisons $\alpha = \dfrac{h}{M} \cdot x^2$, ce qui donne

$$\zeta = -\frac{Nk}{M} \cdot \log(1 - x^2), \text{ et } d\zeta = \frac{2Nk}{M} \cdot \frac{x\,dx}{1 - x^2}.$$

Donc
$$dt = \frac{2Nk}{\sqrt{(2ghM)}} \cdot \frac{dx}{1 - x^2}:$$

expression dont l'intégration n'offre aucune difficulté. Les constantes se déterminent, dans ces deux derniers cas, en observant que $\zeta = 0$ donne $t = 0$, $\alpha = 0$ et $x = 0$.

II. *De l'écoulement par de petits orifices ; Clepsydres.*

392. On ne doit pas oublier qu'on a supposé, dans tout ce qui vient d'être dit, que k est l'orifice d'écoulement, intersection de la surface courbe (fig. 179) qui forme la paroi intérieure du vase, par un plan horizontal. S'il n'en était pas ainsi, il paraît qu'il se formerait un vase fictif, et qu'à la partie inférieure il y aurait une portion de fluide stagnant ; mais comme la figure de ce vase est inconnue, il devient absolument impossible de déterminer les circonstances du mouvement. Cependant la forme du vase étant arbitraire (387), quand l'orifice est très petit par rapport aux diverses sections horizontales du vase, on voit que le théorème démontré dans ce paragraphe est vrai, lorsque l'orifice est simplement pratiqué dans la paroi (fig. 178).

393. On a trouvé $u = \sqrt{(2gh)}$; or gh est le poids d'un prisme

de fluide qui a l'unité pour base et h pour hauteur, la densité étant $= 1$; ainsi gh est la pression, rapportée à l'unité de surface, qui s'exercerait à l'orifice supposé bouché; et cette pression est la seule cause productrice de la vitesse u, puisque c'est le seul élément susceptible de modification. Or toutes les fois que la hauteur h de la surface supérieure AB d'un fluide pesant, au-dessus d'une surface infiniment petite k, reste la même, la pression de cette surface est aussi la même, quelle que soit son inclinaison (332); donc, puisque cette pression est la seule cause productrice de la vitesse d'un fluide jaillissant par un orifice infiniment petit, l'effet produit ou la vitesse, sera la même lorsque la cause sera la même. Ainsi $\sqrt{(2gh)}$ sera la vitesse du fluide jaillissant par un orifice infiniment petit sous une hauteur h, quelle que soit l'inclinaison de cet orifice, sa figure et celle du vase, par exemple, ainsi qu'on le voit fig. 178.

Les circonstances du mouvement du fluide à la sortie du vase peuvent donc être déterminées d'après ce qu'on a dit page 235, puisqu'il n'est question que de considérer le mouvement d'un corps lancé dans une direction déterminée, et avec une vitesse connue.

Si donc un fluide s'écoule dans le vide par un orifice vertical, chacune des molécules décrira une branche de parabole à partir du sommet, l'axe de cette courbe sera vertical : en faisant $\theta = o$ dans l'équation (h') p. 235, on trouve que l'équation de cette courbe est $x^2 = -4hy$, h étant la hauteur du fluide dans le vase au-dessus de l'orifice.

394. On sait (157, V) qu'un mobile qui par sa chute a acquis une vitesse due à une certaine hauteur, doit remonter à la même hauteur en vertu de cette vitesse : ainsi *un fluide jaillissant verticalement de bas en haut par un petit orifice, doit remonter à la même hauteur à laquelle la surface du fluide est élevée dans le réservoir :* on fait ici abstraction de la résistance de l'air, car sans cela, les choses auraient lieu différemment.

395. De ce que la vitesse d'un fluide qui s'écoule par un orifice infiniment petit, est $u = \sqrt{(2gh)}$, il s'ensuit que si le fluide est entretenu dans le vase à la même hauteur h, par une

quantité d'eau affluente égale à celle qui s'écoule, il sortira dans chaque unité de temps un prisme de fluide d'un volume......
$=k\sqrt{(2gh)}$. Ainsi le volume Q qui s'écoulera pendant un temps donné t, sera

$$Q = kt\sqrt{(2gh)}\ldots\ldots\ldots(\psi).$$

Nous ferons observer que cette équation renferme quatre quantités Q, k, t et h, et qu'elle pourra servir à déterminer l'une d'elles d'après la connaissance des trois autres; ainsi de ces quatre choses la grandeur de l'orifice, le temps de l'écoulement, la hauteur du fluide au-dessus de l'orifice, et le volume écoulé, trois étant données, on pourra toujours trouver l'autre.

Par exemple, si le vase est un prisme vertical percé à son fond par un orifice très petit, la section horizontale du vase étant K, Kh est le volume du fluide qu'il contient. Si donc on fait $Q = Kh$, le vase, entretenu constamment plein, emploiera à la dépense d'un volume d'eau $= Kh$, c'est-à-dire égal à celui qu'il contient, un temps $t = \dfrac{K}{k}\cdot\sqrt{\left(\dfrac{h}{2g}\right)}$.

Il suit aussi de l'équation (ψ) que lorsque deux vases sont entretenus constamment pleins, les quantités de liqueurs qui s'écoulent dans le même temps sont entre elles comme les produits des orifices par les racines carrées des hauteurs. Car on aura pour le second vase $Q' = k't\sqrt{(2gh')}$, en marquant d'un trait les lettres qui se rapportent à ce vase : il résulte de là........
$\dfrac{Q}{Q'} = \dfrac{k'\sqrt{h'}}{k\sqrt{h}}$. Ainsi connaissant par expérience ce qui est relatif à l'un des écoulemens, on pourra déterminer ce qui a rapport à l'autre.

3g6. Lorsque l'eau qui s'écoule n'est ni en totalité, ni en partie remplacée, la vitesse à l'orifice diminue graduellement à mesure que le fluide s'abaisse dans le vase. L'eau jaillit donc avec une force décroissante, et l'amplitude du jet diminue sans cesse.

Si K désigne l'aire de la section du vase par un plan passant par la surface supérieure du fluide au bout du temps t, z la hauteur dont pendant ce temps le fluide s'est abaissé, et h la hauteur du fluide au-dessus de l'orifice au commencement du temps; $h - z$ sera cette hauteur au bout du temps t, et on aura pour la vitesse à l'orifice $\sqrt{[2g(h - z)]}$. Cette vitesse peut être regardée comme constante pendant le temps dt durant lequel il s'écoulera un prisme de fluide qui aura l'orifice k pour base et $dt\sqrt{[2g(h - z)]}$ pour hauteur. Ainsi le volume du fluide écoulé pendant l'instant dt est $kdt\sqrt{[2g(h - z)]}$. Mais pendant ce temps la surface supérieure du fluide s'est abaissée do dz, et le vase a perdu un cylindre de fluide ayant dz pour hauteur et K pour base, cylindre dont le volume est par conséquent Kdz : en égalant ces deux valeurs, on en conclut

$$dt = \frac{Kdz}{k\sqrt{[2g(h - z)]}} \dots\dots\dots (\omega)$$

Comme l'aire K doit être donnée en fonction de z, par la forme du vase, le second membre de cette équation ne contient que la variable z; et il sera très aisé de connaître, par une intégration, les abaissemens successifs du fluide dans un vase de forme donnée.

* 3g7. Appliquons cette théorie à quelques exemples.

I. Si le vase est un prisme ou un cylindre vertical, l'aire K est constante et égale à la section horizontale du corps. Ainsi on a

$$t = \frac{K}{k\sqrt{(2g)}} \cdot \int \frac{dz}{\sqrt{(h - z)}} = -\frac{2K}{k\sqrt{(2g)}} \sqrt{(h - z)} + C.$$

Lorsque le temps t est nul, l'abaissement z de la surface supérieure du fluide est nul : ainsi on a en même temps $z = o$ et $t = o$; cette condition détermine la constante C, et donne pour le temps de l'écoulement d'une hauteur z de fluide

$$t = \frac{2K}{k\sqrt{(2g)}} (\sqrt{h} - \sqrt{h - z}).$$

On peut trouver aisément le temps de l'écoulement total; il ne s'agit pour cela que de faire $z = h$, et on a $t = \dfrac{K}{k} \cdot \sqrt{\dfrac{2h}{g}}$. Ce temps est double de celui qui a été trouvé (396).

II. S'il s'agissait en général d'un solide de révolution dont l'axe fût vertical, K serait l'aire d'un cercle qui aurait pour rayon l'ordonnée y de la courbe génératrice; on aurait donc $K = \pi y^2$, et l'équation (ω) donnerait

$$ t = \frac{\pi}{k\sqrt{(2g)}} \cdot \int \frac{y^2 dz}{\sqrt{(h - z)}}. $$

Il faudrait mettre pour y sa valeur déduite, en fonction de z, de l'équation de la courbe génératrice, et intégrer : en complétant l'intégrale de manière à avoir en même temps $t = 0$ et $z = 0$, on aurait par là t en fonction de z.

Supposons par exemple que la paroi intérieure du vase soit engendrée par la révolution d'une parabole BAC (fig. 132), autour de l'axe vertical Az. Soit nzi la surface supérieure du fluide quand le temps est nul, et faisons A$z = h$: l'équation est $y^2 = px$, p est le paramètre; l'orifice et l'origine sont en A; donc en transportant l'origine en z, l'équation est $y^2 = p(h - z)$, et en substituant on a

$$ t = - \frac{2\pi p}{3k\sqrt{(2g)}} \cdot (h - z)^{\frac{3}{2}} + C; $$

et comme $z = 0$ donne $t = 0$, on trouve

$$ t = \frac{2p\pi}{3k\sqrt{(2g)}} \cdot \left[h^{\frac{3}{2}} - (h - z)^{\frac{3}{2}} \right]. $$

On aura le temps de l'écoulement total en faisant $h = z$.

398. La théorie que nous venons d'exposer peut servir à marquer sur les parois des vases des divisions propres à mesurer les temps employés dans l'écoulement par les différens abaissemens du fluide. On nomme un pareil système, *Horloge d'eau* ou *Clep-*

sydre. Ces machines occupent une place intéressante dans l'histoire des Sciences et des arts, par l'usage qu'en ont fait les anciens peuples pour la mesure du temps. On en attribue l'invention à Scipion Nasica, qui vivait environ 200 ans avant Jésus-Christ; mais il est vraisemblable qu'il en a seulement fait connaître l'usage à Rome; et que les Egyptiens, qui s'en servaient pour mesurer le cours du soleil, les connaissaient à une époque fort antérieure. L'usage des horloges à pendules isochrones tenait à des notions qui exigeaient le concours des découvertes faites postérieurement dans les sciences et les arts.

La manière dont les anciens ont tiré partie de l'écoulement de l'eau pour sous-diviser la durée des années et des jours est souvent très intéressante. Les idées de l'eau qui s'écoule et du temps qui fuit, offrent, par leur rapprochement, des images agréables et des comparaisons que la philosophie et la poésie ne pouvaient manquer de saisir. La clepsydre de *Ctesibius* en offre un exemple ingénieux. On ne peut se refuser à une secrète et douce mélancolie en voyant l'eau s'échapper, en forme de pleurs, des yeux d'une figure qui semble payer ce tribut de regrets aux instans qui s'échappent. Cette eau se rend dans un réservoir vertical, où elle élève une autre figure qui tient une baguette au moyen de laquelle, et de son ascension graduelle, elle indique les heures sur une colonne. Le même fluide sert ensuite de moteur dans l'intérieur du piédestal à un mécanisme qui fait faire à la colonne une révolution autour de son axe, dans un an, de telle sorte que le mois et le jour où l'on est se trouvent toujours sous l'index, dont l'extrémité parcourt une verticale divisée convenablement.

3gg. Il est évident que tout vase peut servir à former une clepsydre; mais la manière la plus commode serait de se servir d'un vase dont la forme fût telle, que des portions égales de temps fussent mesurées par des divisions égales de l'axe vertical du vase. Si donc on veut que le fluide s'abaisse d'une grandeur donnée a dans chaque unité de temps, comme $\dfrac{dz}{dt}$ représente l'a-

baissement du fluide dans cette unité, il suffira de faire $\dfrac{dz}{dt} = a$,
ce qui donnera pour l'équation (ω).

$$a\mathrm{K} = k\sqrt{[2g(h - z)]}.$$

Le rapport entre K et z est d'ailleurs arbitraire, c'est-à-dire qu'on peut disposer de l'aire K répondant à l'abaissement z. Supposons donc, comme cela est convenable, que le vase soit symétrique par rapport à l'axe vertical des z, on pourra prendre pour K une fonction arbitraire $f(y)$ d'une ordonnée horizontale, et l'équation $af(y) = k\sqrt{[2g(h - z)]}$ sera celle du profil vertical de la clepsydre.

On pourrait, si l'on jugeait à propos, prendre pour les abaissemens du fluide pendant des temps successifs égaux une fonction du temps; il faudrait alors faire dans l'équation (ω), $\dfrac{dz}{dt} = \phi(t)$; mais ce serait une généralité inutile pour la pratique.

400. Si l'on suppose que l'on veut construire le vase de manière à obtenir des rectangles pour les sections horizontales, en nommant p l'un des côtés du cylindre et y l'autre, il faudra faire $\mathrm{K} = py$, et substituer dans l'équation précédente : on aura

$$y^2 = 2g(h - z)\left(\frac{k}{pa}\right)^2,$$

qui appartient à la parabole; ainsi le profil vertical du vase cylindrique est une parabole dont le sommet est en bas à l'orifice.

De même lorsqu'on veut que les sections K soient des cercles, il faut prendre $\mathrm{K} = \pi y^2$, ce qui donne pour l'équation du profil vertical de la clepsydre

$$y^4 = 2g(h - z)\left(\frac{k}{\pi a}\right)^2.$$

401. Il y a quelques corrections à faire aux développemens qui viennent d'être donnés. Dans l'état physique des choses, lorsque la surface du fluide approche de l'orifice, il se forme au

dessus de cet orifice une espèce d'entonnoir dans lequel l'air s'introduit, ce qui empêche en partie le fluide de sortir et change la nature de l'écoulement. Ce que nous venons de dire n'a donc lieu que jusqu'au moment où l'entonnoir commence à se former; et cela arrive, pour l'ordinaire, lorsque la surface du fluide est à un décimètre de l'orifice.

De plus, on a reconnu par l'expérience, que lorsqu'un fluide incompressible s'échappe d'un vase par une ouverture, que je supposerai circulaire, le jet n'a pas une forme cylindrique, mais diminue progressivement de diamètre, depuis l'origine jusqu'à une certaine distance, peu différente dans beaucoup de cas du demi-diamètre de cet orifice. Ainsi le jet affecte, dans cet intervalle, la forme d'un cône tronqué dont la grande base est l'orifice même. Or, pour évaluer la dépense, il faut à l'orifice véritable substituer la petite base du cône tronqué, puisque cette surface renferme tous les filets fluides jaillissans hors du vase; lorsqu'on connaît soit la vitesse commune, soit la vitesse moyenne de ces filets, on en déduit donc la dépense totale de liquide. La diminution du diamètre du jet, depuis l'orifice jusqu'à une certaine distance de cet orifice, est ce qu'on a appelé *la contraction de la veine fluide* (fig. 178).

402. L'expérience a appris que lorsque l'eau s'écoule d'un vase par un petit orifice percé dans une mince paroi, la dépense effective est à peu près 0,62 de la dépense théorique calculée par la formule du n° 391. Ce déchet est occasionné par la contraction de la veine fluide; il demeure le même lorsqu'on adapte à l'orifice un ajutage dont la longueur est égale à la distance de cet orifice à la section de la plus grande contraction, et dont la paroi intérieure ait la forme conoïde affectée dans cet intervalle par le fluide. Mais si à la suite de cet ajutage on place un tuyau cylindrique d'un diamètre égal à celui de l'orifice, supposé circulaire, ou un tuyau conique, ou enfin un tuyau en partie cylindrique et en partie conique, les longueurs et l'évasement n'excédant pas certaines limites, la dépense dans un temps donné augmente, et peut excéder le double de celle qui se fait par une mince paroi. Cette augmentation de dépense varie avec

les proportions des ajutages qui comportent un *maximum* et un *minimum*. Cependant les connaissances sur cette matière ne sont pas assez avancées pour établir ces proportions et la forme rigoureuses des ajutages, d'après des règles susceptibles d'être mises en formule. M. *Hachette* a fait un beau travail sur ce sujet.

403. Pour donner à nos formules théoriques les expressions qui sont applicables à la pratique, il suffit donc de réduire la dépense de liquide par un orifice dans le rapport que l'expérience fait connaître. Soient d le diamètre d'un orifice circulaire percé dans une paroi verticale, h l'enfoncement du centre de ce cercle au-dessous du niveau supposé constant dans le réservoir; $\frac{1}{4}\pi d^2$ est l'aire de l'orifice, $\sqrt{(2gh)}$ est la vitesse théorique du liquide qui s'écoule, $\frac{1}{4}\pi d^2 \sqrt{(2gh)}$ le volume écoulé dans le temps 1, et par conséquent $\frac{1}{4}\pi \sqrt{(2g)} \times d^2 t \sqrt{h}$ le volume dans le temps t. En calculant le facteur constant $\frac{1}{4}\pi\sqrt{(2g)}$ et diminuant ce nombre à cause de la perte due à la contraction de la veine fluide, on trouve, si h et d sont exprimés en millimètres, que la quantité de litres ou kilogrammes d'eau écoulés en t minutes

est $$= A d^2 t \sqrt{h};$$

1°. Si la parois est mince, $A = 0,0040204$, $\log = \bar{3},6042789$;
2°. S'il y a un ajutage cylindrique, $A = 0,0053174 2$, $\log = \bar{3},7257011$;
3°. Si l'ajutage est conique, $A = 0,00605834$, $\log = \bar{3},7823533$;

dans ce dernier cas l'ajutage doit avoir la figure qu'affecte la veine contractée, et d est le diamètre étroit extérieur.

404. Les fontainiers appellent *pouce d'eau*, le volume de liquide qui s'écoule en une minute par un orifice circulaire d'un pouce de diamètre percé dans une mince paroi verticale, le centre étant à 7 lignes au-dessous du niveau. Cette mesure revient à 672 pouces cubes d'eau écoulés chaque minute, ou 560 pieds cubes $= 19,2$ mètres cubes en 24 heures; ce qui fait 800 litres ou kilogrammes par heure. La ligne d'eau est la 144° partie du pouce, savoir, $4,67$ pouces cubes par minute, ou $55\frac{1}{2}$ litres par heure. On évalue la quantité d'eau produite par une source, soit

·en la calculant d'après la vitesse du courant, soit en mesurant le produit à l'aide de vases dont la capacité soit connue , et cela durant un temps donné. La vitesse est facile à trouver en observant l'espace que décrit en une minute un corps léger qu'on laisse librement flotter et courir avec l'eau. *V.* dans le Dictionnaire de Technologie, les articles EAU, DÉPENSE , ÉCOULEMENT.

Mais quand la source n'est pas fort abondante, on se contente de faire un barrage avec une planche percée de trous circulaires d'un pouce de diamètre et d'autres plus petits : ces trous sont bouchés par des chevilles et placés au niveau du liquide. On débouche un assez grand nombre de ces trous pour que le niveau du liquide reste constant et en affleure le sommet supépérieur : le nombre de ces trous ouverts est celui des pouces d'eau.

4o5. En parlant des eaux pluviales, les physiciens disent qu'à Paris il tombe par an 20 pouces et demi d'eau (55,35 centim.); mais le mot *pouce* a ici une acception différente; il signifie que toute l'eau pluviale d'une année qui tombe sur une surface quelconque s'élèverait à 20 $\frac{1}{2}$ pouces , si elle ne s'évaporait pas : 4o toises carrées de toiture en projection horizontale peuvent donc recueillir par an 2ı6o pieds cubes d'eau au moins, ce qui fait 2oo pintes par jour; ce produit peut alimenter 2o personnes, puisque ıo pintes suffisent à tous les besoins d'un homme.

4o6. La différence entre la dépense par un orifice percé dans une mince paroi, et celle qui se fait par un tuyau additionnel, n'a plus lieu dans le vide. On voit par ces divers phénomènes que le poids de l'atmosphère a une influence totale ou presque totale sur l'excès de produit des tuyaux additionnels. Consultez le Mémoire de *Prony,* sur le *jaugeage des eaux courantes* et le Mémoire de M. *Hachette.*

Nous terminerons ici cette exposition bien imparfaite sans doute, mais qu'il ne nous appartient pas de traiter plus en détail. Ce serait sortir de notre sujet que de parler des travaux de *Venturi,* habile physicien de Modène, ni de ce qu'il a appelé la *communication latérale* du mouvement dans les fluides.

III. *Équations générales du mouvement des fluides.*

407. Supposons les particules d'une masse fluide en mouvement sollicitées par des forces accélératrices ; soient X, Y, Z, les
composantes parallèles à trois axes des forces qui agissent, au bout
du temps t , sur la molécule dont les coordonnées sont x, y, z.
La vitesse imprimée suivant les x est $X dt$, et comme la réaction des parties empêche cette vitesse d'avoir lieu, celle qui est
produite est $d . \dfrac{dx}{dt}$; $X - \dfrac{d^2 x}{dt^2}$ est donc la force détruite : le principe de d'Alembert (229) fait voir que si l'on n'eût imprimé aux
molécules que les forces $X - \dfrac{d^2 x}{dt^2}$, $Y - \dfrac{d^2 y}{dt^2}$, $Z - \dfrac{d^2 z}{dt^2}$, le système serait demeuré en équilibre : l'équation (6) p. 423, qui
exprime cet état, devient donc, en faisant, pour abréger ,

$$X dx + Y dy + Z dz = dq,$$

$$\frac{dp}{D} = dq - \frac{d^2 x}{dt^2} dx - \frac{d^2 y}{dt^2} dy - \frac{d^2 z}{dt^2} dz \dots\dots\dots (A),$$

équation qui équivaut à trois autres, en égalant séparément à
zéro les coefficiens de dx, dy, dz (*Voy*. p. 426). D'ailleurs dq
est une différentielle exacte toutes les fois qu'il s'agit de forces
attractives (p. 386). L'équation (A), quoique tenant lieu de trois,
ne suffit pas pour donner p, x, y et z en fonction de t , et il
faut encore déduire une relation de la nature du système. Ceci
est conforme à ce qui a été dit p. 325, que le principe de d'A-
lembert ne résout pas toujours à lui seul les questions de mouvement.

408. L'équation qu'il faut obtenir est celle qui exprime que
le fluide est continu. Soit $Mabc$ (fig. 159) la molécule, ou l'élément fluide considéré comme un parallélépipède. Les coordonnées de M sont x, y, z : durant l'instant dt, $Mabc$ a changé de
figure et de position : soient u, v et v les vitesses du point M suivant les axes, où $dx = u dt$, $dy = v dt$, $dz = \mathrm{v} dt$: désignons
par un trait les lettres de la figure qui se rapportent à l'état va-

rié. Cela posé, les coordonnées de M_1 sont $x + udt$, $y + vdt$, $z + vdt$; mais ces valeurs ayant lieu pour un point quelconque, les coordonnées de f étant $x + dx$, y et z, pour avoir celles de f_1, il faut seulement changer x en $x + dx$, et on a

$$x \;+\; dx \;+\; udt \;+\; \frac{du}{dx}\, dxdt \ldots\ldots\ldots \text{suiv. les } x;$$

$$y \;+\; vdt \;+\; \frac{dv}{dx}\, dxdt \ldots\ldots\ldots \text{suiv. les } y;$$

$$z \;+\; vdt \;+\; \frac{dv}{dx}\, dxdt \ldots\ldots\ldots \text{suiv. les } z.$$

La longueur de Mf devient donc $M_1 f_1 = dx\left(1 + \frac{du}{dx} dt\right)$ en se bornant aux termes du 1er ordre. On peut déduire de là les longueurs des autres arêtes variées; pour MN, par exemple, il suffit de changer x en z, et u en v, etc.... On trouve ainsi que

1°. les trois arêtes de l'angle trièdre M sont devenues

$$dx\left(1 + \frac{du}{dx} dt\right), \;\; dy\left(1 + \frac{dv}{dy} dt\right), \;\; dz\left(1 + \frac{dv}{dz} dt\right).$$

2°. les autres arêtes sont respectivement égales à celles qui leur sont opposées, de sorte que *le corps varié est devenu parallélépipède obliquangle*. Nous regardons les faces comme planes, ce qu'on ne peut contester, lorsqu'on se borne aux termes du 4e ordre, puisqu'elles n'ont pu varier qu'infiniment peu. Le volume d'un parallélépipède est, comme on sait, le produit de ses trois arêtes par les sinus des angles formés par deux d'entre elles, et par la troisième avec leur plan : or ici ces angles diffèrent très peu d'un droit, de sorte que leurs complémens η, θ, sont infiniment petits : nos sinus équivalent à $\cos \eta$ et $\cos \theta$, qui, en développant et se bornant au 1er ordre, se réduisent à 1. Ainsi au 5e ordre près, le volume varié est le produit des trois arêtes ci-dessus, ou

$$dxdydz \left\{ 1 \;+\; dt\left(\frac{du}{dx} + \frac{dv}{dy} + \frac{dv}{dz} \right) \right\}.$$

Que le fluide soit ou non compressible, la masse $D\,dx\,dy\,dz$ n'a pu changer, ou $\log D + \log(dx\,dy\,dz) = $ const.; D est la densité de la molécule: on a donc en différenciant..............

$$\frac{dD}{D} + \frac{d(dx\,dy\,dz)}{dx\,dy\,dz} = 0$$

: or la différentielle de $dx\,dy\,dz$ ne se prend pas ici par les voies ordinaires, et il est clair qu'elle est l'accroissement du volume qu'on vient de déterminer; donc

$$\frac{dD}{D} + \left(\frac{du}{dx} + \frac{d\nu}{dy} + \frac{d\mathrm{v}}{dz} \right) dt = 0 \ldots \ldots (B).$$

Les vitesses u, ν et v sont des fonctions de t liées à x, y et z par $dx = u\,dt$, $dy = \nu\,dt$, $dz = \mathrm{v}\,dt$; ainsi les intégrales de nos équations (A) et (B) résolvent le problème proposé; et comme elles sont aux différences partielles, elles comportent des fonctions arbitraires qui dépendent du mouvement et de la disposition du fluide au commencement du temps.

409. Il faut distinguer deux sortes de variations, comme pag. 390 et 495; tantôt le temps est constant; on compare alors au même instant deux molécules fluides : tantôt on suit une même molécule dans ses diverses positions successives; c'est de ce dernier cas qu'il s'agit principalement ici. Or le lieu d'une molécule est déterminé à l'instant donné, d'après les coordonnées a, b, c, qui fixent sa position initiale : ainsi x, y, z sont des fonctions de a, b, c et t : on doit en dire autant des vitesses u, ν, v et de la densité D lorsqu'elle est variable. Si donc on connaissait cette fonction pour u, ou $u = f(a, b, c, t)$, on obtiendrait $\frac{du}{dt}$ en différenciant f relativement à t seul. Mais il n'en est pas ainsi; pour la connaissance actuelle du mouvement du fluide, il suffit de connaître à chaque instant le mouvement d'une particule quelconque qui occupe un lieu donné dans l'espace, sans qu'il soit nécessaire d'en connaître les états précédens. Il est donc plus simple d'envisager u comme fonction de x, y, z et t, ou $u = F(x, y, z, t)$; ce qui suppose qu'on a substitué dans $u = f(a, b, c, t)$ pour a, b, c, leurs valeurs en x, y, z et t, dont

33

on a vu qu'elles sont fonctions. Or outre les t qui existent dans f, cette substitution en introduira d'autres qu'il faut regarder comme constans, lorsqu'on veut déduire $\dfrac{du}{dt}$ de F au lieu de f ; ainsi il ne faudrait pas faire varier t dans x, y et z. Donc la différentielle relative à t de $\dfrac{du}{dt}$, ou $\dfrac{d^2x}{dt}$, se compose de $\dfrac{du}{dt}$ et des différentielles de F relatives à t considéré comme faisant partie de x, y, z. Il en résulte que

$$\frac{d^2x}{dt^2} = \frac{du}{dt} + \frac{du}{dx}\cdot\frac{dx}{dt} + \frac{du}{dy}\cdot\frac{dy}{dt} + \frac{du}{dz}\cdot\frac{dz}{dt}.$$

On a pour ν, v et D des résultats analogues; donc

$$\frac{d^2x}{dt^2} = \frac{du}{dt} + u\cdot\frac{du}{dx} + \nu\cdot\frac{du}{dy} + \mathrm{v}\cdot\frac{du}{dz}$$

$$\frac{d^2y}{dt^2} = \frac{d\nu}{dt} + u\cdot\frac{d\nu}{dx} + \nu\cdot\frac{d\nu}{dy} + \mathrm{v}\cdot\frac{d\nu}{dz}$$

$$\frac{d^2z}{dt^2} = \frac{d\mathrm{v}}{dt} + u\cdot\frac{d\mathrm{v}}{dx} + \nu\cdot\frac{d\mathrm{v}}{dy} + \mathrm{v}\cdot\frac{d\mathrm{v}}{dz}$$

$$d\mathrm{D} = \left(\frac{d\mathrm{D}}{dt} + u\cdot\frac{d\mathrm{D}}{dx} + \nu\cdot\frac{d\mathrm{D}}{dy} + \mathrm{v}\cdot\frac{d\mathrm{D}}{dz} \right) dt,$$

en introduisant ces valeurs dans (A) et (B), on a

$$dq - \frac{dp}{\mathrm{D}} = \frac{d\chi}{dt} + u\cdot\frac{d\chi}{dx} + \nu\cdot\frac{d\chi}{dy} + \mathrm{v}\cdot\frac{d\chi}{dz} \ \dots\ \text{(C)}$$

$$\chi = udx + \nu dy + \mathrm{v}dz \dots\dots\dots\dots\dots\dots \text{(D)}$$

$$\mathrm{o} = \frac{d\mathrm{D}}{dt} + \frac{d\cdot\mathrm{D}u}{dx} + \frac{d\cdot\mathrm{D}\nu}{dy} + \frac{d\cdot\mathrm{D}\mathrm{v}}{dz} \ \dots\ \text{(E)}$$

La première équivaut toujours à trois autres, et, pour abréger, on y a désigné par χ la fonction exprimée par la seconde : la troisième exprime *la continuité du fluide* ; lorsque le fluide est homogène et incompressible, D est constant et disparaît de (E); on a

$$o = \frac{du}{dx} + \frac{dv}{dy} + \frac{dv}{dz} \quad \dotsfill \quad (F)$$

Dans tout autre cas D est une fonction donnée de p, ou de x, y et z.

410. Malgré la forme plus simple de ces équations, elles sont encore tellement compliquées, que leur intégration et la détermination des fonctions arbitraires surpasse de beaucoup les forces de l'analyse. Cependant l'intégration s'exécute en général dans un cas très étendu; c'est celui où la fonction χ est une différentielle exacte, relativement à x, y et z. Car, soit

$$\chi = d\varphi, \text{ d'où } u = \frac{d\varphi}{dx}, \; \nu = \frac{d\varphi}{dy}, \; v = \frac{d\varphi}{dz} \dotsfill (G)$$

l'équation (C) s'intègre, D étant fonction de p, et on a

$$q - \int \frac{dp}{D} = \frac{d\varphi}{dt} + \tfrac{1}{2}\left\{ \frac{d\varphi^2}{dx^2} + \frac{d\varphi^2}{dy^2} + \frac{d\varphi^2}{dz^2} \right\} \dotsfill (H)$$

La fonction arbitraire de t, que nécessite cette intégration, peut être regardée comme comprise dans φ. On déterminera p et φ, et par suite u, ν, v, en fonction de x, y et z, à l'aide des équations (G) et (H) jointes à celle (E) de la continuité du fluide, qui, pour les fluides incompressibles et homogènes, est

$$\frac{d^2\varphi}{dx^2} + \frac{d^2\varphi}{dy^2} + \frac{d^2\varphi}{dz^2} = o \dotsfill (I).$$

Nous retrouvons donc ici l'équation aux différences partielles du 2e ordre qui se rapporte aux attractions des sphéroïdes p. 4o8.

411. Quoiqu'il puisse arriver qu'on sache tirer parti de l'équation (C) sans que χ soit différentielle exacte, on voit cependant que la question se simplifie beaucoup alors. Il convient maintenant de chercher si la fonction χ est une différentielle exacte, sans qu'on soit obligé de la connaître en x, y, z, puis-

qu'elle n'est donnée qu'en u, ν, v, dont la recherche fait partie du problème. Supposons que pour une valeur déterminée de t, χ jouisse en effet de la propriété ci-dessus; χ deviendra dans l'instant suivant $\chi + \dfrac{d\chi}{dt}\, dt$; or (C) donne

$$\frac{d\chi}{dt} = dq - \frac{dp}{D} - u \cdot \frac{d\chi}{dx} - \nu \cdot \frac{d\chi}{dy} - v \cdot \frac{d\chi}{dz};$$

χ est supposé ici avoir la valeur qui répond au premier instant, et peut par conséquent être représenté par $d\varphi$; les trois derniers termes sont donc $= -\frac{1}{2}\, d \left\{ \dfrac{d\varphi^2}{dx^2} + \dfrac{d\varphi^2}{dy^2} + \dfrac{d\varphi^2}{dz^2} \right\}$; ainsi...

$\chi + \dfrac{d\chi}{dt}\, dt$ est encore une différentielle exacte. Donc *si pour un instant déterminé, χ est une différentielle exacte, il le sera aussi pour tous les instans suivans et ne le sera que dans ce cas.* Or, on connaît ordinairement l'état initial du fluide; il sera donc aisé de savoir, lorsque $t = 0$, si χ jouit de la propriété dont il s'agit, ce qui servira à faire connaître si χ en jouit, quel que soit t. Lorsque $t = 0$, si le fluide n'a aucune vitesse, ou s'il n'a que celle que communique la pression d'un piston, χ est une différentielle exacte, puisque u, ν et v sont, à cet instant, nuls ou constans dans tout le fluide. La même chose arrive lorsque les vitesses u, ν et v sont infiniment petites, quelles que soient d'ailleurs les circonstances initiales du mouvement; car en négligeant $\dfrac{d\varphi^2}{dx^2}$, $\dfrac{d\varphi^2}{dy^2}$, $\dfrac{d\varphi^2}{dz^2}$, on a encore $\dfrac{d\chi}{dt}$ une différentielle exacte.

412. Le fluide étant incompressible et homogène, cherchons les lois de l'écoulement par un orifice k pratiqué au vase ABpq (fig. 179) qui le contient, en admettant cependant l'hypothèse du parallélisme des tranches (383); prenons les z positifs sur la verticale Ck et de haut en bas, q sera $= gz$; les vitesses u et ν seront nulles, et v sera la vitesse d'une tranche quelconque TV dont l'aire $= $ S, et l'ordonnée CQ $= z$. Les équations (H) et (I ou F) deviennent, en supposant la densité D $= 1$,

$$A + gz - p = \frac{d\varphi}{dt} + \frac{1}{2} \cdot \frac{d\varphi^2}{dz^2}, \quad \frac{d\varphi}{dz} = v.$$

Or, on a (comme p. 496) $kudt = Sdz$, ou $ku = Sv$, u étant la vitesse du fluide à l'orifice et fonction de t seul :

$$\text{donc} \qquad \frac{d\varphi}{dz} = \frac{ku}{S}, \quad \text{d'où } \varphi = ku . \int \frac{dz}{S} + C,$$

$$\frac{d\varphi}{dt} = k \frac{du}{dt} \int \frac{dz}{S} + C';$$

C et C$'$ étant des fonctions de t dont l'une est arbitraire, et qu'on détermine comme il a été dit précédemment (p. 496). En substituant ces valeurs dans celle de p, on obtient visiblement (ϱ) et par suite toutes les conséquences qui en résultent.

413. Lorsque le fluide n'a que de très petits mouvemens on peut négliger les carrés des vitesses u, ν et v; et comme l'équation (H) a lieu, elle se change en

$$q - \int \frac{dp}{D} = \frac{d\varphi}{dt} \quad \dots\dots\dots\dots \text{ (K)}$$

C'est à cette équation qu'il faut rapporter le mouvement des ondes et le son; mais il faut employer en outre (E).

414. Pour donner un exemple de l'usage de ces équations, cherchons le mouvement d'une ligne sonore horizontale. L'air est mu dans un tube dont la direction est celle des x : ν et v sont nuls; il en est de même de q, lorsqu'on fait abstraction de la gravité. Soit D$'$ la densité de l'air dans l'état de repos ; l'élasticité la changera en D $=$ D$'$ ($1 + s$), par l'effet du mouvement, s étant d'ailleurs très petit : de plus, a^2 étant une constante, on

a $p = a^2 D$, d'où $\int \frac{dp}{D} = a^2 . \log (1 + s)$; (K) et (E) deviennent

$$\text{donc} \qquad \frac{d\varphi}{dt} = - a^2 . \log (1 + s), \quad \frac{ds}{dt} + (1 + s) \frac{d^2 \varphi}{dx^2} = 0 ,$$

en négligeant $u . \frac{ds}{dx}$ qui est du 2e ordre. Divisons la seconde par $1 + s$, et faisons

$$\frac{ds}{1+s} = -\ \frac{1}{a^2} \cdot d\left(\frac{d\varphi}{dt}\right)$$

valeur tirée de la première, nous aurons

$$\frac{d^2\varphi}{dt^2} = a^2 \cdot \frac{d^2\varphi}{dx^2},$$

dont l'intégrale a été trouvée. p. 414.

Nous bornerons ici cette théorie, en renvoyant aux *Mémoires* de Lagrange, de M. de Laplace, et à la *Mécanique analytique*, p. 487 et 503 de la 1re édition ; et T. II, p. 331 et 346 de la 2e ; nous pensons que le peu que nous avons dit ici sur cette matière si délicate, rendra plus facile l'intelligence de ces excellens ouvrages.

FIN DE L'HYDRODYNAMIQUE.

SUR QUELQUES VALEURS NUMÉRIQUES

EMPLOYÉES EN MÉCANIQUE.

On fait fréquemment usage, dans les problèmes de Mécanique, des valeurs numériques de certaines constantes; nous allons les réunir ici avec un très grand degré d'approximation. Nous désignerons par le signe log., ainsi qu'on l'a fait précédemment, les *logarithmes hyperboliques* ou *Népériens;* et par L les logarithmes des tables ordinaires, dits *de Briggs*, dans lesquels la base est 10.

1°. La base des logarithmes népériens est

$$e = 2,71828\ 18284\ 59045\ 23536\ 028747.$$

Comme les formules ordinairement employées en Algèbre renferment les logarithmes népériens, parce qu'ils sont d'un usage plus commode dans le calcul algébrique, et qu'il n'y a que des tables peu étendues construites pour ce système, on doit se rappeler que pour convertir les logarithmes népériens en tabulaires, il suffit de multiplier ceux-là (Cours de math. pures , n° 585) par

$$M = \text{Log}\ e = 0,43429\ 44819\ 03251\ 82765\ 11289.$$

C'est ce nombre qu'on nomme *le Module;* et l'on a

$$\text{Log}M = \bar{1},63778\ 43113\ 00536\ 77817.$$

Nous indiquons ici par $\bar{1}$ que la caractéristique est -1; c'est comme si l'on avait $\text{Log}M = 0,637\ldots - 1$. Ainsi lorsqu'une formule contient $\log a$; pour employer les tables de Briggs, il faut la préparer et remplacer $\log a$ par......

$\dfrac{\mathrm{M}\log a}{\mathrm{M}} = \dfrac{\mathrm{L}a}{\mathrm{M}}$. De même aussi lorsqu'on veut ramener les lo- -
garithmes de Briggs aux logarithmes népériens, il faut multi-
plier les premiers par

$$f = 2,30258\ 50929\ 94045\ 6840\ 179914 :$$

de sorte que $\mathrm{L}og\,a = \dfrac{f\cdot\mathrm{L}a}{f} = \dfrac{\log a}{f}$. On a d'ailleurs

$$\mathrm{Log}\,f = 0,36221\ 56886.$$

2°. On a pour le *rapport du diamètre à la circonférence* ou
la demi-circonférence du cercle qui a l'unité pour rayon,

$$\pi = 3,14159\ 26535\ 89793\ 23846\ 26433\ 832795,$$
$$\mathrm{Log}\ \pi = 0,49714\ 98726\ 94133\ 85435\ 127,$$
$$\log \pi = 1,14472\ 98858\ 49400\ 17414\ 342735.$$

3°. En désignant par g la gravité, et par r la longueur du
PENDULE simple qui, à l'Observatoire royal de Paris, bat les
secondes dans le vide, on a en mètres ou en pieds, la seconde
étant la 86400$^\mathrm{e}$ partie du jour moyen,

$$g = 9^{\mathrm{m}}808672\quad = 30^{pi},19546 = \pi^2 r,$$
$$\mathrm{Log}\,g = 0,9916103 \ldots\quad 1,4799416$$
$$r = 0,9938267\quad = 3,0594\,39 = 36^{po},71327$$
$$\mathrm{L}r = \overline{1},9973106 \ldots\quad 0,4856419 \ldots 1,5648232.$$

(*V*. page 269, où l'on a supposé l'aplatissement de $\frac{1}{290}$).

4°. Le quart du méridien a été trouvé d'une longueur égale
à 513 074 toises; la dix-millionième partie est l'unité de longueur, ainsi

Le mètre est $= 0^{\mathrm{r}},513074 = 3$ pieds 11 lignes, 296.

Réciproquement,

$$1 \text{ toise} = 1^{\mathrm{m}},949037, \quad \text{et} \quad 1 \text{ pied} = 0^{\mathrm{m}},3248394.$$

Nous mettrons ici les logarithmes de ces nombres

$$L\ 1^{\text{mètre}} = L\ 0^{\text{T}},513074 = \overline{1},7101800,$$
$$L\ 1 = L\ 3^{pi},07844 = 0,4883313,$$
$$L\ 1^{\text{toise}} = L\ 1^{m},949036 = 0,2898200,$$
$$L\ 1^{\text{pied}} = L\ 0^{m},3248394 = \overline{1},5116687.$$

5°. **Formules de géométrie.**

Longueur de l'arc de α degrés sexagésimaux dans le cercle dont r est le rayon

$$= 0,0174533.r\alpha, \quad \text{log. coeff.} = \overline{2},24187736,$$
$$\text{circonf.} = 2\pi r, \quad\quad \text{cercle } r = \pi r^2,$$
$$r = 0,159155 \times \text{cir.}, \quad \text{log. coeff,} = \overline{1},2018201\overline{3},$$
$$= \sqrt{(0,31831 \times \text{cer.})}, \quad \text{log. coeff.} = \overline{1},5028501,$$
$$\text{secteur circ. de } \alpha \text{ degrés} = 0,0872664\ r^2\alpha,$$
$$\log \sin 1'' = 6,685574867, \quad \text{compl.} = 5,31442513318.$$

6°. L'air et tous les gaz, lorsqu'ils sont secs, se dilatent pour chaque degré du thermomètre centigrade du 267e de leur volume à zéro; ou, plus exactement, pour un nombre x de degrés, le volume d'air à zéro étant $= V$; on a $V(1 + 0,00375.x)$ pour ce volume dilaté : la pression atmosphérique étant supposée constante, et si V et V' sont des volumes d'un gaz sec aux températures centigrades respectives x et x', sous les pressions barométriques p et p', on a $(V.$ p. 472$)$

$$pV(800 + 3x') = p'V'(800 + 3x).$$

TABLE

1°. *Métaux.*

Platine pur	20,722
Or pur	19,258
Or (de Paris) 22 k^s	17,486
Argent pur	10,784
Argent (de Paris) à 11^d 10^gr.	10,175
Mercure	13,586
Plomb	11,352
Bismuth	9,070
Cuivre	8,895
Laiton	8,395
Fer	7,800
Acier	7,767
Étain	7,264
Zinc	6,862
Antimoine	6,702
Arsenic	5,765
Cinabre rouge	6,902

2°. *Pierres précieuses.*

Diamant oriental blanc	3,521
Rubis oriental	4,283
Topaze orientale	4,010

3°. *Pierres siliceuses.*

Cristal de roche		2,653
Silex	2,58 à	2, 67
Grès de paveurs	2,11 à	2,56
Agate orientale		2,590
Agate onix		2,637
Calcédoine		2,615
Cornaline		2,613
Pierre à fusil blonde		2,594
Pierre à fusil noirâtre		2,581
Jaspe vert clair		2,358
Jaspe brun		2,691

4°. *Pierres diverses.*

Albâtre oriental blanc antique		2,370
Marbre de Carrare		2,716
Id. dit brèche d'Alep		2,686
Pierre de St.-Leu		1,659
Pierre de Liais		2,077
Spath pesant	4,3 à	4,4
Spath fluor	2,44 à	2,60
Granit rouge du Dauphiné		2,643

Pierre ponce................	0,914
Porcelaine de Sèvres........	2,145
Soufre natif................	2,033
Soufre fondu................	1,990
Craie .... 2,250 à	2,320
Gypse... .... 1,870 à	2,290
Flint-glass................	3,329
Verre blanc........ 2,4 à	2,5
Verre vert.......... 2,5 à	2,6

5°. *Liqueurs.*

Eau distillée..............	1,000
Vin de Bourgogne........	0,991
Vin de Bordeaux..........	0,993
Alkool du commerce à 34°.	0,854
Alkool très-rectifié.......	0,791
Eau-de-vie à 19 degrés.	0,947
Ammoniaque.	1,420
Ether sulfurique..........	0,716

6°. *Sels.*

Sel commun...............	1,918
Salpêtre.................	1,900

7°. *Huiles.*

Huile d'olive..............	0,913
—— de noix	0,922
—— de thérébentine	0,792
—— de lin.	0,940
—— de navette	0,916

8°. *Gommes, Résines et Graisses.*

Résine jaune ou blanc. du pin.	1,072
Sandarac...............	1,092
Gomme arabique..........	1,452

Cire blanche...... 0,954 à	0,960
Suif....................	0,941
Lard...................	0,947
Beurre.................	0,942

9°. *Bois.*

Chêne frais..............	0,930
Chêne sec...............	1,670
Liége...................	0,240
Orme, le tronc...........	0,671
Frêne, le tronc...........	0,845
Hêtre...................	0,852
Aune...................	0,800
Erable..................	0,753
Noyer de France..........	0,671
Saule...................	0,585
Tilleul..................	0,604
Sapin mâle..............	0,550
Sapin femelle............	0,498
Peuplier................	0,383
Pommier................	0,793
Poirier.................	0,661
Prunier.................	0,785
Cerisier................	0,715
Coudrier ou noisetier......	0,600
Buis de France...........	0,912
Vigne..................	1,327
Sureau.................	0,695
Jasmin d'Espagne........	0,770
Gayac..................	1,333
Ebénier d'Amérique.......	1,331
Bois rouge du Brésil.......	1,031
Bois de Campêche........	0,913
Cèdre..................	0,596
Oranger................	0,705
Citronnier.............	0,726

10°. *Airs ou gaz secs.*

Poids d'un litre en grammes à 0°
et 760^{mm} (1).

Air atmosphérique........ 1,2991

Gaz oxygène............. 1,4334

— hydrogène............ 0,0951

— acide carbonique...... 1,9741

— ammoniaque.......... 0,7752

— azote. 1,2590

— chlore. 3,2088

Vapeur d'eau. 0,8102

— d'alcool absolu........ 2,0958

---

(1) Ces nombres expriment les poids spécifiques des gaz, celui de l'eau étant 100; et si l'on veut que l'un de ces gaz soit pris pour unité, on divisera ces nombres par celui A qui correspond à ce gaz (par A $=$ 1,2991, quand l'air atmosphérique à 1 pour poids spécifique). Enfin lorsque ces poids sont demandés sous la latitude l, et à une élévation de h mètres au-dessus de la mer, R étant le rayon terrestre, le poids d'un litre de gaz à 0° et 760^{mm} est (V. p. 269)

$$= A\left(1 - \frac{2h}{R}\right)(1 - 0,002837\cos 2l).$$

FIN.

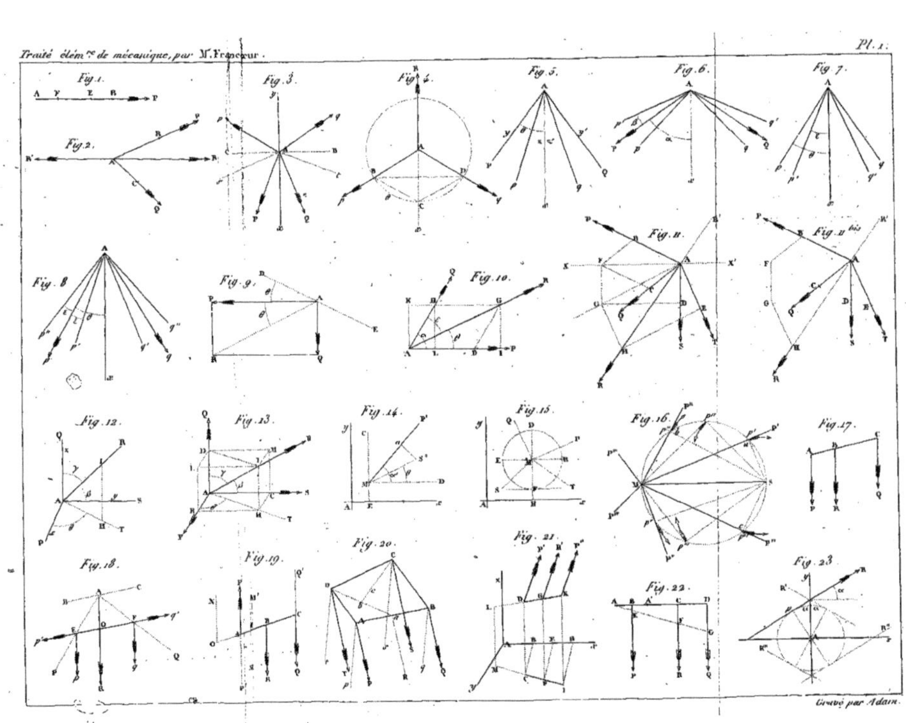

Fig. 1.
Fig. 2.
Fig. 3.
Fig. 4.
Fig. 5.
Fig. 6.
Fig. 7.
Fig. 8.
Fig. 9.
Fig. 10.
Fig. 11.
Fig. 11 bis.
Fig. 12.
Fig. 13.
Fig. 14.
Fig. 15.
Fig. 16.
Fig. 17.
Fig. 18.
Fig. 19.
Fig. 20.
Fig. 21.
Fig. 22.
Fig. 23.

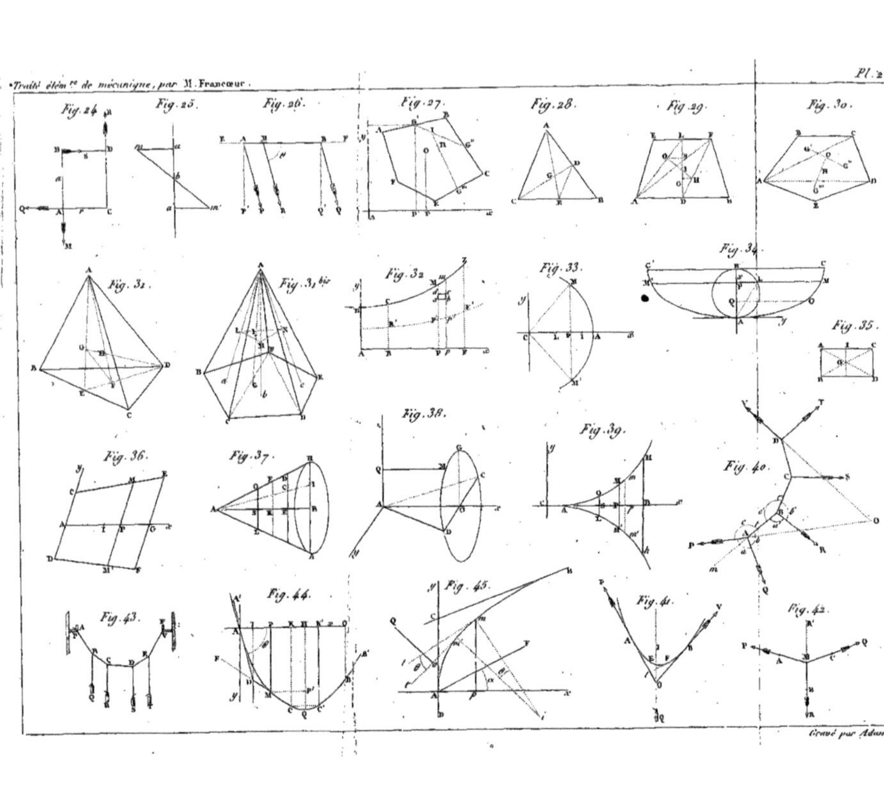
Traité élém.te de mécanique, par M. Francœur.
Pl. 2
Fig. 24.
Fig. 25.
Fig. 26.
Fig. 27.
Fig. 28.
Fig. 29.
Fig. 30.
Fig. 31.
Fig. 31, bis.
Fig. 32.
Fig. 33.
Fig. 34.
Fig. 35.
Fig. 36.
Fig. 37.
Fig. 38.
Fig. 39.
Fig. 40.
Fig. 41.
Fig. 42.
Fig. 43.
Fig. 44.
Fig. 45.
Gravé par Adam.

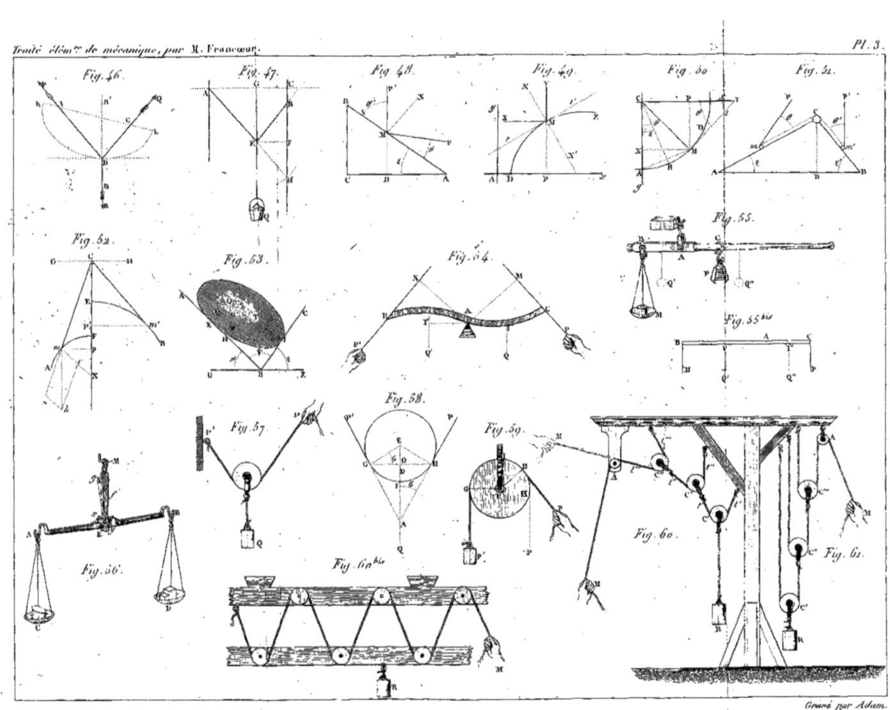

Fig. 46.
Fig. 47.
Fig. 48.
Fig. 49.
Fig. 50.
Fig. 51.
Fig. 52.
Fig. 53.
Fig. 54.
Fig. 55.
Fig. 55 bis.
Fig. 56.
Fig. 57.
Fig. 58.
Fig. 59.
Fig. 60.
Fig. 60 bis.
Fig. 61.

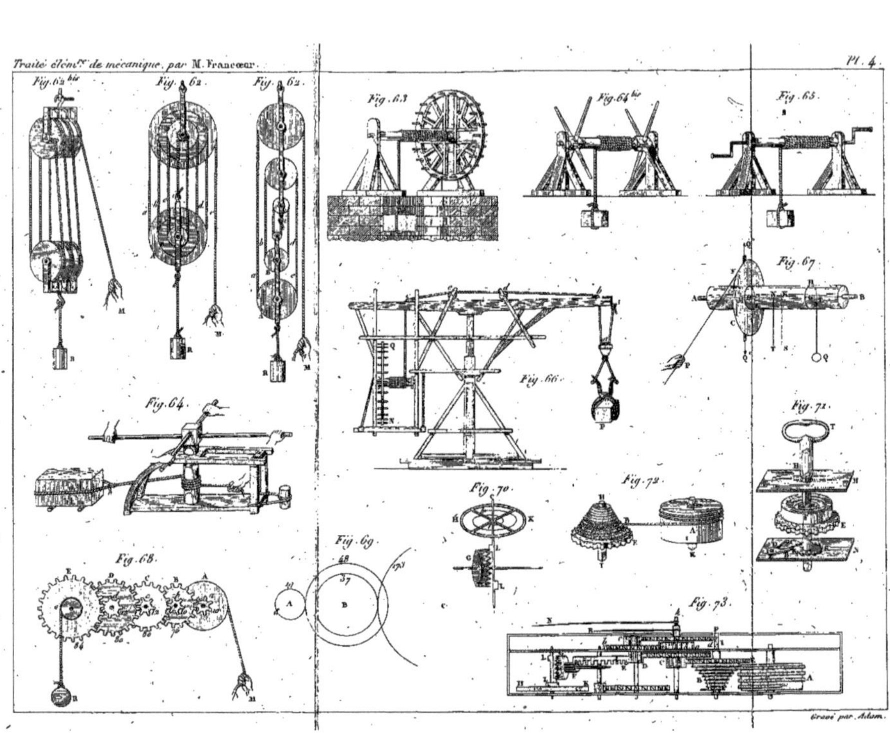
Fig. 62 bis
Fig. 62
Fig. 62
Fig. 63
Fig. 64 bis
Fig. 65
Fig. 67
Fig. 66
Fig. 64
Fig. 71
Fig. 68
Fig. 69
Fig. 70
Fig. 72
Fig. 73

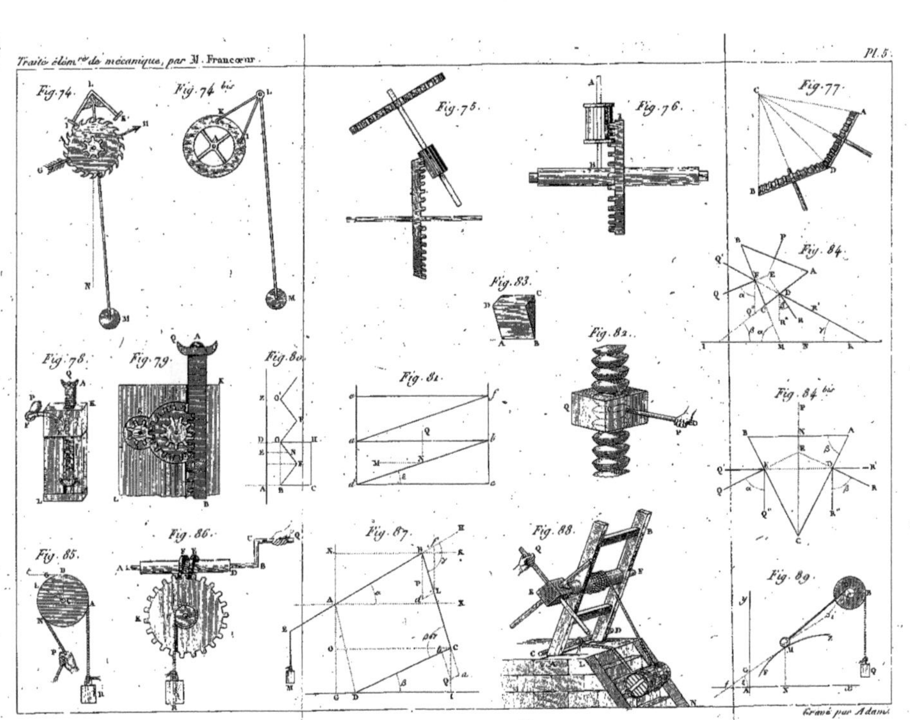

Fig. 74.
Fig. 74 bis
Fig. 75.
Fig. 76.
Fig. 77.
Fig. 78.
Fig. 79.
Fig. 80.
Fig. 81.
Fig. 82.
Fig. 83.
Fig. 84.
Fig. 84 bis
Fig. 85.
Fig. 86.
Fig. 87.
Fig. 88.
Fig. 89.

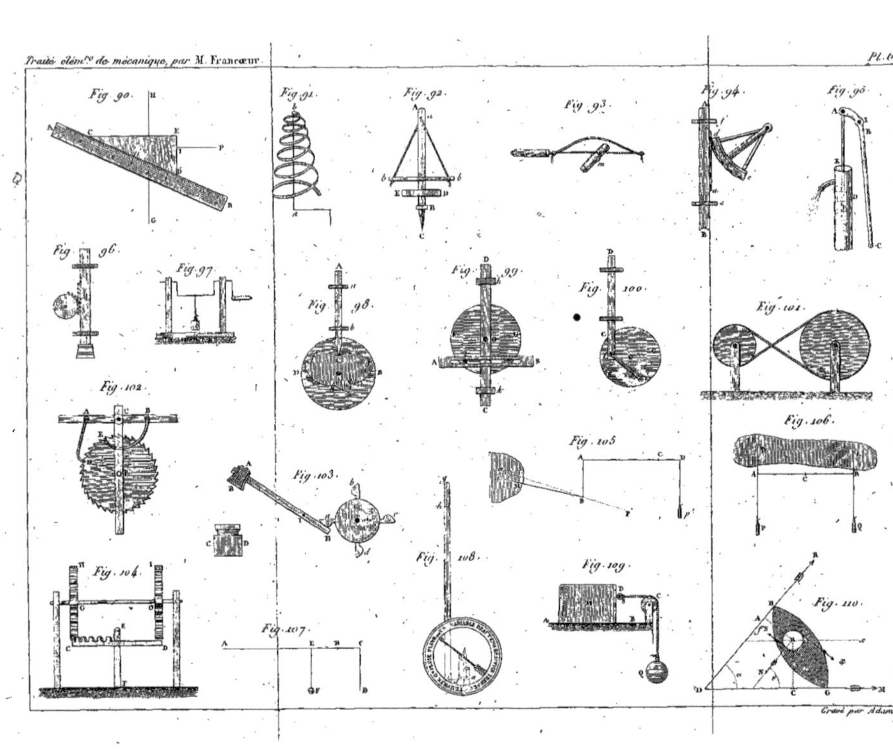
Fig. 90.
Fig. 91.
Fig. 92.
Fig. 93.
Fig. 94.
Fig. 95.
Fig. 96.
Fig. 97.
Fig. 98.
Fig. 99.
Fig. 100.
Fig. 101.
Fig. 102.
Fig. 103.
Fig. 104.
Fig. 105.
Fig. 106.
Fig. 107.
Fig. 108.
Fig. 109.
Fig. 110.

Traité élém.re de mécanique, par M. Francœur.

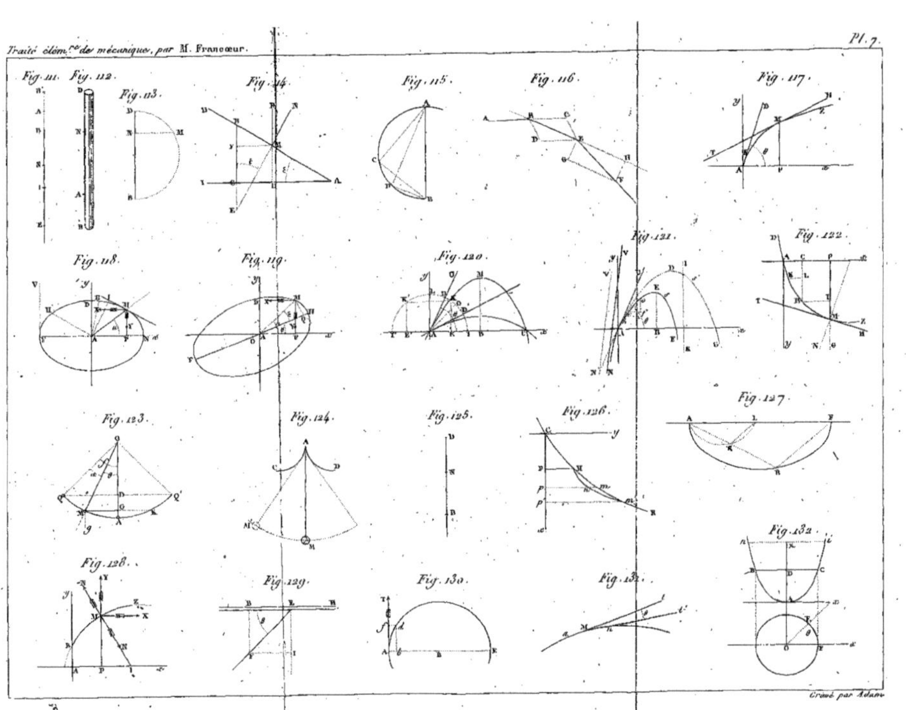

Fig. 111. Fig. 112. Fig. 113. Fig. 114. Fig. 115. Fig. 116. Fig. 117.
Fig. 118. Fig. 119. Fig. 120. Fig. 121. Fig. 122.
Fig. 123. Fig. 124. Fig. 125. Fig. 126. Fig. 127.
Fig. 128. Fig. 129. Fig. 130. Fig. 131. Fig. 132.

Gravé par Adam.

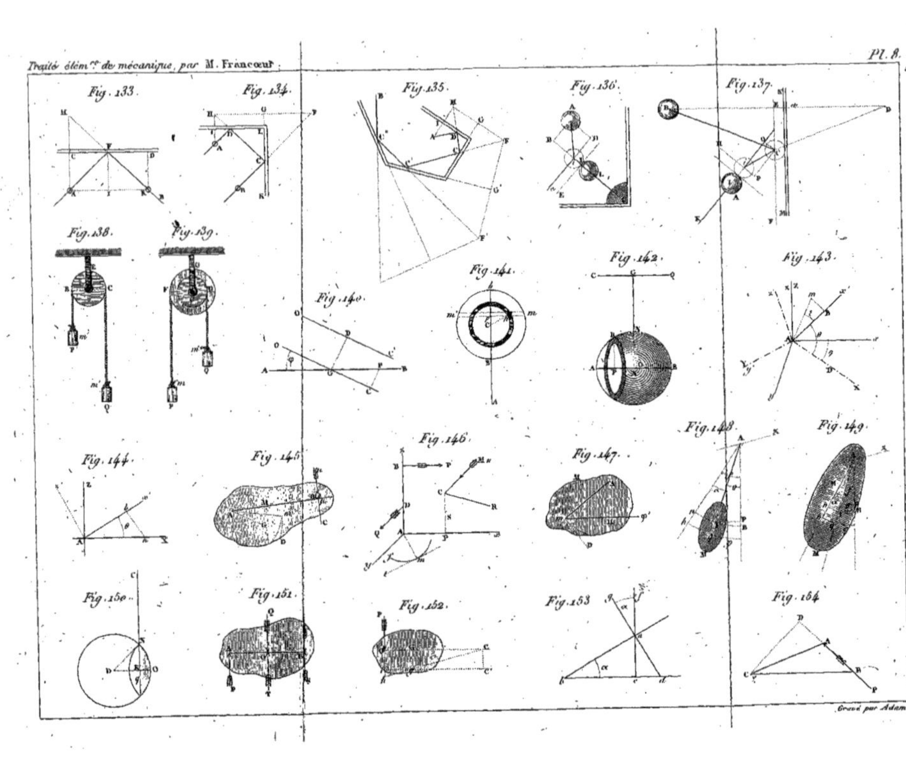

Fig. 133.
Fig. 134.
Fig. 135.
Fig. 136.
Fig. 137.
Fig. 138.
Fig. 139.
Fig. 140.
Fig. 141.
Fig. 142.
Fig. 143.
Fig. 144.
Fig. 145.
Fig. 146.
Fig. 147.
Fig. 148.
Fig. 149.
Fig. 150.
Fig. 151.
Fig. 152.
Fig. 153.
Fig. 154.

  Pl. 9.

Fig. 156.
Fig. 155.
Fig. 157.
Fig. 158.
Fig. 159.
Fig. 160.
Fig. 161.
Fig. 162.
Fig. 163.
Fig. 164.
Fig. 165.
Fig. 166.
Fig. 167.
Fig. 168.
Fig. 169.
Fig. 170.
Fig. 171.
Fig. 172.
Fig. 173.
Fig. 174.
Fig. 175.
Fig. 176.
Fig. 177.
Fig. 178.
Fig. 179.
Fig. 180.
Fig. 181.
Fig. 182.

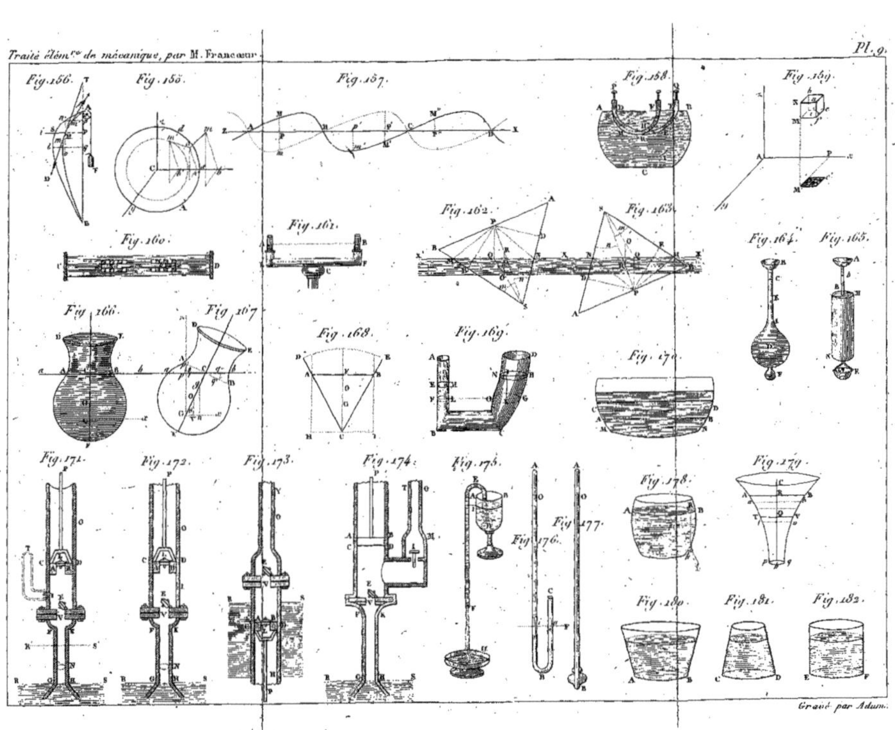

www.ingramcontent.com/pod-product-compliance
Ingram Content Group UK Ltd.
Pitfield, Milton Keynes, MK11 3LW, UK
UKHW020610230726
13926UKWH00005B/2308